“十四五”时期国家重点出版物出版专项规划项目

现代数学基础丛书 196

代数数论及其通信应用

冯克勤 刘凤梅 杨 晶 著

科 学 出 版 社

北 京

内 容 简 介

随着数字通信技术的发展和普及，组合数字(包括图论)、数论和代数学成为信息领域的重要数学工具. 本书在第一部分通俗地介绍经典代数数论基本知识，内容包括代数数域和它的代数整数环、理想的素理想因子分解、理想类群和类数、局部数域理论，以及高斯和与雅可比和的计算. 在第二部分讲述代数数论在通信领域的一些应用，内容包括组合设计、纠错码、序列的自相关性能和复杂度，以及布尔函数的密码学性质.

本书读者对象为高等院校数学和信息专业的高年级本科生、研究生和年轻教师，以及数学和信息领域的研究人员.

图书在版编目(CIP)数据

代数数论及其通信应用/冯克勤，刘凤梅，杨晶著. —北京：科学出版社，2023.3

ISBN 978-7-03-074854-6

(现代数学基础丛书; 196)

Ⅰ. ①代… Ⅱ. ①冯… ②刘… ③杨… Ⅲ. ①代数数论-应用-通信技术-高等学校-教材 Ⅳ. ①TN91

中国国家版本馆 CIP 数据核字(2023) 第 023970 号

责任编辑：李静科 / 责任校对：彭珍珍
责任印制：赵 博 / 封面设计：陈 敬

科学出版社 出版
北京东黄城根北街 16 号
邮政编码：100717
http://www sciencep com
固安县铭成印刷有限公司印刷
科学出版社发行 各地新华书店经销
*
2023 年 3 月第 一 版 开本: 720×1000 1/16
2024 年 8 月第二次印刷 印张: 23 3/4
字数: 462 000

定价: 148.00 元

(如有印装质量问题 我社负责调换)

《现代数学基础丛书》序

对于数学研究与培养青年数学人才而言，书籍与期刊起着特殊重要的作用．许多成就卓越的数学家在青年时代都曾钻研或参考过一些优秀书籍，从中汲取营养，获得教益．

20 世纪 70 年代后期，我国的数学研究与数学书刊的出版由于"文化大革命"的浩劫已经破坏与中断了 10 余年，而在这期间国际上数学研究却在迅猛地发展着．1978 年以后，我国青年学子重新获得了学习、钻研与深造的机会．当时他们的参考书籍大多还是 50 年代甚至更早期的著述．据此，科学出版社陆续推出了多套数学丛书，其中《纯粹数学与应用数学专著》丛书与《现代数学基础丛书》更为突出，前者出版约 40 卷，后者则逾 80 卷．它们质量甚高，影响颇大，对我国数学研究、交流与人才培养发挥了显著效用．

《现代数学基础丛书》的宗旨是面向大学数学专业的高年级学生、研究生以及青年学者，针对一些重要的数学领域与研究方向，作较系统的介绍．既注意该领域的基础知识，又反映其新发展，力求深入浅出，简明扼要，注重创新．

近年来，数学在各门科学、高新技术、经济、管理等方面取得了更加广泛与深入的应用，还形成了一些交叉学科．我们希望这套丛书的内容由基础数学拓展到应用数学、计算数学以及数学交叉学科的各个领域．

这套丛书得到了许多数学家长期的大力支持，编辑人员也为其付出了艰辛的劳动．它获得了广大读者的喜爱．我们诚挚地希望大家更加关心与支持它的发展，使它越办越好，为我国数学研究与教育水平的进一步提高做出贡献．

杨　乐

2003 年 8 月

前　　言

代数数论并不深奥，它不过是“高级算术”，是我们中小学学过的整数和有理数的四则运算、整数素因子分解及整除同余性质 (初等数论) 在更大范围的一种推广和延伸. 研究的范围从有理数域和整数环扩大为代数数域和它的代数整数环, 而通常整数的唯一素因子分解推广成代数整数环中理想的唯一素理想因子分解. 所以, 代数数论是研究代数数域和代数整数环的代数性质和算术性质的一门学问, 是用抽象代数方法研究数论的一个数论分支.

确切地说, 本书讲述的是“经典”代数数论. 这门学问已有二百余年的历史, 它的奠基者是伟大的德国数学家高斯 (Gauss, 1777—1855) 和库默尔 (Kummer, 1810—1893) 等. 高斯研究二平方和问题以及二元二次型表示整数的一般问题, 导致研究二次数域和它的代数整数环的深刻性质, 集中总结在《算术探究》(*Disquisitiones Arithmeticae*, 1801) 一书中. 库默尔于 1847 年左右研究费马问题时利用高斯的思想, 发现了分圆数域及其代数整数环的深刻性质. 此后, 另一位德国数学家戴德金 (Dedekind, 1831—1916) 用系统的代数方法 (理想论) 把他们的工作建立在任意代数数域和代数整数环之上. 到了 1897 年, 伟大的德国数学家希尔伯特 (Hilbert, 1862—1943) 写了《数论报告》(*Der Zahlbericht*) 一书, 对整整一百年的代数数论做了系统的总结和发展. 1900 年希尔伯特在第二届国际数学家大会 (巴黎) 所做的“数学问题”演讲中提出了二十三个数学问题, 涉及数学的诸多领域, 其中有四个 (第 9—12) 问题属于代数数论. 这些问题对于代数数论和数学其他学科在 20 世纪的发展起了巨大的推动作用. 而世界数论中心在 19 世纪也由法国移到德国.

以上是对代数数论前一百年的一个极为扼要的叙述. 我们可以看到, 代数数论起源于初等数论中问题的研究, 采用了代数学的思想和方法. 历史上, 代数方法用于数论不仅发展了数论, 也发展了代数学. 例如: 环论中的“理想”概念就是戴德金从库默尔的“理想数”当中提炼出来的. 而为了证明代数整数形成环, 戴德金和艾森斯坦 (Eisenstein) 把非线性的代数结构线性化, 建立了抽象代数学中“模”的概念. 所以, 代数数论是近世代数学的本源之一. 一百年前, 学习代数学的人首先要懂代数数论 (和代数几何). 抽象的代数理论不仅有很多来源于代数数论, 而且也常用代数数论来试验. 因为代数数论不仅有深刻的思想和理论, 也提供大量生动而具体的例子.

后一百年 (20 世纪) 代数数论得到更大的发展, 解析方法和几何方法成为研究数论的主要工具, 形成纯粹数学最活跃的研究领域之一: 算术代数几何 (arithmetic algebraic geometry). 1967 年, 法国数学家韦伊 (Andre Weil) 写了《基础数论》(*Basic Number Theory*) 一书, 同一年美国数学家朗兰兹 (Langlands) 提出一系列重要的猜想, 开始了用无穷维表示理论研究数论的现代阶段. 近百年来现代数论的发展和成果集中体现在怀尔斯 (A. Wiles) 于 1994 年证明具有三百五十余年历史的费马猜想和法国数学家拉福格 (Lafforgue)、吴宝珠 (Ngo Bao Chau) 等在朗兰兹猜想研究中取得的重大成果. 他们分别获得 1998 年菲尔兹特别贡献奖、2002 年和 2010 年菲尔兹奖.

高斯称数论是“数学的皇后”, 代数数论是纯粹数学的一个领域, 它的发展主要源于数学的内部动力, 追求自身的完美. 但是近年来, 特别是 20 世纪中期以来, 随着数字计算机和数字通信、网络通信和量子通信的发展, 数论 (包括代数数论) 在数学其他分支以及统计试验设计、数值计算、物理学特别是信息领域得到广泛而深刻, 甚至是“不可预测”的应用. 代数数论逐渐成为这些领域的研究工具和手段, 想了解和学习代数数论的人日益增加. 国际上, 数论学家 (或其他数学家) 和信息工程学家、计算机科学家甚至物理学家共同研究交叉前沿课题已形成强大的趋势, 数论也由此得到新的活力, 发展成“计算数论”这一新的领域. 正是这一趋势促使作者出版这本简明的《代数数论及其通信应用》.

本书的读者对象是不从事纯数论研究但是希望了解代数数论并使之成为研究各种应用领域数学工具的年轻学子、工程师和数学爱好者. 我们的宗旨是尽量以易于接受的通俗方式介绍经典代数数论的基本概念和结果, 并且以例子说明这些概念和结果, 而略去一般性结果的证明. 好在代数数论的许多深刻的结果叙述非常简洁, 尽管证明往往相当复杂, 甚至还需要更多的概念. 我们的目的是希望读者在学习此书之后, 在各自研究领域中碰到代数数论的术语和知识时不害怕, 不要躲过去. 当然更希望能发现其中的乐趣, 甚至成为自己工作领域中的一种数学工具和思考方式.

阅读本书需要初等数论的基本知识 (整除性质、同余性质、原根和指数、二次剩余和二次互反律、中国剩余定理等)、线性代数、抽象代数 (群、环、域) 的基本知识和思想方法 (思想方法比知识更加重要). 目前有许多初等数论和抽象代数的教材和参考书, 均可选用.

本书第一部分讲述理论. 介绍经典代数数论的基本内容 (代数整数环和素理想分解、理想类群和类数、单位群), 也介绍一点解析方法 (目的是讲述计算理想类数的解析公式) 和 20 世纪初期产生的局部化方法 (只讲有理数域的局部域和 p 进分析). 考虑到当前国内高校抽象代数的教学水平不一, 特别是群论讲得较为详细而对代数数论更为重要的环和域知识讲得较少, 我们在前面两章复习环的知

识 (理想和单位群、唯一因子分解整环和主理想整环) 和域扩张的知识 (域的代数扩张、伽罗瓦理论、有限域). 我们特别介绍了高斯和与雅可比和, 它们 (以及更一般的特征和) 是研究通信和组合设计等各种问题的重要数学工具. 最后我们非常希望读者不仅阅读, 而且要自己动手做一些题目, 抽象代数和代数数论是一种“功夫”, 对定理和例子要仔细体会, 变成应用的工具. 代数数论具有十分深刻的理论结果, 也是从事实验和计算的领地.

本书第二部分是应用. 近五十年来, 代数数论的应用不停地扩大. 这也是本书在 20 世纪 90 年代便已成形, 一直至今才决定正式出版的原因之一. 由于篇幅所限, 我们主要挑选了在通信方面的某些应用. 即使在通信方面也略去了许多重要的应用, 例如在密码学公钥体制中关于大数分解的数域筛法, 离散对数的椭圆曲线加密算法, 以及近十年来非常热门的格基方法等. 它们需要更多的代数数论和密码学知识, 每个课题都需要专门书籍加以介绍. 我们在这里挑选的应用例子, 基于以下几个原则: 它们在应用中是重要的; 它们能展示代数数论的应用威力; 并且讲述不需要过多的篇幅.

本书的出版得到了国家自然科学基金数学重点项目“现代密码学中几个基础数学问题”(编号: 12031011) 的资助.

近二十多年来, 本书作者曾以这种方式在高等院校 (信息工程大学、清华大学、中国科学技术大学、河北师范大学、首都师范大学、上海大学、西北大学等) 和部队有关单位为从事代数编码和密码研究的年轻教员、研究人员和研究生讲过本书的部分内容. 本书经过多次修改而成现在的样子. 我们欢迎读者对本书提出意见、批评和建议, 以便把事情做得更好.

冯克勤　刘凤梅　杨　晶

2021 年于北京

目　　录

第二部分　应　　用

第一部分
理　　论

第 1 章　预备知识 (1): 交换环

我们假定读者熟悉群论的基本概念和结果 (群和子群、陪集分解、正规子群和商群、群的同构和同态、同态基本定理、有限交换群的结构), 本章和第 2 章复习一下环论和域论的一些基本概念和结果, 这些知识对于学习代数数论是至关重要的.

1.1　交换环和它的理想

粗糙地说, 一个集合叫作环, 是指其中有加、减、乘法运算, 并且这些运算满足一些通常的运算规律 (结合律、交换律和分配律). 确切地说, 我们有如下的定义.

定义 1.1　集合 R 叫作**环** (ring), 是指其上有两个二元运算 $+$ (加法) 和 $\cdot$ (乘法), 并且满足以下条件:

(i) $(R,+)$ 是交换群, 从而有 (唯一) **零元素** 0, 使得对每个 $a\in R, 0+a\ (=a+0)=a$, 而 a 的负元素表成 $-a$, 加法的逆运算即为减法.

(ii) $(R,\cdot)$ 是含 1 半群, 并且 $1\neq 0$, 即乘法满足结合律 $a(bc)=(ab)c$, 并且有 (唯一) **幺元素** 1, 使得对每个 $a\in R, 1\cdot a=a\cdot 1=a$.

(iii) 分配律: 对于 $a,b,c\in R$, $a(b+c)=ab+ac$, $(b+c)a=ba+ca$.

注记　1. 在定义 1.1 中我们要求加法满足交换律, 但是不要求乘法满足交换律. 如果乘法也满足交换律, 即 $ab=ba$, 则称 R 为交换环. 今后若不声明, 我们涉及的环 R 都是交换环.

2. 环 R 对乘法不能为群, 这是因为对每个 $a\in R$, $0\cdot a=a\cdot 0=0$. 所以 0 对于乘法不是可逆元素, 环 R 中对乘法可逆的元素 a (即存在唯一元素 $b\in R$, 使得 $ab=ba=1$), 今后叫作环 R 中的**单位** (unit), 而 b 叫作 a 的逆元素, 表示成 a^{-1}. R 中全体单位形成一个乘法群, 叫作环 R 的**单位群**, 表示成 R^* 或者 $U(R)$. 单位群愈大, 则环 R 中做除法 (乘法的逆运算) 愈灵活. 如果每个非零元素均为单位, 便称交换环 R 为**域** (field). 这时, 每个非零元素 a 都可以除 b, 得到 $ba^{-1}(=a^{-1}b)$, 也表成 $\dfrac{b}{a}$.

3. 设 N 是加法 (交换) 群 $(R,+)$ 的一个子群, 则我们有集合 R/N, 它的元素是 R 对子群 N 的一个陪集 $a+N$ $(a\in R)$, 这个元素也表示成 $\overline{a}$. $\overline{a}=\overline{b}$ 当且仅当 $a-b\in N$. 我们在每个陪集中取出一个元素, 它们所成的集合 S 叫作一个**完全代**

表系, 这时集合 R/N 为 $\{\overline{a}:\ a\in S\}$, 并且所有陪集 $\{a+N:a\in S\}$ 是集合 R 的一个分拆, 也就是说, 不同的陪集彼此不相交, 并且所有陪集的并集为环 R. 在集合 R/N 中定义加法运算 $\overline{a}+\overline{b}=\overline{a+b}$, 可以验证这个运算是可以定义的, 即和代表元的选取方式无关, 由此使 R/N 成为群, 叫作加法群 R 对于子群 N 的**商群**.

能否把环 R 中的乘法运算也自然地引入到 R/N 中来呢? 即对于 $\overline{a}$ 和 $\overline{b}$, 我们能否定义 $\overline{a}\cdot\overline{b}=\overline{a\cdot b}$? 如果 N 只是 R 的一个加法子群, 这个运算不总是可以定义的, 即当 $\overline{a}=\overline{a'}$, $\overline{b}=\overline{b'}$ 时, $\overline{ab}$ 不一定等于 $\overline{a'b'}$. 例如, 取 R 为复数域 $\mathbb{C}$, N 取为实数域 $\mathbb{R}$, 则 $\mathbb{R}$ 为 $\mathbb{C}$ 的加法子群. 在加法商群 $\mathbb{C}/\mathbb{R}$ 中, $\overline{0}=\overline{1}$, $\overline{i}=\overline{i+1}$(其中 $i=\sqrt{-1}$). 但是 $\overline{0\cdot i}=\overline{0}$ 不等于 $\overline{1\cdot(i+1)}=\overline{i+1}$, 因为 $(i+1)-0$ 不是实数. 为了使环中乘法运算自然地引入到 R/N 中来, 需要子群 N 具有更强的条件, 这就导致环论中一个重要的概念: 理想.

定义 1.2 交换环 R 中的一个非空子集 I 叫作环 R 的一个**理想** (ideal), 是指它满足以下两个条件:

(1) I 是 R 的加法子群, 即对于 $a,b\in I$, $a+b\in I$. 这也表示成 $I\pm I\subseteq I$.

(2) 对于 $a\in I,b\in R$, $ab\in I$. 这也表示成 $IR\subseteq I$.

对每个交换环 R, $\{0\}$ 和 R 均是 R 的理想, $\{0\}$ 叫作**零理想**, 不为 R 的理想叫作**真理想** (proper ideal).

可以证明: 若 I 为交换环 R 的一个理想, 则加法商群 R/I 中可以自然地定义乘法 $\overline{a}\cdot\overline{b}=\overline{ab}$, 即这个定义和 $\overline{a}$, $\overline{b}$ 中代表元 a, b 的选取方式无关, 并且 R/I 对于加法 $\overline{a}+\overline{b}=\overline{a+b}$ 和乘法 $\overline{a}\cdot\overline{b}=\overline{ab}$ 形成交换环, 叫作 R 对于理想 I 的**商环**.

环论的基本任务是研究环的性质和代数结构, 和数学的其他学科一样, 我们要在各种环之间的联系当中来把握环的性质和结构, 这种联系要与环之间的运算相容. 确切地说, 我们有以下的定义 1.3.

定义 1.3 设 R 和 S 是两个环, 映射 $\phi:R\to S$ 叫作由 R 到 S 的一个**环同态** (ring homomorphism), 是指对任何 $a,b\in R$,

$$\phi(a)+\phi(b)=\phi(a+b),\quad \phi(a)\phi(b)=\phi(ab),$$

$$\phi(a^{-1})=\phi(a)^{-1}\quad (\text{当 } a\in R^*\text{时})$$

(如此可推出 $\phi(0)=0$, $\phi(-a)=-\phi(a)$, $\phi(1)=1$). 进而若 ϕ 是单射, 则 ϕ 叫作单同态 (monomorphism). 若 ϕ 是满射, 则 ϕ 叫作满同态 (epimorphism). 如果 ϕ 是双射, 则 ϕ 称为环的同构 (isomorphism), 表示成 $\phi:R\cong S$, 这时, $\phi^{-1}:S\xrightarrow{\sim}R$ 也是环的同构.

在环论中, 同构的环看成是同一个 (抽象的) 环, 它们有同样的代数结构. 环论的一个重要事情是发现不同环 R 和 S 之间的同态, 由此来把握环 R 或 S 的性质和结构. 所以下面的结果是环论的核心.

定理 1.1 (环的同态定理) 设 $\phi: R \to S$ 是交换环的同态, 则

(1) S 中零元素 0 的原像集合 $\phi^{-1}(0) = \{a \in R : \phi(a) = 0\}$ 是 S 的一个理想, 叫作同态 ϕ 的**核** (kernel), 表示成 $\ker(\phi)$.

(2) ϕ 的像集合 $\mathrm{Im}(\phi) = \phi(R) = \{\phi(a) : a \in R\}$ 是 S 的一个子环 (即 S 的子集合 $\mathrm{Im}(\phi)$ 对于 S 中的运算形成环).

(3) 可以定义自然映射

$$\overline{\phi}: R/\ker(\phi) \to \mathrm{Im}(\phi),\ \ \overline{\phi}(\overline{a}) = \phi(a) \quad (\text{对于} a \in R),$$

并且 $\overline{\phi}$ 是环的同构. 特别地,

若 $\phi: R \to S$ 是环的单同态, 则 R 同构于 S 的子环 $\phi(R)$.

若 $\phi: R \to S$ 是环的满同态, 则商环 $R/\ker(\phi)$ 与环 S 同构.

现在介绍交换环的理想之间可以定义的一些运算. 设 R 为交换环.

(I) 设 A 和 B 是环 R 的两个理想, 不难验证集合

$$A + B = \{a + b:\ a \in A,\ b \in B\}$$

也是环 R 的理想, 称作理想 A 与 B 的**和**. 类似可以定义多个理想之和, 并且有交换律和结合律: $A + B = B + A$, $(A + B) + C = A + (B + C)$.

(II) 对于环 R 的两个理想 A 和 B, 不难验证它们的交集 $A \cap B$ 也是环 B 的理想, 叫作理想 A 和 B 的**交**.

(III) 设 A 和 B 是环 R 的理想, 集合 $\{ab : a \in A,\ b \in B\}$ 一般来说不必为环 R 的理想, 因为 $a_1b_1 + a_2b_2$ $(a_1, a_2 \in A,\ b_1, b_2 \in B)$ 不一定能表成 ab $(a \in A,\ b \in B)$. 但是比它更大的集合

$$AB = \left\{ \sum_{i=1}^{n} a_i b_i :\ a_i \in A,\ b_i \in B,\ n \geqslant 1 \right\}$$

是环 R 的理想, 叫作理想 A 和 B 的**积**. 类似可定义多个理想的乘积, 并且满足 $AB = BA$, $A(BC) = (AB)C$.

从集合大小的角度来看, 零理想 $\{0\}$ 和 R 分别是交换环 R 的最小和最大理想, 而对于 R 的理想 A 和 B, 我们有

$$AB \subseteq A \cap B \subseteq \genfrac{}{}{0pt}{}{A}{B} \subseteq A + B.$$

如果 $A + B = R$, 我们称 A 和 B 是**互素**的理想.

设 R 和 S 是两个环, 在集合

$$R \oplus S = \{(r, s) : r \in R,\ s \in S\}$$

当中定义运算

$$(r,s)+(r',s')=(r+r',s+s'),\quad (r,s)(r',s')=(rr',ss'),$$

则 $R\oplus S$ 对于上述运算形成环, 零元素和幺元素分别为 $(0_R,\ 0_S)$ 和 $(1_R,\ 1_S)$. 并且 $R\oplus S$ 为交换环当且仅当 R 和 S 均为交换环. $R\oplus S$ 叫作环 R 和 S 的**直和**. 类似可定义多个环的直和.

下面的定理 1.2 是初等数论中关于整数同余性质的中国剩余定理在环论中的推广.

定理 1.2 (中国剩余定理) 设 $A_1,\cdots,A_n$ 是交换环 R 的理想, 并且当 $1\leqslant i\neq j\leqslant n$ 时, A_i 和 A_j 互素, 则有环同构

$$\phi:\ \frac{R}{\bigcap\limits_{i=1}^{n}A_i}\xrightarrow{\sim}\frac{R}{A_1}\oplus\frac{R}{A_2}\oplus\cdots\oplus\frac{R}{A_n}\quad (n\text{个商环的直和}),$$

其中对于 $a\in R$,

$$\phi\left(a+\bigcap_{i=1}^{n}A_i\right)=(a+A_1,a+A_2,\cdots,a+A_n).$$

定义 1.4 交换环 R 叫作**整环** (domain), 是指对于 $a,b\in R$, 如果 $ab=0$, 则 $a=0$ 或者 $b=0$. 换句话说, 对于 R 中任意两个非零元素 a 和 b, ab 也是非零元素.

注记 1. 对于环 R 中两个非零元素 a 和 b, 如果 $ab=0$, 我们称 a (和 b) 为环 R 中的一个**零因子**. 所以 R 为整环当且仅当 R 是没有零因子的交换环. 交换环 R 中的每个单位 $a\in R^*$ (即乘法可逆元) 都不是零因子, 因若 $ab=0$, 则 $b=a^{-1}\cdot 0=0$. 对于任意域 F, F 中非零元素都是乘法可逆的, 从而 F 以及 F 的每个子环都是整环.

2. 在整环 R 中我们有乘法消去律: 若 $a,b,c\in R$, $a\neq 0$, 如果 $ab=ac$, 则 $b=c$.

3. 最典型的整环例子是整数环 $\mathbb{Z}$ 以及域 F 上的多项式环 $F[x]$. 不是整环的最简单的例子是同余类环 $Z_4=\mathbb{Z}/4\mathbb{Z}=\{\overline{0},\overline{1},\overline{2},\overline{3}\}$, 其中 $\overline{2}\cdot\overline{2}=\overline{0}$, 但是 $\overline{2}\neq\overline{0}$.

我们可以把初等数论中的整除概念推广到任意整环中来.

定义 1.5 设 R 为整环, $a,b\in R$ 并且 $a\neq 0$. 我们称 a 整除 b (或者说 b 被 a 整除), 表示成 $a|b$, 是指存在 $c\in R$, 使得 $ac=b$. 如果 a 不整除 b, 则表示成 $a\nmid b$. 当 $a\mid b$ 时, a 叫 b 的**因子**, b 叫 a 的**倍元**.

在整环 R 中, 整除性有初等数论中所学过的类似性质. 今后在记号 $a|b$ 中我们总假定 $a\neq 0$.

习题 1.1.1 设 a,b,c 为整环 R 中的元素, 则

(1) 若 $a\mid b$, $b\mid c$, 则 $a\mid c$.

(2) 若 $a\mid b$, 则对每个单位 $\varepsilon\in R^*$, $a\varepsilon\mid b$, $a\mid b\varepsilon$. 特别地, R 中单位可整除 R 中任何元素. 而 $a\mid 1$ 当且仅当 a 为环 R 中的单位.

(3) 若 $a\mid b$ 并且 $b\mid a$, 则存在 $\varepsilon\in R^*$, 使得 $a=b\varepsilon$.

基于上述习题 1.1.1, 我们将整环 R 中的所有非零元素做如下的分类.

定义 1.6 设 a 和 b 是整环 R 中的非零元素, 我们称 a 和 b 是相伴的, 是指存在单位 $\varepsilon\in R^*$, 使得 $a=b\varepsilon$. a 和 b 相伴表示成 $a\sim b$.

不难验证相伴关系是集合 $R\backslash\{0\}$ 上的一个等价关系, 即对于 $a,b,c\in R\backslash\{0\}$,

(I) (自反) $a\sim a$.

(II) (对称) 若 $a\sim b$, 则 $b\sim a$.

(III) (传递) 若 $a\sim b$, $b\sim c$, 则 $a\sim c$.

由此把集合 $R\backslash\{0\}$ 分拆成一些相伴 (等价) 类, 不同相伴类彼此没有公共元素. 1 所在的相伴类即单位群 R^*, 而对任意 $a\in R\backslash\{0\}, a$ 所在的相伴类为 aR^*. 而习题 1.1.1 之 (3) 可叙述成: R 中非零元素 a 和 b 彼此互为因子, 当且仅当 $a\sim b$. 而习题 1.1.1 之 (2) 可叙述成: 若 $a|b$, $a\sim a'$, $b\sim b'$, 则 $a'|b'$.

在整数环 $\mathbb{Z}$ 中, 单位元只有 1 和 -1, 从而每个相伴类均有两个元素 $\{n,-n\}$ $(n\neq 0)$. 如果我们限定正整数, 则不同的正整数彼此不相伴, 所以在整数环中不必引入相伴的概念, 但是在一般的整环 R 中, 可以有许多单位元素, 所以在研究任意整环 R 中的整除性和因子分解 (见 1.2 节) 时, 需要考虑非零元素的相伴类.

本节最后我们再介绍两类重要的理想.

定义 1.7 设 A 为交换环 R 中的理想.

(1) 称 A 为环 R 的一个**素理想** (prime ideal), 是指对于 $a,b\in R$, 如果 $ab\in A$, 则 $a\in A$ 或者 $b\in A$.

(2) 称 A 是环 R 的一个**极大理想** (maximal ideal), 是指 $A\neq R$ 并且不存在理想 B, 使得 $A\subsetneqq B\subsetneqq R$.

下面的定理 1.3 用来判别交换环的一个理想是否为素理想或极大理想.

定理 1.3 设 A 是交换环 R 的一个理想, 则

(1) A 为环 R 的素理想当且仅当商环 R/A 为整环.

(2) A 为环 R 的极大理想当且仅当商环 R/A 为域.

由于域是整环, 可知极大理想一定是素理想, 但反之不然. 例如考虑多项式环 $\mathbb{Z}[x]$, 常数项为零的多项式 $\sum\limits_{i=1}^{n}a_ix^i$ $(a_i\in\mathbb{Z}, n\geqslant 1)$ 组成的集合 A 是环 $\mathbb{Z}[x]$ 的理

想. 用环的同态定理可知 $\frac{\mathbb{Z}[x]}{A} \cong \mathbb{Z}$ 是整环但不是域, 从而 A 是环 $\mathbb{Z}[x]$ 的素理想但不是极大理想.

以上是本书讲述代数数论所需要的最基本环论概念和结果. 习题 1.1 中给出一些具体例子, 以便对它们有一些直观的感受. 我们在 1.2 节还要讲述代数数论中最常用到的一些特殊的整环.

习题 1.1

习题 1.1.1 见 P7.

习题 1.1.2 (整数环 $\mathbb{Z}$, 初等数论)

(a) 证明环 $\mathbb{Z}$ 中所有理想为 (0) 和 $(n) = n\mathbb{Z}$ (n 为正整数).

(b) 设 m 和 n 为非零整数, 则

$$(n) \subseteq (m) \Leftrightarrow m|n.$$

特别地, $(n) = (m) \Leftrightarrow n \sim m$ (即 $n = m$ 或 $-m$).

(c) 设 m 和 n 为非零整数, (m, n) 和 $[m, n]$ 分别表示最大公因子和最小公倍数, 则

$$(n)(m) = (nm), \quad (n) \cap (m) = ([n, m]), \quad (n) + (m) = ((n, m)).$$

特别地, 理想 (n) 和 (m) 互素 (即 $(n) + (m) = \mathbb{Z}$) 当且仅当 n 和 m 互素.

(d) 设 $n \geqslant 0$, 则 (n) 为 $\mathbb{Z}$ 中的素理想当且仅当 $n = 0$ 或 n 为素数. (n) 为 $\mathbb{Z}$ 中的极大理想当且仅当 n 为素数. (从而零理想为 $\mathbb{Z}$ 的素理想但不是极大理想, 而 $\mathbb{Z}$ 的任何非零素理想均为极大理想.)

习题 1.1.3 (多项式环)　设 F 为域, $R = F[x]$ 为 F 上的多项式环.

(a) $R = F[x]$ 为整环, 并且单位群 R^* 为 $F^* = F \backslash \{0\}$.

(b) 证明多项式环 R 中有如下形式的带余除法: 对于 R 中多项式 $f(x)$ 和 $g(x)$, 其中 $g(x) \neq 0$, 则存在唯一的 (商式) $q(x) \in F[x]$ 和 (余式) $r(x) \in F[x]$, 使得

$$f(x) = q(x)g(x) + r(x), \quad \text{其中} \deg r(x) < \deg g(x).$$

这里 $\deg r(x)$ 表示多项式 $r(x)$ 的次数, 并且规定 $\deg 0 = -\infty$.

(c) 利用 (b) 中的带余除法证明: 多项式环 $R = F[x]$ 中的所有理想为零理想 (0) 和 $(p(x)) = p(x)R$, 其中 $p(x)$ 过 R 中所有首 1 (即最高次项系数为 1) 多项式.

(d) 设 $p(x)$ 和 $q(x)$ 为环 $F[x]$ 中两个首 1 多项式, 则

$$(p(x)) \subseteq (q(x)) \Leftrightarrow q(x)|p(x),$$

$$(p(x))(q(x)) = (p(x)q(x)), \quad (p(x)) \cap (q(x)) = ([p(x), q(x)]),$$
$$(p(x)) + (q(x)) = (p(x), q(x)),$$

$(p(x))$ 和 $(q(x))$ 是互素的理想当且仅当 $p(x)$ 和 $q(x)$ 是互素的多项式, 即

$$(p(x), q(x)) = 1,$$

其中 $[p(x), q(x)]$ 和 $(p(x), q(x))$ 分别表示 $p(x)$ 和 $q(x)$ 的最小公倍式和最大公因子. 进而, 对于 $f(x) \in F[x]$,

$(f(x))$ 为环 $F[x]$ 的素理想当且仅当 $f(x) = 0$ 或者 $f(x)$ 为 $F[x]$ 中不可约多项式.

$(f(x))$ 为环 $F[x]$ 的极大理想当且仅当 $f(x)$ 为 $F[x]$ 中不可约多项式.

(e) 设 $f_1(x), \cdots, f_l(x)$ 是环 $F[x]$ 中两两互素的非零多项式, 则有环同构

$$\frac{F[x]}{(f_1(x)\cdots f_l(x))} \cong \frac{F[x]}{(f_1(x))} \oplus \frac{F[x]}{(f_2(x))} \oplus \cdots \oplus \frac{F[x]}{(f_l(x))}.$$

习题 1.1.4 证明: 含幺元素的有限交换环中素理想必是极大理想.

习题 1.1.5 设 P 是交换环 R 中的理想, 则下面两个条件彼此等价.

(a) P 是环 R 的素理想;

(b) 对于环 R 的任意两个理想 A 和 B, 如果 $AB \subseteq P$, 则必然 $A \subseteq P$ 或者 $B \subseteq P$.

习题 1.1.6 设 D 为交换环, 证明:

(a) 对于 $D[x]$ 中两个非零多项式 $f(x)$ 和 $g(x)$, $\deg(fg) \leqslant \deg f + \deg g$. 如果 D 为整环时, 则等式成立.

(b) 若 D 为整环, 则 $D[x]$ 也是整环.

习题 1.1.7 一个交换环 R 叫作局部环, 是指 R 有唯一的极大理想. (除了域之外, 局部环是结构最简单的环.) 证明:

(a) 如果 $R \backslash R^*$ 是交换环 R 的理想, 则 R 是局部环.

(b) 对于正整数 $n \geqslant 2$, $Z_n = \mathbb{Z}/n\mathbb{Z}$ 是局部环当且仅当 $n = p^m$, 其中 p 为素数, $m \geqslant 1$.

习题 1.1.8 (形式幂级数环) 设 F 为域, 考虑 F 上的 (形式) 幂级数

$$a(x) = \sum_{n=0}^{\infty} a_n x^n = a_0 + a_1 x + \cdots + a_n x^n + \cdots \quad (a_n \in F)$$

全体组成的集合 $F[[x]]$. 在其上定义如下的运算: 对于 $a(x) = \sum\limits_{n=0}^{\infty} a_n x^n$ 和 $b(x) = \sum\limits_{n=0}^{\infty} b_n x^n$ $(a_n,\ b_n \in F)$, 定义

$$a(x) + b(x) = \sum_{n=0}^{\infty} (a_n + b_n) x^n,$$

$$a(x)b(x) = \left(\sum_{n=0}^{\infty} a_n x^n\right)\left(\sum_{m=0}^{\infty} b_m x^m\right) = \sum_{n,m=0}^{\infty} a_n b_m x^{n+m} = \sum_{k=0}^{\infty} c_k x^k,$$

其中对每个 $k \geqslant 0$, $c_k = \sum\limits_{\substack{n,m=0\\ n+m=k}}^{\infty} a_n b_m = a_0 b_k + a_1 b_{k-1} + \cdots + a_{k-1} b_1 + a_k b_0$.

(a) 证明 $F[[x]]$ 对于上面定义的运算是整环.

(b) 证明 $a(x) = \sum\limits_{n=0}^{\infty} a_n x^n$ 为环 $F[[x]]$ 中的单位当且仅当 $a_0 \neq 0$.

(c) 证明 $F[[x]]$ 是局部环.

(d) 决定环 $F[[x]]$ 中的所有理想, 其中哪些是素理想?

1.2 主理想整环、唯一因子分解整环和戴德金整环

本节介绍在代数数论中涉及最多的三类整环.

设 $a_1, a_2, \cdots, a_n$ 为交换环 R 中的元素. 不难看出, 环 R 中包含 $a_1, a_2, \cdots, a_n$ 的最小理想即

$$A = a_1R + a_2R + \cdots + a_nR = \{a_1x_1 + a_2x_2 + \cdots + a_nx_n : x_1, \cdots, x_n \in R\}.$$

我们称这个理想 A 为由元素 $a_1, a_2, \cdots, a_n$ 生成的理想, 表示成 $(a_1, a_2, \cdots, a_n)$.

定义 1.8 交换环 R 中由一个元素 a 生成的理想 $(a) = aR$ 叫作**主理想**. 如果 R 中每个理想都是主理想, 称 R 为主理想环. **主理想整环**今后简记为 PID (principle ideal domain).

PID 的典型例子为整数环 $\mathbb{Z}$ 和域 F 上的多项式环 $F[x]$ (见习题 1.1 中的 1.1.2 和 1.1.3).

设 D 为主理想整环, 对于其中两个理想 $(a) = aD$ 和 $(b) = bD$, 其中 $a, b \in D$. 则 $(a) = (b)$ 当且仅当 $a \sim b$ (即 a 和 b 相伴); 并且若 $b \neq 0$, 则 $(a) \subseteq (b)$ 当且仅当 $b|a$. 因此若 a 和 b 不全为零, 则理想 $(a) + (b)$ 也是主理想. 设

$$(a) + (b) = (d) \ (d \in D), \quad 即\ aR + bR = dR.$$

元素 d 有如下的性质:

(1) d 是 a 和 b 的公因子, 即 $d|a$ 并且 $d|b$. 这是由于 $(d) \supseteq (a)$ 并且 $(d) \supseteq (b)$.

(2) 若 d' 也是 a 和 b 的公因子, 则 $d'|d$. 这是由于若 $(d') \supseteq (a)$ 并且 $(d') \supseteq (b)$, 则 $(d') \supseteq (a) + (b) = (d)$.

我们称满足性质 (1) 和 (2) 的 d 是 a 和 b 的**最大公因子**, 表示成 $d = (a, b)$. 满足 (1) 和 (2) 的最大公因子是一个相伴类, 即 d 决定到相差一个单位元素因子.

完全类似地, 设 a 和 b 是主理想整环 D 中两个非零元素, 则理想 $(a) \cap (b)$ 也是主理想 $(m) = mD$. 由于 $ab \neq 0$ 并且 $ab \in (a) \cap (b)$, 可知 $m \neq 0$. 元素 m 满足以下两个性质:

(1) m 是 a 和 b 的公共倍元素, 即 $a|m$ 并且 $b|m$;

(2) 若 $m' \in D$ 是 a 和 b 的公共倍元素, 则 $m|m'$.

满足这样两个性质的元素 m 叫作 a 和 b 的**最小公倍元**, 表示成 $m = [a, b]$. 它也是一个相伴类, 综合上述我们得到:

定理 1.4 设 D 为 PID, 则

(1) 对于 D 中两个不全为零的元素 a 和 b, 存在它们的最大公因子 $d = (a, b)$ 并且 $(a) + (b) = (d)$.

(2) 对于 D 中两个非零元素 a 和 b, 存在它们的最小公倍元 $m=[a,b]$, 并且 $(a)\cap(b)=(m)$.

推论 1.1 设 D 为 PID, 则

(1) 对于 D 中两个不全为零的元素 a 和 b, 记 $d=(a,b)$. 则对 D 中每个元素 c, 方程 $ax+by=c$ 在 D 中有解 (x,y) 的充分必要条件是 $d|c$.

(2) 对于 D 中两个非零元素 a 和 b, 记 $m=[a,b]$. 则对 D 中每个元素 c, 方程组 $ax=c$ 和 $by=c$ 在 D 中有解 (x,y) 的充分必要条件是 $m|c$.

现在介绍第二类整环, 即考虑把整数环 $\mathbb{Z}$ 中的唯一因子分解性质推广到一般的整环上来. 对于整环 D 中每个非零元素 a, 如果 a 在 D 中可分解成 $a=bc\ (b,c\in D)$, 则对于每个单位 $\varepsilon\in D^*$, $a=(\varepsilon b)(\varepsilon^{-1}c)$. 我们应当把这两个分解看成本质上是一个分解. 同样地, 整数环 $\mathbb{Z}$ 中的素数要推广成下面定义的不可约元素.

定义 1.9 整环 D 中的非零元素 π 叫作**不可约元素**, 是指 π 不是单位, 并且若 $\pi=bc\ (b,c\in D)$, 则 b 和 c 当中必有一个为单位 (从而另一个和 π 相伴).

定义 1.10 整环 D 叫作**唯一因子分解整环** (unique factorization domain, UFD), 是指它满足以下两个条件: 对于每个非零并且不是单位的元素 a,

(1) a 可以表成有限个不可约元素的乘积: $a=\pi_1\pi_2\cdots\pi_n$.

(2) (唯一性) 如果 a 又可表成 $a=\pi_1'\pi_2'\cdots\pi_m'$, 其中 π_i' 也是不可约元素, 则 $n=m$, 并且适当改变 $\pi_1',\cdots,\pi_n'$ 的次序可以使 $\pi_i\sim\pi_i'\ (1\leqslant i\leqslant n)$.

UFD 的典型例子为整数环 $\mathbb{Z}$ 和域 F 上的多项式环 $F[x]$. 更一般地可以证明:

定理 1.5 (1) 每个主理想整环必是唯一因子分解整环, 并且对于主理想整环 D, 理想 $(a)\ (a\in D)$ 为素理想当且仅当 $a=0$ 或 a 为不可约元素. 而 (a) 为极大理想当且仅当 a 为不可约元素. 所以主理想整环中每个非零素理想都是极大理想.

(2) (高斯引理) 如果 D 是唯一因子分解整环, 则多项式环 $D[x]$ 也是唯一因子分解整环. 从而对每个正整数 n, $D[x_1,x_2,\cdots,x_n]$ 是唯一因子分解整环.

由高斯引理可知 UFD 不必为 PID: 因为对每个域 F, $F[x,y]$ 和 $\mathbb{Z}[x]$ 均为 UFD. 但是请读者证明它们都不是 PID.

每个唯一因子分解整环 D 中, 任何两个不全为零的元素都存在最大公因子, 任何两个非零元素都存在最小公倍元. 事实上, 对于非零元素 a, $(a,0)=a$. 而对于两个非零元素 a 和 b, 它们可分解成

$$a=\varepsilon_1\pi_1^{n_1}\pi_2^{n_2}\cdots\pi_l^{n_l},\quad b=\varepsilon_2\pi_1^{m_1}\pi_2^{m_2}\cdots\pi_l^{m_l},$$

其中 $\varepsilon_1,\varepsilon_2$ 是单位, $\pi_1,\cdots,\pi_l$ 是彼此不相伴的不可约元素, $l\geqslant 0$, $n_i,m_i\geqslant 0$. 不难看出

$$(a,b)=\varepsilon\pi_1^{r_1}\pi_2^{r_2}\cdots\pi_l^{r_l},\ \text{其中}\varepsilon\in D^*,\ r_i=\min\{n_i,m_i\}\quad(1\leqslant i\leqslant l),$$

$$[a,b]=\varepsilon'\pi_1^{s_1}\pi_2^{s_2}\cdots\pi_l^{s_l},\ \text{其中}\varepsilon'\in D^*,\ s_i=\max\{n_i,m_i\}\quad(1\leqslant i\leqslant l).$$

现在我们介绍第三类整环, 它在通常抽象代数课程中不会讲到, 但是在代数数论中是至关重要的.

定义 1.11　整环 D 叫作**戴德金整环** (Dedekind domain, DD), 是指 D 中每个非零真理想 A ($A\neq(0), A\neq D$) 均可唯一地表示成有限个 (非零) 素理想的乘积. 确切地说,

(1) $A=P_1P_2\cdots P_l$, 其中 $P_1,P_2,\cdots,P_l$ 均为 D 中素理想, $l\geqslant 1$.

(2) 如果又有 $A=Q_1Q_2\cdots Q_s$, 其中 $s\geqslant 1$, $Q_1,Q_2,\cdots,Q_s$ 均为 D 中素理想, 则 $s=l$, 并且适当改变 $Q_1,Q_2,\cdots,Q_l$ 的次序, 可使 $P_i=Q_i$ $(1\leqslant i\leqslant l)$.

可以证明戴德金整环有下列性质.

定理 1.6　(1) 若 D 为戴德金整环, 则

(i) D 中每个非零素理想都是极大理想.

(ii) D 中每个理想 A 都是有限生成的, 即存在有限个元素 $a_1,a_2,\cdots,a_n\in A$, 使得 $A=(a_1,a_2,\cdots,a_n)=a_1D+a_2D+\cdots+a_nD$.

(2) 每个唯一因子分解整环都是戴德金整环. 另一方面, 如果 D 是戴德金整环并且也是唯一因子分解整环, 则 D 是主理想整环. 我们可以简单地表示成

$$\text{PID}\Rightarrow\text{UFD}\Rightarrow\text{DD}\Rightarrow\text{D (整环)};\quad \text{DD}+\text{UFD}\Rightarrow\text{PID}.$$

我们略去这个定理的证明, 只是对这个定理做如下的一些解释.

注记　1. 戴德金整环 D 除了具有定理 1.6 中的性质 (i) 和 (ii) 之外, 还具有第三个性质:

(iii) D 是整闭的.

我们将在正式讲述代数数论 (第 4 章) 时再介绍 "整闭" 这个概念. 这里只是告诉读者, 性质 (i), (ii) 和 (iii) 合在一起也是 D 为戴德金整环的充分条件, 即通常的交换代数书上大都用满足这三个性质的整环作为戴德金整环的定义. 由这三个性质推出定义 1.11 中的素理想唯一分解性质. 关于用定义 1.11 推出性质 (i), (ii) 和 (iii) 可见 T. W. Hungerford 的 *Algebra* 一书 (中译本《代数学》, 冯克勤译, 湖南教育出版社, 1985 年) 第 8 章第 6 节.

2. 由性质 (ii) 可知戴德金整环 D 中每个理想 A 都是有限生成的. 事实上, 可以证明 A 必可由 2 元生成, 即存在 $a,b\in A$, 使得 $A=(a,b)=aD+bD$.

3. 我们有 PID $\Rightarrow$ DD $\Rightarrow$ D, PID $\Rightarrow$ UFD $\Rightarrow$ D. 现在我们要说明其中每个箭头反过来都是不成立的. 但是可以证明 DD + UFD $\Rightarrow$ PID. 我们已给出 $\mathbb{Z}[x]$ 和 $F[x,y]$ (F 为域), 它们是 UFD 但不是 PID. 容易得到整环但不是 DD 的例子:

对于任何域 F, 考虑添加无限多个 $x_1, x_2, \cdots, x_n, \cdots$ 的多项式环

$$D = F[x_1, x_2, \cdots, x_n, \cdots].$$

不难证明这是整环, 但它不是 DD, 因为理想 $A = (x_1, x_2, \cdots, x_n, \cdots)$ 不是有限生成的, 即不满足性质 (ii). 最后我们给出 DD 但不是 UFD 的例子.

考虑 $D = \mathbb{Z} + \sqrt{-6}\mathbb{Z} = \mathbb{Z}[\sqrt{-6}] = \{a + \sqrt{-6}b : a, b \in \mathbb{Z}\}$, 它是域 $K = \mathbb{Q}(\sqrt{-6}) = \{x + \sqrt{-6}y : x, y \in \mathbb{Q}\}$ 的子环, 从而为整环. 可以证明这是戴德金整环 (这是代数数论的一个重要结果). 我们证明它不是 UFD. 为此我们考虑映射 (令 $\mathbb{Z}_{\geqslant 0}$ 表示非负整数集合)

$$\begin{aligned} N : D \to \mathbb{Z}_{\geqslant 0}, \quad N(a + b\sqrt{-6}) &= (|\ a + b\sqrt{-6}\ |)^2 = (a + b\sqrt{-6})(a - b\sqrt{-6}) \\ &= a^2 + 6b^2 \quad (a, b \in \mathbb{Z}). \end{aligned}$$

不难看出对于 $\alpha, \beta \in D, N(\alpha\beta) = N(\alpha)N(\beta)$. 我们先决定整环 D 的单位群 D^*.

(I) $D^* = \{\pm 1\}$.

证明 显然 1 和 -1 为环 D 中的单位. 现在设 $\varepsilon = a + b\sqrt{-6}$ $(a, b \in \mathbb{Z})$ 是 D 中的单位, 则有 $\eta \in D$ 使得 $\varepsilon\eta = 1$. 于是 $N(\varepsilon)N(\eta) = N(\varepsilon\eta) = N(1) = 1$. 由于 $N(\eta)$ 和 $N(\varepsilon)$ 都是整数, 从而 $N(\varepsilon) = 1$. 即 $a^2 + 6b^2 = 1$. 易知它只有整数解 $a = \pm 1$ 和 $b = 0$. 因此 $\varepsilon = a + b\sqrt{-6} = \pm 1$. 这就证明了 $D^* = \{\pm 1\}$. □

现在考虑 D 中元素 6, 它在环 D 中有两个分解

$$6 = (-\sqrt{-6})(\sqrt{-6}), \quad 6 = 2 \cdot 3.$$

我们现在证明

(II) $\pm\sqrt{-6}$, 2, 3 均是整环 D 中的不可约元素, 并且 $\sqrt{-6}$ 和 $2, 3$ 均不相伴.

证明 设 $(\sqrt{-6}) = \alpha\beta (\alpha, \beta \in D)$. 则 $N(\alpha)N(\beta) = N(\sqrt{-6}) = 6$. 于是 $N(\alpha) \in \{1, 2, 3, 6\}$. 若 $N(\alpha) = 2$, 令 $\alpha = a + b\sqrt{-6}$ $(a, b \in \mathbb{Z})$, 则 $a^2 + 6b^2 = 2$, 但是不存在整数 a 和 b 满足这个方程, 从而 $N(\alpha) \neq 2$. 同样可知 $N(\alpha) \neq 3$. 因此 $N(\alpha) = 1$ (此时 α 为单位) 或者 $N(\alpha) = 6$ (此时 $N(\beta) = 1$, 即 β 为单位). 这就表明 $\sqrt{-6}$ 是整环 $D = \mathbb{Z}[\sqrt{-6}]$ 中的不可约元素. 类似可证 $-\sqrt{-6}$, 2, 3 也是不可约元素.

由于 $\dfrac{\sqrt{-6}}{2}$ 不是 D 中单位 (因为它甚至不属于 D), 可知 $\sqrt{-6}$ 和 2 在 D 中不相伴. 同样可证 $\sqrt{-6}$ 和 3 也不相伴. 这就证明了 (II).

由 (II) 可知 $6 = (-\sqrt{-6})(\sqrt{-6})$ 和 $6 = 2 \cdot 3$ 本质上是 6 在整环 $\mathbb{Z}[\sqrt{-6}]$ 中两个不同的分解式. 所以 $\mathbb{Z}[\sqrt{-6}]$ 不是 UFD. □

注记 考虑整环 $\mathbb{Z}[\sqrt{-6}]$ 中主理想 (6) 的素理想分解, 我们有

(III) $P=(2,\sqrt{-6})$ 和 $Q=(3,\sqrt{-6})$ 均是环 $\mathbb{Z}[\sqrt{-6}]$ 中的素理想, 并且 $(-\sqrt{-6})=(\sqrt{-6})=PQ$, $(2)=P^2$, $(3)=Q^2$.

证明 我们有环同构

$$\frac{\mathbb{Z}[\sqrt{-6}]}{(2,\sqrt{-6})}\cong\frac{\mathbb{Z}}{2\mathbb{Z}},\quad \frac{\mathbb{Z}[\sqrt{-6}]}{(3,\sqrt{-6})}\cong\frac{\mathbb{Z}}{3\mathbb{Z}}.$$

它们都是域, 从而 P 和 Q 都是 $\mathbb{Z}[\sqrt{-6}]$ 的极大理想, 因此也都是素理想. 进而由理想乘积 $(a_1,a_2)(b_1,b_2)=(a_1b_1,a_1b_2,a_2b_1,a_2b_2)$ 可知

$$\begin{aligned}PQ&=(2,\sqrt{-6})(3,\sqrt{-6})=(6,2\sqrt{-6},3\sqrt{-6},-6)\\&=(6,\sqrt{-6})\quad(\text{因为 }3\sqrt{-6}-2\sqrt{-6}=\sqrt{-6})\\&=(\sqrt{-6})\quad(\text{因为在 }\mathbb{Z}[\sqrt{-6}]\text{ 中}\sqrt{-6}\mid 6).\end{aligned}$$

$$P^2=(2,\sqrt{-6})(2,\sqrt{-6})=(4,2\sqrt{-6},6)=(2)\quad(\text{因为 }6-4=2).$$

$$Q^2=(3,\sqrt{-6})(3,\sqrt{-6})=(9,3\sqrt{-6},6)=(3).$$

这就证明了 (III). □

由 (III) 可知元素分解 $6=(-\sqrt{-6})(\sqrt{-6})$ 给出理想分解 $(6)=PQPQ$, 而元素分解 $6=2\cdot3$ 给出理想分解 $(6)=P^2Q^2$. 所以元素 6 的两个不同的分解式给出理想 (6) 的同一个素理想分解式.

习题 1.2

习题 1.2.1 证明 $\mathbb{Z}[x]$ 和 $F[x,y]$ (F 为域) 均不是 PID.

习题 1.2.2 考虑高斯整数环 $D=\mathbb{Z}[i](i=\sqrt{-1})$. 证明

(a) $D^*=\{\pm1,\pm i\}$.

(b) (带余除法) 对于 $\alpha,\beta\in D,\beta\neq0$, 则存在唯一的 $\gamma,\delta\in D$, 使得 $\alpha=\gamma\beta+\delta$, 并且 $|\delta|<|\beta|$ (这里 $|\delta|$ 表示复数 δ 的绝对值).

(c) $\mathbb{Z}[i]$ 为 PID.

习题 1.2.3 证明整环 $\mathbb{Z}[\sqrt{-10}]=\mathbb{Z}+\sqrt{-10}\mathbb{Z}=\{a+b\sqrt{-10}:\ a,b\in\mathbb{Z}\}$ 不是 UFD.

第 2 章 预备知识 (2): 域的代数扩张

2.1 域的代数扩张

设 L 为域, 如果 K 为 L 的子集合, 并且 K 对于 L 中的运算也是域, 则称 K 为 L 的子域, L 为 K 的扩域, 并且将这个扩张表示成 L/K. 这时, L 为 K 上的向量空间, 其维数 $\dim_K L$ 表示成 $[L:K]$, 叫作域扩张 L/K 的次数. 如果 $[L:K]$ 有限, 称 L/K 为有限 (次) 扩张, 否则 L/K 叫无限次扩张.

域的扩张分为两大类: 代数扩张和超越扩张. 代数数论主要研究有理数域 $\mathbb{Q}$ 的代数扩张. 为了介绍这些概念, 首先要介绍什么是代数元素和超越元素.

定义 2.1 设 L/K 为域的扩张. L 中元素 α 叫作在 K 上是**代数**的, 是指存在环 $K[x]$ 中的非零多项式 $f(x)$, 使得 $f(x)=0$. 否则 α 叫作在 K 上是超越的.

如果 L 中每个元素在 K 上均是代数的, 则称 L/K 为代数扩张. 反之, 若 L 中存在元素在 K 上是超越的, 则 L/K 叫作超越扩张.

K 中每个元素 α 在 K 上都是代数的. 因为 α 是 $K[x]$ 中多项式 $x-\alpha$ 的根. 又如域 $K=\mathbb{Q}(i)=\{a+bi: a,b\in\mathbb{Q}\}$ $(i=\sqrt{-1})$ 是 $\mathbb{Q}$ 的代数扩张, 因为 K 中每个数 $\alpha=a+bi$ $(a,b\in\mathbb{Q})$ 是 $\mathbb{Q}[x]$ 中多项式 $f(x)=(x-\alpha)(x-\bar{\alpha})=x^2-2ax+a^2+b^2$ 的根. K 为 $\mathbb{Q}$ 上的 2 维向量空间, $\{1,i\}$ 是一组基, 即 $[\mathbb{Q}(i):\mathbb{Q}]=2$. 更一般地我们有定理 2.1.

定理 2.1 域的有限 (次) 扩张 L/K 必是代数扩张.

证明 设 L/K 的扩张次数为 $[L:K]=n$ (正整数), 即 L 是 K 上的 n 维向量空间, 于是对 L 中的每个元素 α, $\{1,\alpha,\alpha^2,\cdots,\alpha^n\}$ 这 $n+1$ 个元素在 K 上是线性相关的. 从而有不全为零的元素 $c_0,c_1,\cdots,c_n\in K$, 使得

$$c_0+c_1\alpha+\cdots+c_n\alpha^n=0.$$

换句话说, 我们有 $K[x]$ 中非零多项式 $f(x)=c_0+c_1x+\cdots+c_nx^n$, 使得 $f(\alpha)=0$. 这说明 L 中每个元素 α 在 K 上都是代数的, 于是 L/K 为代数扩张. □

由定理 2.1 可知, 超越扩张 L/K 一定是无限次扩张. 设 α 为 L 中一个在 K 上超越的元素, 则环 $K[\alpha]$ 同构于通常的多项式环 $K[x]$, 而域 $K(\alpha)$ 同构于有理函数域

$$K(x)=\left\{\frac{f(x)}{g(x)}: f(x),g(x)\in K[x], g(x)\neq 0\right\}.$$

特别地, $K[\alpha] \neq K(\alpha)$. 并且 $K(\alpha)/K$ 是无限次扩张, $\{1, \alpha, \alpha^2, \cdots, \alpha^n, \cdots\}$ 是域 $K(\alpha)$ 的一组 K-基. 但是当 L 中元素 α 在 K 上是代数的时, 情形有很大不同.

定理 2.2　设 K 为域, α 是 K 的某个扩域中的元素, 并且 α 在 K 上是代数的, 则

(1) $K[x]$ 中存在唯一的次数最小的首 1 多项式 $p(x)$, 使得 $p(\alpha) = 0$. 并且若 $n = \deg p$, 则 $\{1, \alpha, \cdots, \alpha^{n-1}\}$ 为域 $K(\alpha)$ 的一组 K-基, 于是 $[K(\alpha) : K] = n$.

(2) $K[\alpha] = K(\alpha) \cong \dfrac{K[x]}{(p(x))}$, 即环 $K[\alpha]$ 实际上为域.

证明　我们要证 $K[\alpha]$ 是域. 为此考虑映射

$$\phi : K[x] \to K[\alpha], \quad \phi\left(\sum_{i=0}^{n} c_i x^i\right) = \sum_{i=0}^{n} c_i \alpha^i \quad (c_i \in K).$$

这是环的满同态, 它的核 $A = \ker \phi = \{f(x) \in K[x] : f(\alpha) = 0\}$ 是多项式环 $K[x]$ 的理想. 由于 α 在 K 上是代数的, 从而存在 $0 \neq f(x) \in K[x]$, 使得 $f(\alpha) = 0$. 因此 $f(x) \in A$, 即 $A \neq (0)$. 进而若 $f(x), g(x) \in K[x]$, $fg \in A$, 则 $(fg)(\alpha) = f(\alpha)g(\alpha) = 0$. 于是 $f(\alpha) = 0$ 或者 $g(\alpha) = 0$, 即 $f \in A$ 或者 $g \in A$. 这表明 A 是环 $K[x]$ 的非零素理想. 于是 $A = (p(x))$, 其中 $p(x)$ 是 $K[x]$ 中的首 1 不可约多项式, 并且由 A 所唯一决定. 进而对每个首 1 多项式 $f(x) \in K[x]$, 如果 $f(\alpha) = 0$, 则 $f \in A$. 由于 $p(x)$ 是主理想 A 的生成元, 可知 $p(x) | f(x)$, 即 $f(x) = p(x)h(x)$, 其中 $h(x) \in K[x]$. 由于 $K[x]$ 为整环而 $f(x) \neq 0$, 可知 $h(x) \neq 0$, 即 $\deg h \geqslant 0$. 于是 $\deg f = \deg p + \deg h \geqslant \deg p$. 这就表明 $p(x)$ 是满足 $p(\alpha) = 0$ 的次数最小多项式.

考虑映射

$$\phi : K[x] \to K[\alpha], \quad f(x) \mapsto \phi(f) = f(\alpha).$$

这是环的满同态, 并且 $\ker(\phi) = A$. 于是有环同构 $\dfrac{K[x]}{A} \cong K[\alpha]$. 但是 A 为 $K[x]$ 的非零素理想, 而主理想整环 $K[x]$ 中的非零理想都是极大理想, 从而 A 为极大理想, 于是 $\dfrac{K[x]}{A}$ 为域, 即 $K[\alpha]$ 为域, 这就证明了 $K[\alpha] = K(\alpha)$.

进而, 域 $K(\alpha) = K[\alpha]$ 中每个元素 β 均可表成 $\beta = f(\alpha)$, 其中 $f(x) \in K[x]$. 利用带余除法, 我们有 $q(x), r(x) \in K[x]$ 使得

$$f(x) = q(x)p(x) + r(x), \quad \deg r(x) < \deg p(x) = n.$$

于是 $r(x) = r_0 + r_1 x + \cdots + r_{n-1} x^{n-1}$ $(r_i \in K)$. 而 $\beta = f(\alpha) = q(\alpha)p(\alpha) + r(\alpha) = r(\alpha) = r_0 + r_1 \alpha + \cdots + r_{n-1} \alpha^{n-1}$ (注意 $p(\alpha) = 0$). 这表明域 $K(\alpha)$ 中每个元素

都可表示成 $\{1,\alpha,\cdots,\alpha^{n-1}\}$ 的 K-线性组合. 另一方面, 如果有 $c_0+c_1\alpha+\cdots+c_{n-1}\alpha^{n-1}=0$, 其中 $c_i\in K$, 则多项式 $f(x)=c_0+c_1x+\cdots+c_{n-1}x^{n-1}\in K[x]$, 并且 $f(\alpha)=0$. 于是 $f\in A$. 从而 $p(x)|f(x)$. 但是 $\deg p(x)=n>n-1\geqslant \deg f(x)$. 可知只能是 $f(x)=0$, 即 $c_0,c_1,\cdots,c_{n-1}$ 均为零. 这表明 $\{1,\alpha,\cdots,\alpha^{n-1}\}$ 在 K 上是线性无关的. 综合上述, 可知 $\{1,\alpha,\cdots,\alpha^{n-1}\}$ 是 K-向量空间 $K(\alpha)$ 的一组基, 因此 $[K(\alpha):K]=n=\deg p(x)$. □

定义 2.2 设 α 是域 K 的某个扩域中的元素, 并且 α 在 K 上是代数的, 我们把定理 2.2 中的那个 $K[x]$ 中首 1 不可约多项式 $p(x)$ 叫作 α 在 K 上的**最小多项式**. 它是 $K[x]$ 中由 α 唯一决定的首 1 多项式, 满足以下两个条件:

(1) $p(\alpha)=0$.

(2) 若 $f(x)$ 是 $K[x]$ 中非零多项式, $f(\alpha)=0$, 则 $p(x)|f(x)$. 特别地, $\deg f(x)\geqslant \deg p(x)$.

推论 2.1 设 L/K 是域的扩张, 如果 L 中元素 α 和 β 在 K 上均是代数的, 则 $\alpha\pm\beta$ 和 $\alpha\beta$ 在 K 上也是代数的. 又若 $\alpha\neq 0$, 则 α^{-1} 在 K 上也是代数的. 因此, L 中所有在 K 上是代数的元素组成的集合 M 是 L 的一个子域, 它是 K 在 L 中的最大代数扩域.

证明 令 $S=K(\alpha), T=S(\beta)=K(\alpha,\beta)$. 由于 α 在 K 上是代数的, $K(\alpha)/K$ 是有限次扩张 (定理 2.2), 即次数 $[K(\alpha):K]=n$ 为正整数. 又因为 β 在 K 上是代数的, β 在 K 的扩域 S 上也是代数的 (为什么?), 因此 $[S(\beta):S]=m$ 也是正整数. 熟知 $[T:K]=[T:S]\cdot[S:K]=mn$, 即 T/K 为域的有限次扩张. 于是 $T=K(\alpha,\beta)$ 中每个元素在 K 上均是代数的 (定理 2.1). 因为 $\alpha,\beta\in T$, 可知 $\alpha\pm\beta,\alpha\beta\in T$ 并且当 $\alpha\neq 0$ 时 $\alpha^{-1}\in T$. 从而这些元素在 K 上均是代数的. □

由上述定理的证明可知, 对于每个域 K, K 中元素在 K 上均是代数的, 如果在 K 之外还有在 K 上是代数的元素 α_1, 将 α_1 添加到 K 上得到 K 的扩域 $S=K(\alpha_1)$, S 中所有元素在 K 上均是代数的. 如果在 S 之外还有在 K 上是代数的元素 α_2, 则得到更大的域 $T=S(\alpha_2)$, T 中所有元素在 K 上也都是代数的, 如此继续下去, 我们把在 K 上是代数的所有元素都添加到 K 上, 得到一个域 Ω, 它具有如下的性质:

(1) Ω 中所有元素在 K 上都是代数的;

(2) 在 K 上是代数的元素均属于 Ω.

即 Ω 是由在 K 上是代数的全部元素组成的域. 这个域如果不计同构是唯一决定的. Ω 叫作域 K 的**代数闭包**.

(以上的论述在数学逻辑上是不严密的, 由于域通常是不可数集合, 严格的论述和推理需要比通常数学归纳法更高级的"超限归纳法".)

习题 2.1

习题 2.1.1 设 M/K 和 L/M 均是域的有限次扩张, 证明 $[L:K]=[L:M]\cdot[M:K]$.

习题 2.1.2 求 $\alpha=\sqrt{2}+\sqrt{3}$ 在有理数域 $\mathbb{Q}$ 上的最小多项式. 求 α 在 $\mathbb{Q}(\sqrt{2})$ 上的最小多项式. 求 α 在域 $\mathbb{Q}(\sqrt{6})$ 上的最小多项式.

习题 2.1.3 (a) 证明 $f(x)=x^3-3x-1$ 是 $\mathbb{Q}[x]$ 中的不可约多项式.

(b) 设复数 α 是 $f(x)$ 上的一个根. 证明 $\beta=3\alpha^2+7\alpha+5\neq 0$.

(c) 将 β^{-1} 表成 $a_0+a_1\alpha+a_2\alpha^2$ 的形式, 其中 $a_0,a_1,a_2\in\mathbb{Q}$.

习题 2.1.4 一个域 K 叫作**代数封闭域**, 是指 K 等于它的代数闭包. 求证下面三个条件是彼此等价的.

(a) K 是代数封闭域.

(b) $K[x]$ 中每个次数 $\geqslant 1$ 的多项式在 K 中都有根.

(c) K 中不可约多项式都是 1 次多项式.

(注记: 熟知复数域 $\mathbb{C}$ 是代数封闭域. 从而 $\mathbb{Q}$ 的代数闭包 Ω 为 $\mathbb{C}$ 的子域. 但是 Ω 比 $\mathbb{C}$ 小很多, 因为 Ω 是可数集合 (为什么?), 而 $\mathbb{C}$ 是不可数集合. Ω 中元素 (即在 $\mathbb{Q}$ 上的代数的数) 叫作**代数数**, 而在 $\mathbb{Q}$ 上超越的数 $\alpha\in\mathbb{C}\backslash\Omega$ 叫作**超越数**, 熟知圆周率 π 和自然对数的底 e 均是超越数.)

习题 2.1.5 设 L/M 和 M/K 均是域的代数扩张 (不必是有限次扩张), 证明 L/K 也是代数扩张.

习题 2.1.6 设 K 为域, Ω 是 K 的代数闭包, 证明:

(a) $K[x]$ 中存在无穷多个不可约首 1 多项式.

(b) Ω/K 是无限次扩张.

2.2 伽罗瓦扩张

本节我们介绍域论的一个重要内容: 域扩张的伽罗瓦 (Galois) 理论.

我们在抽象代数中学过群的同态基本定理和环的同态基本定理 (定理 1.1), 但是没有听说过"域的同态基本定理". 这是由于域之间的"同态"只有两种简单的情形.

设 K 和 L 为两个域, 而 $\phi: K\to L$ 是环的同态, 于是核 $\ker(\phi)=\{a\in K:\phi(a)=0\}$ 是环 K 的理想, 并且有环同构 $K/\ker(\phi)\cong \mathrm{Im}(\phi)\subseteq L$. 如果 $\ker(\phi)=(0)$, 则 $K/(0)=K$ 同构于 $\mathrm{Im}(\phi)$, 即通过 ϕ 可以把 K 看成是 L 的子域 $\mathrm{Im}(\phi)$, 称单同态 $\phi: K\hookrightarrow L$ 为域的**嵌入**. 如果 $\ker(\phi)\neq(0)$, 即理想 $\ker(\phi)$ 中有非零元素 $\alpha\in K$. 由于 α 在域 K 中可逆, 即存在 $\beta\in K$ 使得 $\alpha\beta=1$, 于是 $1=\alpha\beta\in\ker(\phi)$, 因此 $\ker(\phi)=K$. 这表明 ϕ 是一个映射, 它把 K 中所有元素都映成零. 所以除了这个平凡情形之外, 我们只需要研究域的嵌入即可.

设 L/K 是代数扩张, 我们今后主要考虑在 K 上是代数的元素, 所以取 L 的

一个代数闭包 Ω (它也是 K 的代数闭包) 或者取 Ω 的一个更大的扩域 (比如对于 $K=\mathbb{Q}$, 我们常取复数域 $\mathbb{C}$, 这是比 $\mathbb{Q}$ 的代数闭包更大的域), 然后考虑 L 到 Ω 中的所有嵌入.

定义 2.3 设 L/K 为域的扩张, 域 Ω 包含 L 的代数闭包. 域的嵌入 $\sigma: L \to \Omega$ 叫作 ***K*-嵌入**, 是指 σ 在 K 的限制是恒等映射, 即对每个 $a \in K$, $\sigma(a)=a$. 进而若 $\sigma(L)=L$, 则称 σ 为域 L 的 ***K*-自同构**.

定理 2.3 设 L/K 是域的有限次扩张, $[L:K]=n$, 则 L 到 Ω 的 K-嵌入最多有 n 个. 特别地, L 的 K-自同构最多有 n 个.

证明 我们只对单扩张 $L=K(\alpha)$ 的情形给出证明 (一般情形可以用数学归纳法和域论的一些技巧来完成), 以说明其中的道理. 设 $L=K(\alpha)$, L 中元素唯一表示成

$$\gamma = c_0 + c_1\alpha + \cdots + c_{n-1}\alpha^{n-1} \qquad (c_i \in K). \tag{2.2.1}$$

现在设 $\sigma: L \to \Omega$ 为 L 的一个 K-嵌入. 记 $\sigma(\alpha)=\beta$, 则嵌入 σ 由 β 所完全决定, 因为对形如 (2.2.1) 的每个元素 $\gamma \in L$,

$$\begin{aligned}\sigma(\gamma) &= \sigma(c_0)+\sigma(c_1)\sigma(\alpha)+\cdots+\sigma(c_{n-1})\sigma(\alpha^{n-1})\\ &= c_0+c_1\beta+\cdots+c_{n-1}\beta^{n-1} \qquad (\text{由于}\sigma(c_i)=c_i,\ \sigma(\alpha^s)=\sigma(\alpha)^s=\beta^s),\end{aligned}$$

所以 K-嵌入 σ 的个数等于 $\sigma(\alpha)=\beta$ 有多少可能的取值.

令 $f(x)=x^n+b_1x^{n-1}+\cdots+b_{n-1}x+b_n$ 为 α 在 K 上的最小多项式 $(b_i \in K)$, 这是 $K[x]$ 中 n 次不可约首 1 多项式. 我们有

$$0=f(\alpha)=\alpha^n+b_1\alpha^{n-1}+\cdots+b_{n-1}\alpha+b_n.$$

将等式作用于 K-嵌入 σ, 可得 $0=\sigma(\alpha)^n+b_1\sigma(\alpha)^{n-1}+\cdots+b_{n-1}\sigma(\alpha)+b_n=f(\sigma(\alpha))$. 这就表明 $\sigma(\alpha)$ 也是 $f(x)$ 的一个根, 但是 n 次多项式 $f(x)$ 在 Ω 中最多有 n 个不同的根, 这就表明 $\sigma(\alpha)$ 至多有 n 个选取的可能, 从而 L 的 K-嵌入至多有 n 个. □

注记 不难证明: L 的所有 K-自同构组成的集合 $\mathrm{Gal}(L/K)$ 对于自同构的复合运算形成群, 叫作 L/K 的伽罗瓦群, 此群最多有 n 个元素.

定义 2.4 域的有限次扩张 L/K 叫作**伽罗瓦扩张**, 是指 L 的 K-自同构共有 $[L:K]$ 个, 即 $|\mathrm{Gal}(L/K)|=[L:K]$.

例 2.1 设 $d \in \mathbb{Z}$, $\sqrt{d} \notin \mathbb{Z}$, 则 $K=\mathbb{Q}(\sqrt{d})$ 是有理数域 $\mathbb{Q}$ 的 2 次扩域, 因为 $f(x)=x^2-d$ 是 $\sqrt{d}$ 在 $\mathbb{Q}$ 上的最小多项式. 于是 $\{1,\sqrt{d}\}$ 为 K 的一组基, 即

$$K=\mathbb{Q}\oplus\mathbb{Q}\sqrt{d}=\{a+b\sqrt{d}: a,b\in\mathbb{Q}\}.$$

$f(x)$ 在 $\mathbb{C}$ 中有两个不同的根 $\sqrt{d}$ 和 $-\sqrt{d}$, 从而 K 到 $\mathbb{C}$ 的 $\mathbb{Q}$-嵌入共有两个 σ_1 和 σ_2, 其中 $\sigma_1(\sqrt{d})=\sqrt{d}$, 从而 $\sigma_1(a+b\sqrt{d})=a+b\sqrt{d}$ $(a,b\in\mathbb{Q})$, 即 σ_1 为 L 上的恒等映射. 而 $\sigma_2(\sqrt{d})=-\sqrt{d}$, 从而 $\sigma_2(a+b\sqrt{d})=a-b\sqrt{d}$, 由于 $-\sqrt{d}\in K$, 可知 $\sigma_2(K)=K$, 即 σ_2 是 K 的 $\mathbb{Q}$-自同构. 这表明 $K/\mathbb{Q}$ 的伽罗瓦群 $\mathrm{Gal}(K/\mathbb{Q})$ 的阶为 $2=[K:\mathbb{Q}]$, 因此 $\mathbb{Q}(\sqrt{d})/\mathbb{Q}$ 是伽罗瓦扩张.

例 2.2 考虑 $K=\mathbb{Q}(\sqrt[3]{2})$, $\sqrt[3]{2}$ 在 $\mathbb{Q}$ 上的最小多项式为 $f(x)=x^3-2$, 这是因为由艾森斯坦判别法可知 $f(x)$ 为 $\mathbb{Q}[x]$ 中不可约多项式并且 $f(\sqrt[3]{2})=0$. 于是 $[K:\mathbb{Q}]=3$. $f(x)$ 在 $\mathbb{C}$ 中有 3 个不同的根 $\sqrt[3]{2}, \sqrt[3]{2}w$ 和 $\sqrt[3]{2}w^2$, 其中 $w=e^{\frac{2\pi i}{3}}$. 从而 K 到 $\mathbb{C}$ 的 $\mathbb{Q}$-嵌入共有三个 $\sigma_0,\sigma_1,\sigma_2$, 其中 $\sigma_0(\sqrt[3]{2})=\sqrt[3]{2}$, $\sigma_1(\sqrt[3]{2})=\sqrt[3]{2}w$ 和 $\sigma_2(\sqrt[3]{2})=\sqrt[3]{2}w^2$. 由于 $\sqrt[3]{2}w$ 和 $\sqrt[3]{2}w^2$ 不是实数, 它们不属于 $K(\subseteq\mathbb{R})$, 所以 $\sigma_i(K)=\mathbb{Q}(\sqrt[3]{2}w^i)\neq K$ (对于 $i=1,2$), 即伽罗瓦群 $\mathrm{Gal}(\mathbb{Q}(\sqrt[3]{2})/\mathbb{Q})$ 只有一个元素 σ_0 (恒等自同构), 而 $[\mathbb{Q}(\sqrt[3]{2}):\mathbb{Q}]=3$, 因此 $\mathbb{Q}(\sqrt[3]{2})/\mathbb{Q}$ 不是伽罗瓦扩张.

设 L/K 为 n 次扩张, 对于每个 $\alpha\in L$, 设 $f(x)$ 是 α 在 K 上的最小多项式. $f(x)$ 在 Ω 中有 m 个不同的根 $\alpha_1,\cdots,\alpha_m$ $(m\leqslant\deg f(x),\ \alpha=\alpha_1)$.

我们称 $\alpha_1,\cdots,\alpha_m$ 为 α 的 ***K*-共轭元素**. 而对于每个 K-嵌入 $\sigma: L\to\Omega$, $\sigma(L)$ 叫作 L 的 ***K*-共轭域**. 特别当 $L=K(\alpha)$ 时, L 共有 m 个不同的嵌入 $\sigma_i: L\to\Omega$, 其中 $\sigma_i(\alpha)=\alpha_i$. 而 σ_i 为 L 的 K-自同构当且仅当 $\alpha_i\in L$. 所以 $K(\alpha)/K$ 是伽罗瓦扩张当且仅当 α 在 K 上的最小多项式 $f(x)$ 的 $[K(\alpha):K]$ $(=\deg f(x))$ 的 n 个根彼此不同, 并且这些根均属于 $K(\alpha)$, 即 α 有 $[K(\alpha):K]$ 个 K-共轭元素, 并且它们均属于 $K(\alpha)$.

下面是域扩张伽罗瓦理论的最基本结果.

定理 2.4 (伽罗瓦扩张的基本原理) 设 L/K 是域的有限次伽罗瓦扩张. $n=[L:K]$, $G=\mathrm{Gal}(L/K)$.

(1) 对 G 的每个子群 H, 定义 H 的固定集合

$$\mathrm{Fix}(H)=\{\alpha\in L: 对每个\ \sigma\in H, \sigma(\alpha)=\alpha\}.$$

这是一个域, 并且是 L 和 K 的中间域, 即 $K\subseteq\mathrm{Fix}(H)\subseteq L$. 另一方面, 对于 L 和 K 的每个中间域 M, 定义 M 的固定集合

$$\mathrm{Fix}(M)=\{\sigma\in G: 对每个\ \alpha\in M, \sigma(\alpha)=\alpha\}=\mathrm{Gal}(L/M).$$

这是 G 的一个子群. 进而, 若以 $\mathcal{M}$ 表示 K 和 L 的中间域组成的集合, 以 $\mathcal{H}$ 表示 G 的全部子群组成的集合, 则

$$\phi:\mathcal{M}\to\mathcal{H},\quad M\longmapsto\mathrm{Fix}(M)$$

$$\psi:\mathcal{H}\to\mathcal{M},\quad H\longmapsto\mathrm{Fix}(H)$$

是互逆的映射. 从而它们给出集合 $\mathcal{M}$ 和 $\mathcal{H}$ 之间的一一对应. 而且这个对应是反序的, 也就是说: 若 $M_1 \subseteq M_2$, 则 $\mathrm{Fix}(M_1) \supseteq \mathrm{Fix}(M_2)$. 而若 $H_1 \subseteq H_2$, 则 $\mathrm{Fix}(H_1) \supseteq \mathrm{Fix}(H_2)$. 特别地, 我们有

$$\mathrm{Fix}(G) = K \quad (\text{即 } L \text{ 中元素 } \alpha \text{ 属于 } K \text{ 当且仅当对每个 } \sigma \in G,\ \sigma(\alpha) = \alpha.)$$

$$\begin{array}{ll} L & \mathrm{Gal}(L/L) = \{I\} \quad (I \text{ 为 } L \text{ 的恒等自同构}) \\ | & \quad | \\ M & H = \mathrm{Gal}(L/M) \\ | & \quad | \\ K & G = \mathrm{Gal}(L/K) \end{array}$$

(2) 设中间域 M 对应于 G 的子群 H, 即 $H = \mathrm{Gal}(L/M)$, $M = \mathrm{Fix}(H)$. 则 $\mathrm{Gal}(L/M)$ 是伽罗瓦扩张, 从而 $|\mathrm{Gal}(L/M)| = [L:M]$, 于是 $[M:K] = [G:H]$. 进而, M/K 是伽罗瓦扩张当且仅当 H 是 G 的正规子群. 并且当 H 是 G 的正规子群时, $\mathrm{Gal}(M/K)$ 同构于商群 $G/H = \dfrac{\mathrm{Gal}(L/K)}{\mathrm{Gal}(L/M)}$. 一般地, 若 H_1 和 H_2 是 G 中的共轭子群, 则它们对应的中间域是 K-共轭域.

我们略去这个定理的证明, 下面只想试图说明一下这个定理为什么公认为是一个十分重要甚至是非常漂亮的数学结果.

设 L/K 是域的有限次扩张, 一个很基本的问题是: 它们有多少中间域? 如果 K 是无限域, 当 $n = [L:K] \geqslant 2$ (即 $L \neq K$) 时, 如果从集合论的观点, K 和 L 的中间集合有无穷多个. 即使从线性代数的角度, 每个中间域 M 是 L 的 K-向量子空间, 它们也有无穷多个. 但是当 L/K 是伽罗瓦扩张的时候, 上述定理是说 L/K 的中间域和有限群 $G = \mathrm{Gal}(L/K)$ 的子群之间是一一对应的. 而 G 的子群只有有限多个, 从而 L/K 的中间域也只有有限多个. 并且通过定理 2.4 中的互逆映射 ϕ 和 ψ, 我们可以由 G 的所有子群把 L/K 的所有中间域完全决定出来. 进而, 对于任意有限扩张 L/K(不必为伽罗瓦扩张), 我们总可以找到 L 的一个有限次扩域 F, 使得 F/K 为 (有限次) 伽罗瓦扩张, $K \subseteq L \subseteq F$, 于是 F/K 只有有限个中间域, 从而任意有限次扩张 L/K 也只有有限多个中间域, 所以定理 2.4 的重要意义是把域论的许多问题归结为相对简单的有限群问题.

在进一步欣赏伽罗瓦基本定理之前, 我们还是举两个简单而典型的例子.

例 2.3 考虑 $K = \mathbb{Q}(\sqrt{2}, \sqrt{3})$, 我们先计算 $[K:\mathbb{Q}]$. 它们有中间域 $M = \mathbb{Q}(\sqrt{2})$. 由于 $\sqrt{2}$ 在 $\mathbb{Q}$ 上的最小多项式为 $x^2 - 2$, 可知 $[M:\mathbb{Q}] = 2$. 进而, $x^2 - 3$ 是 $\sqrt{3}$ 在 $\mathbb{Q}$ 上的极小多项式. 请读者证明 $\pm\sqrt{3} \notin M = \mathbb{Q}(\sqrt{2})$, 可知 $x^2 - 3$ 在 $M[x]$ 中也不可约, 从而 $x^2 - 3$ 也是 $\sqrt{3}$ 在 M 上的最小多项式, 于是 $[K = M(\sqrt{3}) : M] = 2$, 所以 $[K:\mathbb{Q}] = [K:M][M:\mathbb{Q}] = 4$.

$\sqrt{2}$ 的 $\mathbb{Q}$-共轭元素 $\pm\sqrt{2}$ 和 $\sqrt{3}$ 的 $\mathbb{Q}$-共轭元素 $\pm\sqrt{3}$ 均属于 K, 可知 $K/\mathbb{Q}$ 是 4 次伽罗瓦扩张, 伽罗瓦群 $G = \mathrm{Gal}(K/\mathbb{Q})$ 有 4 个自同构元素. 每个自同构由它在 $\sqrt{2}$ 和 $\sqrt{3}$ 上的作用所完全决定. 即 G 中 4 个元素为恒等自同构 I ($I(\sqrt{2}) = \sqrt{2}, I(\sqrt{3}) = \sqrt{3}$) 和

$$\sigma : \sigma(\sqrt{2}) = \sqrt{2},\ \sigma(\sqrt{3}) = -\sqrt{3};$$

$$\tau : \tau(\sqrt{2}) = -\sqrt{2},\ \tau(\sqrt{3}) = \sqrt{3};$$

$$\sigma\tau = \tau\sigma:\ \sigma\tau(\sqrt{2}) = -\sqrt{2},\ \sigma\tau(\sqrt{3}) = -\sqrt{3}.$$

更确切地说, 由于 $\{1, \sqrt{2}\}$ 是 M 的一组 $\mathbb{Q}$-基, 而 $\{1, \sqrt{3}\}$ 是 K 的一组 M-基, 可知 $\{1, \sqrt{2}, \sqrt{3}, \sqrt{6}\}$ 是 K 的一组 $\mathbb{Q}$-基, 即 K 中每个元素唯一表成

$$\alpha = a_0 + a_1\sqrt{2} + a_2\sqrt{3} + a_3\sqrt{6} \qquad (a_i \in \mathbb{Q}),$$

而 $I(\alpha) = \alpha$, $\sigma(\alpha) = a_0 + a_1\sqrt{2} - a_2\sqrt{3} - a_3\sqrt{6}$, $\tau(\alpha) = a_0 - a_1\sqrt{2} + a_2\sqrt{3} - a_3\sqrt{6}$, $\sigma\tau(\alpha) = a_0 - a_1\sqrt{2} - a_2\sqrt{3} + a_3\sqrt{6}$.

由于 $\sigma^2 = \tau^2 = (\sigma\tau)^2 = I$, $\sigma\tau = \tau\sigma$, 可知 G 是由 σ 和 τ 生成的两个 2 阶循环群的直积. 除了 G 和 $\{I\}$ 之外, G 还有三个子群, 即分别由 σ, τ 和 $\sigma\tau$ 生成的 2 阶子群, 它们对应的中间域分别为 $\mathrm{Fix}(\sigma) = \mathbb{Q}(\sqrt{2})$, $\mathrm{Fix}(\tau) = \mathbb{Q}(\sqrt{3})$ 和 $\mathrm{Fix}(\sigma\tau) = \mathbb{Q}(\sqrt{6})$. 这就表明 $K = \mathbb{Q}(\sqrt{2}, \sqrt{3})$ 和 $\mathbb{Q}$ 之间除了 K 和 $\mathbb{Q}$ 之外, 只有三个中间子域 $\mathbb{Q}(\sqrt{2})$, $\mathbb{Q}(\sqrt{3})$ 和 $\mathbb{Q}(\sqrt{6})$(图 2.1), 由于 G 是交换环, G 的每个子群都是正规子群, 所以 $\mathbb{Q}(\sqrt{2})$, $\mathbb{Q}(\sqrt{3})$ 和 $\mathbb{Q}(\sqrt{6})$ 都是 $\mathbb{Q}$ 的伽罗瓦扩张.

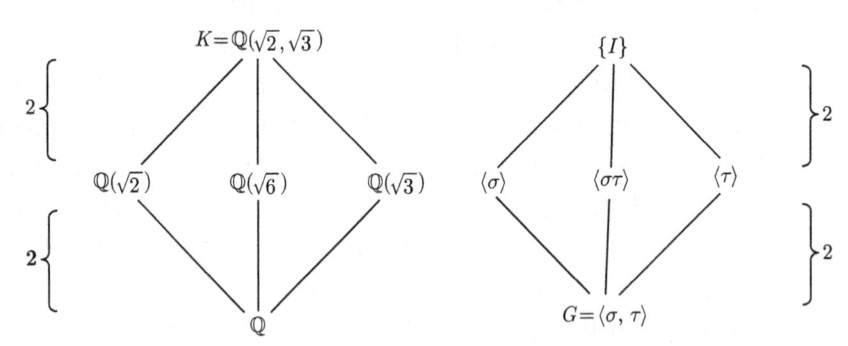

图 2.1　$\mathbb{Q}(\sqrt{2}, \sqrt{3})$ 的子域与 $G = \langle\sigma, \tau\rangle$ 的子群对应关系

例 2.4　例 2.2 中表明域 $K = \mathbb{Q}(\sqrt[3]{2})$ 是 $\mathbb{Q}$ 的三次扩域, $\sqrt[3]{2}$ 的共轭元素为 $\sqrt[3]{2}$, $\sqrt[3]{2}w$ 和 $\sqrt[3]{2}w^2$, 其中 $w = e^{\frac{2\pi i}{3}}$, $[K:\mathbb{Q}] = 3$. 由于 $\sqrt[3]{2}w \notin K$, 可知 $K/\mathbb{Q}$ 不是伽罗瓦扩张. 但是考虑 K 的扩域 $L = K(w) = \mathbb{Q}(\sqrt[3]{2}, w)$, 由于 w 在 $\mathbb{Q}$ 上的最小

多项式为 x^2+x+1, 它的根 $w \notin K$, 可知 x^2+x+1 也是 w 在 K 上的最小多项式, 因此 $[L:K]=2$, 从而 $[L:\mathbb{Q}]=[L:K][K:\mathbb{Q}]=6$. 由于 $\sqrt[3]{2}$ 和 w 的共轭元素均属于 L, 可知 $L/\mathbb{Q}$ 为伽罗瓦扩张, 其伽罗瓦群 $G=\mathrm{Gal}(L/\mathbb{Q})$ 为 6 阶群, 每个自同构 ϕ 都由在 $\sqrt[3]{2}$ 和 w 上的作用所完全决定. 由于 $\phi(\sqrt[3]{2})$ 只能为 $\sqrt[3]{2}$, $\sqrt[3]{2}w$ 和 $\sqrt[3]{2}w^2$, $\phi(w)$ 只能为 w 和 w^2. 这一共有 6 种可能, 所以每种可能均为自同构. 具体见表 2.1.

表 2.1 伽罗瓦群 $G=\mathrm{Gal}(L/\mathbb{Q})$ 的 6 个元素

ϕ	$\phi(\alpha_0=\sqrt[3]{2})$	$\phi(w)$	$\phi(\alpha_1=\sqrt[3]{2}w)$	$\phi(\alpha_2=\sqrt[3]{2}w^2)$	置换表示	
I	α_0	w	α_1	α_2	I	
σ	α_0	w^2	α_2	α_1	(12)	$(\sigma^2=1)$
τ	α_1	w	α_2	α_0	(012)	$(\tau^3=1)$
$\tau\sigma$	α_1	w^2	α_0	α_2	(01)	
τ^2	α_2	w	α_0	α_1	(021)	
$\tau^2\sigma$	α_2	w^2	α_1	α_0	(02)	

由于 $\alpha_0=\sqrt[3]{2}$, $\alpha_1=\sqrt[3]{2}w$ 和 $\alpha_2=\sqrt[3]{2}w^2$ 是彼此共轭的元素, 可以将每个自同构 ϕ 看成是它们的置换, 简记成对应下标 $0,1,2$ 之间的置换, 写在表 2.1 的置换表示一列. 由它可看出 G 是 $\{0,1,2\}$ 的全体置换构成的群 S_3. 它有 4 个非平凡的子群: 由 $\sigma=(12)$, $\tau\sigma=(01)$ 和 $\tau^2\sigma=(02)$ 生成的三个 2 阶子群和由 $\tau=(012)$ 生成的 3 阶子群. 从而 $\mathbb{Q}(\sqrt[3]{2},w)$ 和 $\mathbb{Q}$ 之间有 4 个非平凡的中间域, 其伽罗瓦对应见图 2.2.

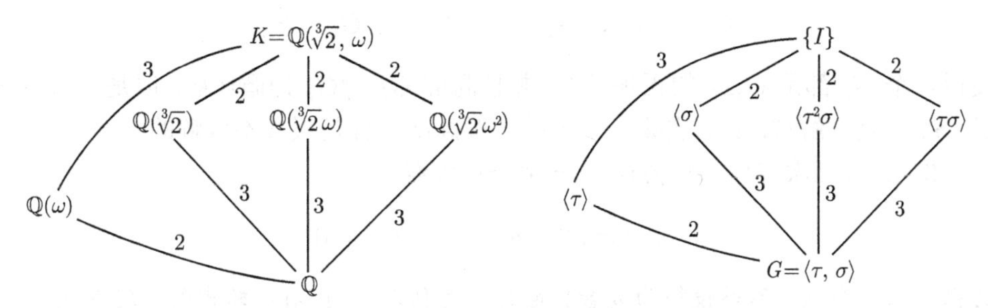

图 2.2 $\mathbb{Q}(\sqrt[3]{2},w)$ 的子域与其伽罗瓦群的子群对应关系

例如, 对于二元群 $\langle\tau\sigma\rangle$, 对应的中间域为 $H=\{\alpha\in K:\tau\sigma(\alpha)=\alpha\}$. 并且 $[H:\mathbb{Q}]=[G:\langle\tau\sigma\rangle]=\dfrac{6}{2}=3$. 由于 $\tau\sigma(\alpha_2)=\alpha_2(\alpha_2=\sqrt[3]{2}w^2)$, 可知 $\mathbb{Q}(\sqrt[3]{2}w^2)\subseteq H$. 但是 $[\mathbb{Q}(\sqrt[3]{2}w^2):\mathbb{Q}]=3$, 从而 $H=\mathbb{Q}(\sqrt[3]{2}w^2)$. 类似地, 可决定其他中间域.

$\langle\tau\rangle$ 是 G 的正规子群, 从而 $\mathbb{Q}(w)/\mathbb{Q}$ 为 2 次伽罗瓦扩张. 另一方面, $\langle\sigma\rangle$, $\langle\tau^2\sigma\rangle$

和 $\langle\tau\sigma\rangle$ 是彼此共轭的三个子群, 从而 $\mathbb{Q}(\sqrt[3]{2})$, $\mathbb{Q}(\sqrt[3]{2}w)$ 和 $\mathbb{Q}(\sqrt[3]{2}w^2)$ 是三个不同的共轭域. 因此它们都不是 $\mathbb{Q}$ 的伽罗瓦扩域.

历史上, 域扩张的伽罗瓦理论来源于法国的伽罗瓦 (Galois, 1811—1832) 和挪威的阿贝尔 (Abel, 1802—1829) 研究高次方程 $x^n+a_1x^{n-1}+\cdots+a_{n-1}x+a_n=0$ 在复数域上的根式求解问题. 当 $n=2$ 时, 熟知 $x^2+ax+b=0$ 有求解公式 $x=\dfrac{-a\pm\sqrt{a^2-4b}}{2}$. 后来人们得到 $n=3$ 和 $n=4$ 的求解公式 (也称求根公式), 根由方程的系数经过四则运算、开平方和开立方运算表达出来. 此后很长时间, 人们希望对于 $n\geqslant 5$, 找到 n 次一般方程用系数的四则运算和根式运算表达根的公式. 但是伽罗瓦和阿贝尔证明了这样的求解公式是不存在的. 伽罗瓦的方法是如例 2.4 中展开的那样, 研究方程 n 个根 $x_1,\cdots,x_n$ 之间的置换. 这些置换对于合成运算满足一些性质 (结合律、幺元素、逆运算), 这就产生了群的概念, 成为古典代数学到近世代数学的重要转折点和里程碑.

我们简单介绍一下伽罗瓦和挪威数学家阿贝尔是如何解决上述的根式求解问题的. 设 F 为域, $f(x)=x^n+a_1x^{n-1}+\cdots+a_{n-1}x+a_n\in F[x]$, 并且 $a_1,\cdots,a_n\in F$, $x_1,\cdots,x_n$ 是 $f(x)$ 的 n 个根, 则 $K(x_1,\cdots,x_n)/K$ 是伽罗瓦扩张, 并且当系数 $a_1,\cdots,a_n$ 是 K 中 "一般" 的元素时, 这个扩张的伽罗瓦群 G 中每个 K-自同构看成是 $x_1,\cdots,x_n$ 的置换时, G 为所有置换组成置换群 S_n, 于是 $[K(x_1,\cdots,x_n):K]=|G|=|S_n|=n!$. 伽罗瓦证明了, 方程 $f(x)=0$ 根式可解, 当且仅当 S_n 是可解群, 即 S_n 有一个子群序列

$$G_0=\{I\}\subset G_1\subset G_2\subset\cdots\subset G_l=S_n$$

使得每个 G_i 都是 G_{i+1} 的正规子群, 并且商群 G_{i+1}/G_i 为循环群. 但是当 $n\geqslant 5$ 时, S_n 不是可解群, 从而次数 $n\geqslant 5$ 的一般高次方程是根式不可解的.

例 2.5 (三次方程求解公式)　三次一般方程

$$f(x)=x^3+ax^2+bx+c=0$$

的根式求解公式 (不妨设解为复数) 是由意大利人 Cardano 给出的. 现在我们用伽罗瓦理论来推导这个公式.

设 x_1,x_2,x_3 是上述方程的三个根, 则令

$$y_i=x_i-\frac{1}{3}a\qquad(i=1,2,3),\tag{2.2.2}$$

于是 y_1,y_2,y_3 为方程

$$g(y)=f\left(x-\frac{1}{3}a\right)=y^3+py+q=0\quad(\text{去掉了二次项})$$

的三个根, 其中

$$p = b - \frac{a^2}{3}, \quad q = c - \frac{ab}{3} - \frac{2a^3}{27}. \tag{2.2.3}$$

问题转化为计算 y_1, y_2, y_3, 由于它们是 $g(y) = y^3 + py + q$ 的三个根, 韦达定理给出

$$\sigma_1 = y_1 + y_2 + y_3 = 0, \quad \sigma_2 = y_1y_2 + y_2y_3 + y_3y_1 = p, \quad \sigma_3 = y_1y_2y_3 = -q. \tag{2.2.4}$$

令 $F = \mathbb{Q}(p, q, w), K = F(y_1, y_2, y_3)$, 其中

$$w = e^{\frac{2\pi i}{3}} = \frac{-1 + \sqrt{-3}}{2}.$$

则 $w^2 = \dfrac{-1 - \sqrt{-3}}{2}$, 并且 $1 + w + w^2 = 0$, $w^3 = 1$. K/F 是伽罗瓦扩张, 其伽罗瓦群为 $G = \mathrm{Gal}(K/F) = S_3$, 这里把 y_1, y_2, y_3 之间的置换简写为 1, 2, 3 的置换.

$$\begin{array}{ccc} K = F(y_1, y_2, y_3) & & \{I\} \\ | & & | \\ M & & A_3 = \langle (123) \rangle \\ | & & | \\ F = \mathbb{Q}(p, q, w) & & G = S_3 \end{array}$$

于是 $[K : F] = |S_3| = 6$, 群 S_3 有子群 $A_3 = \{I, (123), (132)\}$. 对于子群列

$$\{I\} \subset A_3 \subset S_3,$$

商群 $A_3/\{I\} = A_3$ 和 S_3/A_3 分别是 3 阶和 2 阶循环群, 从而 S_3 是可解群. 记 M 为对应于子群 A_3 的中间域, 我们决定这个子域. 为此, 考查多项式 $g(y) = (y - y_1)(y - y_2)(y - y_3) = x^3 + px + q$ 的“判别式”

$$d = (y_1 - y_2)(y_2 - y_3)(y_3 - y_1).$$

不难看出, 对于 $\sigma \in S_3$,

$$\sigma(d) = \begin{cases} d, & \text{若 } \sigma \text{ 为偶置换, 即 } \sigma \in A_3, \\ -d, & \text{若 } \sigma \text{ 为奇置换, 即 } \sigma \in S_3 \setminus A_3. \end{cases}$$

于是对每个 $\sigma \in S_3$, $\sigma(d^2) = d^2$, 由伽罗瓦理论, d^2 应当属于域 F. 事实上, $d^2 = (y_1 - y_2)^2(y_2 - y_3)^2(y_3 - y_1)^2$ 是关于 y_1, y_2, y_3 的对称函数, 它应当能用 (2.2.4) 式给出的初等对称函数表示: 由于 d^2 是 y_1, y_2, y_3 的 6 次齐次多项式, 从而

$$d^2 = A\sigma_3^2 + B\sigma_3\sigma_2\sigma_1 + C\sigma_3\sigma_1^3 + D\sigma_2^3 + F\sigma_2^2\sigma_1^2 + G\sigma_2\sigma_1^4 + H\sigma_1^6,$$

从而在 $\sigma_1 = y_1 + y_2 + y_3 = 0$ 的条件下, 有恒等式

$$d^2 = A\sigma_3^2 + D\sigma_2^3 \qquad (A, D \in \mathbb{Q}).$$

取 $y_1 = 0, y_2 = 1, y_3 = -1$, 上式得出 $4 = D \cdot (-1)$, 即 $D = -4$. 再取 $y_1 = y_2 = 1, y_3 = -2$, 又得到 $0 = 4A - 27D = 4(A + 27)$, 即 $A = -27$. 于是由 (2.2.4) 式得

$$d^2 = -27\sigma_3^2 - 4\sigma_2^3 = -27q^2 - 4p^3. \tag{2.2.5}$$

由于元素 $d = \sqrt{-27q^2 - 4p^3}$ 被子群 A_3 上的作用所固定, 由伽罗瓦理论可知 $d \in M$, 由 $d \notin F$ 可知 $[F(d) : F] \geqslant 2$, 但是 $[M : F] = [S_3 : A_3] = 2$, 而 $F(d) \subseteq M$, 可知 $F(d) = M$, 即我们决定了中间域 $M = F(d) = \mathbb{Q}(p, q, w, d)$, $d = \sqrt{-27q^2 - 4p^3}$.

现在考虑扩张 K/M, $\mathrm{Gal}(K/M) = A_3$. 对于元素

$$\xi_3 = y_1 + y_2 + y_3 = 0, \quad \xi_1 = y_1 + wy_2 + w^2y_3, \quad \xi_2 = y_1 + w^2y_2 + wy_3 \tag{2.2.6}$$

和 A_3 的生成元 $\sigma = (123)$, 我们有

$$\sigma(\xi_1) = y_2 + wy_3 + w^2y_1 = w^2\xi_1, \quad \sigma(\xi_2) = w\xi_2,$$

从而 $\sigma(\xi_1^3) = \xi_1^3, \sigma(\xi_2^3) = \xi_2^3$, 于是 $\xi_1^3, \xi_2^3 \in M$. 事实上, 可以算出 (利用 $w^2 + w = -1$)

$$\begin{aligned} \xi_1^3 + \xi_2^3 &= (y_1 + wy_2 + w^2y_3)^3 + (y_1 + w^2y_2 + wy_3)^3 \\ &= 2(y_1^3 + y_2^3 + y_3^3) + 12y_1y_2y_3 - 3U, \end{aligned} \tag{2.2.7}$$

其中 $U = y_1^2y_2 + y_1y_2^2 + y_2^2y_3 + y_2y_3^2 + y_3^2y_1 + y_3y_1^2$ 是 y_1, y_2, y_3 的 3 次齐次对称函数, 从而可表示成初等对称函数 σ_1, σ_2 和 σ_3 的 3 次齐次多项式, 系数为有理数. 由于 $\sigma_1 = 0$, 可知有恒等式 $U = c\sigma_3$, $c \in \mathbb{Q}$. 取 $y_1 = y_2 = 1, y_3 = -2$, 代入 U 和 σ_3 可知 $6 = c \cdot (-2)$, 于是 $c = -3$, 从而 (2.2.7) 式给出 $U = -3\sigma_3$. 同样方法可得 $y_1^3 + y_2^3 + y_3^3 = 3\sigma_3$, 代入 (2.2.7) 式便算出

$$\xi_1^3 + \xi_2^3 = 18\sigma_3 + 9\sigma_3 = -27q. \tag{2.2.8}$$

进而我们有

$$\begin{aligned} \xi_1\xi_2 &= (y_1 + wy_2 + w^2y_3)(y_1 + w^2y_2 + wy_3) = y_1^2 + y_2^2 + y_3^2 - \sigma_2 \\ &= \sigma_1^2 - 3\sigma_2 = -3\sigma_2 = -3p, \end{aligned} \tag{2.2.9}$$

从而 $\xi_1^3\xi_2^3 = -27p^3$. 由此和 (2.2.8) 式可知 ξ^3 和 ξ_2^3 是二次方程 $Z^2 + 27qZ - 27p^3 = 0$ 的两个根. 因此

$$\{\xi_1^3, \xi_2^3\} = \frac{1}{2}(-27q \pm \sqrt{4 \cdot 27p^3 + 27^2q^2})$$

(注记: 由 (2.2.5) 式可知 $\xi_1^3, \xi_2^3 \in M$). 令

$$A = \left(-\frac{27}{2}q + \sqrt{\frac{27}{4}(4p^3 + 27q^2)}\right)^{\frac{1}{3}}, \quad B = \left(-\frac{27}{2}q - \sqrt{\frac{27}{4}(4p^3 + 27q^2)}\right)^{\frac{1}{3}}, \tag{2.2.10}$$

则 $\xi_1 = Aw^i$, $\xi_2 = Bw^i (0 \leqslant i, j \leqslant 2)$. 注意 (2.2.9) 式给出 $\xi_1\xi_2 = -3p$, 可知只有三种可能性:

$$(\xi_1, \xi_2) = (A, B), \ (wA, w^2B), \ (w^2A, wB). \tag{2.2.11}$$

回到 y_1, y_2, y_3: 由 (2.2.6) 中线性方程组可解出

$$y_1 = \frac{1}{3}(\xi_1 + \xi_2 + \xi_3) = \frac{1}{3}(\xi_1 + \xi_2),$$

$$y_2 = \frac{1}{3}(w^2\xi_1 + w\xi_2 + \xi_3) = \frac{1}{3}(w^2\xi_1 + w\xi_2),$$

$$y_3 = \frac{1}{3}(w\xi_1 + w^2\xi_2 + \xi_3) = \frac{1}{3}(w\xi_1 + w^2\xi_2).$$

由 (2.2.11) 式我们就得到 Cardano 的求解公式: 方程 $x^3 + px + q = 0$ 的三个根为

$$\frac{1}{3}(A+B), \quad \frac{1}{3}(wA + w^2B), \quad \frac{1}{3}(w^2A + wB),$$

其中 $w = \frac{1}{2}(-1 + \sqrt{-3})$, $w^2 = \frac{1}{2}(-1 - \sqrt{-3})$, 而 A 和 B 由公式 (2.2.10) 所定义.

本节的最后我们要回答善于思考的读者可能会问到的一个问题. 我们在定理 2.3 的证明中说, 域 K 上的一个 n 次不可约多项式 $f(x)$ $(n \geqslant 1)$(在 K 的代数闭包中) 有 m 个不同的根, 其中 $m \leqslant n$. 而读者过去的经验似乎应当 $m = n$, 即不可约多项式 $f(x)$ 的 n 个根应当没有重根, 读者的经验来自 K 是有理数域 $\mathbb{Q}$ 的情形. 这时 $f(x)$ 的导函数 $f'(x)$ 为 $n-1$ 次多项式, 熟知 $f(x)$ 有重根当且仅当 $f(x)$ 和 $f'(x)$ 不互素, 但是 $\deg f'(x) = n - 1 \geqslant 0$, 可知 $f'(x) \neq 0$, 而 $f(x)$ 不可约, 从而若 $f(x)$ 和 $f'(x)$ 不互素, 必然 $f|f'$. 但是 $\deg f'(x) = n - 1 < n = \deg f$, 从而 $f|f'$ 是不可能的. 这就证明了 $\mathbb{Q}[x]$ 中 n 次不可约多项式没有重根, 即它有 n 个不同的根. 但是对于一般的域 K, $K[x]$ 中不可约多项式可以有重根. 为此, 我们要介绍域论的一个基本概念: 域的特征.

设 K 为域, 考虑映射

$$\phi: \mathbb{Z} \to K,$$

它把整数 n 映成 $n\cdot 1_k$, 其中 1_k 是域 K 中的幺元素, 在 n 为正整数时, $n\cdot 1_k$ 为 n 个 1_k 之和, 而 $(-n)\cdot 1_k=-(n\cdot 1_k)$, $0\cdot 1_k=0$. 我们今后也把 $n\cdot 1_k$ 简记为 n. ϕ 是环的同态, 从而 $\ker(\phi)$ 是整数环 $\mathbb{Z}$ 中的理想. 于是 $\ker(\phi)=(n)=n\mathbb{Z}$, 其中 $n\geqslant 0$. 如果 $\ker(\phi)=(0)$, 则 ϕ 是环的单同态, 因此 $\mathbb{Z}$ 可看成是域 K 的子环 (将 $n\in\mathbb{Z}$ 等同于 $n\cdot 1_k\in K$), 所以有理数域 $\mathbb{Q}$ 是 K 的子域. 这时我们称 K 是**特征为 0** 的域. 如果 $\ker(\phi)=(n)$, n 为正整数, 则由环的同态基本定理, 商环 $Z_n=\mathbb{Z}/n\mathbb{Z}$ 是域的子环, 从而 Z_n 必为整环, 于是 n 必为素数 p. 所以 (有限) 域 $Z_p=\{0,1,2,\cdots,p-1\}$ 是 K 的子域, 并且 p 是在 K 中为 0 的最小正整数. 这时称 K 是**特征为素数 p** 的域, 特征 p 域有一些特殊的性质 (见习题 2.3 之习题 2.3.1、习题 2.3.7 和习题 2.3.8).

对于特征 0 的域 K, $K[x]$ 中不可约多项式是没有重根的, 其证明和前面 $K=\mathbb{Q}$ 的情形是一样的. 下面例子表明对于特征 p 域上情形不同.

例 2.6 设 Z_p 为 p 元有限域 $\mathbb{Z}/p\mathbb{Z}$. 考虑有理函数域 $K=Z_p(x)$. 我们先证多项式 X^p-x 是 $K[X]$ 中的不可约多项式. 易知 $\alpha=x^{\frac{1}{p}}$ 是 X^p-x 的一个根, 从而在扩域 $K(\alpha)$ 中分解为

$$X^p-x=X^p-\alpha^p=(X-\alpha)^p \quad (\text{注意: } K(\alpha) \text{ 是特征 } p \text{ 域}). \tag{2.2.12}$$

如果 X^p-x 在 $K[X]$ 中可约, 则它必有因子 $(X-\alpha)^m$, 其中 $1\leqslant m\leqslant p-1$. 但是 $(X-\alpha)^m$ 的常数项 $(-\alpha)^m=(-1)^m x^{\frac{m}{p}}$ 不属于 $K=Z_p(x)$. 因此, $(X-\alpha)^m$ 不属于 $K[X]$, 这个矛盾推出 X^p-x 是 $K[X]$ 中不可约多项式. 而由 (2.2.12) 式可知 α 是它的 p 重根.

例 2.6 表明在特征 p 域上的不可约多项式可能会有重根, 不过好在我们今后所谈的域主要有两类. 一类是代数数域, 它们均为复数域的子域, 从而特征为 0. 还有一类是下一节要讲的有限域, 它们是特征 p 域, 但是我们要证明: 有限域上的不可约多项式也是没有重根的.

习题 2.2

习题 2.2.1 设 K 为域, $f(x)$ 是 $K[x]$ 中的 n $(\geqslant 1)$ 次不可约多项式, $\alpha_1,\cdots,\alpha_n$ 是 $f(x)$ 在 K 的某个扩域中的全部根. $L=K(\alpha_1,\cdots,\alpha_n)$ (叫作 $f(x)$ 在 K 上的**分裂域**). 证明: $[L:K]\leqslant n!$ (n 的阶乘), 并且 L/K 是伽罗瓦扩张.

习题 2.2.2 设 L/K 是伽罗瓦扩张, $G=\mathrm{Gal}(L/K)$ 是它的伽罗瓦群. 又设 M_1 和 M_2 为 L/K 的两个中间域, 在伽罗瓦对应下它们分别对应于 G 的子群 G_1 和 G_2. 证明:

(a) 域 $M_1\cap M_2$ 对应于 G 的子群 G_1G_2 (这是 G 中包含 G_1 和 G_2 的最小子群, 叫作 G_1 和 G_2 的合成).

(b) 域 M_1M_2 (这是包含 M_1 和 M_2 的最小中间域, 叫作 M_1 和 M_2 的合成) 对应于 G 的子群 $G_1\cap G_2$.

习题 2.2.3 设 L 和 M 均是域 E 的子域, $L/L\cap M$ 是有限次伽罗瓦扩张. 证明: LM/M 也是有限次伽罗瓦扩张, 并且 $\mathrm{Gal}(LM/M)$ 同构于 $\mathrm{Gal}(L/L\cap M)$.

习题 2.2.4 令 $K=\mathbb{Q}(\sqrt{2},\sqrt{3},\sqrt{5})$, $M=\mathbb{Q}(\sqrt{6}+\sqrt{10}+\sqrt{15})$.

(a) 求证 $K/\mathbb{Q}$ 和 $M/\mathbb{Q}$ 均是伽罗瓦扩张, 决定它们的伽罗瓦群.

(b) 证明 $\sqrt{6}\in M$.

(c) 求 $\sqrt{2}+\sqrt{3}$ 在 M 上的最小多项式.

习题 2.2.5 例 2.5 中的三次方程求解公式对于特征不为 3 的域 K 都是适用的, 因为推导中要用到 $3\neq 0$, 并且域 K 的扩域中存在元素 w 满足 $w\neq 1, w^3=1$. 当 K 的特征为 3 时, 对于系数属于 K 的一般三次多项式, 是否有根的类似求解公式?

习题 2.2.6 证明 S_4 是可解群, 并由伽罗瓦理论对于一般 4 次方程, 给出根式求解公式.

习题 2.2.7 令 $\zeta=e^{\frac{2\pi i}{8}}$, $K=\mathbb{Q}(\zeta)$.

(a) 证明 $K/\mathbb{Q}$ 是伽罗瓦扩张, 并且 $K=\mathbb{Q}(\sqrt{-1},\sqrt{2})$.

(b) 计算 $K/\mathbb{Q}$ 的伽罗瓦群, 决定 ζ 的全部共轭元素.

2.3 有 限 域

本节介绍由有限个元素组成的域, 讲述这种域的基本性质.

初等数论已经提供出有限域的最基本例子: 对于每个素数 p, 模 p 的 p 个同余类构成的集合 $Z_p=\mathbb{Z}/p\mathbb{Z}$ 是 p 元有限域. 今后把它记成 $\mathbb{F}_p$, 因为 p 元域不计同构是唯一的.

是否还有其他的有限域? 我们第一个任务是决定全部有限域. 设 F 是一个有限域, 则 F 的特征一定是素数 p, 因为特征 0 的域包含无穷多元素的整数环 $\mathbb{Z}$, 从而 F 有子域 $\mathbb{F}_p$. 于是 F 为 $\mathbb{F}_p$ 上的向量空间, 并且由于 F 是有限的, 从而维数 (即域 $F/\mathbb{F}_p$ 的扩张次数) $[F:\mathbb{F}_p]$ 也是有限的, 令它为正整数 n. 则 F 有一组 $\mathbb{F}_p$-基 $v_1,\cdots,v_n$, 而 F 中每个元素唯一表示成 $a_1v_1+\cdots+a_nv_n$, 其中 $a_i\in\mathbb{F}_p$. 这就表明 $|F|=|\mathbb{F}_p|^n=p^n$. 换句话说, 有限域中元素个数必为素数的某个方幂. 下面要证反过来, 对每个 $q=p^n$, 均存在着唯一的 q 元有限域. 我们固定 $\mathbb{F}_p$ 的一个代数闭包 Ω_p.

定理 2.5 (1) 对于每个素数幂 $q=p^n$, Ω_p 中有唯一的 q 元有限域 $\mathbb{F}_q$, 它是由 $x^{p^n}-x$ 在 Ω_p 中的全部根所构成的域.

(2) $\mathbb{F}_{p^n}/\mathbb{F}_p$ 为 (n 次) 伽罗瓦扩张, 并且伽罗瓦群 $G=\mathrm{Gal}(\mathbb{F}_{p^n}/\mathbb{F}_p)$ 是由 σ 生成的 n 阶循环群, 其中 $\sigma:\mathbb{F}_{p^n}\to\mathbb{F}_{p^n}$ 定义为 $\sigma(\alpha)=\alpha^p$.

证明 (1) 多项式 $f(x)=x^{p^n}-x$ 的微商为 $f'(x)=p^nx^{p^n-1}-1=-1\neq 0$, 从而 $(f(x),f'(x)=1)$, 因此 $f(x)$ 没有重根, 即 $f(x)$ 在 Ω_p 中有 $\deg f=q$ 个不同的根, 令这个集合为 $\mathbb{F}_q$. 于是对于 $\alpha\in\Omega_p$, 则 $\alpha\in\mathbb{F}_q$ 当且仅当 $\alpha^q=\alpha$. 我们要证明 $\mathbb{F}_q$ 是域.

设 $a,b\in\mathbb{F}_q$, 则 $a^{p^n}=a$, $b^{p^n}=b$, 于是 $(a\pm b)^{p^n}=a^{p^n}\pm b^{p^n}=a\pm b$. 这就表明 $a\pm b\in\mathbb{F}_q$. 又 $(ab)^q=a^qb^q=ab$, 从而 $ab\in\mathbb{F}_q$. 如果 $a\neq 0$, 则 $a^q=a$ 给出 $a^{q-1}=1$, 因此 $(a^{-1})^{q-1}=1$, 即 $(a^{-1})^q=a^{-1}$. 这就表明 $a^{-1}\in\mathbb{F}_q$. 这就证明了 $\mathbb{F}_q$ 为域. 最后对于 Ω_p 中每个 q 元域 F, $0=0^q$, 而对于 F 中每个非零元素 a, 由于乘法群 $F^*=F\setminus\{0\}$ 的阶为 $q-1$, 可知 $a^{q-1}=1$, 因此 $a^q=a$. 这表明 F 的所有元素即是 x^q-1 在 Ω_p 中的全部根, 即 $F=\mathbb{F}_q$. 从而对每个 $q=p^n$, 在 Ω_p 中存在唯一的 q 元有限域.

(2) 考虑映射 $\sigma:\mathbb{F}_q\to\mathbb{F}_q$, $\sigma(\alpha)=\alpha^p$. 则 $\sigma^2(\alpha)=\sigma(\alpha^p)=\sigma(\alpha)^p=\alpha^{p^2}$, 对每个正整数 m, $\sigma^m(\alpha)=\alpha^{p^m}$. 于是对每个 $\alpha\in\mathbb{F}_q$, $\sigma^n(\alpha)=\alpha^{p^n}=\alpha$, 即 σ^n 为 $\mathbb{F}_q$ 上的恒等映射. 从而 σ 是可逆的, 逆映射为 σ^{n-1}. 不难验证 σ 是域 $\mathbb{F}_q$ 的自同态, 从而 σ 是域 $\mathbb{F}_q$ 的自同构. 当 $\alpha\in\mathbb{F}_q$ 时, $\sigma(\alpha)=\alpha^p=\alpha$, 即 σ 是 $\mathbb{F}_q$ 上的恒等映射, 从而 σ 是域 $\mathbb{F}_q$ 的 $\mathbb{F}_p$-自同构, 即 $\sigma\in\mathrm{Gal}(\mathbb{F}_q/\mathbb{F}_p)$. 最后当 $1\leqslant m<n-1$ 时, 对于 $\alpha\in\mathbb{F}_q,\sigma^m(\alpha)=\alpha^{p^m}$. 因此 $\sigma^m(\alpha)=\alpha$ 当且仅当 $\alpha^{p^m}=\alpha$, 即当且仅当 $\alpha\in\mathbb{F}_{p^m}$. 由 $m\leqslant n-1$ 知 $\mathbb{F}_q=\mathbb{F}_{p^n}$ 中有元素 α 不属于 $\mathbb{F}_{p^m}$, 即 $\sigma^m(\alpha)\neq\alpha$. 这表明 $\sigma^m\neq I$, 而 $\sigma^n=I$, 从而 σ 是 n 阶元素, 即 σ 生成 $\mathrm{Gal}(\mathbb{F}_q/\mathbb{F}_p)$ 的 n 阶循环子群. 但是 $|\,\mathrm{Gal}(\mathbb{F}_q/\mathbb{F}_p)|\leqslant[\mathbb{F}_q:\mathbb{F}_p]=n$. 从而 $\mathrm{Gal}(\mathbb{F}_q/\mathbb{F}_p)$ 即是由 σ 生成的 n 阶循环群, 于是 $\mathbb{F}_q/\mathbb{F}_p$ 为伽罗瓦扩张. □

现在谈有限域的代数结构.

定理 2.6 设 $q=p^n$, 则

(1) *有限域 $\mathbb{F}_q$ 的加法群是 n 个 p 阶循环群的直和;*

(2) *$\mathbb{F}_q$ 的非零元素乘法群 $\mathbb{F}_q{}^*=\mathbb{F}_q\setminus\{0\}$ 是 $q-1$ 阶循环群.*

证明 (1) 由于 $\mathbb{F}_q$ 是 $\mathbb{F}_p$ 上的 n 维向量空间, 可知存在一组 $\mathbb{F}_p$-基 $v_1,\cdots,v_n$, 使得 $\mathbb{F}_q=v_1\mathbb{F}_p\oplus\cdots\oplus v_n\mathbb{F}_p$, 而每个 $v_n\mathbb{F}_p=\{sv_n:0\leqslant s\leqslant p-1\}$ 是 p 阶加法循环群.

(2) 事实上, 对于任意域 K, K^* 的每个有限乘法子群都是循环群. 证明留给读者. □

注记 1. 乘法循环群 $\mathbb{F}_q^*$ 的每个生成元 α 都叫作有限域 $\mathbb{F}_q$ 的一个**本原元素**. 当 q 为元素 p 时, $\mathbb{F}_p^*=(\mathbb{Z}/p\mathbb{Z})^*$ 的生成元就是初等数论中的模 p 原根.

2. 设 α 是有限域 $\mathbb{F}_q$ 的一个本原元素, 则 α 的阶为 $q-1$, $\mathbb{F}_q^*=\langle\alpha\rangle=\{\alpha^0=1,\alpha,\alpha^2,\cdots,\alpha^{q-2}\}$. 因此 $\mathbb{F}_q=\{0,1,\alpha,\alpha^2,\cdots,\alpha^{q-2}\}=\mathbb{F}_p(\alpha)$. 令 $p(x)\in\mathbb{F}_p[x]$ 为 α 在 $\mathbb{F}_p$ 上的最小多项式, 则 $\deg p(x)=[\mathbb{F}_q:\mathbb{F}_p]=n$, 并且有域同构 $\dfrac{\mathbb{F}_p[x]}{(p(x))}=\mathbb{F}_p[\alpha]=\mathbb{F}_p(\alpha)=\mathbb{F}_q$ (定理 2.2).

以 $\mathbb{F}_q$ 中本原元素为根的 n 次不可约多项式 $p(x)\in\mathbb{F}_p[x]$ $(n=[\mathbb{F}_q:\mathbb{F}_p])$ 叫作 $\mathbb{F}_p[x]$ 中的**本原多项式**. 上面我们用 $\mathbb{F}_p[x]$ 中的 n 次本原多项式 $p(x)$ 构作了

$q = p^n$ 元域 $\mathbb{F}_{p^n} = \dfrac{\mathbb{F}_p[x]}{(p(x))} = \mathbb{F}_p(\alpha)$, $p(\alpha) = 0$. 事实上, 我们可以用 $\mathbb{F}_p[x]$ 中任何 n 次不可约多项式 $f(x)$ 来构作有限域 $\mathbb{F}_{p^n}$. 因为由定理 2.2 直接推出:

定理 2.7 设 $f(x)$ 为 $\mathbb{F}_p[x]$ 中的一个 n 次不可约多项式, α 是 $f(x)$ 在 Ω_p 中的一个根, 则 $\dfrac{\mathbb{F}_p[x]}{(f(x))} = \mathbb{F}_p[\alpha] = \mathbb{F}_p(\alpha) = \mathbb{F}_{p^n}$, 并且 $\{1, \alpha, \alpha^2, \cdots, \alpha^{n-1}\}$ 是 $\mathbb{F}_{p^n}$ 的一组 $\mathbb{F}_p$-基.

例 2.7 现在我们用定理 2.7 来明显地构作 9 元域 $\mathbb{F}_9$. 考虑多项式 $p(x) = x^2 + 1 \in \mathbb{F}_3[x]$. 由于 $p(0) = 1$, $p(\pm 1) = 2 \neq 0$, 可知 $x^2 + 1$ 是 $\mathbb{F}_3[x]$ 中的不可约多项式. 令 α 为它的一个根, 即 $\alpha^2 = -1\ (= 2)$. 则 $\mathbb{F}_9 = \mathbb{F}_3(\alpha)$, $\mathbb{F}_9$ 中每个元素唯一表示成 $c_0 + c_1\alpha$. 我们将它等同于 $\mathbb{F}_3^2$ 中的向量 (c_0, c_1). 于是 $0 = (0,0)$, $1 = (1,0)$, $\alpha = (0,1)$, $\alpha^2 = 2 = (2,0)$, $\alpha^4 = 1$. 从而 α 不是 $\mathbb{F}_9$ 中的本原元素 (因为本原元素的阶应为 $9 - 1 = 8$). 即 $\mathbb{F}_3[x]$ 中的不可约多项式 $x^2 + 1$ 不是本原多项式. 但是考虑元素 $\gamma = 1 + \alpha \neq 0$, 则 $\gamma^8 = 1$, 而 $\gamma^4 = (1+\alpha)^4 = (1+2\alpha+\alpha^2)^2 = (2\alpha)^2 = \alpha^2 = 2 \neq 1$. 从而 γ 是 8 阶元素, 即是 $\mathbb{F}_9$ 中的本原元素. $\gamma = 1+\alpha$ 的另一个共轭元素为 $\sigma(\gamma) = \gamma^3 = (1+\alpha)^3 = 1+\alpha^3 = 1+2\alpha\ (\neq 1+\alpha)$. 从而 γ 在 $\mathbb{F}_3$ 上的最小多项式为

$$p(x) = (x - \gamma)(x - \gamma^3) = x^2 + ax + b,$$

其中 $a = -(\gamma+\gamma^3) = -(1+\alpha+1+2\alpha) = 1$, $b = \gamma\cdot\gamma^3 = \gamma^4 = 2$, 即 $p(x) = x^2+x+2$ 是 $\mathbb{F}_3[x]$ 中的 2 次本原多项式.

设 $q = p^m$, L 为 $\mathbb{F}_q$ 的扩域, 由于 L 的特征也是 p, 从而 $L = \mathbb{F}_Q$, 其中 $Q = p^n$. 并且由集合论的观点, $|L| \geqslant |\mathbb{F}_q| = p^m$, 从而 $n \geqslant m$. 但 $n \geqslant m$ 不是 L 为 K 之扩域的充分条件.

定理 2.8 设 $q = p^m$, $Q = p^n$. 则 $L = \mathbb{F}_Q$ 为 $K = \mathbb{F}_q$ 的扩域, 当且仅当 $m|n$.

证明 设 $L \supseteq K$, 则 L 是 K 上的向量空间, 设维数为 l, 则 L 中的元素个数 p^n 为 $|K|^l = p^{ml}$. 于是 $ml = n$, 即 $m|n$. 反之若 $m|n$, 令 $n = ml$. 对于 K 中每个元素 α, $\alpha^q = \alpha^{p^m} = \alpha$. 于是 $\alpha^{p^{2m}} = (\alpha^{p^m})^{p^m} = \alpha^{p^m} = \alpha$. 归纳下去可知 $\alpha^{p^n} = \alpha^{p^{ml}} = \alpha$. 这表明 $\alpha \in \mathbb{F}_{p^n} = L$, 即 K 为 L 的子域. □

定理 2.9 设 L/K 是有限域的扩张, 其中 $K = \mathbb{F}_q$, $L = \mathbb{F}_Q$, $q = p^m$, $Q = p^n$, $n = ml$. 对每个 $\alpha \in L$, 令

$$\mathrm{T}_{L/K}(\alpha) = \alpha + \alpha^q + \alpha^{q^2} + \cdots + \alpha^{q^{l-1}},$$

$$\mathrm{N}_{L/K}(\alpha) = \alpha \cdot \alpha^q \cdot \alpha^{q^2} \cdots \alpha^{q^{l-1}} = \alpha^{\frac{Q-1}{q-1}}.$$

则

(1) $\mathrm{T}_{L/K}$ 和 $\mathrm{N}_{L/K}$ 都是由 L 到 K 的映射.

(2) $\mathrm{T}_{L/K}: L \to K$ 是 K-线性满同态, 并且 $\ker(\mathrm{T}_{L/K}) = \{\alpha \in L:$ 存在 $\beta \in L$ 使得 $\alpha = \beta^q - \beta\}$.

(3) $\mathrm{N}_{L/K}: L^* \to K^*$ 是乘法群的满同态, 并且 $\ker(\mathrm{N}_{L/K}) = \{\alpha \in L^*:$ 存在 $\beta \in L^*$ 使得 $\alpha = \beta^{q-1}\}$.

(4) 若 F/L 也是有限域的扩张, 则对于 $\alpha \in F$,

$$\mathrm{N}_{F/K}(\alpha) = \mathrm{N}_{L/K}(\mathrm{N}_{F/L}(\alpha)), \quad \mathrm{T}_{F/K}(\alpha) = \mathrm{T}_{L/K}(\mathrm{T}_{F/L}(\alpha)).$$

特别地, 若 $\alpha \in L$, 则 $\mathrm{N}_{F/K}(\alpha) = \mathrm{N}_{L/K}(\alpha)^s$, $\mathrm{T}_{F/K}(\alpha) = s\mathrm{T}_{L/K}(\alpha)$, 其中 $s = [F:L]$.

证明 (1) 我们知道 $G = \mathrm{Gal}(L/K) = \{I, \sigma, \cdots, \sigma^{l-1}\}$, 其中对 $\alpha \in L$, $\sigma(\alpha) = \alpha^q$. 并且 $\sigma^l = 1$, $l = [L:K]$. 而由定义可知

$$\mathrm{T}_{L/K}(\alpha) = \alpha + \sigma(\alpha) + \cdots + \sigma^{l-1}(\alpha),$$

从而

$$\begin{aligned}\mathrm{T}_{L/K}(\alpha)^q &= \sigma(\mathrm{T}_{L/K}(\alpha)) = \sigma(\alpha) + \sigma^2(\alpha) + \cdots + \sigma^{l-1}(\alpha) + \sigma^l(\alpha) \\ &= \sigma(\alpha) + \sigma^l(\alpha) + \cdots + \sigma^{l-1}(\alpha) + \alpha = \mathrm{T}_{L/K}(\alpha).\end{aligned}$$

这就表明 $\mathrm{T}_{L/K}(\alpha) \in \mathbb{F}_q = K$, 即 $\mathrm{T}_{L/K}$ 把 L 映到 K. 证明 $\mathrm{N}_{L/K}$ 把 L 映到 K 更容易, 留给读者完成.

(2) 对于 $\alpha, \beta \in L$, $a \in K$, 我们有

$$\mathrm{T}_{L/K}(\alpha+\beta) = \sum_{i=0}^{l-1}(\alpha+\beta)^{q^i} = \sum_{i=0}^{l-1}(\alpha^{q^i} + \beta^{q^i}) = \mathrm{T}_{L/K}(\alpha) + \mathrm{T}_{L/K}(\beta),$$

$$\mathrm{T}_{L/K}(a\alpha) = \sum_{i=0}^{l-1}(a\alpha)^{q^i} = \sum_{i=0}^{l-1} a\alpha^{q^i} = a\mathrm{T}_{L/K}(\alpha).$$

所以 $\mathrm{T}_{L/K}: L \to K$ 是 K-线性映射. 令 $A = \ker(\mathrm{T}_{L/K})$, 则加法商群 L/A 可以看成是 K 的加法子群, 即有加法单同态 $T: L/A \hookrightarrow K$. 于是 $|L/A| \leqslant |K|$, 即 $|A| \geqslant \dfrac{|L|}{|K|} = \dfrac{Q}{q} = q^{l-1}$. 另一方面, 对于 $\alpha \in L, \alpha \in A$ 当且仅当 $0 = \mathrm{T}_{L/K}(\alpha) = \alpha + \alpha^q + \cdots + \alpha^{q^{l-1}}$. 至多有 q^{l-1} 个这样的 α, 于是 $|A| \leqslant q^{l-1}$, 从而 $|A| = q^{l-1}$,

并且 $\mathrm{T}_{L/K}: L \to K$ 的像集合的元素个数为 $|L/A| = \dfrac{|L|}{|A|} = \dfrac{q^l}{q^{l-1}} = q = |K|$. 这就表明 $\mathrm{T}_{L/K}: L \to K$ 是满射.

最后考虑映射

$$\phi: L \to L,\ \phi(\beta) = \beta^q - \beta.$$

这是 K-线性映射. 由于 $\beta \in \ker(\phi) \Leftrightarrow \beta^q - \beta = 0 \Leftrightarrow \beta \in \mathbb{F}_q = K$. 于是 $\ker(\phi) = K$, 从而 $|\mathrm{Im}(\phi)| = \dfrac{|L|}{|K|} = q^{l-1}$. 另一方面, 对于 $\mathrm{Im}(\phi)$ 中每个元素 $\alpha = \beta^q - \beta$, $\mathrm{T}_{L/K}(\alpha) = \mathrm{T}_{L/K}(\beta^q) - \mathrm{T}_{L/K}(\beta) = \mathrm{T}_{L/K}(\beta)^q - \mathrm{T}_{L/K}(\beta) = 0$ (因为 $\mathrm{T}_{L/K}(\beta) \in K = \mathbb{F}_q$), 于是 $\mathrm{Im}(\phi) \subseteq \ker(\mathrm{T}_{L/K})$, 这就表明 $q^{l-1} = |\mathrm{Im}(\phi)| \leqslant |\ker(\mathrm{T}_{L/K})| = q^{l-1}$. 因此 $\mathrm{Im}(\phi) = \ker(\mathrm{T}_{L/K})$, 即对每个 $\alpha \in L$, $\mathrm{T}_{L/K}(\alpha) = 0$ 当且仅当存在 $\beta \in L$ 使得 $\alpha = \beta^q - \beta$.

(3) 可用类似于 (2) 的方法证明, 留给读者.

(4) 设 $[F:L] = s$, 则 $F = \mathbb{F}_{Q^s}$, $Q^s = q^{ls}$, 并且 $[F:K] = [F:L][L:K] = ls$. 于是对于 $\alpha \in F$,

$$\begin{aligned}\mathrm{N}_{L/K}(\mathrm{N}_{F/L}(\alpha)) &= \mathrm{N}_{L/K}\left(\sum_{i=0}^{s-1} \alpha^{Q^i}\right) = \sum_{j=0}^{l-1}\left(\sum_{i=0}^{s-1} \alpha^{q^{li}}\right)^{q^j} = \sum_{i=0}^{s-1}\sum_{j=0}^{l-1} \alpha^{q^{li+j}} \\ &= \sum_{\lambda=0}^{ls-1} \alpha^{q^\lambda} = \mathrm{N}_{F/K}(\alpha).\end{aligned}$$

特别地, 当 $\alpha \in L$ 时, $\mathrm{N}_{F/K}(\alpha) = \mathrm{N}_{L/K}(\mathrm{N}_{F/L}(\alpha)) = \mathrm{N}_{L/K}(s\alpha) = s\mathrm{N}_{L/K}(\alpha)$.

类似可证关于 $\mathrm{N}_{L/K}$ 的论断. □

定义 2.5 定理 2.9 中的映射 $\mathrm{T}_{L/K}$ 和 $\mathrm{N}_{L/K}$ 分别称为由 L 到 K 的**迹映射** (trace mapping) 和**范映射** (norm mapping).

最后介绍有限域上不可约多项式的一些特殊性质.

定理 2.10 设 $p(x)$ 是 $\mathbb{F}_q[x]$ 中 n 次不可约多项式 ($n \geqslant 1$), $p(x) \neq x$, α 为 $p(x)$ 在 $\mathbb{F}_q$ 的代数闭包中的一个根, 则

(1) α 是乘法有限阶元素. 设 α 的阶为 d, 则 n ($= \deg f(x)$) 是 q 模 d 的阶, 即 $(d,q) = 1$ 并且 n 是满足 $q^m \equiv 1 \pmod d$ 的最小正整数 m.

(2) $p(x)$ 有 n 个不同的根, 它们是 $\alpha, \alpha^q, \cdots, \alpha^{q^{n-1}}$.

证明 (1) 我们有 $\dfrac{\mathbb{F}_q[x]}{(p(x))} \cong \mathbb{F}_q[\alpha] = \mathbb{F}_{q^n}$, 并且由 $p(x) \neq x$ 可知 $\alpha \neq 0$. 于是 $\alpha \in \mathbb{F}_{q^n}^*$. 由于 $\mathbb{F}_{q^n}^*$ 为 $q^n - 1$ 阶循环群, 可知 α 的阶 d 为 $q^n - 1$ 的因子. 所以 $(d,q) = 1$, 并且 $q^n \equiv 1 \pmod d$. 另一方面, 若 m 为正整数使得 $q^m \equiv 1 \pmod d$,

则 $q^m-1=dl\ (l\in\mathbb{Z})$. 于是 $\alpha^{q^m-1}=(\alpha^d)^l=1$, 即 $\alpha^{q^m}=\alpha$, 这表明 $\alpha\in\mathbb{F}_{q^m}$. 从而 $\mathbb{F}_{q^n}=\mathbb{F}_q[\alpha]\subseteq\mathbb{F}_{q^m}$. 这就表明 $n|m$. 因此 n 是满足 $q^m\equiv 1\pmod d$ 的最小正整数.

(2) 不妨设 $p(x)$ 为 n 次首 1 不可约多项式. 令 $p(x)=x^n+c_1x^{n-1}+\cdots+c_{n-1}x+c_n\ (c_i\in\mathbb{F}_q)$, 则 $\alpha\in\mathbb{F}_{q^n}$, 并且

$$0=p(\alpha)=\alpha^n+c_1\alpha^{n-1}+\cdots+c_{n-1}\alpha+c_n.$$

$\mathbb{F}_{q^n}/\mathbb{F}_q$ 的伽罗瓦群是由 σ 生成的 n 阶循环群, 其中对 $\gamma\in\mathbb{F}_{q^n}$, $\sigma(\gamma)=\gamma^q$. 将上式两边作用自同构 σ, 由 $c_i\in\mathbb{F}_q$ 可知 $\sigma(c_i)=c_i$. 从而得到

$$0=\sigma(\alpha)^n+c_1\sigma(\alpha)^{n-1}+\cdots+c_{n-1}\sigma(\alpha)+c_n=p(\sigma(\alpha)).$$

这就表明 $\sigma(\alpha)=\alpha^q$ 也是 $p(x)$ 的一个根. 从而对每个正整数 m, $\sigma^m(\alpha)=\alpha^{q^m}$ 都是 $p(x)$ 的根. 由于 $\sigma^n=I$, 可知 $\alpha^{q^n}=\sigma^n(\alpha)=\alpha$. 另一方面, 对于 $0\leqslant i<j\leqslant n-1$, 若 $\alpha^{q^i}=\alpha^{q^j}$, 即 $\sigma^i(\alpha)=\sigma^j(\alpha)$, 则 $\sigma^{j-i}(\alpha)=I(\alpha)=\alpha$, 其中 $1\leqslant j-i\leqslant n-1$. 由于 $\mathbb{F}_q[\alpha]=\mathbb{F}_{q^n}$, 可知 σ^{j-i} 是 $\mathbb{F}_{q^n}$ 上的恒等自同构, 这与 σ 的阶为 n 相矛盾. 以上证明了 $\{\sigma^l(\alpha)=\alpha^{q^l}:0\leqslant l\leqslant n-1\}$ 是 n 个彼此不同的元素, 它们均为 n 次多项式 $p(x)$ 的根, 从而也就是 $p(x)$ 的全部根. □

例 2.8 将 $x^{30}-1$ 在 $\mathbb{F}_3[x]$ 中分解成一些首 1 不可约多项式的乘积.

解 在 $\mathbb{F}_3[x]$ 中 $x^{30}-1=(x^{10}-1)^3$, 我们只需分解 $x^{10}-1$.

3 模 10 的阶为 4, 因为 $3^2\not\equiv 1\pmod{10}$ 而 $3^4\equiv 1\pmod{10}$. 从而取 α 为 $\mathbb{F}_3$ 的扩域中一个 10 次本原单位根, 则 $x^{10}-1$ 的全部根为 $\alpha^0=1,\alpha,\alpha^2,\cdots,\alpha^9\ (\alpha^{10}=1)$. 并且 $\mathbb{F}_3(\alpha)=\mathbb{F}_{3^4}$. 这就表明对每个 α^i, $\mathbb{F}_3(\alpha^i)$ 是 $\mathbb{F}_{3^4}$ 的子域 $\mathbb{F}_{3^4},\mathbb{F}_{3^2}$ 或 $\mathbb{F}_3$. 由定理 2.10 便知 $x^{10}-1$ 的首 1 不可约多项式因子的次数只能是 1, 2 或者 4. 对每个 α^i, 它的共轭元素类为 $\{\alpha^i,\alpha^{3i},\alpha^{9i},\cdots,\alpha^{3^li}\}$, 其中 l 是满足 $3^li\equiv i\pmod{10}$ 的最小正整数 l. 以这些元素为根的多项式给出 $x^{10}-1$ 在 $\mathbb{F}_3[x]$ 中的一个 l 次不可约多项式因子. $x^{10}-1$ 的全部根 $\alpha^i(0\leqslant i\leqslant 9)$ 分成如下一些共轭类:

$$C_0=\{\alpha^0=1\}, \text{对应不可约多项式 } x-1,$$

$$C_1=\{\alpha,\alpha^3,\alpha^9,\alpha^{27}\}(\alpha^{7\cdot 3}=\alpha), \text{对应 4 次不可约多项式 } p_1(x),$$

$$C_2=\{\alpha^2,\alpha^6,\alpha^8,\alpha^4\}(\alpha^{4\cdot 3}=\alpha^2), \text{对应 4 次不可约多项式 } p_2(x),$$

$$C_3=\{\alpha^5\}(\alpha^{15}=\alpha^5=-1), \text{对应不可约多项式 } x+1.$$

于是在 $\mathbb{F}_3[x]$ 中

$$x^{10}-1=(x+1)(x-1)p_1(x)p_2(x), \tag{2.3.1}$$

其中 $p_1(x)$ 和 $p_2(x)$ 是 $\mathbb{F}_3[x]$ 中的两个首 1 不可约 4 次多项式, 它们的根集合为 $\{\alpha,\alpha^3,\alpha^9,\alpha^7\}$ 和 $\{\alpha^2,\alpha^6,\alpha^8,\alpha^4\}$. 由于每个集合对于"取逆"运算都是封闭的, 即若 β 属于某个集合, 则 β^{-1} 也属于此共轭元素集合. 这表明, 若 β 为 $p_i(x)$ 的根, 则 β^{-1} 也是 $p_i(x)$ 的根 $(i=1,2)$. 从而 $p_1(x)$ 和 $p_2(x)$ 都是"自反"多项式, 即 $p_1(x)=x^4+ax^3+bx^2+cx+d$ $(a,b,c,d\in\mathbb{F}_3, d=\pm1)$ 等于和它的反向多项式 $\hat{f}(x)=dx^4+cx^3+bx^2+ax+1$ 相伴的首 1 多项式 $d^{-1}\hat{f}(x)$. 从而不可约多项式 $p_1(x)$ 和 $p_2(x)$ 只能是如下两个可能的 $p(x)$:

(I) 当 $d=1$ 时, $p(x)=x^4+ax^3+bx^2+ax+1$;

(II) 当 $d=-1$ 时, $p(x)=x^4+ax^3-ax-1$.

但是对于共轭类 C_1 中的 α, $-\alpha=\alpha^5\alpha=\alpha^6\in C_2$, 可知 $p_1(x)$ 中的根和 $p_2(x)$ 中的根彼此相差一个符号. 于是 $p_1(x)=p_2(-x)$. 对于情形 (II), x^4+ax^3-ax-1 可被 (x^2-1) 整除, 从而只有情形 (I) 才是不可约多项式. 因此 $p_1(x)$ 和 $p_2(x)$ 分别为多项式 $f(x)=x^4+ax^3+bx^2+ax+1$ 和 $f(-x)=x^4-ax^3+bx^2-ax+1$, 其中 $a,b\in\mathbb{F}_3^*=\{\pm1\}$. 我们不妨设 $a=1$. 于是由 (2.3.1) 式给出

$$
\begin{aligned}
(x^4+x^3+bx^2+x+1)(x^4-x^3+bx^2-x+1)=p_1(x)p_2(x)&=\frac{x^{10}-1}{x^2-1}\\
&=x^8+x^6+x^4+x^2+1.
\end{aligned}
$$

比较两边 x^6 的系数, 得到 $2b-1=1$, 即 $b=1$. 这就给出

$$x^{10}-1=(x-1)(x+1)(x^4+x^3+x^2+x+1)(x^4-x^3+x^2-x+1),$$

其中 $x^4\pm x^3+x^2\pm x+1$ 均是 $\mathbb{F}_3[x]$ 中的不可约多项式. 而 $x^{30}-1$ 在 $\mathbb{F}_3[x]$ 中的分解式为

$$x^{30}-1=(x-1)^3(x+1)^3(x^4+x^3+x^2+x+1)^3(x^4-x^3+x^2+x+1)^3.$$

注记 我们也可用另外办法看出 $x^4+x^3+x^2+x+1$ 在 $\mathbb{F}_3[x]$ 中是不可约的: 由于 $x^4+x^3+x^2+x+1=\dfrac{x^5-1}{x-1}$, 从而它的根 γ 是 5 次本原单位根. 由于 3 模 5 的阶为 4 (即 $3^2\not\equiv1\pmod 5$, $3^4\equiv1\pmod 5$), 从而 γ 在 $\mathbb{F}_3$ 上的极小多项式为 4 次不可约多项式 $f(x)$. 于是 $f(x)=x^4+x^3+x^2+x+1$, 即 $x^4+x^3+x^2+x+1$ 不可约, 然后便可直接看出 $f(-x)=x^4-x^3+x^2-x+1$ 在 $\mathbb{F}_3[x]$ 中也不可约.

习题 2.3

习题 2.3.1 设 $q=p^n$, $\alpha\in\mathbb{F}_q$, 证明:

(a) 对每个正整数 m, $\mathbb{F}_q$ 中均存在唯一元素 β 使得 $\beta^{p^m}=\alpha$.

(b) 设 Ω_p 为 $\mathbb{F}_q$ 的代数闭包. 证明对每个正整数 m, 当 $p|m$ 时 Ω_p 中不存在 m 次本原单位根 (即乘法 m 阶元素). 而当 $(p,m)=1$ 时, Ω_p 中存在 m 次本原单位根.

习题 2.3.2 设 p 为素数, m 和 n 为正整数, $m|n$, $F=\mathbb{F}_q$, $K=\mathbb{F}_Q$, 其中 $q=p^m$, $Q=p^n$. 证明:

(a) K/F 是 $l=\dfrac{n}{m}$ 次伽罗瓦扩张, 并且伽罗瓦群 $\mathrm{Gal}(K/F)$ 是由 $\sigma_q: K\to K$ 生成的循环群, 其中对于 $\alpha\in K, \sigma_q(\alpha)=\alpha^q$.

(b) 对每个正整数 l, $F[x]$ 中均存在 l 次首 1 不可约多项式 $p(x)$, 并且对 $p(x)$ 在 F 的代数闭包中的一个根 α, $F[\alpha]=K$.

习题 2.3.3 试构作一个 8 元域和一个 25 元域.

习题 2.3.4 列出 $\mathbb{F}_2[x]$ 中所有 4 次不可约多项式, 其中哪些是本原多项式?

习题 2.3.5 证明 $\mathbb{F}_q$ 中本原元素的个数为 $\phi(q-1)$, 其中 $\phi(n)(n\geqslant 1)$ 为欧拉函数, 即为 $\{1,2,\cdots,n\}$ 当中和 n 互素的元素个数. 由此证明 $\mathbb{F}_q[x]$ 中 n 次本原多项式的个数为 $\dfrac{\phi(q-1)}{n}$.

习题 2.3.6 将 $x^{15}+1$ 在 $\mathbb{F}_2[x]$ 中因式分解成不可约多项式的乘积.

习题 2.3.7 设 $f(x)\in\mathbb{F}_q[x]$, $f(0)\neq 0$, 求证:

(a) 存在正整数 d, 使得 $f(x)|x^d-1$, 以 d 表示满足此条件的最小正整数 (叫作多项式 $f(x)$ 的**周期**, period).

(b) 对每个正整数 m, $f(x)|x^m-1$ 当且仅当 $d|m$.

(c) 若 $p(x)$ 为 $\mathbb{F}_q[x]$ 中 n 次不可约多项式, $p(x)\neq x$, 则 $p(x)$ 的周期为 q^n-1 的一个因子.

(d) 设 $p(x)$ 为 $\mathbb{F}_q[x]$ 中的不可约多项式, $p(x)\neq x$, q 为素数 p 的方幂, d 为 $p(x)$ 的周期, 则对每个正整数 b, $p(x)^b$ 的周期为 dp^t, 其中 t 是满足 $p^t\geqslant b$ 的最小正整数.

(e) 设 $f_1(x)$ 和 $f_2(x)$ 是 $\mathbb{F}_q[x]$ 中彼此互素的多项式, $f_1(x)\neq x$, $f_2(x)\neq x$, 则 f_1f_2 的周期是 f_1 和 f_2 的周期的最小公倍数.

(f) 求 $\mathbb{F}_2[x]$ 中多项式 $f(x)=(x^2+x+1)^3(x^4+x+1)$ 的周期.

习题 2.3.8 设 $f(x)$ 是$\mathbb{F}_q[x]$ 中的 n 次不可约多项式, k 为正整数, $d=(n,k)$. 证明 $f(x)$ 是 $\mathbb{F}_{q^k}[x]$ 中的 d 个 $\dfrac{n}{d}$ 次不可约多项式的乘积.

第 3 章　代数数域和代数整数环

从本章开始我们介绍经典的代数数论.

3.1　代数数域

有理数域 $\mathbb{Q}$ 的有限次代数扩域 K 叫作**代数数域**, 简称为数域, 这是经典代数数论的基本研究对象. 令 $n=[K:\mathbb{Q}]$, K 叫作 n 次数域. 由于有限次扩张 $K/\mathbb{Q}$ 必是代数扩张 (定理 2.1), 而复数域 $\mathbb{C}$ 包含 $\mathbb{Q}$ 的代数闭包, 所以今后把每个数域 K 都看成是 $\mathbb{C}$ 的子域. 我们要介绍的第一个结果是:

定理 3.1　*每个数域 K 均是 $\mathbb{Q}$ 的单扩张, 即存在 $\alpha\in K$, 使得 $K=\mathbb{Q}(\alpha)$ $(=\mathbb{Q}[\alpha])$.*

我们略去这个定理的证明. 但是要举例说明并且做一些评论.

例 3.1　*设 $K=\mathbb{Q}(\sqrt{2},\sqrt{3})$, 则 $[K:\mathbb{Q}]=4$ 并且 $K/\mathbb{Q}$ 为伽罗瓦扩张. 它的伽罗瓦群为 $G=\{I,\sigma,\tau,\sigma\tau=\tau\sigma\}$, 其中*

$$\sigma(\sqrt{2})=\sqrt{2},\quad \sigma(\sqrt{3})=-\sqrt{3}.$$

$$\tau(\sqrt{2})=-\sqrt{2},\quad \tau(\sqrt{3})=\sqrt{3}.$$

从而 $\sigma\tau(\sqrt{2})=-\sqrt{2}$, $\sigma\tau(\sqrt{3})=-\sqrt{3}$. 考虑 K 中元素 $\alpha=\sqrt{2}+\sqrt{3}$. 它的 4 个共轭元素

$$I(\alpha)=\alpha=\sqrt{2}+\sqrt{3},\quad \sigma(\alpha)=\sqrt{2}-\sqrt{3},\quad \tau(\alpha)=-\sqrt{2}+\sqrt{3},\quad \sigma\tau(\alpha)=-\sqrt{2}-\sqrt{3},$$

两两不同, 从而 K 的子域 $\mathbb{Q}(\alpha)$ 为 4 次数域, 于是 $K=\mathbb{Q}(\sqrt{2}+\sqrt{3})$, 并且 $\sqrt{2}+\sqrt{3}$ 在 $\mathbb{Q}$ 上的最小多项式为

$$\begin{aligned}
p(x)&=(x-\alpha)(x-\sigma(\alpha))(x-\tau(\alpha))(x-\sigma\tau(\alpha))\\
&=(x-(\sqrt{2}+\sqrt{3}))(x+(\sqrt{2}+\sqrt{3}))(x-(\sqrt{2}-\sqrt{3}))(x+(\sqrt{2}-\sqrt{3}))\\
&=\left(x^2-(\sqrt{2}+\sqrt{3})^2\right)\left(x^2-(\sqrt{2}-\sqrt{3})^2\right)\\
&=\left(x^2-5-2\sqrt{6}\right)\left(x^2-5+2\sqrt{6}\right)=\left(x^2-5\right)^2-(2\sqrt{6})^2\\
&=x^4-10x^2+1.
\end{aligned}$$

由于数域 K 均是单扩张 $\mathbb{Q}(\alpha)$, 我们容易写出 K 到 $\mathbb{C}$ 的全部嵌入. 设 $f(x)$ 为 α 在 $\mathbb{Q}$ 上的最小多项式, 它在 $\mathbb{C}$ 中的 n 次根 $\alpha_1,\alpha_2,\cdots,\alpha_n$ 彼此不同 (因为 $\mathbb{C}$ 是特征 0 域, 而 $f(x)$ 是 $\mathbb{Q}(x)$ 中不可约多项式), 其中 $n=[K:\mathbb{Q}]$. 所以 K 到 $\mathbb{C}$ 恰好有 n 个不同的嵌入:

$$\sigma_i: K\hookrightarrow\mathbb{C},\quad \sigma_i(\alpha)=\alpha_i.$$

设 $\alpha=\alpha_1$, 则 σ_1 为恒等映射. 而 K 在 $\mathbb{C}$ 中有 n 个彼此同构的共轭域 $\sigma_i(K)=\mathbb{Q}(\alpha_i)$ $(1\leqslant i\leqslant n)$, 其中 $\sigma_1(K)=\mathbb{Q}(\alpha_1)=\mathbb{Q}(\alpha)=K$. 由于 $\alpha_1,\cdots,\alpha_n$ 彼此不同, 从而 σ_i $(1\leqslant i\leqslant n)$ 是 n 个不同的嵌入. 但是 n 个共轭域 $\mathbb{Q}(\alpha_i)$ $(1\leqslant i\leqslant n)$ 可能有相同的. 如果这 n 个共轭域均相同, 则 $K/\mathbb{Q}$ 就是伽罗瓦扩张.

熟知系数为有理数的多项式 $f(x)$ 在 $\mathbb{C}$ 中的 n 个根中有 r_1 个为实根, 不妨设 $\alpha_1,\cdots,\alpha_{r_1}$ 属于实数域 $\mathbb{R}$. 而其他 $n-r_1$ 个根分成 r_2 对, 每一对为彼此复共轭的复数 $a+bi$ 和 $a-bi$, 其中 $a,b\in\mathbb{R}$, $b\neq 0$ 而 $i=\sqrt{-1}$. $n=r_1+2r_2$. 我们不妨设 $\alpha_{r_1+1}=\bar{\alpha}_{r_1+r_2+1},\alpha_{r_1+2}=\bar{\alpha}_{r_1+r_2+2},\cdots,\alpha_{r_1+r_2}=\bar{\alpha}_{r_1+r_2+r_2}=\bar{\alpha}_n$. 我们把

$$\sigma_i: K\hookrightarrow\mathbb{C}\quad(1\leqslant i\leqslant r_1)$$

叫作 K 的**实嵌入**, 因为 $\sigma_i(K)=\mathbb{Q}(\alpha_i)$ 是实数域 $\mathbb{R}$ 的子域. 而

$$\sigma_{r_1+j}: K\hookrightarrow\mathbb{C}\quad 和\quad \sigma_{r_1+r_2+j}: K\hookrightarrow\mathbb{C}\quad(1\leqslant j\leqslant r_2)$$

叫作 K 的**复嵌入**, 因为 $\sigma_{r_1+j}(K)=\mathbb{Q}(\alpha_{r_1+j})$ 和 $\sigma_{r_1+r_2+j}(k)=\mathbb{Q}(\bar{\alpha}_{r_1+j})$ 都不是 $\mathbb{R}$ 的子域, 并且记 $\sigma_{r_1+r_2+j}$ 为 $\bar{\sigma}_{r_1+j}$, 因为对每个 $\gamma\in K$, $\sigma_{r_1+r_2+j}(\gamma)=\sigma_{r_1+j}(\bar{\gamma})=\overline{\sigma_{r_1+j}(\gamma)}$.

例 3.2 (二次数域) 设 K 是二次数域, 即 $[K:\mathbb{Q}]=2$, 则 $K=\mathbb{Q}(\alpha)$, 其中 α 在 $\mathbb{Q}$ 上的最小多项式是二次不可约多项式 $f(x)=ax^2+bx+c$, 其中 $a,b,c\in\mathbb{Z},a\neq 0$. 于是 $\alpha=\dfrac{-b\pm\sqrt{d}}{2a}$, 其中 $d=b^2-4ac\in\mathbb{Z}$. 而 $K=\mathbb{Q}(\sqrt{d})$, 其中 $\sqrt{d}\notin\mathbb{Z}$. 如果 $d=t^2d',t,d'\in\mathbb{Z}$, 则 $K=\mathbb{Q}(\sqrt{d'})$. 所以可设 d 没有平方因子, 即不存在整数 $t\geqslant 2$, 使得 $t^2\mid d$. 综合上述, 每个二次数域 (以后简称二次域) 都可表成 $K=\mathbb{Q}(\sqrt{d})$, 其中 d 是无平方因子整数, 并且 $\sqrt{d}\notin\mathbb{Z}$.

$K/\mathbb{Q}$ 是伽罗瓦扩张, 其伽罗瓦群为 $\mathrm{Gal}(K/\mathbb{Q})=\{I,\sigma\}$, 其中 I 是 K 的恒等映射, 而 $\sigma(a+b\sqrt{d})=a-b\sqrt{d}$ $(a,b\in\mathbb{Q})$. $\sigma(K)=K$. 当 $d>0$ 时, K 为实数域的子域, 称作**实二次域**. 这时 $r_1=2$, $r_2=0$. 当 $d<0$ 时, 称 K 为**虚二次域**, 这时 $\sqrt{d}$ 为纯虚数, 而 $r_1=0$, $r_2=1$, 因为 $\sqrt{d}$ 和它的共轭元 $-\sqrt{d}$ 是彼此复共轭的, 它们是最小多项式 $x^2-d=0$ 的两个根.

由于数域 $K=\mathbb{Q}(\alpha)$ 到 $\mathbb{C}$ 的嵌入是域本身的性质, 不依赖于生成元 α 的选取方式, 所以 r_1 和 r_2 只依赖于 K, 今后表示成 $r_1(K)$ 和 $r_2(K)$. 如果选取另一个生成元 α', 即 $K=\mathbb{Q}(\alpha')$, 则 α 和 α' 在 $\mathbb{Q}$ 上的最小多项式 $f(x)$ 和 $f'(x)$ 可以是 $\mathbb{Q}[x]$ 中不同的不可约多项式. 但它们的次数均为 $n=[K:\mathbb{Q}]$, 并且均有 $r_1(K)$ 个实根和 $r_2(K)$ 对复共轭的复数根.

更一般地, 我们可以考虑数域的扩张 L/K. 令 $n=[L:K]$, 则这也是单扩张. 因为存在 $\alpha\in L$ 使得 $L=\mathbb{Q}(\alpha)$, 于是 $L=K(\alpha)$. α 在 K 上的最小多项式 $f(x)$ 是 $K[x]$ 中 n 次不可约首 1 多项式. 设它在 $\mathbb{C}$ 中 n 个不同的根为 $\alpha_1,\alpha_2,\cdots,\alpha_n(\alpha=\alpha_1)$, 则 L 到 $\mathbb{C}$ 共有 n 个不同的 K-嵌入:

$$\sigma_i:L\to\mathbb{C},\quad \sigma_i(\alpha)=\alpha_i(1\leqslant i\leqslant n),\quad \sigma_1=I.$$

$\sigma_i(L)\ (1\leqslant i\leqslant n)$ 是彼此 K-共轭的域. 如果它们均相等, 即均等于 $\sigma_1(K)=K$. 则 $\sigma_i\ (1\leqslant i\leqslant n)$ 都是 L 的 K-自同构, L/K 是伽罗瓦扩张, 其伽罗瓦群 $\mathrm{Gal}(L/K)$ 为 $\{\sigma_1,\sigma_2,\cdots,\sigma_n\}$.

和有限域 (2.3 节) 的情形一样, 数域扩张也有迹映射和范映射.

定理 3.2 设 L/K 为数域的 n 次扩张, $\{\sigma_1,\sigma_2,\cdots,\sigma_n\}$ 是 L 到 $\mathbb{C}$ 中的 n 个 K-嵌入. 对于 $\alpha\in L$, 定义 $\mathrm{T}_{L/K}(\alpha)=\sum\limits_{i=1}^{n}\sigma_i(\alpha)$, $\mathrm{N}_{L/K}(\alpha)=\prod\limits_{i=1}^{n}\sigma_i(\alpha)$. 则

(1) $\mathrm{T}_{L/K}:L\to K$ 是 K-线性映射, 叫作扩张 L/K 的**迹映射**.

(2) $\mathrm{N}_{L/K}:L^*\to K^*$ 是乘法群的同态, 叫作扩张 L/K 的**范映射**.

(3) 若 F/L 也是数域的扩张, 则对于 $\alpha\in F$,

$$\mathrm{T}_{F/K}(\alpha)=\mathrm{T}_{L/K}(\mathrm{T}_{F/L}(\alpha)),\quad \mathrm{N}_{F/K}(\alpha)=\mathrm{N}_{L/K}(\mathrm{N}_{F/L}(\alpha)).$$

特别地, 若 $\alpha\in L$, $[F:L]=m$, 则 $\mathrm{T}_{F/K}(\alpha)=m\mathrm{T}_{L/K}(\alpha)$, $\mathrm{N}_{F/K}(\alpha)=\mathrm{T}_{L/K}(\alpha)^m$.

证明 本质上是线性代数, 这里从略.

这里只想说明一下映射 $\mathrm{T}_{L/K}$ 和映射 $\mathrm{N}_{L/K}$ 是如何与线性代数相联系的. 对于 $\alpha\in L$, 考虑映射

$$\phi_\alpha:L\to L,\ \phi(\beta)=\alpha\beta\quad(\text{对每个 }\beta\in L),$$

这是 K-线性变换, 取向量空间 L 的一组 K-基, 这个 K-线性变换可表示成元素属于 K 的 n 阶方阵 $\boldsymbol{M}_\alpha=(m_{ij})\ (1\leqslant i,j\leqslant n)$, 其中 $m_{ij}\in K$. 对于不同的 K-基, 则给出不同的 n 阶方阵, 但这些方阵彼此相似, 因此它们有相同的特征多项式

$$\det(x\boldsymbol{I}_n-\boldsymbol{M}_\alpha)=x^n-c_1x^{n-1}+c_2x^{n-2}-\cdots+(-1)^nc_n\in K[x].$$

可以证明:

$$\mathrm{T}_{L/K}(\alpha) = c_1 = m_{11} + m_{22} + \cdots + m_{nn} \in K \quad (\text{即为方阵 } \boldsymbol{M}_\alpha \text{ 的迹}),$$

$$\mathrm{N}_{L/K}(\alpha) = c_n = \det(\boldsymbol{M}_\alpha) \in K \quad (\text{即为方阵 } \boldsymbol{M}_\alpha \text{ 的行列式}).$$

由此可知 $\mathrm{T}_{L/K}$ 是由 L 到 K 的映射, 因此 $\mathrm{N}_{L/K}$ 是由 L^* 到 K^* 的映射. □

现在给出迹映射的一个应用. 设 L/K 是数域的 n 次扩张, $\sigma_1, \cdots, \sigma_n$ 为 L 到 $\mathbb{C}$ 的 n 个 K-嵌入. 给了 L 中 n 个元素 $\alpha_1, \cdots, \alpha_n$, 如何判别它是 K 上 n 维向量空间 L 的一组基? 即如何判别 $\{\alpha_1, \cdots, \alpha_n\}$ 是否在 K 上是线性无关的?

定义 3.1 $d_{L/K}(\alpha_1, \cdots, \alpha_n) = \det\left(\sigma_i(\alpha_j)_{1 \leqslant i,j \leqslant n}\right)^2$ 叫作 $\{\alpha_1, \cdots, \alpha_n\}$ 对于扩张 L/K 的**判别式**.

引理 3.1 对于数域的 n 次扩张 L/K 和 L 中元素 $\alpha_1, \alpha_2, \cdots, \alpha_n$,

(1) $d_{L/K}(\alpha_1, \cdots, \alpha_n) = \det\left(\mathrm{T}_{L/K}(\alpha_i\alpha_j)_{1 \leqslant i,j \leqslant n}\right)$, 从而它属于 K;

(2) $\{\alpha_1, \cdots, \alpha_n\}$ 是 L 的一组 K-基, 当且仅当 $d_{L/K}(\alpha_1, \cdots, \alpha_n) \neq 0$.

证明 (1) 由方阵相乘可知 $d_{L/K}(\alpha_1, \cdots, \alpha_n)$ 是方阵 $(\sigma_i(\alpha_j))$ 的平方的行列式. 于是为

$$\begin{bmatrix} \sigma_1(\alpha_1) & \cdots & \sigma_n(\alpha_1) \\ \vdots & & \vdots \\ \sigma_1(\alpha_n) & \cdots & \sigma_n(\alpha_n) \end{bmatrix} \begin{bmatrix} \sigma_1(\alpha_1) & \cdots & \sigma_1(\alpha_n) \\ \vdots & & \vdots \\ \sigma_n(\alpha_1) & \cdots & \sigma_n(\alpha_n) \end{bmatrix}$$
$$= \begin{bmatrix} \mathrm{T}_{L/K}(\alpha_1\alpha_1) & \cdots & \mathrm{T}_{L/K}(\alpha_1\alpha_n) \\ \vdots & & \vdots \\ \mathrm{T}_{L/K}(\alpha_n\alpha_1) & \cdots & \mathrm{T}_{L/K}(\alpha_n\alpha_n) \end{bmatrix}$$

的行列式.

(2) 若 $\alpha_1, \cdots, \alpha_n$ 是 K-线性相关的, 则存在不全为零的 $k_1, \cdots, k_n \in K$ 使得 $k_1\alpha_1 + \cdots + k_n\alpha_n = 0$. 于是

$$k_1\sigma_i(\alpha_1) + \cdots + k_n\sigma_i(\alpha_n) = 0 \quad (1 \leqslant i \leqslant n).$$

这表明 n 阶方阵 $(\sigma_i(\alpha_j))$ 的诸列是 K-线性相关的, 而 $d_{L/K}(\alpha_1, \cdots, \alpha_n)$ 是此方阵的行列式的平方, 因此为零.

反之, 若 $d_{L/K}(\alpha_1, \cdots, \alpha_n) = 0$, 则 $\det(\mathrm{T}_{L/K}(\alpha_i\alpha_j)) = 0$. 从而元素属于 K 的方阵 $(\mathrm{T}_{L/K}(\alpha_i\alpha_j))_{1 \leqslant i,j \leqslant n}$ 的 n 行 $R_1, \cdots, R_n$ 是 K-线性相关的, 其中 $R_i = (\mathrm{T}_{L/K}(\alpha_i\alpha_1), \cdots, \mathrm{T}_{L/K}(\alpha_i\alpha_n))$. 于是有不全为零的 $k_1, \cdots, k_n \in K$, 使得 $k_1R_1 + \cdots + k_nR_n = 0$. 如果 $\alpha_1, \cdots, \alpha_n$ 是 K-线性无关的, 则 $\alpha = k_1\alpha_1 + \cdots + k_n\alpha_n \neq 0$.

而 $\mathrm{T}_{L/K}(\alpha\alpha_j)=0\ (1\leqslant j\leqslant n)$, 因为它是向量 $k_1R_1+\cdots+k_nR_n$ 的第 j 个分量. 由于 $\alpha_1,\cdots,\alpha_n$ 是 K-线性无关的, 即是 L 的一组 K-基, 从而对每个 $\beta\in L$, 均有 $\mathrm{T}_{L/K}(\alpha\beta)=0$. 特别地, 取 $\beta=\alpha^{-1}$(注意 $\alpha\neq 0$), 给出 $0=\mathrm{T}_{L/K}(\alpha\alpha^{-1})=\mathrm{T}_{L/K}(1)=n\neq 0$. 这一矛盾表明 $\alpha_1,\cdots,\alpha_n$ 是 K-线性相关的. □

利用引理 3.1 可判别 L 中元素 γ 何时是单扩张 L/K 的生成元.

推论 3.1 设 L/K 是数域的 n 次扩张, $\gamma\in L$. 则 $L=K(\gamma)$ 当且仅当 $d_{L/K}(1,\gamma,\cdots,\gamma^{n-1})\neq 0$.

证明 $d_{L/K}(1,\gamma,\cdots,\gamma^{n-1})\neq 0$ 当且仅当 $\{1,\gamma,\cdots,\gamma^{n-1}\}$ 是 L 的一组 K-基, 而这又相当于 $L=K(\gamma)$. □

以后我们简记 $d_{L/K}(\gamma)=d_{L/K}(1,\gamma,\cdots,\gamma^{n-1})$, 叫作元素 γ 对于 L/K 的判别式.

引理 3.2 设 L/K 是数域的 n 次扩张, $L=K(\alpha)$, $f(x)$ 为 α 在 K 上的最小多项式, $\{\alpha_1=\alpha,\alpha_2,\cdots,\alpha_n\}$ 是 $f(x)$ 的 n 个根 (即 α 的全部 K-共轭元素). 则

$$d_{L/K}(\alpha)=\prod_{1\leqslant r<s\leqslant n}(\alpha_r-\alpha_s)^2=(-1)^{\frac{n(n-1)}{2}}\mathrm{N}_{L/K}\left(f'(\alpha)\right).$$

这里若 $f(x)=\sum c_ix^i\in K[x]$, 则 $f'(x)=\sum ic_ix^{i-1}$ 是多项式 $f(x)$ 的导函数. (注意 x^i 的指数 i 是通常的整数, 而 ix^{i-1} 中的系数 i 则为域 K 中元素.)

证明 令 $\sigma_1,\cdots,\sigma_n$ 为 L 到 $\mathbb{C}$ 的全部 K-嵌入, 则 $\sigma_i(\alpha)=\alpha_i\ (1\leqslant i\leqslant n)$. 于是

$$d_{L/K}(\alpha)=\det\left(\sigma_i(\alpha^j)_{\substack{1\leqslant i\leqslant n\\ 0\leqslant j\leqslant n-1}}\right)^2=\det(\alpha_i^j)^2.$$

而右边的行列式为范德蒙德 (Vandermonde) 行列式, 从而

$$d_{L/K}(\alpha)=\prod_{1\leqslant r<s\leqslant n}(\alpha_r-\alpha_s)^2.$$

由于 $(\alpha_r-\alpha_s)^2=-(\alpha_r-\alpha_s)(\alpha_s-\alpha_r)$, 而满足 $1\leqslant r<s\leqslant n$ 的 (r,s) 共有 $\dfrac{n(n-1)}{2}$ 个. 于是

$$d_{L/K}(\alpha)=(-1)^{\frac{n(n-1)}{2}}\prod_{1\leqslant r\neq s\leqslant n}(\alpha_r-\alpha_s)=(-1)^{\frac{n(n-1)}{2}}\prod_{r=1}^{n}\prod_{\substack{s=1\\ s\neq r}}^{n}(\alpha_r-\alpha_s).$$

但是 $f(x)=(x-\alpha_1)\cdots(x-\alpha_n)$, 可知 $f'(\alpha_r)=\prod\limits_{\substack{s=1\\ s\neq r}}^{n}(\alpha_r-\alpha_s)$. 于是

$$d_{L/K}(\alpha)=(-1)^{\frac{n(n-1)}{2}}\prod_{r=1}^{n}f'(\alpha_r)=(-1)^{\frac{n(n-1)}{2}}\prod_{r=1}^{n}\sigma_r(f'(\alpha))$$
$$=(-1)^{\frac{n(n-1)}{2}}\mathrm{N}_{L/K}(f'(\alpha)).$$ □

注记 由引理 3.2 的证明可知, 对于 $\alpha\in L$, $d_{L/K}(\alpha)=\prod\limits_{1\leqslant r<s\leqslant n}(\sigma_r(\alpha)-\sigma_s(\alpha))^2$. 因此 $L=K(\alpha)$ 当且仅当 α 有 $[L:K]$ 个不同的 K-共轭元素, 即 $\sigma_i(\alpha)$ $(1\leqslant i\leqslant n)$ 两两不同.

习题 3.1

习题 3.1.1 设 d_1 和 d_2 是无平方因子的整数, $d_1\neq 1$, $d_2\neq 1$. 证明若 $d_1\neq d_2$, 则 $\mathbb{Q}(\sqrt{d_1})$ 和 $\mathbb{Q}(\sqrt{d_2})$ 是不同的二次域.

习题 3.1.2 设 $f(x)$ 为 $K[x]$ 中的 n 次首 1 多项式, 其中 K 为数域, $n\geqslant 1$. 令 $\alpha_1,\cdots,\alpha_n$ 为 $f(x)$ 在 $\mathbb{C}$ 中的 n 个根, 即 $f(x)=(x-\alpha_1)\cdots(x-\alpha_n)$. 我们称

$$d(f)=\prod_{1\leqslant r<s\leqslant n}(\alpha_r-\alpha_s)^2$$

为多项式 $f(x)$ 的判别式. 显然 $f(x)$ 有重根当且仅当 $d(f)=0$.

(a) 证明 $d(f)=(-1)^{\frac{n(n-1)}{2}}\prod\limits_{i=1}^{n}f'(\alpha_i)$, 并且 $d(f)\in K$.

(b) 若 $f(x)=x^n+a$ $(n\geqslant 1,a\in\mathbb{Q})$, 则 $d(f)=(-1)^{\frac{n(n-1)}{2}}n^na^{n-1}$.

(c) 若 $f(x)=x^n+ax+b\in\mathbb{Q}[x]$, 则

$$d(f)=(-1)^{\frac{n(n-1)}{2}}[(-1)^{n-1}(n-1)^{n-1}a^n+n^nb^{n-1}].$$

(注记: 当 $n=2,3$ 时, $f(x)=x^n+ax+b$ 的判别式分别为 a^2-4b 和 $-(4a^3+27b^2)$, 这就是 2 次和 3 次多项式通常的判别式.)

(d) 设 $f(x)$ 为 $\mathbb{Q}[x]$ 中 3 次不可约首 1 多项式. 证明当 $d(f)>0$ 时, $f(x)$ 有三个实根. 而 $d(f)<0$ 时, $f(x)$ 只有一个实根.

习题 3.1.3 对于数域 $L=\mathbb{Q}(\sqrt{1+\sqrt{2}},\sqrt{1-\sqrt{2}})$, 求 $\gamma\in L$, 使得 $L=\mathbb{Q}(\gamma)$.

3.2 代数整数环

本节引入经典代数数论的第二个基本研究对象: 代数整数环. 它是有理数域 $\mathbb{Q}$ 中通常整数环 $\mathbb{Z}$ 到代数数域 K 的一个推广. 这种推广始于高斯 (K 为二次域), 用来研究初等数论中的方程 $ax^2+bxy+cy^2=n$ (a,b,c,n 为固定的整数) 何时有整数解 $x,y\in\mathbb{Z}$. 后来库默尔 (Kummer) 研究费马 (Fermat) 方程 $x^p+y^p=z^p$ (p 为素数) 何时有正整数解 (x,y,z) 时, 把高斯的思想推广到分圆数域 $K=\mathbb{Q}(\zeta_p)$, 其中 $\zeta_p=e^{\frac{2\pi i}{p}}$. 最后由戴德金推广到任意数域 K 上的理论, 成为本节和下节中要介绍的形式.

定义 3.2 设 K 是数域, R 是 K 的一个子环. K 中元素 α 叫作在 R 上整 (integral), 是指存在 $R[x]$ 中次数 $\geqslant 1$ 的首 1 多项式 $f(x)=x^m+c_1x^{m-1}+\cdots+c_m$ $(m\geqslant 1,\ c_i\in R)$, 使得 $f(\alpha)=0$. 如果 $R=\mathbb{Z}$, 即 α 在 $\mathbb{Z}$ 上整, 则 α 叫作数域 K 中的**代数整数**.

例如 $\zeta_n=e^{\frac{2\pi i}{n}}$ $(n\geqslant 1)$ 为代数整数, 因为它是 $\mathbb{Z}[x]$ 中首 1 多项式 x^n-1 的根. 又如 $\frac{1}{2}(\sqrt{5}+1)$ 为代数整数, 因为它是 $f(x)=\left(x-\frac{\sqrt{5}+1}{2}\right)\left(x-\frac{1-\sqrt{5}}{2}\right)=x^2-x-1$ 的根, 而 x^2-x-1 是 $\mathbb{Z}(x)$ 中首 1 多项式. 再如 $\frac{\sqrt{2}}{2}$ 不是代数整数, 这可由下面关于代数整数的判别法看出来.

引理 3.3 设 α 是数域 K 中的元素. 则 α 是代数整数当且仅当 α 在 $\mathbb{Q}$ 上的最小多项式 $f(x)$ 属于 $\mathbb{Z}[x]$.

证明 若 $f(x)\in\mathbb{Z}[x]$, 由于 $f(x)$ 是首 1 的, $f(\alpha)=0$, 根据定义即知 α 是代数整数. 反之, 若 α 为代数整数, 即存在次数 $\geqslant 1$ 的首 1 多项式 $g(x)\in\mathbb{Z}[x]$ 使得 $g(\alpha)=0$. 但是 $f(x)$ 是 α 的最小多项式, 从而 $f(x)|g(x)$. 高斯的一个结果是说, 若 $\mathbb{Z}[x]$ 中首 1 多项式 $g(x)$ 可被 $\mathbb{Q}[x]$ 中一个首 1 多项式 $f(x)$ 整除, 则 $f(x)\in\mathbb{Z}[x]$. 于是由 $f(\alpha)=0$ 可知 α 为代数整数. □

今后我们更多地谈代数整数, 简称为整数, 而 $\mathbb{Z}$ 中的数叫作**有理整数**. 对于数域 K, K 中所有 (代数) 整数组成的集合表示成 $\mathcal{O}_K$. 由定义可知 $\mathbb{Z}\subseteq\mathcal{O}_K$. 我们的下一个目标是证明 $\mathcal{O}_K$ 是 K 的一个子环. 由于 K 是域, 可知 $\mathcal{O}_K$ 是整环. 为了证明 $\mathcal{O}_K$ 是环, 只需证明当 $\alpha,\beta\in\mathcal{O}_K$ 时, $\alpha\pm\beta$ 和 $\alpha\beta$ 都属于 $\mathcal{O}_K$. 证明是不容易的. 试想 $\sqrt[3]{2}$ 和 ζ_{50} 都是整数, 它们分别是 x^3-2 和 $x^{50}-1$ 的根. 如何证明 $\sqrt[3]{2}+\zeta_{50}$ 也是整数, 即如何求出 $\mathbb{Z}(x)$ 中一个首 1 多项式 $f(x)$, 使得 $f(\sqrt[3]{2}+\zeta_{50})=0$? 戴德金把这个非线性的数学问题设法“线性化”, 从而产生出抽象代数中除了群环域之外另一个重要的代数结构, 叫作“模”. 现在我们看如何用线性代数证明 $\mathcal{O}_K$ 为环. 首先给出 (代数) 整数的其他刻画方式.

引理 3.4 对于复数 α, 下列 4 个条件彼此等价:

(1) α 为整数;

(2) 环 $\mathbb{Z}[\alpha]$ 的加法群是有限生成的, 即存在 $\mathbb{Z}[\alpha]$ 中有限个元素 $\beta_1,\cdots,\beta_l$, 使得 $\mathbb{Z}[\alpha]=\beta_1\mathbb{Z}+\cdots+\beta_l\mathbb{Z}$;

(3) α 是 $\mathbb{C}$ 中某个非零子环 R 中的元素, 而 R 的加法群是有限生成的;

(4) $\mathbb{C}$ 中存在有限生成的非零加法群 A, 使得 $\alpha A\subseteq A$.

证明 (1) $\Rightarrow$ (2): 设 α 为整数, 则存在 $\mathbb{Z}[x]$ 中首 1 多项式 $f(x)=x^l+c_1x^{l-1}+\cdots+c_l$ $(c_i\in\mathbb{Z})$, 使得 $f(\alpha)=0$. 于是 $\alpha^l=-c_1\alpha^{l-1}-\cdots-c_l$, 即 α^l

是 $\{1,\alpha,\cdots,\alpha^{l-1}\}$ 的 $\mathbb{Z}$-线性组合, 对每个 $m\geqslant l$, $\alpha^m=-c_1\alpha^{m-1}-\cdots-c_l\alpha^{m-l}$, 经归纳可知每个 α^m $(m\geqslant l)$ 都是 $\{1,\alpha,\cdots,\alpha^{l-1}\}$ 的 $\mathbb{Z}$-线性组合. 于是 $\mathbb{Z}[\alpha]=\mathbb{Z}+\alpha\mathbb{Z}+\cdots+\alpha^{l-1}\mathbb{Z}$, 即加法群 $\mathbb{Z}[\alpha]$ 是有限生成的.

(2) ⇒ (3): 取 $R=\mathbb{Z}[\alpha]$ 即可.

(3) ⇒ (4): 取 $A=R$ 即可.

(4) ⇒ (1): 设 $A=a_1\mathbb{Z}+\cdots+a_n\mathbb{Z}$. 由假设 $\alpha a_i\in A$ $(1\leqslant i\leqslant n)$. 从而每个 αa_i 均可表成 $a_1,\cdots,a_n$ 的 $\mathbb{Z}$-线性组合, 这可写成矩阵形式:

$$\begin{bmatrix}\alpha a_1\\ \vdots\\ \alpha a_n\end{bmatrix}=\boldsymbol{M}\begin{bmatrix}a_1\\ \vdots\\ a_n\end{bmatrix},\quad 即\quad (\alpha\boldsymbol{I}_n-\boldsymbol{M})\begin{bmatrix}a_1\\ \vdots\\ a_n\end{bmatrix}=\begin{bmatrix}0\\ \vdots\\ 0\end{bmatrix},$$

其中 $\boldsymbol{M}$ 是元素属于 $\mathbb{Z}$ 的 n 阶方阵. 由假设 $A\neq\{0\}$, 可知 $a_1,\cdots,a_n$ 不全为零, 从而 $\det(\alpha\boldsymbol{I}_n-\boldsymbol{M})=0$. 但是 $f(x)=\det(x\boldsymbol{I}_n-\boldsymbol{M})$ 是 $\mathbb{Z}[x]$ 中首 1 多项式 (次数 $=n$). 并且 $f(\alpha)=0$, 从而 α 为整数. □

定理 3.3 (戴德金) 对每个数域 K, $\mathcal{O}_K$ 为整环.

证明 设 $\alpha,\beta\in\mathcal{O}_K$, 由引理 3.4 可知环 $\mathbb{Z}[\alpha]$ 和 $\mathbb{Z}[\beta]$ 的加法子群都是有限生成的, 即 $\mathbb{Z}[\alpha]=a_1\mathbb{Z}+\cdots+a_n\mathbb{Z}$, $\mathbb{Z}[\beta]=b_1\mathbb{Z}+\cdots+b_m\mathbb{Z}$. 对于任意非负整数 u 和 v, $\alpha^u\in\mathbb{Z}[\alpha]$, $\beta^v\in\mathbb{Z}[\beta]$, 从而

$$\alpha^u=a_1c_1+\cdots+a_nc_n,\quad \beta^v=b_1d_1+\cdots+b_md_m\quad (c_i,d_j\in\mathbb{Z}).$$

于是

$$\alpha^u\beta^v=\sum_{i=1}^{n}\sum_{j=1}^{m}(c_id_j)a_ib_j\quad (c_id_j\in\mathbb{Z}),$$

由此可知 $\mathbb{Z}[\alpha,\beta]=\sum\limits_{\substack{1\leqslant i\leqslant n\\ 1\leqslant j\leqslant m}}a_ib_j\mathbb{Z}$. 即环 $\mathbb{Z}[\alpha,\beta]$ 的加法群是有限生成的. 由于 $\alpha\pm\beta$, $\alpha\beta\in\mathbb{Z}[\alpha,\beta]$, 再用引理 3.4 便知它们都是整数. □

定义 3.3 对于代数数域 K, 环 $\mathcal{O}_K$ 叫作 K 的 (代数) **整数环**.

由于 $\mathcal{O}_K$ 是域 K 的子环, 可知 $\mathcal{O}_K$ 是整环. 注意整环 (domain) 和整数环 (the ring of integers in K) 的中文名称相似, 但这是两个完全不同的概念: 整环是没有零因子的环, 而整数的意义由定义 3.2 给出.

定理 3.4 设 L/K 是数域的扩张.

(1) 若 L 中的元素 α 在 $\mathcal{O}_K$ 上是整的, 则 α 在 $\mathbb{Z}$ 上也是整的, 即 $\alpha\in\mathcal{O}_L$. 特别地, 若 K 中元素 α 在 $\mathcal{O}_K$ 上整, 则 $\alpha\in\mathcal{O}_K$ (这个性质称作环 $\mathcal{O}_K$ 是"整闭"的).

(2) 若 α 为 L 中整数, 即 $\alpha \in \mathcal{O}_L$, 则 α 的每个 K-共轭元素也是整数.

(3) 对于 K 中每个元素 α, 均存在非零有理整数 n, 使得 $n\alpha \in \mathcal{O}_K$. 特别地, K 是 $\mathcal{O}_K$ 的分式域, 即 K 中每个元素 α 均可表成 $\dfrac{A}{B}$, 其中 $A, B \in \mathcal{O}_K$, $B \neq 0$.

证明　(1) 根据定义 3.2, α 在 $\mathcal{O}_K$ 上整, 是指存在 $f(x) = x^l + c_1x^{l-1} + \cdots + c_l$ $(c_i \in \mathcal{O}_K)$ 使得 $f(\alpha) = 0$, 即 $\alpha^l = -c_1\alpha^{l-1} - \cdots - c_l$. 由此可证明环 $\mathcal{O}_K[\alpha]$ 中每个元素均可表成 $1, \alpha, \cdots, \alpha^{l-1}$ 的 $\mathcal{O}_K$-线性组合, 即 $\mathcal{O}_K[\alpha] = \mathcal{O}_K + \alpha\mathcal{O}_K + \cdots + \alpha^{l-1}\mathcal{O}_K$. 但是 $\mathcal{O}_K$ 的加法群是有限生成的 (引理 3.4), 即 $\mathcal{O}_K = w_1\mathbb{Z} + \cdots + w_k\mathbb{Z}$. 于是

$$\mathcal{O}_K[\alpha] = \sum_{i=0}^{l-1} \alpha^i \mathcal{O}_K = \sum_{i=0}^{l-1}\sum_{j=1}^{k} (\alpha^i w_j)\mathbb{Z},$$

即 $\mathcal{O}_K[\alpha]$ 的加法群是由 lk 个元素 $\alpha^i w_j$ 有限生成的. 再由引理 3.4 便知 α 是整数.

(2) 设 $\alpha \in \mathcal{O}_L$, 则存在首 1 多项式 $f(x) \in \mathbb{Z}[x]$, 使得 $f(\alpha) = 0$. 令 α' 为 α 的 K-共轭元素, 即存在 L 的 K-嵌入 σ, 使得 $\alpha' = \sigma(\alpha)$. 由于 σ 将 K 中元素映成自身, 从而把 $\mathbb{Z}$ 中元素映成自身. 而 $f(x)$ 的系数属于 $\mathbb{Z}$, 由此可知

$$0 = \sigma(f(\alpha)) = f(\sigma(\alpha)) = f(\alpha'),$$

即 α' 也是 $\mathbb{Z}[x]$ 中首 1 多项式的根. 因此 α' 也是整数.

(3) 由于 K 中元素 α 是代数的, 从而存在 $f(x) = a_0x^l + a_1x^{l-1} + \cdots + a_l \in \mathbb{Z}[x]$ $(l \geqslant 1,\ a_0 \neq 0)$, 使得 $f(\alpha) = 0$, 于是

$$0 = a_0^{l-1}f(\alpha) = (a_0\alpha)^l + a_0a_1(a_0\alpha)^{l-1} + \cdots + a_0^{l-1}a_l,$$

即 $a_0\alpha \in \mathcal{O}_K$, a_0 为非零有理整数. □

现在介绍整数环 $\mathcal{O}_K$ 的加法群结构.

定理 3.5　设 K 为数域, $n = [K : \mathbb{Q}]$. 则存在 $w_1, \cdots, w_n \in \mathcal{O}_K$, 使得 $\mathcal{O}_K = w_1\mathbb{Z} \oplus \cdots \oplus w_n\mathbb{Z}$ (直和). 换句话说, K 中每个整数 $\alpha \in \mathcal{O}_K$ 可唯一地表示成

$$\alpha = a_1w_1 + \cdots + a_nw_n \quad (a_i \in \mathbb{Z}).$$

这个定理的证明要用有限生成交换群的结构定理和线性代数的一些技巧, 证明从略. 用近世代数的语言, 这个定理可以叙述成: 环 $\mathcal{O}_K$ 的加法群是秩 n 的自由交换群 (或者更简单地说成 $\mathcal{O}_K$ 是秩 n 的自由 $\mathbb{Z}$-模), 其中 $n = [K : \mathbb{Q}]$.

定义 3.4　定理 3.5 中满足 $\mathcal{O}_K = w_1\mathbb{Z} \oplus \cdots \oplus w_n\mathbb{Z}$ 的元素组 $\{w_1, \cdots, w_n\}$ 叫作域 K(或 $\mathcal{O}_K$) 的一组**整基**.

数域 K 中可以有许多组不同的整基. 它们之间的联系如下所示.

引理 3.5 设 K 为 n 次数域, $\{w_1, \cdots, w_n\}$ 为 K 的一组整基. 则对于 $w_i' \in \mathcal{O}_K$ $(1 \leqslant i \leqslant n)$, $\{w_1', \cdots, w_n'\}$ 也是 K 的一组整基当且仅当存在元素属于 $\mathbb{Z}$ 的 n 阶方阵 $\boldsymbol{M}$, $\det(\boldsymbol{M}) = \pm 1$, 使得

$$\begin{bmatrix} w_1' \\ \vdots \\ w_n' \end{bmatrix} = \boldsymbol{M} \begin{bmatrix} w_1 \\ \vdots \\ w_n \end{bmatrix}.$$

证明 设 $\{w_1', \cdots, w_n'\}$ 为 K 的一组整基, 则 $w_i' \in \mathcal{O}_K = w_1\mathbb{Z} \oplus \cdots \oplus w_n\mathbb{Z}$, 从而每个 w_i' 均为 $w_1, \cdots, w_n$ 的 $\mathbb{Z}$-线性组合. 同样地, 每个 w_i 也是 $w_1', \cdots, w_n'$ 的 $\mathbb{Z}$-线性组合. 于是

$$\begin{bmatrix} w_1' \\ \vdots \\ w_n' \end{bmatrix} = \boldsymbol{M} \begin{bmatrix} w_1 \\ \vdots \\ w_n \end{bmatrix}, \quad \begin{bmatrix} w_1 \\ \vdots \\ w_n \end{bmatrix} = \boldsymbol{N} \begin{bmatrix} w_1' \\ \vdots \\ w_n' \end{bmatrix},$$

其中 M 和 N 均是元素属于 $\mathbb{Z}$ 的 n 阶方阵. 于是

$$\begin{bmatrix} w_1 \\ \vdots \\ w_n \end{bmatrix} = \boldsymbol{NM} \begin{bmatrix} w_1 \\ \vdots \\ w_n \end{bmatrix}.$$

但是由 $\mathcal{O}_K = w_1\mathbb{Z} \oplus \cdots \oplus w_n\mathbb{Z}$ 是群的直和, 可知 $\{w_1, \cdots, w_n\}$ 在 $\mathbb{Q}$ 上是线性无关的, 即为向量空间 K 的一组基, 由此可知 $\boldsymbol{NM} = \boldsymbol{I}_n$ (n 阶单位方阵). 于是 $\det(\boldsymbol{M}) \cdot \det(\boldsymbol{N}) = 1$. 由于 $\det(\boldsymbol{M})$ 和 $\det(\boldsymbol{N})$ 均是有理数, 可知 $\det(\boldsymbol{M}) = \pm 1$.

反之, 若 $\boldsymbol{M}$ 是 $\mathbb{Z}$ 上的 n 阶方阵, $\det(\boldsymbol{M}) = \pm 1$, $\{w_1, \cdots, w_n\}$ 是 K 的一组整基, 并且

$$\begin{bmatrix} w_1' \\ \vdots \\ w_n' \end{bmatrix} = \boldsymbol{M} \begin{bmatrix} w_1 \\ \vdots \\ w_n \end{bmatrix},$$

则 $\boldsymbol{M}$ 为可逆方阵, 并且由线性代数知方阵 $\boldsymbol{M} = \boldsymbol{M}^{-1}$ 的元素也属于 $\mathbb{Z}$. 于是

$$\begin{bmatrix} w_1 \\ \vdots \\ w_n \end{bmatrix} = \boldsymbol{M} \begin{bmatrix} w_1' \\ \vdots \\ w_n' \end{bmatrix}.$$

由此即知 $\{w_1',\cdots,w_n'\}$ 也是 K 的一组整基. □

对于数域 K 中的元素 $\alpha_1,\cdots,\alpha_n$, $n=[K:\mathbb{Q}]$, 我们把上节中定义的判别式 $d_{K/\mathbb{Q}}(\alpha_1,\cdots,\alpha_n)$ 简记作 $d_K(\alpha_1,\cdots,\alpha_n)$. 我们已经证明了: $d_K(\alpha_1,\cdots,\alpha_n)\in\mathbb{Q}$, 并且 $\alpha_1,\cdots,\alpha_n$ 是 $\mathbb{Q}$-向量空间的一组基当且仅当 $d_K(\alpha_1,\cdots,\alpha_n)\neq 0$ (引理3.1). 特别地, 若 $\alpha_1,\cdots,\alpha_n\in\mathcal{O}_K$, 由定义 3.1, $d_K(\alpha_1,\cdots,\alpha_n)=\det(\sigma_i(\alpha_j))^2$, 其中 $\sigma_i(\alpha_j)$ 和整数 α_j 共轭, 从而 $\sigma_i(\alpha_j)$ 均为整数 (定理 3.4). 而 $\det(\sigma_i(\alpha_j))^2$ 是这些元素经过加减乘运算得到的, 于是 $d_K(\alpha_1,\cdots,\alpha_n)$ 也是整数. 但是它属于 $\mathbb{Q}$, 从而是有理整数. 进而, 若 $\{\alpha_1,\cdots,\alpha_n\}$ 是 K 的一组整基, 则 $d_K(\alpha_1,\cdots,\alpha_n)\neq 0$. 从而 $d_K(\alpha_1,\cdots,\alpha_n)$ 是非零有理整数. 我们现在证明这个数是数域本身的不变量, 它和整基 $\{\alpha_1,\cdots,\alpha_n\}$ 的选取方式无关.

引理 3.6 设 K 是 n 次代数数域, $\{w_1,\cdots,w_n\}$ 和 $\{w_1',\cdots,w_n'\}$ 均是 K 的整基, 则 $d_K(w_1,\cdots,w_n)=d_K(w_1',\cdots,w_n')$.

证明 由引理 3.5 可知

$$\begin{bmatrix} w_1' \\ \vdots \\ w_n' \end{bmatrix} = \boldsymbol{M} \begin{bmatrix} w_1 \\ \vdots \\ w_n \end{bmatrix},$$

其中 $\boldsymbol{M}$ 为 $\mathbb{Z}$ 上的 n 阶方阵, $\det(\boldsymbol{M})=\pm 1$. 将此等式作用于 K 到 $\mathbb{C}$ 的 n 个嵌入 $\sigma_i(1\leqslant i\leqslant n)$, 给出

$$\begin{bmatrix} \sigma_i(w_1') \\ \vdots \\ \sigma_i(w_n') \end{bmatrix} = \boldsymbol{M} \begin{bmatrix} \sigma_i(w_1) \\ \vdots \\ \sigma_i(w_n) \end{bmatrix} \quad (1\leqslant i\leqslant n).$$

这可写成

$$\begin{bmatrix} \sigma_1(w_1') & \cdots & \sigma_n(w_1') \\ \vdots & & \vdots \\ \sigma_1(w_n') & \cdots & \sigma_n(w_n') \end{bmatrix} = \boldsymbol{M} \begin{bmatrix} \sigma_1(w_1) & \cdots & \sigma_n(w_1) \\ \vdots & & \vdots \\ \sigma_1(w_n) & \cdots & \sigma_n(w_n) \end{bmatrix}.$$

由判别式定义可知

$$\begin{aligned} d_K(w_1',\cdots,w_n') &= \det(\sigma_i(w_j'))^2 = \det(\boldsymbol{M})^2\det(\sigma_i(w_j))^2 \\ &= d_K(w_1,\cdots,w_n) \quad (\text{因为}\det(\boldsymbol{M})=\pm 1). \end{aligned}$$

□

定义 3.5 设 $\{w_1, \cdots, w_n\}$ 为 n 次数域的一组整基, 称 $d_K(w_1, \cdots, w_n)$ 为数域 K 的**判别式**, 表示成 $d(K)$, 这是非零有理整数.

现在我们决定二次域 K 的整基和判别式.

定理 3.6 设 $K = \mathbb{Q}(\sqrt{d})$ 为二次域, 其中 d 是无平方因子的有理整数, $d \neq 1$(于是 $d \not\equiv 0 \pmod 4$). 则

(1) 当 $d \equiv 2, 3 \pmod 4$ 时, $\{1, \sqrt{d}\}$ 为 K 的一组整基, 即

$$\mathcal{O}_K = \mathbb{Z} \oplus \mathbb{Z}\sqrt{d} = \mathbb{Z}[\sqrt{d}].$$

而当 $d \equiv 1 \pmod 4$ 时, $\left\{1, \dfrac{1+\sqrt{d}}{2}\right\}$ 是 K 的一组整基, 即

$$\mathcal{O}_K = \mathbb{Z} \oplus \mathbb{Z}\left(\frac{1+\sqrt{d}}{2}\right) = \mathbb{Z}\left[\frac{1+\sqrt{d}}{2}\right].$$

(2) K 的判别式为

$$d(K) = \begin{cases} 4d, & 如果\ d \equiv 2, 3 \pmod 4, \\ d, & 如果\ d \equiv 1 \pmod 4. \end{cases}$$

证明 (1) $\mathcal{O}_K$ 中每个元素唯一表示成

$$\alpha = A + B\sqrt{d} \quad (A, B \in \mathbb{Q}).$$

若 $B = 0$, 则 $\alpha = A \in \mathcal{O}_K \cap \mathbb{Q} = \mathbb{Z}$. 这时 $\alpha = a + b\omega\left(\omega = \sqrt{d}\ 或\ \dfrac{1+\sqrt{d}}{2}\right)$, 其中 $a = \alpha$, $b = 0$. 以下设 $B \neq 0$. 这时 α 在 $\mathbb{Q}$ 上的最小多项式为

$$f(x) = (x - (A + B\sqrt{d}))(x - (A - B\sqrt{d})) = x^2 - 2Ax + (A^2 - B^2 d).$$

由于 $\alpha \in \mathcal{O}_K$ 当且仅当 $f(x) \in \mathbb{Z}[x]$. 因此,

$$\begin{aligned} \alpha \in \mathcal{O}_K &\Leftrightarrow 2A,\ A^2 - B^2 d \in \mathbb{Z} \\ &\Leftrightarrow 2A \in \mathbb{Z},\ (2A)^2 - (2B)^2 d \in 4\mathbb{Z} \\ &\Rightarrow 2A \in \mathbb{Z},\ (2B)^2 d \in \mathbb{Z} \\ &\Rightarrow 2A \in \mathbb{Z},\ 2B \in \mathbb{Z} \quad (因为\ d\ 没有平方因子). \end{aligned}$$

若 $d \equiv 2, 3 \pmod 4$. 如果 $2A$ 和 $2B$ 均为奇数, 则 $(2A)^2 \equiv 1 \not\equiv d \equiv (2B)^2 d \pmod 4$. 这和 $(2A)^2 - (2B)^2 d \in 4\mathbb{Z}$ 相矛盾. 所以 $2A$ 和 $2B$ 至少有一个为偶数. 然后由 $(2A)^2 \equiv (2B)^2 d \pmod 4$ 和 $d \not\equiv 0 \pmod 4$ 可知 $2A$ 和 $2B$ 均为偶数. 于是 $A, B \in \mathbb{Z}$. 反之若 $A, B \in \mathbb{Z}$, 则 $A + B\sqrt{d} \in \mathcal{O}_K$. 因此 $\mathcal{O}_K = \mathbb{Z} \oplus \mathbb{Z}\sqrt{d} = \mathbb{Z}[\sqrt{d}]$.

若 $d \equiv 1 \pmod 4$. 由 $(2A)^2 \equiv (2B)^2 d \equiv (2B)^2 \pmod 4$ 可知, 有理整数 $2A$ 和 $2B$ 有相同的奇偶性. 反之, 若 $2A \equiv 2B \pmod 2$, 则 $(2A)^2 - (2B)^2 d \in 4\mathbb{Z}$, 从而 $\alpha \in \mathcal{O}_K$. 于是

$$\begin{aligned}\mathcal{O}_K &= \{A + B\sqrt{d} : 2A, 2B \in \mathbb{Z},\ 2A \equiv 2B \pmod 2\} \\ &= \left\{\frac{a + b\sqrt{d}}{2} : a, b \in \mathbb{Z}, a \equiv b \pmod 2\right\} \\ &= \mathbb{Z} \oplus \mathbb{Z} \cdot \left(\frac{1+\sqrt{d}}{2}\right) = \mathbb{Z}\left[\frac{1+\sqrt{d}}{2}\right].\end{aligned}$$

(2) 当 $d \equiv 2, 3 \pmod 4$ 时, $\{1, \sqrt{d}\}$ 为 $K = \mathbb{Q}(\sqrt{d})$ 的一组整基. 而 K 的两个嵌入为 $\sigma_1 = I$ 和 σ_2, 其中 $\sigma_2(\sqrt{d}) = -\sqrt{d}$. 因此

$$d(K) = \begin{vmatrix} \sigma_1(1) & \sigma_1(\sqrt{d}) \\ \sigma_2(1) & \sigma_2(\sqrt{d}) \end{vmatrix}^2 = \begin{vmatrix} 1 & \sqrt{d} \\ 1 & -\sqrt{d} \end{vmatrix}^2 = 4d.$$

当 $d \equiv 1 \pmod 4$ 时, $\left\{1, \dfrac{1+\sqrt{d}}{2}\right\}$ 为 K 的一组整基, 于是

$$d(K) = \begin{vmatrix} 1 & \dfrac{1+\sqrt{d}}{2} \\ 1 & \dfrac{1-\sqrt{d}}{2} \end{vmatrix}^2 = d. \qquad \square$$

在计算更一般数域的整基和判别式时, 下面的结果是有用的, 证明从略.

定理 3.7 设 L 和 K 分别是 n 次和 m 次数域, 并且 $[KL : \mathbb{Q}] = mn$, $(d(L), d(K)) = 1$, 则

(1) $\mathcal{O}_{KL} = \mathcal{O}_K \mathcal{O}_L$. 特别地, 若 $\{\alpha_1, \cdots, \alpha_n\}$ 和 $\{\beta_1, \cdots, \beta_m\}$ 分别是 L 和 K 的整基, 则 $\{\alpha_i \beta_j : 1 \leqslant i \leqslant n, 1 \leqslant j \leqslant m\}$ 是 $\mathcal{O}_{KL}$ 的一组整基.

(2) $d(KL) = d(K)^n d(L)^m$.

引理 3.7 设 K 为 n 次数域, $\alpha_1, \cdots, \alpha_n \in \mathcal{O}_K$. 如果

(1) $d_K(\alpha_1, \cdots, \alpha_n) = d(K)$, 或者

(2) $d_K(\alpha_1,\cdots,\alpha_n)$ 是无平方因子的非零有理整数,

则 $\{\alpha_1,\cdots,\alpha_n\}$ 是 K 的一组整基.

证明 设 $\{w_1,\cdots,w_n\}$ 是 K 的一组整基. 由于 $\alpha_i\in\mathcal{O}_K=w_1\mathbb{Z}\oplus\cdots\oplus w_n\mathbb{Z}$, 从而每个 α_i 均为 $\{w_i:1\leqslant i\leqslant n\}$ 的 $\mathbb{Z}$-线性组合. 于是

$$\begin{bmatrix}\alpha_1\\ \vdots\\ \alpha_n\end{bmatrix}=\boldsymbol{M}\begin{bmatrix}w_1\\ \vdots\\ w_n\end{bmatrix},$$

其中 $\boldsymbol{M}$ 是 $\mathbb{Z}$ 上的 n 阶方阵. 由此可得到

$$d_K(\alpha_1,\cdots,\alpha_n)=\det(\boldsymbol{M})^2d_K(w_1,\cdots,w_n)=\det(\boldsymbol{M})^2d(K),$$

其中 $d(K)$, $\det(\boldsymbol{M})\in\mathbb{Z}$. 不难看出, 若 (1) 或 (2) 成立, 则 $\det(\boldsymbol{M})=\pm1$, 从而 $\{\alpha_1,\cdots,\alpha_n\}$ 为 K 的整基. □

例 3.3 考虑 $f(x)=x^5-x+1\in\mathbb{Z}[x]$. 易知 $f(x)$ 在 $\mathbb{F}_5[x]$ 中不可约, 从而在 $\mathbb{Z}[x]$ 中不可约, 于是在 $\mathbb{Q}[x]$ 中也不可约. 令 θ 是 $f(x)$ 在 $\mathbb{C}$ 中的一个根, 则 $K=\mathbb{Q}(\theta)$ 是 5 次数域. 利用习题 3.1.2 中的结果, 可算出 (注意 $\theta\in\mathcal{O}_K$)

$$d_K(\theta)=d_K\left(1,\theta,\theta^2,\theta^3,\theta^4\right)=\mathrm{N}_{K/\mathbb{Q}}\left(f'(\theta)\right)=4^4\cdot(-1)^5+5^5=19\cdot151.$$

这是两个不同素数的乘积. 由引理 3.7 可知 $\{1,\theta,\theta^2,\theta^3,\theta^4\}$ 为 K 的一组整基, 即 $\mathcal{O}_K=\mathbb{Z}[\theta]$, 并且 $d(K)=19\cdot151$.

习题 3.2

习题 3.2.1 证明 $\mathcal{O}_{\mathbb{Q}}=\mathbb{Z}$, 换句话说, 若有理数 α 是代数整数, 则必然 $\alpha\in\mathbb{Z}$.

习题 3.2.2 设 L/K 是数域的扩张. 证明:

(a) $\mathrm{T}_{L/K}$ 和 $\mathrm{N}_{L/K}$ 均把 $\mathcal{O}_L$ 映到 $\mathcal{O}_K$ 之中.

(b) 对于 $\alpha\in\mathcal{O}_L$, 证明 $\alpha\in\mathcal{O}_L$ 当且仅当 α 在 $\mathcal{O}_K$ 上的最小多项式属于 $\mathcal{O}_K[x]$.

习题 3.2.3 设 $\{w_1,\cdots,w_n\}$ 是 n 次数域 K 的一组整基, 证明它也是 $\mathbb{Q}$ 上向量空间的 K 的一组基.

习题 3.2.4 对于每个数域 K, 证明:

(a) $d(K)\equiv0$ 或 $1\pmod 4$.

(b) $(-1)^{r_2}d(K)>0$, 其中 r_2 表示 K 到 $\mathbb{C}$ 的嵌入的复共轭对个数.

习题 3.2.5 (戴德金的例子)

(a) 证明 $f(x)=x^3+x^2-2x+8$ 是 $\mathbb{Q}[x]$ 不可约多项式, 令 θ 为 $f(x)$ 在 $\mathbb{C}$ 中的一个根, $K=\mathbb{Q}(\theta)$ (3 次数域).

(b) 证明 $\theta'=\dfrac{4}{\theta}\in\mathcal{O}_K$, 并且 $\{1,\theta,\theta'\}$ 为 K 的一组整基.

(c) 证明 $d(K)=503$.

(d) 证明对每个 $\alpha\in\mathcal{O}_K$, $d_K(1,\alpha,\alpha^2)$ 必为偶数, 从而 $\{1,\alpha,\alpha^2\}$ 不是 K 的整基.

习题 3.2.6 计算 4 次数域 $K=\mathbb{Q}(\sqrt{2}, \sqrt{-3})$ 的一组整基和判断式 $d(K)$.

习题 3.2.7 设 L/K 是数域的扩张. 证明存在 $\alpha\in\mathcal{O}_L$, 使得 $L=K(\alpha)$.

3.3 单位群和单位根群

设 K 为 n 次数域, 3.2 节给出整数环 $\mathcal{O}_K$ 的加法结构. 本节介绍 $\mathcal{O}_K^*$ 的乘法群结构, 其中 $\mathcal{O}_K^*$ 是 $\mathcal{O}_K$ 中的单元 (即乘法可逆元) 构成的乘法群, 叫作 $\mathcal{O}_K$ 的**单位群**, 今后记为 U_K. 进而, K 中的单位根 ζ 是整数, 因为若 $\zeta^n=1$, 则 ζ 是 $\mathbb{Z}[x]$ 中首 1 多项式 x^n-1 的根, 从而 $\zeta\in\mathcal{O}_K$. 易证 K 中全部单位根组成的集合是 U_K 的一个子群, 叫作域 K 的**单位根群**, 表示成 W_K. 我们首先证明:

定理 3.8 对每个数域 K, W_K 是有限 (乘法) 循环群.

证明 设 $\zeta\in W_k$, 记 ζ 在 $\mathbb{Q}$ 上的最小多项式为

$$f(x)=x^m-\sigma_1x^{m-1}+\sigma_2x^{m-2}-\cdots+(-1)^m\sigma_m \quad (\sigma_i\in\mathbb{Z}).$$

则 $\mathbb{Q}(\zeta)$ 是 K 的子域, 于是 $m=[\mathbb{Q}(\zeta):\mathbb{Q}]\leqslant[K:\mathbb{Q}]$. 记 $n=[K:\mathbb{Q}]$. 设 $\zeta^s=1$, s 为正整数. 则 ζ 是 x^s-1 的根. 于是 $f(x)|x^s-1$. 则 $f(x)$ 的每个根也是 x^s-1 的根. 所以 $f(x)$ 在 $\mathbb{C}$ 中的所有根 $\{\alpha_1=\zeta,\alpha_2,\cdots,\alpha_m\}$ 都是单位根. 由韦达定理给出

$$\begin{aligned}|\sigma_1|&=|\alpha_1+\alpha_2+\cdots+\alpha_m|\\&\leqslant|\alpha_1|+|\alpha_2|+\cdots+|\alpha_m|=m \quad (\text{每个单位根的绝对值为 1})\\|\sigma_2|&=\left|\sum_{1\leqslant i<j\leqslant n}\alpha_i\alpha_j\right|\leqslant\sum_{1\leqslant i<j\leqslant n}1=\binom{m}{2}.\end{aligned}$$

一般地, $|\sigma_i|\leqslant\binom{m}{i}$ $(1\leqslant i\leqslant m)$. 现在, 满足 $1\leqslant m\leqslant n$ 的有理整数 m 只有有限多个, 而对每个 m, 系数绝对值有界 $|\sigma_i|\leqslant\binom{m}{i}$ $(1\leqslant i\leqslant m)$ 的有理整数 σ_i 也只有有限多个, 从而 K 中单位根在 $\mathbb{Q}$ 上的最小多项式 $f(x)$ 也只有有限多个. 每个 $f(x)$ 的根也有有限多个. 这就表明 K 中只有有限多个单位根, 即 W_K 是乘法有限群. 由于域中每个乘法有限群都是循环群, 从而 W_K 是有限循环群. □

现在给出单位群 U_K 的结构.

定理 3.9 设 K 为数域, r_1 和 r_2 分别表示 K 的实嵌入的个数和复嵌入对的个数, 则

$$U_K=W_K\times V_K \quad (\text{直积}),$$

其中 V_K 是 r 个无限循环群的直积, $r=r_1+r_2-1$. 换句话说, 存在 r 个单位 $\varepsilon_1,\cdots,\varepsilon_r\in U_K$, 使得每个单位 $\varepsilon\in U_K$ 都可唯一表示成

$$\varepsilon=\mu\varepsilon_1^{a_1}\cdots\varepsilon_r^{a_r},$$

其中 $\mu\in W_K$, $a_i\in\mathbb{Z}\ (1\leqslant i\leqslant r)$.

这个结果由狄利克雷 (Dirichlet) 给出, 证明从略.

定义 3.6 V_K 的上述一组生成元 $\{\varepsilon_1,\cdots,\varepsilon_r\}$ 叫作域 K 的**基本单位系**.

域 K 的基本单位系不是唯一的, 但是由它们也可定义出域 K 的一个不变量, 叫作 K 的**调节子** (ragulator), 表示成 $R(K)$. 它是用基本单位系定义的实数, 但是不依赖于基本单位系的选取方式.

计算基本单位系是一个很难的问题, 决定单位根群 W_K 则要容易得多. 下面给出判别单位的一个条件.

引理 3.8 设 K 为数域, $\alpha\in\mathcal{O}_K$. 则

(1) $\alpha\in U_K$ 当且仅当 $N(\alpha)=\pm1$, 其中 N 表示扩张 $K/\mathbb{Q}$ 的范映射 $\mathrm{N}_{K/\mathbb{Q}}$.

(2) $\alpha\in W_K$ 当且仅当对 K 的每个嵌入 σ, $|\sigma(\alpha)|=1$.

证明 (1) 设 $\alpha\in U_k$, 则有 $\beta\in U_K$ 使得 $\alpha\beta=1$. 于是 $N(\alpha)N(\beta)=N(1)=1$. 由于 $N(\alpha)$ 和 $N(\beta)$ 都是有理整数, 可知 $N(\alpha)=\pm1$. 反过来, 设 $N(\alpha)=\pm1$, 即 $\alpha\cdot\prod\limits_{i=2}^{n}\sigma_i(\alpha)=\pm1$, 其中 $\{\sigma_1=I,\sigma_2,\cdots,\sigma_n\}$ 是 K 的全部嵌入, $n=[K:\mathbb{Q}]$. 由假设条件知 α 是整数, 从而 α 的共轭元素 $\sigma_i(\alpha)$ 都是整数, 于是 $\beta=\prod\limits_{i=2}^{n}\sigma_i(\alpha)$ 也是整数. 由 $N(\alpha)=\pm1$ 可知 $\alpha\neq0$, 因此 $\beta=\pm\alpha^{-1}\in K$ 并且是整数. 从而 $\beta\in\mathcal{O}_K$. 再由 $\alpha\beta=\pm1$ 即知 α 是 $\mathcal{O}_K$ 中的乘法可逆元, 即 $\alpha\in U_K$.

(2) 若 α 为单位根, 则对每个嵌入 σ, $\sigma(\alpha)$ 也是单位根, 从而 $|\sigma(\alpha)|=1$.

反之, 设 $\alpha\in\mathcal{O}_K$, 并且对每个嵌入 σ, 均有 $|\sigma(\alpha)|=1$. 则对每个正整数 n, $\alpha^n\in\mathcal{O}_K$, 并且 $|\sigma(\alpha^n)|=|\sigma(\alpha)^n|=|\sigma(\alpha)|^n=1$. 所以对于 $\{\alpha^0=1,\alpha,\alpha^2,\cdots\}$ 当中每个元素, 它在 $\mathbb{Q}$ 上最小多项式 $f(x)$ 的系数都是绝对值有界的有理整数, 和定理 3.8 的证明一样推导, 可知这样的 $f(x)$ 只有有限多个. 再由 $\deg f\leqslant n=[K:\mathbb{Q}]$, 每个 f 至多有 n 个根. 因此这些 $f(x)$ 的根也只有有限多个. 这就表明 $\{1,\alpha,\alpha^2,\cdots\}$ 是有限集合. 于是存在正整数 i, j, $j>i$, 使得 $\alpha^j=\alpha^i$, 即 $\alpha^{j-i}=1$. 从而 α 为单位根. □

注记 对于虚二次域 K, 调节子 $R(K)$ 为 1.

对于 $K=\mathbb{Q}$, $\mathcal{O}_\mathbb{Q}=\mathbb{Z}$, $U_\mathbb{Q}=\{\pm1\}=W_\mathbb{Q}$, $r_1=1$, $r_2=0$, $r=r_1+r_2-1=0$. 下面确定二次数域 K 的单位根群 W_K 和单位群 U_K.

定理 3.10 设 $K=\mathbb{Q}(\sqrt{d})$ 是虚二次域, 其中 d 为无平方因子的有理整数, $d>0$. 则

$$U_K=W_K=\begin{cases}\{\pm1,\pm\zeta_4\}, & \text{若 } d=1,\\ \{\pm1,\pm\zeta_3,\pm\zeta_3^2\}=\{\zeta_6^i:0\leqslant i\leqslant 5\}, & \text{若 } d=3,\\ \{\pm1\}, & \text{其他情形},\end{cases}$$

这里对正整数 n, $\zeta_n=e^{\frac{2\pi i}{n}}$. (因此 $\zeta_4=\sqrt{-1}$.)

证明 由于 $r=r_1+r_2-1=0+1-1=0$, 可知 $U_K=W_K$. 进而, 当 $-d\equiv 2,3 \pmod 4$ 时, $\mathcal{O}_K$ 中元素为 $\alpha=a+b\sqrt{-d}$ $(a,b\in\mathbb{Z})$. 于是 $N(\alpha)=a^2+db^2$. 而 $\alpha\in U_K$ 当且仅当 $a^2+db^2=1$ (引理 3.8). 当 $d=1$ 时, $(a,b)=(0,\pm1)$ 和 $(\pm1,0)$, 即 $U_K=\{\pm1,\pm\sqrt{-1}\}=\{\pm1,\pm\zeta_4\}$. 当 $d\geqslant 2$ 时, 只有 $(a,b)=\{\pm1,0\}$, 即 $U_K=\{\pm1\}$. 如果 $-d\equiv 1 \pmod 4$, 则 $\mathcal{O}_K$ 中元素为 $\alpha=\dfrac{a+b\sqrt{-d}}{2}$, 其中 $a,b\in\mathbb{Z}$, $a\equiv b \pmod 2$. 于是 $\alpha\in U_K$ 当且仅当 $1=N(\alpha)=\dfrac{a^2+db^2}{4}$, 即 $a^2+db^2=4$. 当 $d=3$ 时, $(a,b)=(\pm2,0)$ 和 $(\pm1,\pm1)$. 于是 $U_K=\left\{\pm1,\dfrac{\pm1\pm\sqrt{-3}}{2}\right\}=\{\pm1,\pm\zeta_3,\pm\zeta_3^2\}=\langle\zeta_6\rangle$. 否则, 当 $d\geqslant 7$ 时, 只有 $(a,b)=(\pm1,0)$, 而 $U_K=\{\pm1\}$. □

定理 3.11 设 $K=\mathbb{Q}(\sqrt{d})$ 为实二次域, 其中 $d\geqslant 2$ 为无平方因子有理整数, 则 $W_K=\{\pm1\}$. 而 $U_K=W_K\times V_K$(直积), 其中 V_K 是由某个单位 ε 生成的无限循环群, 从而每个单位可唯一表成 ε^a 或 $-\varepsilon^a$, 其中 $a\in\mathbb{Z}$.

证明 由于实单位根只有 ±1, 从而 $W_K=\{\pm1\}$. 进而 $r=r_1+r_2-1=2+0-1=1$, 可知 V_K 为无限循环群. □

注记 对于实二次域 K, $U_K=\{\pm1\}\times\langle\varepsilon\rangle$, 其中 $\varepsilon\in U_K$, 从而 $N(\varepsilon)=\varepsilon\varepsilon'=\pm1$, ε' 为 ε 的共轭. 由于 $\varepsilon\neq\pm1$, 即 ε 不是单位根, 可知 $|\varepsilon|=|\varepsilon'|\neq 1$. 于是 ε 和 ε' 当中恰有一个的绝对值大于 1, 因为 $|\varepsilon\varepsilon'|=|\pm1|=1$. 进而, ε 和 $-\varepsilon$ 当中恰有一个大于 0, ε' 和 $-\varepsilon'$ 也是如此. 综合上述, 可知在 $\{\pm\varepsilon,\pm\varepsilon'\}$ 当中恰有一个 η 满足 $N(\eta)>1$, 并且 $\eta>0$, $U_K=W_K\times\langle\eta\rangle$. 我们把这个唯一决定的 η 记成 ε_K, 叫作实二次域 K 的**基本单位**. 这时, K 的调节子为 $R(K)=\log\varepsilon_K$.

计算实二次域基本单位也不十分容易. 我们举两个例子.

例 3.4 考虑实二次域 $K=\mathbb{Q}(\sqrt{6})$. $\mathcal{O}_K$ 中基本单位为 $\varepsilon_K=a+\sqrt{6}b$, 其中 a 和 b 为正有理整数. 并且满足 $N(\varepsilon_K)=a^2-6b^2=1$ 或者 -1. 逐次取 $b=1,2,\cdots$, 看 $6b^2\pm1$ 是否有一个是有理整数的平方. 例如, 对于 $b=1$, $6b^2\pm1$

均不是有理整数的平方. 而当 $b=2$ 时, $6\cdot 2^2+1=25\ (=a^2)$. 因此对应于 $(a,b)=(5,2)$, $\varepsilon_K=5+2\sqrt{6}$ 为域 $\mathbb{Q}(\sqrt{6})$ 中的基本单位, $N(\varepsilon_K)=1$.

又如, 对 $K=\mathbb{Q}(\sqrt{13})$, $\mathcal{O}_K$ 中基本单位为 $\varepsilon_K=\frac{1}{2}(a+\sqrt{13}b)$, 其中 a 和 b 为正有理整数, $a\equiv b \pmod 2$ 并且 $N(\varepsilon_K)=\frac{1}{4}(a^2-13b^2)=\pm 1$. 可直接验证使 b 为最小正整数的解为 $(a,b)=(3,1)$. 因此 $\varepsilon_K=\frac{1}{2}(3+\sqrt{13})$, $N(\varepsilon_K)=-1$.

实二次域的单位群可用于求形如 $x^2-dy^2=\pm 1$ 的不定方程 ($d\in\mathbb{Z},\ d>0$) 的全部有理整数解, 见习题 3.3 之 3.3.1—3.3.4.

有些实二次域 K 的基本单位往往很大. 例如 $K=\mathbb{Q}(\sqrt{67})$ 的基本单位为 $\varepsilon_K=48842+5967\sqrt{67}$, 即方程 $x^2-67y^2=1$ 或 -1 的正有理整数解 (x,y) 当中, y 最小值为 5967. 如果按上面所述依次对 $y=1,2,\cdots$, 去试验何时 $67y^2+1$ 或 $67y^2-1$ 为有理整数的平方, 计算量很大. 可以用 "连分数" 的方法给出求 ε_K 的一个更好的算法, 详情从略.

习题 3.3

以下题目的习题 3.3.1—习题 3.3.4 中均设 $d\geqslant 2$ 是无平方因子的正有理整数, ε_K 是实二次域 $K=\mathbb{Q}(\sqrt{d})$ 的基本单位. 于是当 $d\equiv 2,3 \pmod 4$ 时, $\varepsilon_K=a+b\sqrt{d}$, 其中 a 和 b 为正有理整数. 而当 $d\equiv 1 \pmod 4$ 时, $\varepsilon_K=\frac{1}{2}(a+b\sqrt{d})$, 其中 a 和 b 为正有理整数. 并且 $a\equiv b \pmod 2$.

习题 3.3.1 证明: 当 $d\equiv 2,3 \pmod 4$ 时, b 是方程 $x^2-dy^2=1$ 或 -1 的正有理整数解 (x,y) 当中最小的 y. 当 $d\equiv 1 \pmod 4$ 时, b 是方程 $x^2-dy^2=4$ 或 -4 的正有理数解 (x,y) 当中最小的 y.

习题 3.3.2 设 S_+ 为 "Pell" 方程 $x^2-dy^2=1$ 的全部有理数解 (x,y) 组成的集合, S_- 为 $x^2-dy^2=-1$ 的全部有理数解 (x,y) 组成的集合. 证明: 对每个 $(x,y)\in S_+\cup S_-$, $x+y\sqrt{d}\in U_K$, 并且映射

$$\phi: S_+\cup S_-\to U_K,\quad (x,y)\mapsto x+y\sqrt{d}$$

是单射, ϕ 的像集合是单位群的一个子群 G. 并且 $G=\{\pm 1\}\times\langle\varepsilon\rangle$, 其中 ε 是基本单位 ε_K 的某个方幂: $\varepsilon=\varepsilon_K^n\ (n\geqslant 1)$.

习题 3.3.3 当 $d\equiv 2,3 \pmod 4$ 时, $G=U_K$(即 ϕ 是满射), 从而 $n=1$, $\varepsilon=\varepsilon_K$. 如果 $N(\varepsilon_K)=1$, 则 S_- 为空集 (即 $x^2-dy^2=-1$ 没有有理整数解 (x,y)), 而 $S_+=\{(\pm a_n,\pm b_n):\varepsilon_K^n=a_n+b_n\sqrt{d},\ n=0,1,2,\cdots\}$. 如果 $N(\varepsilon_K)=-1$, 则

$$S_+=\{(\pm a_n,\pm b_n):\varepsilon_K^n=a_n+b_n\sqrt{d},\ n=0,2,4,\cdots\},$$

$$S_-=\{(\pm a_n,\pm b_n):\varepsilon_K^n=a_n+b_n\sqrt{d},\ n=1,3,5,\cdots\}.$$

习题 3.3.4 当 $d\equiv 1 \pmod 4$ 时, 如果 a 和 b 均为正偶数, 则有和习题 3.3.3 同样的结论. 如果 a 和 b 均为正奇数, 则 $\varepsilon=\varepsilon_K^3$. 从而如果 $N(\varepsilon_K)=1$, 则 S_- 为空集而

$$S_+=\{(\pm a_n,\pm b_n):\varepsilon_K^n=a_n+b_n\sqrt{d},\ n=0,3,6,9,\cdots\}.$$

如果 $N(\varepsilon_K)=-1$,

$$S_+=\{(\pm a_n,\pm b_n):\varepsilon_K^n=a_n+b_n\sqrt{d},n\in\mathbb{Z},n\geqslant 0,n\equiv 0\pmod 6\},$$

$$S_-=\{(\pm a_n,\pm b_n):\varepsilon_K^n=a_n+b_n\sqrt{d},n\geqslant 1,n\equiv 3\pmod 6\}.$$

习题 3.3.5 求 $x^2-15y^2=1$ 满足 $|x|,|y|\leqslant 100$ 的全部有理整数解. 求 $x^2-17y^2=1$ 满足 $|x|,|y|\leqslant 100$ 的全部有理整数解.

习题 3.3.6 计算 $\mathbb{Q}(\sqrt{d})$ $(d=2,3,5,6,7,10,11,14,65)$ 的基本单位.

习题 3.3.7 (a) 设 d 为无平方因子的正有理整数, $d\equiv 3\pmod 4$. ε_K 为实二次域 $K=\mathbb{Q}(\sqrt{d})$ 的基本单位, 证明 $N(\varepsilon_K)=1$.

(b) 设 p 为素数, $p\equiv 1\pmod 4$, ε_K 为 $K=\mathbb{Q}(\sqrt{p})$ 的基本单位, 证明 $N(\varepsilon_K)=-1$.

第 4 章　整数环中的素理想分解

4.1　戴德金整环

对于数域 K, 整数环 $\mathcal{O}_K$ 不一定具有元素的唯一因子分解性质. 我们在 1.2 节中给出这样的例子: 对于虚二次域 $\mathbb{Q}(\sqrt{-6})$, 整数环 $\mathcal{O}_K=\mathbb{Z}[\sqrt{-6}]$ 中的 $6=\sqrt{-6}\cdot(-\sqrt{-6})$ 和 $6=2\cdot 3$ 是两个本质上不同的分解. 经典代数数论的一个核心结果是戴德金证明了 $\mathcal{O}_K$ 对于理想分解的唯一因子分解性质.

定理 4.1 (戴德金)　*对每个数域 K, $\mathcal{O}_K$ 中每个非零理想均可表成有限个素理想的乘积, 并且若不计素理想因子的次序, 其分解是唯一的. 换句话说, $\mathcal{O}_K$ 是戴德金整环 (DD).*

证明这个定理要用整环理想理论的一些技巧, 这里从略. 我们要展示由定理 3.1可推导出 $\mathcal{O}_K$ 的一系列性质. 首先是我们在 1.2 节中提到的性质.

性质 (1)　$\mathcal{O}_K$ 中每个理想都是有限生成的. 事实上, 可以证明每个理想 A 都可由两个元素生成, 即存在 $a,b\in A$, 使得 $A=(a,b)=a\mathcal{O}_K+b\mathcal{O}_K$.

性质 (2)　$\mathcal{O}_K$ 中每个非零素理想 $P\neq(0)$ 都是极大理想, 从而 $\dfrac{\mathcal{O}_K}{P}$ 是域. 事实上, 可以证明 $\dfrac{\mathcal{O}_K}{P}$ 是有限域. 这是因为考虑映射

$$\varphi:\ \mathbb{Z}\to\frac{\mathcal{O}_K}{P},\ \ m\mapsto m\cdot 1_K\ (\mathrm{mod}\ P).$$

这是环的同态, $\ker(\varphi)$ 为 $\mathbb{Z}$ 中的理想 $m\mathbb{Z}$, $m\geqslant 0$. 由于 $1\notin P$, 可知 $m\neq 0$, 于是 m 为正整数, 并且 $\mathbb{Z}/m\mathbb{Z}$ 可看成域 $\dfrac{\mathcal{O}_K}{P}$ 的子环, 从而 $\mathbb{Z}/m\mathbb{Z}$ 为整环, 于是 $m=p$ 为素数. 即 p 在 $\dfrac{\mathcal{O}_K}{P}$ 中为零, 从而 $p\in P$, 于是 $\mathcal{O}_K$ 中主理想 $(p)=p\mathcal{O}_K$ 包含在 P 之中. 从而域 $\dfrac{\mathcal{O}_K}{P}$ 可看成是商环 $\dfrac{\mathcal{O}_K}{p\mathcal{O}_K}$ 的子环. 取 $\mathcal{O}_K$ 的一组整基 $\{\omega_1,\cdots,\omega_n\}$, $n=[K:\mathbb{Q}]$, 则

$$\frac{\mathcal{O}_K}{p\mathcal{O}_K}=\frac{\omega_1\mathbb{Z}\oplus\cdots\oplus\omega_n\mathbb{Z}}{p\omega_1\mathbb{Z}\oplus\cdots\oplus p\omega_n\mathbb{Z}}\cong\frac{\omega_1\mathbb{Z}}{p\omega_1\mathbb{Z}}\oplus\cdots\oplus\frac{\omega_n\mathbb{Z}}{p\omega_n\mathbb{Z}}.$$

于是 $\left|\frac{\mathcal{O}_K}{P}\right| \leqslant \left|\frac{\mathcal{O}_K}{p\mathcal{O}_K}\right| = |\mathbb{Z}/p\mathbb{Z}|^n = p^n$, 从而 $\frac{\mathcal{O}_K}{P}$ 为有限域, 并且是 $\mathbb{F}_p$ 的扩域 $\mathbb{F}_{p^s}$, $1 \leqslant s \leqslant n$.

性质 (3) $\mathcal{O}_K$ 是整闭整环. 意思是说: 对于 $\alpha \in K$, 如果 α 在 $\mathcal{O}_K$ 上整 (即它是 $\mathcal{O}_K[x]$ 中某个首 1 多项式的根), 则 $\alpha \in \mathcal{O}_K$ (即 α 是 $\mathbb{Z}[x]$ 中某个首 1 多项式的根).

性质 (4) $\mathcal{O}_K$ 是主理想整环 (PID) 当且仅当 $\mathcal{O}_K$ 是 (元素的) 唯一因子分解整环 (UFD).

我们在 $\mathcal{O}_K$ 中 (甚至对于任意戴德金整环中) 可以引入理想的整除概念.

定义 4.1 设 A 和 B 是 $\mathcal{O}_K$ 中两个非零理想, 我们称 A **整除** B, 或者称 B 被 A 整除, 表示成 $A|B$, 是指存在 $\mathcal{O}_K$ 中 (非零) 理想 C, 使得 $B = AC$, 称 A 和 C 为 B 的**理想因子**, B 为 A 和 C 的**倍理想**.

若 $A|B$, 易知 $B \subseteq A$. 对于戴德金整环可以证明反过来也是对的, 即

性质 (5) 设 A 和 B 是 $\mathcal{O}_K$ 的非零理想, 则 $A|B$ 当且仅当 $B \subseteq A$.

对于 $\mathcal{O}_K$ 中两个非零理想 A 和 B, 它们可以表成如下形式:

$$A = P_1^{a_1} P_2^{a_2} \cdots P_l^{a_l}, \quad B = P_1^{b_1} P_2^{b_2} \cdots P_l^{b_l},$$

其中 $P_1, \cdots, P_l$ 是 $\mathcal{O}_K$ 中彼此不同的非零素理想, a_i, b_i 均为非负整数. (若 P_i 不是 A 的素理想因子, 则取 $a_i = 0$.) 不难证明:

性质 (6) $A|B$ 当且仅当 $a_i \leqslant b_i$ $(1 \leqslant i \leqslant l)$.

性质 (7) 理想之和 $A + B = P_1^{c_1} \cdots P_l^{c_l}$, 其中 $c_i = \min\{a_i, b_i\}$ $(1 \leqslant i \leqslant l)$.

这是由于: 对 $\mathcal{O}_K$ 的每个理想 C,

$$\begin{aligned} & A \subseteq C,\ B \subseteq C \Leftrightarrow C|A,\ C|B \\ & \qquad \Leftrightarrow C = P_1^{r_1} \cdots P_l^{r_l}, \text{其中 } r_i \leqslant a_i, r_i \leqslant b_i\ (1 \leqslant i \leqslant l). \end{aligned}$$

由于 $A + B$ 是满足左边条件的最小 C, 从而 c_i 是满足 $r_i \leqslant a_i$ 和 $r_i \leqslant b_i$ 的最大整数 r_i, 即 $c_i = \min\{a_i, b_i\}$. 类似地, 由于交理想 $A \cap B$ 是满足 $C \subseteq A$, $C \subseteq B$ 的最大理想 C, 可知

性质 (8) $A \cap B = P_1^{d_1} \cdots P_l^{d_l}$, 其中 $d_i = \max\{a_i, b_i\}$ $(1 \leqslant i \leqslant l)$.

称 $A + B$ 为理想 A 和 B 的**最大公因子**, 也表示成 (A, B). 如果 $(A, B) = 1$, 即 $A + B = (1) = \mathcal{O}_K$, 则称理想 A 和 B 是**互素**的. 类似地, $A \cap B$ 也叫作理想 A 和 B 的**最小公倍理想**.

设 A 为 $\mathcal{O}_K$ 的非零理想, 商环 $\frac{\mathcal{O}_K}{A}$ 是有限的, 证明可以像 A 为素理想情形一样来做 (见性质 (2)).

定义 4.2　对于 $\mathcal{O}_K$ 的非零理想 A, 商环 $\dfrac{\mathcal{O}_K}{A}$ 的元素个数叫作理想 A 的范 (norm), 表示成 $\mathrm{N}_K(A)=\left|\dfrac{\mathcal{O}_K}{A}\right|$, 这是正有理整数.

由于 $\dfrac{\mathcal{O}_K}{A}$ 是 $\mathrm{N}_K(A)$ 阶加法群, 可知 $\mathrm{N}_K(A)\in A$.

定理 4.2　设 A 和 B 为 $\mathcal{O}_K$ 的非零理想, $n=[K:\mathbb{Q}]$. 则

(1) $\mathrm{N}_K(AB)=\mathrm{N}_K(A)\mathrm{N}_K(B)$;

(2) 存在 A 中元素 $\alpha_1,\cdots,\alpha_n$, 使得 $A=\alpha_1\mathbb{Z}\oplus\cdots\oplus\alpha_n\mathbb{Z}$ (称 $\alpha_1,\cdots,\alpha_n$ 为 A 的一组 $\mathbb{Z}$-基), 并且 $d_K(\alpha_1,\cdots,\alpha_n)=\mathrm{N}_K(A)^2d(K)$;

(3) 若 A 为主理想, $A=(\alpha)=\alpha\mathcal{O}_K$, 则 $\mathrm{N}_K(A)=|\mathrm{N}_K(\alpha)|$.

证明　(1) 若 $(A,B)=1$ (互素), 由中国剩余定理可知 $\dfrac{\mathcal{O}_K}{AB}=\dfrac{\mathcal{O}_K}{A}\oplus\dfrac{\mathcal{O}_K}{B}$. 于是 $\mathrm{N}_K(AB)=\mathrm{N}_K(A)\mathrm{N}_K(B)$. 现在设 $A=P_1^{a_1}\cdots P_l^{a_l}$, 其中 $P_1,\cdots,P_l$ 是 $\mathcal{O}_K$ 中不同的素理想, 易知 $P_1^{a_1},\cdots,P_l^{a_l}$ 两两互素, 从而

$$\mathrm{N}_K(A)=\mathrm{N}_K(P_1^{a_1})\cdots\mathrm{N}_K(P_l^{a_l}).$$

现在计算 $\mathrm{N}_K(P^a)$, 其中 P 为非零素理想, $a\geqslant 1$. 由素理想分解的唯一性可知 $P^a\neq P^{a-1}$. 但是 $P^a\subset P^{a-1}$, 从而存在元素 $\alpha\in P^{a-1}\setminus P^a$. 由 $\alpha\in P^{a-1}$ 可知 $\alpha\mathcal{O}_K=P^{a-1}A'$, 其中理想 A' 和 P 互素 (否则便推出矛盾: $\alpha\in P^a$). 于是 $\alpha\mathcal{O}_K+P^a=P^{a-1}$ ($\alpha\mathcal{O}_K$ 和 P^a 的最大公因子). 考虑映射

$$\varphi:\ \mathcal{O}_K\to\frac{\alpha\mathcal{O}_K+P^a}{P^a}=\frac{P^{a-1}}{P^a},\quad \varphi(\alpha)=\alpha x+P^a\ \ (\text{对于}x\in\mathcal{O}_K).$$

这是加法群的满同态, 并且对每个 $x\in\mathcal{O}_K$,

$$x\in\ker(\varphi)\Leftrightarrow\alpha x\in P^a\Leftrightarrow P^a\mid(\alpha x)=P^{a-1}A'(x)$$

$$\Leftrightarrow P\mid(x)\ \ (\text{因为 } A' \text{ 和 } P \text{ 互素})\Leftrightarrow x\in P.$$

这表明 $\ker(\varphi)=P$. 于是有加法群同构 $\dfrac{\mathcal{O}_K}{P}\cong\dfrac{P^{a-1}}{P^a}$, 从而 $\mathrm{N}_K(P)=\left|\dfrac{P^{a-1}}{P^a}\right|$. 因此 $\mathrm{N}_K(P^a)=\left|\dfrac{\mathcal{O}_K}{P}\right|\cdot\left|\dfrac{P}{P^2}\right|\cdots\left|\dfrac{P^{a-1}}{P^a}\right|=\left|\dfrac{\mathcal{O}_K}{P}\right|^a=\mathrm{N}_K(P)^a$. 所以对于

$$A=P_1^{a_1}\cdots P_l^{a_l},\quad B=P_1^{b_1}\cdots P_l^{b_l},$$

我们有

$$\mathrm{N}_K(A)=\mathrm{N}_K(P_1^{a_1})\cdots\mathrm{N}_K(P_l^{a_l})=\mathrm{N}_K(P_1)^{a_1}\cdots\mathrm{N}_K(P_l)^{a_l};$$
$$\mathrm{N}_K(B)=\mathrm{N}_K(P_1^{b_1})\cdots\mathrm{N}_K(P_l^{b_l})=\mathrm{N}_K(P_1)^{b_1}\cdots\mathrm{N}_K(P_l)^{b_l}.$$

因此

$$\begin{aligned}\mathrm{N}_K(AB) &= \mathrm{N}_K(P_1^{a_1+b_1})\cdots\mathrm{N}_K(P_l^{a_l+b_l}) = \mathrm{N}_K(P_1)^{a_1+b_1}\cdots\mathrm{N}_K(P_l)^{a_l+b_l}\\ &= \mathrm{N}_K(A)\mathrm{N}_K(B).\end{aligned}$$

(2) 由于 $\mathcal{O}_K$ 的加法群为秩 n 的自由交换群, 而商群 $\dfrac{\mathcal{O}_K}{A}$ 有限, 由有限生成交换群的结构定理可知 A 也是秩 n 的自由交换群. 设 $A=\alpha_1\mathbb{Z}\oplus\cdots\oplus\alpha_n\mathbb{Z}$, 而 $\mathcal{O}_K=\omega_1\mathbb{Z}\oplus\cdots\oplus\omega_n\mathbb{Z}$, 其中 $\{\alpha_1,\cdots,\alpha_n\}$ 和 $\{\omega_1,\cdots,\omega_n\}$ 分别为 A 和 $\mathcal{O}_K$ 的一组 $\mathbb{Z}$-基, 则

$$\begin{bmatrix}\alpha_1\\ \vdots\\ \alpha_n\end{bmatrix}=\boldsymbol{M}\begin{bmatrix}\omega_1\\ \vdots\\ \omega_n\end{bmatrix},$$

其中 $\boldsymbol{M}$ 为 $\mathbb{Z}$ 上的 n 阶方阵. 我们可以取 $\alpha_i=a_i\omega_i$ (a_i 为正有理整数, $1\leqslant i\leqslant n$). 这时 $\boldsymbol{M}=\begin{bmatrix}a_1 & & \\ & \ddots & \\ & & a_n\end{bmatrix}$, $\det(\boldsymbol{M})=a_1\cdots a_n$. 于是

$$\begin{aligned}\mathrm{N}_K(A) &= \left|\frac{\mathcal{O}_K}{A}\right| = \left|\frac{\omega_1\mathbb{Z}\oplus\cdots\oplus\omega_n\mathbb{Z}}{a_1\omega_1\mathbb{Z}\oplus\cdots\oplus a_n\omega_n\mathbb{Z}}\right|\\ &= \left|\frac{\mathbb{Z}}{a_1\mathbb{Z}}\oplus\cdots\oplus\frac{\mathbb{Z}}{a_1\mathbb{Z}}\right| = a_1\cdots a_n = \det(\boldsymbol{M}).\end{aligned}$$

于是

$$d_K(\alpha_1,\cdots,\alpha_n)=\det(\boldsymbol{M})^2 d_K(\omega_1,\cdots,\omega_n)=\mathrm{N}_K(A)^2 d(K).$$

(3) 若 $A=(\alpha)=\alpha\mathcal{O}_K$, 则 $\{\alpha\omega_1,\cdots,\alpha\omega_n\}$ 是 A 的一组 $\mathbb{Z}$-基. 由 (2) 可知 $d_K(\alpha\omega_1,\cdots,\alpha\omega_n)=\mathrm{N}_K(A)^2 d(K)$. 另一方面, 设 $\sigma_1,\cdots,\sigma_n$ 为 K 到 $\mathbb{C}$ 的 n 个嵌入, 则

$$\begin{aligned}d_K(\alpha\omega_1,\cdots,\alpha\omega_n) &= (\det(\sigma_i(\alpha\omega_j))_{1\leqslant i,j\leqslant n})^2 = (\det(\sigma_i(\alpha)\sigma_i(\omega_j))_{1\leqslant i,j\leqslant n})^2\\ &= \prod_{i=1}^{n}\sigma_i(\alpha^2)\cdot(\det(\sigma_i(\omega_j))_{1\leqslant i,j\leqslant n})^2 = \mathrm{N}_K(\alpha)^2 d(K).\end{aligned}$$

这就表明 $\mathrm{N}_K(A)=|\mathrm{N}_K(\alpha)|$. □

本节最后给出 $\mathcal{O}_K$ 中素理想分解的一个简单的例子. 我们将在后面三节中系统介绍这个问题.

例 4.1　设 $K=\mathbb{Q}(i)$, $i=\sqrt{-1}$, 则 $\mathcal{O}_K=\mathbb{Z}[i]=\{a+bi|a,b\in\mathbb{Z}\}$. $\mathcal{O}_K$ 是主理想整环 (见习题 1.2.2). $\mathcal{O}_K$ 中每个理想都是主理想, 而非零素理想都是由 $\mathbb{Z}[i]$ 中不可约元素生成的主理想. 对于 $\mathcal{O}_K$ 中每个非零理想 $A=(\alpha)=\alpha\mathcal{O}_K$, 并且 $A\neq\mathcal{O}_K$, 则 α 是 $\mathcal{O}_K$ 中非零元素, 并且 $\alpha\notin\mathcal{O}_K^*=U_K=\{\pm1,\pm i\}$. 而且 A 的不同的生成元彼此是相伴的, 即 $A=(\alpha')$ 当且仅当 $\alpha\sim\alpha'$, 即 $\alpha'=\alpha\varepsilon$, 其中 $\varepsilon\in\{\pm1,\pm i\}$. 理想 A 分解成素理想乘积:

$$A=P_1P_2\cdots P_l\quad(P_i\text{ 为素理想},\ 1\leqslant i\leqslant l).$$

则 $P_i=(\pi_i)$, 其中 $\pi_1,\cdots,\pi_l$ 均为 $\mathcal{O}_K$ 中的不可约元. 这个理想分解对应于元素的因子分解 (注意主理想整环是 (元素的) 唯一因子分解整环):

$$\alpha\sim\pi_1\pi_2\cdots\pi_l.$$

考虑 $A=(2)=2\mathcal{O}_K$ 在 $\mathcal{O}_K=\mathbb{Z}[i]$ 中的素理想分解. 首先, A 不是素理想, 因为 $1+i\in A$, 但是 $(1+i)^2=2i\in A$. 所以 A 至少是两个素理想的乘积. 进而由于 $(1+i)^2\sim2$, 可知 $A=P^2$, 其中 $P=(1+i)=(1+i)\mathcal{O}_K$. 由于 $\mathrm{N}_K(P)=|\mathrm{N}_K(1+i)|=(1+i)(1-i)=2$, 即 $\dfrac{\mathcal{O}_K}{P}$ 为二元环, 元素为 $\bar{0}$ 和 $\bar{1}$. 由 $2\in P$ 可知 $\bar{1}+\bar{1}=\bar{2}=\bar{0}$. 这表明 $\dfrac{\mathcal{O}_K}{P}$ 是二元域. 因此 P 为素理想. 由 $(1+i)^2\sim2$ 给出素理想分解 $(2)=P^2$.

再考虑 $A=(3)=3\mathcal{O}_K$ 的素理想分解. 如果 $A=P_1P_2\cdots P_l$, 则 $9=\mathrm{N}_K(A)=\mathrm{N}_K(P_1)\cdots\mathrm{N}_K(P_l)$, 其中 P_i 为素理想, 即 $\mathrm{N}_K(P_i)$ $(1\leqslant i\leqslant l)$ 均是大于 1 的正整数. 由此可知 $l=1$ 或 2. 若 $l=2$, 则 $A=P_1P_2$, 并且 $\mathrm{N}_K(P_1)=\mathrm{N}_K(P_2)=3$. 设 $P_1=(\alpha)$, $\alpha=a+bi$ $(a,b\in\mathbb{Z})$, 则 $3=\mathrm{N}_K(P_1)=|\mathrm{N}_K(\alpha)|=a^2+b^2$. 但是 $x^2+y^2=3$ 没有有理整数解 (x,y). 这表明 $\mathcal{O}_K$ 中没有范为 3 的理想, 于是 $l=1$, 即 $(3)=P$, 换句话说, $\mathbb{Z}$ 中的素理想 $3\mathbb{Z}$ 扩充到 $\mathcal{O}_K$ 之后, $3\mathcal{O}_K$ 仍是 $\mathcal{O}_K$ 的素理想, 即 $\mathbb{Z}$ 中素数 3 在 $\mathcal{O}_K$ 中为不可约元素, 而素数 2 在 $\mathcal{O}_K$ 中为两个不可约元素的乘积, $2=(1+i)(1-i)$, 并且 $1+i$ 和 $1-i$ 在 $\mathcal{O}_K$ 中是相伴的.

高斯在二百年前研究了 $\mathbb{Z}$ 中的素理想分解的问题, 他证明了 $\mathbb{Z}[i]$ 是 UFD, 从而这个问题等价于元素的因子分解, 而后一问题用来研究初等数论的一个问题: 哪些正整数 n 可以表示成两个有理整数的平方和, 即不定方程 $x^2+y^2=n$ 何时有有理整数解 (x,y). 如果此方程有解 $(x,y)=(a,b)$, 其中 $a,b\in\mathbb{Z}$, 则 $n=a^2+b^2=(a+bi)(a-bi)$, 这是 $\mathbb{Z}[i]$ 中的元素分解式. 比如在 $\mathbb{Z}[i]$ 中 $2=(1+i)(1-i)=1^2+1^2$, 从而 $x^2+y^2=2$ 有解 $(x,y)=(\pm a,\pm b)=(\pm1,\pm1)$. 而 $3\mathcal{O}_K$ 为 $\mathbb{Z}[i]$ 中素理想, 可推出 $x^2+y^2=3$ 没有有理数解.

对于许多数域 K, $\mathcal{O}_K$ 不是 UFD, 但 $\mathcal{O}_K$ 中理想可唯一地分解成素理想的乘积, 这对于研究许多初等数论问题 (比如费马猜想) 还是很有帮助的. 在本书第二部分, 我们将展示它在通信中的应用.

习题 4.1

习题 4.1.1 设 K 为数域, A 和 B 是 $\mathcal{O}_K$ 的非零理想. 证明:

(a) 若 $A|B$, 则 $\mathrm{N}_K(A)|\mathrm{N}_K(B)$. 试问反过来是否成立?

(b) 若 $\mathrm{N}_K(A)$ 为素数, 则 A 是 $\mathcal{O}_K$ 的素理想. 试问反过来是否成立?

(c) 对每个正整数 n, 证明 $\mathcal{O}_K$ 中 $\mathrm{N}_K(A)=n$ 的理想 A 只有有限多个.

习题 4.1.2 设 K 为数域, A 是 $\mathcal{O}_K$ 中的非零理想. 以 $\left(\dfrac{\mathcal{O}_K}{A}\right)^*$ 表示有限环 $\dfrac{\mathcal{O}_K}{A}$ 的单位群 (即乘法可逆元全体), 记 $\phi(A)=\left|\left(\dfrac{\mathcal{O}_K}{A}\right)^*\right|$. 证明:

(a) 若 P 为 $\mathcal{O}_K$ 的非零素理想, $e\geqslant 1$, 则 $\phi(P^e)=\mathrm{N}_K(P)^{e-1}(\mathrm{N}_K(P)-1)$.

(b) $\phi(A)=\mathrm{N}_K(A)\cdot\prod\limits_{P|A}\left(1-\dfrac{1}{\mathrm{N}_K(P)}\right)$, 其中 P 过 A 的所有不同的素理想因子.

习题 4.1.3 设 $K=\mathbb{Q}(i)$, $i=\sqrt{-1}$.

(a) 对于 $n=5,6,7$, 将 $\mathcal{O}_K$ 中理想 $(n)=n\mathcal{O}_K$ 分解成素理想乘积.

(b) 证明若 p 为素数并且 $p\equiv 3 \pmod 4$, 则 p 为 $\mathcal{O}_K$ 中的素理想.

4.2 素理想分解: 一般性结果

设 K 为数域, 则 $\mathcal{O}_K$ 中每个非零理想均可唯一地分解成有限个素理想的乘积. 这类似于有理整数环 $\mathbb{Z}$ 中的因子分解定理. 从这个角度看, 代数数论不过是比初等数论更高级一些的 "算术". 素理想是素数的一种推广, 所以首先要问的是: $\mathcal{O}_K$ 中素理想是否有无穷多个? 如何得到 $\mathcal{O}_K$ 中全部的素理想?

设 L/K 是数域的扩张, 则 $\mathcal{O}_K\subseteq\mathcal{O}_L$. 对于 $\mathcal{O}_K$ 中一个非零素理想 $\wp$, 它在 $\mathcal{O}_L$ 中生成的理想

$$\wp\mathcal{O}_L=\left\{\sum_{i=1}^{n}a_ib_i:\ a_i\in\wp, b_i\in\mathcal{O}_L, n\geqslant 1\right\}$$

不必为 $\mathcal{O}_L$ 的素理想, 但是有唯一的分解

$$\wp\mathcal{O}_L=P_1^{e_1}\cdots P_g^{e_g},$$

其中 $P_1,\cdots,P_g$ 是 $\mathcal{O}_L$ 中不同的 (非零) 素理想, $e_i\geqslant 1$ $(1\leqslant i\leqslant g)$. 于是 $P_i\mid\wp\mathcal{O}_L$, 我们也常常简写为 $P_i\mid\wp$, 并且 P_i 叫作 $\wp$ 的素理想因子.

引理 4.1 设 L/K 是数域的扩张, P 是 $\mathcal{O}_L$ 的非零素理想, 则

(1) $P\cap\mathcal{O}_K=\wp$ 为 $\mathcal{O}_K$ 的非零素理想, 并且 $P\mid\wp$.

(2) 有限域 $\dfrac{\mathcal{O}_K}{P}$ 是有限域 $\dfrac{\mathcal{O}_L}{\wp}$ 的子域.

证明 映射

$$\varphi:\mathcal{O}_K\to\frac{\mathcal{O}_L}{P},\ \ \varphi(x)=x+P\ \ (x\in\mathcal{O}_K)$$

是环的同态, 核 $\ker(\varphi)$ 为 $P\cap\mathcal{O}_K=\wp$, 从而 $\wp$ 是环 $\mathcal{O}_K$ 的理想, 并且商环 $\dfrac{\mathcal{O}_K}{\wp}$ 是 $\dfrac{\mathcal{O}_L}{P}$ 的子环, 但是 $\dfrac{\mathcal{O}_L}{P}$ 为有限域 (4.1 节性质 (2)), 所以 $\dfrac{\mathcal{O}_K}{\wp}$ 为有限整环, 从而 $\dfrac{\mathcal{O}_K}{\wp}$ 必为有限域, 而 $\wp$ 为 $\mathcal{O}_K$ 的素理想. □

特别对于每个数域 K, 考虑扩张 $K/\mathbb{Q}$. 对于 $\mathcal{O}_K$ 的每个非零素理想 $\wp$, $\wp\cap\mathbb{Z}$ 为 $\mathbb{Z}$ 中素理想 $(p)=p\mathbb{Z}$, 其中 p 为素数, 并且 $\wp\mid p$, 即 $\wp$ 是 p 的素理想因子, 所以如果把素数 p 在 $\mathcal{O}_K$ 中分解成

$$p\mathcal{O}_K=P_1^{e_1}\cdots P_g^{e_g},$$

则 $\wp$ 必是某个素理想 P_i, 这就表明: 我们只要把所有素数 p 在 $\mathcal{O}_K$ 中做素理想分解, 就可得到 $\mathcal{O}_K$ 的全部素理想. 注意对于两个不同的素数 p 和 p', p 在 $\mathcal{O}_K$ 中的素理想因子 P 和 p' 的素理想因子 P' 一定不同, 因若 $P=P'$, 则 $p=P\cap\mathbb{Z}=P'\cap\mathbb{Z}=p'$. 由于素数有无穷多个, 每个素数在 $\mathcal{O}_K$ 中至少有一个素理想因子, 这就表明 $\mathcal{O}_K$ 中有无穷多个非零素理想.

基于上述内容, 经典代数数论的一个最基本问题是: 对于每个代数数域 K 和每个素数 p, 如何描述 p 在 $\mathcal{O}_K$ 中的素理想分解式? 本节要介绍这方面的一般性结果. 首先要介绍一些重要的术语.

定义 4.3 设 L/K 是数域的扩张, $\wp$ 为 $\mathcal{O}_K$ 中一个非零素理想. $\wp$ 在 $\mathcal{O}_L$ 中分解为

$$\wp\mathcal{O}_L=P_1^{e_1}\cdots P_g^{e_g},$$

其中 $P_1,\cdots,P_g$ 是 p 的两两不同的素理想因子. 则

(1) 正整数 e_i 叫作 P_i 对于 $\wp$ 的**分歧指数** (ramification index), 表示成 $e(P_i/\wp)$ 或 $e\left(\dfrac{P_i}{\wp}\right)$. 若 $e_i\geqslant 2$, 称 P_i 为分歧素理想, 而当 $e_i=1$ 时, 称 P_i 为不分歧的. 若 $e_1,\cdots,e_g$ 中至少有一个 $\geqslant 2$, 称 $\wp$ 是在 $\mathcal{O}_L$ 中 (或在 L 中) 分歧的, 而当 $e_1=e_2=\cdots=e_g=1$ 时, 称 $\wp$ 是在 $\mathcal{O}_L$ 中 (或在 L 中) 不分歧的.

(2) 有限域的扩张次数 $f_i = \left[\frac{\mathcal{O}_L}{P_i} : \frac{\mathcal{O}_K}{\wp}\right]$ 叫作 P_i 对于 $\wp$ 的**剩余类域次数** (residue field degree), 记为 $f(P_i/\wp)$ 或 $f\left(\frac{P_i}{\wp}\right)$, 如果 $\wp \cap \mathbb{Z} = p$, 则 $\mathbb{Z}/p\mathbb{Z} \subseteq \frac{\mathcal{O}_K}{\wp} \subseteq \frac{\mathcal{O}_L}{P_i}$, 于是 $\left[\frac{\mathcal{O}_L}{P_i} : \frac{\mathbb{Z}}{p\mathbb{Z}}\right] = \left[\frac{\mathcal{O}_L}{P_i} : \frac{\mathcal{O}_K}{\wp}\right] \cdot \left[\frac{\mathcal{O}_K}{\wp} : \frac{\mathbb{Z}}{p\mathbb{Z}}\right]$, 即 $f(P_i/p) = f(P_i/\wp)f(\wp/p)$. 从而 $\frac{\mathcal{O}_K}{\wp} = \mathbb{F}_q$, 其中 $q = p^{f(\wp/p)}$, 而 $\frac{\mathcal{O}_L}{P_i} = \mathbb{F}_Q$, 其中 $Q = q^{f(P_i/\wp)}$.

我们称 $\left[\frac{\mathcal{O}_K}{\wp} : \frac{\mathbb{Z}}{p\mathbb{Z}}\right]$ 为素理想 $\wp$ 的**次数** (degree), 表示成 $\deg \wp$. 于是 $\deg P_i = f(P_i/\wp) \cdot \deg \wp$, 而 $\frac{\mathcal{O}_K}{\wp} = \mathbb{F}_q$, $q = p^{\deg \wp}$.

下面的定理 4.4 给出分歧指数 e_i 和剩余类域次数 f_i $(1 \leqslant i \leqslant g)$ 之间的一个关系.

定理 4.3 设 $K \subseteq M \subseteq L$ 是数域的扩张, P_K, P_M, P_L 分别为 $\mathcal{O}_K, \mathcal{O}_M$ 和 $\mathcal{O}_L$ 中的非零素理想, $P_L \mid P_M$, $P_M \mid P_K$, 则

$$e\left(\frac{P_L}{P_K}\right) = e\left(\frac{P_L}{P_M}\right) e\left(\frac{P_M}{P_K}\right), \quad f\left(\frac{P_L}{P_K}\right) = f\left(\frac{P_L}{P_M}\right) f\left(\frac{P_M}{P_K}\right).$$

证明 设

$$P_K\mathcal{O}_M = \cdots P_M^a \cdots, \quad a = e\left(\frac{P_M}{P_K}\right),$$

$$P_M\mathcal{O}_L = \cdots P_M^b \cdots, \quad b = e\left(\frac{P_L}{P_M}\right),$$

则 $P_K\mathcal{O}_L = (\cdots P_M^a \cdots)\mathcal{O}_L = \cdots P_L^{ab} \cdots$, 于是 $e\left(\frac{P_L}{P_K}\right) = ab = e\left(\frac{P_L}{P_M}\right) e\left(\frac{P_M}{P_K}\right)$.

类似地, 由有限域的扩张 $\frac{\mathcal{O}_K}{P_K} \subseteq \frac{\mathcal{O}_M}{P_M} \subseteq \frac{\mathcal{O}_L}{P_L}$, 给出 $\left[\frac{\mathcal{O}_L}{P_L} : \frac{\mathcal{O}_K}{P_K}\right] = \left[\frac{\mathcal{O}_L}{P_L} : \frac{\mathcal{O}_M}{P_M}\right] \cdot \left[\frac{\mathcal{O}_M}{P_M} : \frac{\mathcal{O}_K}{P_K}\right]$, 即 $f\left(\frac{P_L}{P_K}\right) = f\left(\frac{P_L}{P_M}\right) f\left(\frac{P_M}{P_K}\right)$. □

定理 4.4 设 L/K 是数域的 n 次扩张, $\wp$ 为 $\mathcal{O}_K$ 的非零素理想, $\wp\mathcal{O}_L = P_1^{e_1} \cdots P_g^{e_g}$, 其中 $P_1, \cdots, P_g$ 是 $\mathcal{O}_L$ 的不同素理想, 则

$$\sum_{i=1}^{g} e\left(\frac{P_i}{\wp}\right) f\left(\frac{P_i}{\wp}\right) = n.$$

证明　我们只给出 $K=\mathbb{Q}$ 情形的证明, 一般情形可以用定理 4.3 化成 $K=\mathbb{Q}$ 的情形. 这里从略.

当 $K=\mathbb{Q}$ 时, $\wp$ 为素数 p. 而 $\mathrm{N}_L(p\mathcal{O}_L)=\mathrm{N}_L(p)=p^n$, $n=[L:\mathbb{Q}]$. 另一方面,

$$\mathrm{N}_L(p\mathcal{O}_L)=\mathrm{N}_L(P_1^{e_1}\cdots P_g^{e_g})=\prod_{i=1}^{g}\mathrm{N}_L(P_i)^{e_i}=\prod_{i=1}^{g}(p^{f_i})^{e_i}=\prod_{i=1}^{g}p^{e_if_i}=p^{\sum\limits_{i=1}^{g}e_if_i},$$

其中 $e_i=e\left(\dfrac{P_i}{p}\right)$, $f_i=f\left(\dfrac{P_i}{p}\right)$. 于是 $n=\sum\limits_{i=1}^{g}e\left(\dfrac{P_i}{p}\right)f\left(\dfrac{P_i}{p}\right)$. □

根据定理 4.4, 素理想分解有三种极端情形.

定义 4.4　设 L/K 是数域的 n 次扩张, $\wp$ 为 $\mathcal{O}_K$ 的非零素理想.

(1) 如果 $\wp\mathcal{O}_L=P^n$ (即 $e(P/\wp)=n$ 达到最大值, $g=f(P/\wp)=1$), 称 $\wp$ 在 L 中**完全分歧**;

(2) 如果 $\wp\mathcal{O}_L=P_1\cdots P_n$, 其中 P_i $(1\leqslant i\leqslant n)$ 是 $\mathcal{O}_L$ 中 n 个不同的素理想 (即 $g=n$ 达到最大值, $e(P_i/\wp)=f(P_i/\wp)=1$), 称 $\wp$ 在 L 中**完全分裂** (split);

(3) 如果 $\wp\mathcal{O}_L=P$ (即 $\wp\mathcal{O}_L$ 为 $\mathcal{O}_L$ 中素理想, $f(P/\wp)=n$ 达到最大, $e(P/\wp)=g=1$), 称 $\wp$ 在 L 中**惰性** (inertia).

现在介绍素理想分解一个行之有效的一般性结果.

定理 4.5　设 K/L 是 n 次数域扩张, $L=K(\alpha)$, 其中 $\alpha\in\mathcal{O}_L$ (这样的 α 是存在的, 见习题 3.2.7). 设 $f(x)$ 是 α 在 K 上的最小多项式 (这是 $\mathcal{O}_K[x]$ 中 n 次不可约首 1 多项式), 则

(1) $\mathcal{O}_K[\alpha]$ 是 $\mathcal{O}_L$ 的子环, 并且加法商群 $\mathcal{O}_L/\mathcal{O}_K[\alpha]$ 为有限群.

(2) 如果 $\wp\nmid|\mathcal{O}_L/\mathcal{O}_K[\alpha]|$, 令 $f(x)$ 在主理想整环 $\dfrac{\mathcal{O}_K}{\wp}[x]$ 中分解成

$$f(x)=p_1(x)^{e_1}\cdots p_g(x)^{e_g}\ (\mathrm{mod}\ \wp),\tag{4.2.1}$$

其中 $p_1(x),\cdots,p_g(x)$ 为 $\mathcal{O}_K[x]$ 中首 1 多项式, 并且它们的系数 mod $\wp$ 之后, 为 $\dfrac{\mathcal{O}_K}{\wp}[x]$ 中彼此不同的不可约多项式, 则 $\wp$ 在 $\mathcal{O}_L$ 中的素理想分解式为

$$\wp\mathcal{O}_L=P_1^{e_1}\cdots P_g^{e_g},$$

其中 $P_i=(\wp,p_i(\alpha))$, $e_i=e(P_i/\wp)$, $f(P_i/\wp)=\deg p_i(x)$ $(1\leqslant i\leqslant g)$.

我们略去这个定理的证明, 但是做一些评论.

首先, $|\mathcal{O}_L/\mathcal{O}_K[\alpha]|$ 为正整数, 每个正整数在 $\mathcal{O}_K$ 中都只有有限多个素理想因子, 所以对几乎所有的 $\wp$ 均满足 $\wp\nmid|\mathcal{O}_L/\mathcal{O}_K[\alpha]|$, 从而都可用定理 4.5 给出 $\wp$ 在

$\mathcal{O}_L$ 中的素理想分解式. 由于 $\dfrac{\mathcal{O}_K}{\wp}$ 是有限域, 所以只需要决定 $f(x) \mod \wp$ 之后在有限域上如何分解, 一旦有了分解 (4.2.1), 就可给出 $\wp\mathcal{O}_L$ 的分解模式, 即可以决定 g, $e_i = e(P_i/\wp)$ 以及 $f(P_i/\wp) = \deg p_i(x)$ $(1 \leqslant i \leqslant g)$, 甚至还可写出素理想因子 $P_i = (\wp, p_i(\alpha))$.

如果 $\mathcal{O}_L = \mathcal{O}_K[\alpha]$, 这时 $\mathcal{O}_K$ 中每个非零素理想 $\wp$ 均可由定理 4.5 给出在 $\mathcal{O}_L$ 中的素理想分解.

我们今后主要涉及 $K = \mathbb{Q}$ 的情形. 这时 $\wp$ 为素数 p, $\mathcal{O}_K = \mathbb{Z}$. 定理 4.5 化成如下形式.

推论 4.1 设 L 是 n 次数域, 即 $n = [L:\mathbb{Q}]$. 取 $\alpha \in \mathcal{O}_L$ 使得 $L = \mathbb{Q}(\alpha)$. 令 $f(x)$ 为 α 在 $\mathbb{Q}$ 上的最小多项式, 这是 $\mathbb{Z}[x]$ 中 n 次不可约首 1 多项式, 则对每个素数 $p \nmid |\mathcal{O}_L/\mathbb{Z}[\alpha]|$, 将 $f(x)$ 在 $\mathbb{F}_p[x]$ 中作如下分解:

$$f(x) = p_1(x)^{e_1} \cdots p_g(x)^{e_g},$$

其中 $p_i(x)$ $(1 \leqslant i \leqslant g)$ 为 $\mathbb{Z}[x]$ 中首 1 多项式, 并且系数模 p 之后是 $\mathbb{F}_p[x]$ 中 g 个不同的不可约多项式, 则

$$p\mathcal{O}_L = P_1^{e_1} \cdots P_g^{e_g},$$

其中 $P_i = (p, p_i(\alpha))$ (由两个元素生成的理想), $e(P_i/p) = e_i$, $f(P_i/p) = \deg p_i(x)$ $(1 \leqslant i \leqslant g)$.

现在举一个例子.

例 4.2 $f(x) = x^3 + x + 1$ 是 $\mathbb{Q}[x]$ 中的不可约多项式 (因为它在 $\mathbb{Z}$ 中无根). 设 α 为 $f(x)$ 在 $\mathbb{C}$ 中的一个根, $L = \mathbb{Q}(\alpha)$ 是三次数域. 可以计算出 $d_L(1, \alpha, \alpha^2) = -31$ 没有平方因子, 可知 $\{1, \alpha, \alpha^2\}$ 是 $\mathcal{O}_L$ 的一组整基, 即 $\mathcal{O}_K = \mathbb{Z}[\alpha]$. 所以每个素数 p 均可用推论 4.1 给出它在 $\mathcal{O}_L$ 中的素理想分解式. 例如:

对于 $p = 2$, $f(x) = x^3 + x + 1$ 在 $\mathbb{F}_2[x]$ 中不可约 (因为 $f(0) = f(1) = 1$, 即 $f(x)$ 在 $\mathbb{F}_2$ 中没有根). 于是 $2\mathcal{O}_L = P$, 即 $2\mathcal{O}_L$ 为 $\mathcal{O}_L$ 中素理想 (惰性), 而 $e(P/2) = 1$, $f(P/2) = 3$ (因为 $e(P/2)f(P/2) = [L:\mathbb{Q}] = 3$). 由 $f(P/2) = \left[\dfrac{\mathcal{O}_L}{P} : \dfrac{\mathbb{Z}}{2\mathbb{Z}}\right] = \left[\dfrac{\mathcal{O}_L}{P} : \mathbb{F}_2\right]$, 可知 $\dfrac{\mathcal{O}_L}{P} = \mathbb{F}_{2^3} = \mathbb{F}_8$.

对于 $p = 3$, $f(x) \equiv (x-1)(x^2+x+2) \pmod 3$, $p_1(x) = x - 1$ 和 $p_2(x) = x^2 + x + 2$ 是 $\mathbb{F}_3[x]$ 中的不可约多项式, 于是

$$3\mathcal{O}_L = P_1 P_2,$$

其中 $P_1 = (3, p_1(\alpha)) = (3, \alpha - 1)$, $P_2 = (3, p_2(\alpha)) = (3, \alpha^2 + \alpha + 2)$, $e(P_1/3) = e(P_2/3) = 1$, 即 3 在 L 中不分歧, 而 $f(P_1/3) = \deg p_1(x) = 1$, $f(P_2/3) =$

$\deg p_2(x)=2$, 从而 $\dfrac{\mathcal{O}_L}{P_1}=\mathbb{F}_3$, $\dfrac{\mathcal{O}_L}{P_2}=\mathbb{F}_9$.

再考虑 $p=31$, $x^3+x+1=(x-3)(x-14)^2 \pmod{31}$, 从而

$$31\mathcal{O}_L=P_1P_2^2,$$

其中 $P_1=(31,\alpha-3)$, $P_2=(31,\alpha-14)$, $f\left(\dfrac{P_1}{31}\right)=f\left(\dfrac{P_2}{31}\right)=1$, 即 $\dfrac{\mathcal{O}_L}{P_1}=\dfrac{P_2}{31}=\mathbb{F}_{31}$, 而 $e\left(\dfrac{P_1}{31}\right)=1$, $e\left(\dfrac{P_2}{31}\right)=2$, 即 31 在 L 中分歧.

回忆我们的定义: 素数 p 在数域 K 中叫作分歧的, 是指 p 在 $\mathcal{O}_K$ 中的素理想分解式 $p\mathcal{O}_K=P_1^{e_1}\cdots P_g^{e_g}$ 中某个分歧指数 $e_i\geqslant 2$. 戴德金证明了下面一个简洁而深刻的结果.

定理 4.6 设 K 为数域, 则素数 p 在 K 中分歧当且仅当 $p\mid d(K)$.

习题 4.2

习题 4.2.1 设 $K\subseteq M\subseteq L$ 是数域的扩张, $\wp$ 为 $\mathcal{O}_K$ 中非零理想.

(a) 证明: 如果 $\wp$ 在 L 中不分歧, 则在 M 中也不分歧.

(b) 将 (a) 中的“不分歧”改为“完全分裂”, “完全分歧”或者“惰性”, 其结论是否仍然正确?

习题 4.2.2 设 L/K 和 L'/K 均是数域的扩张. 如果 $\mathcal{O}_K$ 的一个非零素理想在 L 中完全分歧而在 L' 中不分歧, 证明 $L\cap L'=K$.

习题 4.2.3 设 $K=\mathbb{Q}(\alpha)$, $\alpha^3=\alpha-1$. 求 $p=2,3,5$ 在 $\mathcal{O}_K$ 中的素理想分解式.

习题 4.2.4 (戴德金的例子) 设 $K=\mathbb{Q}(\lambda)$, $\lambda^3=\lambda^2+2\lambda+8$. 求证:

(a) $[K:\mathbb{Q}]=3$.

(b) $\mu=\dfrac{1}{2}(\lambda^2-\lambda)-1\in\mathcal{O}_K$, 并且 $\{1,\lambda,\mu\}$ 是 $\mathcal{O}_K$ 的一组整基.

(c) 2 在 K 中完全分裂.

(d) 求 $p=503$ 在 $\mathcal{O}_K$ 中的素理想分解式.

4.3 素理想分解: 二次域情形

本节中我们用推论 4.1 来决定二次域中素数的素理想分解. 我们将看到, 只需用初等数论中的勒让德 (Legendre) 符号就可完全了解素数在二次域中的分解模式 (即 e, f, g 的值). 回忆: 设 p 为奇素数, $a\in\mathbb{Z}$, 勒让德符号的定义为

$$\left(\frac{a}{p}\right)=\begin{cases}0, & \text{若}p\mid a,\\ 1, & \text{若 } a \text{ 为模 } p \text{ 的二次剩余, 即 } (p,a)=1 \text{ 且 } a \text{ 为 } \mathbb{F}_p \text{ 中的平方元素},\\ -1, & \text{若 } a \text{ 为模 } p \text{ 的二次非剩余, 即 } a \text{ 为 } \mathbb{F}_p \text{ 中非平方元素}.\end{cases}$$

初等数论有如下结果:

(a) $\mathbb{F}_p = \mathbb{Z}/p\mathbb{Z}$ 中共有 $\frac{p-1}{2}$ 个二次剩余 $\left\{1, 2^2, \cdots, \left(\frac{p-1}{2}\right)^2\right\}$ 和 $\frac{p-1}{2}$ 个非二次剩余.

(b) 对于 $a, b \in \mathbb{Z}$, $\left(\frac{ab}{p}\right) = \left(\frac{a}{p}\right)\left(\frac{b}{p}\right)$.

(c) $\left(\frac{-1}{p}\right) = (-1)^{\frac{p-1}{2}} = \begin{cases} 1, & 若\ p \equiv 1 \pmod 4, \\ -1, & 若\ p \equiv 3 \pmod 4. \end{cases}$

$\left(\frac{2}{p}\right) = (-1)^{\frac{p^2-1}{8}} = \begin{cases} 1, & 若\ p \equiv \pm 1 \pmod 8, \\ -1, & 若\ p \equiv \pm 3 \pmod 8. \end{cases}$

(d) (高斯的二次互反律) 若 p 和 q 是不同的奇素数, 则

$$\left(\frac{p}{q}\right)\left(\frac{q}{p}\right) = (-1)^{\frac{p-1}{2}\cdot\frac{q-1}{2}} = \begin{cases} 1, & 若\ p \equiv q \equiv 3 \pmod 4, \\ -1, & 否则. \end{cases}$$

对于二次域 K, 素数 p 在 $\mathcal{O}_K$ 中的分解为 $p\mathcal{O}_K = P_1^{e_1} \cdots P_g^{e_g}$, 则

$$\sum_{i=1}^{g} e(P_i/p) f(P_i/p) = 2.$$

所以分解模式只有以下三种:

(I) $p\mathcal{O}_K = P$(惰性), 此时 $g = 1, e(P/p) = 1, f(P/p) = 2$, 于是 $\frac{\mathcal{O}_K}{P} = \mathbb{F}_{p^2}$.

(II) $p\mathcal{O}_K = P^2$(分歧), 此时 $g = 1, e(P/p) = 2, f(P/p) = 1$, 于是 $\frac{\mathcal{O}_K}{P} = \mathbb{F}_p$.

(III) $p\mathcal{O}_K = P_1 P_2$ (分裂), 其中 P_1 和 P_2 是 $\mathcal{O}_K$ 中不同的素理想, 此时 $g = 2, e(P_i/p) = f(P_i/p) = 1$, 因此 $\frac{\mathcal{O}_K}{P_i} = \mathbb{F}_p\ (i = 1, 2)$.

下面定理给出二次域中素数的分解模式.

定理 4.7 设 $K = \mathbb{Q}(\sqrt{d})$, 其中 d 为无平方因子有理整数, $d \neq 1$. 记 $N = \mathrm{N}_K$ 是由 K 到 $\mathbb{Q}$ 的范映射 (即对于 $\alpha = a + b\sqrt{d}$, $a, b \in \mathbb{Q}$, $N(\alpha) = (a + b\sqrt{d})(a - b\sqrt{d}) = a^2 - db^2$). $d(K)$ 为数域 K 的判别式, 则对每个素数 p,

(1) 若 $p \mid d(K)$, 则 $p\mathcal{O}_K = P^2$ (分歧).

(2) 设 $p \nmid d(K)$.

(2.1) 若 $p \geqslant 3$, 则

$$p\mathcal{O}_K=\begin{cases} P_1P_2(\text{分裂}), & \text{当} \left(\dfrac{d}{p}\right)=1 \text{ 时}, \\ P(\text{惰性}), & \text{当} \left(\dfrac{d}{p}\right)=-1 \text{ 时}. \end{cases}$$

(2.2) 若 $p=2$ (由 $2\nmid d(K)$ 可知 $d(K)=d\equiv 1 \pmod 4$), 则

$$2\mathcal{O}_K=\begin{cases} P_1P_2(\text{分裂}), & \text{当 } d\equiv 1 \pmod 8 \text{ 时}, \\ P(\text{惰性}), & \text{当 } d\equiv 5 \pmod 8 \text{ 时}. \end{cases}$$

证明　我们已经知道 $\mathcal{O}_K\in\mathbb{Q}[\omega]$, 其中

$$\omega=\begin{cases} \sqrt{d}, & \text{当 } d\equiv 2,3 \pmod 4 \text{ 时}, \\ \dfrac{1+\sqrt{d}}{2}, & \text{当 } d\equiv 1 \pmod 4 \text{ 时}. \end{cases}$$

而 K 的判别式为

$$d(K)=\begin{cases} 4d, & \text{当 } d\equiv 2,3 \pmod 4 \text{ 时}, \\ d, & \text{当 } d\equiv 1 \pmod 4 \text{ 时}. \end{cases}$$

(I) 设 $d\equiv 2,3 \pmod 4$, 这时 $\omega=\sqrt{d}$ 在 $\mathbb{Q}$ 上的最小多项式为 $f(x)=x^2-d$, 而 $d(K)=4d$. 对于 $p\geqslant 3$, 先设 $p\nmid d(K)=4d$, 即 $p\nmid d$. 如果 $\left(\dfrac{d}{p}\right)=1$, 则有 $a\in\mathbb{Z}$ 使得 $d\equiv a^2 \pmod p$. 于是 $f(x)=x^2-d\equiv(x-a)(x+a) \pmod p$, 由 $p\nmid d$ 和 $p\geqslant 3$ 可知 $a\not\equiv -a \pmod p$, 从而 $x-a$ 和 $x+a$ 是 $\mathbb{F}_p[x]$ 中不同的多项式, 于是推论 4.1 给出

$$p\mathcal{O}_K=P_1P_2,\quad P_1=(p,\sqrt{d}-a)\neq(p,\sqrt{d}+a)=P_2.$$

若 $\left(\dfrac{d}{p}\right)=-1$, 则 x^2-d 为 $\mathbb{F}_p[x]$ 中不可约多项式, 从而 $p\mathcal{O}_K=P$. 对于 $p\mid d(K)$, 即 $p\mid d$, 则 $x^2-d\equiv x^2 \pmod p$. 于是 $p\mathcal{O}_K=P^2$, $P=(2,\sqrt{d})$.

对于 $p=2$, 当 $d\equiv 2 \pmod 4$ 时, $x^2-d\equiv x^2 \pmod 2$, 于是 $2\mathcal{O}_K=P^2$, $P=(2,\sqrt{d})$. 当 $d\equiv 3 \pmod 4$ 时, $x^2-d\equiv(x+1)^2 \pmod 2$, 于是 $2\mathcal{O}_K=P^2$, $P=(2,\sqrt{d}+1)$.

(II) 设 $d\equiv 1 \pmod 4$, 这时 $\mathcal{O}_K=\mathbb{Z}[\omega]$, $\omega=\dfrac{1+\sqrt{d}}{2}$, $d(K)=d$. ω 在 $\mathbb{Q}$ 上的最小多项式为 $g(x)=\left(x-\dfrac{1+\sqrt{d}}{2}\right)\left(1-\dfrac{1-\sqrt{d}}{2}\right)=x^2-x-\dfrac{d-1}{4}\in\mathbb{Z}[x]$.

先设 $p \geqslant 3$, 我们仍可用 $\mathbb{Z}[\sqrt{d}]$, 因为 $p \nmid 2 = \left|\dfrac{\mathbb{Z}[\omega]}{\mathbb{Z}[\sqrt{d}]}\right|$, 所以可得到和 $d \equiv 2, 3 \pmod 4$ 情形一样的结论. 再设 $p = 2$, 当 $d \equiv 1 \pmod 8$ 时, $g(x) \equiv x(x-1) \pmod 2$, 于是 $2\mathcal{O}_K = P_1P_2$, $P_1 = (2, \omega) \neq (2, \omega - 1) = P_2$. 而当 $d \equiv 5 \pmod 8$ 时, $g(x) \equiv x^2 + x + 1 \pmod 2$ 在 $\mathbb{F}_2[x]$ 中不可约, 从而 $2\mathcal{O}_K = P$. □

现在给出定理 4.7 在初等数论中的一个应用, 这也是代数数论的起源, 即二百年前高斯的研究: 哪些正整数 n 是两个有理整数的平方和, 即不定方程 $x^2 + y^2 = n$ 有有理整数解 (x, y)? 高斯的想法是把 $\mathbb{Z}$ 中的这个初等数论问题放大到环 $\mathbb{Z}[i]$ 中考虑, 这是二次域 $K = \mathbb{Q}(i)$ 的整数环 $\mathcal{O}_K$, 后人称 $\mathbb{Z}[i]$ 为高斯整数环.

(I) 高斯证明了 $\mathbb{Z}[i]$ 是主理想整环, 从而也有元素的唯一因子分解性质, 并且观察到:

$$\begin{aligned}
&x^2 + y^2 = n \text{ 有理整数解 } x, y \in \mathbb{Z} \\
\Leftrightarrow &\text{存在 } \alpha = x + iy \in \mathcal{O}_K \text{ 使得 } n = N(\alpha)\ (= x^2 + y^2) \quad (N = \mathrm{N}_{K/\mathbb{Q}}) \\
\Leftrightarrow &\text{存在 } \mathcal{O}_K \text{ 的非零主理想 } A, \text{ 使得 } n = N(A) \quad (\text{取} A = (\alpha)).
\end{aligned}$$

(II) $d(K) = -4$, 并且由定理 4.7 (取 $d = -1$), $i = \sqrt{-1}$ 在 $\mathbb{Q}$ 上最小多项式为 $x^2 + 1$. 2 在 K 中分歧: $2\mathcal{O}_K = P^2$, $P = (2, 1+i) = (1+i)$, $N(P) = 2$. 对于奇素数 p, 当 $\left(\dfrac{-1}{p}\right) = 1$, 即 $p \equiv 1 \pmod 4$ 时, $p\mathcal{O}_K = P_1P_2$, $P_1 \neq P_2$, $N(P_1) = N(P_2) = p$. 而当 $p \equiv 3 \pmod 4$ 时, $p\mathcal{O}_K = P$, $N(P) = p^2$.

(III) 由 $N(A)N(B) = N(AB)$ 可知, 若 n 和 m 均为两个有理整数的平方和, 则 nm 也是如此.

基于以上的考查, 高斯完全解决了上述的二平方和问题.

首先对于 n 为素数 p 的情形, 检查哪些素数 p 是两个有理整数的平方和. 用 (II) 中素理想分解规律和 (I) 中结果: 由 $N(1+i) = 2$ 可知 2 是二平方和. 当 $p \equiv 3 \pmod 4$ 时, 由于没有素理想 P 使得 $N(P) = p$, 从而也没有理想 A 使 $N(A) = p$, 即 p 不是二平方和, 这也可用初等数论给予简单的证明. 最后对于 $p \equiv 1 \pmod 4$, 由于有素理想 P 使 $N(P) = p$, 从而 p 是二平方和. 这是费马在 17 世纪的一个猜想, 它也有初等证明, 但要用到初等数论的一些技巧.

现在对于任何正整数 n, 介绍高斯给出的答案和证明.

定理 4.8 设正整数 n 的素因子分解式为

$$n = 2^l p_1^{e_1} \cdots p_s^{e_s} q_1^{f_1} \cdots q_r^{f_r}, \tag{4.3.1}$$

其中 $p_1, \cdots, p_s, q_1, \cdots, q_r$ 是两两不同的奇素数, $p_i \equiv 1 \pmod 4$ $(1 \leqslant i \leqslant s)$, $q_j \equiv 3 \pmod 4$ $(1 \leqslant j \leqslant r)$. 则

(1) n 是两个有理整数的平方和, 当且仅当 $f_1, \cdots, f_r$ 均为偶数.

(2) 若 $f_1, \cdots, f_r$ 均为偶数, 则不定方程 $x^2+y^2=n$ 有理整数解 (x,y) 的个数为 $4(e_1+1)\cdots(e_s+1)$.

证明 对于 $K=\mathbb{Q}(i)$, $K/\mathbb{Q}$ 为伽罗瓦扩张, 其伽罗瓦群有两个元素: 域 K 的恒等自同构 I 和复共轭自同构 σ, σ 把 $\alpha=a+bi$ $(a,b\in\mathbb{Z})$ 映成 α 的复共轭 $\bar{\alpha}=a-bi$. 对于主理想整环 $\mathcal{O}_K=\mathbb{Z}[i]$ 中的每个理想 $A=(\alpha)$, $\alpha\in\mathcal{O}_K$, 理想 $(\bar{\alpha})$ 记成 $\bar{A}$, 并且 $\bar{A}=\sigma(A)$.

素数 p 在 $\mathcal{O}_K$ 中的理想分解为

• $(2)=P^2$, 其中 $P=(1+i)$, $\bar{P}=P$.

• 当 $p\equiv 3 \pmod 4$ 时, $(p)=P$, 于是 $(q_j)=Q_j$ $(1\leqslant j\leqslant r)$.

• 当 $p\equiv 1 \pmod 4$ 时, $p=a^2+b^2=\alpha\bar{\alpha}$, 其中 $\alpha=a+bi$ $(a,b\in\mathbb{Z}, b\neq 0)$, 于是 $(p)=P\bar{P}$, $P=(\alpha)$, $\bar{P}=(\bar{\alpha})$, $P\neq\bar{P}$. 从而 $(p_i)=P_i\bar{P}_i$, $P_i\neq\bar{P}_i$ $(1\leqslant i\leqslant s)$.

将 n 的分解式 (4.3.1) 表成素理想分解形式, 则为

$$(n)=P^{2l}(P_1\bar{P}_1)^{e_1}\cdots(P_s\bar{P}_s)^{e_s}Q_1^{f_1}\cdots Q_r^{f_r}. \tag{4.3.2}$$

如果 n 为二平方和, 则 $n=\alpha\bar{\alpha}$ $(\alpha\in\mathcal{O}_K)$. 因此 $(n)=A\bar{A}$, 其中 $A=(\alpha)$. 由 $A\mid(n)$ 可知 A 的素理想因子均为 n 的素理想因子, 所以

$$A=P^tP_1^{a_1}\bar{P}_1^{b_1}\cdots P_s^{a_s}\bar{P}_s^{b_s}Q_1^{c_1}\cdots Q_r^{c_r}. \tag{4.3.3}$$

作用复共轭, 给出

$$\bar{A}=P^t\bar{P}_1^{a_1}P_1^{b_1}\cdots\bar{P}_s^{a_s}P_s^{b_s}Q_1^{c_1}\cdots Q_r^{c_r}.$$

因此

$$(n)=A\bar{A}=P^{2t}(P_1\bar{P}_1)^{a_1+b_1}\cdots(P_s\bar{P}_s)^{a_s+b_s}Q_1^{2c_1}\cdots Q_r^{2c_r}. \tag{4.3.4}$$

由素理想分解的唯一性, 比较 (4.3.2) 和 (4.3.4) 式可知

$$t=l,\quad a_i+b_i=e_i\ (1\leqslant i\leqslant s),\quad 2c_j=f_j\ (1\leqslant j\leqslant r).$$

所以若 n 为二平方和, 则 f_j $(1\leqslant j\leqslant r)$ 均为偶数.

现在设 f_j $(1\leqslant j\leqslant r)$ 均为偶数, 则对于理想 A 分解式 (4.3.3) 中素理想的指数 $t=l$ 和 $c_j=\dfrac{f_j}{2}$ $(1\leqslant j\leqslant r)$ 都是唯一决定的. 而对每个 i $(1\leqslant i\leqslant s)$, a_i 和 b_i 是满足 $a_i+b_i=e_i$ 的非负有理整数. 这一共有 e_i+1 个选取方式, 即 $a_i=0,1,\cdots,e_i$, 而 $b_i=e_i-a_i$. 这表明理想 A 的选取方法有 $(e_1+1)\cdots(e_s+1)$ 种. 由于 $\mathcal{O}_K$ 的单位群为 $U_K=\{\pm1,\pm i\}$, 每个理想 A 的生成元 α 有 4 种可能. 所以由理想分解 $(n=A\bar{A})$ 回到元素分解 $n=\alpha\bar{\alpha}$ 的时候, 每个 A 给出 4 个生成

元素 α, 这就证明了 n 表成两个有理整数平方和的方法数为 $4(e_1+1)\cdots(e_s+1)$. (注意 $5=1^2+2^2$ 和 2^2+1^2 认为是不同的表示方法). □

类似地, 方程 $x^2+6y^2=n$ 可以表为 $(x+y\sqrt{-6})(x-y\sqrt{-6})=n$ $(x,y\in\mathbb{Z})$. 所以可以用虚二次域 $\mathbb{Q}(\sqrt{-6})$ 的整数环 $\mathbb{Z}[\sqrt{-6}]$ 中素理想分解规律来研究不定方程 $x^2+6y^2=n$ 的有理整数解. 但是 $\mathbb{Z}[\sqrt{-6}]$ 不是主理想整环, 也不是元素的唯一因子分解整环, 所以遇到一些困难, 这就是为什么高斯对于 “哪些二次域的整数环为唯一因子分解整环” 这一问题很有兴趣. 我们将在下一章讨论这个问题.

注记 每个正整数可以唯一地表示成 $n=n_1^2n_2$, 其中 n_1 和 n_2 为正整数, 并且 n_2 为 1 或者是两两不同的素数乘积. n_1^2 和 n_2 分别叫作 n 的平方部分和无平方因子部分. 定理 4.8 的 (1) 也可以叙述成: 正整数 n 是两个有理整数的平方和, 当且仅当 n 的无平方因子部分没有模 4 同余 3 的素数因子.

例 4.3 求 $x^2+y^2=1530$ 的全部有理整数解.

解 $1530=2\cdot3^2\cdot5\cdot17=3^2(2\cdot5\cdot17)$, $5\equiv17\equiv1 \pmod 4$. 从而该方程存在有理整数解, 并且解数为 $4(1+1)(1+1)=16$.

在环 $\mathbb{Z}[i]$ 中 $(2)=P^2$, $P=(1+i)$; $(5)=P_1\bar{P}_1$, $P_1=(\alpha_1)$, $\bar{P}_1=(\bar{\alpha}_1)$, $\alpha_1=1+2i$; $(17)=P_2\bar{P}_2$, $P_2=(\alpha_2)$, $\bar{P}_2=(\alpha_2)$, $\alpha_2=1+4i$; $(3)=Q$. 于是 $(1530)=P^2P_1\bar{P}_1P_2\bar{P}_2Q^2$, 从而 $(1530)=A\bar{A}$, 则理想 A 为

$$PP_1P_2Q=(\beta_1),\ \beta_1=(1+i)\alpha_1\alpha_2 3=3(1+i)(1+2i)(1+4i)=-39-3i;$$
$$PP_1\bar{P}_2Q=(\beta_2),\ \beta_2=3(1+i)(1+2i)(1-4i)=33+21i;$$
$$P\bar{P}_1P_2Q=(\beta_3),\ \beta_3=3(1+i)(1-2i)(1+4i)=21+33i;$$
或者 $$P\bar{P}_1\bar{P}_2Q=(\beta_4),\ \beta_4=3(1+i)(1-2i)(1-4i)=-3-39i.$$

于是 $x^2+y^2=1530$ 的全部有理整数解为

$$(x,y)=(\pm39,\pm3),\ (\pm33,\pm21),\ (\pm21,\pm33)\text{和}(\pm3,\pm39).$$

习题 4.3

习题 4.3.1 设 p 为奇素数, 证明

(a) $$\left(\frac{-2}{p}\right)=\begin{cases}1, & \text{若 } p\equiv1,3 \pmod 8,\\ -1, & \text{若 } p\equiv5,7 \pmod 8.\end{cases}$$

(b) 如果 $p\geqslant5$, 证明

$$\left(\frac{3}{p}\right)=\begin{cases}1, & \text{若 } p\equiv1,11 \pmod{12},\\ -1, & \text{若 } p\equiv5,7 \pmod{12};\end{cases}$$

$$\left(\frac{-3}{p}\right)=\begin{cases}1, & \text{若 } p\equiv1,7 \pmod{12},\\ -1, & \text{若 } p\equiv5,11 \pmod{12}.\end{cases}$$

习题 4.3.2 (a) 证明 $\mathbb{Z}[\sqrt{-2}]$ 为主理想整环 (参考习题 1.2.2 对于 $\mathbb{Z}[\sqrt{-1}]$ 的证法).

(b) 对哪些正整数 n, 不定方程 $x^2+2y^2=n$ 有有理整数解 (x,y)? 在有解的时候, 试给出有理整数解的个数公式.

习题 4.3.3 给出不定方程 $x^2+y^2=2340$ 的全部有理整数解.

4.4 素理想分解: 分圆域的情形

对每个正整数 n, 令 $\zeta_n=e^{\frac{2\pi\sqrt{-1}}{n}}$, 称 $K=\mathbb{Q}(\zeta_n)$ 为**分圆 (数) 域**, 因为在复平面上, $\{\zeta_n^0=1,\zeta_n,\zeta_n^2,\cdots,\zeta_n^{n-1}\}$ 是以 0 为圆心并且半径为 1 的单位圆周上 n 个等分点. ζ_n 是 n 次本原单位根, 即 ζ_n 的乘法阶为 n. 由初等数论可知, 对每个 $d\in\mathbb{Z}$, ζ_n^d 的阶为 $\dfrac{n}{(n,d)}$. 特别地, ζ_n^d 为 n 次本原单位根当且仅当 $(n,d)=1$. 从而 n 次本原单位根共有 $\varphi(n)$ 个, 它们是 $\{\zeta_n^d:\ 1\leqslant d\leqslant n,(d,n)=1\}$, 其中 $\varphi(n)$ 等于 $\{1,2,\cdots,n\}$ 当中和 n 互素的整数个数, 叫作欧拉函数.

对于 K 的每一个嵌入 $\sigma:K\to\mathbb{C}$, K 和域 $\sigma(K)$ 是同构的, 从而 σ 把 n 次本原单位根 ζ_n 也映成 n 次本原单位根, 即 $\sigma(\zeta_n)=\zeta_n^a$, 其中 $(a,n)=1$. 由于 $\zeta_n^a\in K=\mathbb{Q}(\zeta_n)$, 可知 $\sigma(K)=\mathbb{Q}(\zeta_n^a)\subseteq\mathbb{Q}(\zeta_n)=K$. 另一方面, 由于 $(a,n)=1$, a 是乘法群 $(\mathbb{Z}/n\mathbb{Z})^*$ 中的可逆元素, 于是有 $b\in\mathbb{Z}$ 使得 $ab\equiv1\pmod n$. 从而 $\zeta_n=\zeta_n^{ab}\in\mathbb{Q}(\zeta_n^a)$, 即 $K=\mathbb{Q}(\zeta_n)\subseteq\mathbb{Q}(\zeta_n^a)=\sigma(K)$. 这就表明 $\sigma(K)=K$, 即 K 的每个共轭域都为 K, 因此 $K/\mathbb{Q}$ 是伽罗瓦扩张.

以上表明 ζ_n 的每个共轭元均为 ζ_n^a, $(a,n)=1$. 但并没有证明所有这些 n 次本原单位根都一定和 ζ_n 是共轭的. 可以证明: 以上全部 n 次本原单位根为根的多项式

$$\Phi_n(x)=\prod_{\substack{a=1\\(a,n)=1}}^{n-1}(x-\zeta_n^a)\quad (\text{叫作第 } n \text{ 个分圆多项式})$$

是 $\mathbb{Z}[x]$ 中的不可约多项式 (证明从略). 这表明 $\Phi_n(x)$ 是 ζ_n 在 $\mathbb{Q}$ 上的最小多项式, 从而 $[K:\mathbb{Q}]=\deg\Phi_n(x)=\varphi(n)$, 并且每个 n 次本原单位根 ζ_n^a, $(a,n)=1$, 均为 ζ_n 的共轭元素, 即均存在域 K 的自同构 σ, 使 $\sigma(\zeta_n)=\zeta_n^a$, 我们把这个自同构记为 σ_a. 综合上述, 我们有以下结果.

定理 4.9 设 n 为正整数, $K=\mathbb{Q}(\zeta_n)$, 则 $K/\mathbb{Q}$ 是 $\varphi(n)$ 次伽罗瓦扩张, 其伽罗瓦群为 $\mathrm{Gal}(K/\mathbb{Q})=\{\sigma_a:1\leqslant a\leqslant n,(a,n)=1\}$, 其中 $\sigma_a(\zeta_n)=\zeta_n^a$. 并且映射 $\varphi:\mathrm{Gal}(K/\mathbb{Q})\to(\mathbb{Z}/n\mathbb{Z})^*$ 是群的同构, 其中 $\varphi(\sigma_a)=a$.

最后一个论断是由于: 若 $(a,n)=(b,n)=1$, 则 $(\sigma_a\sigma_b)(\zeta_n)=\sigma_a(\zeta_n^b)=\sigma_a(\zeta_n)^b=\zeta_n^{ab}=\sigma_{ab}(\zeta_n)$, 于是 $\sigma_a\sigma_b=\sigma_{ab}$.

当 $n\equiv2\pmod 4$ 时, $n=2m$, m 为奇数. 由于 $\zeta_m=\zeta_n^2\in\mathbb{Q}(\zeta_m)$, $\zeta_n=$

$-\zeta_n^{1+m} = -\zeta_m^{\frac{1+m}{2}} \in \mathbb{Q}(\zeta_m)$, 可知 $\mathbb{Q}(\zeta_n) = \mathbb{Q}(\zeta_m) = \mathbb{Q}(\zeta_{\frac{n}{2}})$, 所以今后均假设 $n \not\equiv 2 \pmod 4$. 利用伽罗瓦理论可以证明: 若 n 和 n' 为正整数, 并且 $n \not\equiv 2 \pmod 4$, $n' \not\equiv 2 \pmod 4$, 则当 $n \neq n'$ 时, $\mathbb{Q}(\zeta_n) \neq \mathbb{Q}(\zeta_{n'})$. (见习题 4.4 之 4.4.1)

由于 $\zeta_1 = 1$, $\zeta_2 = -1$, 以后假设 $n \geqslant 3$. 这时只有 $n = 3$ 和 4 满足 $\varphi(n) = 2$, 即分圆域当中只有 $\mathbb{Q}(\zeta_3)$ 和 $\mathbb{Q}(\zeta_4)$ 是二次域. 由 $\zeta_3 = \frac{1}{2}(-1+\sqrt{-3})$ 和 $\zeta_4 = i = \sqrt{-1}$ 可知 $\mathbb{Q}(\zeta_3) = \mathbb{Q}(\sqrt{-3})$, $\mathbb{Q}(\zeta_4) = \mathbb{Q}(\sqrt{-1})$. 进而, 实单位根只有 ± 1, 所以当 $n \geqslant 3$ 时, ζ_n 的所有共轭元都不是实数, 从而分圆多项式 $\Phi_n(x)$ 没有实根, $\varphi(n)$ 个复根两两复共轭. 于是对于分圆域 $K = \mathbb{Q}(\zeta_n)$ $(n \geqslant 3)$, $r_1(K) = 0$ (即 K 没有实嵌入), 于是 $\mathcal{O}_K$ 的单位根群 $\mathcal{O}_K^* = U_K$ 为 $W_K \times V_K$ (直积), 其中 W_K 是 K 中的单位根群 (它的大小见习题 4.4 之 4.4.2), 而 V_K 为 r 个无限循环群的直积, 其中 $r = r_1 + r_2 - 1 = \frac{\varphi(n)}{2} - 1$, 当 n 很大时, r 很大, 即分圆域具有很大的单位群.

下一个定理给出分圆域整数环的简单结构, 证明需要技巧, 从略.

定理 4.10 设 $n \geqslant 3$, $n \not\equiv 2 \pmod 4$. 则分圆域 $K = \mathbb{Q}(\zeta_n)$ 的整数环为 $\mathcal{O}_K = \mathbb{Z}[\zeta_n]$. 换句话说, $\{\zeta_n^l : 0 \leqslant l \leqslant \varphi(n) - 1\}$ 是 $\mathcal{O}_K$ 的一组整基.

接下来我们要计算分圆域的判别式.

定理 4.11 设 $n = 2^{a_0} p_1^{a_1} \cdots p_s^{a_s} \geqslant 3$, $n \not\equiv 2 \pmod 4$. 于是 $a_0 = 0$ 或 $a_0 \geqslant 2$, 而 $a_i \geqslant 1$ $(1 \leqslant i \leqslant s)$, 则分圆域 $K = \mathbb{Q}(\zeta_n)$ 的判别式为

$$d(K) = \begin{cases} \varepsilon p_1^{b_1} \cdots p_s^{b_s}, & 若\ a_0 = 0, \\ \varepsilon 2^{b_0} p_1^{b_1} \cdots p_s^{b_s}, & 若\ a_0 \geqslant 2, \end{cases}$$

其中 ε 为 1 或 -1, 而 $b_0, b_1, \cdots, b_s$ 均为正整数, 从而对每个素数 p, $p \mid d(K)$ 当且仅当 $p \mid n$ (由定理 4.6 可知, 这也当且仅当 p 在 K 中分歧).

证明 先考虑 $n = p^m$ 的情形, 以下记 $\zeta = \zeta_n$, $K = \mathbb{Q}(\zeta)$. 则 $[K : \mathbb{Q}] = \varphi(n)$, 在 $\mathbb{Q}$ 上的最小多项式为

$$\Phi_n(x) = \frac{x^{p^m} - 1}{x^{p^{m-1}} - 1} = x^{(p-1)p^{m-1}} + c_1 x^{(p-2)p^{m-1}} + \cdots + x^{p^{m-1}} + 1 \in \mathbb{Z}[x].$$

这是由于 $\Phi_n(x)$ 的根是全部 $n = p^m$ 次本原单位根, 即满足 $x^{p^m} = 1$, $x^{p^{m-1}} \neq 1$ 的复数 x. 对于这种情形, 我们容易证明 $\Phi_n(x)$ 在 $\mathbb{Z}[x]$ 中 (从而在 $\mathbb{Q}[x]$ 中) 的不可约性. 令

$$f(x) = \Phi_n(x+1) = x^{\varphi(n)} + c_1 x^{\varphi(n)-1} + \cdots + c_{\varphi(n)} \in \mathbb{Z}[x].$$

则

$$f(x) = \frac{(x+1)^{p^m}-1}{(x+1)^{p^{m-1}}-1} \equiv \frac{x^{p^m}+1-1}{x^{p^{m-1}}+1-1} = x^{\varphi(n)} \pmod p.$$

这表明 c_i $(1 \leqslant i \leqslant \varphi(n))$ 均被 p 整除, 而 $c_{\varphi(n)} = f(0) = \Phi_n(1) = p$ 不被 p^2 整除. 由艾森斯坦判别法, 可知 $f(x)$ 在 $\mathbb{Q}[x]$ 中不可约, 从而 $\Phi_n(x) = f(x-1)$ 也是如此.

由于 $\mathcal{O}_K = \mathbb{Z}[\zeta]$, 而 ζ 的最小多项式为 $\Phi_n(x)$. 引理 3.2 给出

$$d(K) = (-1)^{\frac{l(l-1)}{2}} N(\Phi_n'(\zeta)), \quad l = [K:\mathbb{Q}] = \varphi(n),$$

其中 $N = \mathrm{N}_K$ 为 $K/\mathbb{Q}$ 的范. 由

$$(x^{p^{m-1}}-1)\Phi_n(x) = (x^{p^m}-1)$$

可知 $(x^{p^{m-1}}-1)\Phi_n'(x) + p^{m-1}x^{p^{m-1}-1}\Phi_n(x) = p^m x^{p^m-1}$, 代入 $x = \zeta$ 给出 $\Phi_n'(\zeta) = \dfrac{p^m}{\zeta(\zeta^{p^{m-1}}-1)}$. 从而 $N(\Phi_n'(\zeta)) = \dfrac{p^{mn}}{N(\zeta)N(\zeta^{p^{m-1}}-1)}$, 易知 $N(\zeta) = 1$, 我们还需计算 $N(\zeta^{p^{m-1}}-1) = N(\zeta_p - 1)$.

记 $M = \mathbb{Q}(\zeta_p - 1) = \mathbb{Q}(\zeta_p)$, ζ_p 在 $\mathbb{Q}$ 上的最小多项式为 $g(x) = x^{p-1} + x^{p-2} + \cdots + x + 1$, 从而 $\zeta_p - 1$ 在 $\mathbb{Q}$ 上的最小多项式为 $h(x) = g(x+1) = x^{p-1} + \cdots + p$. 而 $g(x+1)$ 的全部根即是 $\zeta_p - 1$ 的全部共轭元素, 它们的乘积为 $(-1)^p h(0) = (-1)^p p$, 即 $\mathrm{N}_{M/\mathbb{Q}}(\zeta_p - 1) = (-1)^p p$. 由于 $[M:\mathbb{Q}] = p-1$, $[K:M] = \dfrac{n}{p-1} = p^{m-1}$, 于是

$$\begin{aligned} N(\zeta_p - 1) &= \mathrm{N}_{K/\mathbb{Q}}(\zeta_p - 1) = \mathrm{N}_{M/\mathbb{Q}}(\mathrm{N}_{K/M}(\zeta_p - 1)) \\ &= \mathrm{N}_{m/\mathbb{Q}}(\zeta_p - 1)^{[K:M]} \quad (\text{因为}\zeta_p - 1 \in M) \\ &= (-1)^{p^m} p^{p^{m-1}}. \end{aligned}$$

综合上述, 可知对 $K = \mathbb{Q}(\zeta_{p^m})$,

$$d(K) = \varepsilon p^{mn}/p^{p^{m-1}} = \varepsilon p^a,$$

其中 $\varepsilon = 1$ 或 -1, $a = m\varphi(p^m) - p^{m-1}$ 为正整数.

现在设 $n = p^m q^s$, 其中 p 和 q 为不同的素数, m 和 s 为正整数, 并且 $n \not\equiv 2 \pmod 4$. 考虑 $K = \mathbb{Q}(\zeta_n)$ 的两个分圆子域 $K_1 = \mathbb{Q}(\zeta_{p^m})$ 和 $K_2 = \mathbb{Q}(\zeta_{q^s})$. 由上面计算可知 $d(K_1)$ 和 $d(K_2)$ 是互素的有理整数, 并且 $[K:\mathbb{Q}] = [K_1K_2:\mathbb{Q}] = \varphi(p^m q^s) = \varphi(p^m)\varphi(q^s) = [K_1:\mathbb{Q}][K_2:\mathbb{Q}]$. 利用定理 3.7 便知

$$d(K) = d(K_1)^{\varphi(q^s)} d(K_2)^{\varphi(p^m)} = \varepsilon p^a q^b,$$

其中 ε 为 1 或 -1, a 和 b 都是正整数, 归纳下去即得定理. □

现在讲素数在分圆域中的素理想分解规律.

定理 4.12 设 $K=\mathbb{Q}(\zeta_n)$, 其中 $n\geqslant 3$, $n\not\equiv 2 \pmod 4$. 对每个素数 p, 令 $n=p^l n'$, 其中 $l\geqslant 0, p\nmid n'$, 则 p 在 $\mathcal{O}_K=\mathbb{Z}[\zeta_n]$ 的素理想分解式为

$$p\mathcal{O}_K=P_1^e\cdots P_g^e,\quad f(P_i/p)=f\quad (1\leqslant i\leqslant g),$$

其中 $P_1,\cdots,P_g$ 是 $\mathcal{O}_K$ 的不同素理想, f 是 p 模 n' 的阶, 即是满足 $p^f\equiv 1 \pmod{n'}$ 的最小正整数, 而 $g=\dfrac{\varphi(n')}{f}$.

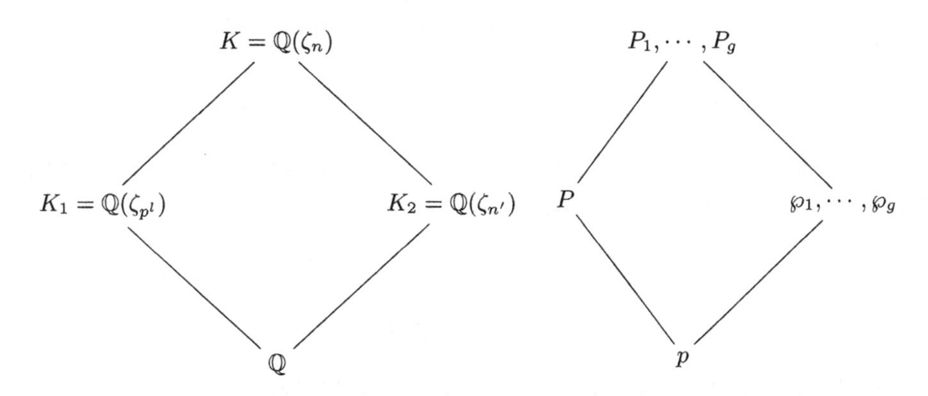

证明 我们先看 p 分别在 $K_1=\mathbb{Q}(\zeta_{p^l})$ 和 $K_2=\mathbb{Q}(\zeta_{n'})$ 中的分解. 注意

$$[K:\mathbb{Q}]=\varphi(n)=\varphi(p^l)\varphi(n'),\quad [K_1:\mathbb{Q}]=\varphi(p^l),\quad [K_2:\mathbb{Q}]=\varphi(n').$$

从而 $[K:K_1]=\varphi(n')$, $[K:K_2]=\varphi(p^l)$.

由于 $\mathcal{O}_{K_1}=\mathbb{Z}[\zeta_{p^l}]$, 我们可以用定理 4.5. 设 $l\geqslant 1$, ζ_{p^l} 在 $\mathbb{Q}$ 上的最小多项式为 $f(x)=\dfrac{x^{p^l}-1}{x^{p^{l-1}}-1}\in\mathbb{Z}[x]$. 于是 $f(x)\equiv (x-1)^{\varphi(p^l)} \pmod p$. 这表明 p 在 K_1 中完全分歧, 即

$$p\mathcal{O}_{K_1}=P^{\varphi(p^l)},\quad P=(p,\zeta_{p^l}-1),\quad e(P/p)=\varphi(p^l),\quad f(P/p)=1.$$

这对于 $l=0$ 也成立.

另一方面, $\mathcal{O}_{K_2}=\mathbb{Z}[\zeta_{n'}]$, $(p,n')=1$. 为了用定理 4.5, 需要考查 $\zeta_{n'}$ 在 $\mathbb{Q}$ 上的最小多项式 $\Phi_{n'}(x)$ 在 mod p 之后的分解模式. 在 $\mathbb{C}$ 中 $\Phi_{n'}(x)$ 的全部根是 $\varphi(n')$ 个 n' 次本原单位根, 即 $\Phi_{n'}(x)\mid x^{n'}-1$ 并且对 n' 的每个素因子 q, $\Phi_{n'}(x)\nmid\dfrac{x^{n'}-1}{x^q-1}$. 由于 $\Phi_{n'}(x)\in\mathbb{Z}[x]$, 从而在 $\mathbb{F}_p[x]$ 中这些性质仍然成立. 于是在

$\mathbb{F}_p$ 的代数闭包 Ω_p 中, $\Phi_{n'}(x)$ 的全部根仍是 $\varphi(n')$ 个不同的 n' 次本原单位根. 注意由 $(p,n')=1$ 可知 $x^{n'}-1$ 在 Ω_p 中没有重根, 所以 $\Phi_{n'}(x)$ 在 Ω_p 中也没有重根, 可知 $\Phi_{n'}(x)$ 在 $\mathbb{F}_p[x]$ 中分解为

$$\Phi_{n'}(x) \equiv p_1(x)\cdots p_g(x) \pmod p,$$

其中 $p_i(x)$ $(1 \leqslant i \leqslant g)$ 是 $\mathbb{F}_p[x]$ 中彼此不同的首 1 不可约多项式. 设 α 是 $p_i(x)$ 在 Ω_p 中的一个根, α 的阶为 n'. 根据定理 2.10, $p_i(x)$ 有 f 个根, 其中 f 为 p 模 n' 的阶. 这表明每个 $p_i(x)$ $(1 \leqslant i \leqslant g)$ 的次数都是 f, 而 $gf = \sum\limits_{i=1}^{g} \deg p_i(x) = \deg \Phi_{n'}(x) = \varphi(n')$, 即 $g = \dfrac{\varphi(n')}{f}$. 所以 p 在 K_2 中的素理想分解为

$$p\mathcal{O}_{K_2} = (\wp_1 \cdots \wp_g), \quad f(\wp_i/p) = f \ \ (1 \leqslant i \leqslant g).$$

现在考虑 p 在 K 中的素理想分解. 设 P_i 是 $\wp_i$ 在 $\mathcal{O}_K$ 中的一个素理想因子, 即 $P_i \cap \mathcal{O}_{K_2} = \wp_i$, 则 $P_i \cap \mathbb{Z} = p\mathbb{Z}$, 于是 $P_i \cap \mathcal{O}_{K_1} = P$. 由于

$$\begin{aligned}\varphi(p^l) = [K_1:\mathbb{Q}] = e(P/p) &\leqslant e(P_i/p) = e(P_i/\wp_i)e(\wp_i/p)\\ &= e(P_i/\wp_i) \leqslant [K:K_2] = \varphi(p^l),\end{aligned}$$

可知 $e(P/\wp_i) = \varphi(p^l) = [K:K_2]$, 即 $\wp_i$ 在 K 中完全分歧:

$$\wp_i\mathcal{O}_K = P_i^{\varphi(p^l)}, \quad f(P_i/\wp_i) = 1 \ \ (1 \leqslant i \leqslant g).$$

于是

$$p\mathcal{O}_K = (\wp_1 \cdots \wp_g)\mathcal{O}_K = (P_1 \cdots P_g)^{\varphi(p^l)},$$

并且 $f(P_i/p) = f(P_i/\wp_i)f(\wp_i/p) = f$ $(1 \leqslant i \leqslant g)$. □

例 4.4　考虑每个素数 p 在分圆域 $K = \mathbb{Q}(\zeta_{15})$ 中的素理想分解模式.

解　$[K:\mathbb{Q}] = \varphi(15) = 8$.

对于 $p=3$, $15 = 3\cdot 5$. 于是 $3\mathcal{O}_K = (P_1\cdots P_g)^e$, $e = \varphi(3) = 2$, $f(P_i/3) = f$, 即 $\dfrac{\mathcal{O}_K}{P_i} = \mathbb{F}_{3^f}$, 其中 f 为 3 模 5 的阶, $f=4$. 而 $g = \dfrac{\varphi(5)}{4} = 1$. 因此

$$3\mathcal{O}_K = P^2, \quad f(P/3) = 4, \quad 即\,\frac{\mathcal{O}_K}{P} = \mathbb{F}_{3^4}.$$

对于 $p=5$, 5 模 3 的阶为 $f=2$, $g = \dfrac{\varphi(3)}{2} = 1$, 于是

$$5\mathcal{O}_K = (P')^4, \quad f(P'/5) = 2, \quad 即\,\frac{\mathcal{O}_K}{P'} = \mathbb{F}_{25}.$$

当 $p \neq 3,5$ 时, p 在 $\mathcal{O}_K$ 中不分歧, 于是

$$p\mathcal{O}_K = P_1 \cdots P_g, \quad \frac{\mathcal{O}_K}{P_i} = \mathbb{F}_{p^f} \ (1 \leqslant i \leqslant g)$$

其中 f 为 p 模 15 的阶, $g = \dfrac{\varphi(15)}{f} = \dfrac{8}{f}$. 确切地说,

- 当 $p \equiv 1 \pmod{15}$ 时, $f=1$, $g=8$, $p\mathcal{O}_K = P_1 \cdots P_8$ (完全分裂).
- 当 $p \equiv -1, \pm 4 \pmod{15}$ 时, $f=2$, $g=4$, $p\mathcal{O}_K = P_1P_2P_3P_4$.
- 当 $p \equiv \pm 2, \pm 7 \pmod{15}$ 时, $f=4$, $g=2$, $p\mathcal{O}_K = P_1P_2$.

所以没有一个素数 p, p 在 $\mathbb{Q}(\zeta_{15})$ 中是惰性的.

注记 给了一个 $\mathbb{Z}[x]$ 中的首 1 不可约多项式 $f(x)$. 对于每个素数 p, $f(x)$ 在 $\mathbb{F}_p[x]$ 中如何分解成不可约多项式的乘积? 这是一个至今未完全解决的问题, 属于希尔伯特第 9 问题. 设 $f(x)$ 在 $\mathbb{C}$ 中的根为 $\alpha_1, \cdots, \alpha_n$, $n = \deg f$, 则 $K = \mathbb{Q}(\alpha_1, \cdots, \alpha_n)$ 为代数数域, 并且 $K/\mathbb{Q}$ 是伽罗瓦扩张. 如果伽罗瓦群 $\mathrm{Gal}(K/\mathbb{Q})$ 是交换群 (也叫阿贝尔群), 称 K 为**阿贝尔数域**, 这时上述问题已经解决. 注意对于分圆多项式 $\Phi_n(x)$, 域 K 为分圆域 $\mathbb{Q}(\zeta_n)$, 而 $\mathbb{Q}(\zeta_n)/\mathbb{Q}$ 的伽罗瓦群同构于乘法群 $(\mathbb{Z}/n\mathbb{Z})^*$, 从而分圆域是阿贝尔域. 而对分圆域 $\mathbb{Q}(\zeta_n)$ 的每个子域 M, $M/\mathbb{Q}$ 为伽罗瓦扩张, 并且 $\mathrm{Gal}(M/\mathbb{Q})$ 是 $(\mathbb{Z}/n\mathbb{Z})^*$ 的商群, 从而分圆域的每个子域都是阿贝尔数域. 反过来, 利用代数数论于 1920—1930 年发展的"类域论", 可以证明每个阿贝尔数域都是某个分圆域的子域. 这些内容超出了本书的写作目的, 不再详细论述.

习题 4.4

习题 4.4.1 设 n 和 m 为正整数, $n \not\equiv 2 \pmod 4$, $m \not\equiv 2 \pmod 4$. 证明

(a) $\mathbb{Q}(\zeta_n) \cap \mathbb{Q}(\zeta_m) = \mathbb{Q}(\zeta_{(n,m)})$, $\mathbb{Q}(\zeta_n)\mathbb{Q}(\zeta_m) = \mathbb{Q}(\zeta_{[n,m]})$.

(b) $\mathbb{Q}(\zeta_n) \subseteq \mathbb{Q}(\zeta_m)$ 当且仅当 $n \mid m$. 从而当 $n \neq m$ 时, $\mathbb{Q}(\zeta_n) \neq \mathbb{Q}(\zeta_m)$.

习题 4.4.2 证明: $K = \mathbb{Q}(\zeta_n)$ 的单位根群为

$$W_K = \begin{cases} \langle \zeta_n \rangle \ (n \text{ 次循环群}), & \text{如果 } n \text{ 为偶数}, \\ \langle \zeta_{2n} \rangle \ (2n \text{ 次循环群}), & \text{如果 } n \text{ 为奇数}. \end{cases}$$

习题 4.4.3 研究每个素数 p 在分圆域 $\mathbb{Q}(\zeta_{12})$ 中的素理想分解模式.

4.5 素理想分解: 伽罗瓦扩张情形

数域的扩张 L/K 如果是伽罗瓦扩张, 则素理想分解还有更精细的结构. 这时伽罗瓦基本定理起着关键性的作用. 这个定理是说: L/K 的中间域 M 和伽罗瓦

群 $G=\mathrm{Gal}(L/K)$ 的子群 H 之间具有反序的一一对应关系 (定理 2.4), 其对应为

$$M=\{\alpha\in L: \text{对每个 } \sigma\in H,\ \sigma(\alpha)=\alpha\},$$

$$H=\{\sigma\in G: \text{对每个 } \alpha\in M, \sigma(\alpha)=\alpha\},$$

$$\begin{array}{ccc} L & & (1) \\ | & & | \\ M & & H \\ | & & | \\ K & & G \end{array}$$

并且 $[L:M]=[H:(1)]=|H|$, $[M:K]=[G:H]$.

我们先用尽量简化的语言介绍结果, 然后再做一些解释.

定理 4.13 设 L/K 是数域的 n 次伽罗瓦扩张, $G=\mathrm{Gal}(L/K)$ 是它的伽罗瓦群. 则对于 K 中每个非零素理想 $\wp$,

(1) $\wp\mathcal{O}_L=(P_1\cdots P_g)^e$, $e=e(P_i/\wp)$, $f=f(P_i/\wp)$ $(1\leqslant i\leqslant g)$, $efg=n$, 其中 $P_1,\cdots,P_g$ 是 $\wp$ 在 $\mathcal{O}_L$ 中不同的素理想因子. 换句话说, 所有 P_i $(1\leqslant i\leqslant g)$ 对于 $\wp$ 都有相同的分歧指数和剩余类域次数.

(2) 设 $P\in\{P_1,\cdots,P_g\}$, 则 $D_P=\{\sigma\in G:\sigma(P)=P\}$ 是 G 的子群, 叫作 P 的**分解群**, 而 D_P 对应的中间域 K_P 叫作 P 的**分解域**, 我们有

$$[K_P:K]=[G:D_P]=g.$$

$$\begin{array}{cccc} L & (1) & P & \overline{L} \\ |\,e & | & | & \| \\ L_P & I_P & \wp_I & \overline{L}_P \\ |\,f & | & | & |\,f \\ K_P & D_P & \wp_D & \overline{K}_P \\ |\,g & | & | & \| \\ K & G & \wp & \overline{K} \end{array}$$

(3) D_P 有正规子群

$$I_P=\{\sigma\in D_P: \text{对每个 } \alpha\in\mathcal{O}_L,\ \sigma(\alpha)\equiv\alpha \ (\mathrm{mod}\ P)\},$$

叫作 P 的**惰性群**, 对应的中间域 L_P 叫作 P 的**惰性域**.

$$[L_P:K_P]=[D_P:I_P]=f$$

并且商群 $\dfrac{D_P}{I_P}$ 是 f 阶循环群, 它的生成元是陪集 $\left(\dfrac{L/K}{P}\right)I_P$, 其中 $\left(\dfrac{L/K}{P}\right)$ 是 D_P 中元素 (即 L 的 K-自同构), 由下面条件所唯一决定:

$$\text{对每个 } \alpha\in\mathcal{O}_L,\quad \left(\frac{L/K}{P}\right)(\alpha)\equiv\alpha^q \ (\mathrm{mod}\ P),$$

其中 $q=\left|\dfrac{\mathcal{O}_K}{\wp}\right|$, 即 $\dfrac{\mathcal{O}_K}{\wp}=\mathbb{F}_q$. 而 L_P/K_P 是伽罗瓦扩张, 并且 $\mathrm{Gal}(L_P/K_P)$ 为 f 阶循环群.

(4) 设 $P\cap\mathcal{O}_{L_P}=\wp_I$, $\wp_I\cap\mathcal{O}_{K_P}=\wp_D$, 则 $\wp_I$ 和 $\wp_D$ 分别是 $\mathcal{O}_{L_P}$ 和 $\mathcal{O}_{K_P}$ 中的素理想, 并且 $\wp_D\cap\mathcal{O}_K=\wp$. 记下面的有限域

$$\overline{L}=\frac{\mathcal{O}_L}{P},\quad \overline{L}_P=\frac{\mathcal{O}_{L_P}}{\wp_I},\quad \overline{K}_P=\frac{\mathcal{O}_{K_P}}{\wp_D},\quad \overline{K}=\frac{\mathcal{O}_K}{\wp}=\mathbb{F}_q.$$

则 $\overline{K}=\overline{K}_P\subseteq\overline{L}_P=\overline{L}$, 并且 $[\overline{L}_P:\overline{K}_P]=f$. 换句话说, $f\left(\frac{\wp_D}{\wp}\right)=1$, $f\left(\frac{\wp_I}{\wp_D}\right)=f$, $f\left(\frac{P}{\wp_I}\right)=1$. 从而 $\overline{K}_P=\overline{K}=\mathbb{F}_q$, $\overline{L}_P=\overline{L}=\mathbb{F}_{q^f}$.

(5) $\wp_D\mathcal{O}_{L_P}=\wp_I$, 即 $\wp_D$ 在 L_P 中惰性.

$\wp_I\mathcal{O}_L=P^e$, $e=[L:L_P]$, 即 $\wp_I$ 在 L 中完全分歧.

(6) 对每个 $i(1\leqslant i\leqslant g)$, 均存在 $\sigma_i\in G$, 使得 $\sigma_i(P)=P_i$. 这时,

$$D_{P_i}=\sigma_i D_P\sigma_i{}^{-1},\quad I_{P_i}=\sigma_i I_P\sigma_i{}^{-1},\quad \left(\frac{L/K}{P_i}\right)=\sigma_i\left(\frac{L/K}{P_i}\right)\sigma_i{}^{-1},$$

$$L_{P_i}=\sigma_i(L_P),\quad K_{P_i}=\sigma_i(K_P).$$

我们不给出此定理的详细证明, 只是解释一下其中的一些道理. 一些关键之处标以 (I), (II), (III), 其证明需要较多的技巧.

(1) 首先, 伽罗瓦群 G 的每个元素 σ 是域 L 的 K-自同构, 即对于 $\alpha\in K$, $\sigma(\alpha)=\alpha$. σ 不仅能作用在 L 的元素上, 也可作用到与扩张 L/K 有关的许多数学对象上. 例如 $\sigma(\mathcal{O}_L)=\mathcal{O}_L$. 这是由于 $\sigma(L)=L$, 而对于每个 $\alpha\in\mathcal{O}_L$, 即 α 为整数, 它的 K-共轭元 $\sigma(\alpha)$ 也是整数. 于是 $\sigma(\alpha)\in\mathcal{O}_L$, 即 $\sigma(\mathcal{O}_L)\subseteq\mathcal{O}_L$. 反过来, σ^{-1} 也是 G 中元素, 因此 $\sigma^{-1}(\mathcal{O}_L)\subseteq\mathcal{O}_L$, 即 $\mathcal{O}_L\subseteq\sigma(\mathcal{O}_L)$. 这就表明 $\sigma(\mathcal{O}_L)=\mathcal{O}_L$.

类似地可知, 对于 $\mathcal{O}_L$ 的每个理想 A, $\sigma(A)$ 也是 $\mathcal{O}_L$ 的理想. 并且若 A 为素理想, 则 $\sigma(A)$ 也是素理想. 设 $\mathcal{O}_K$ 中非零素理想 $\wp$ 在 L 中的分解为

$$\wp\mathcal{O}_L=P_1^{e_1}\cdots P_g^{e_g}\qquad e_i=e(P_i/\wp)\geqslant 1,\tag{4.5.1}$$

其中 $P_1,\cdots,P_g$ 是 $\wp$ 在 $\mathcal{O}_L$ 中不同的素理想因子. 由于 $\wp$ 是 K 中对象, 可知对每个 $\sigma\in G$, $\sigma(\wp\mathcal{O}_L)=\wp\mathcal{O}_L$. 于是将上式作用 σ 得到

$$\wp\mathcal{O}_L=\sigma(P_1)^{e_1}\cdots\sigma(P_g)^{e_g},$$

其中 $\{\sigma(P_1),\cdots,\sigma(P_g)\}$ 也是 $\wp$ 在 $\mathcal{O}_L$ 中的不同素理想, 所以 σ 可看成是集合 $\{P_1,\cdots,P_g\}$ 的一个置换, 即 G 可看成是集合 $\{P_1,\cdots,P_g\}$ 上的一个置换群. 可以证明:

(I) G 在集合 $\{P_1, \cdots, P_g\}$ 上的作用是可传递的, 即指对任意的 P_i 和 P_j, 均有 $\sigma \in G$ 使得 $\sigma(P_i) = P_j$.

这件事可以有许多推论, 因为 (I) 体现出在伽罗瓦群 G 的作用下, $\wp$ 在 $\mathcal{O}_L$ 中的所有素理想因子 $P_1, \cdots, P_g$ 具有"平等"的地位. 我们在它们当中取任意一个 P, 不妨设 $P = P_1$. 由 (I) 知对每个 i $(1 \leqslant i \leqslant g)$ 均有 $\sigma_i \in G$, 使得 $\sigma_i(P) = P_i$. 由于 σ_i 是 L 的 K-自同构, 而 $\wp$ 是 K 的子集合, 从而 $\sigma_i(\wp) = \wp$. 将 (4.5.1) 式两边作用 σ_i, 得到

$$\wp\mathcal{O}_L = \sigma_i(\wp\mathcal{O}_L) = \sigma_i(P_1)^{e_1} \cdots \sigma_i(P_g)^{e_g},$$

此式中右边 $P_i = \sigma_i(P) = \sigma_i(P_1)$ 的指数为 e_1, 而公式 (4.5.1) 中的 P_i 的指数为 e_i, 由分解式的唯一性可知 $e_i = e_1$ $(1 \leqslant i \leqslant g)$, 即所有分歧指数均相等, 于是 $\wp\mathcal{O}_L = (P_1 \cdots P_g)^e$. 类似地,

$$\begin{aligned} f\left(\frac{P_1}{\wp}\right) &= \left[\frac{\mathcal{O}_L}{P_1} : \frac{\mathcal{O}_K}{\wp}\right] \\ &= \left[\frac{\sigma_i(\mathcal{O}_L)}{\sigma_i(P_1)} : \frac{\mathcal{O}_K}{\wp}\right] = \left[\frac{\mathcal{O}_L}{P_i} : \frac{\mathcal{O}_K}{\wp}\right] = f\left(\frac{P_i}{\wp}\right) \quad (1 \leqslant i \leqslant g). \end{aligned}$$

从而所有剩余类域次数 $f\left(\frac{P_i}{\wp}\right)$ $(1 \leqslant i \leqslant g)$ 均相等, 记为 f, 则

$$n = [L:K] = \sum_{i=1}^{g} e\left(\frac{P_i}{\wp}\right) f\left(\frac{P_i}{g}\right) = \sum_{i=1}^{g} ef = efg.$$

(2) G 的子集合

$$D_P = \{\sigma \in G : \sigma(P) = P\}$$

是 G 的子群, $\sigma_i D_P$ 中每个元素都把 P 映成 P_i. 由此可知 G 对子群 D_P 共有 g 个陪集 $\sigma_i D_P$ $(1 \leqslant i \leqslant g)$. 因此 $|D_P| = \frac{|G|}{g} = \frac{n}{g} = ef$. 而 $[K_P : K] = [G : D_P] = \frac{efg}{ef} = g$.

对于每个 $\sigma \in D_P$, $\sigma(\mathcal{O}_L) = \mathcal{O}_L$, $\sigma(P) = P$, 从而 σ 诱导出有限域 $\overline{L} = \frac{\mathcal{O}_L}{P}$ 上的一个自同构

$$\bar{\sigma} : \overline{L} \to \overline{L}, \quad \bar{\sigma}(\overline{\alpha}) = \overline{\sigma(\alpha)} \ (\text{对于 } \alpha \in \mathcal{O}_L).$$

$\overline{\sigma}$ 把 $\overline{K}=\dfrac{\mathcal{O}_K}{\wp}$ 中每个元素保持不动, 从而 $\overline{\sigma}$ 是 $\overline{K}$-自同构, 即 $\overline{\sigma}$ 属于有限域扩张 $\overline{L}/\overline{K}$ 的伽罗瓦群. $[\overline{L}:\overline{K}]=\left[\dfrac{\mathcal{O}_L}{P}:\dfrac{\mathcal{O}_K}{\wp}\right]=f$. 记 $\overline{K}=\mathbb{F}_q$, 则 $\overline{L}=\mathbb{F}_{q^f}$. 于是我们又有一个映射

$$\varphi: D_P \to \overline{G}=\mathrm{Gal}(\overline{L}/\overline{K}), \quad \varphi(\sigma)=\overline{\sigma}.$$

不难证明 φ 是群的同态. 我们来决定 $\ker(\varphi)$. 对于 $\sigma\in D_P$,

$$\begin{aligned}\sigma\in\ker(\varphi) &\Leftrightarrow \overline{\sigma}(\overline{\alpha})=\overline{\alpha} \quad (\text{对每个 } \alpha\in\mathcal{O}_L)\\ &\Leftrightarrow \overline{\sigma(\alpha)}=\overline{\alpha} \quad (\text{对每个 } \alpha\in\mathcal{O}_L)\\ &\Leftrightarrow \sigma(\alpha)\equiv\alpha \pmod P \quad (\text{对每个 } \alpha\in\mathcal{O}_L).\end{aligned}$$

所以

$$\ker(\varphi)=\{\sigma\in D_P: \text{ 对每个 } \alpha\in\mathcal{O}_L, \sigma(\alpha)\equiv\alpha \pmod P\}.$$

这就是定理中的惰性群 I_P. 另一方面, 可以证明

(II) $\varphi: D_P\to\overline{G}$ 是满同态.

于是有群同构 $\dfrac{D_P}{I_P}\cong\overline{G}=\mathrm{Gal}(\overline{L}/\overline{K})$. 由于 $I_P=\ker(\varphi)$ 是 D_P 的正规子群, 可知 L_P/K_P 是伽罗瓦扩张, 它的伽罗瓦群为 $\dfrac{D_P}{I_P}\cong\mathrm{Gal}(\overline{L}/\overline{K})$, 后者为 f 阶循环群, 生成元为 $\overline{\tau}$, 其中 $\overline{\tau}(\overline{\alpha})=\overline{\alpha}^q$ $(\overline{\alpha}\in\overline{L})$. 用同态 φ 将 $\tau\in\overline{G}$ 拉回到 D_P 中, 可知 $\dfrac{D_P}{I_P}=\mathrm{Gal}(L_P/K_P)$ 是由 τI_P 生成的 f 阶循环群, 其中 $\tau\in D_P$ 是由下面条件所决定的:

$$\text{对每个 } \alpha\in\mathcal{O}_L, \quad \tau(\alpha)\equiv\alpha^q \pmod P \quad (q=|\overline{K}|).$$

我们把 τ 叫作伽罗瓦扩张 L/K 对于 P 的弗罗贝尼乌斯 (Frobenius) 自同构, 表示成 $\left(\dfrac{L/K}{P}\right)$. 换句话说, 它是由下面条件所决定的 D_P 中元素:

$$\text{对每个 } \alpha\in\mathcal{O}_L, \quad \left(\frac{L/K}{P}\right)(\alpha)\equiv\alpha^q \pmod P.$$

满足该条件的所有元素是 D_P 对 I_P 的一个陪集 $\left(\dfrac{L/K}{P}\right)I_P$, 并且

$$[L_P:K_P]=[D_P:I_P]=f, \quad [L:L_P]=\frac{[L:K]}{[L_P:K_P][K_P:K]}=\frac{efg}{fg}=e.$$

进而, $f(\wp_I/\wp_D) \leqslant [L_P : K_P] = f$. 另一方面, 可以证明:

(III) $f(\wp_I/\wp_D) = f\ (= [L_P : K_P])$.

这就表明 $\wp_D$ 在 L_P 中是惰性的. 即

$$\wp_D \mathcal{O}_{L_P} = \wp_I, \quad e(\wp_I/\wp_D) = 1, \quad f(\wp_I/\wp_D) = f.$$

由于 $f = f(P/\wp) = f(P/\wp_I) f(\wp_I/\wp_D) f(\wp_D/\wp)$, 可知 $f(P/\wp_I) = f(\wp_D/\wp) = 1$. 于是 $\overline{L} = \overline{L}_P$, $\overline{K}_P = \overline{K}$, 而 $[\overline{L}_P : \overline{K}_P] = f$.

L/L_P 是伽罗瓦扩张, $[L : L_P] = n$, 并且 $\mathrm{Gal}(L/L_P) = I_P \subseteq D_P$. 从而对于 I_P 中每个 σ, $\sigma(P) = P$. 根据 (I), L/L_P 的伽罗瓦群 I_P 在 $\wp_I$ 于 L 中所有素理想因子上的作用是可传递的, 这就表明 $\wp_I$ 在 L 中只有一个素理想因子 P. 于是 $f(P/\wp_I) e(P/\wp_I) = [L : L_P] = e$. 但是 $f(P/\wp_I) = 1$, 从而 $e(P/\wp_I) = [L : L_P] = e$, 即 $\wp_I$ 在 L 中是完全分歧的:

$$\wp_I \mathcal{O}_L = P^e.$$

再由 $e = e(P/\wp) = e(P/\wp_I) e(\wp_I/\wp_D) e(\wp_D/\wp)$, 可知 $e(\wp_D/\wp) = 1$, 即 $\wp_D$ 是不分歧的.

(3) 对每个 $i\ (1 \leqslant i \leqslant g)$ 和 $\sigma \in G$, 由于 $\sigma_i(P) = P_i$, 可知

$$\sigma \in D_{P_i} \Leftrightarrow \sigma(P_i) = P_i \Leftrightarrow \sigma\sigma_i(P) = \sigma_i(P) \Leftrightarrow \sigma_i^{-1}\sigma\sigma_i(P) = P$$
$$\Leftrightarrow \sigma_i^{-1}\sigma\sigma_i \in D_P \Leftrightarrow \sigma \in \sigma_i D_P \sigma_i{}^{-1}.$$

这就表明 $D_{P_i} = \sigma_i D_P \sigma_i{}^{-1}$. 类似地, 对于 $\sigma \in D_{P_i}$,

$$\begin{aligned}
\sigma \in I_{P_i} &\Leftrightarrow \sigma(\alpha) \equiv \alpha \pmod{P_i} \quad (\text{对每个 } \alpha \in \mathcal{O}_L) \\
&\Leftrightarrow \sigma_i^{-1}\sigma(\alpha) \equiv \sigma_i^{-1}(\alpha) \pmod{P} \quad (\text{对每个 } \alpha \in \mathcal{O}_L)\ (\text{由于 } \sigma_i^{-1}(P_i) = P) \\
&\Leftrightarrow \sigma_i^{-1}\sigma\sigma_i(\beta) \equiv \beta \pmod{P} \quad (\text{对每个 } \beta \in \mathcal{O}_L, \beta = \sigma_i^{-1}(\alpha)) \\
&\Leftrightarrow \sigma_i^{-1}\sigma\sigma_i \in I_P.
\end{aligned}$$

这就表明 $I_{P_i} = \sigma_i I_P \sigma_i^{-1}$. 同样地, $\left(\dfrac{L/K}{P_i}\right)$ 由 $\left(\dfrac{L/K}{P_i}\right)(\alpha) \equiv \alpha^q \pmod{P_i}$ 所定义, 可得到 $\left(\dfrac{L/K}{P_i}\right) = \sigma_i \left(\dfrac{L/K}{P}\right) \sigma_i^{-1}$.

对于每个 i, 分解域 K_{P_i} 是 D_{P_i} 对应的中间域, 从而对于 $\alpha \in L$,

$$\alpha \in K_{P_i} \Leftrightarrow \text{对每个 } \sigma \in D_{P_i}, \sigma(\alpha) = \alpha$$

$$\Leftrightarrow \text{对每个 } \sigma \in D_P,\ \sigma_i\sigma\sigma_i^{-1}(\alpha) = \alpha \quad (\text{因为 } D_{P_i} = \sigma_i D_P \sigma_i^{-1})$$

$$\Leftrightarrow \text{对每个 } \sigma \in D_P,\ \sigma\sigma_i^{-1}(\alpha) = \sigma_i^{-1}(\alpha)$$

$$\Leftrightarrow \sigma_i^{-1}(\alpha) \in K_P.$$

这就表明 $K_{P_i} = \sigma_i(K_P)$ $(1 \leqslant i \leqslant g)$. 类似可证 $L_{P_i} = \sigma_i(L_P)$. □

以上就是对于数域伽罗瓦扩张 L/K 情形, 素理想分解规律的精细结果. 如果 L/K 是阿贝尔扩张, 即 $G = \mathrm{Gal}(L/K)$ 是阿贝尔群, 则事情要简单许多. 这时 G 的子群 H 都是 G 的正规子群, 从而对于 H 对应的中间域 M, M/K 也是伽罗瓦扩张, 并且 $\mathrm{Gal}(M/K) = G/\mathrm{Gal}(L/M)$ 也是阿贝尔群, 即 L/M 和 M/K 都是阿贝尔扩张. 进而, 彼此共轭的子群 $D_{P_i} = \sigma_i D_P \sigma_i^{-1}$ 相同, 将它们记为 $D_\wp$, 彼此共轭的 I_{P_i} $(1 \leqslant i \leqslant g)$ 也相同, 记为 $I_\wp$, 分别叫作 $\wp$ 对于 L/K 的分解域和惰性域. 同样地, 彼此共轭的 $\left(\dfrac{L/K}{P_i}\right)$ $(1 \leqslant i \leqslant g)$ 也相同, 记成 $\left(\dfrac{L/K}{\wp}\right)$. 如果 $\wp$ 在 L 中不分歧, 则 $\wp\mathcal{O}_L = P_1 \cdots P_g$, $I_\wp$ 为一元群. 于是 $D_\wp$ 是由 $\left(\dfrac{L/K}{\wp}\right)$ 生成的 f 阶循环群, $f = f(P_i/\wp) = \dfrac{[L:K]}{g}$. 自同构 $\left(\dfrac{L/K}{\wp}\right)$ 由

$$\left(\frac{L/K}{\wp}\right)(\alpha) \equiv \alpha^q \pmod{P_i} \quad (\text{对每个 } \alpha \in \mathcal{O}_L), \quad q = \left|\frac{\mathcal{O}_K}{\wp}\right|$$

所定义. 由于对不同的 i, 这个条件是等价的, 而 $\wp\mathcal{O}_L = P_1 \cdots P_g$, 其中 $P_1, \cdots, P_g$ 彼此互素. 由中国剩余定理可知 $\left(\dfrac{L/K}{\wp}\right)$ 可由以下条件来刻画:

$$\left(\frac{L/K}{\wp}\right)(\alpha) \equiv \alpha^q \pmod{\wp} \quad (\text{对每个 } \alpha \in \mathcal{O}_L).$$

最后, 由于 K_P/K 是阿贝尔扩张, 对于每个 $\sigma \in G$, $\sigma(K_P)$ 均为 K_P, 从而 $K_{P_i} = \sigma_i(K_P)$ $(1 \leqslant i \leqslant g)$ 是同一个域, 我们记成 $K_\wp$. 而 $\sigma_i(\wp_I)$ $(1 \leqslant i \leqslant g)$ 都是 $\wp$ 在 $K_\wp$ 中的素理想因子. 分歧指数都是 1, 因此 $\wp\mathcal{O}_{K_P} = \wp_{D,1} \cdots \wp_{D,g'}$, 其中 $g' \leqslant [K_\wp : K] = g$. 但是每个 $\wp_{D,i}$ 到 L 都只有一个素理想因子, 而 $\wp$ 在 L 中有 g 个素理想因子, 于是 $g' = g$. 综合上述, 我们便得到

定理 4.14 设 L/K 是数域的 n 次阿贝尔扩张, $G = \mathrm{Gal}(L/K)$, $\wp$ 是 $\mathcal{O}_K$ 的非零素理想, $D_\wp$ 和 $K_\wp$ 分别是 $\wp$ 的分解群和分解域, $I_\wp$ 和 $L_\wp$ 分别是 $\wp$ 的惰性群和惰性域, $\wp$ 在 $\mathcal{O}_L$ 中的分解为

$$\wp\mathcal{O}_L = (P_1 \cdots P_g)^e, \quad f\left(\frac{P_i}{\wp}\right) = f \ (1 \leqslant i \leqslant g), \quad efg = n.$$

则

(1) $\wp\mathcal{O}_{K_\wp}=\wp_{D,1}\cdots\wp_{D,g}$ (完全分裂)

$\wp_{D,i}\mathcal{O}_{L_\wp}=\wp_{I,i}$ $(1\leqslant i\leqslant g)$ (惰性)

$\wp_{I,i}\mathcal{O}_L=P_i^e$ $(1\leqslant i\leqslant g)$ (完全分歧)

若 $\overline{K}=\left|\dfrac{\mathcal{O}_K}{\wp}\right|=\mathbb{F}_q$, 则

$$\overline{K}_\wp=\left|\frac{\mathcal{O}_{K_\wp}}{\wp_{D,i}}\right|=\mathbb{F}_q,$$

$\overline{L}_\wp=\left|\dfrac{\mathcal{O}_{L_\wp}}{\wp_{I,i}}\right|=\mathbb{F}_{q^f}$, $\overline{L}=|\dfrac{\mathcal{O}_L}{P_i}|=\mathbb{F}_{q^f}$.

$$\begin{array}{ccccccc}
L & & (1) & & \overline{L} & & P_i \\
\Big|\,e & & \Big| & & \Big\| & & \Big| \\
L_\wp & & I_\wp & & \overline{L}_\wp & & \wp_{I,i} \\
\Big|\,f & & \Big| & & \Big|\,f & & \Big| \quad (1\leqslant i\leqslant g) \\
K_\wp & & D_\wp & & \overline{K}_\wp & & \wp_{D,i} \\
\Big|\,g & & \Big| & & \Big\| & & \Big| \\
K & & G & & \overline{K} & & \wp
\end{array}$$

(2) 分解群 $D_\wp$ 和惰性群 $I_\wp$ 定义为

$$D_\wp=\{\sigma\in G:\sigma(P_i)=P_i\},\ \text{其中 } i \text{ 为 } \{1,2,\cdots,g\} \text{ 中任意一个数}.$$

$$I_\wp=\{\sigma\in D_\wp:\text{对每个 }\alpha\in\mathcal{O}_L,\sigma(\alpha)\equiv\alpha\ (\mathrm{mod}\ \wp)\}.$$

$I_\wp$ 为 $D_\wp$ 的正规子群, $\dfrac{D_\wp}{I_\wp}$ 是由 $\left(\dfrac{L/K}{\wp}\right)I_\wp$ 生成的 f 阶循环群, 其中 $\left(\dfrac{L/K}{\wp}\right)$ 为 $D_\wp$ 中满足下面条件的 K-自同构:

$$\text{对每个 }\alpha\in\mathcal{O}_L,\quad\left(\frac{L/K}{\wp}\right)(\alpha)\equiv\alpha^q\quad(\mathrm{mod}\ \wp),\quad q=\left|\frac{\mathcal{O}_K}{\wp}\right|.$$

关于弗罗贝尼乌斯自同构有以下性质.

引理 4.2 设 L/K 是数域的伽罗瓦扩张, $\mathcal{O}_K$ 中非零素理想 $\wp$ 在 L 中不分歧, P 是 $\wp$ 在 $\mathcal{O}_L$ 中的一个素理想因子, E 为 L/K 的中间域, $P\cap\mathcal{O}_E=P_E$. 则 $\left(\dfrac{L/E}{P}\right)=\left(\dfrac{L/K}{P}\right)^{f(P_E/\wp)}$. 又若 E/K 也是伽罗瓦扩张, 则 $\left(\dfrac{E/K}{P_E}\right)=\left(\dfrac{L/K}{P}\right)\Big|_E$ $\left(\text{后者表示 } L \text{ 的自同构 } \left(\dfrac{L/K}{P}\right) \text{ 在子域 } E \text{ 上的限制}\right)$.

证明 由 $f(P_E/\wp)=\left[\dfrac{\mathcal{O}_E}{P_E}:\dfrac{\mathcal{O}_K}{\wp}\right]$ 可知

$$N(P_E)=\left|\frac{\mathcal{O}_E}{P_E}\right|=\left|\frac{\mathcal{O}_K}{\wp}\right|^{f(P_E/\wp)}=N(\wp)^{f(P_E/\wp)}.$$

由于

$$\left(\frac{L/K}{P}\right)(\alpha) \equiv \alpha^{N(\wp)} \pmod{P} \quad (\text{对每个 } \alpha \in \mathcal{O}_L),$$

可知

$$\left(\frac{L/K}{P}\right)^{f(P_E/\wp)}(\alpha) \equiv \alpha^{N(\wp)^{f(P_E/\wp)}} = \alpha^{N(P_E)} \pmod{P} \quad (\text{对每个 } \alpha \in \mathcal{O}_L).$$

这就表明 $\left(\frac{L/E}{P}\right) = \left(\frac{L/K}{P}\right)^{f(P_E/\wp)}$. 又若 E/K 也为伽罗瓦扩张, 则

$$\left(\frac{L/K}{P}\right)(\alpha) \equiv \alpha^{N(\wp)} \pmod{P} \quad (\text{对每个 } \alpha \in \mathcal{O}_L).$$

由 $P_E = P \cap \mathcal{O}_E$ 和 $\mathcal{O}_E \subseteq \mathcal{O}_L$, 可知

$$\left(\frac{L/K}{P}\right)(\alpha) \equiv \alpha^{N(\wp)} \pmod{P_E} \quad (\text{对每个 } \alpha \in \mathcal{O}_E).$$

这就表明 $\left(\frac{L/K}{P}\right)$ 看作是 E 中的 K-自同构时, 它就是 $\left(\frac{L/K}{P_E}\right)$. □

现在给出定理 4.13 的一个重要的应用.

定理 4.15 设 E_1/K 和 E_2/K 均是数域的伽罗瓦扩张, $L = E_1E_2$ (域的合成), $\wp$ 为 $\mathcal{O}_K$ 的非零素理想. 则 L/K 也是伽罗瓦扩张, 并且

(1) $\wp$ 在 L 中不分歧当且仅当 $\wp$ 在 E_1 和 E_2 中均不分歧.

(2) $\wp$ 在 L 中完全分裂当且仅当 $\wp$ 在 E_1 和 E_2 中均完全分裂.

证明 对于 L 的每个 K-嵌入 $\sigma: L \to \mathbb{C}$, σ 在子域 E_1 上的限制是 E_1 的 K-嵌入. 由于 E_1/K 是伽罗瓦扩张, 可知 $\sigma(E_1) = E_1$. 同样有 $\sigma(E_2) = E_2$, 因此 $\sigma(E_1E_2) = E_1E_2$. 即 L 的每个 K-嵌入都是 L 的自同构, 所以 L/K 是伽罗瓦扩张.

考虑映射

$$\begin{aligned} \varphi: \mathrm{Gal}(L/K) &\to \mathrm{Gal}(E_1/K) \times \mathrm{Gal}(E_2/K) \quad (\text{直积}) \\ \sigma &\mapsto (\sigma_1, \sigma_2), \end{aligned}$$

其中 σ_i 表示 L 的 K-自同构 σ 在子域 E_i 上的限制 $(i = 1, 2)$. φ 显然是群的同态. 并且若 σ_1 和 σ_2 均为恒等映射, 即对每个 $\alpha \in E_i$, $\sigma_i(\alpha) = \alpha$ $(i = 1, 2)$. 则对每个 $\alpha \in L = E_1E_2$ 也有 $\sigma(\alpha) = \alpha$. 即 σ 为 L 的恒等映射. 这就表明 φ 是单同态.

设 P 是 $\wp$ 在 L 中的一个素理想因子, $\wp_i = P \cap \mathcal{O}_{E_i} (i = 1,2)$. 如果 σ 属于 P 的分解群 $D_P \subseteq \mathrm{Gal}(L/K)$, 即 $\sigma(P) = P$, 则

$$\sigma(\wp_i) = \sigma(P \cap \mathcal{O}_{E_i}) = \sigma(P) \cap \sigma(\mathcal{O}_{E_i}) = P \cap \mathcal{O}_{E_i} = \wp_i \quad (i = 1,2).$$

这表明 σ_i 属于 $\wp_i$ 的分解群 $D_{\wp_i} \subseteq \mathrm{Gal}(E_i/K)$ $(i = 1,2)$. 从而 $\varphi(D_P) \subseteq D_{\wp_1} \times D_{\wp_2}$, 并且 $\varphi : D_P \to D_{\wp_1} \times D_{\wp_2}$ 是群的单同态. 同样地, 若 σ 属于 P 的惰性群 $I_P \subseteq \mathrm{Gal}(L/K)$, 则

$$\sigma(\alpha) \equiv \alpha \pmod P \quad (\text{对每个 } \alpha \in \mathcal{O}_L).$$

如果 $\alpha \in \mathcal{O}_{E_i} (\subseteq \mathcal{O}_L)$, 则 $\sigma_i(\alpha) - \alpha (= \sigma(\alpha) - \alpha) \in P \cap \mathcal{O}_{E_i} = \wp_i$. 这表明

$$\sigma_i(\alpha) \equiv \alpha \pmod{\wp_i} \quad (\text{对每个 } \alpha \in \mathcal{O}_{E_i}) \quad (i = 1,2),$$

即 σ_i 属于 $\wp_i$ 的惰性群 $I_{\wp_i} \subseteq \mathrm{Gal}(E_i/K)$. 从而 $\varphi(I_P) \subseteq I_{\wp_1} \times I_{\wp_2}$, 并且 $\varphi : I_P \to I_{\wp_1} \times I_{\wp_2}$ 也是群的单同态.

现在设 $\wp$ 在 L 中的素理想分解为

$$\wp\mathcal{O}_L = (P_1 \cdots P_g)^e, \quad f(P_i/\wp) = f, \quad efg = [L:K] \quad (P \text{ 为某个 } P_i),$$

则 $|D_P| = ef$, $|I_P| = e$.

如果 $\wp$ 在 L 中不分歧, 即 $e(P/\wp) = 1$. 由于 $e(P/\wp) = e(P/\wp_i)e(\wp_i/\wp)$, 可知 $e(\wp_i/\wp) = 1$, 即 $\wp$ 在 E_i 中不分歧 $(i = 1,2)$. 反过来, 若 $\wp$ 在 E_1 和 E_2 中均不分歧, 即 $I_{\wp_1} = I_{\wp_2} = \{1\}$. 由于 $\varphi : I_P \to I_{\wp_1} \times I_{\wp_2}$ 是单射, 可知 $I_P = \{1\}$, 即 $e = 1$, 从而 $\wp$ 在 L 中也不分歧.

类似地, 若 $\wp$ 在 L 中完全分裂, 即 $g = [L:K]$, $\wp$ 在 L 中的素理想因子个数达到最大可能. 不难看出 $\wp_1$ 和 $\wp_2$ 在 L 中的素理想因子的个数也必然达到最大可能 $[L:E_1]$ 和 $[L:E_2]$, 即 $\wp_1$ 和 $\wp_2$ 在 L 中均是完全分裂的. 反过来, 若 $\wp_1$ 和 $\wp_2$ 均在 L 中完全分裂, 则 $D_{\wp_1} = D_{\wp_2} = \{1\}$. 由于 $\varphi : D_P \to D_{\wp_1} \times D_{\wp_2}$ 是单同态, 可知 $D_P = \{1\}$. 于是 $|D_P| = ef = 1$, 而 $efg = [L:K]$. 从而 $g = [L:K]$, 即 $\wp$ 在 L 中是完全分裂的. □

推论 4.2 设 L/K 是数域的**阿贝尔扩张** (即 L/K 的伽罗瓦扩张, 并且 $\mathrm{Gal}(L/K)$ 是阿贝尔群), $\wp$ 为 $\mathcal{O}_K$ 的一个非零素理想. 则

(1) $\wp$ 在 L 中的分解域就是 L/K 的最大中间域 M, 使得 $\wp$ 在 M 中完全分裂 (即 M 是 $\wp$ 在 L 中的最大完全分裂子域).

(2) $\wp$ 在 L 中的惰性域就是 L/K 的最大中间域 M, 使得 $\wp$ 在 M 中不分歧 (即 M 是 $\wp$ 在 L 中的**最大不分歧子域**).

证明 由于 L/K 是阿贝尔扩张, 可知对每个中间域 M, L/M 和 M/K 均是伽罗瓦扩张 (并且也都是阿贝尔扩张), 从而可以利用定理 4.15. 设 E_1 和 E_2 为 L/K 的两个中间域, 如果 $\wp$ 在 E_1 和 E_2 中均不分歧, 由定理 4.15 可知 $\wp$ 在 E_1E_2 中也不分歧. 这就表明 $\wp$ 在 L 中存在唯一的一个最大不分歧子域. 另一方面, 对于 $\wp$ 在 L 中的惰性域 L_I, $\wp$ 在 L_I 中不分歧, 而 $\wp$ 在 L_I 中任何素理想因子在 L 中均完全分歧. 这就表明 L_I 就是 $\wp$ 在 L 中的最大不分歧子域.

类似可证完全分裂情形. □

现在将定理 4.14 用于分圆域 $K=\mathbb{Q}(\zeta_n)$. 由于 $K/\mathbb{Q}$ 为伽罗瓦扩张, 并且伽罗瓦群 $G=\mathrm{Gal}(K/\mathbb{Q})=\{\sigma_a : a\in(\mathbb{Z}/n\mathbb{Z})^*\}$ 同构于 $(\mathbb{Z}/n\mathbb{Z})^*$, 所以是阿贝尔扩张, 其中 $\sigma_a(\zeta_n)=\zeta_n^a$.

定理 4.16 设 $n\geqslant 3$, $n\not\equiv 2 \pmod 4$, 对于素数 p, 记 $n=p^l n'$, 其中 $l\geqslant 0, (p,n')=1$, $K=\mathbb{Q}(\zeta_n)$. 则

(1) p 在 K 中的惰性域为 $K'=\mathbb{Q}(\zeta_{n'})$.

(2) 令 $G'=\mathrm{Gal}(\mathbb{Q}(\zeta_{n'})/\mathbb{Q})=\{\tau_b : b\in(\mathbb{Z}/n'\mathbb{Z})^*\}$, 其中 $\tau_b(\zeta_{n'})=\zeta_{n'}^b$, 则 $\left(\dfrac{K/\mathbb{Q}}{p}\right)=\left(\dfrac{K'/\mathbb{Q}}{p}\right)=\tau_p$, 从而 p 在 K 中的分解域是 K' 的子域 M, M 对应于 G' 中由 τ_p 生成的循环子群.

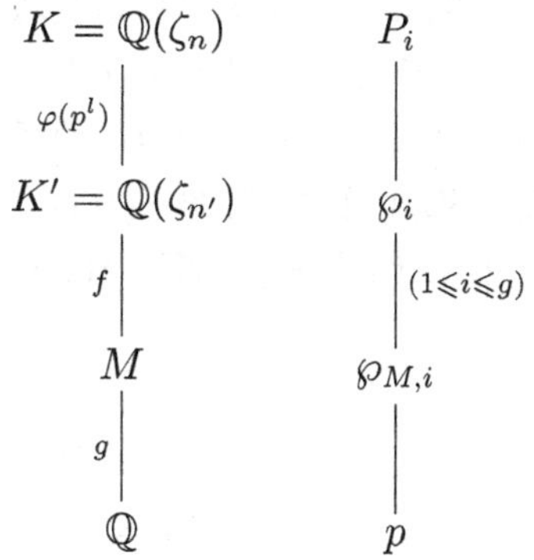

$$\begin{array}{ccc} K=\mathbb{Q}(\zeta_n) & & P_i \\ \Big| {\scriptstyle \varphi(p^l)} & & \Big| \\ K'=\mathbb{Q}(\zeta_{n'}) & & \wp_i \\ \Big| {\scriptstyle f} & & \Big| {\scriptstyle (1\leqslant i\leqslant g)} \\ M & & \wp_{M,i} \\ \Big| {\scriptstyle g} & & \Big| \\ \mathbb{Q} & & p \end{array}$$

于是: (a) p 在 M 中完全分裂:

$$p\mathcal{O}_M=\wp_{M,1}\cdots\wp_{M,g},\quad \frac{\mathcal{O}_M}{\wp_{M,i}}=\mathbb{F}_p.$$

(b) 每个 $\wp_{M,i}$ 在 K' 中均惰性:

$$\wp_{M,i}\mathcal{O}_{K'}=\wp_i,\quad \frac{\mathcal{O}_{K'}}{\wp_i}=\mathbb{F}_{p^f}\quad (1\leqslant i\leqslant g),$$

于是

$$p\mathcal{O}_{K'}=\wp_1\cdots\wp_g.$$

(c) 每个 $\wp_i$ 在 K 中都完全分歧:

$$\wp_i\mathcal{O}_K=P_i^{\varphi(p^l)},\quad \frac{\mathcal{O}_K}{P_i}=\mathbb{F}_{p^f}\quad (1\leqslant i\leqslant g),$$

于是

$$p\mathcal{O}_K=(P_1\cdots P_g)^e,$$

其中 $e=\varphi(p^l)$, f 为 p 模 n' 的阶, $g=\dfrac{\varphi(n')}{f}$.

证明　由 $(p',n)=1$ 知 p 在 K' 中不分歧, 即 $e\left(\dfrac{\wp_i}{p}\right)=1$. 但是 $e\left(\dfrac{P_i}{p}\right)=\varphi(p^l)$ (定理 4.12), 于是 $e\left(\dfrac{P_i}{\wp_i}\right)=\varphi(p^l)=[K:K']$. 这表明 $\wp_i$ 在 K 中完全分歧. 由此可知 $K'=\mathbb{Q}(\zeta_{n'})$ 就是 p 在 K 中的最大不分歧子域, 即为 p 在 K 中的惰性域.

进而, p 在 K 中的分解群即是在 K' 中的分解群, 后者应当是 G'=$\mathrm{Gal}(K'/\mathbb{Q})=\{\tau_b : b\in(\mathbb{Z}/n\mathbb{Z}))^*\}$ 中由 $\left(\dfrac{K'/\mathbb{Q}}{\wp_i}\right)$ 生成的循环群, 令 $\left(\dfrac{K'/\mathbb{Q}}{\wp_i}\right)=\tau_b$, 则对每个 $\alpha\in\mathcal{O}_{K'}=\mathbb{Z}[\zeta_{n'}]$, $\tau_b(\alpha)\equiv\alpha^p \pmod{\wp_i}$. 特别地,

$$\tau_b(\zeta_{n'})\equiv\zeta_{n'}^p\ (\mathrm{mod}\wp_i)\quad (\text{对每个 } i, 1\leqslant i\leqslant g).$$

从而 $\zeta_{n'}^b\equiv\zeta_{n'}^p \pmod{p_i}$. 由于 $p\nmid n_i$, 可知 $x^{n'}-1$ 在特征 p 的域 $\dfrac{\mathcal{O}_{K'}}{\wp_i}$ 中没有重根, 因此 $\zeta_{n'}$ 在 $\dfrac{\mathcal{O}_{K'}}{\wp_i}$ 中仍是 n' 次本原单位根. 于是 $b\equiv p \pmod{n'}$, 即 $\left(\dfrac{K'/\mathbb{Q}}{\wp_i}\right)=\tau_p$. 由此即可推出定理 4.16 中全部论断. □

例 4.5　考虑阿贝尔数域 $K=\mathbb{Q}(\zeta_7+\overline{\zeta}_7)$, 它是分圆域 $\mathbb{Q}(\zeta_7)$ 的最大实子域.

由于 $G=\mathrm{Gal}(\mathbb{Q}(\zeta_7)/\mathbb{Q})=\{\sigma_a : a\in(\mathbb{Z}/7\mathbb{Z})^*\}$, 其中 $\sigma_a(\zeta_7)=\zeta_7^a$. 而 $\mathbb{Q}(\zeta_7)/\mathbb{Q}$ 的中间域 K 对应于 G 的子群为 $\{\sigma_1,\sigma_{-1}\}$, 其中 $\sigma_{-1}(\zeta_7)=\zeta_7^{-1}=\overline{\zeta}_7$ 即是复共轭自同构, 它把 $\mathbb{Q}(\zeta_7)$ 中每个元素 α 映成复共轭 $\overline{\alpha}$. 于是 $\mathrm{Gal}(K/\mathbb{Q})=G/\{\sigma_1,\sigma_{-1}\}\cong(\mathbb{Z}/7\mathbb{Z})^*/\{\pm1\}$.

$$\begin{array}{ccc}
\mathbb{Q}(\zeta_7) & & (1) \\
\Big| {\scriptstyle 2} & & \Big| \\
K=\mathbb{Q}(\zeta_7+\overline{\zeta_7}) & & \{\sigma_1,\sigma_{-1}\} \\
\Big| {\scriptstyle 3} & & \Big| \\
\mathbb{Q} & & G=\{\sigma_a : a\in(\mathbb{Z}/7\mathbb{Z})^*\}
\end{array}$$

$$\begin{array}{ccc}
K=\mathbb{Q}(\zeta_7+\overline{\zeta_7}) & & (1) \\
\Big| {\scriptstyle 3} & & \Big| \\
\mathbb{Q} & & G(K/\mathbb{Q})=G/\{\sigma_1,\sigma_{-1}\}\cong\dfrac{(\mathbb{Z}/7\mathbb{Z})^*}{\{\pm1\}}
\end{array}$$

我们现在决定每个素数 p 在域 K 中的素理想因子分解的模式. 注意 $[K:\mathbb{Q}]=3$.

对于 $p=7$, 它在 $\mathbb{Q}(\zeta_7)$ 中完全分歧, 从而在 K 中也完全分歧, 即

$$7\mathcal{O}_K = P^3, \quad \frac{\mathcal{O}_K}{P} = \mathbb{F}_7, \quad f(P/7) = 1.$$

当 $p \neq 7$ 时, 它在 $\mathbb{Q}(\zeta_7)$ 中不分歧, 从而在 K 中也不分歧. 由于 $fg = [K : \mathbb{Q}] = 3$, 从而只有两种情形:

$p\mathcal{O}_K = P$, $f = f(P/p) = 3$, $\dfrac{\mathcal{O}_K}{P} = \mathbb{F}_{p^3}$. (惰性)

$p\mathcal{O}_K = P_1P_2P_3$, $f = f(P_i/p) = 1$, $\dfrac{\mathcal{O}_K}{P_i} = \mathbb{F}_p$ $(1 \leqslant i \leqslant 3)$. (完全分裂)

而 f 为 $\left(\dfrac{K/\mathbb{Q}}{p}\right)$ 在 $\mathrm{Gal}(K/\mathbb{Q}) \cong G/\{\sigma_1, \sigma_{-1}\}$ 中的阶. 由于 $\left(\dfrac{K/\mathbb{Q}}{p}\right)$ 是 $\left(\dfrac{\mathbb{Q}(\zeta_7)/\mathbb{Q}}{p}\right) = \sigma_p$ 在 K 上的限制 (引理 4.2), 可知 f 即是 σ_p 在 $G/\{\sigma_1, \sigma_{-1}\}$ 中的阶. 换句话说, f 为 p 在群 $(\mathbb{Z}/7\mathbb{Z})^*/\{\pm 1\}$ 中的阶, 从而是满足 $p^f \equiv 1$ 或 $-1 \pmod 7$ 的最小正整数 f, 这就表明: 当 $p \equiv \pm 1 \pmod 7$ 时, $f=1$, p 在 K' 中完全分裂. 而当 $p \equiv \pm 2, \pm 3 \pmod 7$ 时, $f=3$, p 在 K 中惰性.

以下简记 $\zeta = \zeta_7$. 则 $\alpha_1 = \zeta + \bar{\zeta}$ 的三个共轭元素为

$$\alpha_1 = \zeta + \bar{\zeta} = \zeta + \zeta^6, \quad \alpha_2 = \sigma_2(\alpha_1) = \zeta^2 + \zeta^5, \quad \alpha_3 = \sigma_3(\alpha_1) = \zeta^3 + \zeta^4.$$

我们来证 α_1, α_2 和 α_3 是 $\mathcal{O}_K$ 的一组整基.

首先, 记 $L = \mathbb{Q}(\zeta)$, 则 $\mathcal{O}_L = \mathbb{Z}[\zeta]$, 即 $\{1, \zeta, \zeta^2, \cdots, \zeta^5\}$ 是 $\mathcal{O}_L$ 的一组整基. 由于 $x^6 + x^5 + x^4 + x^3 + x^2 + x + 1$ 是 ζ 在 $\mathbb{Q}$ 上的最小多项式, 从而 $\zeta + \zeta^2 + \zeta^3 + \zeta^4 + \zeta^5 + \zeta^6 = -1$, 由此可知 $\{\zeta, \zeta^2, \zeta^3, \zeta^4, \zeta^5, \zeta^6\}$ 也是 $\mathcal{O}_L$ 的一组整基. 现在设 $\beta \in \mathcal{O}_K$, 则 $\beta \in \mathcal{O}_L$. 于是

$$\beta = b_1\zeta + b_2\zeta^2 + b_3\zeta^3 + b_4\zeta^4 + b_5\zeta^5 + b_6\zeta^6 \quad (b_i \in \mathbb{Z}). \tag{4.5.2}$$

由于复共轭 σ_{-1} 是 $K = \mathbb{Q}(\zeta + \bar{\zeta})$ 的恒等自同构, 可知

$$\beta = \sigma_{-1}(\beta) = b_1\zeta^6 + b_2\zeta^5 + b_3\zeta^4 + b_4\zeta^3 + b_5\zeta^2 + b_6\zeta. \tag{4.5.3}$$

但是 $\{\zeta, \zeta^2, \cdots, \zeta^6\}$ 是 $\mathcal{O}_L$ 的一组整基, 比较 (4.5.2) 和 (4.5.3) 可知 $b_1 = b_6, b_2 = b_5, b_3 = b_4$, 即

$$\beta = b_1\alpha_1 + b_2\alpha_2 + b_3\alpha_3,$$

这就表明 $\{\alpha_1, \alpha_2, \alpha_3\}$ 是 $\mathcal{O}_K$ 的一组整基.

进而, 我们证明 $\{1,\alpha_1,\alpha_1^2\}$ 也是 $\mathcal{O}_K$ 的一组整基, 即 $\mathcal{O}_K=\mathbb{Z}[\alpha_1]$. 这是由于:

$$1=-(\zeta+\zeta^2+\zeta^3+\zeta^4+\zeta^5+\zeta^6)=-\alpha_1-\alpha_2-\alpha_3,$$
$$\alpha_1^2=(\zeta+\overline{\zeta})^2=2+\zeta^2+\overline{\zeta}^2=2+\alpha_2=-2\alpha_1-\alpha_2-2\alpha_3.$$

于是

$$\begin{bmatrix}1\\ \alpha_1\\ \alpha_1^2\end{bmatrix}=\begin{bmatrix}-1&-1&-1\\ 1&0&0\\ -2&-1&-2\end{bmatrix}\begin{bmatrix}\alpha_1\\ \alpha_2\\ \alpha_3\end{bmatrix}=\boldsymbol{M}\begin{bmatrix}\alpha_1\\ \alpha_2\\ \alpha_3\end{bmatrix},$$

而方阵 $\boldsymbol{M}$ 的行列式为 -1, 这可推出 $\{1,\alpha_1,\alpha_1^2\}$ 为 $\mathcal{O}_K$ 的一组整基.

由于 $\mathcal{O}_K=\mathbb{Z}[\alpha_1]$, 定理 4.5 是说对每个素数 p, α_1 在 $\mathbb{Q}$ 上的最小多项式 $f(x)$ 模 p 的分解模式和 p 在 K 中素理想分解模式是一致的, 其中

$$f(x)=(x-\alpha_1)(x-\alpha_2)(x-\alpha_3)=x^3-c_1x^2+c_2x-c_3\in\mathbb{Z}[x].$$

不难算出

$$c_1=\alpha_1+\alpha_2+\alpha_3=-1,\quad c_2=\alpha_1\alpha_2+\alpha_2\alpha_3+\alpha_3\alpha_1=-2,\quad c_3=\alpha_1\alpha_2\alpha_3=1,$$

即 $f(x)=x^3+x^2-2x-1$. 根据素数 p 上面给出的在 K 中分解模式, 便知

(1) 在 $\mathbb{F}_7[x]$ 中 $f(x)=(x-a)^3$, 即 x^3+x^2-2x-1 在 $\mathbb{F}_7$ 中有三重根 a;

(2) 若 $p\equiv\pm1\pmod 7$, 则 $f(x)$ 在 $\mathbb{F}_7[x]$ 中为三个不同的一次多项式的乘积, 即 x^3+x^2-2x-1 在 $\mathbb{F}_p$ 中有三个不同的根;

(3) 若 $p\equiv\pm2,\pm3\pmod 7$, $f(x)$ 在 $\mathbb{F}_7[x]$ 中为不可约多项式, 即 x^3+x^2-2x-1 在 $\mathbb{F}_p$ 中无根.

例 4.6 考虑素数在 $K=\mathbb{Q}(\sqrt{5},\sqrt{-1})$ 中的分解.

$K/\mathbb{Q}$ 是 4 次阿贝尔扩张, 其伽罗瓦群 $G=\mathrm{Gal}(K/\mathbb{Q})$ 是两个 2 阶群的直积 $\langle\sigma\rangle\times\langle\tau\rangle=\{I,\sigma,\tau,\sigma\tau=\tau\sigma\}$, 其中

$$\begin{aligned}&\sigma(\sqrt{5})=\sqrt{5}, &&\sigma(\sqrt{-1})=-\sqrt{-1},\\ &\tau(\sqrt{5})=-\sqrt{5}, &&\sigma(\sqrt{-1})=\sqrt{-1},\\ &\sigma\tau(\sqrt{5})=-\sqrt{5}, &&\sigma\tau(\sqrt{-1})=-\sqrt{-1}.\end{aligned}$$

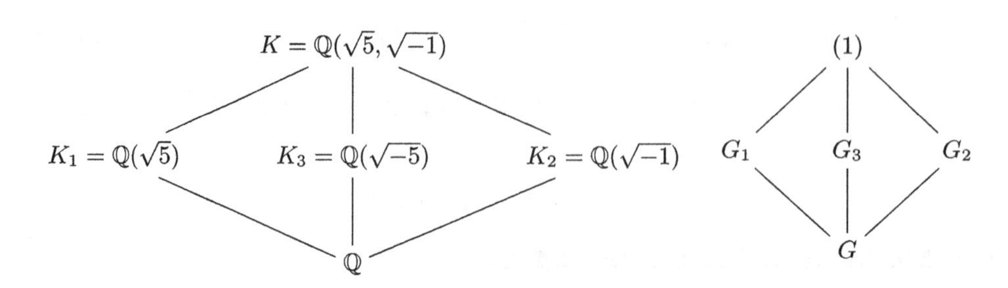

K 有 3 个二次子域 $K_1=\mathbb{Q}(\sqrt{5})$, $K_2=\mathbb{Q}(\sqrt{-1})$ 和 $K_3=\mathbb{Q}(\sqrt{-5})$, 分别对应于 G 的 2 阶子群 $G_1=\langle\sigma\rangle$, $G_2=\langle\tau\rangle$ 和 $G_3=\langle\sigma\tau\rangle$. $d(K_1)=5$, $d(K_2)=-4$, $d(K_3)=-20$. 由定理 4.7 给出的素数 p 在 $K_i(1\leqslant i\leqslant 3)$ 中的分解规律, 我们有:

(1) 2 在 K_2 和 K_3 中分歧, 在 K_1 中不分歧, 由此可知 2 在 K 中的分歧指数为 2, 即 $2\mathcal{O}_K=P_2^2$, $\dfrac{\mathcal{O}_K}{P_2}=\mathbb{F}_2$.

(2) 5 在 K_1 和 K_3 中分歧, 在 K_2 中不分歧, 从而

$$5\mathcal{O}_K=P_5^2,\quad \frac{\mathcal{O}_K}{P_5}=\mathbb{F}_5.$$

(3) 当 $p\neq 2,5$ 时, p 在 K_1,K_2,K_3 中均不分歧, 而 $K=K_1K_2$, 由定理 4.15 可知 p 在 K 中不分歧, 并且

$$\begin{aligned}
p\text{ 在 }K\text{ 中完全分裂}&\Leftrightarrow p\text{ 在 }K_1\text{ 和 }K_2\text{ 中均完全分裂}\\
&\Leftrightarrow \left(\frac{5}{p}\right)=1\text{ 并且 }\left(\frac{-1}{p}\right)=1.\\
&\Leftrightarrow p\equiv\pm1 \pmod 5\text{ 并且 }p\equiv 1\pmod 4\\
&\Leftrightarrow p\equiv 1,9 \pmod{20}.
\end{aligned}$$

从而当 $p\equiv 1,9 \pmod{20}$ 时, $p\mathcal{O}_K=P_1P_2P_3P_4$, $\dfrac{\mathcal{O}_K}{P_i}=\mathbb{F}_p$ $(1\leqslant i\leqslant 4)$. 于是当 $p\not\equiv 1,9\pmod{20}$ 时, $p\mathcal{O}_K=P_1P_2$ 或 P. 但是

$$\begin{aligned}
p\text{ 在 }K\text{ 中惰性}&\Leftrightarrow p\text{ 在 }K_1,K_2,K_3\text{ 中均惰性}\\
&\Leftrightarrow \left(\frac{-1}{p}\right)=\left(\frac{5}{p}\right)=\left(\frac{-5}{p}\right)=-1.
\end{aligned}$$

由于 $\left(\dfrac{-5}{p}\right)=\left(\dfrac{-1}{p}\right)\left(\dfrac{5}{p}\right)$, 可知上式右边是不可能的. 从而素数 p 不能在 K 中是惰性的. 这表明当 $p\not\equiv 1,9\pmod{20}$ 时 $p\mathcal{O}_K=P_1P_2$, $\dfrac{\mathcal{O}_K}{P_1}=\dfrac{\mathcal{O}_K}{P_2}=\mathbb{F}_{p^2}$.

$\mathcal{O}_K$中元素 $\alpha_1=i+\dfrac{1+\sqrt{5}}{2}$ $(i=\sqrt{-1})$ 的 4 个共轭元素为 $\left\{\pm i\pm\left(\dfrac{1+\sqrt{5}}{2}\right)\right\}$, 它们彼此不同, 从而 $K=\mathbb{Q}(\alpha_1)$, 而 α_1 在 $\mathbb{Q}$ 上的最小多项式为

$$f(x)=\left(x-\left(i+\frac{1+\sqrt{5}}{2}\right)\right)\left(x-\left(i-\frac{1+\sqrt{5}}{2}\right)\right)$$

$$\cdot\left(x-\left(-i+\frac{1+\sqrt{5}}{2}\right)\right)\left(x-\left(-i-\frac{1+\sqrt{5}}{2}\right)\right)$$
$$=x^4-2x^3+x^2+5\in\mathbb{Z}[x].$$

K_1 和 K_2 分别有整基 $\left\{1,\frac{1+\sqrt{5}}{2}\right\}$ 和 $\{1,i\}$, 定理 3.7 给出 K 的一组整基 $\left\{1,i,\frac{1+\sqrt{5}}{2},\frac{1+\sqrt{5}}{2}i\right\}$. 由于

$$\alpha_1^2=\left(i+\frac{1+\sqrt{5}}{2}\right)^2=\frac{1+\sqrt{5}}{2}+(1+\sqrt{5})i,$$

$$\alpha_1^3=\left(i+\frac{1+\sqrt{5}}{2}\right)^3=1-\frac{1+\sqrt{5}}{2}+2i+\frac{3+3\sqrt{5}}{2}i,$$

从而

$$\begin{bmatrix}1\\ \alpha_1\\ \alpha_1^2\\ \alpha_1^3\end{bmatrix}=\begin{bmatrix}1&0&0&0\\0&1&1&0\\0&0&1&2\\1&2&-1&3\end{bmatrix}\begin{bmatrix}1\\ i\\ \frac{1+\sqrt{5}}{2}\\ \frac{1+\sqrt{5}}{2}i\end{bmatrix}.$$

上式中的 4 阶方阵的行列式为 9, 即 $\left|\frac{\mathcal{O}_K}{\mathbb{Z}[\alpha_1]}\right|=9$. 根据定理 4.5, 对于每个素数 $p\neq 3$, p 在 $\mathcal{O}_K$ 中的分解模式即为 $f(x)=x^4-2x^3+x^2+5$ 在 $\mathbb{F}_p[x]$ 中的分解模式.

换句话说, 当 $p\neq 3$ 时, $f(x)$ 在 $\mathbb{F}_2[x]$ 和 $\mathbb{F}_5[x]$ 中均为两个不同的二次不可约多项式的乘积.

当 $p\neq 2,3,5$ 时, 如果 $p\equiv 1,9 \pmod{20}$, 则 $f(x)$ 在 $\mathbb{F}_p[x]$ 中为 4 个不同的 1 次多项式的乘积, 即 $f(x)$ 在 $\mathbb{F}_p$ 中有 4 个不同的根.

而当 $p\not\equiv 1,9 \pmod{20}$ 时, $f(x)$ 在 $\mathbb{F}_p[x]$ 中不可约.

对于 $p=3$, 可直接验证在 $\mathbb{F}_3[x]$ 中有

$$f(x)=x^4-2x^3+x^2+5=(x+1)^2(x^2+2x+2),$$

这和 $3\mathcal{O}_K=P_1P_2$ 的分解模式不一致. 这也表明 $\mathcal{O}_K$ 中不存在元素 α, 使得 $\mathcal{O}_K=\mathbb{Z}[\alpha]$.

习题 4.5

习题 4.5.1 设 $n \geqslant 3$, 证明分圆域 $K=\mathbb{Q}(\zeta_n)$ 和实数域 $\mathbb{R}$ 的交为 $K^+=\mathbb{Q}(\zeta_n+\zeta_n^{-1})$. K^+ 叫作 K 的最大实子域. 决定子域 K^+ 对应的 $\mathrm{Gal}(K/\mathbb{Q})$ 中的子群和扩张次数 $[K^+:\mathbb{Q}]$.

习题 4.5.2 求 $p=2,3,5,19$ 在 $K=\mathbb{Q}(\zeta_5)$ 中的素理想分解式和 p 在 K 中的分解域和惰性域.

习题 4.5.3 证明 $\mathbb{Q}(\sqrt{-5})$ 的整数环中每个非零素理想在 $\mathbb{Q}(\sqrt{5},\sqrt{-1})$ 中均不分歧.

习题 4.5.4 设 $K=\mathbb{Q}(\zeta_{25})$.

(a) 求证 K 有唯一的 5 次子域 M, 即 $[M:\mathbb{Q}]=5$.

(b) 求 $p=2,3,5$ 在 M 中的素理想分解式.

(c) 证明素数 p 在 M 中完全分裂当且仅当 $p \equiv \pm1,\pm7 \pmod{25}$.

习题 4.5.5 设 p 为奇素数, 正整数 n 为 $p-1$ 的因子. 证明:

(a) $\mathbb{Q}(\zeta_p)$ 有唯一的 n 次子域 K (即 $K\subseteq\mathbb{Q}(\zeta_p), [K:\mathbb{Q}]=n$).

(b) p 在 K 中完全分歧, 而对于不为 p 的每个素数 q,

$$q\mathcal{O}_K=P_1\cdots P_g,\quad gf=n,$$

当且仅当 f 是最小正整数, 使得 q^f 是模 p 的 n 次剩余. 这里 $a\in\mathbb{Z}$ 叫作模 p 的 n 次剩余是指 $p\nmid n$ 并且有 $b\in\mathbb{Z}$ 使得 $a\equiv b^n \pmod{p}$.

4.6 二次域是分圆域的子域

分圆域 $K=\mathbb{Q}(\zeta_n)$ 是阿贝尔域, 即 $K/\mathbb{Q}$ 为阿贝尔扩张, 意指 $\mathrm{Gal}(K/\mathbb{Q})\cong(\mathbb{Z}/n\mathbb{Z})^*$ 为阿贝尔群. 于是对 K 的每个子域 M, $M/\mathbb{Q}$ 也是伽罗瓦扩张, 并且 $\mathrm{Gal}(M/\mathbb{Q})$ 同构于 $(\mathbb{Z}/n\mathbb{Z})^*$ 的一个商群, 从而 $M/\mathbb{Q}$ 也是阿贝尔扩张, 即分圆域的每个子域都是阿贝尔域. 进而, 设数域 M 分别为 $\mathbb{Q}(\zeta_n)$ 和 $\mathbb{Q}(\zeta_m)$ 的子域, 则 M 也是 $\mathbb{Q}(\zeta_n)\cap\mathbb{Q}(\zeta_m)=\mathbb{Q}(\zeta_{(n,m)})$ 的子域. 这就表明: 若 M 是某个分圆域的子域, 则存在一个正整数 d, 使得 $M\subseteq\mathbb{Q}(\zeta_d)$, 并且对每个正整数 $m, M\subseteq\mathbb{Q}(\zeta_m)$ 当且仅当 $d|m$. 因此 $\mathbb{Q}(\zeta_d)$ 是包含 M 的最小分圆域. 我们称 d 为域 M 的**导子**.

定理 4.17 每个阿贝尔数域 K (即 $K/\mathbb{Q}$ 为伽罗瓦扩张, 并且 $\mathrm{Gal}(K/\mathbb{Q})$ 为阿贝尔群) 都是某个分圆域的子域.

这是由德国数学家韦伯 (Weber) 和克罗内克 (Kronecker) 于 19 世纪末证明的结果. 深刻地理解这个结果要学习“类域论”, 它是研究数域阿贝尔扩张 L/K 的理论. 由这个结果可知, 有理数域 $\mathbb{Q}$ 的最大阿贝尔扩域 $\mathbb{Q}^{ab}$ 就是所有分圆域的合成 $\bigcup\limits_{n\geqslant3}\mathbb{Q}(\zeta_n)$. 即 $\mathbb{Q}^{ab}$ 是将所有单位根 $\zeta_n(n=3,4,5,\cdots)$ 添加到 $\mathbb{Q}$ 中所生成的域. 希尔伯特第 12 问题是: 对于任意数域 K, 如何明显地刻画 K 的最大阿贝尔扩张 K^{ab}? 到目前为止, 只有 $\mathbb{Q}$ 和虚二次域 K 的情形, 这个问题得到解答.

本节的目的是用前面所介绍的知识, 对于二次域的情形证明定理 4.17. 即我们要证明

定理 4.18　设 $K=\mathbb{Q}(\sqrt{d})$, d 为无平方因子的有理整数, $d\neq 1$. 则 $K\subseteq \mathbb{Q}(\zeta_{|d(k)|})$, 并且 $\mathbb{Q}(\zeta_{|d(k)|})$ 是包含 K 的最小分圆域, 其中 $d(K)$ 为 K 的判别式, 即

$$d(K)=\begin{cases} d, & \text{若}\ d\equiv 1 \pmod 4, \\ 4d, & \text{若}\ d\equiv 2,3 \pmod 4. \end{cases}$$

证明　我们先考虑 $|d|$ 为奇素数 p 的情形. 若定理成立, 则 $K=\mathbb{Q}(\sqrt{d})$ 应当包含在 $\mathbb{Q}(\zeta_p)$ 或 $\mathbb{Q}(\zeta_{4p})$ 之中. 我们先看 $\mathbb{Q}(\zeta_p)$ 有哪些二次子域. 由于 $\mathbb{Q}(\zeta_p)/\mathbb{Q}$ 的伽罗瓦群同构于 $p-1$ 阶循环群 $(\mathbb{Z}/p\mathbb{Z})^*$, 而 $2|(p-1)$, 可知 $\mathbb{Q}(\zeta_p)$ 有唯一的二次子域 $F=\mathbb{Q}(\sqrt{a})$, 其中 a 为无平方因子有理整数, $a\neq 1$. 这时 $d(F)=a$ 或者 $4a$. 由于 p 在 $\mathbb{Q}(\zeta_p)$ 中完全分歧, 可知 p 在 F 中分歧, 于是 $p|d(F)$, 即 $p|a$. 如果 $d(F)$ 还有其他素数因子 q $(q\neq p)$, 则 q 在 F 中分歧, 从而 q 在扩域 $\mathbb{Q}(\zeta_p)$ 中也分歧. 但当 $q\neq p$ 时, q 在 $\mathbb{Q}(\zeta_p)$ 中不分歧. 这就表示 $d(F)$ 只有素因子 p, 于是 $d(F)=a=\pm p$. 从而 $F=\mathbb{Q}(\sqrt{p})$ 或 $F=\mathbb{Q}(\sqrt{-p})$. 进而, $G=\mathrm{Gal}(\mathbb{Q}(\zeta_p)/\mathbb{Q})=\{\sigma_c : c\in(\mathbb{Z}/p\mathbb{Z})^*\}$ 是由 σ_g 生成的 $p-1$ 阶循环群, 其中 g 是模 p 的一个原根 (即 g 是乘法群 $(\mathbb{Z}/p\mathbb{Z})^*$ 的生成元). 设 F 对应的子群为 H, 则 $[G:H]=[F:\mathbb{Q}]=2$, 从而 H 是 G 中由 $\sigma_g^2=\sigma_{g^2}$ 生成的子群. 换句话说, H 是由 G 中平方元素构成的子群. 于是

$$\begin{aligned} F=\mathbb{Q}(\sqrt{p}) &\Leftrightarrow \sigma_{-1}\in H \quad (\sigma_{-1}\text{为复共轭自同构}) \\ &\Leftrightarrow -1\ \text{为}\ (\mathbb{Z}/p\mathbb{Z})^*\ \text{中的平方元素} \\ &\Leftrightarrow \left(\frac{-1}{p}\right)=1 \Leftrightarrow p\equiv 1 \pmod 4. \end{aligned}$$

而 $F=\mathbb{Q}(\sqrt{-p})$ 当且仅当 $p\equiv 3 \pmod 4$. 以下记

$$p^*=\begin{cases} p, & \text{若}\ p\equiv 1 \pmod 4, \\ -p, & \text{若}\ p\equiv 3 \pmod 4. \end{cases}$$

则对每个奇素数 p, $\mathbb{Q}(\sqrt{p^*})$ 是 $\mathbb{Q}(\zeta_p)$ 中的唯一的二次子域. 并且,

$$\mathbb{Q}(\sqrt{-p^*})\subseteq \mathbb{Q}(\sqrt{p^*},\sqrt{-1})\subseteq \mathbb{Q}(\zeta_p,\zeta_4)=\mathbb{Q}(\zeta_{4p}).$$

对于 $p=2$, 由 $\zeta_8=\dfrac{\sqrt{2}}{2}(1+i)$ 和 $\zeta_4=i$ 可知 $\mathbb{Q}(\zeta_8)=\mathbb{Q}(i,\sqrt{2})=\mathbb{Q}(\sqrt{2},\sqrt{-2})$, 可知 $\mathbb{Q}(\sqrt{2})$ 和 $\mathbb{Q}(\sqrt{-2})$ 都是 $\mathbb{Q}(\zeta_8)$ 的子域.

现在我们证明对任意二次域 K, $K=\mathbb{Q}(\sqrt{d})\subseteq\mathbb{Q}(\zeta_{|d(K)|})$. 以下记 $D=|d(K)|$. 则 d 可表示成 $d=\pm p_1^*\cdots p_s^*$ 或者 $d=\pm 2p_1^*\cdots p_s^*$ (其中 $p_1,\cdots,p_s$ 为不同的奇素数).

若 $d=p_1^*\cdots p_s^*$, 由 $p_i^*\equiv 1 \pmod 4$ 可知 $d\equiv 1 \pmod 4$. 于是 $D=|d|$. 由于已证 $\mathbb{Q}(\zeta_{p_i^*})\subseteq\mathbb{Q}(\zeta_{p_i})$, 因此

$$
\begin{aligned}
K=\mathbb{Q}(\sqrt{d})=\mathbb{Q}(\sqrt{p_1^*\cdots p_s^*})\subseteq\mathbb{Q}(\sqrt{p_1^*},\cdots,\sqrt{p_s^*})\subseteq\mathbb{Q}(\zeta_{p_1},\cdots,\zeta_{p_s})\\
\subseteq\mathbb{Q}(\zeta_{p_1\cdots p_s})=\mathbb{Q}(\zeta_{|d|})=\mathbb{Q}(\zeta_D).
\end{aligned}
$$

若 $d=-p_1^*\cdots p_s^*$, 则 $d\equiv 3 \pmod 4$, 于是 $D=|4d|$. 而

$$
K\subseteq\mathbb{Q}(\sqrt{-1},\sqrt{p_1^*},\cdots,\sqrt{p_s^*})\subseteq\mathbb{Q}(\zeta_4,\zeta_{p_1},\cdots,\zeta_{p_s})\subseteq\mathbb{Q}(\zeta_{4p_1\cdots p_s})=\mathbb{Q}(\zeta_D).
$$

最后若 $d=\pm 2p_1^*\cdots p_s^*$, 则 $d\equiv 2 \pmod 4), D=|4d|$. 而

$$
\begin{aligned}
K=\mathbb{Q}(\sqrt{d})&\subseteq\mathbb{Q}(\sqrt{\pm 2},\sqrt{p_1^*},\cdots,\sqrt{p_s^*})\\
&\subseteq Q(\zeta_8,\zeta_{p_1},\cdots,\zeta_{p_s})=\mathbb{Q}(\zeta_{8p_1\cdots p_s})=\mathbb{Q}(\zeta_D).
\end{aligned}
$$

这就对任意二次域 $K=\mathbb{Q}(\sqrt{d})$, 均证明了 $K\subseteq\mathbb{Q}(\zeta_D)$, $D=|d(K)|$.

再证 $\mathbb{Q}(\zeta_D)$ 是包含 $K=\mathbb{Q}(\sqrt{d})$ 的最小分圆域. 设 $K\subseteq\mathbb{Q}(\zeta_m)$, 要证 $D|m$.

若 $d=p_1^*\cdots p_s^*$ ($p_1,\cdots,p_s$ 为不同的奇素数), 则 $D=p_1\cdots p_s$. 于是每个 p_i 在 K 中均分歧, 所以在 $\mathbb{Q}(\zeta_m)$ 中也分歧, 从而 $p_i|m$ $(1\leqslant i\leqslant s)$, 这表明 $D|m$.

若 $d=-p_1^*\cdots p_s^*$, 则 $D=4p_1\cdots p_s$. 和上面一样 $p_1\cdots p_s|m$. 又由于 2 在 K 中分歧, 而 2 在 $\mathbb{Q}(\zeta_{p_1\cdots p_s})=\mathbb{Q}(\zeta_{2p_1\cdots p_s})$ 中不分歧, 可知 $4|m$. 因此 $D|m$.

最后对于 $d=\pm 2p_1^*\cdots p_s^*$, $D=8p_1\cdots p_s$. 和前边一样 $p_1\cdots p_s|m$. 于是

$$
\mathbb{Q}(\sqrt{\pm 2})\subseteq\mathbb{Q}(\sqrt{d},\sqrt{p_1^*},\cdots,\sqrt{p_s^*})\subseteq\mathbb{Q}(\zeta_m,\zeta_{p_1},\cdots,\zeta_{p_s})=\mathbb{Q}(\zeta_m).
$$

由于 $\mathbb{Q}(\zeta_8)$ 为包含 $\mathbb{Q}(\sqrt{\pm 2})$ 的最小分圆域, 于是 $8|m$. 因此 $D|m$. 这就完成了定理 4.18 的证明. □

对于一般的阿贝尔域 K, 可以证明 K 的导子 D 是判别式 $d(K)$ 的一个因子, 并且二者有相同的素因子集合, 即对每个素数 p, $p|D$ 当且仅当 $p|d(K)$.

例 4.7 对于阿贝尔数域 $K=\mathbb{Q}(\sqrt{2},\sqrt{5})$, 求包含 K 的最小分圆域.

解 由于包含 $\mathbb{Q}(\sqrt{2})$ 和 $\mathbb{Q}(\sqrt{5})$ 的最小分圆域分别为 $\mathbb{Q}(\zeta_8)$ 和 $\mathbb{Q}(\zeta_5)$, 可知包含 K 的最小分圆域为 $\mathbb{Q}(\zeta_8,\zeta_5)=\mathbb{Q}(\zeta_{40})$. 另一方面, 由于 $\mathbb{Q}(\sqrt{2})$ 和 $\mathbb{Q}(\zeta_5)$ 的判别式 8 和 5 互素, 定理 3.7 给出 K 的判别式为 $8^2\cdot 5^2=40^2$.

设 $K=\mathbb{Q}(\sqrt{d})$ 为二次域, d 为无平方因子的有理整数. 则对每个奇素数 p, 当 $p|d(K)$ 时, p 在 K 中分歧, 而当 $p\nmid d(K)$ 时, 若 $\left(\dfrac{d(K)}{p}\right)=1$, 则 p 在 K 中分裂, 若 $\left(\dfrac{d(K)}{p}\right)=-1$, 则 p 在 K 中惰性. 所以当 $p\nmid d(K)$ 时, p 在 K 中的分解模式只依赖于 $\left(\dfrac{d(K)}{p}\right)$ 的取值. 利用高斯关于勒让德符号的二次互反律可以证明当 $p\nmid d(K)$ 时, $\left(\dfrac{d(K)}{p}\right)$ 的取值只依赖于 p 模 $|d(K)|$ 的同余类. 换句话说, 我们有

引理 4.3　设 D 是二次域的判别式, p 和 q 是和 D 互素的两个不同的奇素数, 则当 $p\equiv q \pmod{|D|}$ 时, $\left(\dfrac{D}{p}\right)=\left(\dfrac{D}{q}\right)$.

证明　高斯的二次互反律是说

$$\left(\frac{p}{q}\right)\left(\frac{q}{p}\right)$$
$$=(-1)^{\frac{p-1}{2}\frac{q-1}{2}}=\begin{cases}1, & 若\ p\equiv 1 \pmod 4\ \ 或者\ q\equiv 1 \pmod 4,\\ -1, & 若\ p\equiv q\equiv 3 \pmod 4.\end{cases}$$

设

$$p^*=\begin{cases}p, & 若\ p\equiv 1 \pmod 4,\\ -p, & 若\ p\equiv 3 \pmod 4.\end{cases}$$

则利用 $\left(\dfrac{-1}{q}\right)=(-1)^{\frac{q-1}{2}}$ 可直接验证高斯二次互反律等价于 $\left(\dfrac{q}{p}\right)=\left(\dfrac{p^*}{q}\right)$. 二次域 $K=\mathbb{Q}(\sqrt{d})$ 的判别式为

$$D=\begin{cases}p_1^*\cdots p_s^*, & 如果\ d=p_1^*\cdots p_s^*,\\ -4p_1^*\cdots p_s^*, & 若\ d=-p_1^*\cdots p_s^*,\\ \pm 8p_1^*\cdots p_s^*, & 若\ d=\pm 2p_1^*\cdots p_s^*.\end{cases}$$

由于 $\left(\dfrac{-1}{p}\right)$ 和 $\left(\dfrac{\pm 2}{p}\right)$ 分别依赖于 $p \mod 4$ 和 $\mathrm{mod}\ 8$ 的同余类. 从而对每个和 D 互素的奇素数 p,

$$\left(\frac{p_1^*\cdots p_s^*}{p}\right)=\left(\frac{p}{p_1}\right)\cdots\left(\frac{p}{p_s}\right) 依赖于\ p\ 模\ p_1\cdots p_s=|D|\ 的同余类.$$

$\left(\dfrac{-4p_1^*\cdots p_s^*}{p}\right)=\left(\dfrac{-1}{p}\right)\left(\dfrac{p}{p_1}\right)\cdots\left(\dfrac{p}{p_s}\right)$ 依赖于 p 模 $4p_1\cdots p_s=|D|$ 的同余类.

$\left(\dfrac{\pm 8p_1^*\cdots p_s^*}{p}\right)=\left(\dfrac{\pm 2}{p}\right)\left(\dfrac{p}{p_1}\right)\cdots\left(\dfrac{p}{p_s}\right)$ 依赖于 p 模 $8p_1\cdots p_s=|D|$ 的同余类.

这就证明了引理 4.3. □

二次互反律是高斯在 19 世纪初期的重要发现. 希尔伯特第 9 问题就是问在代数数域中是否有类似的互反律. 二次互反律以各种角度和形式的推广是数论近二百年发展中的一项重要研究课题. 高斯本人曾给出二次互反律的六个证明, 此后人们又给出许多证明. 作为代数数论的一个应用, 我们现在用分圆域和二次域中素理想分解规律来证明二次互反律.

设 p 和 q 是不同的奇素数. 则 q 在分圆域 $L=\mathbb{Q}(\zeta_p)$ 中不分歧, 并且二次域 $K=\mathbb{Q}(\sqrt{p^*})$ 是 L 的子域. 设 q 在 L 和 K 中的分解为

$$q\mathcal{O}_K=\wp_1\cdots\wp_l,\quad q\mathcal{O}_L=P_1\cdots P_g,$$

其中 $l=1$ 或 2, $l|g$ $\left(\text{因为 } \dfrac{g}{l} \text{ 是每个 } \wp_i \text{ 在 } L \text{ 中的素理想因子个数}\right)$, $p-1=gf$, f 为 q 模 p 的阶. 于是

$$\begin{aligned}\left(\frac{p^*}{q}\right)=1 &\Leftrightarrow l=2\\ &\Leftrightarrow 2\Big|g=\frac{p-1}{f}\quad (\Leftarrow \text{是由于 } q \text{ 在 } L \text{ 中的分解域 } L_D \text{ 为 } g \text{ 次域},\\ &\qquad\qquad \text{当 } 2|g \text{ 时 } K\subseteq L_D, \text{因此 } q \text{ 在 } K \text{ 中分裂, 即 } l=2)\\ &\Leftrightarrow f\Big|\frac{p-1}{2}\Leftrightarrow q \text{ 为模 } p \text{ 的二次剩余}\\ &\Leftrightarrow \left(\frac{q}{p}\right)=1.\end{aligned}$$

由于 $\left(\dfrac{p^*}{q}\right)$ 和 $\left(\dfrac{q}{p}\right)$ 的取值为 1 或 -1, 从而 $\left(\dfrac{q}{p}\right)=\left(\dfrac{p^*}{q}\right)$, 这就是二次互反律.

习题 4.6

习题 4.6.1 设 L_1/K 和 L_2/K 均是数域的扩张. 证明: L_1L_2/K 是阿贝尔扩张当且仅当 L_1/K 和 L_2/K 均是阿贝尔扩张. (于是将 K 的所有 (有限) 阿贝尔扩域合成得到的域 K^{ab} 具有以下性质: 对于 K 的每个有限次扩域 L, L/K 为阿贝尔扩张当且仅当 $L\subseteq K^{ab}$. 称 K^{ab} 为 K 的最大阿贝尔扩域.)

习题 4.6.2　决定包含 $\mathbb{Q}(\sqrt{3},\sqrt{5},\sqrt{7})$ 的最小分圆域.

习题 4.6.3　设 p 为奇素数. 证明:

(a) $G=\sum\limits_{a=1}^{p-1}\left(\dfrac{a}{p}\right)\zeta_p^a$ 为分圆域 $\mathbb{Q}(\zeta_p)$ 中的非零整数, 并且对 $\mathbb{Q}(\zeta_p)$ 中的每个自同构 σ_c $(\sigma_c(\zeta_p)=\zeta_p^c)$,

$$\sigma_c(G)=\begin{cases} G, & \text{若 } \left(\dfrac{c}{p}\right)=1, \\ -G, & \text{若 } \left(\dfrac{c}{p}\right)=-1. \end{cases}$$

由此可知 $\mathbb{Q}(G)$ 是 $\mathbb{Q}(\zeta_p)$ 中唯一的二次子域.

(b) $G^2=p^*$, 其中 $p^*=(-1)^{\frac{p-1}{2}}p$. 由此可知二次域 $\mathbb{Q}(\sqrt{p^*})$ 为 $\mathbb{Q}(\zeta_p)$ 的子域.

第 5 章　理想类群和理想类数

对每个数域 K, 整数环 $\mathcal{O}_K$ 为戴德金整环 (DD), 即 $\mathcal{O}_K$ 中每个非零理想都唯一地表示成有限个素理想的乘积. 我们在第 4 章中用许多篇幅介绍数域中素理想分解的规律, 这是经典代数数论的核心内容之一. 另一个核心内容是: 对于哪些数域 K, $\mathcal{O}_K$ 是唯一因子分解整环 (UFD), 即 $\mathcal{O}_K$ 具有元素的唯一因子分解性质? 如果 $\mathcal{O}_K$ 不是 UFD, 如何衡量它和 UFD 相差的程度? 这就是本章要介绍的内容.

5.1　分式理想和理想类群

设 K 为数域, 以 $M(K)$ 表示 $\mathcal{O}_K$ 中所有非零理想构成的集合. 这个集合对于理想的乘法运算形成一个含幺交换半群, 也就是说: 理想的乘法运算满足结合律和交换律, 并且理想 $(1)=\mathcal{O}_K$ 是乘法运算的幺元素. $M(K)$ 不是群, 因为除了幺元素 $\mathcal{O}_K$ 之外, 其他非零理想 A 在 $M(K)$ 中都不可逆, 即当 $A\neq\mathcal{O}_K$ 时, 不存在非零理想 B 使得 $AB=\mathcal{O}_K$.

但是由于 $\mathcal{O}_K$ 有素理想分解的唯一性质, 可知 $M(K)$ 中的乘法运算有消去律, 即若 $A,B,C\in M(K)$, $AC=BC$, 则 $A=B$. 证明留给读者.

在近世代数中, 我们有一般的方法将一个具有消去律的含幺交换半群 S 扩大成一个交换群 G. 方法就是我们所熟悉的, 把非零有理整数组成的乘法半群 $S=\mathbb{Z}\backslash\{0\}$ 扩大成非零有理数乘法群 $G=\mathbb{Q}\backslash\{0\}$ (注意 $\mathbb{Z}\backslash\{0\}$ 中对于乘法有消去律, 即对于非零的 $a,b,c\in\mathbb{Z}$, 如果 $ac=bc$, 则 $a=b$). 办法是引入分数 $\frac{a}{b}$, 并且当 $ac=bd$ 时, 将 $\frac{a}{b}$ 和 $\frac{c}{d}$ 看成是同一个分数. 而整数 a 等同于分数 $\frac{a}{1}$.

一般地, 设 S 是具有消去律的含幺交换半群, 幺元素为 1. 考虑所有 $\frac{a}{b}(a,b\in S)$ 构成的集合. 并且在这个集合上定义如下的关系: $\frac{a}{b}\sim\frac{c}{d}$ 当且仅当 $ad=bc$. 由消去律可验证这是等价关系. 即满足:

(1) $\frac{a}{b}\sim\frac{a}{b}$.

(2) 若 $\frac{a}{b}\sim\frac{c}{d}$, 则 $\frac{c}{d}\sim\frac{a}{b}$.

(3) 若 $\frac{a}{b}\sim\frac{c}{d}$, $\frac{c}{d}\sim\frac{e}{f}$, 则 $\frac{a}{b}\sim\frac{e}{f}$.

前两条是显然的 (用到 S 中乘法的交换律), 而证明 (3) 要用到消去律. 和分数的情形一样, 我们把彼此等价的元素看成是同一个元素, 即若 $\frac{a}{b} \sim \frac{c}{d}$, 则记成 $\frac{a}{b} = \frac{c}{d}$. 然后定义 $\frac{a}{b} \cdot \frac{c}{d} = \frac{ac}{bd}$, 这个定义和等价类中代表元的选取是无关的, 即用消去律可以证明若 $\frac{a}{b} \sim \frac{a'}{b'}$, $\frac{c}{d} \sim \frac{c'}{d'}$, 则 $\frac{ac}{bd} \sim \frac{a'c'}{b'd'}$. 然后, 这些 $\frac{a}{b}(a, b \in S)$ 构成的集合 G 对于上面定义的乘法是一个含幺交换群. 幺元素为 $\frac{1}{1}$, $\frac{a}{b}$ 的逆元素为 $\frac{b}{a}$. 最后, 将 S 中 a 等同于 G 中的 $\frac{a}{1}$, S 中不同元素是 G 中不同元素. 于是半群 S 可嵌到群 G 之中.

现在对于有消去律的含幺乘法半群 $M(K)$, 按上述方法扩大为含幺乘法群 $I(K)$, $I(K)$ 中元素为 $\frac{A}{B}$, 其中 A 和 B 为 $\mathcal{O}_K$ 的非零理想, $\frac{A}{B}$ 叫作域 K 的**分式理想**, $I(K)$ 叫作 K 的**分式理想群**. 幺元素为 $\mathcal{O}_K$, $M(K)$ 中元素 (即 $\mathcal{O}_K$ 的非零理想) 今后称作**整理想**. 分式理想 $\mathfrak{a} = \frac{A}{B}$ 的逆 $\frac{B}{A}$ 也记为 $\mathfrak{a}^{-1}$. 每个整理想 A 等同于分式理想 $\frac{A}{\mathcal{O}_K}$. 从而 $\frac{A}{B} = \frac{A}{\mathcal{O}_K} \cdot \frac{\mathcal{O}_K}{B} = AB^{-1}$.

每个分式理想 $\frac{A}{B}(A, B \in M(K))$ 不仅是一个形式符号, 它有具体的含义.

引理 5.1 $\mathfrak{a}$ 是数域 K 的一个分式理想, 当且仅当 $\mathfrak{a}$ 是 K 的一个子集合, 并且存在 $0 \neq d \in \mathcal{O}_K$, 使得 $d\mathfrak{a}$ 为整理想 $D\left(\text{即 } \mathfrak{a} = \frac{1}{d}D\right)$.

证明 设 $\mathfrak{a} = \frac{A}{B}$, 其中 A 和 B 均为非零整理想. 则存在 $0 \neq d \in B \subseteq \mathcal{O}_K$. 于是 $B | d\mathcal{O}_K$, 即 $d\mathcal{O}_K = BC$, C 为整理想. 于是 $\frac{A}{B} = \frac{AC}{BC} = \frac{D}{(d)} = \frac{1}{d}D$, 其中 $D = AC$ 为整理想. 反之对于 $0 \neq d \in \mathcal{O}_K$, D 为整理想, $\frac{1}{d}D = \frac{D}{(d)}$ 是分式理想. □

对每个 $\alpha \in K^* = K\backslash\{0\}$, 由于 K 是 $\mathcal{O}_K$ 的分式域, $\alpha = \frac{a}{b}$, 其中 $a, b \in \mathcal{O}_K\backslash\{0\}$. 从而 $(\alpha) = \alpha\mathcal{O}_K = \frac{a\mathcal{O}_K}{b\mathcal{O}_K}$ 为分式理想, 称 (α) 为**主分式理想**. 其全体形成分式理想群 $I(K)$ 的一个子群: **主分式理想群** $((\alpha)(\beta) = (\alpha\beta), (\alpha)^{-1} = (\alpha^{-1}))$, 表示成 $P(K)$. 于是

$$I(K) = P(K) \Leftrightarrow K\text{的每个分式理想都是主理想}(\alpha) \quad (\alpha \in K^*)$$

$$\Leftrightarrow \mathcal{O}_K\text{的每个非零理想都是主理想}(\alpha) \quad (\alpha \in \mathcal{O}_K\backslash\{0\})$$

$$\Leftrightarrow \mathcal{O}_K\text{是主理想整环 (PID)}$$

$$\Leftrightarrow \mathcal{O}_K\text{是唯一因子分解整环 (UFD)}$$

最后一个等价关系的 $\Leftarrow$ 是由于: 在 $\mathcal{O}_K$ 是戴德金整环之下, PID 和 UFD 是等价的. 综合上述, 我们得到 $\mathcal{O}_K$ 为 UFD 的一个充分必要条件: $I(K) = P(K)$.

定义 5.1 对于数域 K, 商群 $C(K) = \dfrac{I(K)}{P(K)}$ 叫作域 K 的**理想类群** (简称**类群**). 分式理想 A 所在的理想类表示成 $[A]$. 同一理想类中的分式理想叫作彼此等价, 表示成 $A \sim B$(即 $[A] = [B]$), 这相当于说 $A = B(\alpha)$, 其中 $\alpha \in K^*$, 即 A 和 B 相差一个主分式理想因子. 主分式理想全体 $P(K)$ 是一个理想类, 而每个理想类都是子群 $P(K)$ 的一个陪集, 即 $[A] = AP(K)$.

由上述可知: $\mathcal{O}_K$ 为 UFD 当且仅当 $C(K)$ 是一元群. $I(K)$ 可以比 $P(K)$ 大 (每个分式理想不必为主理想), 即 $C(K)$ 的元素可以多于 1 个. 但是代数数论中又一个深刻而简洁的结果为: $C(K)$ 是有限群.

定理 5.1 设 K 为 n 次代数数域, r_2 为 K 到 $\mathbb{C}$ 中的复嵌入对的个数, $d(K)$ 为 K 的判别式. 记

$$M(K) = \left(\frac{4}{\pi}\right)^{r_2} \frac{n!}{n^n}|d(K)|^{\frac{1}{2}} \quad \text{(叫闵可夫斯基 (Minkowski) 常数)},$$

则

(1) K 的每个分式理想类中均包含一个整理想 B, 使得 $N(B) \leqslant M(K)$. 这里 $N(B) = \left|\dfrac{\mathcal{O}_K}{B}\right|$ 表示整理想 B 的范数.

(2) K 的理想类群 $C(K)$ 是有限 (交换) 群.

证明 证明 (1) 是困难的部分, 方法是通过映射

$$\sigma: K \to \mathbb{R}^{r_1} \times \mathbb{C}^{r_2} = \mathbb{R}^{r_1} \times \mathbb{R}^{2r_2} = \mathbb{R}^n$$

$$\alpha \mapsto (\sigma_1(\alpha), \cdots, \sigma_{r_1}(\alpha), \sigma_{r_1+1}(\alpha), \cdots, \sigma_{r_1+r_2}(\alpha))$$

将 K 映成 n 维实向量空间 $\mathbb{R}^n$ 中的一个子集合, 其中 $\sigma_1, \cdots, \sigma_{r_1}$ 为 K 的实嵌入, 而 $\sigma_{r_1+1}, \cdots, \sigma_{r_1+r_2}$ 为 K 的复嵌入 (每对彼此复共轭的复嵌入当中取一个). 而每个分式理想 A 被 σ 映成 $\mathbb{R}^n$ 中的一个格 (即 $\mathbb{R}^n$ 的秩 n 离散子群). 这个格 $\sigma(A)$ 的疏密程度可以用域的不变量 r_2, n 和 $d(K)$ 来定量地刻画. 用闵可夫斯基

创造的“数的几何”理论, 可估计格 $\sigma(A)$ 中非零向量最小绝对值的一个上界. 由此给出一个和 A 等价的整理想 B, 使得 $N(B) \leqslant M(K)$.

由 (1) 证明 (2) 是容易的: 设 P 是 $\mathcal{O}_K$ 中理想 B 的一个素理想因子, 即 $B = PA$, A 为整理想. 则 $N(B) = N(P)N(A)$, 即 $N(P) \leqslant N(B) \leqslant M(K)$. 设 $p\mathbb{Z} = P \cap \mathbb{Z}$, 即 P 是素数 p 的一个素理想因子, 则 $N(P) = p^{f(P/p)} \geqslant p$, 即 $p \leqslant N(P) \leqslant M(K)$. $M(K)$ 以内的素数 p 只有有限多个. 每个 p 在 K 中只有有限多个素理想 P. 从而满足 $N(P) \leqslant M(K)$ 的素理想 P 也只有有限多个. 由于 B 是这些 P 的乘积, 并且每个乘积中素理想的个数不超过 $n = [K : \mathbb{Q}]$, 这就证明了满足 $N(B) \leqslant M(K)$ 的整理想 B 只有有限多个. (1) 中证明了每个分式理想类中均有整理想 B 使得 $N(B) \leqslant M(K)$. 由于 B 只有有限多个, 所以分式理想类也只有有限多个. 即 K 的理想类群 $C(K)$ 是有限交换群. □

定义 5.2 对于数域 K, 分式理想类群 $C(K)$ 的阶数 $|C(K)|$ 叫作数域 K 的**理想类数** (简称**类数**), 表示为 $h(K)$(这是正整数).

于是: $\mathcal{O}_K$ 为 UFD(等价于 $\mathcal{O}_K$ 为 PID) 当且仅当 K 的类数为 1. 所以寻找类数为 1 的代数数域是经典代数数论的一个重要问题. 决定 $h(K)$ 的值和有限交换群 $C(K)$ 的结构是更为一般性的重要问题. 从某种意义上说, 类数 $h(K)$ 愈大, 则 $\mathcal{O}_K$ 和 UFD 的相距愈远.

定理 5.1 给出了计算类数 $h(K)$ 和类群 $C(K)$ 的一种方法. 即先列出 $N(P) \leqslant M(K)$ 的 $\mathcal{O}_K$ 中所有非零素理想. 由于 $C(K) = \{[B] : B$ 为 $\mathcal{O}_K$ 的非零理想, $N(B) \leqslant M(K)\}$, 而每个 B 是 $N(P) \leqslant M(K)$ 的素理想 P 的乘积, 从而 $C(K)$ 是由所有 $N(P) \leqslant M(K)$ 的素理想 P 得到的理想类 $[P]$ 所生成的群. 弄清这些 $[P]$ 之间的关系, 即可给出有限交换群 $C(K)$ 的结构.

我们举一些例子 (它们也是经典代数数论中很好的练习).

例 5.1 (实二次域) $K = \mathbb{Q}(\sqrt{d})$, d 为无平方因子正整数, $d \geqslant 2$, 则 $n = [K : \mathbb{Q}] = 2$, $r_2 = 0$, 从而 $M(K) = \left(\dfrac{4}{\pi}\right)^{r_2} \dfrac{n!}{n^n} |d(K)|^{\frac{1}{2}} = \dfrac{1}{2}\sqrt{d(K)}$.

对于 $K = \mathbb{Q}(\sqrt{5})$, $d(K) = 5$, 从而 $M(K) = \dfrac{1}{2}\sqrt{5} < 2$. 于是域 K 的每个理想类均包含整理想 A, $N(A) = 1$, 即 $A = \mathcal{O}_K = (1)$. 这表明 $C(K)$ 是一元群, $h(K) = 1$, $\mathcal{O}_K$ 为 UFD 和 PID.

对于 $K = \mathbb{Q}(\sqrt{10})$, $\mathcal{O}_K = \mathbb{Z}[\sqrt{10}]$, $d(K) = 40$, $M(K) = \dfrac{1}{2}\sqrt{40} = \sqrt{10} < 4$, $\mathcal{O}_K$ 中范数 $\leqslant 3$ 的素理想都是 2 和 3 的素理想因子. 由于

$$2\mathcal{O}_K = P_2^2 (\text{分歧}), \quad N(P_2) = 2,$$

$$3\mathcal{O}_K = P_3\overline{P_3} (\text{分裂}), \quad P_3 \neq \overline{P_3}, \quad N(P_3) = N(\overline{P_3}) = 3,$$

可知 $C(K)$ 是由 $[P_2]$, $[P_3]$ 和 $[\overline{P_3}]$ 生成的群. 由于

$$[P_2]^2 = [P_2^2] = [(2)] = 1, \quad [P_3][\overline{P_3}] = [P_3\overline{P_3}] = [(3)] = 1,$$

可知 $[\overline{P_3}] = [P_3]^{-1}$, 从而 $C(K)$ 是由 $[P_2]$, $[P_3]$ 生成的. 我们决定 $[P_2]$ 的阶. 由 $[P_2]^2 = 1$ 知 $[P_2]$ 的阶为 1 或者 2. 由于

$$\begin{aligned}[P_2] = 1 &\Leftrightarrow P_2 = (\alpha), \alpha \in \mathcal{O}_K = \mathbb{Z}[\sqrt{10}], \text{即}\alpha = a + b\sqrt{10}(a, b \in \mathbb{Z})\\ &\Rightarrow 2 = N(P_2) = |\mathrm{N}_{K/\mathbb{Q}}(\alpha)| = |a^2 - 10b^2|\\ &\Rightarrow a^2 - 10b^2 = \pm 2\\ &\Rightarrow a^2 \equiv \pm 2 \pmod 5,\end{aligned}$$

但是 $\left(\dfrac{\pm 2}{5}\right) = -1$, 所以右边是不可能的. 这表明 $[P_2]$ 是 2 阶元素.

进而, $x^2 - 10y^2 = -6$ 有解 $(x, y) = (2, 1)$, 令 $\alpha = 2 + \sqrt{10} \in \mathcal{O}_K$, 则主理想 (α) 的范为 $N((\alpha)) = |\mathrm{N}_{K/\mathbb{Q}}(\alpha)| = 6$. 从而 $(\alpha) = P_2P_3$ 或者 $P_2\overline{P_3}$. 由此可知 $[P_2][P_3] = 1$ 或者 $[P_2][\overline{P_3}] = 1$, 即 $[P_2] = [P_3]$ 或 $[P_2] = [\overline{P_3}]$. 无论哪种情形, $C(K)$ 都是由 2 阶元素 $[P_2]$ 生成的. 即 $C(K)$ 为 2 阶群, $h(K) = 2$. 特别地, $\mathcal{O}_K$ 不是 UFD, 也不是 PID.

例 5.2 (虚二次域) $K = \mathbb{Q}(\sqrt{-d})$, d 为无平方因子正有理整数. 这时 $n = 2$, $r_2 = 1$, 从而 $M(K) = \dfrac{2}{\pi}|d(K)|^{\frac{1}{2}}$.

对于 $K = \mathbb{Q}(\sqrt{-3})$, $d(K) = -3$, $M(K) = \dfrac{2\sqrt{3}}{\pi} < 2$. 从而 $h(K) = 1$, 而 $\mathcal{O}_K = \mathbb{Z}\left[\dfrac{1+\sqrt{-3}}{2}\right]$ 是 UFD 和 PID.

对于 $K = \mathbb{Q}(\sqrt{-67})$, $d(K) = -67$, $M(K) = \dfrac{2\sqrt{67}}{\pi} < 6$. 由于 $-67 \equiv 5 \pmod 8$, $\left(\dfrac{-67}{3}\right) = \left(\dfrac{-67}{5}\right) = -1$, 用定理 4.7 可得 2, 3 和 5 在 $\mathcal{O}_K$ 中均是惰性的, 即 (2), (3) 和 (5) 在 $\mathcal{O}_K$ 中都是素理想 P_2, P_3, P_5, 而 $C(K)$ 是由 $[P_2], [P_3], [P_5]$ 生成的群, $[P_2] = [P_3] = [P_5] = 1$, 于是 $h(K) = 1$, 即 $\mathcal{O}_K = \mathbb{Z}\left[\dfrac{1+\sqrt{-67}}{2}\right]$ 是 UFD 和 PID.

对于 $K = \mathbb{Q}(\sqrt{-23})$, $M(K) = \dfrac{2\sqrt{23}}{\pi} < 4$. 由 $-23 \equiv 1 \pmod 8$ 和

$\left(\dfrac{-23}{3}\right)=1$ 可知

$$2\mathcal{O}_K=P_2\overline{P_2},\quad N(P_2)=N(\overline{P_2})=2,\quad [\overline{P_2}]=[P_2]^{-1},$$

$$3\mathcal{O}_K=P_3\overline{P_3},\quad N(P_3)=N(\overline{P_3})=3,\quad [\overline{P_3}]=[P_3]^{-1},$$

从而 $C(K)$ 是由 $[P_2]$ 和 $[P_3]$ 生成的. 由于 $x^2+23y^2=24$ 有解 $x=y=1$, 则 $\alpha=\dfrac{1+\sqrt{-23}}{2}\in\mathcal{O}_K=\mathbb{Z}\left[\dfrac{1+\sqrt{-23}}{2}\right]$. 主理想 (α) 的范为

$$N((\alpha))=\mathrm{N}_{K/\mathbb{Q}}(\alpha)=\alpha\overline{\alpha}=\frac{1+23}{4}=6.$$

这表明 $(\alpha)=P_2P_3,P_2\overline{P_3},\overline{P_2}P_3$ 或者 $\overline{P_2}\ \overline{P_3}$. 由此可知 $[P_3]=[P_2]$ 或者 $[P_3]=[P_2]^{-1}$. 所以 C_K 是由 $[P_2]$ 生成的. 我们只需再求 $[P_2]$ 的阶. 由于

$$\begin{aligned}[P_2]=1&\Leftrightarrow P_2=(\alpha),\ \alpha=\frac{1}{2}(a+b\sqrt{-23}),\ a,b\in\mathbb{Z},\ 2|a-b\\&\Rightarrow 2=N(P_2)=\mathrm{N}_{K/\mathbb{Q}}(\alpha)=\alpha\overline{\alpha}=\frac{a^2+23b^2}{4}\ (a,b\in\mathbb{Z})\\&\Rightarrow a^2+23b^2=8,\end{aligned}$$

但是 $a^2+23b^2=8$ 没有有理整数解 (a,b), 这表明 $[P_2]\neq 1$. 类似地, 由于 $x^2+23y^2=32$ 有解 $(x,y)=(3,1)$, 从而对于 $\alpha=\dfrac{3+\sqrt{-23}}{2}\in\mathcal{O}_K$, $N(\alpha)=8$, 因此主理想 (α) 的分解有 4 个可能:

$$(\alpha)=P_2^3,\quad P_2^2\overline{P_2}\ (=(2)P_2),\ P_2\overline{P_2}^2\ (=(2)\overline{P_2})\ \text{或者}\ \overline{P}_2^3.$$

对于中间的两个可能性, $[P_2]$ 或 $[\overline{P_2}]=[P_2]^{-1}$ 为 1, 但我们已证明 $[P_2]\neq 1$. 所以 $(\alpha)=P_2^3$ 或者 $[\overline{P_2}]^3$, 即 $[P_2]$ 的阶为 3. 这表明 $C(K)=\langle[P_2]\rangle$ 是 3 阶群, $h(K)=3$.

例 5.3　$K=\mathbb{Q}(\alpha)$, $\alpha^3=2\alpha-2$. 由于 $f(x)=x^3-2x+2$ 是 $\mathbb{Q}[x]$ 中不可约多项式, 它就是 α 在 $\mathbb{Q}$ 上的最小多项式, $n=[K:\mathbb{Q}]=3$, $\alpha\in\mathcal{O}_K$. 用习题 3.1.2 中结果可算出 $d_K(1,\alpha,\alpha^2)=-4\cdot 19$, 而 $d_K(1,\alpha,\alpha^2)/d(K)$ 应当是有理整数的平方, 所以 $d(K)=-19$ 或者 $-4\cdot 19$. 考虑 $\mathcal{O}_K$ 中理想 $A=(2,\alpha)$, 则

$$\begin{aligned}A^3&=(2,\alpha)^3=(8,4\alpha,2\alpha^2,\alpha^3)=(8,4\alpha,2\alpha^2,2\alpha-2)=(2)\cdot(4,2\alpha,\alpha^2,\alpha-1)\\&=(2)\cdot(4,2\alpha,\alpha^2,2,\alpha-1)\quad(\text{由于}2\alpha-2(\alpha-1)=2)\end{aligned}$$

$$
\begin{aligned}
&= (2) \cdot (\alpha^2, 2, \alpha - 1, \alpha) \quad (\text{由于}\alpha^2 - \alpha(\alpha - 1) = \alpha) \\
&= (2) \cdot (1) \quad (\text{由于}\alpha - (\alpha - 1) = 1) \\
&= (2).
\end{aligned}
$$

这表明 $(2) = 2\mathcal{O}_K$ 在 K 中是分歧的. 因此 $2|d(K)$, 从而 $d(K) = -4 \cdot 19$, 并且 $\{1, \alpha, \alpha^2\}$ 是 $\mathcal{O}_K$ 的一组整基, $\mathcal{O}_K = \mathbb{Z}[\alpha]$.

由 $d(K) < 0$ 可知 $x^3 - 2x + 2$ 只有一个实根, 于是 $r_1 = r_2 = 1, n = 3$. 从而

$$
M(K) = \left(\frac{4}{\pi}\right)^{r_2} \frac{n!}{n^n} |d(K)|^{\frac{1}{2}} = \frac{4}{\pi} \cdot \frac{6}{3^3} \cdot 2\sqrt{19} < 3,
$$

于是 $C(K)$ 是由 $[A]$ 生成的 (注意由 $(2) = A^3$ 可知 A 是素理想). 由于范为 2 的理想只有 A, 而每个理想类都包含一个范 $\leqslant 2$ 的整理想. 从而 $C(K)$ 只有 1 和 $[A]$, 即 $h(K) \leqslant 2$. 另一方面, 由 $(2) = A^3$ 可知 $[A]^3 = 1$, 而 $[A]$ 的阶不能为 3(因为 $|C(K)| \leqslant 2$), 所以 $[A] = 1$. 于是 $C(K)$ 只有 1, 即 $h(K) = 1$, 从而 $\mathcal{O}_K = \mathbb{Z}[d]$ 是 UFD 和 PID.

习题 5.1

习题 5.1.1 设 D 为戴德金整环, A, B, C 为 D 中非零理想. 证明若 $AC = BC$, 则 $A = B$.

习题 5.1.2 计算下面二次数域的类数.

(a) $\mathbb{Q}(\sqrt{d}), d = 2, 3, 6, 7, 11, 13, 14, 15, 17$;

(b) $\mathbb{Q}(\sqrt{-d}), d = 1, 2, 3, 5, 6, 11, 15, 19, 43, 67, 163$.

习题 5.1.3 计算 $\mathbb{Q}(\alpha)$ 的理想类数, 其中 $\alpha^3 = -\alpha - 1$.

习题 5.1.4 证明:

(a) $\mathbb{Q}(\sqrt{-14})$ 的类群是 4 阶循环群;

(b) $\mathbb{Q}(\sqrt{-21})$ 的类群是两个 2 阶循环群的直积;

(c) $\mathbb{Q}(\sqrt{-103})$ 的类数为 5.

习题 5.1.5 证明:

(a) $\mathbb{Q}(\zeta_7)$ 和 $\mathbb{Q}(\zeta_7 + \zeta_7^{-1})$ 的类数为 1;

(b) $\mathbb{Q}(\zeta_{11} + \zeta_{11}^{-1})$ 的类数为 1.

5.2 类数解析公式

上节给出了计算类数和类群的一些例子. 当闵可夫斯基常数 $M(K)$ 很大时, 这种方法的计算过于复杂. 本节介绍计算类数的新方法: 解析方法. 这里不想过多地论述数论研究中的解析方法的技术细节, 只是介绍一下这方面的历史和基本思路, 对于二次数域给出高斯得到的类数解析公式.

19 世纪是数论的黄金时代, 其中一个重要的标志就是产生了数论的两个重要分支. 一个是用代数方法研究数论, 就是本书中介绍的代数数论, 主要创始人和奠基人为德国人高斯、库默尔、戴德金和希尔伯特. 另一个分支是用解析方法研究数论的解析数论, 创始人为德国人黎曼 (Riemann, 1826—1866).

确切地说, 解析数论的源头还可上溯至 18 世纪的欧拉 (Euler, 1707—1783). 他研究各种级数的收敛性和发散性. 其中一个级数是

$$\zeta(s)=\sum_{n=1}^{\infty}n^{-s}=\frac{1}{1^s}+\frac{1}{2^s}+\cdots+\frac{1}{n^s}+\cdots,$$

欧拉考虑 s 为实数. 微积分告诉我们, 此级数当 $s\leqslant 1$ 时发散, 而当 $s>1$ 时收敛. 欧拉的一个重要贡献是看到这个级数和数论的联系, 即有理整数环 $\mathbb{Z}$ 的唯一因子分解定理等价于上述级数具有如下的无穷乘积公式 (这类公式后人均称为“欧拉乘积公式”):

$$\begin{aligned}\zeta(s)&=(1+2^{-s}+2^{-2s}+\cdots)(1+3^{-s}+3^{-2s}+\cdots)(1+5^{-s}+5^{-2s}+\cdots)\cdots\\&=\prod_p(1+p^{-s}+p^{-2s}+p^{-3s}+\cdots+p^{-ms}+\cdots)\\&=\prod_p(1-p^{-s})^{-1}\quad(\text{当 } s>1 \text{ 时}),\end{aligned}$$

其中乘积中 p 跑遍所有素数.

1859 年, 黎曼的一篇论文中把 $\zeta(s)$ 看成复变量 s 的函数, 即 $s=\sigma+it$, σ 和 t 为实数, 分别记成 $\mathrm{Re}(s)$ 和 $\mathrm{Im}(s)$, 叫作复数 s 的实部分和虚部分. 他得到如下结果.

定理 5.2 (1) 级数 $\zeta(s)=\sum\limits_{n=1}^{\infty}n^{-s}$ 在 $\mathrm{Re}(s)=\sigma>1$ 时收敛, 从而定义出在这个区域中的解析函数, 并且在此区域中有欧拉乘积公式

$$\zeta(s)=\prod_p(1-p^{-s})^{-1}\quad(\sigma>1).$$

(2) $\zeta(s)$ 可以解析开拓成整个复平面上的一个亚纯函数, 它只在 $s=1$ 处有极点, 并且是单极点. 所以 $\zeta(s)$ 在 $s=1$ 附近有洛朗 (Laurent) 级数展开式

$$\zeta(s)=a_{-1}(s-1)^{-1}+a_0+a_1(s-1)+\cdots+a_n(s-1)^n+\cdots\quad(a_i\in\mathbb{C}),$$

进而, $a_{-1}=\lim\limits_{s\to 1}(s-1)\zeta(s)=1$.

(3) $\zeta(s)$ 在整个复平面上满足如下的函数方程:

$$\pi^{-\frac{s}{2}}\Gamma\left(\frac{s}{2}\right)\zeta(s)=\pi^{-\frac{1-s}{2}}\Gamma\left(\frac{1-s}{2}\right)\zeta(1-s),$$

其中 $\Gamma(s)$ 是伽马函数, 它在 $\mathrm{Re}(s)>0$ 中定义为

$$\Gamma(s)=\int_0^{\infty}x^{-s}e^{-x}dx,$$

然后由 $\Gamma(s+1)=s\Gamma(s)$ 可把 $\Gamma(s)$ 解析开拓成整个复平面上的函数.

(4) 由函数方程和 $\Gamma(s)$ 的解析性质可以推出 $\zeta(s)$ 在 $s=-2,-4,-6,\cdots$ 这些负偶数处均有一阶零点 (叫作 $\zeta(s)$ 的平凡零点), 而其余非平凡零点都在带状区域 $0<\mathrm{Re}(s)<1$ 之内.

接下来, 黎曼提出一个重要的猜想:

黎曼猜想 (RH): $\zeta(s)$ 的非平凡零点均在直线 $\mathrm{Re}(s)=\dfrac{1}{2}$ 之上.

定理 5.2 中所述的关于 $\zeta(s)$ 的解析性质 (欧拉乘积公式、解析开拓、函数方程、零点和极点特性) 以及至今没有解决的黎曼猜想对于一系列重要的数论问题 (如素数分布、哥德巴赫问题) 均有重要的应用. 黎曼的这项工作开创了解析数论. 函数 $\zeta(s)$ 也因此被后人称为**黎曼 zeta 函数**.

对于每个代数数域 K, 戴德金构作了一个 zeta 函数

$$\zeta_K(s)=\sum_{A}N(A)^{-s}=\sum_{n=1}^{\infty}a_nn^{-s},$$

其中求和式的 A 跑遍 $\mathcal{O}_K$ 的所有非零理想, $N(A)=\left|\dfrac{\mathcal{O}_K}{A}\right|$ 是理想的范. 对每个正整数 n, 将范为 n 的理想合并在一起就得到右边的和式, 其中 a_n 为 $\mathcal{O}_K$ 中范为 n 的理想个数. 由于范为 1 的理想只有 $\mathcal{O}_K$, 可知 $a_1=1$. 后人把 $\zeta_K(s)$ 称为数域 K 的**戴德金 zeta 函数**. 当 $K=\mathbb{Q}$ 时, $\mathcal{O}_K=\mathbb{Z}$, 而 $\mathbb{Z}$ 的所有非零理想为 $A=(n)=n\mathbb{Z}$ $(n=1,2,3,\cdots)$, 并且 $n\mathbb{Z}$ 的范为 $|\mathbb{Z}/n\mathbb{Z}|=n$. 这就表明 $\zeta_{\mathbb{Q}}(s)=\sum\limits_{n=1}^{\infty}n^{-s}=\zeta(s)$, 即黎曼 zeta 函数就是有理数域 $\mathbb{Q}$ 的戴德金 zeta 函数.

对于任意数域 K, 下面是 $\zeta_K(s)$ 的基本解析特性.

定理 5.3 (1) 级数 $\zeta_K(s)=\sum\limits_{A}N(A)^{-s}=\sum\limits_{n=1}^{\infty}a_nn^{-s}$ 在 $\mathrm{Re}(s)>1$ 时收敛, 并且定义出此区域中的解析函数, 而且在此区域中有欧拉乘积公式

$$\zeta_K(s)=\prod_{P}(1+N(P)^{-s}+N(P)^{-2s}+\cdots)=\prod_{P}(1-N(P)^{-s})^{-1}\quad(\mathrm{Re}(s)>1),$$

其中 P 过 $\mathcal{O}_K$ 的所有非零素理想.(不难看出, $\zeta_K(s)$ 的这个乘积公式等价于说 $\mathcal{O}_K$ 是戴德金整环, 即每个非零理想 A 唯一分解成素理想乘积.)

(2) $\zeta_K(s)$ 可以解析开拓成整个复平面上的亚纯函数. 它只在 $s=1$ 处有极点, 并且是单极点, 即 $\zeta_K(s)$ 在 $s=1$ 附近有洛朗级数展开式

$$\zeta_K(s)=c_{-1}(s-1)^{-1}+c_0+c_1(s-1)+\cdots+c_n(s-1)^n+\cdots \quad (c_i\in\mathbb{C}),$$

而 c_{-1} 的值为 (叫作 $\zeta_K(s)$ 在 $s=1$ 处的留数 (residue), 表示成 $\mathrm{Res}_{s=1}\,\zeta(s)$)

$$c_{-1}=\mathrm{Res}_{s=1}\,\zeta(s)=\lim_{s\to 1}(s-1)\zeta_K(s)=\frac{2^{r_1}(2\pi)^{r_2}R(K)h(K)}{|W(K)|\cdot|d(K)|^{1/2}}, \tag{5.2.1}$$

其中 r_1, r_2 分别为 K 的实嵌入个数和复嵌入对的个数, $r_1+2r_2=n=[K:\mathbb{Q}]$, $|W(K)|$ 为 K 中单位根的个数, $d(K)$ 为 K 的判别式, $R(K)$ 为 K 的调节子, 它是由 K 的单位群的基本单位系定义的一个实数.

(3) $\zeta_K(s)$ 在整个复平面上满足如下的函数方程

$$\zeta_K(s)=f(s)\zeta_K(1-s),$$

其中 $f(s)$ 是一个确定的同时也是相当复杂的复变函数 (具体形式从略), 这是德国数学家赫克 (Hecke) 于 1920 年得到的.

(4) 由函数方程可推出 $\zeta_K(s)$ 在某些负整数处有零点 (具体位置和这些零点阶数都是明确的, 此处从略). 这些零点叫作平凡零点, 而其他非平凡零点均在带状区域 $0<\mathrm{Re}(s)<1$ 之内.

人们猜想: 对于每个数域 K, $\zeta_K(s)$ 的所有非平凡零点都在直线 $\mathrm{Re}(s)=\frac{1}{2}$ 之上. 这叫作**广义黎曼猜想**. 至今为止, 这个问题对于任何数域 K 都没有解决.

我们现在的兴趣在于留数公式 (5.2.1) 所给出的 c_{-1} 的值. 这个公式的右边包含了我们前面讲过的几乎所有和 K 有关的量. 其中 $r_1, r_2, d(K)$ 和 $|W(K)|$ 通常容易计算. 所以如果我们能够计算 $c_{-1}=\lim\limits_{s\to 1}(s-1)\zeta_K(s)$, 则由 (5.2.1) 式即可算出 $R(K)h(K)$ 的值. 在一般情形下计算 c_{-1} 的值不容易, 这需要对 $\zeta_K(s)$ 有很多的了解. 对于阿贝尔数域, 即分圆域的子域, 我们有计算 $\zeta_K(s)$ 和 c_{-1} 的明显公式, 从而给出 $R(K)h(K)$ 的一个公式, 称之为类数解析公式. 但是对一般情形, 即 $r(K)=r_1(K)+r_2(K)-1$ 很大时, 寻求由 $r(K)$ 个单位组成的基本单位系通常比较困难, 从而 $R(K)$ 的值较难计算. 对于二次域 $K=\mathbb{Q}(\sqrt{d})$ 的情形, 当 $d<0$ (虚二次域) 时 $r(K)=0$, $R(K)=1$, 所以有很好的类数解析公式. 当 $d>0$ 时 (实二次域), $r(K)=1$, 这时 $R(K)=\ln\varepsilon_K$, 其中 ε_K 是实二次域 K 的基本单位, 从

而也有比较好的类数解析公式. 但这一切还需要能计算 $\zeta_K(s)$ 在 $s=1$ 处的留数 c_{-1}. 现在我们给出二次数域 zeta 函数更明显的表达方式.

以下设 $K=\mathbb{Q}(\sqrt{d})$ 为二次域, d 为无平方因子有理整数, $d\neq 1$. $d(K)$ 为域 K 的判别式, 即 $d(K)=d$ (当 $d\equiv 1 \pmod 4$ 时) 或 $d(K)=4d$ (当 $d\equiv 2,3 \pmod 4$ 时). 我们定义一个映射

$$\chi=\chi_K:\mathbb{N}\ (\text{正整数集合})\ \to\{0,\pm 1\},$$

其中 $\chi(1)=1$, 对每个素数 p,

$$\chi(p)=\begin{cases}0, & \text{若 } p \text{ 在 } K \text{ 中分歧 (即 } p|d(K) \text{ 时)},\\ 1, & \text{若 } p \text{ 在 } K \text{ 中分裂} \left(\text{即 } p\nmid d(K) \text{ 并且当 } p\geqslant 3 \text{ 时 } \left(\dfrac{d}{p}\right)=1,\right.\\ & \qquad\qquad \left.\text{而 } p=2 \text{ 时 } d\equiv 1 \pmod 8\right),\\ -1, & \text{若 } p \text{ 在 } K \text{ 中惰性} \left(\text{即 } p\nmid d(K) \text{ 并且当 } p\geqslant 3 \text{ 时 } \left(\dfrac{d}{p}\right)=-1,\right.\\ & \qquad\qquad \left.\text{而 } p=2 \text{ 时 } d\equiv 5 \pmod 8\right).\end{cases} \tag{5.2.2}$$

然后对每个正整数 $n\geqslant 2$, $n=p_1^{e_1}\cdots p_g^{e_g}$ ($p_1,\cdots,p_g$ 为不同的素数), 定义

$$\chi(n)=\chi(p_1)^{e_1}\cdots\chi(p_g)^{e_g},$$

则映射 $\chi:\mathbb{N}\to\{0,\pm1\}$ 是积性的, 即对任意两个正整数 n 和 m, 均有 $\chi(nm)=\chi(n)\chi(m)$. 进而, 由二次互反律可证明 χ 是周期为 $|d(K)|$ 的映射, 即当 n,m 为正整数时, 如果 $n\equiv m \pmod{|d(K)|}$, 则 $\chi(n)=\chi(m)$. 可参见引理 4.3 的证明.

现在定义一个复变函数

$$L(s,\chi)=\sum_{n=1}^{\infty}\chi(n)n^{-s}.$$

由 $|\chi(n)|\leqslant 1$ 可证明此级数 (叫作**狄利克雷 L 函数**) 在 $\mathrm{Re}(s)>1$ 中收敛, 并且在这个区域中定义了一个解析函数. 由 $\chi(nm)=\chi(n)\chi(m)$ 可知 $L(s,\chi)$ 也有欧拉乘积公式

$$\begin{aligned}L(s,\chi)&=\sum_{n=1}^{\infty}\chi(n)n^{-s}=\prod_p(1+\chi(p)p^{-s}+\chi(p)^2p^{-2s}+\cdots+\chi(p)^mp^{-ms}+\cdots)\\&=\prod_p(1-\chi(p)p^{-s})^{-1}\quad(\mathrm{Re}(s)>1\text{时}),\end{aligned}$$

其中 p 过所有的素数. $L(s,\chi)$ 也可解析开拓到整个复平面上, 并且也有形如 $L(s,\chi)=f(s)L(1-s,\chi)$ 的函数方程. 下面是 $\zeta_K(s)$ 和 $L(s,\chi)$ 之间的联系.

定理 5.4 对于二次域 $K=\mathbb{Q}(\sqrt{d})$ 和上面定义的映射 $\chi:\mathbb{N}\to\{0,\pm1\}$,

$$\zeta_K(s)=\zeta(s)L(s,\chi), \tag{5.2.3}$$

其中 $\zeta_K(s)$ 为二次域 K 的 zeta 函数, 而 $\zeta(s)$ 为黎曼 zeta 函数.

证明 我们不妨假设 $\mathrm{Re}(s)>1$, 因为由解析开拓的性质, 若定理中的等式 (5.2.3) 在 $\mathrm{Re}(s)>1$ 中成立, 则在整个复平面上都成立. 当 $\mathrm{Re}(s)>1$ 时, (5.2.3) 式中三个函数都有欧拉乘积公式:

$$\zeta(s)=\prod_p(1-p^{-s})^{-1},$$

$$L(s,\chi)=\prod_p(1-\chi(p)p^{-s})^{-1},$$

以及

$$\zeta_K(s)=\prod_p(1-N(p)^{-s})^{-1}=\prod_p\prod_{\substack{P\\P|p}}(1-N(P)^{-s})^{-1}, \tag{5.2.4}$$

其中 p 过所有素数, 而 (5.2.4) 式中第一个和式中的 P 过 $\mathcal{O}_K$ 的所有非零素理想, 第二个和式中的 P 过 p 在 $\mathcal{O}_K$ 中的所有素理想因子. 为了证明 $\zeta_K(s)=\zeta(s)L(s,\chi)$, 我们只需对每个素数 p, 证明它们对应的 p-因子相等, 即只需证

$$\prod_{\substack{P\\P|p}}(1-N(P)^{-s})=(1-p^{-s})(1-\chi(p)p^{-s}).$$

当 p 分歧时, $p=P^2$, $N(P)=p$, $\chi(p)=0$, 从而上式两边均为 $1-p^{-s}$. 当 p 惰性时, $p\mathcal{O}_K=P$, $N(P)=p^2$, $\chi(p)=-1$, 从而上式两边均为 $1-p^{-2s}$. 最后当 p 分裂时, $p\mathcal{O}_K=P_1P_2$, $P_1\neq P_2$, $N(P_1)=N(P_2)=p$, $\chi(p)=1$, 从而上式两边均为 $(1-p^{-s})^2$. 这就证明了定理. □

由于 $\zeta_K(s)$ 和 $\zeta(s)$ 在 $s=1$ 均有一阶极点, 可知 $L(s,\chi)$ 在 $s=1$ 没有极点, 即 $L(1,\chi)=\prod\limits_p(1-\chi(p)p^{-1})^{-1}\in\mathbb{R}$. 这就得出以下结果.

推论 5.1 对于二次域 K, $\chi=\chi_K$ 如 (5.2.2) 式所定义. 则

(1) 当 $K=\mathbb{Q}(\sqrt{-d})$ 为虚二次域时, $d\geqslant 5$, 则

$$L(1,\chi)=\frac{\pi}{|d(K)|^{1/2}}h(K); \tag{5.2.5}$$

(2) 当 $K=\mathbb{Q}(\sqrt{d})$ 为实二次域时, 设 ε_K 为 K 的基本单位, 则

$$L(1,\chi)=2(\ln\varepsilon_K)h(K)/d(K)^{\frac{1}{2}}. \tag{5.2.6}$$

证明 由定理 5.3 中的 (5.2.1) 式可知对于二次域 K,

$$\frac{2^{r_1}(2\pi)^{r_2}R(K)h(K)}{|W(K)|\cdot|d(K)|^{1/2}}=\lim_{s\to1}(s-1)\zeta_K(s)=L(1,\chi)\lim_{s\to1}(s-1)\zeta(K)=L(1,\chi).$$

因为对于黎曼 zeta 函数 $\zeta(s)$, $\lim\limits_{s\to1}(s-1)\zeta(s)=1$. 当 K 为虚二次域时, $r_1=0$, $r_2=1$, $R(K)=1$, 而当 $d\geqslant5$ 时 K 中单位根只有 ±1, 因此 $|W(K)|=2$. 于是得到 (5.2.5) 式. 当 K 为实二次域时, $r_1=2$, $r_2=0$, $R(K)=\log\varepsilon_K$, $|W(K)|=2$, 从而得到 (5.2.6) 式. □

接下来需要计算 $L(1,\chi)=\sum\limits_{n=1}^{\infty}\chi(n)n^{-1}$. 这是一个纯粹的数学分析方面的问题, 注意 $\chi(n)$ 是周期为 $|d(K)|$ 的函数. 当 $|d(K)|\geqslant3$ 时计算结果为:

若 K 为虚二次域, 则

$$|L(1,\chi)|=\frac{\pi}{|d(K)|^{3/2}}\left|\sum_{k=1}^{d(K)-1}\chi(k)k\right|=\frac{\pi}{|d(K)|^{1/2}|\chi(2)-2|}\left|\sum_{1\leqslant k<|d(K)|/2}\chi(k)\right|.$$

而当 K 为实二次域时,

$$|L(1,\chi)|=\frac{2\pi}{|d(K)|^{1/2}}\left|\sum_{1\leqslant k<|d(K)|/2}\chi(k)\ln\sin\frac{k\pi}{|d(K)|}\right|.$$

代入推论 5.1, 便得到二次域的类数解析公式:

定理 5.5 设 K 为二次域, $\chi=\chi_K$ 为由 (5.2.2) 式定义的映射, $d(K)$ 为 K 的判别式.

(1) 若 K 为虚二次域, 当 $K\neq\mathbb{Q}(\sqrt{-1})$ 和 $\mathbb{Q}(\sqrt{-3})$ 时,

$$h(K)=\frac{1}{|d(K)|}\left|\sum_{k=1}^{|d(K)|-1}\chi(k)k\right|=\frac{1}{|2-\chi(2)|}\left|\sum_{1\leqslant k<\frac{|d(K)|}{2}}\chi(k)\right|,$$

而 $K=\mathbb{Q}(\sqrt{-1})$ 或 $\mathbb{Q}(\sqrt{-3})$ 时, $h(K)=1$.

(2) 若 K 为实二次域, ε_K 为 K 的基本单位, 则

$$h(K)=\frac{1}{\ln\varepsilon_K}\left|\sum_{1\leqslant k<\frac{|d(K)|}{2}}\chi(k)\ln\sin\frac{k\pi}{|d(K)|}\right|.$$

例 5.4 对于 $K=\mathbb{Q}(\sqrt{-5})$, $|d(K)|=20$. 由 χ 的定义算出

$$\chi(1)=\chi(9)=1,\quad \chi(3)=\left(\frac{-5}{3}\right)=1,\quad \chi(7)=\left(\frac{-5}{7}\right)=1,\quad \chi(5)=0,$$

$$\text{对于偶数 } n,\ \chi(n)=0.$$

于是

$$h(K)=\frac{1}{2}|\chi(1)+\chi(3)+\chi(7)+\chi(9)|=2.$$

例 5.5 对于 $K=\mathbb{Q}(\sqrt{2})$, $|d(K)|=8$, $\varepsilon_K=1+\sqrt{2}$, $\chi(1)=1,\chi(2)=0,\chi(3)=-1$. 于是

$$\begin{aligned}h(K)&=\frac{1}{\ln(1+\sqrt{2})}\left|\chi(1)\ln\sin\frac{\pi}{8}+\chi(3)\ln\sin\frac{3\pi}{8}\right|\\&=\ln\left(\frac{\sin\frac{3\pi}{8}}{\sin\frac{\pi}{8}}\right)\Big/\ln(1+\sqrt{2}).\end{aligned}$$

由于 $\sin\frac{3\pi}{8}\Big/\sin\frac{\pi}{8}=1+2\cos\frac{\pi}{4}=1+\sqrt{2}$, 所以 $h(K)=1$.

实二次域的类数解析公式中需要求出基本单位 ε_K, 而且涉及对数运算. 当 $d(K)$ 很大时, 比计算虚二次域类数要复杂. 不过 $h(K)$ 为正整数, 所以可以将对数做近似计算, 当计算足够精确时, 得到的近似值和整数相差很小, 由此可算出 $h(K)$. 下面是一些二次域的类数表, 对于实二次域也列出了基本单位.

关于二次域的类数问题, 高斯有两个著名的猜想.

(1) 只有有限多个虚二次域类数为 1;

(2) 存在着无限多个类数为 1 的实二次域.

表 5.1 虚二次域 $\mathbb{Q}(\sqrt{-d})$ 的类数 $(1\leqslant d\leqslant 100)$

d	1	2	3	5	6	7	10	11	13	14	15	17	19	21	22	23
h	1	1	1	2	2	1	2	1	2	4	2	4	1	4	2	3
d	26	29	30	31	33	34	35	37	38	39	41	42	43	46	47	
h	6	6	4	3	4	4	2	2	6	4	8	4	1	4	5	
d	51	53	55	57	58	59	61	62	65	66	67	69	70	71	73	
h	2	6	4	4	2	3	6	8	8	8	1	8	4	7	4	
d	74	77	78	79	82	83	85	86	87	89	91	93	94	95	97	
h	10	8	4	5	4	3	4	10	6	12	2	4	8	8	4	

表 5.2 实二次域 $\mathbb{Q}(\sqrt{d})$ 的类数 $(2 \leqslant d \leqslant 101)$. ε 为基本单位. $w = \frac{1+\sqrt{d}}{2}$(若 $d \equiv 1 \pmod 4$), $w = \sqrt{d}$ (若 $d \equiv 2, 3 \pmod 4$))

d	2	3	5	6	7	10	11
h	1	1	1	1	1	2	1
ε	$1+w$	$2+w$	w	$5+2w$	$8+3w$	$3+w$	$10+3w$
d	13	14	15	17	19	21	22
h	1	1	2	1	1	1	1
ε	$1+w$	$15+4w$	$4+w$	$3+2w$	$170+39w$	$2+w$	$197+42w$
d	23	26	29	30			
h	1	2	1	2			
ε	$24+5w$	$5+w$	$2+w$	$11+2w$			

对于猜想 (1), 高斯本人算出当 $d = 1, 2, 3, 7, 11, 19, 43, 67$ 和 163 时, 虚二次域 $\mathbb{Q}(\sqrt{-d})$ 的类数为 1. 他预言类数为 1 的虚二次域只有这九个. 1934 年, 英国数学家 Heilbronn 证明了猜想 (1), 他证明了除了上述九个之外, 至多还有一个类数为 1 的虚二次域. 1967 年, 英国数学家 Baker 和美国数学家 Stark 采用不同的方法各自独立地证明了那个例外的虚二次域是不存在的, 即完全证明了类数为 1 的虚二次域只有高斯算出的九个. 另一方面, 关于实二次域类数的猜想 (2) 至今未能解决.

最后我们非常简要地介绍一下分圆域的类数解析公式. 我们在前言中说过, 分圆域的研究源于库默尔于 1847 年研究费马猜想: 对每个正整数 $n \geqslant 3$, 不定方程 $x^n + y^n = z^n$ 没有正有理整数解 (x, y, z). 熟知当 $n = 2$ 时, 方程 $x^2 + y^2 = z^2$ 有无穷多正有理整数解. 而当 $n = 4$ 时, 费马本人证明了 $x^4 + y^4 = z^4$ 没有正有理整数解. 不难看出, 若对于某个正整数 n, $x^n + y^n = z^n$ 没有正有理整数解, 则对于 n 的任何正倍数 m, $x^m + y^m = z^m$ 也没有正有理整数解. 综合上述, 为了证明费马猜想, 我们只需对所有奇素数 p, 证明 $x^p + y^p = z^p$ 没有正有理整数解即可.

以下设 p 为奇素数. 方程 $x^p + y^p = z^p$ 可表成 $x^p = z^p - y^p = (z-y)(z^{p-1} + z^{p-2}y + \cdots + zy^{p-2} + y^{p-1})$. 但是在有理整数环 $\mathbb{Z}$ 上, 右边的第二个因子不能再分解. 库默尔利用高斯研究 $x^2 + y^2 = n$ 时的想法, 在分圆域 $K = \mathbb{Q}(\zeta_p)$ 的整数环 $\mathcal{O}_K = \mathbb{Z}[\zeta_p]$ 上考虑问题. 这时

$$x^p = (z-y)(z-\zeta_p y) \cdots (z - \zeta_p^{p-1} y).$$

如果 x, y, z 均为正有理整数, 则 $z - \zeta_p^i y \in \mathcal{O}_K$. 从而上式为元素 x^p 在 $\mathcal{O}_K$ 中的一个分解式. 我们不妨设 $(y, z) = 1$. $\Big($因若 d 是 y 和 z 的最大公因子, 则 d 也是 $x^p = z^p - y^p$ 的因子, 从而 $\left(\frac{x}{d}, \frac{y}{d}, \frac{z}{d}\right)$ 也是一组正有理整数解, 这时 $\left(\frac{y}{d}, \frac{z}{d}\right) = 1.\Big)$

以 h_p 表示分圆域 $K=\mathbb{Q}(\zeta_p)$ 的类数. 如果 $h_p=1$, 即 $\mathcal{O}_K=\mathbb{Z}[\zeta_p]$ 有元素的唯一因子分解性质. 当 $(y,z)=1$ 时不难证明 $z-\zeta_p^i y(0\leqslant i\leqslant p-1)$ 是环 $\mathcal{O}_K$ 中彼此互素的元素. 由于它们乘积为 x^p, 由分解唯一性可知每个因子 $z-\zeta_p^i y$ 都和 $\mathcal{O}_K$ 中元素的某个 p 次幂相伴, 即

$$z-\zeta_p^i y=\varepsilon_i\alpha_i^p \quad (\varepsilon_i\in U_K,\alpha_i\in\mathcal{O}_K,0\leqslant i\leqslant p-1),$$

库默尔从这些等式推出矛盾, 从而证明了费马猜想对于指数 $n=p$, $h_p=1$ 时是成立的, 即 $x^p+y^p=z^p$ 没有正有理整数解 (x,y,z). 不过在证明中还要克服一系列技术困难, 主要困难是 ε_i $(0\leqslant i\leqslant p-1)$ 所在的单位群 U_K 很大, 决定 ε_i 很困难.

分圆域和它的子域 K(即所有阿贝尔数域) 都有和二次域情形相仿的类数解析公式, 所以 $R(K)h(K)$ 原则上都可计算出来. 如果能找到域 K 的一个基本单位系 $\left(\text{对于 } K=\mathbb{Q}(\zeta_p)\text{, 基本单位系共有 } r=r_1+r_2-1=0+\frac{p-1}{2}-1=\frac{p-3}{2}\right.$ $\left.\text{个单位}\right)$, 便可算出 $h(K)$. 对于较小的奇素数 p, 库默尔算出分圆域 $\mathbb{Q}(\zeta_p)$ 的理想类数 (今后记成 h_p). 结果为

$$h_p=1 \quad (\text{对于}p=3,5,7,11,13,17,19), \quad \text{而} \quad h_{23}=3.$$

这就表明费马方程 $x^p+y^p=z^p$ 在 p 为 19 以内的奇素数时都没有正整数解. 而在库默尔之前, 人们只对 $p=3,5,7$ 证明了这个结果. 库默尔的这项工作是费马猜想的重大进步, 它在数学上更大的意义是对分圆域作了深入的研究, 成为经典代数数论继高斯之后的又一个奠基性的工作.

于是, 哪些分圆域 $\mathbb{Q}(\zeta_p)$ 的类数 h_p 为 1, 便是一个有兴趣的问题. 库默尔根据他的计算结果, 猜想当 $p\geqslant 23$ 时, h_p 均大于 1, 即对于奇素数 p, 分圆域 $\mathbb{Q}(\zeta_p)$ 只有 $p=3,5,7,11,13,17,19$ 时类数为 1. 这个猜想一直到 1976 年才由美国人 Masley 和 Montgomery 用解析数论方法予以肯定性地证明.

事实上, 当 $h_p>1$ 时, 如果 $p\nmid h_p$, 则库默尔的上述方法仍然是适用的. 假如 $x^p+y^p=z^p$ 有正有理整数解 (x,y,z), 并且不妨设 y 和 z 互素. 我们在 $\mathcal{O}_K=\mathbb{Z}[\zeta_p]$ 中有理想分解

$$(x)^p=\prod_{i=0}^{p-1}(z-\zeta_p^i y)\mathcal{O}_K.$$

而当 $(y,z)=1$ 时, 不难证明右边的 p 个理想是两两互素的. 由于左边是理想 (x) 的 p 次幂, 环 $\mathcal{O}_K$ 中的理想唯一分解定理可以推出右边的每个主理想 $(z-\zeta_p^i y)\mathcal{O}_K$

都是 $\mathcal{O}_K$ 中某个理想 A_i 的 p 次幂, 即

$$(z-\zeta_p^i y)\mathcal{O}_K = A_i^p \quad (0 \leqslant i \leqslant p-1).$$

于是 $[A_i]^p=1$. 如果 $p \nmid h_p$, 即域 $K=\mathbb{Q}(\zeta_p)$ 的理想类群 $C(K)$ 的阶 h_p 和 p 互素, 则 $[A_i]=1$, 即 A_i 为 $\mathcal{O}_K$ 中的主理想 $(\alpha_i)(\alpha_i \in \mathcal{O}_K)$. 从而 $(z-\zeta_p^i y)=(\alpha_i^p)$, 于是也得到 $z-\zeta_p^i y=\varepsilon_i\alpha_i^p$ $(\varepsilon_i \in U_K, \alpha_i \in \mathcal{O}_K, 0 \leqslant i \leqslant p-1)$. 然后和 $h_p=1$ 的情形一样推出矛盾. 所以库默尔证明了: 只要 $p \nmid h_p$, 则 $x^p+y^p=z^p$ 没有正有理整数解.

在 100 以内的奇素数中, 只有 $p=37, 59$ 和 67 满足 $p|h_p$. 从而库默尔对于费马方程 $x^p+y^p=z^p$ 更多的指数 p 证明了费马猜想. 一个自然的问题是: 对于奇素数 p, 如何判别是否 $p \nmid h_p$? 另一个问题是: 满足 $p \nmid h_p$ 的奇素数 p 有多少个? 对于第一个问题, 库默尔给出如下的深入结果.

(1) 以 h_p^+ 表示 $K=\mathbb{Q}(\zeta_p)$ 的最大实子域 $K^+=\mathbb{Q}\left(\zeta_p+\zeta_p^{-1}\right)$ 的理想类数, 库默尔证明了 h_p^+ 是 h_p 的因子. 于是 $h_p=h_p^+h_p^-$, h_p^- 为正整数, 叫作分圆域 $\mathbb{Q}(\zeta_p)$ 的**相对类数**.

(2) 以 R_p 和 R_p^+ 分别表示 K 和 K^+ 的调节子. 库默尔证明了 $R_p = R_p^+ \cdot 2^{\frac{p-3}{2}}$. 由于用阿贝尔类数解析公式可以算出 R_ph_p 和 $R_p^+h_p^+$, 从而可以算出 $R_ph_p/R_p^+h_p^+=2^{\frac{p-3}{2}}h_p^-$, 即相对类数 h_p^- 是容易计算出来的.

(3) 库默尔证明了: $p|h_p$ 当且仅当 $p|h_p^-$. 并且基于 (2) 中关于 h_p^- 的解析公式, 给出了 $p|h_p^-$ 的一个相当初等的判别方法, 从而得到了 $p|h_p$ 的一个初等判别方法.

从费马猜想的角度, 人们希望满足 $p \nmid h_p$ 的奇素数能有无穷多个. 但至今人们不知道这是否正确, 反而已经证明了满足 $p|h_p$ 的奇素数有无穷多个. 表 5.3 是 h_p^+ 和 h_p^- 的一些计算数据 $(h_p=h_p^+h_p^-)$.

从表 5.3 中可看出 h_p^+ 很小, 而 h_p^- 增长很快. Masley 猜想 $h_p^+<p$, 但是 1982 年 L. Washington 证明对于 $p=11290018777$ 时 $h_p^+ \geqslant p$. 关于 h_p^- 则猜想

$$h_p^- \sim 2p\left(\frac{p}{4\pi^2}\right)^{\frac{p-1}{4}} \quad (\text{当 } p\to\infty \text{ 时}),$$

但这个猜想至今未被证明.

综合上述, 库默尔对于 $p \nmid h_p$ 的情形, 证明了 $x^p+y^p=z^p$ 没有正有理整数解. 由于满足 $p|h_p$ 的奇素数已知有无穷多个, 所以他对于 $p|h_p$ 的情形仍然想法证明费马猜想. 库默尔在一项研究中说, 环 $\mathbb{Z}[\zeta_p]$ 尽管对于元素不一定有唯一因子分解性, 但是对于“理想数”是有唯一因子分解性质的. 一直到二十多年之后, 才由戴德金阐明了库默尔“理想数”的真正含义, 它不是 $\mathbb{Z}[\zeta_p]$ 中的一个数, 而是满足

某些性质的一个子集合, 就是后来称之为“理想”的概念. 而库默尔所说的关于理想数的唯一因子分解性就是环 $\mathbb{Z}[\zeta_p]$ 具有的理想的唯一分解性. 戴德金对任意数域 K, 证明了整数环 $\mathcal{O}_K$ 都具有理想的唯一因子分解性, 开始了研究数论的近世代数方法.

表 5.3　h_p^+ 和 h_p^- 的一些计算数据

p	3	5	7	11	13	17
h_p^+	1	1	1	1	1	1
h_p^-	1	1	1	1	1	1
p	19	23	29	31	37	41
h_p^+	1	1	1	1	1	1
h_p^-	1	3	8	9	37	11^2
p	43	47	53	59	61	67
h_p^+	1	1	1	1	1	1
h_p^-	211	$5 \cdot 139$	4889	$3 \cdot 59 \cdot 233$	$41 \cdot 1861$	$67 \cdot 12739$
p	71	73	79			
h_p^+	1	1	1			
h_p^-	$7^2 \cdot 79241$	$89 \cdot 134353$	$5 \cdot 53 \cdot 377911$			

习题 5.2

习题 5.2.1　用类数解析公式计算二次域 $K=\mathbb{Q}(\sqrt{d})(d=3,\pm 6,-23)$ 的理想类数.

第 6 章　p-adic 数域

有理数域 $\mathbb{Q}$ 中有距离的概念, 任意两个有理数 α 和 β 之间的距离为绝对值 $|\alpha-\beta|$. 用这种距离来衡量两个有理数之间的远近和一个有理数的"邻域". 换句话说, 我们给了有理数域 $\mathbb{Q}$ 一种拓扑结构. 而距离 $d(\alpha,\beta)=|\alpha-\beta|$ 满足以下三个条件: 对于 $\alpha,\beta,\gamma\in\mathbb{Q}$,

(1) $d(\alpha,\beta)$ 为非负实数, 并且 $d(\alpha,\beta)=0$ 当且仅当 $\alpha=\beta$.

(2) (对称性) $d(\alpha,\beta)=d(\beta,\alpha)$, 从而可把 $d(\alpha,\beta)$ 说成是 α 和 β 之间的距离.

(3) (三角形不等式) $d(\alpha,\gamma)\leqslant d(\alpha,\beta)+d(\beta,\gamma)$. (对于 α,β,γ 为顶点的"三角形", 两边之和大于 (或等于) 第三边.)

一个集合 X 如果可以定义一个距离满足上述三条性质, 则这个集合可由这种距离诱导出一个拓扑结构, 而这种拓扑空间叫作距离空间. 距离空间 X 可以进行拓扑完备化, 即存在唯一的拓扑空间 $\tilde{X}$, X 是 $\tilde{X}$ 的稠密子空间, 并且 $\tilde{X}$ 是拓扑完备的 (即 $\tilde{X}$ 中每个柯西序列在 $\tilde{X}$ 中均有极限). 以上是拓扑学中的基本知识.

对于有理数域 $\mathbb{Q}$, 微积分告诉我们, 对于通常的距离, $\mathbb{Q}$ 的拓扑完备化是实数域 $\mathbb{R}$, 即 $\mathbb{Q}$ 在 $\mathbb{R}$ 中稠密并且 $\mathbb{R}$ 是拓扑完备化的 (实数的柯西序列在 $\mathbb{R}$ 中有极限). 将 $\mathbb{Q}$ 扩大为 $\mathbb{R}$ 的好处是我们在 $\mathbb{R}$ 中可以用解析工具 (极限、微分、积分等). 如果把 $\mathbb{R}$ 再扩大成复数域 $\mathbb{C}$, 则 $\mathbb{C}$ 不仅是拓扑完备的, 而且 $\mathbb{C}$ 也是代数封闭的, 从而在 $\mathbb{C}$ 中我们可以同时运用解析和代数工具.

人们不禁要问: 有理数域之间衡量远近的距离标准是否只有通常绝对值给出的那一个? 即有理数域 $\mathbb{Q}$ 是否只有一个距离拓扑? 1900 年前后德国数学家亨泽尔 (Hensel) (1861—1941) 发现, 有理数域 $\mathbb{Q}$ 中有无穷多个距离给出的拓扑. 除了大家熟悉的通常的距离 $d(\alpha,\beta)=|\alpha-\beta|$ 之外, 其余距离来源于正整数的 p 进制 (p-adic) 展开式 (p 为素数), 对每个素数 p, 都给出 $\mathbb{Q}$ 的一个 p-adic 距离和 p-adic 拓扑, 对应给出 $\mathbb{Q}$ 对于 p-adic 拓扑的完备化域 $\mathbb{Q}_p$, 叫作 p-adic 数域. 用这些 (无穷多) 数域 $\mathbb{Q}_p$ 来研究数论, 称之为局部理论. 本章介绍代数数域 K 的局部理论, 我们主要讲述 $K=\mathbb{Q}$ 的情形. 只在最后一节简要地介绍任意代数数域 K 的局部理论.

6.1　p-adic 赋值

设 p 为一个固定的素数. 每个非零正整数 n 可唯一表示成 $n = p^l n'$, 其中 $l \geqslant 0$, $(p, n') = 1$, 即 l 是满足 $p^l | n$ 的最大整数. 我们记成 $p^l \parallel n$ (即 $p^l | n$ 但是 $p^{l+1} \nmid n$). 我们令 $v_p(n) = l$, 而规定 $v_p(0) = \infty$ (0 可被 p 的任意大的方幂所整除). 则给出映射

$$v_p : \mathbb{Z} \to \{0, 1, 2, \cdots\} \cup \{\infty\}.$$

不难验证这个映射满足以下三条性质: 对于 $n, m \in \mathbb{Z}$,

(a) $v_p(n) = \infty$ 当且仅当 $n = 0$;

(b) $v_p(mn) = v_p(m) + v_p(n)$ (规定对每个 $l \in \mathbb{Z}$, $l + \infty = \infty + l = \infty$);

(c) $v_p(m + n) \geqslant \min\{v_p(m), v_p(n)\}$ (规定对每个 $l \in \mathbb{Z}, \infty > l$),

性质 c 称作 "非阿基米德" 性质, 今后简称作**非阿性质**.

现在对任意非零有理数 $a = \dfrac{n}{m}$ $(n, m \in \mathbb{Z}, nm \neq 0)$, 定义

$$v_p(a) = v_p\left(\frac{n}{m}\right) = v_p(n) - v_p(m).$$

注意这个定义是合理的, 即和 a 表成 $\dfrac{n}{m}$ 的方式无关. 因为若 $\dfrac{n}{m} = \dfrac{n'}{m'}$, 则 $nm' = mn'$. 由性质 (b) 便有 $v_p(n) + v_p(m') = v_p(m) + v_p(n')$. 于是

$$v_p\left(\frac{n}{m}\right) = v_p(n) - v_p(m) = v_p(n') - v_p(m') = v_p\left(\frac{n'}{m'}\right).$$

事实上, 每个非零有理数可唯一表成 $a = \pm p^l \dfrac{n'}{m'}$, 其中 $l \in \mathbb{Z}$ (可正可负), n' 和 m' 均为和 p 互素的正整数. 容易验证 $v_p(a) = l$.

于是我们得到映射

$$v_p : \mathbb{Q} \to \mathbb{Z} \cup \{\infty\},$$

这个映射合理, 并且仍然满足上面的性质 (a), (b) 和 (c)

定义 6.1　映射 v_p 叫作有理数域 $\mathbb{Q}$ 的 p-adic **指数赋值**, 而对于每个实数 γ, $0 < \gamma < 1$, 映射

$$|\cdot|_p : \mathbb{Q} \to \text{非负实数集合}\mathbb{R}_{\geqslant 0}, \quad |a|_p = \gamma^{v_p(a)}$$

叫作 $\mathbb{Q}$ 的 p-adic **赋值**.

由于 $0<\gamma<1$, 指数赋值 v_p 的性质 (a), (b), (c) 分别转化成赋值 $|\cdot|_p$ 的如下性质: 对于 $a,b\in\mathbb{Q}$,

(A) $|a|_p\geqslant 0$, 并且 $|a|_p=0$ 当且仅当 $a=0$ (规定 $\gamma^\infty=0$, 即 $|0|_p=0$);

(B) $|ab|_p=|a|_p\cdot|b|_p$;

(C) (非阿性质) $|a+b|_p\leqslant\max\{|a|_p,|b|_p\}$.

由性质 (A) 和 (B) 可知 $|\cdot|_p:\mathbb{Q}^*\to\mathbb{R}_{>0}$ 是非零有理数乘法群 $\mathbb{Q}^*$ 到正实数乘法群中的群同态. 于是 $|-1|_p^2=|(-1)^2|_p=|1|_p=1$. 但是 $|-1|_p$ 为正实数, 从而 $|-1|_p=1$ (即 $v_p(-1)=0$, 这是显然的). 现在对 $a,b\in\mathbb{Q}$, 定义 $d_p(a,b)=|a-b|_p$, 则由 (A), (B) 和 (C) 推出: 对于 $a,b,c\in\mathbb{Q}$,

(1) $d_p(a,b)\geqslant 0$, 并且 $d_p(a,b)=0$ 当且仅当 $a=b$;

(2) (对称性) $d_p(a,b)=d_p(b,a)$ (即 $|a-b|_p=|b-a|_p$, 这是因为 $|-1|_p=0$);

(3) (非阿性质) $d_p(a,c)\leqslant\max\{d_p(a,b),d_p(b,c)\}$.

由于 $\max\{d_p(a,b),d_p(b,c)\}\leqslant d_p(a,b)+d_p(b,c)$, 所以由非阿性质可推出三角形不等式. 于是 d_p 满足距离的上述三个条件 (1), (2) 和 (3) 称为有理数域 $\mathbb{Q}$ 上的 p-adic 距离. 从而给出 $\mathbb{Q}$ 上的 p-adic 拓扑.

由于 $0<\gamma<1$, 可知 $|a|_p$ 愈小, $v_p(a)$ 愈大. 对于 $a,b\in\mathbb{Z}$, 如果 a 和 b 对于 p-adic 距离很近, 即 $|a-b|_p$ 很小, 则 $v_p(a-b)$ 很大, 即 $a-b$ 可被 p 的很大方幂除尽. 对于两个不同的素数 p 和 q, $a-b$ 可以被 p 很大的方幂除尽, 同时可被 q 很小的方幂除尽. 所以 $\mathbb{Q}$ 中的 p-adic 拓扑和 q-adic 拓扑是不同的. 由于素数有无穷多个, 我们给出了无穷多个非阿的距离拓扑. 这些拓扑和整除性有关, 所以是研究 $\mathbb{Q}$ 上数论性质的工具.

p-adic 拓扑具有比三角形不等式要强的非阿性质, 它们可推出一些特别的现象, 这些现象是通常绝对值给出的拓扑不具备的. 下面是今后经常使用的两条性质.

引理 6.1 (1) 对于 $a,b\in\mathbb{Q}$, 若 $|a|_p\neq|b|_p$, 则 $|a+b|_p=\max\{|a|_p,|b|_p\}$. 用 p-adic 指数赋值 v_p, 这可说成: 若 $v_p(a)\neq v_p(b)$, 则 $v_p(a+b)=\min\{v_p(a),v_p(b)\}$.

(2) 对于 $a_1,\cdots,a_n\in\mathbb{Q}$, $n\geqslant 2$, 若 $a_1+\cdots+a_n=0$, 则 $|a_1|_p,\cdots,|a_n|_p$ 当中至少有两个等于它们的最大值. (即 $v_p(a_1),\cdots,v_p(a_n)$ 当中至少有两个等于它们的最小值.)

证明 (1) 不妨设 $|a|_p>|b|_p$. 我们已知 $|a+b|_p\leqslant\max\{|a|_p,|b|_p\}$. 如果等式不成立, 则 $|a+b|_p<\max\{|a|_p,|b|_p\}=|a|_p$, 于是

$$
\begin{aligned}
|a|_p&>\max\{|a+b|_p,|b|_p\}=\max\{|a+b|_p,|-b|_p\}\\
&\geqslant|(a+b)+(-b)|_p=|a|_p.
\end{aligned}
$$

这推出矛盾 $|a|_p > |a|_p$. 所以必然 $|a+b|_p = \max\{|a|_p, |b|_p\}$.

(2) 若 $a_1, \cdots, a_n$ 均为零, 则 $|a_i|_p$ $(1 \leqslant i \leqslant n)$ 均为零, 命题显然成立. 下设 $a_1, \cdots, a_n$ 不全为零, 则 $M = \max\{|a_1|_p, \cdots, |a_n|_p\} > 0$. 如果 $|a_i|_p$ $(1 \leqslant i \leqslant n)$ 当中只有一个为 M, 不妨设 $|a_1|_p = M$ 而 $|a_i|_p < M$ $(2 \leqslant i \leqslant n)$. 由非阿性质, $|a_2 + \cdots + a_n|_p \leqslant \max\{|a_2|_p, \cdots, |a_n|_p\} < M = |a_1|_p$. 再由 (1) 得出

$$|a_1 + a_2 + \cdots + a_n|_p = \max\{|a_2 + \cdots + a_n|_p, |a_1|_p\} = M.$$

但是 $|a_1 + a_2 + \cdots + a_n|_p = |0|_p = 0$, 这推出 $M = 0$, 与 $M > 0$ 矛盾. 所以存在 i, j, $1 \leqslant i < j \leqslant n$, 使得 $|a_i|_p = |a_j|_p = M$. □

注记 1. 引理 6.1 的 (1) 在直观上很容易理解: 设 $v_p(a) = l$, $v_p(b) = k$, 则 $p^l \parallel a$, $p^k \parallel b$. 如果 $l < k$, 则 $a + b$ 恰好被 p^l 除尽, 即 $p^l \parallel a + b$. 因此 $v_p(a+b) = l = \min\{v_p(a), v_p(b)\}$.

2. 我们可以用集合语言形象地表达非阿赋值的奇特之处.

(a) 设 $a, b, c \in \mathbb{Q}$. 以它们为顶点的“三角形”, 三边的 p-adic 长度分别为 $|a-b|_p$, $|b-c|_p$ 和 $|a-c|_p$. 如果有两边不等, 比如 $|a-b|_p < |b-c|_p$, 则 $|a-c|_p = |(a-b)+(b-c)|_p = \max\{|a-b|_p, |b-c|_p\} = |b-c|_p$, 即第三边必等于另一较长的边. 这可说成: $\mathbb{Q}$ 中的任何 p-adic 三角形都是等腰三角形, 即必有两条 p-adic 长度相等的边.

(b) 设 $a \in \mathbb{Q}$, r 为正实数. 定义以 a 为中心, 以 r 为半径的 p-adic 开球为

$$B(a; r) = \{x \in \mathbb{Q} : |x - a|_p < r\},$$

则对于开球中每个点 $b \in B(a; r)$, $|a-b|_p < r$. 于是当 $x \in B(a; r)$ 时 $|x-a|_p < r$, 从而 $|x-b|_p \leqslant \max\{|x-a|_p, |a-b|_p\} < r$, 即 $x \in B(b; r)$. 同样可证当 $x \in B(b; r)$ 时, $x \in B(a; r)$. 这表明 $B(b; r) = B(a; r)$, 也就是说, $B(a; r)$ 中每个点都是此球的球心.

本节最后谈一下为什么 v_p 叫作 p-adic(p 进) 指数赋值. 每个正整数 n 都可作 p 进制展开:

$$n = a_l p^l + a_{l+1} p^{l+1} + \cdots + a_{l+t} p^{l+t},$$

其中 $l \geqslant 0$, $a_i \in \{0, 1, 2, \cdots, p-1\}$ $(l \leqslant i \leqslant l+t)$, 而 $a_l \geqslant 1$. 这时显然 $p^l \parallel n$, 即 $v_p(n) = l$. 所以正整数的 p-adic 指数赋值和它的 p 进制展开有直接联系. 用正整数的 p 进制展开做加法和乘法运算需要进位. 例如, 对于 $p = 3$, 21 和 19 的 3 进制展开为 $21 = 0 \cdot 3^0 + 1 \cdot 3 + 2 \cdot 3^2$ (表示成 $(012)_3$), $19 = 1 \cdot 3^0 + 0 \cdot 3^1 + 2 \cdot 3^2$ (表示成 $(102)_3$), 它们相加为

$$\begin{array}{rcccc} & 0 & 1 & 2 & \\ + & 1 & 0 & 2 & \\ \hline & 1 & 1 & 1 & 1 \end{array}$$

其中 $2\cdot3^2+2\cdot3^2=4\cdot3^2=1\cdot3^2+1\cdot3^3$ (进位). 而做减法时需要“借位”. 例如 $31-10=(1101)_3-(101)_3=(012)_3$ 的减法算式为

$$\begin{array}{rcccc} & 1 & 1 & 0 & 1 \\ - & 1 & 0 & 1 & \\ \hline & 0 & 1 & 2 & \end{array}$$

对于负整数 $-31=0-31=0-(1101)_3$, 做减法要从右边不断地借位.

$$\begin{array}{rcccccccc} & 0 & 0 & 0 & 0 & 0 & 0 & 0 & \cdots \\ - & 1 & 1 & 0 & 1 & 0 & 0 & 0 & \cdots \\ \hline & 2 & 1 & 2 & 1 & 2 & 2 & 2 & \cdots \end{array}$$

从而 $-31=(2121222\cdots)_3$, 这是一个无限的 p 进制展开, 并且是按 p 的升幂展开, 当指数 n 愈大时, p^n 的 p-adic 赋值愈小, $|p^n|_p=\gamma^{-n}$ $(0<\gamma<1)$.

每个有理数都有 p 进制展开, 展开式可能是无限的, 但一定是周期的, 即展开式为

$$\alpha=a_lp^l+a_{l+1}p^{l+1}+\cdots=\sum_{n=l}^{\infty}a_np^n,$$

其中 $l\in\mathbb{Z}$ (可正可负), $a_i\in\{0,1,\cdots,p-1\}$, $a_l\geqslant1$. 并且 $v_p(\alpha)=l$.

我们以 $-\dfrac{7}{15}$ 的 3 进制展开来说明上述论断, 请读者给出一般的证明. $-\dfrac{7}{15}=\dfrac{1}{3}\cdot\left(-\dfrac{7}{5}\right)$, $-\dfrac{7}{5}=-2+\dfrac{3}{5}$. 由于 $3^4\equiv1 \pmod 5$, $3^4-1=5\cdot16$, 于是

$$\frac{3}{5}=\frac{3\cdot16}{5\cdot16}=-\frac{48}{1-3^4}=-(0121)_3\cdot(1+3^4+3^8+\cdot)=-(\dot{0}12\dot{1})_3 \quad (\text{循环展开式}).$$

因此

$$-\frac{7}{5}=-((2)_3+(\dot{0}12\dot{1})_3)=-(2\dot{1}21\dot{0})_3=(1\dot{1}01\dot{2})_3.$$

最后得到

$$-\frac{7}{15}=3^{-1}\cdot\left(-\frac{7}{5}\right)=3^{-1}\cdot(1\dot{1}01\dot{2})_3$$

$$= 3^{-1} + (1 + 0 \cdot 3 + 1 \cdot 3^2 + 2 \cdot 3^3) + (3^4 + 0 \cdot 3^5 + 1 \cdot 3^6 + 2 \cdot 3^7) + \cdots$$

(从第二项开始系数 1012 循环).

反过来, 每个循环的 p 进制展开都是有理数. 以上面的循环 3 进制展开 $x = 3^{-1} \cdot (1\dot{1}01\dot{2})_3$ 为例, $3x = (1\dot{1}01\dot{2})_3$, 于是

$$3x - 3x \cdot 3^4 = (11012\dot{1}01\dot{2})_3 - (00001\dot{1}01\dot{2})_3 = (11011)_3 = 1 + 3 + 27 + 81 = 112.$$

从而 $x = \dfrac{112}{3(1-3^4)} = -\dfrac{112}{3 \cdot 80} = -\dfrac{7}{15}$.

回忆每个有理数对于通常的绝对值都可展开成循环小数的形式,

$$\alpha = \sum_{n=l}^{\infty} c_n \cdot 10^{-n} \quad (c_n \in \{0, 1, \cdots, 9\}).$$

不过这里是按 10 的降幂展开, 因为对通常的绝对值, n 愈大则 10^{-n} 愈小. 所有这种无限展开 (不必是循环的) 组成的集合就是实数域 $\mathbb{R}$, 它是有理数域对于通常拓扑的完备化. 下一节我们会看到, 有理数域 $\mathbb{Q}$ 对于 p-adic 拓扑的完备化也有类似的形式.

习题 6.1

习题 6.1.1 将 $-\dfrac{7}{6}$ 作 p-adic 展开, 其中 $p = 2, 3, 5, 7$.

习题 6.1.2 求展开式为 $(13\dot{1}\dot{2})_5$ 和 $(\dot{1}002\dot{1})_3$ 的有理数.

习题 6.1.3 说明对于 p-adic 赋值的非阿性质, 引理 6.1 的 (1) 和 (2) 对于通常绝对值均不成立.

6.2 p-adic 数域和 p-adic 整数环

设 X 是一个距离拓扑空间, d 是 X 中的距离. X 中的一个序列 $\{a_1, a_2, \cdots, a_n, \cdots\}$ 称作**柯西序列**, 是指对任何 $\varepsilon > 0$, 均有正整数 M, 使得当 $n, m \geqslant M$ 时均有 $d(a_n, a_m) < \varepsilon$. X 中的一个序列 $\{a_1, a_2, \cdots, a_n, \cdots\}$ 叫作在 X 中有极限 a, 是指对每个 $\varepsilon > 0$, 均有正整数 M, 使得当 $n \geqslant M$ 时均有 $d(a, a_n) < \varepsilon$. 由距离的三角形不等式可知, 若一个序列有极限, 则极限必唯一.

X 的一个子集合 A 叫作 X 的稠密子集, 是指对任何 $x \in X$ 和任何 $\varepsilon > 0$, 均有 $a \in A$ 使得 $d(x, a) < \varepsilon$.

现在可以定义距离拓扑空间 X 的完备化.

定义 6.2 设 X 是以 d 为距离函数的拓扑空间, X 的拓扑完备化是一个以 $\tilde{d}$ 为距离的拓扑空间 $\tilde{X}$, 满足以下性质:

(1) X 是 $\tilde{X}$ 的拓扑子空间, 即 X 是 $\tilde{X}$ 的子集合, 并且当 $a, b \in X$ 时, $\tilde{d}(a,b) = d(a,b)$.

(2) X 是 $\tilde{X}$ 的稠密子集.

(3) $\tilde{X}$ 是拓扑完备的, 即 $\tilde{X}$ 中每个柯西序列在 $\tilde{X}$ 中均有极限 (特别地, X 中每个柯西序列在 $\tilde{X}$ 中有极限.)

现在我们给出一个 p-adic 拓扑空间, 我们将证明它是 p-adic 拓扑空间 $\mathbb{Q}$ 的完备化.

以 $\mathbb{Q}_p$ 表示所有形如

$$\alpha = \sum_{n=l}^{\infty} c_n p^n \quad (l \in \mathbb{Z}, c_n \in \{0, 1, \cdots, p-1\})$$

的元素组成的集合. 由于每个有理数均可表成这种形式, 从而 $\mathbb{Q}$ 是 $\mathbb{Q}_p$ 的子集合. 在 $\mathbb{Q}_p$ 中引入自然的加法和乘法运算: 对于 $\alpha = \sum\limits_{n=l}^{\infty} c_n p^n$ 和 $\beta = \sum\limits_{n=l}^{\infty} d_n p^n$,

$$\alpha + \beta = \sum_{n=l}^{\infty} (c_n + d_n) p^n.$$

然后由左向右依次进位表成标准的 p-adic 展开形式.

$$\alpha\beta = \left(\sum_{n=l}^{\infty} c_n p^n\right)\left(\sum_{m=l}^{\infty} d_m p^m\right) = \sum_{n=l}^{\infty}\sum_{m=l}^{\infty} c_n d_m p^{n+m} = \sum_{k=2l}^{\infty} e_k p^k,$$

其中

$$e_k = \sum_{\substack{n,m \\ n+m=k}} c_n d_m \in \mathbb{Z}.$$

然后依次进位表成标准的 p-adic 展开形式.

不难验证, $\mathbb{Q}_p$ 对于上述定义的加法和乘法是含幺交换环. 我们再证 $\mathbb{Q}_p$ 是一个域, 即要证 $\mathbb{Q}_p$ 中每个非零元素都在 $\mathbb{Q}_p$ 中乘法可逆. 换句话说, 对于 $\mathbb{Q}_p$ 中非零元素

$$\alpha = \sum_{n=l}^{\infty} c_n p^n \quad (0 \leqslant c_n \leqslant p-1, c_l \geqslant 1),$$

要证存在 $\beta \in \mathbb{Q}_p$ 使得 $\alpha\beta = 1$. 可记 $\alpha = p^l \cdot \alpha'$, 其中 $\alpha' = \sum\limits_{n=0}^{\infty} a_n p^n$ $(a_n = c_{n+l})$. 我们待定 $\beta' = \sum\limits_{m=0}^{\infty} b_m p^m$ 中的系数 b_m, 使得 $\beta'\alpha' = 1$, 则 $(\beta' \cdot p^{-l})\alpha = \beta' p^{-l} p^l \alpha' = \beta'\alpha' = 1$, 从而 $\beta = p^{-l}\beta' = \sum\limits_{m=-l}^{\infty} b_{m+l} p^m \in \mathbb{Q}_p$ 就是 α 的逆.

由 $1 = \left(\sum\limits_{m=0}^{\infty} b_m p^m\right)\left(\sum\limits_{n=0}^{\infty} a_n p^n\right)$ 可得

$$1 \equiv a_0 b_0 \pmod{p}, \tag{6.2.1}$$

$$1 \equiv a_0 b_0 + (a_0 b_1 + a_1 b_0)p \pmod{p^2}, \tag{6.2.2}$$

$$\cdots\cdots$$

由于 $1 \leqslant a_0 = c_l \leqslant p-1$, 可知存在唯一的 $b_0 \in \mathbb{Z}$, $1 \leqslant b_0 \leqslant p-1$ 满足同余式 (6.2.1). 于是 $1 - a_0 b_0 = cp (c \in \mathbb{Z})$, 而 (6.2.2) 式等价于 $cp \equiv (a_0 b_1 + a_1 b_0)p \pmod{p^2}$, 即等价于 $a_0 b_1 \equiv c - a_1 b_0 \pmod{p}$. 由于 $1 \leqslant a_0 \leqslant p-1$, 而 c, a_1 和 b_0 是已知的, 从而又有唯一的 $b_1 \in \mathbb{Z}$, $0 \leqslant b_1 \leqslant p-1$, 满足 $a_0 b_1 \equiv c - a_1 b_2 \pmod{p}$, 即同余式 (6.2.2) 成立. 如此下去, 便可依次求出 $b_0, b_1, b_2, \cdots$. 从而得到 α' 的逆元素 $\beta' = \sum\limits_{m=0}^{\infty} b_m p^m$. 这就证明了 $\mathbb{Q}_p$ 是域, 有理数域 $\mathbb{Q}$ 是 $\mathbb{Q}_p$ 的子域. $\mathbb{Q}_p$ 叫作 **p-adic (数) 域**.

对于 $\mathbb{Q}_p$ 中非零元素 $\alpha = \sum\limits_{n=l}^{\infty} c_n p^n (0 \leqslant c_n \leqslant p-1, c_l \neq 0)$. 定义

$$v_p(\alpha) = l, \quad |\alpha|_p = \gamma^l \quad (0 < \gamma < 1, \text{固定 } \gamma).$$

而令 $v_p(0) = \infty, |0|_p = 0$. 则 $\mathbb{Q}_p$ 上如此定义的 v_p 和 $|\cdot|_p$ 分别满足指数赋值条件和赋值条件. 从而 $\mathbb{Q}_p$ 成为距离拓扑空间, 并且不难看出当 $\alpha \in \mathbb{Q}$ 时, 这里定义的 v_p 和 $|\cdot|_p$ 与上节对 $\mathbb{Q}$ 定义的 v_p 和 $|\cdot|_p$ 一致, 从而 $\mathbb{Q}$ 是 $\mathbb{Q}_p$ 的拓扑子空间. 我们下一步要证明 $\mathbb{Q}_p$ 是 $\mathbb{Q}$ 的 p-adic 拓扑完备化. 首先给出 $\mathbb{Q}_p$ 中柯西序列的一个更简单的刻画.

引理 6.2　$\{a_1, a_2, \cdots, a_n, \cdots\}$ 是 $\mathbb{Q}_p$ 中的一个柯西序列, 当且仅当对每个 $\varepsilon > 0$ 均有正整数 N, 使得当 $n \geqslant N$ 时, $|a_{n+1} - a_n|_p < \varepsilon$.

证明　若序列 $\{a_1, a_2, \cdots, a_n, \cdots\}$ 是柯西序列, 根据定义, 对于每个 $\varepsilon > 0$ 均有 N, 使得当 $m, n \geqslant N$ 时, $|a_m - a_n|_p \leqslant \varepsilon$. 取 $m = n+1$, 就有 $|a_{n+1} - a_n|_p \leqslant \varepsilon$. 反之, 若对每个 $\varepsilon > 0$ 均有 N 使得当 $n \geqslant N$ 时, $|a_{n+1} - a_n|_p \leqslant \varepsilon$, 则对于

$m, n \geqslant N$, 不妨设 $m \geqslant n$, 由非阿性质便有

$$|a_m - a_n|_p \leqslant \max\{|a_m - a_{m-1}|_p, |a_{m-1} - a_{m-2}|_p, \cdots, |a_{n+1} - a_n|_p\} \leqslant \varepsilon.$$

从而 $\{a_1, a_2, \cdots, a_n, \cdots\}$ 是柯西序列. □

定理 6.1 $\mathbb{Q}_p$ 是 $\mathbb{Q}$ 的 p-adic 拓扑完备化.

证明 我们已经证明了 $\mathbb{Q}$ 是 $\mathbb{Q}_p$ 的拓扑子空间. 还需证明 $\mathbb{Q}$ 在 $\mathbb{Q}_p$ 中稠密并且 $\mathbb{Q}_p$ 对于 p-adic 拓扑是完备的.

对于 $\mathbb{Q}_p$ 中每个元素 $\alpha = \sum\limits_{n=l}^{\infty} c_n p^n$ $(0 \leqslant c_n \leqslant p-1)$, 考虑 $a_m = \sum\limits_{n=l}^{l+m} c_n p^n$, 这是 $\mathbb{Q}$ 中元素. $v_p(\alpha - a_m) = v_p\left(\sum\limits_{n=l+m+1}^{\infty} c_n p^n\right) \geqslant l + m + 1$. 从而当 $m \to \infty$ 时 $v_p(\alpha - a_m) \to +\infty$, 即 $|\alpha - a_m|_p \to 0$. 这就表明 $\lim\limits_{m\to\infty} a_m = \alpha$ (p-adic 极限). 换句话说, $\mathbb{Q}_p$ 中每个元素都是 $\mathbb{Q}$ 中某个柯西序列的极限, 所以 $\mathbb{Q}$ 在 $\mathbb{Q}_p$ 中稠密.

现在设 $\{\alpha_1, \alpha_2, \cdots, \alpha_n, \cdots\}$ 是 $\mathbb{Q}_p$ 中的柯西序列. 令 α_n 的 p-adic 展开为

$$\alpha_n = \sum_{i=l_n}^{\infty} c_i^{(n)} p^i \quad (n = 1, 2, 3, \cdots),$$

则对每个整数 M, 均有正整数 $N = N(M)$, 使得当 $n \geqslant N$ 时, $v_p(\alpha_{n+1} - \alpha_n) \geqslant M - 1$. 这表明 $\alpha_n, \alpha_{n+1}, \cdots$ 的 p-adic 展开式具有同样的开头部分 $\sum\limits_{i \leqslant M} c_i p^i$. 所以我们可将 $l_n (n = 1, 2, \cdots)$ 取成同一个值 l, 即

$$\alpha_n = \sum_{i=l}^{\infty} c_i^{(n)} p^i \quad (n = 1, 2, \cdots).$$

进而, 由于当 $n \geqslant N$ 时 α_n 的开头部分均为 $\sum\limits_{i \leqslant M} c_i p^i$, 可知当 $n \geqslant N$ 时, $c_M^{(n)}$ 均为 c_M. 由于 M 可取任意整数, 所以对每个 $M \in \mathbb{Z}$, 序列 $\{c_M^{(1)}, c_M^{(2)}, \cdots, c_M^{(n)}, \cdots\}$ 中元素 $c_M^{(n)}$ 在 $n \geqslant N(M)$ 时均为常数 c_M. 请读者证明 $\mathbb{Q}_p$ 中元素 $\alpha = \sum\limits_{i=l}^{\infty} c_i p^i$ 是柯西序列 $\{\alpha_1, \alpha_2, \cdots, \alpha_n, \cdots\}$ 的极限. 所以 $\mathbb{Q}_p$ 对于 p-adic 拓扑是完备的. □

由于 $\mathbb{Q}_p$ 是拓扑完备的, 在 $\mathbb{Q}_p$ 中可以使用解析工具. 下面是取极限方法的一个典型应用.

引理 6.3 域 $\mathbb{Q}_p$ 中存在 $p-1$ 次本原单位根.

证明 对每个有理整数 a, $1 \leqslant a \leqslant p-1$. 初等数论的费马小定理是说 $a^{p-1} \equiv 1 \pmod{p}$, 由此可归纳证明对每个正整数 n, $a^{(p-1)p^n} \equiv 1 \pmod{p^{n+1}}$. 于是 $a^{p^{n+1}} \equiv a^{p^n} \pmod{p^{n+1}}$. 也就是 $v_p(a^{p^{n+1}} - a^{p^n}) \geqslant n+1$. 这就表明 $\{a^{p^n}\}$ $(n = 0, 1, 2, \cdots)$ 是 $\mathbb{Z}$ 中的 p-adic 柯西序列. 从而在 $\mathbb{Q}_p$ 中必有极限:

$$\lim_{n\to\infty} a^{p^n} = \alpha_a \in \mathbb{Q}_p \quad (1 \leqslant a \leqslant p-1).$$

由同余式 $a^{(p-1)p^n} \equiv 1 \pmod{p^{n+1}}$ 可知

$$\alpha_a^{p-1} = \lim_{n\to\infty} a^{p^n(p-1)} = 1 \quad (1 \leqslant a \leqslant p-1).$$

从而 $\alpha_a (1 \leqslant a \leqslant p-1)$ 均是 $p-1$ 次单位根. 由于 $a^{p^n} \equiv a^{p^{n-1}} \equiv \cdots \equiv a \pmod{p}$, 取极限可知 $\alpha_a \equiv a \pmod{p}$. 这表明 $\alpha_a (1 \leqslant a \leqslant p-1)$ 是 $\mathbb{Q}_p$ 中 $p-1$ 个不同的元素. 它们为方程 $x^{p-1} - 1 = 0$ 在 $\mathbb{Q}_p$ 中的全部解. 这些解构成 $\mathbb{Q}_p^* = \mathbb{Q}_p \backslash \{0\}$ 中一个乘法子群. 但是域中非零元素有限乘法群必是循环群. 从而循环群 $\{\alpha_a : 1 \leqslant a \leqslant p-1\}$ 的生成元为 $p-1$ 次本原单位根. □

注记 不难看出 $\varphi : \{\alpha_a : 1 \leqslant a \leqslant p-1\} \to (\mathbb{Z}/p\mathbb{Z})^*, \alpha_a \mapsto a \pmod{p}$ 是 $p-1$ 阶循环群之间的同构. 所以对于模 p 的原根 g, α_g 为 $\mathbb{Q}_p$ 中的 $p-1$ 次本原单位根.

现在研究域 $\mathbb{Q}_p$ 的代数结构.

定理 6.2 (1) 集合

$$\mathbb{Z}_p = \{\alpha \in \mathbb{Q}_p : v_p(\alpha) \geqslant 0\} = \{\alpha \in \mathbb{Q}_p : |\alpha|_p \leqslant 1\}$$

是 $\mathbb{Q}_p$ 的子环. $\mathbb{Z}_p$ 的单位群为

$$U_p = \{\alpha \in \mathbb{Z}_p : v_p(\alpha) = 0\} = \{\alpha \in \mathbb{Z}_p : |\alpha|_p = 1\}.$$

(2) $\mathbb{Z}_p$ 是主理想整环, 它的全部理想为

$$\mathbb{Z}_p = (1) \supset M_p \supset M_p^2 \supset \cdots \supset M_p^n \supset M_p^{n+1} \supset \cdots \supset \{0\},$$

其中 $M_p = (p) = p\mathbb{Z}_p$, $M_p^n = (p^n) = p^n\mathbb{Z}_p$. 并且 $M_p = \mathbb{Z}_p \backslash U_p$ 是环 $\mathbb{Z}_p$ 的唯一极大理想.

(3) 对于 $\mathbb{Q}_p$ 中元素 α, 如果 α 在 $\mathbb{Z}$ 上整, 则 $\alpha \in \mathbb{Z}_p$.

(4) 以 W_{p-1} 表示 $\mathbb{Q}_p$ 中 $p-1$ 次单位根构成的乘法群, 则

$$\mathbb{Q}_p^* = \langle p \rangle \times U_p \quad (\text{直积}),$$

$$U_p = W_{p-1} \times (1+M_p) \quad (\text{直积}),$$

并且对每个 $n \geqslant 1$, $1+M_p^n$ 均为 $1+M_p$ 的子群. 而商群 $\dfrac{1+M_p^n}{1+M_p^{n+1}}$ 是 p 阶循环群.

证明 (1) 设 $\alpha, \beta \in \mathbb{Z}$, 即 $v_p(\alpha) \geqslant 0, v_p(\beta) \geqslant 0$. 则 $v_p(\alpha\beta) = v_p(\alpha)+v_p(\beta) \geqslant 0$, 并且由非阿性质, $v_p(\alpha \pm \beta) \geqslant \min\{v_p(\alpha), v_p(\beta)\} \geqslant 0$. 于是 $\alpha\beta, \alpha \pm \beta \in \mathbb{Z}_p$, 即 $\mathbb{Z}_p$ 为环. 对于 $\alpha \in \mathbb{Z}_p$,

$$\begin{aligned} \alpha \text{ 为环 } \mathbb{Z}_p \text{ 中单位} &\Leftrightarrow \alpha^{-1} \in \mathbb{Z}_p \\ &\Leftrightarrow v_p(\alpha) \geqslant 0 \text{ 并且 } -v_p(\alpha) = v_p(\alpha^{-1}) \geqslant 0 \\ &\Leftrightarrow v_p(\alpha) = 0, \end{aligned}$$

从而 $\mathbb{Z}_p$ 的单位群为 $U_p = \{\alpha \in \mathbb{Z}_p : v_p(\alpha) = 0\}$.

(2) 设 A 是 $\mathbb{Z}_p$ 的一个非零理想. 令 α 为 A 中 v_p 值最小的非零元素, 则 $v_p(\alpha) = n \in \mathbb{Z}, n \geqslant 0$. 于是 $v_p(\alpha p^{-n}) = v_p(\alpha) - n = 0$, 即 $\alpha p^{-n} = \varepsilon \in U_p \subseteq \mathbb{Z}_p$. 从而 $p^n = \alpha\varepsilon^{-1} \in A$. 于是 $M_p^n = (p^n) \subseteq A$. 反之, A 中每个元素 β, $v_p(\beta) \geqslant n$, 因此 $v_p(\beta p^{-n}) \geqslant 0$, 即 $\gamma = \beta p^{-n} \in \mathbb{Z}_p$, 于是 $\beta = p^n\gamma \in (p^n) = M_p^n$. 这就表明 $A = M_p^n$, 从而 $M_p^n = (p^n)(n = 0, 1, 2, \cdots)$ 就是环 $\mathbb{Z}_p$ 中的全部非零理想. 其中 $M_p = (p)$ 是 $\mathbb{Z}_p$ 的唯一极大理想, 因为 $M_p^n (n \geqslant 2)$ 都是 M_p 的真子集, 并且 $\mathbb{Z}_p = M_p^0$ 和 M_p 之间没有理想.

(3) 设 $\alpha \in \mathbb{Q}_p$ 并且 α 在 $\mathbb{Z}$ 上整, 则存在 $\mathbb{Z}[x]$ 中多项式 $f(x) = x^n + c_1x^{n-1} + \cdots + c_{n-1}x + c_n$, 使得 $f(x) = 0$, 即

$$\alpha^n + c_1\alpha^{n-1} + \cdots + c_{n-1}\alpha + c_n = 0 \quad (c_i \in \mathbb{Z}, n \geqslant 1). \tag{6.2.3}$$

由于 $v_p(c_i) \geqslant 0$ $(1 \leqslant i \leqslant n)$, 可知若 $v_p(\alpha) < 0$, 则对于每个 i $(0 \leqslant i \leqslant n-1)$,

$$v_p(c_{n-i}\alpha^i) = v_p(c_{n-i}) + iv_p(\alpha) \geqslant iv_p(\alpha) > nv_p(\alpha) = v_p(\alpha^n).$$

这表明在 (6.2.3) 式左边 $n+1$ 项中, 只有 $v_p(\alpha^n)$ 达到这些项的最小 v_p 值. 由引理 6.1 知这是不可能的. 因此 $v_p(\alpha) \geqslant 0$, 即 $\alpha \in \mathbb{Z}_p$.

(4) 引理 6.3 表明 $\mathbb{Q}_p$ 中存在由 $p-1$ 次单位根构成的 $p-1$ 阶乘法循环群 W_{p-1}. 其中元素均是 $x^{p-1}-1$ 的根, 即均在 $\mathbb{Z}_p$ 上整, 由 (3) 即知 $W_{p-1} \in \mathbb{Z}_p$. 事实上, 对每个 $\alpha \in W_{p-1}$, $\alpha^{p-1} = 1$, 因此 $(p-1)v_p(\alpha) = v_p(\alpha^{p-1}) = v_p(1) = 0$. 从而 $v_p(\alpha) = 0$, 即 W_{p-1} 是 U_p 的 $p-1$ 阶循环子群.

对于每个 $\alpha \in \mathbb{Q}_p^*$, $v_p(\alpha) = n \in \mathbb{Z}$. 于是 $\alpha_p^{-n} = \varepsilon \in U_p$. 所以 α 可唯一表示成 $p^n\varepsilon$, 其中 $n = v_p(\alpha), \varepsilon \in U_p$. 这表明 $\mathbb{Q}_p^* = \langle p \rangle \times U_p$ (直积). 进

而, $W_{p-1} = \{\alpha_a : 1 \leqslant a \leqslant p-1\}$, 其中 α_a 的定义见引理 6.3 的证明. 由于 $\alpha_a \equiv a \pmod p$, 对每个 $\varepsilon \in U_p$, $\varepsilon = c_0 + c_1 p + \cdots$, 其中 $1 \leqslant c_0 \leqslant p-1$. 于是 $\dfrac{\varepsilon}{\alpha_c} = \dfrac{c + c_1 p + \cdots}{c + c' p + \cdots} \equiv 1 \pmod p$, 即 $\varepsilon = \alpha_c \cdot s$, 其中 $s \equiv 1 \pmod p$, 即 $s \in 1 + M_p$. 并且分解式 $\varepsilon = \alpha_c \cdot s$ 是唯一的, 因为 c 由 $c \equiv s \pmod p$ 所决定. 这就证明 $U_p = W_{p-1} \times (1 + M_p)$ (直积).

最后, 容易证明对每个 $n \geqslant 1$, $1 + M_p^n$ 为 $1 + M_p$ 的子群. 考虑映射

$$\varphi : 1 + M_p^n \to \mathbb{Z}/p\mathbb{Z}, \quad \varphi(1 + cp^n + \cdots) = c \pmod p \quad (0 \leqslant c \leqslant p-1).$$

由于 $(1+cp^n+\cdots)(1+c'p^n+\cdots) = 1+(c+c')p^n+\cdots$, 可知 φ 是乘法群 $1+M_p^n$ 到加法群的同态, 易知这是满同态并且核为 $1 + M_p^{n+1}$. 从而商群 $\dfrac{1+M_p^n}{1+M_p^{n+1}}$ 是 p 阶循环群. □

环 $\mathbb{Z}_p$ 和群 U_p 分别叫作 p-adic 整数环和 p-adic 单位群, 其中元素分别叫作 p-adic 整数和 p-adic 单位.

设 π 为 $\mathbb{Z}_p$ 中任意一个满足 $v_p(\pi) = 1$ 的元素, 则 $v_p\left(\dfrac{\pi}{p}\right) = 0$, 即 $\pi = p\varepsilon$, 其中 $\varepsilon \in U_p$ (即 $v_p(\varepsilon) = 0$). 从而 π 和 p 是相伴的. 于是 $M_p = (p) = (\pi)$, 并且对每个 $n \geqslant 1$, $M_p^n = (p^n) = (\pi^n)$. 另一方面, 由于 M_p 为 $\mathbb{Z}_p$ 的极大理想, 可知 $\dfrac{\mathbb{Z}_p}{M_p}$ 为域, $\mathbb{Z}_p$ 对于加法子群 M_p 共 p 个陪集 $a + M_p$ $(0 \leqslant a \leqslant p-1)$, 从而 $\dfrac{\mathbb{Z}_p}{M_p}$ 为 p 元有限域 $\mathbb{Z}/p\mathbb{Z}$. 在元素 $\alpha \in \mathbb{Q}_p^*$ 的 p-adic 展开式

$$\alpha = \sum_{n=l}^{\infty} c_n p^n \quad (l = v_p(\alpha))$$

中, c_n 取自 $\{0, 1, \cdots, p-1\}$ $(c_l \neq 0)$, 这是 $\mathbb{Z}_p$ 对于子群 M_p 的一个完全代表系, 即每个陪集 $a + M_p$ 中取一个元素 a $(0 \leqslant a \leqslant p-1)$. 现在设 S 是 $\mathbb{Z}_p$ 对子群 M_p 的任何一个完全代表系, 并且 $0 \in S$ (即陪集 M_p 中一定要取 0 为代表元). 例如 $S = W_{p-1} \cup \{0\}$ 就是这样一个完全代表系, 因为 W_{p-1} 是 $\mathbb{Z}_p$ 中 $p-1$ 个 $p-1$ 次单位根 α_a $(1 \leqslant a \leqslant p-1)$, 而 $\alpha_a \equiv a \pmod{M_p}$, 即 $\alpha_a \in a + M_p$ $(1 \leqslant a \leqslant p-1)$.

我们现在证明: $\mathbb{Q}_p$ 中每个元素均有唯一的 π-adic 展开式, 并且系数可取自一个固定的完全代表系 S.

定理 6.3　设 π 是环 $\mathbb{Z}_p$ 中任意一个和 p 相伴的元素, 即 $v_p(\pi) = 1$. S 是 $\mathbb{Z}_p$ 对于加法子群 M_p 的一个完全代表系, 并且 $0 \in S$. 则 $\mathbb{Q}_p$ 中每个非零元素均唯一

表示成如下的 π-adic 展开式:

$$\alpha = \sum_{n=l}^{\infty} c_n \pi^n \quad (c_n \in S, c_l \neq 0, l = v_p(\alpha))$$

(对于 $\alpha = 0$, 规定所有的 c_n 均为 0).

证明 设 $0 \neq \alpha \in \mathbb{Q}_p$, $v_p(\alpha) = l \in \mathbb{Z}$. 由 $v_p(\pi^l) = l$ 可知 $\alpha = \pi^l \varepsilon$, $\varepsilon \in U_p$. 于是 $\varepsilon \not\equiv 0 \pmod{\pi}$. 由于 $M_p = (\pi)$, 可知存在 $0 \neq c_l \in S$, 使得 $\varepsilon \equiv c_l \pmod{\pi}$, 于是在 $\mathbb{Z}_p$ 中 $\pi | \varepsilon - c_l$, 从而 $\varepsilon = c_l + \pi\alpha_1$, $\alpha_1 \in \mathbb{Z}_p$. 从而 $\alpha = \pi^l \varepsilon = c_l \pi^l + \pi^{l+1}\alpha_1$. 然后又有 $c_{l+1} \in S$ 使得 $\alpha_1 \equiv c_{l+1} \pmod{\pi}$, 从而 $\alpha_1 = c_{l+1} + \pi\alpha_2$, $\alpha_2 \in \mathbb{Z}_p$. 于是 $\alpha = c_l\pi^l + \pi^{l+1}(c_{l+1} + \pi\alpha_2) = c_l\pi^l + c_{l+1}\pi^{l+1} + \pi^{l+1}\alpha_2$. 继续下去, 便得到所希望的 π-adic 展开式. 唯一性的证明留给读者. □

习题 6.2

习题 6.2.1 说明引理 6.2 对于实数域中通常柯西序列是不成立的.

习题 6.2.2 设 $\{a_n\}$ 和 $\{b_n\}$ 是 $\mathbb{Q}_p$ 中两个 p-adic 柯西序列, $\lim\limits_{n\to\infty} a_n = a$, $\lim\limits_{n\to\infty} b_n = b$, 证明: $\{a_n + b_n\}$, $\{a_n - b_n\}$, $\{a_n b_n\}$ 均是柯西序列, 并且它们的 p-adic 极限分别为 $a+b$, $a-b$, ab. 进而若 b_n 均不为零, 并且 b 也不为零, 则 $\{a_n b_n^{-1}\}$ 为 p-adic 柯西序列, 并且它的 p-adic 极限为 ab^{-1}.

习题 6.2.3 若 $\mathbb{Q}_p$ 中序列 $\{a_n\}$ 有 p-adic 极限, 则 $\{a_n\}$ 必为 p-adic 柯西序列.

习题 6.2.4 设 $\{a_n\}$ 为 $\mathbb{Q}_p$ 中序列, $\alpha_n = \sum\limits_{i=1}^{n} a_i$ $(n = 1, 2, \cdots)$. 如果 $\{\alpha_n\}$ 是 p-adic 柯西序列, 称无穷级数 $a_1 + a_2 + \cdots + a_n + \cdots$ 是收敛的, 并且将 $\{\alpha_n\}$ 的 p-adic 极限记成 $\sum\limits_{i=1}^{\infty} a_i$. 证明:

(a) $\sum\limits_{i=1}^{\infty} a_i$ 是收敛的当且仅当在 $i \to \infty$ 时, $a_i \to 0$ (即 $v_p(a_i) \to \infty$).

(b) 证明对于每个 $a \in \mathbb{Q}_p$, 当 $v_p(a) > 1$ 时, 级数 $\sum\limits_{n=1}^{\infty} \dfrac{a^n}{n}$ 收敛.

(c) 试问对哪些 $a \in \mathbb{Q}_p$, 级数 $\sum\limits_{n=1}^{\infty} \dfrac{a^n}{n!}$ 收敛?

习题 6.2.5 证明正整数集合 $\mathbb{N}$ 为 $\mathbb{Z}_p$ 的稠密子集.

习题 6.2.6 令 α 为 $\mathbb{Z}_5$ 中满足 $\alpha \equiv 3 \pmod{5}$ 的 4 次单位根. 求 α 的 5-adic 展开式 $\alpha = c_0 + c_1 \cdot 5 + c_2 \cdot 5^2 + \cdots + c_n \cdot 5^n + \cdots$ $(0 \leqslant c_n \leqslant 4)$ 中前 5 位系数 c_i $(i = 0, 1, 2, 3, 4)$.

习题 6.2.7 记 $\mathbb{Z}_{(p)} = \mathbb{Z}_p \cap \mathbb{Q}$, $M_{(p)} = M_p \cap \mathbb{Q}$, $U_{(p)} = U_p \cap \mathbb{Q}$. 则

(a) $\mathbb{Z}_{(p)}$ 是 $\mathbb{Q}$ 的子环, $M_{(p)}$ 是 $\mathbb{Z}_{(p)}$ 的唯一极大理想, $\dfrac{\mathbb{Z}_{(p)}}{M_{(p)}}$ 是 p 元有限域. $U_{(p)}$ 为 $\mathbb{Z}_{(p)}$ 的单位群, $\mathbb{Z}_{(p)}$ 是主理想整环. 试决定环 $\mathbb{Z}_{(p)}$ 的全部理想.

(b)

$$\mathbb{Z}_{(p)} = \{\alpha \in \mathbb{Q} : v_p(\alpha) \geqslant 0\} = \left\{\alpha = \frac{a}{b} : a, b \in \mathbb{Z}, p \nmid b\right\},$$

$$M_{(p)} = \{\alpha \in \mathbb{Q} : v_p(\alpha) \geqslant 1\} = \left\{\alpha = \frac{a}{b} : a, b \in \mathbb{Z}, p \nmid b, p \mid a\right\},$$

$$U_{(p)} = \{\alpha \in \mathbb{Q} : v_p(\alpha) = 0\} = \left\{\alpha = \frac{a}{b} : a, b \in \mathbb{Z}, p \nmid ab\right\}.$$

(c) 对每个素数 p, $\mathbb{Z}$ 为 $\mathbb{Z}_{(p)}$ 的子环, 并且 $\mathbb{Z} = \bigcap_p \mathbb{Z}_{(p)}$, 其中 p 过所有素数. 换句话说, 对每个有理数 α, α 为有理整数当且仅当对每个素数 p, α 是 p-adic 整数.

(d) $\mathbb{Z}_p$ 是 $\mathbb{Z}_{(p)}$ 的 p-adic 拓扑闭包. 也就是说: $\mathbb{Z}_p$ 是 p-adic 拓扑空间 $\mathbb{Z}_{(p)}$ 的完备化.

6.3　$\mathbb{Q}_p$ 上解代数方程: 牛顿迭代法

初等数论的主要目的是研究有理整数的算术性质 (整除性, 同余性, $\cdots$) 和多项式方程 $f(x_1, \cdots, x_n) = 0$ 的有理整数解, 其中 $f(x_1, \cdots, x_n) \in \mathbb{Z}[x_1, \cdots, x_n]$. 也研究这种方程的有理数解. 例如, 费马方程 $x^n + y^n = z^n$ 的有理整数解本质上相当于研究方程 $X^n + Y^n - 1 = 0$ 的有理数解.

人们最熟悉的方法是将 $\mathbb{Q}$ 扩大成实数域, 考虑 $f(x_1, \cdots, x_n) = 0$ 的实数解. 如果方程没有实数解, 则它也不能有有理数解. 如果能找到它的全部实数解, 则只需看哪些是有理数解即可. 实数域 $\mathbb{R}$ 是 $\mathbb{Q}$ 对于通常拓扑的完备化域, 从而可以用解析工具来得到方程实数解的信息.

现在我们又有了 $\mathbb{Q}$ 的无穷多个新的扩域 $\mathbb{Q}_p$ $(p = 2, 3, 5, 7, \cdots)$, 它们是 $\mathbb{Q}$ 对于 p-adic 拓扑的完备化域. 对每个素数 p, 我们也可以考虑方程 $f(x_1, \cdots, x_n) = 0$ 在 $\mathbb{Q}_p$ 中的解. 如果它在某个 $\mathbb{Q}_p$ 中无解, 则在 $\mathbb{Q}$ 中也无解. 由于域 $\mathbb{Q}_p$ 有较为简单的代数结构, 并且在这些 p-adic 完备化域中可以用 p-adic 分析工具 (取 p-adic 极限、p-adic 连续性等), 寻求 $\mathbb{Q}_p$-解有一些特殊的方法. 本节介绍其中的一种方法, 我们只讨论单变量多项式的情形. 下面结果可以看出: 方程在 $\mathbb{Z}_p$ 中的可解性有简单的判别方法.

引理 6.4　(1) p-adic 整数环 $\mathbb{Z}_p$ 对于 p-adic 拓扑是紧集, 即对 $\mathbb{Z}_p$ 中任意一个无穷序列 $\{\alpha_n\}$ $(n = 1, 2, \cdots)$ 均有一个收敛于 $\mathbb{Z}_p$ 的子序列.

(2) 对于 $f(x) \in \mathbb{Z}[x]$, 方程 $f(x) = 0$ 在 $\mathbb{Z}_p$ 中有解当且仅当对每个 $n \geqslant 1$, 同余方程 $f(x) \equiv 0 \pmod{p^n}$ 在 $\mathbb{Z}$ 中均可解.

证明　(1) $\mathbb{Z}_p$ 中元素均有 p-adic 展开 $\alpha = a_0 + a_1 p + \cdots + a_n p^n + \cdots$, 其中 $a_i \in \{0, 1, \cdots, p-1\}$ 叫作 α 的展开式中第 i 个系数. 由于每个系数只有有限多个取值, 因此 $\{\alpha_n\}$ 必有一个无穷子序列 (叫作第 0 子序列), 其中每个数的展开式的第 0 个系数均相同, 设它为 c_0. 我们在此序列中取一个数 $\alpha_{n_0} = c_0 + \cdots$. 同样地, 第 0 子序列又有一个无穷子序列 (叫作第 1 子序列), 使得其中每个数的展开式的第 1 个系数均相同, 设它为 c_1. 在第 1 子序列中取一个数 α_{n_1} $(n_1 > n_0)$, 于是 $\alpha_{n_1} = c_0 + c_1 p + \cdots$. 这样继续下去, 便得到 $\{\alpha_n\}$ 的一个子序列 $\{\alpha_{n_i}\}$ $(i =$

$0,1,2,\cdots$), $n_0<n_1<n_2<\cdots$, 使得 α_{n_i} 展开式的前 $i+1$ 位为 $c_0+c_1p+\cdots+c_ip^i$. 于是 $v_p(\alpha_{n_{i+1}}-\alpha_{n_i})\geqslant i+1\to\infty$ (当 $i\to\infty$ 时). 即子序列 $\{\alpha_{n_i}\}$ 是柯西序列, 它在 $\mathbb{Q}_p$ 中有极限 α. 并且 $\alpha=\sum\limits_{i=0}^{\infty}c_ip^i\in\mathbb{Z}_p$.

(2) 设 $f(x)=0$ 在 $\mathbb{Z}_p$ 中有解 $\alpha=\sum\limits_{i=0}^{\infty}c_ip^i(c_i\in\{0,1,\cdots,p-1\})$, 即 $f(\alpha)=0$. 取 $\alpha_n=\sum\limits_{i=0}^{n}c_ip^i\in\mathbb{Z}$. 由于 $f(x)\in\mathbb{Z}[x]$ 以及 $\alpha\equiv\alpha_n \pmod{p^{n+1}}$, 可知 $f(\alpha_n)\equiv f(\alpha)=0 \pmod{p^{n+1}}$. 即对每个 $n\geqslant 1$, $f(x)\equiv 0 \pmod{p^n}$ 均有解 $x=\alpha_{n-1}\in\mathbb{Z}$. 反之, 设对每个 $n\geqslant 1$, 同余方程 $f(x)\equiv 0 \pmod{p^n}$ 有解 $x=\alpha_n\in\mathbb{Z}\subset\mathbb{Z}_p$, 则 $f(\alpha_n)\equiv 0 \pmod{p^n}$. 由 (1) 知 $\{\alpha_n\}$ 有子序列 $\{\alpha_{n_i}\}$, 使得 $\lim\limits_{i\to\infty}\alpha_{n_i}=\alpha\in\mathbb{Z}_p$. 当 $i\to\infty$ 时, $n_i\to\infty$, $f(\alpha_{n_i})\equiv 0 \pmod{p^{n_i}}$ 的极限给出 $f(\alpha)=0$, 即 $f(x)=0$ 有解 $\alpha\in\mathbb{Z}_p$. □

由这个引理可知, 对于 $f(x)\in\mathbb{Z}[x]$, 为了证明它在 $\mathbb{Z}_p$ 中有解, 需要无穷多个同余方程 $f(x)\equiv 0 \pmod{p^n}(n=1,2,3,\cdots)$ 在 $\mathbb{Z}$ 中均有解. 事实上, 在许多情形下, 只需要其中少数几个同余方程在 $\mathbb{Z}$ 中有解即可.

现在介绍一种有效的求解方法, 这种方法是从方程求实数根的一种迭代方法演变而成的. 设 $f(x)=a_nx^n+a_{n-1}x^{n-1}+\cdots+a_1x+a_0$ 为实系数多项式, 它的导函数为 $f'(x)=na_nx^{n-1}+\cdots+2a_2x+a_1$. 方程 $y=f(x)$ 是坐标平面上的一条曲线.

给了 x 的初始值 $a_0\in\mathbb{R}$, 令 $y_0=f(a_0)$. 则曲线在点 $A_0=(a_0,y_0)$ 处的切线是斜率为 $f'(a_0)$ 的直线, 当 $f'(a_0)\neq 0$ 时, 这条切线和 X 轴有交点 a_1 (见图 6.1). 由 $f'(a_0)=\dfrac{y_0}{a_0-a_1}$ 可知 $a_1=a_0-\dfrac{f(a_0)}{f'(a_0)}$.

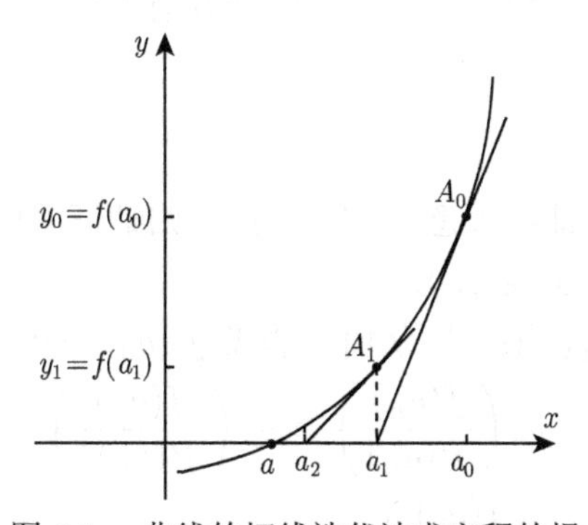

图 6.1 曲线的切线迭代法求方程的根

再令 $y_1=f(a_1)$, 曲线在点 $A_1=(a_1,y_1)$ 的切线在斜率 $f'(a_1)\neq 0$ 时, 和 X 轴有交点 a_2, 其中 $a_2=a_1-\dfrac{f(a_1)}{f'(a_1)}$. 如果这个过程一直持续下去, 便可算出一个实数序列 $\{a_n\}$, 其中

$$a_{n+1}=a_n-\frac{f(a_n)}{f'(a_n)}\quad(n=0,1,2,\cdots),\tag{6.3.1}$$

在某种条件下, 可保证 $\{a_n\}$ 是实数的柯西序列. 于是 $\lim\limits_{n\to\infty}a_n=a\in\mathbb{R}$. 由于多项式为连续函数, 从而 $f(a_n)\to f(a), f'(a_n)\to f'(a)$. 如果 $f'(a)\neq 0$, 则将 (6.3.1) 式取极限, 给出 $a=a-\dfrac{f(a)}{f'(a)}$, 由此得到 $f(a)=0$, 即序列 $\{a_n\}$ 的极限 a 是 $f(x)=0$ 的一个实根.

上面迭代求实根的方法通常叫牛顿迭代法. (事实上, 我国宋朝数学家秦九韶于 13 世纪就用类似方法求实根的近似值.) 将 $\mathbb{R}$ 中的这种方法移植到 $\mathbb{Q}_p$ 中, 便给出下面结果.

定理 6.4 设 $f(x)\in\mathbb{Z}_p[x]$. 如果存在 $a_0\in\mathbb{Z}_p$, 使得

$$f'(a_0)\neq 0 \text{ 并且 } v_p(f(a_0))>2v_p(f'(a_0)),$$

则迭代

$$a_{n+1}=a_n-\frac{f(a_n)}{f'(a_n)}\quad(n=0,1,\cdots)$$

可以无限进行下去 (即 $f'(a_n)(n=0,1,2,\cdots)$ 均不为 0), 并且 $\{a_n\}$ $(n=0,1,2,\cdots)$ 是一个 p-adic 柯西序列. 令 $\lim\limits_{n\to\infty}a_n=a\in\mathbb{Z}_p$, 则 $f(a)=0$ 并且

$$v_p(a-a_0)\geqslant v_p\left(\frac{f(a_0)}{f'(a_0)}\right)\geqslant r,$$

其中 $r=v_p\left(\dfrac{f(a_0)}{f'(a_0)^2}\right)\geqslant 1$.

证明 此处只给出证明大意. 首先对于 n 归纳证明以下 4 个论断均成立:

(A) $v_p(a_n)\geqslant 0$ (即 $a_n\in\mathbb{Z}_p$);

(B) $v_p(f'(a_n))=v_p(f'(a_0))$, 从而由假设 $f'(a_0)\neq 0$ 可知 $f'(a_n)\neq 0$;

(C) $v_p(a_{n+1}-a_n)=v_p\left(\dfrac{f(a_n)}{f'(a_n)}\right)\geqslant v_p\left(\dfrac{f(a_n)}{f'(a_n)^2}\right)\geqslant 2^n r$;

(D) $v_p(a_n-a_0)\geqslant v_p\left(\dfrac{f(a_0)}{f'(a_0)}\right)\geqslant r$.

当 $n=0$ 时由定理假设可知这 4 个论断均成立. 由 n 到 $n+1$ 的归纳证明则需要比较精细的估计, 其中多次用到 v_p 的非阿性质. 我们略去这个细节. 于是上述 4 个论断对任何正整数 n 均成立.

由 (C) 可知 $\{a_n\}$ 为 p-adic 柯西序列 (因为 $n\to\infty$ 时 $2^n r\to\infty$). 将 (B) 式取极限可知 $v_p(f'(a))=v_p(f'(a_0))$. 由假设 $f'(a_0)\neq 0$ 可知 $f'(a)\neq 0$. 再对迭代公式 $a_{n+1}=a_n-\dfrac{f(a_n)}{f'(a_n)}$ 取极限, 给出 $a=a-\dfrac{f(a)}{f'(a)}$. 于是 $f(a)=0$. 最后对 (D) 取极限便知 $v_p(a-a_0)\geqslant v_p\left(\dfrac{f(a_0)}{f'(a_0)}\right)\geqslant r$. □

注记 定理 6.4 不但给出 $f(x)=0$ 的一个解 $x=a\in\mathbb{Z}_p$, 而且还给出解 a 和迭代的初始值 a_0 的近似程度 $v_p(a-a_0)\geqslant v_p\left(\dfrac{f(a_0)}{f'(a_0)}\right)\geqslant 1$. 如果只关心 $\mathbb{Z}_p$ 中解的存在性, 则定理 6.4 有如下的直接推论.

推论 6.1 设 $f(x)\in\mathbb{Z}_p[x]$. 如果存在 $a_0\in\mathbb{Z}_p$, 使得 $v_p(f(a_0))>2v_p(f'(a_0))$, 则 $f(x)=0$ 在 $\mathbb{Z}_p$ 中有解.

例 6.1 我们用定理 6.4 重新证明在 $\mathbb{Z}_p$ 中存在 $p-1$ 次本原单位根. 取 a 为模 p 的一个原根, 即 a 模 p 的阶为 $p-1$. 考虑多项式 $f(x)=x^{p-1}-1\in\mathbb{Z}_p[x]$. 由 $a^{p-1}\equiv 1 \pmod p$ 可知 $v_p(f(a))=v_p(a^{p-1}-1)\geqslant 1$. 但是 $v_p(f'(a))=v_p((p-1)a^{p-2})=0$. 于是 $v_p(f(a))>0=2v_p(f'(a))$. 根据定理 6.4, 存在 $\alpha_a\in\mathbb{Z}_p$ 使得 $f(\alpha_p)=0$, 即 α_a 为 $p-1$ 次单位根. 并且 $v_p(\alpha_a-a)\geqslant v_p\left(\dfrac{f(a)}{f'(a)^2}\right)\geqslant 1$, 即 $\alpha_a\equiv a \pmod p$. 由于 a 为模 p 的原根, 可知 α_a 为 $\mathbb{Z}_p$ 中的 $p-1$ 次本原单位根.

例如对于 $p=7$, 我们求 $\mathbb{Z}_7$ 中一个 6 次本原单位根 α. α 是

$$f(x)=\frac{(x^6-1)(x-1)}{(x^2-1)(x^3-1)}=\frac{x^3+1}{x+1}=x^2-x+1\in\mathbb{Z}_7[x]$$

的根, $f'(x)=2x-1$. 由于 3 是模 7 的原根, 可设 $\alpha\equiv 3 \pmod 7$. 取初始值 $a_0=3$. 则

$$r=v_7\left(\frac{f(a_0)}{f'(a_0)}\right)=v_7\left(\frac{7}{5}\right)=1,$$

迭代为

$$a_{n+1}=a_n-\frac{f(a_n)}{f'(a_n)}=\frac{a_n^2-1}{2a_n-1}\quad (n=0,1,\cdots),$$

$\alpha = \lim a_n$, 而近似程度为

$$v_7(\alpha - a_n) \geqslant 2^n r = 2^n.$$

所以若近似到 7^3 的系数, 只需算到 a_2 即可.

$$a_1 = \frac{a_0^2 - 1}{2a_0 - 1} = \frac{8}{5}, \quad a_2 = \frac{a_1^2 - 1}{2a_1 - 1} = \frac{39}{55} = 3 + 4 \cdot 7 + 6 \cdot 7^2 + 7^3 + \cdots,$$

从而 α 的近似值为 $3 + 4 \cdot 7 + 6 \cdot 7^2 + 7^3 = A$, $v_p(\alpha - A) \geqslant 4$.

作为推论 6.1 的一个应用, 对于 $\alpha \in \mathbb{Q}_p^*$, 我们研究方程 $x^2 - \alpha = 0$ 在 $\mathbb{Q}_p$ 中的可解性, 即 α 何时为 $\mathbb{Q}_p^*$ 中的平方元素.

定理 6.5 设 $\alpha = p^l u \in \mathbb{Q}_p^*$, 其中 $l = v_p(\alpha)$, $u = a_0 + a_1 p + a_2 p^2 + \cdots \in U_p$.

(1) 当 p 为奇素数时, α 为 $\mathbb{Q}_p^*$ 中的平方元素当且仅当 l 为偶数并且 $\left(\dfrac{a_0}{p}\right) = 1$ (即 $x^2 \equiv u \pmod p$ 在 $\mathbb{Z}$ 中有解).

(2) 对于 $p = 2$, α 为 $\mathbb{Q}_2^*$ 中平方元素当且仅当 l 为偶数并且 $u \equiv 1 \pmod 8$ (即 $a_0 = 1$ 并且 $a_1 = a_2 = 0$).

证明 (1) 设 $p \geqslant 3$. 若 $\alpha = \beta^2$, $\beta \in \mathbb{Q}_p^*$, 则 $l = v_p(\alpha) = 2v_p(\beta)$ 为偶数. 于是 $l = 2t$ $(t \in \mathbb{Z})$, 而 $\beta = p^t v$, $v = b_0 + b_1 p + \cdots \in U_p$. 由 $p^l u = \alpha = \beta^2 = p^{2t} v^2$, 可知 $u = v^2$, 即 $a_0 \equiv b_0^2 \pmod p$, 即 $\left(\dfrac{a_0}{p}\right) = 1$. 反之, 设 $l = v_p(\alpha) = 2t$ $(t \in \mathbb{Z})$, 并且 $\left(\dfrac{a_0}{p}\right) = 1$, 则 $\alpha = p^{2t} u$. 为证 α 为 $\mathbb{Q}_p^*$ 中平方元素, 只需证 u 为 $\mathbb{Q}_p^*$ 中平方元素. 考虑 $f(x) = x^2 - u$. 由 $\left(\dfrac{a_0}{p}\right) = 1$, 可知有 $b_0 \in \mathbb{Z}$ 使得 $a_0 \equiv b_0^2 \pmod p$. 特别地, 由 $u = a_0 + a_1 p + \cdots \in U_p$ 可知 $p \nmid a_0$, 从而 $b_0 \not\equiv 0 \pmod p$. 于是

$$f(b_0) = b_0^2 - u \equiv b_0^2 - a_0 \equiv 0 \pmod p, \quad f'(b_0) = 2b_0 \not\equiv 0 \pmod p,$$

从而 $v_p(f(b_0)) \geqslant 1 \geqslant 0 = 2 \cdot v_p(f'(b_0))$. 由推论 6.1 可知 $f(x) = x^2 - u$ 在 $\mathbb{Z}_p$ 中有解, 即 u (从而 α) 为 $\mathbb{Q}_p^*$ 中平方元素.

(2) 若 $\alpha = \beta^2$, $\beta \in \mathbb{Q}_2^*$. 同上面推理可知 $v_2(\alpha) = 2v_2(\beta)$ 为偶数并且 $u = v^2$, 其中 $v \in U_2$. 记 $v = b_0 + b_1 \cdot 2 + b_2 \cdot 2^2 + \cdots$, 则 $b_0 = 1$, 于是 $v = b_0 + b_1 \cdot 2 + b_2 \cdot 2^2 \pmod 8$. 此同余式右边为奇数, 因此 $v^2 \equiv 1 \pmod 8$, 即 $u \equiv 1 \pmod 8$. 反之设 $\alpha = 2^{2t} u$ 并且 $u \equiv 1 \pmod 8$, $u \in U_2$. 为证 α 为 $\mathbb{Q}_2^*$ 中平方元素, 只需证 u 为 $\mathbb{Q}_2^*$ 中平方元素. 考虑 $f(x) = x^2 - u$. 由 $f(1) = 1 - u \equiv 0 \pmod 8$ 可知 $v_2(f(1)) \geqslant 3$. 而 $v_2(f'(1)) = v_2(2) = 1$. 从而 $v_2(f(1)) \geqslant 3 > 2 = 2 \cdot v_2(f'(1))$. 由推论 6.1 可知 $x^2 - u = 0$ 在 $\mathbb{Z}_2$ 中有解, 即 u (从而 α) 是 $\mathbb{Q}_2^*$ 中平方元素. □

作为定理 6.5 的一个推论, 我们可以完全决定 $\mathbb{Q}_p$ 的所有二次扩域. 对于 $\mathbb{Q}$ 的通常绝对值给出的拓扑, 它的完备化域是实数域 $\mathbb{R}$. 任意特征 0 域的二次扩域 K 均有形式 $K=\mathbb{R}(\sqrt{d})$, 其中 $d\in\mathbb{R}$, $d\notin\mathbb{R}^2$, 即 d 为 $\mathbb{R}^*$ 中非平方元素. 由于 $(\mathbb{R}^*)^2$ 是 $\mathbb{R}^*$ 中正实数全体形成的乘法子群, $\mathbb{R}^*/(\mathbb{R}^*)^2=\{1,-1\}$. 不难证明: $\mathbb{R}(\sqrt{d})=\mathbb{R}(\sqrt{d'})$ 当且仅当 $d/d'\in(\mathbb{R}^*)^2$. 所以 $\mathbb{R}$ 只有一个二次扩域 $\mathbb{R}(\sqrt{-1})$, 即复数域 $\mathbb{C}$. 现在我们证明: 对于每个素数 p, $\mathbb{Q}$ 对 p-adic 拓扑的完备化域 $\mathbb{Q}_p$ 也只有有限多个二次扩域.

定理 6.6 (1) 当 p 是奇素数时, $\mathbb{Q}_p^*/(\mathbb{Q}_p^*)^2$ 是两个 2 阶循环群的直积, 而 $\mathbb{Q}_p$ 只有三个二次扩域 $\mathbb{Q}(\sqrt{\alpha})$, 其中 $\alpha=a,p$ 和 ap, 这里 a 为模 p 的任意一个非二次剩余 $\left(即 \left(\dfrac{a}{p}\right)=-1\right)$.

(2) $\mathbb{Q}_2^*/(\mathbb{Q}_2^*)^2$ 是三个 2 阶循环群的直积, 而 $\mathbb{Q}_2$ 只有七个二次扩域 $\mathbb{Q}_2(\sqrt{\alpha})$, 其中 $\alpha=3,5,7,2,6,10$ 和 14.

证明 (1) $\mathbb{Q}_p^*=\langle p\rangle\times U_p$ (直积). 于是 $\mathbb{Q}_p^*/(\mathbb{Q}_p^*)^2=\dfrac{\langle p\rangle}{\langle p^2\rangle}\times\dfrac{U_p}{U_p^2}$, 其中 $\dfrac{\langle p\rangle}{\langle p^2\rangle}$ 是由 p 生成的 2 阶循环群. 根据定理 6.5, 对于 $u=c_0+c_1p+\cdots\in U_p$, $u\in U_p^2$ 当且仅当 $c_0\in((\mathbb{Z}/p\mathbb{Z})^*)^2=(\mathbb{F}_p^*)^2$. 因此 $U_p/U_p^2=\mathbb{F}_p^*/(\mathbb{F}_p^*)^2$, 即 U_p/U_p^2 是由 a 生成的 2 阶循环群, 其中 a 可取模 p 的任何一个非二次剩余. 总之, $\mathbb{Q}_p^*/(\mathbb{Q}_p^*)^2=\langle p\rangle\times\langle a\rangle=\{1,p,a,ap\}$. 于是 $\mathbb{Q}_p$ 有三个二次扩域 $\mathbb{Q}_p(\sqrt{a}),\mathbb{Q}_p(\sqrt{p})$ 和 $\mathbb{Q}_p(\sqrt{ap})$.

(2) 同样地, $\mathbb{Q}_2^*/(\mathbb{Q}_2^*)^2=\dfrac{\langle 2\rangle}{\langle 2^2\rangle}\times\dfrac{U_2}{U_2^2}$. 根据定理 6.5, 对于 $u=1+c_1\cdot 2+c_2\cdot 2^2+\cdots\in U_2$, $u\in U_2^2$ 当且仅当 $u\equiv 1+c_1\cdot 2+c_2\cdot 4\equiv 1\pmod 8$. 因此 $\dfrac{U_2}{U_2^2}\cong(\mathbb{Z}/8\mathbb{Z})^*=\{1,3,5,7\}=\langle 3\rangle\times\langle 5\rangle$. 从而 $\mathbb{Q}_2^*/(\mathbb{Q}_2^*)^2=\langle 2\rangle\times\langle 3\rangle\times\langle 5\rangle$ 是三个 2 阶循环群的直积, 于是 $U_2/U_2^2=\{1,3,5,7,2,6,10,14\}$, 而 $\mathbb{Q}_2$ 有七个二次扩域 $\mathbb{Q}_2(\sqrt{\alpha})$, 其中 $\alpha=3,5,7,2,6,10,14$. □

习题 6.3

习题 6.3.1 设 p 为素数, n 为正整数, $(p,n)=1$. 证明对于 $\alpha\in U_p$, 方程 $x^n=\alpha$ 在 U_p 中有解当且仅当 $x^n\equiv\alpha\pmod p$ 在 $\mathbb{Z}$ 中有解.

习题 6.3.2 设 p 为素数, 证明

(a) $\sqrt{-1}\in\mathbb{Q}_p$ 当且仅当 $p\equiv 1\pmod 4$;

(b) $\sqrt{2}\in\mathbb{Q}_p$ 当且仅当 $p\equiv 1或-1\pmod 8$.

习题 6.3.3 决定满足 $\sqrt{6}\in\mathbb{Q}_p$ 的全部素数 p.

习题 6.3.4 (a) 决定最小正整数 N, 使得 $v_5(\sqrt{-1}-N)\geqslant 4$.

(b) 决定最小正整数 N, 使得 $v_7(\sqrt{2}-N)\geqslant 4$.

6.4 $\mathbb{Q}_p[x]$ 中因式分解: 亨泽尔引理和牛顿折线

本节讲述多项式 $f(x) \in \mathbb{Q}_p[x]$ 在主理想整环 $\mathbb{Q}_p[x]$ 中的因式分解. 对于实数域 $\mathbb{R}$, 熟知 $\mathbb{R}$ 的代数闭包为 $\mathbb{R}$ 的二次扩域 $\mathbb{C}$, 所以环 $\mathbb{R}[x]$ 中只有 1 次和 2 次不可约多项式. 换句话说, 每个 $f(x) \in \mathbb{R}[x]$ 在 $\mathbb{R}[x]$ 中都可分解成 1 次和 2 次不可约多项式因子的乘积. 对于 $\mathbb{Q}_p$, 它对于 p-adic 拓扑是完备的, 但是它不是代数封闭的, 例如用艾森斯坦判别法, 可知对每个 $n \geqslant 1$, 多项式 $x^n + px^{n-1} + \cdots + px + p$ 都是 $\mathbb{Z}_p[x]$ 中 (从而也是 $\mathbb{Q}_p[x]$ 中) 的不可约多项式. 这表明 $\mathbb{Q}_p$ 的代数闭包 Ω_p 是 $\mathbb{Q}_p$ 的无限次扩域. 所以 $\mathbb{Q}_p[x]$ 中多项式分解不像 $\mathbb{R}[x]$ 情形那样简单. 但是域 $\mathbb{Q}_p$ 中的 p-adic 非阿拓扑使得它有特殊的代数结构. 首先, $\mathbb{Q}_p$ 有 p-adic 整数环 $\mathbb{Z}_p$, 并且 $\mathbb{Q}_p$ 是 $\mathbb{Z}_p$ 的分式域. 其次, $\mathbb{Z}_p$ 有唯一极大理想 $M_p = p\mathbb{Z}_p$, 并且 $\mathbb{Z}_p/M_p$ 是有限域 $\mathbb{F}_p$. 在 $\mathbb{Q}_p[x]$ 中因式分解有一个重要工具, 它可把有限域 $\mathbb{F}_p$ 上的因式分解提升成 $\mathbb{Q}_p[x]$ 中的因式分解, 即亨泽尔的提升引理.

在叙述这个结果之前, 我们要把 $\mathbb{Q}_p[x]$ 中的多项式因式分解问题转化成 $\mathbb{Z}_p[x]$ 中因式分解问题. 设 $f(x)$ 是 $\mathbb{Q}_p[x]$ 中的非零多项式, $\deg f = n \geqslant 1$. 即 $f(x) = a_nx^n + a_{n-1}x^{n-1} + \cdots + a_1x + a_0$, 其中 $a_i \in \mathbb{Q}_p$, $a_n \neq 0$. 由于 $\mathbb{Q}_p$ 是 $\mathbb{Z}_p$ 的分式域, 可知 $f(x)$ 表示成 $f(x) = p^{-N}(c_nx^n + c_{n-1}x^{n-1} + \cdots + c_1x + c_0)$, 其中 N 为足够大的整数, $c_i \in \mathbb{Z}_p$, $c_n \neq 0$. 从而 $f(x)$ 在 $\mathbb{Q}_p[x]$ 中的因式分解相当于 $g(x) = c_nx^n + c_{n-1}x^{n-1} + \cdots + c_1x + c_0 \in \mathbb{Z}_p[x]$ 在 $\mathbb{Q}_p[x]$ 中的因式分解. 由于

$$
\begin{aligned}
c_n^{n-1}g(x) &= c_n^nx^n + c_{n-1}c_n^{n-1}x^{n-1} + \cdots + c_1c_n^{n-1}x + c_n^{n-1}c_0 \\
&= (c_nx)^n + c_{n-1}(c_nx)^{n-1} + \cdots + c_1c_n^{n-2}(c_nx) + c_n^{n-1}c_0 \\
&= y^n + b_{n-1}y^{n-1} + b_{n-2}y^{n-2} + \cdots + b_1y + b_0 = h(y),
\end{aligned}
$$

其中 $y = c_nx$, $b_i = c_ic_n^{n-1-i}$ $(0 \leqslant i \leqslant n-1)$, 从而又化成首 1 多项式 $h(y) \in \mathbb{Z}_p[x]$ 在 $\mathbb{Q}_p[x]$ 中的因式分解. 但是由高斯的一个引理, $\mathbb{Z}_p[x]$ 中首 1 多项式 $h(y)$ 在 $\mathbb{Q}_p[x]$ 中的因式分解和在 $\mathbb{Z}_p[x]$ 中的因式分解是一回事. 所以我们可以只研究首 1 多项式 $f(x) \in \mathbb{Z}_p[x]$ 在 $\mathbb{Z}_p[x]$ 中的因式分解问题.

考虑模 p 映射 $\mathbb{Z}_p \to \mathbb{F}_p, \alpha = \sum\limits_{n=0}^{\infty} a_np^n$ $(0 \leqslant a_n \leqslant p-1) \mapsto \bar{\alpha} = a_0 \pmod{p}$. 这是环的满同态, 核为 $\mathbb{Z}_p$ 的唯一极大理想 M_p. 这个映射可自然诱导出多项式环之间的满同态

$$
\mathbb{Z}_p[x] \to \mathbb{F}_p[x], \quad f(x) = \sum_{i=0}^{n} \alpha_ix^i \mapsto \bar{f}(x) = \sum_{i=0}^{n} \bar{\alpha}_ix^i.
$$

由于 $\bar{1}=1$, 可知 $\mathbb{Z}_p[x]$ 中首 1 的 n 次多项式 $f(x)$ 映成 $\mathbb{F}_p[x]$ 中同次数的首 1 多项式. 下面结果表明: 对于 $\mathbb{Z}_p[x]$ 中的首 1 多项式 $f(x)$, 在某种条件下 $\bar{f}(x)$ 在 $\mathbb{F}_p[x]$ 中的因式分解可以提升成 $f(x)$ 在 $\mathbb{Z}_p[x]$ 中的因式分解.

定理 6.7 (亨泽尔引理) 设 $f(x)$ 为 $\mathbb{Z}_p[x]$ 中首 1 多项式, 如果 $\bar{f}(x)$ 在 $\mathbb{F}_p[x]$ 中可以分解成 $\bar{f}(x)=G(x)H(x)$, 其中 $G(x)$ 和 $H(x)$ 是 $\mathbb{F}_p[x]$ 中互素的首 1 多项式, 则存在首 1 多项式 $g(x),h(x)\in\mathbb{Z}_p[x]$, 使得

$$f(x)=g(x)h(x),\quad \bar{g}=G,\quad \bar{h}=H,\quad \deg g=\deg G,\quad \deg h=\deg H.$$

证明 我们把 $G(x)$ 和 $H(x)$ 中的系数看成有理整数, 从而是 $\mathbb{Z}_p$ 中元素, 得到 $\mathbb{Z}_p[x]$ 中首 1 多项式 $g_1(x)$ 和 $h_1(x)$, 满足

$$\deg g_1=\deg G,\quad \deg h_1=\deg H,\quad \bar{f}=GH=\bar{g}_1\bar{h}_1\quad (\text{即} f\equiv g_1h_1 \pmod p).$$

现在依次对于 $n=2,3,\cdots$, 构作首 1 多项式 $g_n(x),h_n(x)\in\mathbb{Z}_p[x]$ 满足以下三个条件:

(A) $f\equiv g_nh_n \pmod{p^n}$;

(B) $g_n\equiv g_{n-1},\ h_n\equiv h_{n-1} \pmod{p^{n-1}}$;

(C) $\deg g_n=\deg g_{n-1},\deg h_n=\deg h_{n-1}$.

我们只需说明对 $n\geqslant 2$, 如何由 g_{n-1},h_{n-1} 构作 g_n,h_n. 由条件 (B) 可知

$$g_n=g_{n-1}+p^{n-1}u(x),\quad h_n=h_{n-1}+p^{n-1}v(x),\quad u,v\in\mathbb{Z}_p[x], \tag{6.4.1}$$

而条件 (C) 要求 (这是充分条件)

$$\deg u<\deg g_{n-1},\quad \deg v<\deg h_{n-1}. \tag{6.4.2}$$

最后, 条件 (A) 相当于要求

$$f\equiv g_nh_n\equiv g_{n-1}h_{n-1}+p^{n-1}(g_{n-1}v+h_{n-1}u) \pmod{p^n}. \tag{6.4.3}$$

由于已有 $f\equiv g_{n-1}h_{n-1} \pmod{p^{n-1}}$, 从而 (6.4.3) 式相当于

$$f-g_{n-1}h_{n-1}=p^{n-1}w(x),\quad w(x)\in\mathbb{Z}_p[x].$$

将它代入 (6.4.3) 式, 可知条件 (A) 相当于要求

$$w\equiv g_{n-1}v+h_{n-1}u \pmod p, \tag{6.4.4}$$

也就是 $\bar{w}=\bar{g}_{n-1}\bar{v}+\bar{h}_{n-1}\bar{u}$. 由于条件 (B) 对于 g_{n-1},h_{n-1} 成立, 于是

$$\bar{g}_{n-1}=\bar{g}_{n-2}=\cdots=\bar{g}_1=G,\quad \bar{h}_{n-1}=\bar{h}_{n-2}=\cdots=\bar{h}_1=H.$$

从而 (6.4.4) 式相当于 $\bar{w} = G\bar{v} + H\bar{u}$. 定理中已假定在 $\mathbb{F}_p[x]$ 中 G 和 H 互素, 从而有 $A, B \in \mathbb{F}_p[x]$, 使得 $GA + HB = 1$. 于是 $GA' + HB' = \bar{w}$, 其中 $A' = A\bar{w}, B' = B\bar{w} \in \mathbb{F}_p[x]$. 但是 A', B' 到 $\mathbb{Z}_p[x]$ 的提升 u, v 不一定满足 (6.4.2) 式. 所以还需要做一点细微的考虑.

由条件 (C) 已知

$$\deg g_{n-1} = \deg g_{n-2} = \cdots = \deg g_1 = \deg G, \quad 同样地, \deg h_{n-1} = \deg H.$$

$$\deg H + \deg G = \deg \bar{f} = \deg f.$$

可知 $\deg(g_{n-1}h_{n-1}) = \deg f$. 由于 $g_{n-1}h_{n-1}$ 和 f 均为首 1 多项式, 从而

$$\deg \bar{w} \leqslant \deg w \leqslant \deg(f - g_{n-1}f_{n-1}) < \deg f = \deg \bar{f}.$$

现在用 H 除 A', 则有

$$A' = A''H + V, \quad A'', V \in \mathbb{F}_p[x], \quad \deg V < \deg H.$$

令 $U = B' + A''G$, 由 $GA' + HB' = \bar{w}$ 可知 $GV + HU = \bar{w}$. 由 $\deg V < \deg H$ 可知

$$\deg HU = \deg(\bar{w} - GV) < \deg \bar{f} \quad (因为 \deg \bar{w} < \deg \bar{f}, \deg GV < \deg GH = \deg \bar{f}),$$

于是 $\deg U < \deg \bar{f} - \deg H = \deg G$.

现在把 U 和 V 提升为 $\mathbb{Z}_p[x]$ 中多项式 u, v, 即 $V = \bar{v}, U = \bar{u}, \deg V = \deg v, \deg U = \deg u$. 由 $GV + HU = \bar{w}$ 和 $G = \bar{g}_{n-1}, H = \bar{h}_{n-1}$ 可知 (6.4.4) 式成立. 再由 $\deg u = \deg U < \deg G = \deg g_{n-1}$ 和 $\deg v = \deg V < \deg H = \deg h_{n-1}$ 可知 (6.4.2) 式成立. 从而由 (6.4.1) 式给出的 g_n 和 h_{n-1} 满足条件 (A), (B) 和 (C).

于是我们得到 $\mathbb{Z}_p[x]$ 中两个首 1 多项式序列 $\{g_n\}$ 和 $\{h_n\}$. 记

$$g_n(x) = x^m + \alpha_1^{(n)}x^{m-1} + \cdots + \alpha_m^{(n)}, \quad \alpha_i^{(n)} \in \mathbb{Z}_p, \quad m = \deg G.$$

由条件 (B) 可知对每个 i, $\{\alpha_i^{(n)}\}$ $(n = 0, 1, 2, \cdots)$ 为 $\mathbb{Z}_p$ 中的 p-adic 柯西序列. 于是 $\lim\limits_{n\to\infty} \alpha_i^{(n)} = \alpha_i \in \mathbb{Z}_p$ $(1 \leqslant i \leqslant m)$. 令

$$g(x) = x^m + \alpha_1 x^{m-1} + \cdots + \alpha_m \in \mathbb{Z}_p[x],$$

则 $g(x)$ 为 $\{g_n\}$ 的 p-adic 极限. 类似地, $\{h_n\}$ 也有 p-adic 极限 $h(x) \in \mathbb{Z}_p[x]$. 并且有

$$\bar{g}(x) = \bar{g}_n = G, \quad \bar{h}(x) = \bar{h}_n = H,$$

$$\deg g = \deg \bar{g}_n = \deg G, \quad \deg h = \deg \bar{h}_n = \deg H.$$

最后对条件 (A) 取极限, 得到 $f = gh$. 这就证明了亨泽尔引理. □

例 6.2 考虑多项式 $f(x) = x^3 + x + 1 \in \mathbb{Z}[x]$, 它在 $\mathbb{Z}$ 中无根, 从而 $f(x)$ 是 $\mathbb{Z}[x]$ 中 (和 $\mathbb{Q}[x]$ 中) 的不可约多项式. 我们以 $p = 3$ 和 31 为例说明如何把 $f(x)$ 在 $\mathbb{Z}_p[x]$ 中进行因式分解.

在 $\mathbb{F}_3[x]$ 中 $\bar{f}(x) = (x-1)(x^2+x-1)$, 其中 x^2+x-1 为 $\mathbb{F}_3[x]$ 中不可约多项式. 从而 $G(x) = x-1$ 和 $H(x) = x^2+x-1$ 在 $\mathbb{F}_3[x]$ 中互素. 由亨泽尔引理, $f(x) = (x-a)h(x)$, 其中 $a \in \mathbb{Z}_3$ 为 x^3+x+1 的一个根, $h(x) = x^2+bx+c \in \mathbb{Z}_3[x]$. 由于 $\bar{h} = x^2+x-1$ 在 $\mathbb{F}_3[x]$ 中不可约, 可知 $h(x)$ 在 $\mathbb{Z}_3[x]$ 中不可约. 于是 $f(x) = x^3+x+1$ 在 $\mathbb{Z}_3[x]$ (和 $\mathbb{Q}_3[x]$) 中分解为两个不可约多项式的乘积

$$x^3+x+1 = (x-a)(x^2+ax-a^{-1}),$$

其中 a 是 x^3+x+1 在 $\mathbb{Z}_3$ 中唯一的根, 且满足 $a \equiv 1 \pmod 3$.

对于 $p = 31$, $f(x) = x^3+x+1 \equiv (x-3)(x-14)^2 \pmod{31}$. 由亨泽尔引理, $f(x) = (x-a)h(x)$, 其中 a 是 x^3+x+1 在 $\mathbb{Z}_{31}$ 中的一个根, 且 $a \equiv 3 \pmod{31}$. 而 $h(x) = x^2+ax-a^{-1} \in \mathbb{Z}_{31}[x]$, $\bar{h}(x) = (x-14)^2 \in \mathbb{F}_{31}[x]$. x^2+ax-a^{-1} 在 $\mathbb{Z}_{31}[x]$ 中可约当且仅当判别式 a^2+4a^{-1} 为 $\mathbb{Z}_{31}$ 中的平方元素. 设 $a \equiv 3 + c\cdot 31 \pmod{31^2}$, $0 \leqslant c \leqslant 30$. 则

$$\begin{aligned} 0 = f(a) = a^3+a+1 &\equiv 27+27c\cdot 31+3+c\cdot 31+1 \pmod{31^2} \\ &\equiv 31(1+28c) \pmod{31^2}. \end{aligned}$$

于是 $c \equiv -\dfrac{1}{28} \pmod{31}$, 从而

$$\begin{aligned} a^2+4a^{-1} = a^{-1}(a^3+4) &\equiv a^{-1}(27+27c\cdot 31+4) \pmod{31^2} \\ &\equiv a^{-1}(1+27c)\cdot 31 \equiv a^{-1}\cdot 31\cdot \frac{1}{28} \pmod{31^2}. \end{aligned}$$

这表明 $v_{31}(a^2+4a^{-1}) = 1$, 即 a^2+4a^{-1} 不是 $\mathbb{Z}_{31}$ 中平方元素. 从而 $h(x)$ 在 $\mathbb{Z}_{31}[x]$ 中不可约, 而 $f(x)$ 在 $\mathbb{Z}_{31}[x]$ 中分解为两个不可约多项式 $(x-a)$ 和 (x^2+ax-a^{-1}) 的乘积.

作为亨泽尔引理的直接推论, 我们有如下的求根方法.

推论 6.2 设 $f(x)$ 为 $\mathbb{Z}_p[x]$ 中首 1 多项式. 如果 $\bar{f}(x) \in \mathbb{F}_p[x]$ 在 $\mathbb{F}_p$ 中有单根 a, 则 $f(x)$ 在 $\mathbb{Z}_p$ 中有根 α 使得 $\alpha \equiv a \pmod p$.

证明　在 $\mathbb{F}_p[x]$ 中有 $\bar{f}(x)=(x-a)H(x)$. 由 a 为 $\bar{f}(x)$ 的单根, 可知 $(x-a)$ 和 $H(x)$ 在 $\mathbb{F}_p[x]$ 中互素. 由亨泽尔引理可把 $\bar{f}(x)$ 的分解提升成 $\mathbb{Z}_p[x]$ 中因式分解 $f(x)=(x-\alpha)h(x)$, 其中 $\alpha\in\mathbb{Z}_p, \alpha\equiv a \pmod p$, 而 $f(\alpha)=0$. □

现在介绍 $\mathbb{Q}_p[x]$ 中多项式分解的第二个工具: 牛顿折线. 取 $\mathbb{Q}_p$ 的代数闭包 Ω_p, 则 $f(x)\in\mathbb{Q}_p[x]$ 的全部根在 Ω_p 之中. 可以证明: $\mathbb{Q}_p$ 的 p-adic 指数赋值 v_p 可以唯一地扩充成 Ω_p 上的 p-adic 指数赋值 (仍表示成 v_p). 即可以定义一个映射 $v_p:\Omega_p\to\mathbb{Q}\cup\{\infty\}$, 它满足 p-adic 指数赋值的三个条件, 并且在 $\mathbb{Q}_p$ 上的限制即是前面定义的 $v_p:\mathbb{Q}_p\to\mathbb{Z}\cup\{\infty\}$. 不过对于 $\alpha\in\Omega_p$, $v_p(\alpha)$ 可以为有理数 (不必为整数). 例如 $\sqrt{p}\in\Omega_p$, 由于 $1=v_p(p)=v_p(\sqrt{p}^2)=2v_p(\sqrt{p})$, 从而 $v_p(\sqrt{p})=\dfrac{1}{2}$ (详细见 6.6 节).

对于 $\mathbb{Q}[x]$ 中的多项式 $f(x)$, 由 $f(x)$ 的系数决定 $f(x)$ 在 $\mathbb{C}$ 中根的大小 (绝对值) 是困难的. 但是对于 $\mathbb{Q}_p[x]$ 中一个多项式 $f(x)=x^n+a_1x^{n-1}+\cdots+a_n$ ($a_i\in\mathbb{Q}_p$). 以 $w_1,\cdots,w_n$ 表示 $f(x)$ 在 Ω_p 中的 n 个根. 可以用系数 a_i 的 p-adic 指数赋值 $v_p(a_i)$ $(1\leqslant i\leqslant n)$ 很方便地决定出 n 个根的 p-adic 赋值 $v_p(w_i)$ $(1\leqslant i\leqslant n)$.

我们不妨设 $a_n\neq 0$, 并且记 $a_0=1$. 在坐标平面上标出 $n+1$ 个整格点

$$P_i=(i,v_p(a_i))\quad (0\leqslant i\leqslant n),$$

其中 $P_0=(0,v_p(1))=(0,0)$ 为坐标原点. 我们有唯一的方法将其中一部分点连成一条折线, 使其余点均在此折线的上方 (见图 6.2). 这条折线叫作多项式 $f(x)$ 的**牛顿折线**, 它的两端为 P_0 和 P_n. 并且当 $a_i=0$ 时, $v_p(a_i)=\infty$, 可认为 $P_i=(i,\infty)$ 在坐标平面上方的无穷远处, 它肯定在牛顿折线的上方, 这样点可以略去不画.

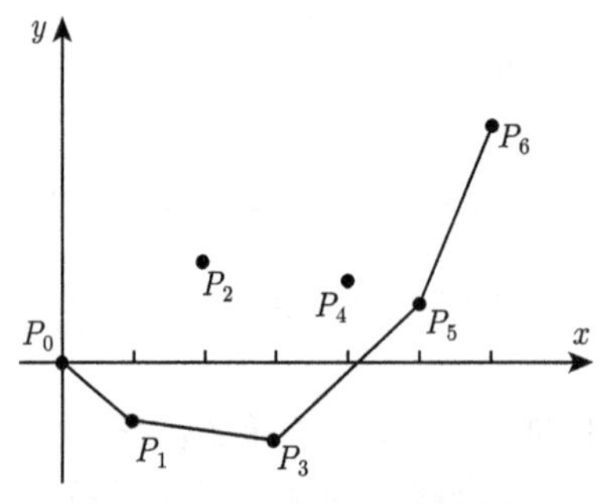

图 6.2　牛顿折线法示意图

定理 6.8　设 $f(x)=x^n+a_1x^{n-1}+\cdots+a_n\in\mathbb{Q}_p[x]$, $a_n\neq 0$, $w_1,\cdots,w_n$ 为 $f(x)$ 在 Ω_p 中的 n 个根. 设 $f(x)$ 的牛顿折线由 g 条斜率不同的边

$$P_0P_{r_1}, P_{r_1}P_{r_1+r_2}, \cdots, P_{r_1+\cdots+r_{g-1}}P_{r_1+\cdots+r_{g-1}+r_g}$$

组成, $r_1+\cdots+r_g=n$, $r_1,r_2,\cdots,r_g\geqslant 1$. 并且这 g 条边的斜率依次为 $m_1,\cdots,m_g$. 则

(1) $f(x)$ 的 n 个根的 p-adic 指数赋值 $\{v_p(w_i):1\leqslant i\leqslant n\}$ 当中恰好有 r_1 个为 m_1, r_2 个为 m_2, $\cdots$, r_g 个为 m_g.

(2) 对每个 j $(1\leqslant j\leqslant g)$, r_j 次多项式

$$f_j(x)=\prod_{\substack{1\leqslant i\leqslant n\\ v_p(w_i)=m_j}}(x-w_j)$$

是 $\mathbb{Q}_p[x]$ 中的多项式, 于是 $f(x)$ 在 $\mathbb{Q}_p[x]$ 中分解成

$$f(x)=f_1(x)\cdots f_g(x),\quad f_j(x)\in\mathbb{Q}_p[x]\quad(1\leqslant j\leqslant g).$$

证明 (1) 由牛顿折线的定义可知 $m_1<m_2<\cdots<m_g$. 现在设 $\{v_p(w_i):1\leqslant i\leqslant n\}$ 中恰好有 s_1 个为 n_1, $\cdots$, s_l 个为 n_l, $s_1+\cdots+s_l=n$, $n_1<n_2<\cdots<n_l$. 由韦达定理可知 $-a_1=w_1+w_2+\cdots+w_n$, 于是

$$v_p(a_1)\geqslant\min_{1\leqslant i\leqslant n}v_p(w_i)=n_1.$$

类似地, $a_2=\sum\limits_{1\leqslant i<j\leqslant n}w_iw_j$. 如果 $s_1>2$ 时, $v_p(w_iw_j)$ 最小值为 $2n_1$, 因此 $v_p(a_2)\geqslant 2n_1$. 但是在 $s_1=2$ 时, $v_p(w_iw_j)$ 中只有一项为 $2n_1$, 其余均 $\geqslant n_1+n_2>2n_1$. 因此由非阿性质, 可知 $v_p(a_2)=2n_1$. 类似地, 当 $1\leqslant j<s_1$ 时, $v_p(a_j)\geqslant jn_1$. 但是 $(-1)^{s_1}a_{s_1}$ 为所有 s_1 个不同根的乘积之和, 其中只有一项乘积的 v_p 值为 s_1n_1, 其余乘积的 v_p 值均 $\geqslant(s_1-1)n_1+n_2>s_1n_1$. 所以 $v_p(a_{s_1})=s_1n_1$. 综合上述, 我们有

$$\begin{aligned}
&v_p(a_1)\geqslant n_1,\\
&v_p(a_2)\geqslant 2n_1,\\
&\cdots\cdots\\
&v_p(a_{s_1}-1)\geqslant(s_1-1)n_1,\\
&v_p(a_{s_1})=s_1n_1.
\end{aligned}$$

类似地, 有

$$v_p(a_{s_1+1})\geqslant s_1n_1+n_2,$$

$$\cdots\cdots$$

$$v_p(a_{s_1+s_2-1}) \geqslant s_1n_1 + (s_2-1)n_2,$$

$$v_p(a_{s_1+s_2}) = s_1n_1 + s_2n_2,$$

$$\cdots\cdots$$

$$v_p(a_{s_1+s_2+s_3}) = s_1n_1 + s_2n_2 + s_3n_3,$$

$$\cdots\cdots$$

由此可知, 由 $P_0 = (0,0)$ 向其他顶点相连直线当中斜率最小者为 $P_0P_{s_1}$, 它就是牛顿折线的第一条边, 斜率为 $\dfrac{s_1n_1 - 0}{s_1 - 0} = n_1$. 类似可知第二条边为 $P_{s_1}P_{s_1+s_2}$, 斜率为 $\dfrac{(s_1n_1+s_2n_2)-s_1n_1}{(s_1+s_2)-s_1} = n_2$. 其余边为 $P_{s_1+s_2}P_{s_1+s_2+s_3}, \cdots, P_{s_1+\cdots+s_{l-1}}P_n$, 其斜率分别为 $n_3, \cdots, n_l$. 这就表明 $l = g, n_i = m_i, s_i = r_i\ (1 \leqslant i \leqslant g)$.

(2) 可以证明: 对于 $\mathbb{Q}_p[x]$ 中不可约多项式 $g(x)$, $g(x)$ 在 Ω_p 中所有根 (即 $\mathbb{Q}_p$-共轭的元素) 均有相同的 v_p 值. 办法是, 对于 $g(x)$ 在 Ω_p 中的任意两个根 w 和 w', 都有一个 $\mathbb{Q}_p$-嵌入 $\sigma: \mathbb{Q}_p \to \Omega_p$, 使得 $\sigma(\alpha) = \alpha'$. 定义一个新的映射 $v_p' = v_p\sigma: \mathbb{Q}_p \to \mathbb{Q} \cup \{\infty\}$, $v_p'(\alpha) = v_p(\sigma(\alpha))$. 可直接验证 v_p' 也是 Ω_p 中的 p-adic 指数赋值, 并且 v_p' 在 $\mathbb{Q}_p$ 上的限制为 v_p. 由于这样的 p-adic 指数赋值是唯一的, 即 $v_p' = v_p$. 因此 $v_p(\alpha') = v_p(\sigma(\alpha)) = v_p'(\alpha) = v_p(\alpha)$.

这样一来, $f_j(x)$ 的所有根都有相同的 v_p 值, 所以 $f_j(x)$ 就是 $\mathbb{Q}_p[x]$ 中一些不可约多项式的乘积, 从而 $f_j(x) \in \mathbb{Q}_p[x]$. □

由上述定理可知, 如果 $f(x) \in \mathbb{Q}_p[x]$ 的牛顿折线有斜率不同的边, 则 $f(x)$ 在 $\mathbb{Q}_p[x]$ 中一定可约. 如果牛顿折线有由相邻两点构成的边 P_iP_{i+1}, 则 $f(x)$ 在 $\mathbb{Q}_p$ 中一定有根 α, 并且 $v_p(\alpha)$ 等于这条边的斜率 $v_p(a_{i+1}) - v_p(a_i)$. 此外, 用定理 6.8 还可证明 $\mathbb{Q}_p[x]$ 中某些多项式是不可约的. 下面是一个著名的例子.

定理 6.9 (艾森斯坦判别法)　设

$$f(x) = x^n + a_1x^{n-1} + \cdots + a_{n-1}x + a_n \in \mathbb{Z}_p[x],$$

如果 $v_p(a_i) \geqslant 1\ (1 \leqslant i \leqslant n-1)$, $v_p(a_n) = 1$, 则 $f(x)$ 在 $\mathbb{Q}_p[x]$ 中不可约.

证明　由定理条件可知 $f(x)$ 的牛顿折线只有一条边 P_0P_n, 其中 P_0P_n 的斜率为 $\dfrac{1}{n}$. 所以 $f(x)$ 在 Ω_p 中的 n 个根的 v_p 值均为 $\dfrac{1}{n}$. 如果 $f(x)$ 在 $\mathbb{Q}_p[x]$ 中可约, 即

$$f(x) = g(x)h(x), \quad g(x), h(x) \in \mathbb{Q}_p[x],$$

不妨设 $g(x)$ 和 $h(x)$ 均为首 1 多项式, 则 $\deg g(x) = m$, 其中 $1 \leqslant m \leqslant n-1$. $g(x)$ 的常数项 $b_m \in \mathbb{Q}_p$, 而 $(-1)^m b_m$ 是 m 个根的乘积. 每个根的 v_p 值均为 $\frac{1}{n}$, 则 $v_p(b_m) = \frac{m}{n} \notin \mathbb{Z}$, 而 $b_m \in \mathbb{Q}_p$ 的 $v_p(b_m)$ 值是有理整数. 这个矛盾推出 $f(x)$ 在 $\mathbb{Q}_p[x]$ 中不可约. □

习题 6.4

习题 6.4.1 用推论 6.2 证明 $\mathbb{Z}_p$ 中存在 $p-1$ 次本原单位根.

习题 6.4.2 用推论 6.2 证明定理 6.5.

习题 6.4.3 设 p 为奇素数, $a \in 1 + p\mathbb{Z}_p$. 证明方程 $x^p = a$ 在 $\mathbb{Z}_p$ 中有解. (提示: 考虑多项式 $f(x) = (x+1)^p - a \in \mathbb{Z}_p[x]$ 的牛顿折线.)

习题 6.4.4 用牛顿折线法证明对每个 $a \in \{1, 2, \cdots, p-1\}$, $\mathbb{Z}_p$ 中存在 $p-1$ 次单位根 α 满足 $\alpha \equiv a \pmod{p}$. (提示: 考虑 $f(x) = (x-a)^{p-1} - 1$ 的牛顿折线.)

6.5 二次型的局部-整体原则

本节介绍用 p-adic 方法解决数论问题的一个精彩的例子. 设 $f(x_1, \cdots, x_n) \in \mathbb{Q}[x_1, \cdots, x_n]$, 我们研究方程 $f(x_1, \cdots, x_n) = 0$ 的有理数解. 如果 $(x_1, \cdots, x_n) = (a_1, \cdots, a_n)$ 是它的一个有理数解, 由于 $\mathbb{R}$ 和 $\mathbb{Q}_p$ 均是 $\mathbb{Q}$ 的扩域, 所以这个解也是实数解和 $\mathbb{Q}_p$ 中的解 (对每个素数 p). 反过来人们要问: 如果方程 $f(x_1, \cdots, x_n) = 0$ 在 $\mathbb{R}$ 和 $\mathbb{Q}_p$ (对每个素数 p) 均有解, 那么它是否在 $\mathbb{Q}$ 中有解? 这是一个不平凡的问题, 因为 $\mathbb{R}$ 和 $\mathbb{Q}_2, \mathbb{Q}_3, \mathbb{Q}_5, \cdots$ 是 $\mathbb{Q}$ 的彼此具有不同拓扑结构的扩域. 即使 $f = 0$ 在每个当中均有解, 这些解不仅不必相同, 而且不能放到一个公共的扩域之中.

我们把所有 $\mathbb{Q}_p$ $(p = 2, 3, \cdots)$ 和 $\mathbb{R}$ 均叫作 $\mathbb{Q}$ 的**局部域** (local field), 而 $\mathbb{Q}$ 叫作**整体域** (global field). 我们也把实数域 $\mathbb{R}$ 表示成 $\mathbb{Q}_\infty$ (即 $p = \infty$), 将通常绝对值 $|\alpha|$ 表示成 $|\alpha|_\infty$, 以显示 $\mathbb{R}$ 和 $\mathbb{Q}_p$ 的同等地位. 则上面问题是由无穷多局部性质来把握整体性质: 对于 $f(x_1, \cdots, x_n) \in \mathbb{Q}[x_1, \cdots, x_n]$, 如果方程 $f(x_1, \cdots, x_n) = 0$ 在每个局部域 $\mathbb{Q}_p$ (包括 $p = \infty$) 中均有解, 它是否在整体域 $\mathbb{Q}$ 中有解?

下面的例子表明, 上面问题对于某些高次方程答案是否定的.

考虑 $f(x) = (x^2 - 13)(x^2 - 17)(x^2 - 221) \in \mathbb{Q}[x]$. 我们证明它在每个局部域 $\mathbb{Q}_p$ 中均有根. 当 $p = \infty$ 时, $f(x)$ 有实根 $\sqrt{13}, \sqrt{17}$ 和 $\sqrt{221} = \sqrt{13} \cdot \sqrt{17}$. 对于 $p = 13$, 由 $\left(\frac{17}{13}\right) = \left(\frac{4}{13}\right) = 1$ 可知 $x^2 - 17$ 在 $\mathbb{F}_{13}$ 中有根, 由亨泽尔引理可知 $x^2 - 17$ 在 $\mathbb{Z}_{13}$ 中有根, 因此 $f(x)$ 在 $\mathbb{Z}_{13}$ 中有根. 对于 $p = 17$, 由 $\left(\frac{13}{17}\right) = \left(\frac{17}{13}\right) = 1$ 可知 $x^2 - 13$ 在 $\mathbb{F}_{17}$ 中有根, 由亨泽尔引理可知 $x^2 - 13$ (从

而 $f(x)$) 在 $\mathbb{Z}_{17}$ 中有根. 对于 $p=2$, 由 $17 \equiv 1 \pmod 8$ 可知 x^2-17 在 $\mathbb{Q}_2$ 中有根, 从而 $f(x)$ 在 $\mathbb{Z}_2$ 中有根. 最后对于素数 $p \neq 2,13,17$, 如果 $\left(\dfrac{13}{p}\right)=1$ 或 $\left(\dfrac{17}{p}\right)=1$, 则 x^2-13 或 x^2-17 在 $\mathbb{Q}_p$ 中有根, 若 $\left(\dfrac{13}{p}\right)=\left(\dfrac{17}{p}\right)=-1$, 则 $\left(\dfrac{221}{p}\right)=\left(\dfrac{13}{p}\right)\left(\dfrac{17}{p}\right)=1$, 从而 x^2-221 在 $\mathbb{Q}_p$ 中有根. 所以 $f(x)$ 必在 $\mathbb{Q}_p$ 中有根. 综合上述, $f(x)=(x^2-13)(x^2-17)(x^2-221)=0$ 在每个局部域 $\mathbb{Q}_p$ (包括 $p=\infty$) 中均有解, 但是它没有 $\mathbb{Q}$-解, 因为 $\sqrt{13}, \sqrt{17}, \sqrt{221}$ 均不是有理数.

1930 年左右, 德国数学家 Hasse 对于多元二次方程证明了上述问题的答案是肯定的. $\mathbb{Q}$ 上多元二次方程为 $f(x_1,\cdots,x_n)=0$, 其中

$$f(x_1,\cdots,x_n)=\sum_{i,j=1}^{n} a_{ij}x_ix_j+\sum_{i=1}^{n} b_ix_i+c, \quad (a_{ij},b_i,c \in \mathbb{Q}).$$

不妨设 $a_{ij}=a_{ji}$, 从而 $f(x_1,\cdots,x_n)=(x_1,\cdots,x_n)\boldsymbol{A}(x_1,\cdots,x_n)^{\mathrm{T}}+\sum\limits_{i=1}^{n} b_ix_i+c$, $\boldsymbol{A}=(a_{ij})$ 为 n 阶对称方阵. 熟知存在可逆的 $\mathbb{Q}$ 上 n 阶方阵 $\boldsymbol{P}$, 使得 $\boldsymbol{PAP}^{\mathrm{T}}=\boldsymbol{A}'$ 为 $\mathbb{Q}$ 上对角方阵. 令 $F(x_1,\cdots,x_n)=f((x_1,\cdots,x_n)\boldsymbol{P})$, 则

$$\begin{aligned}
&F(x_1,\cdots,x_n)\\
=&f((x_1,\cdots,x_n)\boldsymbol{P})\\
=&(x_1,\cdots,x_n)\boldsymbol{PAP}^{\mathrm{T}}(x_1,\cdots,x_n)^{\mathrm{T}}+(b_1,\cdots,b_n)\boldsymbol{P}^{\mathrm{T}}(x_1,\cdots,x_n)^{\mathrm{T}}+c\\
=&\sum_{i=1}^{n} a_ix_i^2+\sum_{i=1}^{n} b_i'x_i+c \quad (a_i,b_i',c \in \mathbb{Q}),
\end{aligned}$$

其中 $\boldsymbol{A}'=\begin{bmatrix} a_1 & & \\ & \ddots & \\ & & a_n \end{bmatrix}$, $(b_1',\cdots,b_n')=(b_1,\cdots,b_n)\boldsymbol{P}^{\mathrm{T}}$. 由于 $(x_1,\cdots,x_n)\boldsymbol{P}$ 是 $(x_1,\cdots,x_n)$ 在 $\mathbb{Q}$ 上可逆线性变换, 所以 $f(x_1,\cdots,x_n)=0$ 在 $\mathbb{Q}$ 上有解当且仅当 $F(x_1,\cdots,x_n)$ 在 $\mathbb{Q}$ 上有解. 进而, 若 $a_i=b_i'=0$, 则方程不包含 x_i, 可把 F 看成是 $n-1$ 个变量的方程. 若 $a_i=0$ 而 $b_i'\neq 0$, 则 $F(x_1,\cdots,x_n)=0$ 对于 x_i 是一次多项式, 它肯定有 $\mathbb{Q}$-解. 以下设 a_i $(1 \leqslant i \leqslant n)$ 均不为零, 这时作平移 $x_i \mapsto x_i-\dfrac{b_i'}{2a_i}$ $(1 \leqslant i \leqslant n)$ 可将 $F(x_1,\cdots,x_n)$ 中的一次项消去, 变成

$$G(x_1,\cdots,x_n)=F\left(x_1-\frac{b_1'}{2a_1},\cdots,x_n-\frac{b_n'}{2a_n}\right)=\sum_{i=1}^{n}a_ix_i^2+c'\quad(c'\in\mathbb{Q}).$$

而 $F(x_1,\cdots,x_n)=0$ 有 $\mathbb{Q}$-解当且仅当 $G(x_1,\cdots,x_n)=0$ 有 $\mathbb{Q}$-解. 所以我们将问题化简为考虑对于二次型 $f(x_1,\cdots,x_n)=\sum\limits_{i=1}^{n}a_ix_i^2$ $(a_i\in\mathbb{Q}^*)$, 方程

$$f(x_1,\cdots,x_n)=a\quad(a\in\mathbb{Q})$$

是否有有理数解.

定理 6.10 (Hasse 的局部-整体原则) 设 $f(x_1,\cdots,x_n)=\sum\limits_{i=1}^{n}a_ix_i^2$ $(a_i\in\mathbb{Q}^*)$, $a\in\mathbb{Q}^*$.

(1) 方程 $f(x_1,\cdots,x_n)=a$ 在 $\mathbb{Q}$ 中有解当且仅当它在每个局部域 $\mathbb{Q}_p$ (其中 p 过所有素数和 ∞) 中均有解.

(2) 方程 $f(x_1,\cdots,x_n)=0$ 在 $\mathbb{Q}$ 中有非零解 (即 $(x_1,\cdots,x_n)\neq(0,\cdots,0)$) 当且仅当它在每个局部域 $\mathbb{Q}_p$ 中均有非零解.

这个定理的证明可见 J. P. Serre 的《数论教程》一书[1]. 我们下面给出 $n=2$ 情形的证明. 先作一些准备.

引理 6.5 设 K 是特征不为 2 的域, $a,b,c\in K^*$, 则 $aX^2+bY^2=c$ 在 K 中有解当且仅当 $aX^2+bY^2-cZ^2=0$ 在 K 中有非零解 $(x,y,z)\neq(0,0,0)$.

证明 若 $aX^2+bY^2=c$ 在 K 中有解 (x,y), 则 $aX^2+bY^2-cZ^2=0$ 在 K 中有非零解 $(X,Y,Z)=(x,y,1)$. 反之, 设 (x,y,z) 为 $aX^2+bY^2-cZ^2=0$ 在 K 中的非零解. 如果 $z\neq0$, 则 $aX^2+bY^2=c$ 在 K 中有解 $(X,Y)=\left(\frac{x}{z},\frac{y}{z}\right)$. 以下设 $z=0$, 则 $ax^2+by^2=0$, 其中 x,y 不全为零. 由于 a 和 b 均不为零, 可知 x 和 y 也均不为零, 并且 $-\frac{a}{b}=\left(\frac{y}{x}\right)^2$. 记 $\alpha=\frac{y}{x}\in K^*$, 验证 $aX^2+bY^2=c$ 在 K 中有解 $(X,Y)=\left(\frac{c-b}{2b\alpha},\frac{c+b}{2b}\right)$. □

引理 6.6 设 K 是特征不为 2 的域, $a,b\in K^*$, $K_b=K(\sqrt{b})$. 则 $aX^2+bY^2=1$ 在 K 中有解当且仅当存在 $\alpha\in K_b$ 使得 $N(\alpha)=a$. 这里 N 为域 K_b 的范数. 即当 $K_b=K$ (即 $\sqrt{b}\in K^*$) 时, $N(\alpha)=\alpha$. 而当 $[K_b:K]=2$ (即 $\sqrt{b}\notin K^*$) 时, K_b 中元唯一表为 $\alpha=\alpha_1+\alpha_2\sqrt{b}$ $(\alpha_1,\alpha_2\in K)$, 此时 $N(\alpha)=(\alpha_1+\alpha_2\sqrt{b})(\alpha_1-\alpha_2\sqrt{b})=\alpha_1^2-b\alpha_2^2\in K$.

证明 若 $\sqrt{b}\in K^*$, 则 $aX^2+bY^2=1$ 在 K 中有解 $(X,Y)=\left(0,\frac{1}{\sqrt{b}}\right)$, 而

$K_b = K$, $N(a) = a$, 于是引理成立. 以下设 $\sqrt{b} \notin K^*$, 这时若 $aX^2 + bY^2 = 1$ 在 K 中有解 (x, y), 由 $\sqrt{b} \notin K^*$ 可知 $x \neq 0$. 于是 $a = \dfrac{1 - by^2}{x^2} = N\left(\dfrac{1}{x} + \dfrac{y}{x}\sqrt{b}\right)$.

反之, 设 $a = N(\alpha)$, $\alpha = A + B\sqrt{b}$, 其中 $A, B \in K$. 则 $a = A^2 - B^2 b$, 从而 $aX^2 + bY^2 - Z^2 = 0$ 在 K 中有非零解 $(X, Y, Z) = (1, B, A)$. 由引理 6.5 可知 $aX^2 + bY^2 = 1$ 在 K 中有解. □

定理 6.11 设 $a, b, c \in \mathbb{Q}^*$. 则

(1) $aX^2 + bY^2 = c$ 在 $\mathbb{Q}$ 中可解当且仅当它在每个局部域 $\mathbb{Q}_p$ (包括 $p = \infty$) 中均可解.

(2) $aX^2 + bY^2 + cZ^2 = 0$ 在 $\mathbb{Q}$ 中有非零解当且仅当它在每个局部域 $\mathbb{Q}_p$ 中均有非零解.

证明 由引理 6.5 可知 (1) 和 (2) 是等价的, 我们只需证明 (1). 不妨设 $c = 1$ $\left(\text{因为原方程可化为 } \dfrac{a}{c}X^2 + \dfrac{b}{c}Y^2 = 1\right)$. 又因为将 a, b 乘以非零有理数的平方, 所得新方程和原方程在 $\mathbb{Q}$ 中或 $\mathbb{Q}_p$ 中有同样的可解性, 所以我们又不妨可设 a 和 b 都是无平方因子的非零有理整数, 并且 $|a| \leqslant |b|$. 现在我们对于 $m = |a| + |b| (\geqslant 2)$ 归纳证明: 若 $aX^2 + bY^2 = 1$ 在每个局部域 $\mathbb{Q}_p$ 中均有解, 则它在 $\mathbb{Q}$ 中有解.

当 $m = 2$ 时, $a, b \in \{\pm 1\}$. 由于方程在 $\mathbb{Q}_\infty$ 中有解, 必然 $(a, b) \neq (-1, -1)$. 当 $a = 1$ 时, 有解 $(X, Y) = (1, 0)$, 当 $a = -1$ 时 $b = 1$, 方程有解 $(X, Y) = (0, 1)$. 所以定理对于 $m = 2$ 成立.

以下设 $m \geqslant 3$. 这时由 $m = |a| + |b|$ 和 $|a| \leqslant |b|$ 可知 $|b| \geqslant 2$. 由于 b 为无平方因子的有理整数, $b = \pm p_1 \cdots p_k$, 其中 $p_1, \cdots, p_k$ 为不同的素数, $k \geqslant 1$. 设 p 为 b 的一个素因子, 我们证明: 有 $s \in \mathbb{Z}$, 使得 $a \equiv s^2 \pmod{p}$. 如果 $p|a$, 取 $s = 0$ 即可. 若 $p \nmid a$, 由于 $aX^2 + bY^2 = 1$ 在 $\mathbb{Q}_p$ 中有解 (x, y), $v_p(ax^2) = 2v_p(x) \neq 1 + 2v_p(y) = v_p(by^2)$, 所以

$$0 = v_p(1) = \max\{v_p(ax^2), v_p(by^2)\} = \min\{2v_p(x), 1 + 2v_p(y)\},$$

从而 $2v_p(x) = 0, 2v_p(y) + 1 \geqslant 0$. 于是 $v_p(x) = 0, v_p(y) \geqslant 0$ 即 $x \in U_p, y \in \mathbb{Z}_p$. 将 $ax^2 + by^2 = 1$ 模 p 给出 $ax^2 \equiv 1 \pmod{p}$, 即 $\left(\dfrac{a}{p}\right) = 1$. 于是有 $s \in \mathbb{Z}$, 使得 $a \equiv s^2 \pmod{p}$.

综合上述, 对 b 的每个素因子 p_i $(1 \leqslant i \leqslant k)$ 均有 $s_i \in \mathbb{Z}$ 使得 $a \equiv s_i^2 \pmod{p_i}$. 由中国剩余定理可知有 $t \in \mathbb{Z}$, 使得 $t \equiv s_i \pmod{p_i}$ $(1 \leqslant i \leqslant k)$. 于是 $t^2 \equiv s_i^2 \equiv a \pmod{p_i}$ $(1 \leqslant i \leqslant k)$. 从而 $t^2 \equiv a \pmod{|b|}$. 将 t 模 $|b|$, 可设

$|t| \leqslant \dfrac{|b|}{2}$. 于是 $t^2 = a + bb'$, $b' \in \mathbb{Z}$. 并且由 $|a| \leqslant |b|$ 和 $|b| \geqslant 2$ 可知

$$|b'| = \frac{t^2 - a}{b} \leqslant \frac{|b|}{4} + 1 < |b|.$$

对每个素数 p, $bb' = t^2 - a = (t + \sqrt{a})(t - \sqrt{a})$ 是域 $\mathbb{Q}_p(\sqrt{a})$ 中元素的范数. 由于 $aX^2 + bY^2 = 1$ 在 $\mathbb{Q}_p$ 中有解, b 也是 $\mathbb{Q}_p(\sqrt{a})$ 中元素的范数 (引理 6.6). 于是 b' 也是 $\mathbb{Q}_p(\sqrt{a})$ 中元素的范数. 再由引理 6.6 可知 $aX^2 + b'Y^2 = 1$ 在每个局部域 $\mathbb{Q}_p$ 中有解. 但是 $|a| + |b'| < |a| + |b| = m$, 由归纳假设可知 $aX^2 + b'Y^2 = 1$ 在 $\mathbb{Q}$ 中有解, 即存在 $A, B \in \mathbb{Q}$ 使得 $aA^2 + b'B^2 = 1$. 若 $bB' = 0$, 则 $aA^2 = 1$, 从而 $aX^2 + bY^2 = 1$ 在 $\mathbb{Q}$ 中有非零解 $(X, Y) = (A, 0)$. 若 $b'B \neq 0$, 则

$$\begin{aligned}(t - Aa)^2 - (1 - tA)^2 &= t^2 + A^2a^2 - a - at^2A^2 = (t^2 - a) + aA^2(a - t^2) \\ &= bb'(1 - aA^2) = b(b'B)^2.\end{aligned}$$

于是 $aX^2 + bY^2 - Z^2 = 0$ 在 $\mathbb{Q}$ 中有非零解 $(X, Y, Z) = (1 - tA, b'B, t - Aa)$ (注意 $b'B \neq 0$). 由引理 6.5 即知 $aX^2 + bY^2 = 1$ 在 $\mathbb{Q}$ 中有解. □

这个定理把 $aX^2 + bY^2 = 1$ 在 $\mathbb{Q}$ 中的可解性归结为对于无穷多个局部域 $\mathbb{Q}_p$ 中的可解性, 是否将事情变得更困难了? 我们将看到, 对每个固定的非零有理数 a 和 b, 只需检查有限多个局部域 $\mathbb{Q}_p$ 中的可解性即可. 而对这有限多个局部域, 希尔伯特给出了一种符号, 只需按相当简单的法则计算这些希尔伯特符号, 就可以判别在 $\mathbb{Q}_p$ 中的可解性.

定义 6.3 对于 $a, b \in \mathbb{Q}_p^*$, 局部域 $\mathbb{Q}_p$ 上的希尔伯特符号定义为

$$(a, b)_p = \begin{cases} 1, & 若\ aX^2 + bY^2 = 1\ 在\ \mathbb{Q}_p\ 中有解, \\ -1, & 否则. \end{cases}$$

由于 $aX^2 + bY^2 = 1$ 在 $\mathbb{Q}_p$ 中的可解性只依赖于 a 和 b 在 $\mathbb{Q}_p^*/(\mathbb{Q}_p^*)^2$ 中的像, 从而希尔伯特符号可看成是映射

$$(-, -)_p : \mathbb{Q}_p^*/(\mathbb{Q}_p^*)^2 \times \mathbb{Q}_p^*/(\mathbb{Q}_p^*)^2 \to \{\pm 1\}, \quad (a, b) \mapsto (a, b)_p.$$

换句话说, 对每个 $a, b, c \in \mathbb{Q}_p^*$,

$$(a, b)_p = (ac^2, b)_p = (a, bc^2)_p.$$

又由定义易知 $(a, b)_p = (b, a)_p$. 再由引理 6.5 和引理 6.6 可知

$$\begin{aligned}(a, b)_p = 1 &\Leftrightarrow aX^2 + bY^2 - Z^2 = 0\ 在\ \mathbb{Q}_p\ 中有非零解 \\ &\Leftrightarrow \mathbb{Q}_p(\sqrt{b})\ 中存在元素\ \alpha, 使得\ \alpha\ 的范数为\ a.\end{aligned}$$

例 6.3 对于 $\mathbb{Q}_\infty=\mathbb{R}$, $\mathbb{R}^*/(\mathbb{R}^*)^2=\{\pm1\}$, 从而可设 $a,b\in\{\pm1\}$. 方程 $aX^2+bY^2=1$ 在 $\mathbb{R}$ 中有解当且仅当 $(a,b)\neq(-1,-1)$. 所以

$$(1,1)_\infty=(1,-1)_\infty=(-1,1)_\infty=1,\quad (-1,-1)_\infty=-1.$$

以下只需要对于素数 p 计算 $(a,b)_p$. 先给出希尔伯特符号的一些性质, 最终给出计算它的简单公式.

引理 6.7 设 $a,b,a'\in\mathbb{Q}_p^*$, 并且当 $1-a$ 出现时假定 $a\neq1$. 则

(1) $(a,-a)_p=(a,1-a)_p=(a,1)_p=1$;

(2) 若 $(a,b)_p=1$, 则 $(aa',b)_p=(a',b)_p$;

(3) $(a,b)_p=(a,-ab)_p=(a,(1-a)b)_p$.

证明 (1) $(a,-a)_p=1$ 是由于 $aX^2-aY^2-Z^2=0$ 有解 $(X,Y,Z)=(1,1,0)$. $(a,1-a)_p=1$ 是由于 $aX^2+(1-a)Y^2=1$ 有解 $(X,Y)=(1,1)$. $(a,1)_p=1$ 是由于 $aX^2+Y^2=1$ 有解 $(X,Y)=(0,1)$.

(2) 由 $(a,b)_p=1$ 可知 $a=N(\alpha)$, 其中 $\alpha\in K_b=\mathbb{Q}_p(\sqrt{b})$. 于是

$$(a',b)_p=1\Leftrightarrow \text{有 } \alpha'\in K_b,\ \text{使得 } a'=N(\alpha')\Leftrightarrow aa'=N(\alpha\alpha')\Leftrightarrow(aa',b)_p=1.$$

所以 $(a',b)_p=(aa',b)_p$.

(3) 由 (1) 和 (2) 推出. □

现在对于素数 p 给出 $(a,b)_p$ 的计算公式. 先设 p 为奇素数. 则 $a,b\in\mathbb{Q}_p^*/(\mathbb{Q}_p^*)^2=\{1,g,p,gp\}$, 其中 g 是模 p 的一个非二次剩余.

定理 6.12 设 p 为奇素数, g 为模 p 的一个非二次剩余.

(1) 对于 $a\in\{1,g,p,gp\}$, $(1,a)_p=1$;

(2) $(g,g)_p=1$, $(p,g)_p=-1$, $(p,p)_p=\left(\dfrac{-1}{p}\right)=(-1)^{\frac{p-1}{2}}$, $(pg,g)_p=-1$, $(pg,p)_p=(-1)^{\frac{p+1}{2}}$, $(pg,pg)_p=(p,p)_p$.

证明 (1) 见引理 6.7.

(2) 为证 $(g,g)_p=1$, 要证 $gX^2+gY^2=1$ 在 $\mathbb{Q}_p$ 中有解. 我们先证它在 $\mathbb{F}_p$ 中有解: 考虑集合 $S=\{gx^2:x\in\mathbb{F}_p\}$ 和 $1-S=\{1-gy^2:y\in\mathbb{F}_p\}$. 它们都有 $\dfrac{p+1}{2}$ 个元素, $|S|+|1-S|=p+1>p=|\mathbb{F}_p|$. 可知 S 和 $1-S$ 相交. 这表明存在 $A,B\in\mathbb{Z}$ 使得 $gA^2\equiv1-gB^2 \pmod p$, 即 $f(X,Y)=gX^2+gY^2-1=0$ 在 $\mathbb{F}_p$ 中有解 $(X,Y)=(A,B)$. 易知 A 和 B 不能同时被 p 整除. 不妨设 $p\nmid A$. 考虑 $f(X)=gX^2+gB^2-1$ 为 $\mathbb{Z}[X]$ 中多项式. $v_p(f(A))\geqslant1$ (因为 $f(A)\equiv0 \pmod p$), $v_p(f'(A))=v_p(2gA)=0$. 由亨泽尔引理可知存在 $c\in\mathbb{Q}_p$ 使得 $f(c)=0$, 即 $gc^2+gB^2=1$. 于是 $(g,g)_p=1$.

为证 $(p,g)_p=-1$, 要证 $pX^2+gY^2=1$ 在 $\mathbb{Q}_p$ 中无解. 设 (x,y) 为它的一个 $\mathbb{Q}_p$-解. 则 $v_p(px^2)$ 为奇数, $v_p(gy^2)$ 为偶数, 因此

$$0=v_p(1)=\min\{v_p(px^2),v_p(gy^2)\}.$$

于是 $v_p(y)=0$, $v_p(px^2)\geqslant 1$, 从而 $v_p(x)\geqslant 0$. 这表明 $y\in U_p, x\in\mathbb{Z}_p$. 从而

$$1=gy^2+px^2\equiv gy^2 \pmod p.$$

由此得出 $\left(\frac{g}{p}\right)=1$, 这和 g 为模 p 的非二次剩余相矛盾. 因此 $(p,g)_p=-1$.

再证 $(p,p)_p=\left(\frac{-1}{p}\right)$. 由 $(p,-p)_p=1$ 可知 $(p,p)_p=(p,-p^2)_p=(p,-1)_p$. 当 $\left(\frac{-1}{p}\right)=1$ 时, -1 为 $\mathbb{Q}_p^*$ 中平方元素, 从而 $(p,-1)_p=(p,1)_p=1$. 当 $\left(\frac{-1}{p}\right)=-1$ 时, -1 为模 p 的非二次剩余, 前面已证 $(p,-1)_p=-1$. 总之有 $(p,p)_p=(p,-1)_p=\left(\frac{-1}{p}\right)$.

其余希尔伯特符号可以由前面结果算出. □

定理 6.12 的结果可合成为如下统一的公式 (请读者自行验证).

推论 6.3 设 p 为奇素数, 则

(1) 对于 $a=p^nu, b=p^mv$, $n=v_p(a), m=v_p(b)$, $u\equiv A \pmod p, v\equiv B \pmod p$, $A,B\in\mathbb{Z}$, $1\leqslant A,B\leqslant p-1$. 则

$$(a,b)_p=\left(\frac{-1}{p}\right)^{nm}\left(\frac{A}{p}\right)^m\left(\frac{B}{p}\right)^n.$$

(2) 映射 $(-,-):\mathbb{Q}_p^*/(\mathbb{Q}_p^*)^2\times\mathbb{Q}_p^*/(\mathbb{Q}_p^*)^2\to\{\pm1\}$ 是双积性函数, 即对于 $a,a',b,b'\in\mathbb{Q}_p^*$,

$$(a,b)_p(a',b)_p=(aa',b)_p,\quad (a,b)_p(a,b')_p=(a,bb')_p.$$

对于 $p=2$ 情形, 我们引入两个记号: 对于每个奇数 a, 定义

$$\varepsilon(a)=\frac{a-1}{2}\in\mathbb{Z},\quad \omega(a)=\frac{a^2-1}{8}\in\mathbb{Z}.$$

请读者验证: 对于奇数 a 和 b,

(A) $\varepsilon(ab)\equiv\varepsilon(a)+\varepsilon(b) \pmod 2$, $\omega(ab)=\omega(a)+\omega(b) \pmod 2$.

(B) 当 $a\equiv b \pmod 4$ 时, $\varepsilon(a)\equiv\varepsilon(b) \pmod 2$.

当 $a\equiv b \pmod 8$ 时, $\omega(a)\equiv\omega(b) \pmod 2$.

定理 6.13 设 $a,b\in\mathbb{Q}_2^*$, $a=2^n u, b=2^m v$, $u,v\in U_2$ (于是 $n=v_2(a), m=v_2(b)$). 如果 $u\equiv A, v\equiv B \pmod 8$, 其中 A 和 B 为奇数, 则

$$(a,b)_2=(-1)^l,\quad l=\varepsilon(A)\varepsilon(B)+n\omega(B)+m\omega(A).$$

证明 由于 $(1,a)_2=(a,1)_2=1$, $\mathbb{Q}_2^*/(\mathbb{Q}_2^*)^2=\{1,3,5,7,2,6,10,14\}$. 由上面的性质 (B) 可知只要对 $a,b\in\{3,5,7,2,6,10,14\}$ 分别验证公式 $(a,b)=(-1)^l$ 即可. 这里只给出三种情形作为证明方法的典型例子, 其余情形留给读者作练习.

(1) $a=3,b=5$. 这时 $\varepsilon(a)=1,\varepsilon(b)=2$, $n=m=0$, $A=3,B=5$. 可算出 $l=2$. 即要证 $(3,5)_2=(-1)^2=1$, 这相当于 $3X^2+5Y^2-1=0$ 在 $\mathbb{Q}_2$ 中有解. 令 $X=2$, 只需证 $f(Y)=5Y^2+3\cdot 2^2-1=5Y^2+11=0$ 在 $\mathbb{Q}_2$ 中有解. 取 Y 的初始值为 1, 则

$$v_2(f(1))=v_2(16)=4,\quad 2v_2(f'(1))=2v_2(10)=2,\quad v_2(f(1))>2v_2(f'(1)).$$

由亨泽尔引理可知 $5Y^2+11=0$ 在 $\mathbb{Q}_2$ 中有解 $Y=\alpha\left(=\sqrt{-\dfrac{11}{5}}\right)$, 从而 $3X^2+5Y^2=1$ 在 $\mathbb{Q}_2$ 中有解 $(X,Y)=(2,\alpha)$, 即 $(3,5)_2=1$.

(2) $a=6,b=10$. 这时 $n=m=1$, $A=3,B=5$, $\varepsilon(A)=1,\varepsilon(B)=2$, $\omega(A)=1,\omega(B)=3$, 从而 $l=2+1+3=6$, 要证 $(6,10)_2=(-1)^l=1$, 即要证 $6X^2+10Y^2=1$ 在 $\mathbb{Q}_2$ 中有解, 它显然有解 $(X,Y)=\left(\dfrac{1}{4},\dfrac{1}{4}\right)$.

(3) $a=2,b=3$. 这时 $n=1,m=0$, $A=1,B=3$, $\varepsilon(A)=0,\varepsilon(B)=1$, $\omega(A)=0,\omega(B)=1$, 从而 $l=\omega(B)=1$. 要证 $2X^2+3Y^2=1$ 在 $\mathbb{Q}_2$ 中无解. 现在设它在 $\mathbb{Q}_2$ 中有解 (x,y), 易知 $xy\neq 0$. 由于 $v_2(2x^2)$ 和 $v_2(3y^2)$ 不相等 (奇偶性不同), 可知

$$0=v_2(1)=\min\{v_2(2x^2),v_2(3y^2)\}.$$

由此可知 $v_2(y)=0, v_2(x)\geqslant 0$, 即 $y\in U_2, x\in\mathbb{Z}_2$. 于是

$$1\equiv 2x^2+3y^2\equiv 2x^2+3\equiv 5 \text{ 或 } 3 \pmod 8.$$

这个矛盾导致 $2x^2+3y^2=-1$ 在 $\mathbb{Q}_2$ 中无解, 即 $(2,3)_2=1$. □

现在回到整体域 $\mathbb{Q}$ 上来, 我们用 Hasse 的局部-整体原则 (定理 6.11) 和局部域上的上述结果研究 $aX^2+bY^2=c$ 在 $\mathbb{Q}$ 中的可解性, 其中 a,b,c 是非零有理数. 我们不妨设 a,b,c 均是没有平方因子的有理整数, 并且 $(a,b,c)=1$. 因为若 (a,b,c) 有因子 $n\geqslant 2$, 则原方程两边同时除以 n, 便可去掉这个公因子. 进而, 如果 a 和 b 有公共素因子 p, 则 $p\nmid c$. 原方程化为 $\dfrac{a}{p}(px)^2+\dfrac{b}{p}(py)^2=pc$,

新的系数 $\left(\frac{a}{p}, \frac{b}{p}, pc\right)$ 均是无平方因子的有理整数, 并且 p 只是三个数当中的一个因子. 当 $p|(a,c)$ 或 $p|(b,c)$ 时也可以类似去做. 所以最后化成只需考虑方程 $a'X^2+b'Y^2=c'$ 在 $\mathbb{Q}$ 中的可解性, 其中 a',b',c' 是两两互素的无平方因子有理整数.

引理 6.8 设 a,b,c 是两两互素的无平方因子有理整数, 则对每个奇素数 p, 方程 $aX^2+bY^2+cZ^2=0$ 在 $\mathbb{Q}_p$ 中有非零解 (这相当于 $aX^2+bY^2=-c$ 在 $\mathbb{Q}_p$ 中有解) 当且仅当下面 4 条件之一成立:

(1) $p\nmid abc$;

(2) 若 $p|a$, 则 $\left(\frac{-bc}{p}\right)=1$;

(3) 若 $p|b$, 则 $\left(\frac{-ac}{p}\right)=1$;

(4) 若 $p|c$, 则 $\left(\frac{-ab}{p}\right)=1$.

(注意: 由于 a,b,c 两两互素, 这 4 个条件的前提恰有一个成立.)

证明 我们只需给出 $(-ac,-bc)_p=1$ 的充分必要条件.

(1) 若 $p\nmid abc$, 则 $-ca,-cb\in U_p$. 由推论 6.3 即知 $(-ac,-bc)_p=1$.

(2) 若 $p|a$, 则 $\frac{a}{p},b,c\in U_p$. 于是

$$(-ac,-bc)_p=\left(-\frac{a}{p}c,-bc\right)_p\cdot(p,-bc)_p=(p,-bc)_p=\left(\frac{-bc}{p}\right).$$

从而 $(-ac,-bc)_p=1\Leftrightarrow\left(\frac{-bc}{p}\right)=1$.

类似于 (2) 可证 (3) 和 (4) □

对于非零整数 a,b,c, abc 的素因子只有有限多个. 而引理 6.8 表明, 当奇素数 p 不为 abc 的因子时, $aX^2+bY^2=-c$ 在 $\mathbb{Q}_p$ 中必有解. 所以为了判别它在 $\mathbb{Q}$ 中是否有解, 只需对有限多个 $p|abc$ 考查它在 $\mathbb{Q}_p$ 中的可解性. 最后得到下面的结果, 这是由勒让德首先给出的. 对于每个非零有理整数 n, 我们用 n^* 表示它的奇数部分, 即 $n=2^ln^*$, $l=v_2(n)$.

定理 6.14 (勒让德) 设 a,b,c 为两两互素的无平方因子有理整数. 则下面三个条件彼此等价:

(1) 方程 $aX^2+bY^2=-c$ 在 $\mathbb{Q}$ 中有解;

(2) 方程 $aX^2+bY^2+cZ^2=0$ 在 $\mathbb{Q}$ 中有非零解;

(3) a,b,c 当中有正有负, 并且存在整数 A,B,C, 使得

$$-bc \equiv A^2 \pmod{a^*}, \quad -ca \equiv B^2 \pmod{b^*}, \quad -ab \equiv C^2 \pmod{c^*}.$$

证明 我们知道 (1) 和 (2) 均等价于: 对每个素数 p 和 $p=\infty$, 均有 $(-ac,-bc)p=1$. 由于乘积公式 $\prod_p(-ac,-bc)_p=1$ (其中 p 过所有素数和 ∞, 见习题 6.5 之习题 6.5.3), 我们只需对 $p=\infty$ 和奇素数寻求 $(-ac,-bc)_p=1$ 的条件 (这时 $(-ac,-bc)_2=1$ 自然也成立).

不难看出, $(-ac,-bc)_\infty=1 \Leftrightarrow a,b,c$ 有正有负.

由引理 6.8 可知: 对每个奇素数 p 均有 $(-ac,-bc)_p=1$ 当且仅当以下三个条件均满足:

(A) 对 a 的每个奇素数因子 p, $\left(\dfrac{-bc}{p}\right)=1$;

(B) 对 b 的每个奇素数因子 p, $\left(\dfrac{-ca}{p}\right)=1$;

(C) 对 c 的每个奇素数因子 p, $\left(\dfrac{-ab}{p}\right)=1$.

由中国剩余定理可知: (A) 等价于说 $-bc$ 是模 a^* 的二次剩余; (B) 等价于说 $-ca$ 是模 b^* 的二次剩余; (C) 等价于说 $-ab$ 是模 c^* 的二次剩余. 将这些条件合在一起就是定理中的条件 (3). □

本节最后简单介绍一下多变元的情形. 根据 Hasse 的局部-整体原则 (6.10), 设 $a_i \in \mathbb{Q}^*$ $(1 \leqslant i \leqslant n)$. 则对每个 $a \in \mathbb{Q}^*$, 方程 $a_1X_1^2+\cdots+a_nX_n^2=a$ 在 $\mathbb{Q}$ 中有解当且仅当它在每个局部域 $\mathbb{Q}_p$ 中均有解. 可以证明: 当 $n \geqslant 4$ 时, 对每个素数 p, 上述方程在 $\mathbb{Q}_p$ 中均有解. 所以只需它在 $\mathbb{Q}_\infty=\mathbb{R}$ 中有解即可, 因此得到如下的不平凡结果.

定理 6.15 设 $n \geqslant 4$, a, a_i $(1 \leqslant i \leqslant n)$ 均为非零有理数, 则 $a_1X_1^2+\cdots+a_nX_n^2=a$ 在 $\mathbb{Q}$ 中有解当且仅当至少有一个 i $(1 \leqslant i \leqslant n)$ 使得 $a_ia>0$ (即方程有实数解).

我们已详细讲述了 $n=2$ 情形 ($n=1$ 情形 $aX^2=c$ 是平凡的). 所以只剩下 $n=3$ 情形. 这时, 由 Hasse 原则把 $\mathbb{Q}$ 中可解性归结于局部域上可解性. 而局部情形的结果如下:

定理 6.16 设 $a,a_1,a_2,a_3 \in \mathbb{Q}_p^*$, p 为素数. 对于 $f(X_1,X_2,X_3)=a_1X_1^2+a_2X_2^2+a_3X_3^2$, 令

$$d(f)=a_1a_2a_3, \quad \varepsilon(f)=(a_1,a_2)_p\cdot(a_2,a_3)_p\cdot(a_3,a_1)_p,$$

则方程 $f(X_1,X_2,X_3)=a$ 在 $\mathbb{Q}_p$ 中有解当且仅当下列两条件至少有一个成立.

(1) 在 $\mathbb{Q}_p^*/(\mathbb{Q}_p^*)^2$ 中 $-a \neq d(f)$; 或者

(2) 在 $\mathbb{Q}_p^*/(\mathbb{Q}_p^*)^2$ 中 $-a = d(f)$ 并且 $(-1, -d(f))_p = \varepsilon(f)$.

习题 6.5

习题 6.5.1 对于其余情形证明定理 6.13.

习题 6.5.2 对于 $a, b, c \in \mathbb{Q}_2^*$, 证明 $(ab, c)_2 = (a, c)_2 \cdot (b, c)_2$.

习题 6.5.3 设 a 和 b 是非零有理数. 则

(a) 对于奇素数 p, 证明当 $v_p(a) = v_p(b) = 0$ 时, $(a, b)_p = 1$. 所以只有有限多个素数 p 使得 $(a, b)_p = -1$.

(b) (乘积公式) 证明 $\prod\limits_p (a, b)_p = 1$, 其中 p 过所有素数 p 和 ∞.

习题 6.5.4 对于 $a, b \in \mathbb{Q}_p^*$, 证明下列三条件彼此等价:

(a) 对每个 $c \in \mathbb{Q}_p^*$, $aX^2 + bY^2 = c$ 在 $\mathbb{Q}_p$ 中均有解;

(b) $-ab \in (\mathbb{Q}_p^*)^2$;

(c) $aX^2 + bY^2 = 0$ 在 $\mathbb{Q}_p$ 中有非零解 $(X, Y) \neq (0, 0)$.

习题 6.5.5 试问 $5X^2 - Y^2 = 3$ 在哪些局部域 $\mathbb{Q}_p$ 中有解?

习题 6.5.6 对哪些 $\alpha \in \mathbb{Q}^*$, $5X^2 - Y^2 = \alpha$ 存在有理数解?

6.6 代数数域的局部理论

上一节我们介绍了有理数域 $\mathbb{Q}$ 的 p-adic 赋值和由 p-adic 拓扑得到的完备化域 $\mathbb{Q}_p$. 这些 $\mathbb{Q}_p$ (p 为所有素数) 和 $\mathbb{Q}_\infty = \mathbb{R}$ 是 $\mathbb{Q}$ 的全部局部域. 我们在本节简要地介绍任意代数数域 K 的局部理论, 以及它们在数论研究中所起的作用.

首先我们决定一个代数数域 K 的全部指数赋值. 我们再回忆一下它的定义.

定义 6.4 域 K 的一个指数赋值是满映射 $v: K \to \mathbb{Z} \cup \{\infty\}$, 它满足下列三个条件: 对于 $a, b \in K$,

(1) $v(a) = \infty$ 当且仅当 $a = 0$.

(2) $v(ab) = v(a) + v(b)$. (从而 $v: K^* \to \mathbb{Z}$ 是乘法群 K^* 到加法群 $\mathbb{Z}$ 的满同态.)

(3) (非阿性质) $v(a + b) \geqslant \min\{v(a), v(b)\}$.

例 6.4 当 $K = \mathbb{Q}$ 时, 我们对于每个素数 p 给出 $\mathbb{Q}$ 的 p-adic 指数赋值 v_p. 现在我们证明这些是 $\mathbb{Q}$ 的全部指数赋值.

设 v 为 $\mathbb{Q}$ 的一个赋值. 由于 $v: \mathbb{Q}^* \to \mathbb{Z}$ 是群同态, 可知 $v(1) = 0$. 再由非阿性质, 可知对每个正整数 n, $v(n) \geqslant \min\{v(1), \cdots, v(1)\} = 0$. 此外, $0 = v(1) = v((-1)^2) = 2v(-1)$, 因此 $v(-1) = 0$, 所以 $v(-n) = v(-1) + v(n) = v(n) \geqslant 0$. 而 $v(0) = \infty > 0$. 这就表明对每个整数 n, $v(n) \geqslant 0$.

如果对每个非零整数 $n, v(n) = 0$, 由于 $\mathbb{Q}$ 是 $\mathbb{Z}$ 的分式域, 则每个非零有理数 $\alpha = \dfrac{m}{n}$ $(m, n \in \mathbb{Z}, n, m \neq 0)$ 均有 $v(\alpha) = v(m) - v(n) = 0$. 但这不满足

$v:\mathbb{Q}^*\to\mathbb{Z}$ 是满射的要求. 所以存在 $0\neq n\in\mathbb{Z}$ 使得 $v(n)\geqslant 1$. 即 $\mathbb{Z}$ 的子集合

$$A=\{n\in\mathbb{Z}:v(n)\geqslant 1\}$$

除了包含 0 之外, 至少还包含一个非零整数. 用 v 的非阿性质不难证明 A 是环 $\mathbb{Z}$ 的一个理想, 而且是非零素理想. 从而 $A=p\mathbb{Z}$, 其中 p 为某个素数. 于是 $v(p)=t\geqslant 1$. 而对每个非零整数 $n=p^l n'$ (其中 $l\geqslant 0, p\nmid n'$), $n'\in\mathbb{Z}\backslash A$, 从而 $v(n')=0$, 而 $v(n)=v(p^l)+v(n')=lv(p)=lt$. 对于非零有理数 $\alpha=\dfrac{m}{n}$ $(m,n\in\mathbb{Z},mn\neq 0)$, $v(\alpha)=v(m)-v(n)$ 也是 t 的倍数. 这表明 $\mathbb{Q}^*$ 在映射 v 之下的像均为 t 的倍数. 但是像集合为 $\mathbb{Z}$, 可知 $t=1$, 即 $v(p)=1$. 然后不难看出 v 就是 p-adic 指数赋值 v_p, 即 $\mathbb{Q}$ 的每个指数赋值均是 p-adic 指数赋值.

现在我们决定代数数域 K 的全部指数赋值. 先给出 K 中指数赋值的一些例子, 办法是将 $\mathbb{Q}$ 的整数环 $\mathbb{Z}$ 中的素数 p (或者说成是 $\mathbb{Z}$ 的非零素理想 $p\mathbb{Z}$) 改用 K 的整数环 $\mathcal{O}_K$ 的非零素理想.

设 P 是环 $\mathcal{O}_K$ 的非零素理想. 对 $\mathcal{O}_K$ 中每个非零 (代数) 整数 a, 主理想 (a) 在 $\mathcal{O}_K$ 中唯一分解为

$$a\mathcal{O}_K=\cdots P^l\cdots\quad(l\in\mathbb{Z},l\geqslant 0),$$

其中 l 表示主理想 $(a)=a\mathcal{O}_K$ 在戴德金整环 $\mathcal{O}_K$ 中作素理想分解时 P 的指数. (若 P 不是 (a) 的素理想因子, 即 $a\notin P$, 则 $l=0$.) 我们定义, $v_P(a)=l$. 由于 K 是 $\mathcal{O}_K$ 的分式域, 可知 K 中每个非零元素可表示成 $\alpha=\dfrac{a}{b}$, 其中 $a,b\in\mathcal{O}_K$, $ab\neq 0$. 我们可以定义 $v_P(\alpha)=v_P(a)-v_P(b)$, 请读者证明这个定义和 $\alpha=\dfrac{a}{b}$ 的表达方式无关, 即若又有 $\alpha=\dfrac{a'}{b'}$ $(a',b'\in\mathcal{O}_K,a'b'\neq 0)$, 则 $v_P(a)-v_P(b)=v_P(a')-v_P(b')$. 最后令 $v_P(0)=\infty$.

引理 6.9 设 K 是代数数域, P 是 $\mathcal{O}_K$ 的一个非零素理想. 则上面定义的 $v_P:K\to\mathbb{Z}\cup\{\infty\}$ 是 K 的一个指数赋值.

证明 先证 v_P 满足定义 6.4 的三个条件. 由 v_P 的定义可知条件 (1) 成立. 当 $a,b\in\mathcal{O}_K\backslash\{0\}$ 时, $a\mathcal{O}_K=\cdots P^l\cdots$, $b\mathcal{O}_K=\cdots P^t\cdots$, 则 $(ab)\mathcal{O}_K=\cdots P^{l+t}\cdots$. 因此 $v_P(ab)=v_P(a)+v_P(b)$. 然后可证对于任意 $a,b\in K$, 也有 $v_P(ab)=v_P(a)+v_P(b)$, 即条件 (2) 成立. 再对于 $a,b\in\mathcal{O}_K\backslash\{0\}$, $v_P(a)=l, v_P(b)=t$, 则 $a\mathcal{O}_K=\cdots P^l\cdots$, $b\mathcal{O}_K=\cdots P^t\cdots$, 从而

$$a\mathcal{O}_K+b\mathcal{O}_K=\cdots P^s\cdots,\quad s=\min\{l,t\}.$$

由于 $a+b\in a\mathcal{O}_K+b\mathcal{O}_K$, 可知 $(a+b)\mathcal{O}_K=\cdots P^r\cdots$, $r\geqslant s$. 这就表明

$$v_P(a+b)=r\geqslant s=\min\{l,t\}=\min\{v_P(a),v_P(b)\}.$$

由此不难推出对于 $a,b\in K$, 也有 $v_P(a+b)\geqslant\min\{v_P(a),v_P(b)\}$. 即 v_P 也满足指数赋值的条件 (3).

最后, 我们还需证明 $v_P:K^*\to\mathbb{Z}$ 是满射. 由于这是群的同态, 只需证明存在 $\alpha\in K^*$ 使得 $v_P(\alpha)=1$ 即可. 由 $\mathcal{O}_K$ 中素理想分解唯一性可知 $P\neq P^2$. 但是 $P^2\subset P$, 从而存在 $\alpha\in P\backslash P^2$, 于是 $\alpha\mathcal{O}_K=\cdots P\cdots$, 即 $v_P(\alpha)=1$. 这就完全证明了: 对 $\mathcal{O}_K$ 的每个非零素理想 P, v_P 是域 K 的指数赋值. □

v_P 叫作代数数域 K 的 **P-adic 指数赋值**.

定理 6.17 当 P 过 $\mathcal{O}_K$ 的所有非零素理想时, 这些 P-adic 指数赋值 v_P 就是代数数域 K 的全部指数赋值.

证明 和例 6.4 中对于 $K=\mathbb{Q}$ 情形一样, 对于 K 的指数赋值 v, 由非阿性质和 $v(1)=0$ 可知对每个 $n\in\mathbb{Z}$, $v(n)\geqslant 0$. 进而, $\mathcal{O}_K$ 中元素 α 在 $\mathbb{Z}$ 上整, 即满足 $\alpha^n+c_1\alpha^{n-1}+\cdots+c_{n-1}\alpha+c_n=0$, 其中 $n\geqslant 1$, $c_i\in\mathbb{Z}$. 如果 $v(\alpha)<0$, 由 $v(c_i)\geqslant 0$ 可知上式的左边各项的 v-值 $v(\alpha^n),v(c_1\alpha^{n-1}),\cdots,v(c_{n-1}\alpha),v(c_n)$ 当中只有一项 $v(\alpha^n)$ 达到最小值, 这和引理 6.1 (2) 相矛盾 (引理 6.1中的 v_p 改成任何指数赋值都是对的). 所以对 $\mathcal{O}_K$ 中每个元素 α, 均有 $v(\alpha)\geqslant 0$.

和例 6.4 对 $K=\mathbb{Q}$ 的情形类似, 可证

$$P=\{\alpha\in\mathcal{O}_K:v(\alpha)\geqslant 1\}$$

是环 $\mathcal{O}_K$ 的素理想. 由于 $v:K^*\to\mathbb{Z}$ 是满射, 可知 $P\neq(0)$, 从而 P 是 $\mathcal{O}_K$ 的非零素理想. 对于 $\pi\in P\backslash P^2$, $v(\pi)=t$ 为正整数. 可以证明 K 中每个非零元素 α 均可表为

$$\alpha=\pi^l\frac{\varepsilon}{\varepsilon'}\quad(l\in\mathbb{Z},\varepsilon,\varepsilon'\in\mathcal{O}_K\backslash P).$$

于是 $v(\varepsilon)=v(\varepsilon')=0$, 而 $v(\alpha)=v(\pi^l)=lt$. 这表明 K^* 中元素的 v-值都是 t 的倍数. 由于 $v:K^*\to\mathbb{Z}$ 是满射, 可知 $t=1$, 并且 v 即是 P-adic 指数赋值 v_P. □

以上决定出代数数域 K 的全部指数赋值 v_P, 其中 P 过 $\mathcal{O}_K$ 的全部非零素理想. 和 $K=\mathbb{Q}$ 的情形一样, 取实数 γ, $0<\gamma<1$, 对于 $\alpha\in K$ 定义 $|\alpha|_P=\gamma^{v_P(\alpha)}$, 于是有映射 $|\cdot|_P:K\to\mathbb{R}_{\geqslant 0}$ (非负实数集合), 并且满足以下三条性质: 对于 $a,b\in K$,

(1′) $|a|_P=0$ 当且仅当 $a=0$;

(2′) $|ab|_P=|a|_P\cdot|b|_P$;

(3′) (非阿性质) $|a+b|_P\leqslant\max\{|a|_P,|b|_P\}$.

$|a|_P$ 叫作 a 的 P-adic 赋值. 它给出域 K 上的 P-adic 拓扑.

有理数域 $\mathbb{Q}$ 除了 p-adic 赋值之外, 还有通常的 (阿基米德) 绝对值 $|\cdot|=|\cdot|_\infty$.

现在讨论任意代数数域 K 的情形. K 到 $\mathbb{C}$ 有 $n=[K:\mathbb{Q}]$ 个嵌入

$$\sigma_i : K \hookrightarrow \mathbb{R}\ (1 \leqslant i \leqslant r_1),\quad \text{实嵌入 } r_1 \text{ 个},$$

$$\sigma_{r_1+j} = \bar{\sigma}_{r_1+r_2+j} : K \hookrightarrow \mathbb{C}\ (1 \leqslant j \leqslant r_2),\quad \text{复嵌入 } r_1 \text{ 对}.\quad r_1 + 2r_2 = n.$$

令 $|\alpha|$ 为 $\alpha \in K$ 看成复数的通常绝对值. 则对每个 i $(1 \leqslant i \leqslant n)$, 定义

$$|\cdot|_{\infty_i} : K \hookrightarrow \mathbb{R},\quad |\alpha|_{\infty_i} = |\sigma_i(\alpha)|\quad (1 \leqslant i \leqslant r_1),$$

$$|\cdot|_{\infty_{r_1+j}} : K \hookrightarrow \mathbb{C},\quad |\alpha|_{\infty_{r_1+j}} = |\sigma_{r_1+j}(\alpha)|\quad (1 \leqslant j \leqslant r_2).$$

我们得到 K 的 r_1 个实阿基米德赋值和 r_2 个复阿基米德赋值. 注意 $|\sigma_{r_1+r_2+j}(\alpha)| = \left|\overline{\sigma_{r_1+j}(\alpha)}\right| = |\sigma_{r_1+j}(\alpha)|$, 从而由 $\sigma_{r_1+r_2+j}$ 和 σ_{r_1+j} 按上述方式给出同一个复阿基米德赋值. 我们把它们也表示成 $|\cdot|_P$, 其中 $P=\infty_1,\infty_2,\cdots,\infty_{r_1+r_2}$.

对于由 $|\cdot|_P$ 给出的拓扑, K 为距离拓扑空间, 它的完备化是域, 叫作 K 的局部域, 表示成 K_P. 当 $1 \leqslant i \leqslant r_1$ 时, $K_{\infty_i} = \mathbb{R}$, 而当 $1 \leqslant j \leqslant r_2$ 时, $K_{\infty_{r_1+j}} = \mathbb{C}$. 而当 P 是 $\mathcal{O}_K$ 的非零素理想时, K_P 有如下的结构 (证明从略).

定理 6.18　设 K 为代数数域, P 是 $\mathcal{O}_K$ 的非零素理想, 则

(1) $\mathcal{O}_P = \{\alpha \in K_P : v_P(\alpha) \geqslant 0\}$ 是 K_P 的子环, 并且 $\mathcal{O}_P$ 有唯一极大理想 $M_P = \{\alpha \in \mathcal{O}_P : v_P(\alpha) \geqslant 1\}$. $\mathcal{O}_P$ 的单位群为 $U_P = \mathcal{O}_P \backslash M_P = \{\alpha \in \mathcal{O}_P : v_P(\alpha) = 0\}$.

进而, 取 $\mathcal{O}_P$ 中元素 π, 使得 $v_P(\pi)=1$, 则 $M_P = (\pi) = \pi\mathcal{O}_P$, 并且 $\mathcal{O}_P$ 中所有理想为 $M_P^n = (\pi^n)$ $(n=0,1,2,\cdots)$ 和零理想 (0). 所以 $\mathcal{O}_P$ 是主理想整环. 而 K_P 是 $\mathcal{O}_P$ 的分式域.

(2) 设 $P \cap \mathbb{Z} = p\mathbb{Z}$, 其中 p 为素数 (即 P 是 p 在 $\mathcal{O}_K$ 中的素理想因子), 则 $\dfrac{\mathcal{O}_P}{M_P} \cong \dfrac{\mathcal{O}_K}{P} = \mathbb{F}_q$, 其中 $q=p^f$, $f=f(P/p)$ 是 P 对于 p 的剩余类域次数.

(3) 取 π 为主理想 M_P 的任一个生成元, 即 $v_P(\pi)=1$, 而取 S 为 $\mathcal{O}_P$ 模 M_P 的 q 个陪集的完全代表系, 并且 $0 \in S$ (即陪集 M_P 中取 0 为代表元). 则 K_P 中每个非零元素可唯一表示成

$$\alpha = \sum_{n=l}^{\infty} c_n \pi^n\quad (c_n \in S, c_l \neq 0, l = v_P(\alpha) \in \mathbb{Z}).$$

(4) 设 $e=e(P/p)$ (分歧指数), 则对每个 $a \in \mathbb{Q}$, $v_p(a) = \dfrac{1}{e} v_P(a)$.

注记　$v_P : K \to \mathbb{Z} \cup \{\infty\}$ 在 $\mathbb{Q}$ 上的限制显然仍满足指数赋值的三条性质. 所以 v_P 在 $\mathbb{Q}$ 上的限制"本质"上给出 $\mathbb{Q}$ 的一个指数赋值. 并且由于 $p \in P$,

即 $v_P(p) \geqslant 1$, 而对其他素数 $q \neq p$, $v_P(q) = 0$. 所以, v_P 在 $\mathbb{Q}$ 上的限制本质上为 v_p. 所谓“本质上”是因为 $v_P : \mathbb{Q} \to \mathbb{Z} \cup \{\infty\}$ 不一定是满射. 事实上, 由 $p\mathcal{O}_K = \cdots P^e \cdots$, 可知 $v_P(p) = e$. 所以 $\frac{1}{e}v_P(p) = 1$. 这就表明在 $\mathbb{Q}$ 上 $v_p = \frac{1}{e}v_P$. 我们仍旧称 v_P 是 $\mathbb{Q}$ 中的 p-adic 指数赋值 v_p 到 K 的扩充. 如果 $p\mathcal{O}_K = P_1^{e_1} \cdots P_g^{e_g}$, 其中 $P_1, \cdots, P_g$ 是 $\mathcal{O}_K$ 的不同的非零素理想, $e_i \geqslant 1$. 则 $\mathbb{Q}$ 中 v_p 到 K 共有 g 个不同的扩充 v_{P_i} $(1 \leqslant i \leqslant g)$, 并且对 $a \in \mathbb{Q}$, $v_p(a) = \frac{1}{e_i}v_{P_i}(a)$, $\frac{\mathcal{O}_{P_i}}{M_{P_i}} = \frac{\mathcal{O}_K}{P_i} = \mathbb{F}_{p^{f_i}}$, $f_i = f(P_i/p)$.

更一般地, 我们有如下结果 (证明从略).

定理 6.19 设 L/K 是数域的扩张, $n = [L : K]$. $\mathfrak{p}$ 是 $\mathcal{O}_K$ 的一个非零素理想, 它在 $\mathcal{O}_L$ 中分解成

$$\mathfrak{p}\mathcal{O}_L = P_1^{e_1} \cdots P_g^{e_g} \quad (e_i \geqslant 1),$$

其中 $P_1, \cdots, P_g$ 为 $\mathfrak{p}$ 在 $\mathcal{O}_L$ 中不同的素理想因子. $e_i = e(P_i/\mathfrak{p})$, $f_i = f(P_i/\mathfrak{p})$. 则

(1) K 的 $\mathfrak{p}$-adic 指数赋值 $v_\mathfrak{p}$ 到 L 有 g 个扩充 v_{P_i} $(1 \leqslant i \leqslant g)$, 局部域 $K_\mathfrak{p}$ 是 L_{P_i} 的子域, 并且 $[L_{P_i} : K_\mathfrak{p}] = e_i f_i$. 于是

$$\sum_{i=1}^{g}[L_{P_i} : K_\mathfrak{p}] = \sum_{i=1}^{g} e_i f_i = n = [L : K]$$

(局部域扩张次数之和等于整体域扩张次数).

(2) 对每个 $a \in K$, $v_\mathfrak{p}(a) = \frac{1}{e_i}v_{P_i}(a)$, $\frac{\mathcal{O}_\mathfrak{p}}{M_\mathfrak{p}}$ 是 $\frac{\mathcal{O}_{P_i}}{M_{P_i}}$ 的子域, $\frac{\mathcal{O}_{P_i}}{M_{P_i}} \cong \frac{\mathcal{O}_L}{P_i}$, $\frac{\mathcal{O}_\mathfrak{p}}{M_\mathfrak{p}} = \frac{\mathcal{O}_K}{\mathfrak{p}}$, 于是 $\left[\frac{\mathcal{O}_{P_i}}{M_{P_i}} : \frac{\mathcal{O}_\mathfrak{p}}{M_\mathfrak{p}}\right] = f_i$. 特别地, 若 $\mathfrak{p} \cap \mathbb{Z} = p\mathbb{Z}$ (p 为素数), $f' = f(\mathfrak{p}/p)$, 则

$$\frac{\mathcal{O}_\mathfrak{p}}{M_\mathfrak{p}} = \frac{\mathcal{O}_K}{\mathfrak{p}} = \mathbb{F}_{p^{f'}}, \quad \frac{\mathcal{O}_{P_i}}{M_{P_i}} = \frac{\mathcal{O}_L}{P_i} = \mathbb{F}_{p^{f'f_i}} \quad (1 \leqslant i \leqslant g).$$

(3) 设 $w_1, \cdots, w_{f_i} \in \mathcal{O}_{P_i}$, 使得它在 $\frac{\mathcal{O}_{P_i}}{M_{P_i}} = \mathbb{F}_{p^{f'f_i}}$ 中的像是 $\frac{\mathcal{O}_\mathfrak{p}}{M_\mathfrak{p}} = \mathbb{F}_{p^{f'}}$ 上 f_i 维向量空间的一组基, 又取 π 是 M_{P_i} 的一个生成元, 即 $v_{P_i}(\pi) = 1$. 则

$$\{w_\lambda \pi^\mu : 1 \leqslant \lambda \leqslant f_i, 0 \leqslant \mu \leqslant e_i - 1\}$$

是 $\mathcal{O}_{P_i}$ 的一组 $\mathcal{O}_\mathfrak{p}$-基, 即 $\mathcal{O}_{P_i}$ 中每个元素均可唯一表示成

$$\gamma = \sum_{\lambda=1}^{f_i}\sum_{\mu=0}^{e_i-1} c_{\lambda\mu}w_\lambda\pi^\mu \quad (c_{\lambda\mu}\in\mathcal{O}_\mathfrak{p}).$$

关于 $K_\mathfrak{p}[x_1,\cdots,x_n]$ 中多项式求根和因式分解也有亨泽尔引理、牛顿迭代和牛顿折线方法, $K[x_1,\cdots,x_n]$ 中二次多项式在 K 中求解也有 Hasse 的局部-整体原则. 本书只用到 $\mathbb{Q}$ 的局部域知识 (即 p-adic 域 $\mathbb{Q}_p$), 关于一般代数数域的局部域理论就介绍这些.

第 7 章　高斯和与雅可比和

我们在前六章介绍了经典代数数论的基本内容. 这一章的内容介于理论和应用之间. 数论中的许多问题需要计算一些特征和的值或者估计它们的大小. 数论和代数几何的理论进步对于计算和估计各种特征和给出了许多深刻的结果. 这些结果近半个世纪以来在实际领域有许多重要的应用. 本章我们用前面讲述的经典代数数论知识研究两类特殊的特征和: 高斯和与雅可比 (Jacobi) 和. 今后将介绍它们的一些实际应用.

7.1　有限交换群的特征理论

本节介绍任意有限交换群的特征理论. 以下设 G 是 n 阶有限交换群.

定义 7.1　有限交换群 G 的一个**特征** χ 是指它到非零复数乘法群 $\mathbb{C}^*$ 的一个群同态 $\chi: G \to \mathbb{C}^*$, 即满足 (对于 $a, b \in G$, G 中运算记为乘法)

$$\chi(ab) = \chi(a)\chi(b), \quad \chi(a^{-1}) = \chi(a)^{-1}.$$

于是 $\chi(1_G) = 1$ (1_G 为 G 中幺元素, 今后也简记为 1).

注记　设 $|G| = n$, 熟知对每个 $g \in G$, $g^n = 1$, 因此 $1 = \chi(1) = \chi(g^n) = \chi(g)^n$. 这表明 $\chi(g)$ 均是 n 次复单位根. 所以特征 χ 实际上映到由 $\zeta_n = e^{\frac{2\pi i}{n}}$ 生成的 n 阶循环群 $\langle \zeta_n \rangle = \{\zeta_n^0 = 1, \zeta_n, \cdots, \zeta_n^{n-1}\}$ 之中. 更确切地, 设群 G 的指数为 d, 即 d 是最小正整数, 使得对所有 $g \in G$ 均有 $g^d = 1$ (d 为 n 的因子), 则 G 的每个特征 χ 都把 G 映到 $\langle \zeta_d \rangle$ 之中.

我们用 $\widehat{G}$ 表示群 G 的所有特征组成的集合, 它至少包含一个特征 $\chi(g) = 1$ (对每个 g). 这叫作 G 的**平凡特征**, 也表示成 1 (即把 G 中所有元素都映成 $1 \in \mathbb{C}$). 对于两个特征 $\mu, \lambda \in \widehat{G}$, 定义 $\mu\lambda: G \to \mathbb{C}$ 为

$$(\mu\lambda)(g) = \mu(g)\lambda(g).$$

不难证明 $\widehat{G}$ 对于这种运算形成交换群, 叫作 G 的**特征群**, 幺元素为平凡特征 1. 对于 $\mu \in \widehat{G}$, μ^{-1} 满足 $\mu^{-1}\mu = 1$, 即对每个 $g \in G$, $\mu^{-1}(g)\mu(g) = 1$, 即 $\mu^{-1}(g) = \mu(g)^{-1}$, 但是 $\mu(g)$ 为单位根, 从而 $\mu(g)^{-1} = \overline{\mu(g)}$ ($\mu(g)$ 的复共轭), 于是 $\mu^{-1}(g) = \overline{\mu(g)}$. 我们把 μ^{-1} 表示成 $\overline{\mu}$, 叫作 μ 的**共轭特征**.

例 7.1 设 $G = \langle g \rangle$ 是由 n 阶元素 g 生成的 n 阶循环群. $G = \{g^0 = 1, g, \cdots, g^{n-1}\}$, $g^n = 1$. 则每个特征 $\chi \in \widehat{G}$ 把 G 映到 $\langle \zeta_n \rangle$ 之中. 于是

$$\chi(g) = \zeta_n^i,$$

其中 i 是某个整数, $0 \leqslant i \leqslant n-1$. 于是对每个 j, $0 \leqslant j \leqslant n-1$, $\chi(g^j) = \chi(g)^j = \zeta_n^{ij}$. 这是 G 的特征. 我们把这个特征记成 χ_i. 事实上, 不难看出 $\chi_i = \chi_1^i$ $(0 \leqslant i \leqslant n-1)$, χ_1^i $(i = 0, 1, \cdots, n-1)$ 彼此不同 (因为它们在 g 的像不同), $\chi_i^n = 1$. 所以 $\widehat{G}$ 是由 χ_1 生成的 n 阶循环群, 即和群 G 是同构的.

定理 7.1 对于任意有限交换群 G, $\widehat{G}$ 和 G 是群同构的.

证明 熟知每个有限交换群都是有限个循环群的直积, 即

$$G = G_1 \times \cdots \times G_g \quad (\text{直积}),$$

其中 G_i 为 n_i 阶循环群, $n_1 \cdots n_g = n = |G|$. G 中每个元素为 $a = (a_1, a_2, \cdots, a_g)$, $a_i \in G_i$. 而 a 和 $b = (b_1, \cdots, b_g)$ 的乘积为 $ab = (a_1 b_1, \cdots, a_g b_g)$. 于是把 G_i 中元素 a_i 等同于 G 中元素 $(1, \cdots, 1, a_i, 1, \cdots, 1)$, 即 G_i 等同于 G 的子群 $(1) \times \cdots \times (1) \times G_i \times (1) \times \cdots \times (1)$, 则 G 中元素 $a = (a_1, a_2, \cdots, a_g)$ 可唯一表成 $a = a_1 \cdots a_g$ $(a_i \in G_i)$.

对于 G 的每个特征 $\chi \in \widehat{G}$, 以 χ_i 表示 χ 在子群 G_i 中的限制, 则 $\chi_i \in \widehat{G}_i$, 并且对于 $a = a_1 \cdots a_g$ $(a_i \in G_i)$,

$$\chi(a) = \chi(a_1) \cdots \chi(a_g) = \chi_1(a_1) \cdots \chi_g(a_g).$$

反之, 对每个 i, 我们取 G_i 的一个特征 $\chi_i \in \widehat{G}_i$, 定义

$$\chi(a) = \chi_1(a_1) \cdots \chi_g(a_g) \quad (a = a_1 \cdots a_g \in G).$$

则不难验证 χ 是 G 的特征. 将它记为 $\chi = \chi_1 \cdots \chi_g$. 不难看出, G 中特征 χ 的这种表达方式是唯一的. 于是 $\widehat{G} = \widehat{G}_1 \times \cdots \times \widehat{G}_g$ (直积). 在例 7.1 中我们证明了对于循环群 G_i, $\widehat{G}_i \cong G_i$. 因此

$$\widehat{G} = \widehat{G}_1 \times \cdots \times \widehat{G}_g \cong G_1 \times \cdots \times G_g = G. \qquad \square$$

现在讲特征之间的一个基本性质.

定理 7.2 设 G 是 n 阶交换群. 则

(1) 对每个 $\chi \in \widehat{G}$,

$$\sum_{g \in G} \chi(g) = \begin{cases} n, & \text{若 } \chi = 1, \\ 0, & \text{若 } \chi \neq 1. \end{cases}$$

(2) 对每个 $g \in G$,

$$\sum_{\chi \in \widehat{G}} \chi(g) = \begin{cases} n, & 若\ g = 1, \\ 0, & 若\ g \neq 1. \end{cases}$$

证明 (1) 当 $\chi = 1$ 时, $\sum\limits_{g \in G} \chi(g) = \sum\limits_{g \in G} 1 = |G| = n$. 而当 $\chi \neq 1$ 时, 存在 $h \in G$ 使得 $\chi(h) \neq 1$, 于是

$$\begin{aligned} \sum_{g \in G} \chi(g) &= \sum_{g \in G} \chi(gh) \quad (因为\ G\ 为群) \\ &= \sum_{g \in G} \chi(h)\chi(g) = \chi(h) \sum_{g \in G} \chi(g). \end{aligned}$$

由 $\chi(h) \neq 1$ 即知 $\sum\limits_{g \in G} \chi(g) = 0$.

(2) 当 $g = 1$ 时, $\sum\limits_{\chi \in \widehat{G}} \chi(g) = \sum\limits_{\chi \in \widehat{G}} 1 = |\widehat{G}| = |G| = n$. 而当 $g \neq 1$ 时, 记 $H = \langle g \rangle$ 是由 g 生成的循环群, 由 $g \neq 1$ 可知 $|H| \geqslant 2$. 于是商群 G/H 的阶小于 n. G 的每个特征 χ 若 $\chi(H) = 1$, 则 χ 均可看成商群 G/H 的特征. 但是 G/H 的特征个数等于 $|G/H|$, 它小于 n, 而 G 有 n 个特征, 从而必有 $\lambda \in \widehat{G}$, 使得 $\lambda(H) \neq 1$, 即 $\lambda(g) \neq 1$. 于是

$$\begin{aligned} \sum_{\chi \in \widehat{G}} \chi(g) &= \sum_{\chi \in \widehat{G}} (\chi\lambda)(g) \quad (由于\ \widehat{G}\ 为群) \\ &= \sum_{\chi \in \widehat{G}} \lambda(g)\chi(g) = \lambda(g) \sum_{\chi \in \widehat{G}} \chi(g). \end{aligned}$$

由 $\lambda(g) \neq 1$ 即知 $\sum\limits_{\chi \in \widehat{G}} \chi(g) = 0$. □

推论 7.1 设 G 是 n 阶交换群.

(1) 对于 $\chi, \lambda \in \widehat{G}$,

$$\sum_{g \in G} \chi(g)\overline{\lambda}(g) = \begin{cases} n, & 若\ \chi = \lambda, \\ 0, & 若\ \chi \neq \lambda. \end{cases}$$

(2) 对于 $g, h \in G$,

$$\sum_{\chi \in \widehat{G}} \chi(g)\overline{\chi}(h) = \begin{cases} n, & 若\ g = h, \\ 0, & 若\ g \neq h. \end{cases}$$

证明　这是定理 7.2 的直接推论, 因为 $\chi(g)\overline{\lambda}(g) = (\chi\lambda^{-1})(g)$, $\chi(g)\overline{\chi}(h) = \chi(g/h)$. □

注记　定理 7.2 和推论 7.1 均称作特征之间的正交关系. 这是因为: 对于一个 n 阶交换群 $G = \{g_1, \cdots, g_n\}$, 我们可构作 $\mathbb{C}^n$ 中的 n 个向量

$$v_\chi = \frac{1}{\sqrt{n}}(\chi(g_1), \cdots, \chi(g_n)) \quad (\chi \in \widehat{G}),$$

n 维复向量空间 $\mathbb{C}^n$ 有埃尔米特 (Hermite) 内积: 对于 $a = (a_1, \cdots, a_n)$ 和 $b = (b_1, \cdots, b_n) \in \mathbb{C}^n$, 其埃尔米特内积为 $(a, b) = \sum\limits_{i=1}^{n} \overline{a}_i b_i$. 则由推论 7.1 可知 $\{v_\chi : \chi \in \widehat{G}\}$ 是 $\mathbb{C}^n$ 中的一组标准正交基, 即

$$(v_\chi, v_\lambda) = \begin{cases} 1, & 若\ \chi = \lambda, \\ 0, & 若\ \chi \neq \lambda. \end{cases}$$

类似地, 对于 $\widehat{G} = \{\chi_1, \cdots, \chi_n\}$, 则 $\left\{\boldsymbol{v}_g = \dfrac{1}{\sqrt{n}}(\chi_1(g), \cdots, \chi_n(g)) : g \in G\right\}$ 也是 $\mathbb{C}^n$ 的一组标准正交基. 换句话说, 对于 n 阶复方阵 $\boldsymbol{M} = (\chi(g))_{\chi \in \widehat{G}, g \in G}$, 我们有 $\boldsymbol{M}\overline{\boldsymbol{M}}^{\mathrm{T}} = \overline{\boldsymbol{M}}^{\mathrm{T}}\boldsymbol{M} = \boldsymbol{I}_n$ (单位方阵), 这里 $\overline{\boldsymbol{M}}^{\mathrm{T}}$ 表示 $\boldsymbol{M}$ 的转置共轭方阵.

用特征正交关系可以计算所谓“群方阵”的特征根和特征向量.

定理 7.3　设 G 为 n 阶交换群, $G = \{g_1, \cdots, g_n\}$. $f : G \to \mathbb{C}$ 是一个 G 上的复值函数. 则 n 阶复方阵 $\boldsymbol{M} = (f(g_i g_j^{-1}))_{1 \leqslant i,j \leqslant n}$ 的 n 个特征根为

$$a_\chi = \sum_{g \in G} f(g)\chi(g) \quad (\chi \in \widehat{G}).$$

并且对应于特征根 a_χ 的特征向量为 $v_{\overline{\chi}} = \dfrac{1}{\sqrt{n}}(\overline{\chi}(g_1), \cdots, \overline{\chi}(g_n))$.

证明　设

$$\boldsymbol{M} v_{\overline{\chi}}^{\mathrm{T}} = (c_1, \cdots, c_n)^{\mathrm{T}},$$

则

$$\begin{aligned} c_i &= \frac{1}{\sqrt{n}} \sum_{j=1}^{n} f(g_i g_j^{-1})\overline{\chi}(g_j) \\ &= \frac{1}{\sqrt{n}} \sum_{g \in G} f(g_i g^{-1})\chi(g^{-1}) \end{aligned}$$

$$= \frac{1}{\sqrt{n}} \sum_{g' \in G} f(g')\chi(g'g_i^{-1}) \quad (\text{令 } g' = g_i g^{-1})$$

$$= \frac{1}{\sqrt{n}} \chi(g_i^{-1}) \sum_{g' \in G} f(g')\chi(g') = \frac{1}{\sqrt{n}} \overline{\chi}(g_i) a_\chi,$$

即 $\boldsymbol{M} v_\chi^{\mathrm{T}} = \dfrac{1}{\sqrt{n}} a_\chi (\overline{\chi}(g_1), \cdots, \overline{\chi}(g_n)) = a_\chi v_{\overline{\chi}}^{\mathrm{T}}$. 于是令 $\widehat{G} = \{\chi_1, \cdots, \chi_n\}$, 则

$$\boldsymbol{M}(v_{\overline{\chi}_1}^{\mathrm{T}}, \cdots, v_{\overline{\chi}_n}^{\mathrm{T}}) = (a_{\chi_1} v_{\overline{\chi}_1}^{\mathrm{T}}, \cdots, a_{\chi_n} v_{\overline{\chi}_n}^{\mathrm{T}}) = (v_{\overline{\chi}_1}^{\mathrm{T}}, \cdots, v_{\overline{\chi}_n}^{\mathrm{T}}) \begin{bmatrix} a_{\chi_1} & & \\ & \ddots & \\ & & a_{\chi_n} \end{bmatrix},$$

其中 $\boldsymbol{P} = (v_{\overline{\chi}_1}^{\mathrm{T}}, \cdots, v_{\overline{\chi}_n}^{\mathrm{T}}) = (\overline{\chi}_i(g_j))_{1 \leqslant i,j \leqslant n}$ 满足 $\boldsymbol{P}\overline{\boldsymbol{P}}^{\mathrm{T}} = \boldsymbol{I}_n$ (见推论 7.1 后面的注记). 特别地, $\boldsymbol{P}$ 为可逆方阵, 而上式为

$$\boldsymbol{P}^{-1}\boldsymbol{M}\boldsymbol{P} = \begin{bmatrix} a_{\chi_1} & & \\ & \ddots & \\ & & a_{\chi_n} \end{bmatrix}.$$

这就表明 $\boldsymbol{M}$ 的 n 个特征根为 a_χ ($\chi \in \widehat{G}$), 而对应于特征根 a_χ 的特征向量为 $v_{\overline{\chi}}$. □

最后我们介绍有限交换群上的傅里叶 (Fourier) 变换.

定义 7.2 设 G 为有限交换群, $f: G \to \mathbb{C}$ 是 G 上的复值函数, 则 f 的**傅里叶变换**是如下定义的群 $\widehat{G}$ 上复值函数 $F: \widehat{G} \to \mathbb{C}$, 其中

$$F(\chi) = \sum_{g \in G} f(g)\chi(g) \quad (\chi \in \widehat{G}).$$

定理 7.4 设 G 为 n 阶交换群, $f: G \to \mathbb{C}$ 为 G 上的复值函数, $F: \widehat{G} \to \mathbb{C}$ 是 f 的傅里叶变换, 则 f 也由 F 所完全决定, 即有**傅里叶反变换**

$$f(g) = \frac{1}{n} \sum_{\chi \in \widehat{G}} F(\chi)\overline{\chi}(g) \quad (g \in G).$$

证明

$$\text{上式右边} = \frac{1}{n} \sum_{\chi \in \widehat{G}} \overline{\chi}(g) \sum_{h \in G} f(h)\chi(h) = \frac{1}{n} \sum_{h \in G} f(h) \sum_{\chi \in \widehat{G}} \chi(h)\overline{\chi}(g) = f(g)$$

(由特征的正交关系, 第二个和号只对 h 为 g 时才有贡献, 且贡献为 n). □

本节最后介绍一个新的代数结构: 群环. 它在理论和应用中都是有用的数学工具.

设 $(G,\cdot)$ 为有限乘法交换群, R 是一个含幺交换环. 考虑集合

$$R[G]=\left\{\sum_{i=1}^{n} r_i g_i : n \geqslant 1, r_i \in R, g_i \in G\right\},$$

在这个集合中引入加法 (和它的逆运算减法): 对于 $R[G]$ 中元素

$$\alpha=\sum_{i=1}^{n} r_i g_i, \quad \beta=\sum_{j=1}^{n} s_i g_i \quad (r_i, s_i \in R,\ g_i \in G),$$

令

$$\alpha \pm \beta=\sum_{i=1}^{n}(r_i \pm s_i) g_i.$$

对于上述 α 和 $\gamma=\sum\limits_{j=1}^{m} c_j g_j$ $(c_j \in R,\ g_j \in G)$, 定义

$$\begin{aligned}\alpha\gamma &= \left(\sum_{i=1}^{n} r_i g_i\right)\left(\sum_{j=1}^{m} c_j g_j\right)=\sum_{i=1}^{n} \sum_{j=1}^{m} r_i c_j g_i g_j \quad (\text{分配律}) \\ &= \sum_{g \in G} t_g g,\end{aligned}$$

其中对每个 $g \in G$,

$$t_g=\sum_{i=1}^{n} \sum_{\substack{1 \leqslant j \leqslant m \\ g_i g_j=g}} r_i c_j \in R \quad (\text{合并同类项系数}).$$

不难证明, $R[G]$ 对于上述运算是一个含幺交换环, 幺元素就是 G 中幺元素 1_G.

考虑 R 为复数域 $\mathbb{C}$. 对于群 G 的每个特征 $\chi \in \widehat{G}$ 和群环 $\mathbb{C}[G]$ 中元素 $\alpha=\sum\limits_{g \in G} c_g g$ $(c_g \in G)$, 我们定义

$$\chi(\alpha)=\sum_{g \in G} c_g \chi(g) \in \mathbb{C}.$$

我们把 G 上的每个复值函数 $f: G \rightarrow \mathbb{C}$ 等同于群环 $\mathbb{C}[G]$ 中的元素 $\alpha_f=\sum\limits_{g \in G} f(g) g$. 这时, 对每个特征 $\chi \in \widehat{G}$, $\chi(\alpha_f)=\sum\limits_{g \in G} f(g) \chi(g)$ 就是函数 f 的傅里叶

变换. 而定理 7.4 是说: 函数 f 和它的傅里叶变换是相互决定的. 用群环的语言, 这个定理可以叙述成如下形式.

定理 7.5 设 G 为有限交换群, α 和 β 是群环 $\mathbb{C}[G]$ 中的元素, 则 $\alpha=\beta$ 当且仅当对 G 的每个特征 $\chi\in\widehat{G}$, $\chi(\alpha)=\chi(\beta)$.

这个定理把判别群环 $\mathbb{C}[G]$ 中的元素 α 和 β 是否相等, 归结为对每个 $\chi\in\widehat{G}$, 复数 $\chi(\alpha)$ 和 $\chi(\beta)$ 是否相等. 注意当 $\alpha,\beta\in\mathbb{Z}[G]$ 时, 这些复数都是分圆域 $\mathbb{Q}(\zeta_e)$ 中的代数整数, 其中 e 为群 G 的指数 (即 e 是最小正整数, 使得对每个 $g\in G$, $g^e=1$). 特别地, $e\big||G|$. 所以为证 $\chi(\alpha)=\chi(\beta)$, 我们要用到分圆域的知识.

特征理论的一个最广泛的应用是研究有限域中多项式方程的解数.

定理 7.6 设 $\mathbb{F}_q$ 为有限域, $f(x_1,\cdots,x_n)\in\mathbb{F}_q[x_1,\cdots,x_n]$, 则方程 $f(x_1,\cdots,x_n)=0$ 在 $\mathbb{F}_q$ 中的解 $(a_1,\cdots,a_n)\in\mathbb{F}_q^n$ 的个数为

$$\mathrm{N}_q(f)=q^{n-1}+\frac{1}{q}\sum_{\substack{\lambda\in\widehat{\mathbb{F}}_q\\ \lambda\neq 1}}\ \sum_{(a_1,\cdots,a_n)\in\mathbb{F}_q^n}\lambda(f(a_1,\cdots,a_n)),$$

其中 λ 过加法群 $(\mathbb{F}_q,+)$ 的所有非平凡特征.

证明 由特征的正交关系知道, 对每个 $(a_1,\cdots,a_n)\in\mathbb{F}_q^n$,

$$\sum_{\lambda\in\widehat{\mathbb{F}}_q}\lambda(f(a_1,\cdots,a_n))=\begin{cases}q, & \text{若 } f(a_1,\cdots,a_n)=0,\\ 0, & \text{否则}.\end{cases}$$

因此

$$\begin{aligned}\mathrm{N}_q(f)&=\sum_{\substack{(a_1,\cdots,a_n)\in\mathbb{F}_q^n\\ f(a_1,\cdots,a_n)=0}}1\\ &=\frac{1}{q}\sum_{(a_1,\cdots,a_n)\in\mathbb{F}_q^n}\ \sum_{\lambda\in\widehat{\mathbb{F}}_q}\lambda(f(a_1,\cdots,a_n))\\ &=\frac{1}{q}\left[q^n+\sum_{(a_1,\cdots,a_n)\in\mathbb{F}_q^n}\ \sum_{\substack{\lambda\in\widehat{\mathbb{F}}_q\\ \lambda\neq 1}}\lambda(f(a_1,\cdots,a_n))\right]\\ &=q^{n-1}+\frac{1}{q}\sum_{\substack{\lambda\in\widehat{\mathbb{F}}_q\\ \lambda\neq 1}}\ \sum_{(a_1,\cdots,a_n)\in\mathbb{F}_q^n}\lambda(f(a_1,\cdots,a_n)).\end{aligned}$$ □

继续计算下去, 需要弄清有限域的特征群, 以及有限域上的特征和的计算. 这就是下节的内容.

习题 7.1

习题 7.1.1 列出乘法群 $(\mathbb{Z}/15\mathbb{Z})^*$ 的全部特征.

习题 7.1.2 设 H 是有限交换群 G 的子群, S 是 $\widehat{G}$ 的如下子集合

$$S=\{\chi\in\widehat{G}: \text{对每个 } h\in H, \chi(h)=1\}.$$

证明对每个 $g\in G$,

$$\sum_{\chi\in S}\chi(g)=\begin{cases}\dfrac{|G|}{|H|}, & \text{若 } g\in H,\\ 0, & \text{否则}.\end{cases}$$

习题 7.1.3 设 G 为 n 阶交换群, $f_i: G\to\mathbb{C}$, $F_i:\widehat{G}\to\mathbb{C}$, 其中 F_i 为 f_i 在群上的傅里叶变换 $(i=1,2)$.

(a) 函数 $f=f_1*f_2: G\to\mathbb{C}$ 定义为 (叫 f_1 和 f_2 的卷积)

$$f(x)=\sum_{g\in G}f_1(g)f_2(xg^{-1})\quad(x\in G).$$

证明 f 的傅里叶变换为 $F=F_1F_2$ (即对每个 $\chi\in\widehat{G}$, $F(\chi)=F_1(\chi)F_2(\chi)$).

(b) 证明函数 $f=f_1f_2: G\to\mathbb{C}$ 的傅里叶变换为 $F=\dfrac{1}{n}(F_1*F_2)$, 即对每个 $\mu\in\widehat{G}$, $F(\mu)=\dfrac{1}{n}\sum\limits_{\lambda\in\widehat{G}}F_1(\lambda)F_2(\mu\overline{\lambda})$.

习题 7.1.4 设 G 为 n 阶交换群, $F:\widehat{G}\to\mathbb{C}$ 是 $f: G\to\mathbb{C}$ 的傅里叶变换. 证明

$$\sum_{\chi\in\widehat{G}}|F(\chi)|^2=n\sum_{g\in G}|f(g)|^2,\quad \sum_{\chi}F(\chi)=n\cdot f(1)\quad(1\text{ 为 } G \text{ 中幺元素}).$$

习题 7.1.5 写出加法群 $(\mathbb{F}_7,+)$ 的全部特征, 写出乘法群 $\mathbb{F}_7^*$ 的全部特征.

7.2 高斯和与雅可比和

设 $q=p^n$, 其中 p 为素数, $n\geqslant 1$. 有限域 $\mathbb{F}_q$ 有两个群结构: 加法群 $(\mathbb{F}_q,+)$ 和 $\mathbb{F}_q$ 中非零元素全体构成的 $q-1$ 阶乘法循环群 $(\mathbb{F}_q^*,\cdot)$. 加法群 $\mathbb{F}_q$ 的每个特征叫有限域 $\mathbb{F}_q$ 的加法特征, 全体形成加法特征群 $\widehat{\mathbb{F}}_q$. 而 $\mathbb{F}_q^*$ 的每个特征叫有限域 $\mathbb{F}_q$ 的乘法特征, 全体形成乘法特征群 $\widehat{\mathbb{F}_q^*}$.

由于 $\mathbb{F}_q^*=\langle\gamma\rangle=\{\gamma^j: 0\leqslant j\leqslant q-2\}$ 是 $q-1$ 阶的乘法循环群 (γ 为 $\mathbb{F}_q$ 中一个本原元素), 乘法特征群 $\widehat{\mathbb{F}_q^*}$ 比较简单, 它也是 $q-1$ 阶循环群 $\widehat{\mathbb{F}_q^*}=\langle\omega\rangle=\{1,\omega,\omega^2,\cdots,\omega^{q-2}\}$ $(\omega^{q-1}=1)$, 其中

$$\omega(\gamma)=\zeta_{q-1}, \text{从而对 } \mathbb{F}_q^* \text{ 中每个元素} \alpha=\gamma^j,\ \omega(\alpha)=\zeta_{q-1}^j\quad(0\leqslant j\leqslant q-2).$$

现在决定 $\mathbb{F}_q$ 的加法特征群 $\widehat{\mathbb{F}_q}$, 由于 $\mathbb{F}_q$ 是 $\mathbb{F}_p$ 上的 n 维向量空间, 从而加法群 $(\mathbb{F}_q,+)$ 是 n 个 p 阶循环群 $\mathbb{F}_p=(\mathbb{Z}/p\mathbb{Z},+)$ 的直和. 确切地说, 取 $\mathbb{F}_q$ 在 $\mathbb{F}_p$ 上的一组基 $v_1,\cdots,v_n$, 则 $\mathbb{F}_q$ 中每个元素 α 均可唯一地表成

$$\alpha=a_1v_1+\cdots+a_nv_n \quad (a_i\in\mathbb{F}_p).$$

把 α 等同于向量 $(a_1,\cdots,a_n)\in\mathbb{F}_p^n$, 则 $\mathbb{F}_q$ 等同于向量空间 $\mathbb{F}_p^n$. 由于 $(\mathbb{F}_p,+)$ 的特征群为 $\widehat{\mathbb{F}_p}=\{\varphi_x:x\in\mathbb{F}_p\}$, 其中 $\varphi_x(y)=\zeta_p^{xy}$ $(y\in\mathbb{F}_p)$, 按照定理 7.2 的证明, $\widehat{\mathbb{F}_q}$ 是 n 个 $\widehat{\mathbb{F}_p}$ 的直积, 可知

$$\widehat{\mathbb{F}_q}=\{\varphi_x:x=(x_1,\cdots,x_n)\in\mathbb{F}_p^n\},$$

其中对每个 $y=(y_1,\cdots,y_n)\in\mathbb{F}_q=\mathbb{F}_p^n$,

$$\varphi_x(y)=\varphi_{x_1}(y_1)\cdots\varphi_{x_n}(y_n)=\zeta_p^{x_1y_1}\cdot\zeta_p^{x_2y_2}\cdots\zeta_p^{x_ny_n}=\zeta_p^{(x,y)},$$

这里 $(x,y)=\sum\limits_{i=1}^{n}x_iy_i\in\mathbb{F}_p$ 叫 $\mathbb{F}_p^n$ 上的内积.

不难验证 $\varphi_x\varphi_{x'}=\varphi_{x+x'}$ (对于 $x,x'\in\mathbb{F}_p^n$). 从而 $\widehat{\mathbb{F}_q}=\widehat{\mathbb{F}_p^n}$ 和 $\mathbb{F}_q=\mathbb{F}_p^n$ 有自然的群同构 $\mathbb{F}_q=\mathbb{F}_p^n\xrightarrow{\sim}\widehat{\mathbb{F}_q}=\widehat{\mathbb{F}_p^n}$, $x\mapsto\varphi_x$. (零向量 $0=(0,\cdots,0)$ 对应乘法群 $\widehat{\mathbb{F}_q}$ 中的幺元素 (平凡特征)).

以上对加法特征群 $\widehat{\mathbb{F}_q}$ 的刻画依赖于基 $\{v_1,\cdots,v_n\}$ 的选取方式. 下面是不依赖于基选取的刻画方式. 回忆迹映射

$$T:\mathbb{F}_q\to\mathbb{F}_p,\quad T(\alpha)=\alpha+\alpha^p+\cdots+\alpha^{p^{n-1}} \quad (\alpha\in\mathbb{F}_q)$$

是 $\mathbb{F}_p$-线性的满映射 (定理 2.9).

定理 7.7 设 $q=p^n$, T 为由 $\mathbb{F}_q$ 到 $\mathbb{F}_p$ 的迹映射. 则

$$\widehat{\mathbb{F}_q}=\{\lambda_a:a\in\mathbb{F}_q\},$$

其中对每个 $z\in\mathbb{F}_q$, $\lambda_a(z)=\zeta_p^{T(az)}$.

证明 首先可直接验证: 对每个 $a\in\mathbb{F}_q$, λ_a 是 $\mathbb{F}_q$ 的加法特征, 即由 T 的 $\mathbb{F}_p$-线性可知 $\lambda_a(z+z')=\lambda_a(z)\lambda_a(z')$. 再证映射

$$\varphi:\mathbb{F}_q\to\widehat{\mathbb{F}_q},\ a\mapsto\lambda_a$$

是单射: 若 $a,a'\in\mathbb{F}_q$, $\lambda_a=\lambda_{a'}$, 即 $\zeta_p^{T(az)}=\zeta_p^{T(a'z)}$ (对每个 $z\in\mathbb{F}_q$), 则 $T(az)=T(a'z)\in\mathbb{F}_p$, 即 $T((a-a')z)=0$ (对每个 $z\in\mathbb{F}_q$). 如果 $a-a'\neq0$, 则当 z 过 $\mathbb{F}_q$

时, $(a-a')z$ 也过 $\mathbb{F}_q$ 的全部元素, 于是 $T(z)=0$ (对每个 $z\in\mathbb{F}_q$), 这和迹函数是到 $\mathbb{F}_p$ 的满映射相矛盾. 这表明 $a=a'$, 即 φ 为单射. 于是 $\{\lambda_a : a\in\mathbb{F}_q\}$ 给出 q 个不同的加法特征. 但是 $\mathbb{F}_q$ 的加法特征恰有 q 个. 因此 $\widehat{\mathbb{F}_q}=\{\lambda_a : a\in\mathbb{F}_q\}$. □

注记 可直接验证 $\lambda_a\cdot\lambda_{a'}=\lambda_{a+a'}$. 于是 $a\mapsto\lambda_a$ 是加法群 $\mathbb{F}_q$ 到乘法群 $\widehat{\mathbb{F}_q}$ 的自然同构. λ_0 为 $\mathbb{F}_q$ 的平凡加法特征.

现在介绍有限域上两类重要的特征和.

定义 7.3 设 $\lambda\in\widehat{\mathbb{F}_q},\chi\in\widehat{\mathbb{F}_q^*}$, 定义 $\mathbb{F}_q$ 上的高斯和为

$$G(\chi,\lambda)=\sum_{x\in\mathbb{F}_q^*}\chi(x)\lambda(x)\in\mathbb{Z}[\zeta_{q-1},\zeta_p]=\mathbb{Z}[\zeta_{p(q-1)}].$$

对于 $\chi_1,\chi_2\in\widehat{\mathbb{F}_q^*}$, 定义 $\mathbb{F}_q$ 上的雅可比和为

$$J(\chi_1,\chi_2)=\sum_{\substack{x\in\mathbb{F}_q\\ x\neq 0,1}}\chi_1(x)\chi_2(1-x)=\sum_{\substack{x,y\in\mathbb{F}_q^*\\ x+y=1}}\chi_1(x)\chi_2(y)=J(\chi_2,\chi_1)\in\mathbb{Z}[\zeta_{q-1}].$$

由于加法特征和乘法特征分别取值为 ζ_p 和 ζ_{q-1} 的方幂, 可知高斯和 $G(\chi,\lambda)$ 属于分圆域 $\mathbb{Q}(\zeta_{p(q-1)})$ 的整数环 $\mathbb{Z}[\zeta_{p(q-1)}]$, 而雅可比和 $J(\chi_1,\chi_2)$ 属于分圆域 $\mathbb{Q}(\zeta_{q-1})$ 的整数环 $\mathbb{Z}[\zeta_{q-1}]$. 我们希望能计算出这些代数整数. 首先解决一些平凡的情形.

定理 7.8 (1)

$$G(\chi,\lambda)=\begin{cases}0, & 若\ \lambda=1,\chi\neq 1,\\ -1, & 若\ \lambda\neq 1,\chi=1,\\ q-1, & 若\ \lambda=1,\chi=1.\end{cases}$$

(注意: $\lambda=1$ 表示 λ 为 $\mathbb{F}_q$ 的平凡加法特征, 即 λ 在 $\mathbb{F}_q$ 的所有元素均取值为 1. 而 $\chi=1$ 表示 χ 为 $\mathbb{F}_q$ 的平凡乘法特征, 即 χ 在 $\mathbb{F}_q$ 的所有非零元素均取值为 1, χ 在 0 处没有定义.)

(2)

$$J(\chi_1,\chi_2)=\begin{cases}q-2, & 若\ \chi_1=\chi_2=1,\\ -1, & 若\ \chi_1,\chi_2\ 恰有一个为1,\\ -\chi_1(-1), & 若\ \chi_1\neq 1,\chi_1\chi_2=1.\end{cases}$$

证明 (1) 当 $\lambda=1,\chi=1$ 时, $G(\chi,\lambda)=\sum\limits_{x\in\mathbb{F}_q^*}1=q-1$. 若 $\lambda=1,\chi\neq 1$, 则

$G(\chi,\lambda)=\sum\limits_{x\in\mathbb{F}_q^*}\chi(x)=0$ (由于 $\chi\neq 1$). 若 $\lambda\neq 1,\chi=1$, 则 $G(\chi,\lambda)=\sum\limits_{x\in\mathbb{F}_q^*}\lambda(x)=-1+\sum\limits_{x\in\mathbb{F}_q}\lambda(x)=-1$ (由于 $\lambda\neq 1$).

(2) 若 $\chi_1=\chi_2=1$, 则 $J(\chi_1,\chi_2)=\sum\limits_{\substack{x\in\mathbb{F}_q\\x\neq 0,1}}1=q-2$. 若 $\chi_1=1,\chi_2\neq 1$, 则 $J(\chi_1,\chi_2)=\sum\limits_{\substack{x\in\mathbb{F}_q\\x\neq 0,1}}\chi_2(x)=-1+\sum\limits_{x\in\mathbb{F}_q^*}\chi_2(x)=-1$ (由于 $\chi_2\neq 1$). 最后设 $\chi_1\neq 1,\chi_2=\overline{\chi}_1=\chi_1^{-1}$, 则 $J(\chi_1,\chi_2)=\sum\limits_{\substack{x\in\mathbb{F}_q\\x\neq 0,1}}\chi_1(x)\overline{\chi}_1(1-x)=\sum\limits_{\substack{x\in\mathbb{F}_q\\x\neq 0,1}}\chi_1\left(\dfrac{x}{1-x}\right)$.

映射 $x\mapsto\dfrac{x}{1-x}$ 是集合 $\mathbb{F}_q\backslash\{0,1\}$ 到 $\mathbb{F}_q\backslash\{0,1\}$ 的一一对应. 于是

$$J(\chi_1,\chi_2)=\sum_{\substack{y\in\mathbb{F}_q\\y\neq 0,-1}}\chi_1(y)=-\chi_1(-1)+\sum_{y\in\mathbb{F}_q^*}\chi_1(y)=-\chi_1(-1).\qquad\square$$

剩下的情形为计算 $G(\chi,\lambda)$ ($\chi\neq 1$ 并且 $\lambda\neq 1$) 和 $J(\chi_1,\chi_2)$ (其中 $\chi_1,\chi_2,\chi_1\chi_2$ 均不为 1). 回忆加法特征可表成 λ_b ($b\in\mathbb{F}_q$), 其中 $\lambda_b(x)=\zeta_p^{T(bx)}$ (对于 $x\in\mathbb{F}_q$), 平凡加法特征为 λ_0.

定理 7.9 (1) 设 $\lambda_b\in\widehat{\mathbb{F}_q}$, $b\in\mathbb{F}_q^*$, $1\neq\chi\in\widehat{\mathbb{F}_q^*}$, 则

$$G(\chi,\lambda_b)=\overline{\chi}(b)G(\chi),\quad 其中\ G(\chi)=G(\chi,\lambda_1)=\sum_{x\in\mathbb{F}_q^*}\chi(x)\zeta_p^{T(x)},$$

$$\overline{G(\chi)}=\chi(-1)G(\overline{\chi}),$$

$$|G(\chi,\lambda_b)|=\sqrt{q}.$$

(2) 设 $\chi_1,\chi_2\in\widehat{\mathbb{F}_q^*}$, χ_1,χ_2 和 $\chi_1\chi_2$ 均不为 1. 则

$$J(\chi_1,\chi_2)=\frac{G(\chi_1)G(\chi_2)}{G(\chi_1\chi_2)}.\quad 从而\ |J(\chi_1,\chi_2)|=\sqrt{q}.$$

证明 (1)

$$\begin{aligned}G(\chi,\lambda_b)&=\sum_{x\in\mathbb{F}_q^*}\chi(x)\zeta_p^{T(bx)}\quad(令\ bx=y,\ 注意\ b\neq 0)\\&=\sum_{y\in\mathbb{F}_q^*}\chi(yb^{-1})\zeta_p^{T(y)}=\overline{\chi}(b)\sum_{y\in\mathbb{F}_q^*}\chi(y)\zeta_p^{T(y)}=\overline{\chi}(b)G(\chi).\end{aligned}$$

$$\overline{G(\chi)} = \sum_{x\in\mathbb{F}_q^*} \overline{\chi}(x)\overline{\zeta_p}^{T(x)} = \sum_{x\in\mathbb{F}_q^*} \overline{\chi}(x)\zeta_p^{T(-x)} = \sum_{y\in\mathbb{F}_q^*} \overline{\chi}(-y)\zeta_p^{T(y)} = \overline{\chi}(-1)G(\overline{\chi}).$$

由于 $\chi(-1)^2 = \chi(1) = 1$, 可知 $\chi(-1) \in \{\pm 1\}$. 于是 $\overline{\chi}(-1) = \chi(-1)$.

由于 $|G(\chi, \lambda_b)| = |\overline{\chi}(b)| \cdot |G(\chi)| = |G(\chi)|$, 我们只需对每个 $\chi \neq 1$, 证明 $|G(\chi)| = \sqrt{q}$. 事实上,

$$\begin{aligned}
|G(\chi)|^2 = G(\chi)\cdot\overline{G(\chi)} &= \sum_{x,y\in\mathbb{F}_q^*} \chi(x)\overline{\chi(y)}\zeta_p^{T(x)-T(y)} \\
&= \sum_{x,y\in\mathbb{F}_q^*} \chi\left(\frac{x}{y}\right)\zeta_p^{T(x-y)} \quad (\text{令 } x = ay) \\
&= \sum_{a,y\in\mathbb{F}_q^*} \chi(a)\zeta_p^{T(y(a-1))} = \sum_{y\in\mathbb{F}_q^*} 1 + \sum_{1\neq a\in\mathbb{F}_q^*} \chi(a) \sum_{y\in\mathbb{F}_q^*} \zeta_p^{T(y(a-1))} \\
&= q - 1 + \sum_{1\neq a\in\mathbb{F}_q^*} \chi(a) \sum_{z\in\mathbb{F}_q^*} \zeta_p^{T(z)} \quad (z = y(a-1), a-1\neq 0) \\
&= q - 1 - \sum_{1\neq a\in\mathbb{F}_q^*} \chi(a) = q - 1 - (-1) = q.
\end{aligned}$$

于是 $|G(\chi)| = \sqrt{q}$.

(2) 若 $\chi_1, \chi_2, \chi_1\chi_2$ 均不为 1, 则

$$\begin{aligned}
G(\chi_1)G(\chi_2) &= \sum_{x,y\in\mathbb{F}_q^*} \chi_1(x)\chi_2(y)\zeta_p^{T(x+y)} \quad (\text{令 } z = x + y) \\
&= \sum_{\substack{z\in\mathbb{F}_q \\ x\in\mathbb{F}_q\setminus\{0,z\}}} \chi_1(x)\chi_2(z-x)\zeta_p^{T(z)}.
\end{aligned}$$

当 $z = 0$ 时, 对上式右边的贡献为 $\sum\limits_{x\in\mathbb{F}_q^*} \chi_1(x)\chi_2(-x) = \chi_2(-1)\sum\limits_{x\in\mathbb{F}_q^*} \chi_1\chi_2(x) = 0$ (因为 $\chi_1\chi_2 \neq 1$). 于是

$$\begin{aligned}
G(\chi_1)G(\chi_2) &= \sum_{\substack{z\in\mathbb{F}_q^* \\ x\in\mathbb{F}_q\setminus\{0,z\}}} \chi_1(x)\chi_2(z-x)\zeta_p^{T(z)} \quad (\text{令 } x = zt) \\
&= \sum_{\substack{z\in\mathbb{F}_q^* \\ t\in\mathbb{F}_q\setminus\{0,1\}}} \chi_1(zt)\chi_2(z(1-t))\zeta_p^{T(z)} \\
&= \sum_{\substack{t\in\mathbb{F}_q \\ t\neq 0,1}} \chi_1(t)\chi_2(1-t) \sum_{z\in\mathbb{F}_q^*} \chi_1\chi_2(z)\zeta_p^{T(z)}
\end{aligned}$$

$$= J(\chi_1, \chi_2)G(\chi_1\chi_2).$$

最后由于 $|G(\chi_1)| = |G(\chi_2)| = |G(\chi_1\chi_2)| = \sqrt{q}$, 可知 $|J(\chi_1, \chi_2)| = \left|\dfrac{G(\chi_1)G(\chi_2)}{G(\chi_1\chi_2)}\right| = \sqrt{q}$. □

$\mathbb{F}_q$ 上的高斯和以及雅可比和分别是分圆域 $\mathbb{Q}(\zeta_{p(q-1)})$ 和 $\mathbb{Q}(\zeta_{q-1})$ 中的代数整数, 其中 $q = p^n$. 事实上, 它们可以属于更小的分圆域. $\mathbb{F}_q$ 的每个乘法特征为 $\chi = \omega^j$ $(0 \leqslant j \leqslant q-2)$, 其中 ω 是 $q-1$ 阶乘法特征, 定义为 $\omega(\gamma) = \zeta_{q-1}$ (γ 为 $\mathbb{F}_q$ 的一个本原元素, 即 $\mathbb{F}_q^* = \langle\gamma\rangle = \{\gamma^i : 0 \leqslant i \leqslant q-2\}$), $\omega^{q-1} = 1$. 熟知 $\chi = \omega^j$ 的阶为 $\dfrac{q-1}{(q-1,j)} = l$, 这里 $(q-1, j)$ 表示 $q-1$ 和 j 的最大公因子, 因此 $l|q-1$. 称 χ 为 l 阶乘法特征, 它在 $\mathbb{F}_q^*$ 上的取值均是 ζ_l 的方幂. 所以 $G(\chi) = \sum\limits_{x\in\mathbb{F}_q^*} \chi(x)\zeta_p^{T(x)}$ 属于 $\mathbb{Q}(\zeta_{lp})$ 的整数环 $\mathbb{Z}[\zeta_{lp}]$. 类似地, 若 χ_1 和 χ_2 分别为 $\mathbb{F}_q$ 的 l_1 阶和 l_2 阶乘法特征, 则它们的取值分别为 ζ_{l_1} 和 ζ_{l_2} 的方幂, 从而雅可比和 $J(\chi_1, \chi_2)$ 属于 $\mathbb{Q}(\zeta_{l_1}, \zeta_{l_2}) = \mathbb{Q}(\zeta_l)$ 的整数环 $\mathbb{Z}[\zeta_l]$, 其中 $l = [l_1, l_2]$ 为 l_1 和 l_2 的最小公倍数.

对于 $\mathbb{F}_q^*$ 的每个非平凡特征 χ, $|G(\chi)| = \sqrt{q}$, 因此 $G(\chi) = \sqrt{q}e^{i\theta}$, $0 \leqslant \theta < 2\pi$. 从而决定 $G(\chi)$ 的值相当于决定它的辐角 θ. 当 χ 的阶为 e 时 $(e|q-1)$, 称 $G(\chi)$ 为 e 次高斯和. 我们在下节研究 $e = 2, 3, 4$ 次高斯和. 现在对于一类所谓 "半本原" (semiprimitive) 情形, 可以计算高斯和的值.

设 p 为素数, e 是和 p 互素的正整数, $e \geqslant 2$. 称 p 对于模 e 是**半本原**的, 是指存在正整数 t, 使得 $p^t \equiv -1 \pmod{e}$.

这时令 $q = p^{2t}$, 则 $q \equiv (-1)^2 \equiv 1 \pmod{e}$, 即 $e|q-1$, 从而 $\mathbb{F}_q$ 有 e 阶乘法特征.

定理 7.10 设素数 p 模 e 是半本原的, 即存在正整数 t 使得 $p^t \equiv -1 \pmod{e}$. 令 $q = p^{2t}$, χ 是 $\mathbb{F}_q$ 的 e 阶乘法特征, 则 $\mathbb{F}_q$ 上高斯和 $G(\chi)$ 为

$$G(\chi) = \begin{cases} 2^t, & \text{若 } p = 2, \\ p^t(-1)^{\frac{p^t+1}{e}}, & \text{若 } p \geqslant 3. \end{cases}$$

证明 设 γ 是 $\mathbb{F}_q$ 的一个本原元素, 即 $\mathbb{F}_q^* = \langle\gamma\rangle$, 令 $Q = p^t$. 由于 γ 阶为 $q - 1 = Q^2 - 1$, 可知 $c = \gamma^{Q+1}$ 的阶为 $Q - 1$, 从而 c 是 $\mathbb{F}_Q$ 中本原元素, 即 $\mathbb{F}_Q^* = \langle c\rangle$. 对于有限域 $\mathbb{F}_r$ 和它的扩域 $\mathbb{F}_{r^n}$, 我们以 $\mathrm{T}_r^{r^n}$ 表示由 $\mathbb{F}_{r^n}$ 到 $\mathbb{F}_r$ 的迹函数, 即对于 $x \in \mathbb{F}_{r^n}$,

$$\mathrm{T}_r^{r^n}(x) = x + x^r + x^{r^2} + \cdots + x^{r^{n-1}}.$$

这是 $\mathbb{F}_r$-线性满同态. 并且若 $\mathbb{F}_{r_1}\supseteq\mathbb{F}_{r_2}\supseteq\mathbb{F}_{r_3}$ 为三个有限域, 则对于 $x\in\mathbb{F}_{r_1}$, $\mathrm{T}_{r_3}^{r_1}(x)=\mathrm{T}_{r_1}^{r_2}(\mathrm{T}_{r_2}^{r_1}(x))$.

现在 $\mathbb{F}_q\supseteq\mathbb{F}_Q\supseteq\mathbb{F}_p$, $\mathbb{F}_q^*$ 中每个元素可表为 $\alpha=\gamma^l, 0\leqslant l\leqslant q-2$. 用 $Q+1$ 去除 l 则有带余除法算式

$$l=(Q+1)u+v,\quad \text{其中 } 0\leqslant u\leqslant Q-2,\ 0\leqslant v\leqslant Q.$$

于是 $\alpha=\gamma^l=c^u\gamma^v$, 从而

$$\mathrm{T}_p^q(\alpha)=\mathrm{T}_p^Q(\mathrm{T}_Q^q(c^u\gamma^v))=\mathrm{T}_p^Q(c^u\mathrm{T}_Q^q(\gamma^v))\quad (\text{因为 } c^u\in\mathbb{F}_Q \text{ 而 } \mathrm{T}_Q^q \text{ 是 } \mathbb{F}_Q\text{-线性的}).$$

于是

$$\begin{aligned}G(\chi)&=\sum_{x\in\mathbb{F}_q^*}\chi(x)\zeta_p^{\mathrm{T}_p^q(x)}=\sum_{l=0}^{q-2}\chi(\gamma^l)\zeta_p^{\mathrm{T}_p^q(\gamma^l)}\\&=\sum_{u=0}^{Q-2}\sum_{v=0}^{Q}\chi(c^u\gamma^v)\zeta_p^{\mathrm{T}_p^Q(c^u\mathrm{T}_Q^q(\gamma^v))}.\end{aligned}$$

由于 χ 为 e 阶特征, 而 $e|Q+1$, 从而 $\chi(c)=\chi(\gamma^{Q-1})=\chi(\gamma)^{Q-1}=1$, 即 $\chi(c^u\gamma^v)=\chi(\gamma^v)$. 于是

$$G(\chi)=\sum_{v=0}^{Q}\chi(\gamma^v)\sum_{u=0}^{Q-2}\zeta_p^{\mathrm{T}_p^Q(c^u\mathrm{T}_Q^q(\gamma^v))}=\sum_{v=0}^{Q}\chi(\gamma^v)\sum_{x\in\mathbb{F}_Q^*}\zeta_p^{\mathrm{T}_p^Q(x\mathrm{T}_Q^q(\gamma^v))}.$$

由 $\mathbb{F}_Q$ 上加法特征正交性质, 可知

$$\sum_{x\in\mathbb{F}_Q^*}\zeta_p^{\mathrm{T}_p^Q(x\mathrm{T}_Q^q(\gamma^v))}=-1+\sum_{x\in\mathbb{F}_Q}\zeta_p^{\mathrm{T}_p^Q(x\mathrm{T}_Q^q(\gamma^v))}=-1+\begin{cases}Q, & \text{若 } \mathrm{T}_Q^q(\gamma^v)=0,\\ 0, & \text{否则}.\end{cases}$$

于是

$$G(\chi)=-\sum_{v=0}^{Q}\chi(\gamma^v)+\sum_{\substack{v=0\\ \mathrm{T}_Q^q(\gamma^v)=0}}^{Q}Q\chi(\gamma^v)=Q\sum_{\substack{v=0\\ \mathrm{T}_Q^q(\gamma^v)=0}}^{Q}\chi(\gamma^v)$$

$\left(\chi \text{ 的阶为 } e \text{ 而 } e|Q+1, \text{可知 } \sum\limits_{v=0}^{Q}\chi(\gamma^v)=\dfrac{1-\chi(\gamma^{Q+1})}{1-\chi(\gamma)}=0\right)$.

由 $q=Q^2$ 知 $\mathrm{T}_Q^q(\gamma^v)=\gamma^v+\gamma^{vQ}$. 因此

$$\mathrm{T}_Q^q(\gamma^v)=0\Leftrightarrow\gamma^{v(Q-1)}=-1.$$

当 $p=2$ 时, $-1=1$. 于是 $\mathrm{T}_Q^q(\gamma^v)=0 \Leftrightarrow \gamma^{v(Q-1)}=1 \Leftrightarrow q-1=Q^2-1|v(Q-1) \Leftrightarrow Q+1|v$, 但是 $0 \leqslant v \leqslant Q$, 从而只有 $v=0$, 即 $G(\chi)=Q$. 当 $p \geqslant 3$ 时,

$$\begin{aligned}\mathrm{T}_Q^q(\gamma^v)=0 \Leftrightarrow \gamma^{v(Q-1)}=-1=\gamma^{\frac{Q^2-1}{2}} \\ \Leftrightarrow v(Q-1) \equiv \frac{Q^2-1}{2} \pmod{Q^2-1} \\ \Leftrightarrow v \equiv \frac{Q+1}{2} \pmod{Q+1}.\end{aligned}$$

由 $0 \leqslant v \leqslant Q$ 可知只有 $v=\dfrac{Q+1}{2}$. 于是 $G(\chi)=Q \cdot \chi(\gamma)^{\frac{Q+1}{2}}$. 由于 χ 的阶 e 是 $Q+1$ 的因子, 若 e 为奇数, 则 $\dfrac{Q+1}{e}$ 为偶数, 因此 $2e|Q+1$, 从而 $G(\chi)=Q\cdot\chi(\gamma)^{e\cdot\frac{Q+1}{2e}}=Q=Q\cdot(-1)^{\frac{Q+1}{e}}$; 若 e 为偶数, 则 $\chi(\gamma)^{\frac{Q+1}{2}}=\chi(\gamma)^{\frac{e}{2}\cdot\frac{Q+1}{e}}=(-1)^{\frac{Q+1}{e}}$, 从而也有 $G(\chi)=Q\cdot(-1)^{\frac{Q+1}{e}}$. □

推论 7.2 设 $q=p^{2t}$, $p \geqslant 3$, η 为 $\mathbb{F}_q$ 的 $e=2$ 阶乘法特征, 则 $\mathbb{F}_q$ 上 2 次高斯和为

$$G(\eta)=\sum_{x\in\mathbb{F}_q^*}\eta(x)\zeta_p^{\mathrm{T}_p^q(x)}=(-1)^{\frac{p^t+1}{2}}p^t.$$

证明 由于 p 是奇素数, $p^t \equiv -1 \pmod 2$. 从而这是定理 7.10 的直接推论. □

我们在下节要对 $q=p^{2t+1}$ 计算 $\mathbb{F}_q$ 上的二次高斯和. 这需要关于高斯和的进一步结果. 现在介绍关于高斯和的两个更深刻的结果. 第一个是 Davenport-Hasse 提升定理.

设 χ 是 $\mathbb{F}_q$ 的乘法特征. 令 $Q=q^m$, 则 $\mathbb{F}_Q$ 为 $\mathbb{F}_q$ 的 m 次扩域. 我们有范映射

$$\mathrm{N}_q^Q:\mathbb{F}_Q\to\mathbb{F}_q,\ \mathrm{N}_q^Q(x)=\prod_{i=0}^{m-1}x^{q^i}=x^{1+q+q^2+\cdots+q^{m-1}}=x^{\frac{Q-1}{q-1}}\quad(x\in\mathbb{F}_Q).$$

考虑映射

$$\chi^{(m)}:\mathbb{F}_Q^*\to\mathbb{C}^*,\quad \chi^{(m)}(x)=\chi(\mathrm{N}_q^Q(x))=\chi(x^{\frac{Q-1}{q-1}}).$$

由于 χ 和 N_q^Q 都是积性的, 可知 $\chi^{(m)}$ 为 $\mathbb{F}_Q$ 的乘法特征, 叫作 χ 到 $\mathbb{F}_Q$ 的提升.

引理 7.1 设 $Q=q^m$, $\chi^{(m)}$ 为 $\mathbb{F}_Q$ 的乘法特征 χ 到 $\mathbb{F}_Q$ 的提升. 则 $\chi^{(m)}$ 和 χ 有同样的阶, 并且对 $q-1$ 的每个因子 e, $\mathbb{F}_Q$ 的每个 e 阶乘法特征都是 $\mathbb{F}_q$ 的某个 e 阶乘法特征的提升.

证明 映射 $f:\widehat{\mathbb{F}_q^*}\to\widehat{\mathbb{F}_Q^*},\chi\mapsto\chi^{(m)}$ 是群的同态, 即可以直接验证: 对于 $\chi,\psi\in\widehat{\mathbb{F}_q^*},(\chi\psi)^{(m)}=\chi^{(m)}\psi^{(m)}$. 现在证明这是单同态. 即要证 $\ker(f)=\{1\}$. 假设 $\chi\in\widehat{\mathbb{F}_q^*}$, $\chi^{(m)}=1$, 即对任何 $x\in\mathbb{F}_Q^*$, $1=\chi^{(m)}(x)=\chi(x^{\frac{Q-1}{q-1}})$. 特别地, x 为 $\mathbb{F}_Q$ 的本原元素, $1=\chi(x^{\frac{Q-1}{q-1}})$, 而 $x^{\frac{Q-1}{q-1}}$ 为 $\mathbb{F}_q$ 的本原元素. 于是 $\chi=1$. 这就表明 f 是单同态. 即 $\chi\neq\psi$ 时, $\chi^{(m)}\neq\psi^{(m)}$. 若 χ 为 e 阶乘法特征, 即 $\chi^l\neq 1$ $(0\leqslant l\leqslant e-1)$ 而 $\chi^e=1$, 则 $(\chi^{(m)})^l\neq 1$ $(0\leqslant l\leqslant e-1)$ 而 $(\chi^{(m)})^e=1$. 从而 $\chi^{(m)}$ 的阶也是 e. 熟知 $\mathbb{F}_q$ 中 e 阶乘法特征共有 $\varphi(e)$ 个, 这里 $\varphi(e)$ 表示 $1,2,\cdots,e$ 当中和 e 互素的整数个数 (欧拉函数), $\mathbb{F}_Q$ 中 e 阶乘法特征也共有 $\varphi(e)$ 个. 由 f 为单同态即知 $\mathbb{F}_Q$ 中每个 e 阶乘法特征都是 $\mathbb{F}_q$ 中某个 e 阶乘法特征的提升. □

定理 7.11 (Davenport-Hasse 提升定理) 设 $Q=q^m$, χ 为 $\mathbb{F}_q$ 的乘法特征, $\chi^{(m)}$ 是 χ 到 $\mathbb{F}_Q$ 的提升. 则 $\mathbb{F}_Q$ 上高斯和 $G_Q(\chi^{(m)})=\sum\limits_{x\in\mathbb{F}_Q^*}\chi^{(m)}(x)\zeta_p^{\mathrm{T}_p^Q(x)}$ 和 $\mathbb{F}_q$ 上高斯和 $G_q(\chi)=\sum\limits_{x\in\mathbb{F}_q^*}\chi(x)\zeta_p^{\mathrm{T}_p^q(x)}$ 之间有如下关系:

$$G_Q(\chi^{(m)})=(-1)^{m-1}G_q(\chi)^m.$$

证明 见书 [2,3]. □

第二个结果是 Stickelberger 于 1890 年给出的. 其想法是, 如果我们不能计算分圆域 $K=\mathbb{Q}(\zeta_{p(q-1)})$ 中的代数整数 $G(\chi)$ (这里 χ 为 $\mathbb{F}_q$ 的非平凡乘法特征, $q=p^m$), 那么我们退一步问: 对于 $G(\chi)$ 在 $\mathcal{O}_K=\mathbb{Z}[\zeta_{p(q-1)}]$ 中生成的主理想 $G(\chi)\mathcal{O}_K$, 能否决定它在 $\mathcal{O}_K$ 中的素理想分解式? 根据分圆域中素理想分解律 (定理 4.12), 素数 p 在 $\mathcal{O}_K$ 中分解为

$$p\mathcal{O}_K=P_1^e\cdots P_g^e,$$

其中 $P_1,\cdots,P_g$ 是 $\mathcal{O}_K$ 中彼此不同的 (非零) 素理想, $e=p-1$, $g=\dfrac{\varphi(q-1)}{m}$. 由于

$$G(\chi)\mathcal{O}_K\cdot\overline{G(\chi)}\mathcal{O}_K=p^m\mathcal{O}_K=(P_1\cdots P_g)^{me},$$

并且 $\overline{G(\chi)}\in\mathcal{O}_K$, 可知主理想 $G(\chi)\mathcal{O}_K$ 的素理想属于 $\{P_1,\cdots,P_g\}$. 因此

$$G(\chi)\mathcal{O}_K=P_1^{e_1}P_2^{e_2}\cdots P_g^{e_g}\quad(0\leqslant e_i\leqslant me).$$

用 6.6 节的符号, $e_i=v_{P_i}(G(\chi))$ (即元素 $G(\chi)$ 的 P_i-adic 指数赋值). Stickelberger 定理就是决定这些 e_i $(1\leqslant i\leqslant g)$. 事实上, 由于伽罗瓦群 $\mathrm{Gal}(K/\mathbb{Q})$ 在集合 $\{P_1,\cdots,P_g\}$ 上的作用是可传递的, 我们只需要算出一个 e_i 就可以了.

定理 7.12 (Stickelberger) 设 $q=p^m$, $\mathbb{F}_q^*=\langle\gamma\rangle$, ω 为 $\mathbb{F}_q^*$ 的乘法特征, 其中 $\omega(\gamma)=\zeta_{q-1}$ (从而 $\mathbb{F}_q$ 的每个特征为 ω^{-j}, $\omega^{q-1}=1$). 对于 $0\leqslant j\leqslant q-2=p^m-2$, 令 $j=a_0+a_1p+\cdots+a_{m-1}p^{m-1}$ 为 j 的 p-adic 展开式, 其中 $0\leqslant a_i\leqslant p-1$. 定义 $s(j)=a_0+a_1+\cdots+a_{m-1}\in\mathbb{Z}$. 则 $\mathcal{O}_K=\mathbb{Z}[\zeta_{p(q-1)}]$ 中存在 p 的一个素理想因子 P, 使得

$$G(\omega^{-j})\equiv\frac{-(\zeta_p-1)^{s(j)}}{a_0!a_1!\cdots a_{m-1}!}\pmod{P^{s(j)+1}}\quad(0\leqslant j\leqslant q-2).\tag{7.2.1}$$

注记 证明见 [6] 中定理 11.2.1. 由于在 $L=\mathbb{Q}(\zeta_p)$ 中, $p\mathcal{O}_L=\mathfrak{p}^{p-1}$ (完全分歧), 并且 $\mathfrak{p}=(\zeta_p-1)$, 而 $\mathfrak{p}$ 在 $\mathcal{O}_K$ 中不分歧, 这表明 $\mathfrak{p}\mathcal{O}_K=P_1\cdots P_g$. 因此 $v_P(\zeta_p-1)=1$, 从而 (7.2.1) 式给出 $P^{s(j)}|G(\omega^{-j})$. 另一方面, 同余式 (7.2.1) 表示 $P^{s(j)+1}\left|G(\omega^{-j})-\dfrac{-(\zeta_p-1)^{s(j)}}{a_0!\cdots a_{m-1}!}\right.$ 而由 $0\leqslant a_i\leqslant p-1$ 知 $a_0!\cdots a_{m-1}!$ 和 p 互素. 可知 $P^{s(j)+1}\nmid G(\omega^{-j})$. 这就表明 $v_P(G(\omega^{-j}))=s(j)$.

我们在第 11 章将用定理 7.12 来研究密码学中一类重要的布尔函数——bent 函数.

7.3 e 次高斯和 $(e=2,3,4)$

本节我们介绍次数为 $e=2,3,4$ 的高斯和.

7.3.1 二次高斯和

设 p 为奇素数, $q=p^m$, $\mathbb{F}_q^*=\langle\gamma\rangle$ 为 $q-1$ 阶循环群, $2|q-1$. 令 η 为 $\mathbb{F}_q$ 的 (唯一)2 阶乘法特征, 则 $\eta(\gamma)=-1=\zeta_2$. 于是对 $\mathbb{F}_q^*$ 中每个元素 $\alpha=\gamma^i$ $(0\leqslant i\leqslant q-2)$,

$$\eta(\gamma^i)=(-1)^i=\begin{cases}1, & \text{若 } i \text{ 为偶数, 即 } \alpha \text{ 为 } \mathbb{F}_q^* \text{ 中平方元素},\\ -1, & \text{若 } i \text{ 为奇数, 即 } \alpha \text{ 为 } \mathbb{F}_q^* \text{ 中非平方元素}.\end{cases}$$

特别地, 若 $m=1$, 则 $\eta(\alpha)$ 就是 $\mathbb{F}_p$ 中的勒让德符号, 即对于 $\alpha\in\mathbb{Z}, 1\leqslant\alpha\leqslant p-1$,

$$\eta(\alpha)=\left(\frac{\alpha}{p}\right)=\begin{cases}1, & \text{若 } \alpha \text{ 是模 } p \text{ 的二次剩余},\\ -1, & \text{若 } \alpha \text{ 是模 } p \text{ 的非二次剩余}.\end{cases}$$

高斯首先决定出 $\mathbb{F}_p$ 上二次高斯和的值 (后人把任意有限域上的类似的特征和均叫作高斯和). 令 $\eta(x)=\left(\dfrac{x}{p}\right)$ $(1\leqslant x\leqslant p-1)$, 由于 $\eta^2=1$, 即 $\eta=\overline{\eta}$. 从而

对于 $\mathbb{F}_p$ 上二次高斯和 $G(\eta)=\sum\limits_{x=1}^{p-1}\left(\frac{x}{p}\right)\zeta_p^x$, 我们有

$$G(\eta)=G(\overline{\eta})=\eta(-1)\overline{G(\eta)},\quad \eta(-1)=\left(\frac{-1}{p}\right).$$

于是

$$\begin{aligned}G(\eta)^2&=\eta(-1)G(\eta)\overline{G(\eta)}\\&=\left(\frac{-1}{p}\right)p=\begin{cases}p, & \text{若 }\left(\frac{-1}{p}\right)=1,\text{ 即 }p\equiv 1\pmod 4,\\ -p, & \text{若 }\left(\frac{-1}{p}\right)=-1,\text{ 即 }p\equiv 3\pmod 4.\end{cases}\end{aligned}$$

从而

$$G(\eta)=\begin{cases}\pm\sqrt{p}, & \text{若 }p\equiv 1\pmod 4,\\ \pm\sqrt{-p}, & \text{若 }p\equiv 3\pmod 4.\end{cases}$$

高斯决定了上式中的符号恒为正, 即

定理 7.13 (高斯)　设 p 为奇素数, $G(\eta)=\sum\limits_{x=1}^{p-1}\left(\frac{x}{p}\right)\zeta_p^x$ 为 $\mathbb{F}_p$ 上的二次高斯和, 则

$$G(\eta)=\begin{cases}\sqrt{p}, & \text{若 }p\equiv 1\pmod 4,\\ \sqrt{-p}=i\sqrt{p}, & \text{若 }p\equiv 3\pmod 4.\end{cases}$$

目前此定理有许多证明, 可见 [2] 中定理 1.2.4 (用复变函数), 或者 [3] 中命题 6.4.4.

然后用提升定理 (定理 7.11), 即算出任意有限域 $\mathbb{F}_q$ $(2\nmid q)$ 上二次高斯和.

定理 7.14　设 $q=p^m$ $(p\geqslant 3)$, η 为 $\mathbb{F}_q$ 的二次乘法特征, 则 $\mathbb{F}_q$ 上二次高斯和为

$$G(\eta)=\sum_{x\in\mathbb{F}_q^*}\eta(x)\zeta_p^{\mathrm{T}_p^q(x)}=\begin{cases}(-1)^{m-1}p^{\frac{m}{2}}, & \text{若 }p\equiv 1\pmod 4,\\ (-1)^{m-1}i^m p^{\frac{m}{2}}, & \text{若 }p\equiv 3\pmod 4.\end{cases}$$

7.3.2　四次高斯和

现在设 $q=p^m$, p 为奇素数. $q-1=4f$, $\mathbb{F}_q^*=\langle\gamma\rangle$. 令 χ 为 $\mathbb{F}_q$ 的一个 4 阶乘法特征, 定义为 $\chi(\gamma)=\zeta_4=i(=\sqrt{-1})$. 则另一个 4 阶乘法特征为 $\overline{\chi}$ (4 阶乘法特征共有 $\varphi(4)=2$ 个). 而 χ^2 为 2 阶乘法特征 η.

如果 $p \equiv 3 \equiv -1 \pmod 4$, 则 p 模 4 的阶为 2. 从而 $m = 2s$ 为偶数. p 对于模 4 是半本原的. 根据定理 7.10 和定理 7.11 便给出 $\mathbb{F}_q$ 上高斯和 $G(\chi)$ 的值.

定理 7.15 设 $p \equiv 3 \pmod 4$, $q = p^{2s}$, χ 为 $\mathbb{F}_q$ 的 4 阶乘法特征, 则

$$G(\chi) = p^s(-1)^{\frac{p^s+1}{4}} = \begin{cases} -p^s, & \text{若 } s \text{ 为偶数}, \\ p^s(-1)^{\frac{p+1}{4}}, & \text{若 } s \text{ 为奇数}. \end{cases}$$

证明 在定理 7.10 中取 $t = 1$, 可知对于 $\mathbb{F}_{p^2}$ 上的 4 阶乘法特征 χ', $\mathbb{F}_{p^2}$ 上的高斯和 $G_{p^2}(\chi') = p(-1)^{\frac{p+1}{4}}$. 现在 $\mathbb{F}_q$ 是 $\mathbb{F}_{p^2}$ 的 s 次扩张. χ 是 χ' 的提升. 由定理 7.11 即知 $\mathbb{F}_q$ 上高斯和 $G(\chi)$ 为

$$\begin{aligned} G(\chi) &= (-1)^{s-1} G_{p^2}(\chi')^2 = p^s \cdot (-1)^{s-1+\frac{p+1}{4}s} \\ &= \begin{cases} -p^s, & \text{若 } s \text{ 为偶数}, \\ p^s(-1)^{\frac{p+1}{4}}, & \text{若 } s \text{ 为奇数}. \end{cases} \end{aligned}$$

□

以下设 $p \equiv 1 \pmod 4$. 这时 $\mathbb{F}_p$ 有 4 阶乘法特征 χ, 其中 $\chi(\gamma) = i$, γ 是 $\mathbb{F}_p$ 的一个本原元素 (初等数论中叫作模 p 的原根). 我们先考虑 $\mathbb{F}_p$ 上的四次高斯和 $G(\chi) = \sum\limits_{x=1}^{p-1} \chi(x)\zeta_p^x$. 注意 $\chi^2 = \eta$ 为 $\mathbb{F}_p$ 上 2 次乘法特征 $\left(\text{勒让德符号}, \eta(x) = \left(\frac{x}{p}\right)\right)$. 而 $\chi^3 = \overline{\chi}$. 由 $p \equiv 1 \pmod 4$ 可知 $G(\eta) = \sqrt{p}$. 而 $G(\overline{\chi}) = \chi(-1)\overline{G(\chi)}$.

我们还有 $\mathbb{F}_p$ 上 4 个非平凡的雅可比和 $J(\chi, \chi), J(\overline{\chi}, \overline{\chi}) = \overline{J(\chi, \chi)}, J(\chi, \eta)$ 和 $J(\overline{\chi}, \eta) = \overline{J(\chi, \eta)}$, 并且这 4 个雅可比和均属于二次域 $K = \mathbb{Q}(\zeta_4) = \mathbb{Q}(i)$ 的整数环 $\mathcal{O}_K = \mathbb{Z}[i]$. 这是主理想整环, 并且 $\mathcal{O}_K$ 中每个元素都唯一表示成 $a + bi$ $(a, b \in \mathbb{Z})$. 设 $J(\chi, \eta) = a + ib$ $(a, b \in \mathbb{Z})$. 由于 $J(\chi, \eta)\overline{J(\chi, \eta)} = p$, 给出 $p = a^2 + b^2$. 现在我们可以证明 a 可唯一决定, 而 b 决定到相差一个正负号.

引理 7.2 (1) 设 $p \equiv 1 \pmod 4$ 为素数, 则方程 $x^2 + y^2 = p$ 有解 $(x, y) \in \mathbb{Z}^2$. 并且若 $(x, y) = (a, b)$ 是它的一组解, 则它在 $\mathbb{Z}$ 中共有 8 组解 $(x, y) = (\pm a, \pm b)$ 和 $(\pm b, \pm a)$.

(2) $J(\chi, \eta) = a + ib$, 其中 $a, b \in \mathbb{Z}$ 满足 $a^2 + b^2 = p$, a 为奇数, b 为偶数, 并且 a 由 $a \equiv (-1)^{\frac{p+3}{4}} \pmod 4$ 所唯一决定.

证明 (1) 由于 $p \equiv 1 \pmod 4$, 可知 p 在 $\mathcal{O}_K$ 中完全分裂 (定理 4.7), 即

$$p\mathcal{O}_K = \mathfrak{p}\overline{\mathfrak{p}},$$

其中 $\mathfrak{p}$ 和 $\overline{\mathfrak{p}}$ 是 $\mathcal{O}_K = \mathbb{Z}[i]$ 中两个不同的素理想, 它们均为主理想, 从而 $\mathfrak{p} = (\pi)$, $\overline{\mathfrak{p}} = (\overline{\pi})$, 其中 $\pi = a+bi\ (a, b \in \mathbb{Z})$, $\overline{\pi} = a-bi$. 于是 $p\mathbb{O}_K = (\pi\overline{\pi})\mathcal{O}_K = (a^2+b^2)\mathcal{O}_K$. 从而 $p = \varepsilon(a^2+b^2)$, 其中 ε 为环 $\mathcal{O}_K$ 中的单位, 即 $\varepsilon \in \{\pm 1, \pm i\} = U_K$ ($\mathcal{O}_K$ 的单位群). 但是 p 和 a^2+b^2 均为正整数, 必然 $\varepsilon = 1$, 即 $p = a^2+b^2$.

进而设 $p = A^2+B^2$, $A, B \in \mathbb{Z}$, 则 $p = (A+Bi)(A-Bi)$. 从而 $A+Bi$ 生成的主理想必然为 $\mathfrak{p}$ 或 $\overline{\mathfrak{p}}$, 因此 $A+Bi = (a+bi)\varepsilon$ 或者 $(a-bi)\varepsilon$, 其中 $\varepsilon \in \{\pm 1, \pm i\}$. 易知这 8 种可能恰好为 $(A, B) = (\pm a, \pm b)$ 和 $(\pm b, \pm a)$.

(2) 设 $J(\chi, \eta) = a+bi$, $a, b \in \mathbb{Z}$, $a^2+b^2 = p$. 熟知 2 在 $\mathcal{O}_K$ 中完全分歧, 即 $2\mathcal{O}_K = \mathfrak{p}^2$, 其中 $\mathfrak{p} = (1+i)\mathcal{O}_K = (1-i)\mathcal{O}_K$. 于是 $\mathfrak{p}^3 = ((1+i)(1-i)^2\mathcal{O}_K) = (2(1-i))\mathcal{O}_K$. 注意对 $2 \leqslant x \leqslant p-1$,

$$(\chi(x)-1)(\eta(1-x)-1) = \chi(x)\eta(1-x) - \chi(x) - \eta(1-x) + 1. \tag{7.3.1}$$

由 $\chi(x)$ 为 i 的方幂, 可知 $1-i \mid \chi(x)-1$, 即 $\chi(x)-1 \in \mathfrak{p}$. 由 $\eta(1-x) = \pm 1$ 可知 $2 \mid \eta(1-x)-1$, 即 $\eta(1-x)-1 \in \mathfrak{p}^2$. 于是 $(\chi(x)-1)(\eta(1-x)-1) \in \mathfrak{p}^3$. 将 (7.3.1) 式对 $2 \leqslant x \leqslant p-2$ 求和, 得到

$$J(\chi, \eta) \equiv \sum_{x=2}^{p-1} \chi(x) + \sum_{x=2}^{p-1} \eta(1-x) - (p-2) = -1-1-p+2 = -p \equiv -1 \pmod{\mathfrak{p}^3}.$$

另一方面, 由 b 为偶数可知 $b(1+i) \in \mathfrak{p}^3$. 于是 $J(\chi, \eta) = a+bi \equiv a+b \pmod{\mathfrak{p}^3}$. 从而 $a+b \equiv -1 \pmod{\mathfrak{p}^3}$. 由于 $a+b+1 \in \mathfrak{p}^3 \cap \mathbb{Z} = 4\mathbb{Z}$, 得到 $a+b \equiv -1 \pmod 4$. 若 $p \equiv 1 \pmod 8$, 由 $p = a^2+b^2$ 和 $a^2 \equiv 1 \pmod 8$ 可知 $4|b$, 于是 $a \equiv -1 \pmod 4$. 若 $p \equiv 5 \pmod 8$, 则 $b \equiv 2 \pmod 4$, 从而 $a \equiv 1 \pmod 4$. 总之, 有 $a \equiv (-1)^{\frac{p+3}{4}} \pmod 4$. 由 (1) 中 $p = x^2+y^2$ 的 8 个解可知 a 由同余式 $a \equiv (-1)^{\frac{p+3}{4}} \pmod 4$ 所决定, 而 b 决定到相差一个正负号. □

定理 7.16 设 $p \equiv 1 \pmod 4$, χ 为 $\mathbb{F}_p$ 的 4 阶乘法特征. $G(\chi)$ 和 $J(\chi, \chi)$ 分别为 $\mathbb{F}_p$ 上的四次高斯和以及雅可比和. 设 $p = A^2+B^2$, $A, B \in \mathbb{Z}$ 并且 $A \equiv 3 \pmod 4$ (A 唯一决定), 则

$$G(\chi)^2 = \sqrt{p}(A+Bi), \quad J(\chi, \chi) = A+Bi.$$

证明 $J(\chi, \eta) = \dfrac{G(\chi)G(\eta)}{G(\chi\eta)} = \dfrac{G(\chi)\sqrt{p}}{G(\overline{\chi})} = \dfrac{G(\chi)\sqrt{p}}{\chi(-1)\overline{G(\chi)}} = \dfrac{G(\chi)^2}{\chi(-1)\sqrt{p}}$. 从而 $G(\chi)^2 = \chi(-1)\sqrt{p}J(\chi, \eta) = \chi(-1)\sqrt{p}(a+bi)$, 其中 $a^2+b^2 = p$, $a, b \in \mathbb{Z}$, $a \equiv (-1)^{\frac{p+3}{4}} \pmod 4$. 由于 $\chi(\gamma) = i$, 可知 $\chi(-1) = \chi(\gamma^{\frac{p-1}{2}}) = i^{\frac{p-1}{2}} = (-1)^{\frac{p-1}{4}}$. 因此

$G(\chi)^2=\sqrt{p}(A+Bi)$, 其中 $A=\chi(-1)a$, $B=\chi(-1)b$, 而 $A\equiv\chi(-1)(-1)^{\frac{p+3}{4}}\equiv 3 \pmod 4$. 进而,

$$J(\chi,\chi)=\frac{G(\chi)^2}{G(\chi^2)}=\frac{G(\chi)^2}{G(\eta)}=\frac{G(\chi)^2}{\sqrt{p}}=A+Bi. \qquad \square$$

注记 $J(\overline{\chi},\overline{\chi})=A-Bi$, $J(\overline{\chi},\eta)=\overline{J(\chi,\eta)}$. $G(\overline{\chi})^2=\chi(-1)^2\overline{G(\chi)}^2=\sqrt{p}(A-Bi)$. 由定义 $\chi(\gamma)=i$ 可知 B 的符号依赖于 $\mathbb{F}_p$ 中本原元素的选取方式.

定理 7.16 计算出 $G(\chi)^2$ 的值为 $\sqrt{p}(A+Bi)$, 从而 $G(\chi)$ 为 $\pm p^{\frac{1}{4}}(A+Bi)^{\frac{1}{2}}$. 决定它的符号要用更精细的数论考虑, 这里从略 (可参见 [6]). 在某些应用中我们只需用到 $G(\chi)^2$. 比如说若 $\mathbb{F}_q$ 是 $\mathbb{F}_p$ 的偶数次扩域, $p\equiv 1 \pmod 4$, 即 $q=p^{2t}$. 令 $\mathbb{F}_q$ 的 4 次乘法特征 $\chi^{(m)}$ 为 $\mathbb{F}_p$ 中 χ 的提升 $(m=2t)$, 则 $\mathbb{F}_q$ 中的 4 次高斯和 $G(\chi^{(m)})=(-1)^{2t-1}G(\chi)^{2t}=-(\sqrt{p}(A+Bi))^t=-\sqrt{p}^t(A+Bi)^t$.

7.3.3 三次高斯和

设 $q=p^m\equiv 1 \pmod 3$, $q-1=3f$, χ 为 $\mathbb{F}_q$ 的 3 阶乘法特征 (另一个 3 阶乘法特征为 $\overline{\chi}$). 如果 $p\equiv 2\equiv -1 \pmod 3$, 这是半本原情形, 并且 $m=2s$ 为偶数. 由定理 7.11 给出如下结论.

定理 7.17 设 $p\equiv 2 \pmod 3$, $q=p^{2s}$, χ 为 $\mathbb{F}_q$ 的 3 阶乘法特征, 则当 $p=2$ 时 $G(\chi)=(-1)^{s-1}2^s$. 而当 $p\geqslant 5$ 时,

$$G(\chi)=p^s(-1)^{\frac{(p+1)s}{3}+s-1}=\begin{cases}-p^s, & \text{若 } s \text{ 为偶数},\\ p^s(-1)^{\frac{p+1}{3}}, & \text{若 } s \text{ 为奇数}.\end{cases}$$

证明 和定理 7.15 类似. $\square$

以下设 $p\equiv 1 \pmod 3$, $\mathbb{F}_p^*=\langle\gamma\rangle$, 我们先考虑 $\mathbb{F}_p$ 上高斯和 $G(\chi)$, 其中 χ 为 $\mathbb{F}_p$ 上 3 阶乘法特征, 定义为 $\chi(\gamma)=\zeta_3=\dfrac{1}{2}(-1+\sqrt{-3})$. 由于

$$\begin{aligned}J(\chi,\chi)&=\frac{G(\chi)^2}{G(\chi^2)}=\frac{G(\chi)^2}{G(\overline{\chi})}=\frac{G(\chi)^2}{\chi(-1)\overline{G(\chi)}}\\&=\frac{G(\chi)^2}{\overline{G(\chi)}} \quad (\chi(-1)=\chi((-1)^3)=\chi(-1)^3=1)\\&=G(\chi)^3/p,\end{aligned}$$

因此 $G(\chi)^3=pJ(\chi,\chi)$. 雅可比和 $J(\chi,\chi)=\sum\limits_{x=2}^{p-1}\chi(x)\chi(1-x)$ 容易处理, 因为它属于二次域 $K=\mathbb{Q}(\omega)=\mathbb{Q}(\sqrt{-3})$ 的整数环 $\mathcal{O}_K$, 这里 $\omega=\zeta_3=\dfrac{1}{2}(-1+\sqrt{-3})$.

$\mathcal{O}_K$ 是主理想整环, 它的单位群为 $U_K=\{\pm1,\pm\omega,\pm\omega^2\}$, 它的结构为

$$\begin{aligned}\mathcal{O}_K&=\{a+b\omega:a,b\in\mathbb{Z}\}\quad(\omega\text{ 在 }\mathbb{Q}\text{ 上的极小多项式为 }x^2+x+1)\\&=\left\{\frac{1}{2}(A+B\sqrt{-3}):A,B\in\mathbb{Z},A\equiv B\ (\mathrm{mod}\ 2)\right\}=\mathbb{Z}[\omega].\end{aligned}$$

由 $p\equiv1\ (\mathrm{mod}\ 3)$ 可知 p 在 K 中分裂, 即 $p\mathcal{O}_K=\mathfrak{p}\bar{\mathfrak{p}}$, $\mathfrak{p}\neq\bar{\mathfrak{p}}$. 设 $J(\chi,\chi)=\pi=a+b\omega\ (a,b\in\mathbb{Z})$, 则

$$p=J(\chi,\chi)\overline{J(\chi,\chi)}=\pi\bar{\pi},$$

这就表示 $\pi=a+b\omega$ 是 $p\mathcal{O}_K$ 的某个素理想的生成元. 不妨设 $\mathfrak{p}=\pi\mathcal{O}_K$.

引理 7.3　(1) 素理想 $\mathfrak{p}$ 有唯一的生成元 $\pi_{\mathfrak{p}}=A+B\omega\ (A,B\in\mathbb{Z})$, 使得 $\pi_{\mathfrak{p}}\equiv-1\ (\mathrm{mod}\ 3)$. (这相当于 $A\equiv-1\ (\mathrm{mod}\ 3)$ 并且 $B\equiv0\ (\mathrm{mod}\ 3)$.)

(2) 不定方程 $4p=x^2+27y^2$ 存在解 $(x,y)=(u,v)$, $u,v\in\mathbb{Z}$, 使得 $u\equiv1\ (\mathrm{mod}\ 3)$ 并且 u 由 $u\equiv1\ (\mathrm{mod}\ 3)$ 唯一决定 (从而 v 决定到相差一个正负号).

(3) $J(\chi,\chi)$ 是 p 在 $\mathcal{O}_K$ 中某个素理想的生成元. 若这个素理想为 $\mathfrak{p}$, 则 $J(\chi,\chi)=\pi_{\mathfrak{p}}$, $J(\chi,\chi)=\dfrac{1}{2}(u+3v\sqrt{-3})$, 其中 u 和 v 如 (2) 中所述.

证明　(1) 设 $\mathfrak{p}=(\pi)$, $\pi=a+b\omega\ (a,b\in\mathbb{Z})$, 则 $\mathfrak{p}$ 共有 6 个生成元

$$\begin{aligned}S&=\{\pm\pi,\pm\pi\omega,\pm\pi\omega^2\}\\&=\{\pm(a+b\omega),\pm(b+(b-a)\omega),\pm((a-b)+a\omega)\}\end{aligned}$$

(例如 $\pi\omega=(a+b\omega)\omega=a\omega+b\omega^2=a\omega+b(-1-\omega)=-(b+(b-a)\omega)$).

由 $p=\pi\bar{\pi}=a^2+b^2-ab\equiv1\ (\mathrm{mod}\ 3)$ 可知 a 和 b 不能均为 3 的倍数. 因此 $a,b,a-b$ 至少有一个不被 3 除尽. 因此 $\pm a,\pm b,\pm(a-b)$ 当中必有一个为 A', 使得 $A'\equiv1\ (\mathrm{mod}\ 3)$. 并且 $\pi'=A'+B'\omega$ 为 $\mathfrak{p}$ 的生成元, 其中 $B'\in\mathbb{Z}$. 于是

$$\begin{aligned}S&=\{\pm\pi',\pm\pi'\omega,\pm\pi'\omega^2\}\\&=\{\pm(A'+B'\omega),\pm(B'+(B'-A')\omega),\pm((A'-B')+A'\omega)\}.\end{aligned}$$

3 在 $K=\mathbb{Q}(\sqrt{-3})$ 中完全分歧, $3\mathcal{O}_K=P^2$, $P=(\sqrt{-3})=(\omega-1)$. 由 $\pi'\in\mathfrak{p}\neq P$ 可知 $0\not\equiv\pi'=A'+B'\omega\equiv A'+B'\ (\mathrm{mod}\ P)$. 从而 $A'+B'\notin P$, 于是 $A'+B'\notin P\cap\mathbb{Z}=3\mathbb{Z}$, 即 $A'+B'\not\equiv0\ (\mathrm{mod}\ 3)$. 从而 $B'\equiv0$ 或 $1\ (\mathrm{mod}\ 3)$. 当 $B'\equiv0\ (\mathrm{mod}\ 3)$ 时, S 中只有一个 $A+B\omega$ 满足 $A\equiv1\ (\mathrm{mod}\ 3)$, $B\equiv0\ (\mathrm{mod}\ 3)$, 即 $A+B\omega=A'+B'\omega$. 当 $B'\equiv1\ (\mathrm{mod}\ 3)$ 时也只有唯一的可能 $A+B\omega=B'+(B'-A')\omega$.

(2) 若 $4p=u^2+27v^2$, 则 $u\equiv v \pmod 2$. 于是 $p=\dfrac{u+3v\sqrt{-3}}{2}\cdot\dfrac{u-3v\sqrt{-3}}{2}$.
这表明 $\pi=\dfrac{u+3v\sqrt{-3}}{2}=a+b\omega$ 是 $\mathfrak{p}$ 或 $\overline{\mathfrak{p}}$ 的生成元, 其中 $b=3v$, $a=\dfrac{1}{2}(u+3v)$.
如果 $(\pi)=\mathfrak{p}$, 则 $\mathfrak{p}$ 存在唯一生成元 π 使得 $a\equiv 2 \pmod 3$, 这也相当于方程 $4p=x^2+27y^2$ 有唯一的有理整数解 (u,v), 使得 $u\equiv 2a\equiv 1 \pmod 3$. 若 $(\pi)=\overline{\mathfrak{p}}$, 则对应解 $(u,-v)$, 即 v 决定到相差一个正负号.

(3) 如上所述, $J(\chi,\chi)=\pi$, 其中 π 是 p 在 $\mathcal{O}_K$ 中的素理想因子 $\mathfrak{p}$ 或 $\overline{\mathfrak{p}}$ 的生成元. 设 $(\pi)=\mathfrak{p}$. 对于 $2\leqslant x\leqslant p-1$,

$$(\chi(x)-1)(\chi(1-x)-1)=\chi(x)\chi(1-x)-\chi(x)-\chi(1-x)+1. \tag{7.3.2}$$

由于 $\chi(x)$ 和 $\chi(1-x)$ 均为 ω 的方幂, 而 $3\mathcal{O}_K=P^2$, $P=(\omega-1)=(\omega^2-1)$, 因此 $(\chi(x)-1)(\chi(1-x)-1)\in P^2=3\mathcal{O}_K$. 将 (7.3.2) 式对 $2\leqslant x\leqslant p-1$ 求和, 得到

$$\pi=J(\chi,\chi)=-\sum_{x=2}^{p-1}(-\chi(x)-\chi(1-x)+1)=-1-1-p+2=-p\equiv -1 \pmod 3.$$

这就表明 $\pi=\pi_{\mathfrak{p}}$. 再由 (2) 即知 $2J(\chi,\chi)=u+3v\sqrt{-3}$. □

推论 7.3 设 p 为素数, $p\equiv 1 \pmod 3$. 令 $u,v\in\mathbb{Z}$ 满足 $4p=u^2+27v^2$, 并且 $u\equiv 1 \pmod 3$. 令 χ 为 $\mathbb{F}_p$ 的 3 阶乘法特征, $J(\chi,\chi)$ 和 $G(\chi)$ 为 $\mathbb{F}_p$ 上的雅可比和以及高斯和, $\pi=\dfrac{1}{2}(u+3v\sqrt{-3})$, 则

$$\{J(\chi,\chi),J(\overline{\chi},\overline{\chi})\}=\{\pi,\overline{\pi}\},$$

$$\left\{G(\chi)^3,G(\overline{\chi})^3\right\}=\{p\pi,p\overline{\pi}\}.$$

证明 由于 $G(\chi)^3=pJ(\chi,\chi)$. □

定理 7.18 设 $p\equiv 1 \pmod 3$, $q=p^m$, $\chi^{(m)}$ 为 $\mathbb{F}_q$ 的 3 阶乘法特征, u 和 v 为推论 7.3 中定义的有理整数, $\alpha=\dfrac{1}{2}(u+3v\sqrt{-3})$, $J(\chi^{(m)},\chi^{(m)})$ 和 $G(\chi^{(m)})$ 分别为 $\mathbb{F}_q$ 上的雅可比和以及高斯和.

(1) $J(\chi^{(m)},\chi^{(m)})=(-1)^{m-1}\alpha^m$.

(2) 如果 $m=3t$, 则 $G(\chi^{(m)})=(-1)^{m-1}p^t\alpha^t$.

证明 设 $\chi^{(m)}$ 是 $\mathbb{F}_p$ 的 3 阶乘法特征 χ 的提升. 则易知 $\overline{\chi}^{(m)}$ 是 $\overline{\chi}$ 的提升. 于是

$$J(\chi^{(m)},\chi^{(m)})=\frac{G(\chi^{(m)})^2}{G(\overline{\chi}^{(m)})}=\frac{[(-1)^{m-1}G(\chi)^m]^2}{(-1)^{m-1}G(\overline{\chi})^m}=(-1)^{m-1}\left(\frac{G(\chi)^2}{G(\overline{\chi})}\right)^m$$

$$= (-1)^{m-1}J(\chi,\chi)^m = (-1)^{m-1}\alpha^m.$$

而当 $m=3t$ 时,

$$G(\chi^{(m)}) = (-1)^{m-1}G(\chi)^m = (-1)^{m-1}G(\chi)^{3t} = (-1)^{m-1}p^t\alpha^t. \qquad \square$$

例 7.2 取 $p=7$, 则 $4p=28=u^2+27v^2$, $u=1, v=\pm1$. 令 χ 为 $\mathbb{F}_3$ 的 3 阶乘法特征, 则由推论 7.3 知 $J(\chi,\chi)=\frac{1}{2}(1+3\sqrt{3}i)$ 或 $\frac{1}{2}(1-3\sqrt{3}i)$. 如果取 $\mathbb{F}_7$ 的本原元素 3, χ 取为 $\chi(3)=\omega$, 这里 $\omega=\zeta_3=\frac{1}{2}(-1+\sqrt{3}i)$, $\omega^2=\frac{1}{2}(-1-\sqrt{3}i)$, $1+\omega+\omega^2=0$. 则

$$\chi(1)=1,\quad \chi(3)=\omega,\quad \chi(3^2)=\chi(2)=\omega^2,$$
$$\chi(3^3)=\chi(6)=1,\quad \chi(4)=\omega,\quad \chi(5)=\omega^2.$$

于是 $J(\chi,\chi)=\sum\limits_{x=2}^{6}\chi(x)\chi(1-x)=1+\omega^2+\omega^2+\omega^2+1=2+3\omega^2=\frac{1}{2}(1-3\sqrt{3}i)$. 而对于 $q=7^m$ $(m\geqslant 1)$, 令 $\chi^{(m)}$ 为 χ 在 $\mathbb{F}_q$ 中提升的 3 阶乘法特征, 则 $\mathbb{F}_q$ 上有

$$J(\chi^{(m)},\chi^{(m)}) = (-1)^{m-1}\left(\frac{1-3\sqrt{3}i}{2}\right)^m.$$

7.4　费马方程和 Artin-Schreier 方程、分圆数

本节我们利用雅可比和以及高斯和来计算两类方程在有限域上的解数. 对于每个系数属于有限域 $\mathbb{F}_q$ 的多项式 $f(x_1,\cdots,x_n)\in\mathbb{F}_q[x_1,\cdots,x_n]$, 方程

$$f(x_1,\cdots,x_n)=0$$

在 $\mathbb{F}_q$ 中的解数是有限的. 我们以 $\mathrm{N}_q(f(x_1,\cdots,x_n)=0)$ 表示此方程在 $\mathbb{F}_q$ 中的解数, 即

$$\mathrm{N}_q(f(x_1,\cdots,x_n)=0)=\#\{(a_1,\cdots,a_n)\in\mathbb{F}_q^n : f(a_1,\cdots,a_n)=0\}.$$

我们要研究的第一批方程是费马方程 $x^n+y^n=z^n$, 其中 n 为正整数. 众所周知, 费马于 1637 年猜想当 $n\geqslant 3$ 时这个方程没有正整数解 (x,y,z). 这个猜想于 1994 年由怀尔斯所证明, 使用了现代数论和算术几何的思想和结果. 这里我们

研究方程 $x^n+y^n=z^n$ 在有限域 $\mathbb{F}_q$ 中的解数. 当 $z\neq 0$ 时, 对每个 $z=a\in\mathbb{F}_q^*$, $x^n+y^n=a^n$ 相当于 $\left(\frac{x}{a}\right)^n+\left(\frac{y}{a}\right)^n=1$. 因此

$$\begin{aligned}\mathrm{N}_q(x^n+y^n=z^n)&=\mathrm{N}_q(x^n+y^n=0)+\sum_{a\in\mathbb{F}_q^*}\mathrm{N}_q(x^n+y^n=1)\\&=\mathrm{N}_q(x^n+y^n=0)+(q-1)\mathrm{N}_q(x^n+y^n=1).\end{aligned}$$

而

$$\mathrm{N}_q(x^n+y^n=0)=1+\sum_{y\in\mathbb{F}_q^*}\mathrm{N}_q(x^n=-a^n)=1+(q-1)\mathrm{N}_q(x^n=-1),$$

$$\mathrm{N}_q(x^n+y^n=1)=\mathrm{N}_q(x^n=1)+\mathrm{N}_q(y^n=1)+N,$$

其中

$$N=\{(x,y)\in\mathbb{F}_q^*\times\mathbb{F}_q^*:x^n+y^n=1\}.$$

所以归结为求方程 $y^n=a\ (a\in\mathbb{F}_q^*)$ 在 $\mathbb{F}_q^*$ 中的解数和方程 $x^n+y^n=1$ 在 $\mathbb{F}_q^*$ 中的解数. 先讨论方程 $y^n=a$.

引理 7.4 设 $n\geqslant 1$, $e=(q-1,n)$ (最大公因子), $\mathbb{F}_q^*=\langle\gamma\rangle$, $a=\gamma^l\ (0\leqslant l\leqslant q-2)$. 则

(1) 方程 $y^n=a$ 在 $\mathbb{F}_q$ 中有解当且仅当 $e|l$. 并且在 $e|l$ 时, 此方程在 $\mathbb{F}_q$ 中恰有 e 个解.

(2) 方程 $y^n=a$ 在 $\mathbb{F}_q$ 中的解数等于方程 $y^e=a$ 在 $\mathbb{F}_q$ 中的解数.

证明 (1) $y^n=a$ 在 $\mathbb{F}_q$ 中的解不为 0. 设 $y=\gamma^t\ (0\leqslant t\leqslant q-2)$ 是它的一个解. 则 $\gamma^{tn}=a=\gamma^l$. 由于 γ 是 $q-1$ 阶元素, 这相当于 $tn\equiv l\pmod{q-1}$. 由初等数论知此同余方程有解 t 当且仅当 $e=(n,q-1)\mid l$, 并且当 $e\mid l$ 时, 此同余方程模 $q-1$ 恰有 e 个解, 即在 $e\mid l$ 时方程 $y^n=a$ 在 $\mathbb{F}_q$ 中恰有 e 个解.

(2) 取 $n=e$, 则 $(e,q-1)=e$ (因为 $e\mid q-1$). 于是方程 $y^e=a$ 的解数和 (1) 有同样结论. 即 $y^e=a$ 和 $y^n=a$ 在 $\mathbb{F}_q$ 中有同样多解. □

由引理 7.4, 我们只需研究方程 $y^e=a$ 的解, 其中 e 是 $q-1$ 的因子.

定义 7.4 设 $e\mid q-1$, $\mathbb{F}_q^*=\langle\gamma\rangle$, 则 $C=\langle\gamma^e\rangle$ 是 $\mathbb{F}_q^*$ 的 $\frac{q-1}{e}$ 阶乘法 (循环) 子群, $\mathbb{F}_q^*$ 对于子群 C 的 e 个陪集

$$C_\lambda=\gamma^\lambda C\ (0\leqslant\lambda\leqslant e-1),\quad C_0=C$$

叫作 $\mathbb{F}_q^*$ 的 e 阶分圆类 (cyclotomic classes).

引理 7.5　对于 $a \in \mathbb{F}_q^*$, $e \mid q-1$, 以 ψ 表示 $\mathbb{F}_q$ 的乘法特征, 定义为 $\psi(\gamma) = \zeta_e$, 这是 e 阶特征. 则方程 $y^e = a$ 在 $\mathbb{F}_q$ 中的解数为

$$\mathrm{N}_q(y^e = a) = \sum_{i=0}^{e-1} \psi^i(a) = \sum_{\substack{\chi \in \widehat{\mathbb{F}_q^*} \\ \chi^e = 1}} \chi(a) = \sum_{\chi \in \widehat{\mathbb{F}_q^*/C}} \chi(a)$$

证明　由引理 7.4 可知, 当 $\alpha \notin C = \langle \gamma^e \rangle$ 时, $\mathrm{N}_q(y^e = a) = 0$, 而当 $a \in C$ 时, $\mathrm{N}_q(y^e = a) = e$. 另一方面, 若 $a \notin C$, 商群 $(\mathbb{F}_q^*/C)$ 中 $a \neq 1$, 于是 $\sum\limits_{\chi \in \widehat{\mathbb{F}_q^*/C}} \chi(a) = 0$ (正交关系). 若 $a \in C$, 则

$$\sum_{\chi \in \widehat{\mathbb{F}_q^*/C}} \chi(a) = \sum_{\chi \in \widehat{\mathbb{F}_q^*/C}} 1 = |\mathbb{F}_q^*/C| = e.$$

这就表明 $\mathrm{N}_q(y^e = a) = \sum\limits_{\chi \in \widehat{\mathbb{F}_q^*/C}} \chi(a)$. 进而, $\mathbb{F}_q^*/C$ 的全体特征即是 $\mathbb{F}_q^*$ 之满足 $\chi(C) = 1$ 的全部乘法特征, 它们就是 $\{\psi^i : 0 \leqslant i \leqslant e-1\}$. □

现在回到原来的问题: 求 $x^n + y^n = a$ 在 $\mathbb{F}_q^*$ 中的解数, 其中 $a \in \mathbb{F}_q^*$. 我们现在研究更一般的方程

$$Ax^n + By^n = a \quad (A, B, a \in \mathbb{F}_q^*)$$

在 $\mathbb{F}_q^*$ 中的解数 (即 $x, y \in \mathbb{F}_q^*$). 等式两边除以 a, 从而不妨设 $a = 1$. 令 $e = (n, q-1)$, 则

$$\begin{aligned}
\text{“}Ax^n + By^n = 1 \text{ 在 } \mathbb{F}_q^* \text{ 中的解数”} &= \sum_{\substack{a, b \in \mathbb{F}_q^* \\ a+b=1}} \mathrm{N}_q(Ax^n = a)\mathrm{N}_q(By^n = b) \\
&= \sum_{\substack{a, b \in \mathbb{F}_q^* \\ a+b=1}} \mathrm{N}_q(Ax^e = a)\mathrm{N}_q(By^e = b) \quad (\text{由引理 } 7.4) \\
&= \text{“}Ax^e + By^e = 1 \text{ 在 } \mathbb{F}_q^* \text{ 中的解数”}.
\end{aligned}$$

于是我们只需考虑方程 $Ax^e + By^e = 1$, 其中 $e \mid q-1$, $A, B \in \mathbb{F}_q^*$.

现在我们引入一个有用的概念: 分圆数 (cyclotomic numbers).

定义 7.5　设 e 是 $q-1$ 的正整数因子, $e \geqslant 2$, $\mathbb{F}_q^* = \langle \gamma \rangle$. $\mathbb{F}_q^*$ 的 e 阶分圆类为

$$C_\lambda = \gamma^\lambda C \ (0 \leqslant \lambda \leqslant e-1), \quad C_0 = C = \langle \gamma^e \rangle.$$

对于 $0 \leqslant i,j \leqslant e-1$, 定义 $\mathbb{F}_q$ 上的 e 阶分圆数为

$$(i,j)_e = |(C_i+1)\cap C_j| = \#\{(x,y)|x+1=y,\ x\in C_i,\ y\in C_j\},$$

即 $(i,j)_e$ 为方程 $x+1=y$ 满足 $x\in C_i$, $y\in C_j$ 的解的个数. 如果 $i'\equiv i \pmod e, j'\equiv j \pmod e$, 则 $C_{i'}=C_i, C_{j'}=C_j$. 我们规定 $(i',j')_e=(i,j)_e$.

设 $a=\gamma^j, b=\gamma^i$, 我们考虑方程 $ax^e-by^e=1$ 在 $\mathbb{F}_q^*$ 中的解数. 由 $a=\gamma^j$ 可知对每个 $x\in\mathbb{F}_q^*$, $ax^e\in C_j$. 反之, 对 C_j 中每个元素 A, aX^e 相当于 $X^e=Aa^{-1}\in C_0$, 从而 $aX^e=A$ 共有 e 个解. 于是 $ax^e-by^e=1$ 在 $\mathbb{F}_q^*$ 中的解数为

$$e^2\cdot\#\{A\in C_j, B\in C_i : A-B=1\} = e^2\cdot(i,j)_e. \tag{7.4.1}$$

下面结果表明可以用 $\mathbb{F}_q$ 上一些雅可比和来计算分圆数.

定理 7.19 设 $2\leqslant e|q-1$, 对于 $\mathbb{F}_q$ 上的 e 阶分圆数 $(i,j)_e$ $(0\leqslant i,j\leqslant e-1)$, 令 χ 为 $\mathbb{F}_q$ 的 e 阶乘法特征, 定义为 $\chi(\gamma)=\zeta_e$. 则

$$(i,j)_e = \frac{1}{e^2}\sum_{\lambda,\mu=0}^{e-1}\zeta_e^{-(i\lambda+j\mu)}\chi^\lambda(-1)J(\chi^\lambda,\chi^\mu).$$

证明 对于每个 $x\in\mathbb{F}_q^*$, 我们有

$$\frac{1}{e}\sum_{\lambda=0}^{e-1}\chi^\lambda(\gamma^{-i}x) = \begin{cases}1, & 若\ \gamma^{-i}x\in C,\ 即\ x\in C_i,\\ 0, & 否则.\end{cases}$$

因此

$$\begin{aligned}(i,j)_e &= \sum_{\substack{x\in C_i\\ x+1\in C_j}} 1 = \frac{1}{e^2}\sum_{x\in\mathbb{F}_q\setminus\{0,-1\}}\sum_{\lambda,\mu=0}^{e-1}\chi^\lambda(\gamma^{-i}x)\chi^\mu(\gamma^{-j}(1+x))\\ &= \frac{1}{e^2}\sum_{\lambda,\mu=0}^{e-1}\chi^\lambda(\gamma^{-i})\chi^\mu(\gamma^{-j})\sum_{x\in\mathbb{F}_q\setminus\{0,-1\}}\chi^\lambda(x)\chi^\mu(1+x)\quad (令\ y=-x)\\ &= \frac{1}{e^2}\sum_{\lambda,\mu=0}^{e-1}\zeta_e^{-(i\lambda+j\mu)}\sum_{y\in\mathbb{F}_q\setminus\{0,1\}}\chi^\lambda(-y)\chi^\mu(1-y)\\ &= \frac{1}{e^2}\sum_{\lambda,\mu=0}^{e-1}\zeta_e^{-(i\lambda+j\mu)}\chi^\lambda(-1)J(\chi^\lambda,\chi^\mu).\end{aligned}$$

□

例 7.3 $(e=2)$ 现在我们用雅可比和来计算 2 阶分圆数的值. 设 q 为奇素数的方幂, $\mathbb{F}_q^*=\langle\gamma\rangle$, η 为 $\mathbb{F}_q$ 的 (唯一) 2 阶乘法特征. 即对于 2 阶分圆类 $C_0=\langle\gamma^2\rangle$ ($\mathbb{F}_q^*$ 中平方元素集合) 和 $C_1=\gamma C_0$ ($\mathbb{F}_q^*$ 中非平方元素集合), $\eta(C_0)=1,\eta(C_1)=-1$. $\eta^2=1$. 则 $\mathbb{F}_q$ 上的 2 阶分圆数为

$$(i,j)_2=\frac{1}{4}\sum_{\lambda,\mu=0}^{1}(-1)^{i\lambda+j\mu}\eta^{\lambda}(-1)J(\eta^{\lambda},\eta^{\mu}).$$

由于

$$\eta(-1)=\eta(\gamma^{\frac{q-1}{2}})=(-1)^{\frac{q-1}{2}}=\begin{cases}1, & 若\ q\equiv 1\ (\mathrm{mod}\ 4),\\ -1, & 若\ q\equiv 3\ (\mathrm{mod}\ 4),\end{cases} \tag{7.4.2}$$

$$J(\eta^0,\eta^0)=q-2,\quad J(\eta^0,\eta)=J(\eta,\eta^0)=-1,\quad J(\eta,\eta)=-\eta(-1),$$

于是

$$\begin{aligned}(i,j)_2&=\frac{1}{4}\left[q-2+(-1)^i\eta(-1)J(\eta,\eta^0)+(-1)^jJ(\eta^0,\eta)+(-1)^{i+j}\eta(-1)J(\eta,\eta)\right]\\&=\frac{1}{4}\left[q-2+(-1)^{i+1}\eta(-1)+(-1)^{j+1}+(-1)^{i+j+1}\right].\end{aligned}$$

再由 (7.4.2) 式可以计算出.

定理 7.20 (2 阶分圆数) 设 q 为奇素数的幂, 则 $\mathbb{F}_q$ 上的 2 阶分圆数为

(1) 当 $q\equiv 1\ (\mathrm{mod}\ 4)$ 时, $(0,0)_2=\frac{1}{4}(q-5)$, $(0,1)_2=(1,0)_2=(1,1)_2=\frac{1}{4}(q-1)$.

(2) 当 $q\equiv 3\ (\mathrm{mod}\ 4)$ 时, $(0,1)_2=\frac{1}{4}(q+1)$, $(0,0)_2=(1,0)_2=(1,1)_2=\frac{1}{4}(q-3)$.

我们在上一节计算出对 3 阶和 4 阶乘法特征的雅可比和, 从而可以算出有限域上的 3 阶和 4 阶分圆数. 首先, 我们介绍分圆数之间的一些关系.

引理 7.6 设 q 是素数幂, $q-1=ef$, $e\geqslant 2$, $(i,j)=(i,j)_e$ 是 $\mathbb{F}_q$ 上的 e 阶分圆数 $(0\leqslant i,j\leqslant e-1)$. 则

(1) $(i,j)=(-i,j-i)$ (注意: 当 $i'\equiv i,j'\equiv j\ (\mathrm{mod}\ e)$ 时, 规定 $(i',j')_e=(i,j)_e$).

(2) $(i,j)=\begin{cases}(j,i), & 若\ q\equiv 1\ (\mathrm{mod}\ 4),\ 即\ 2|f,\\ \left(j+\dfrac{e}{2},i+\dfrac{e}{2}\right), & 若\ q\equiv 3\ (\mathrm{mod}\ 4),\ 即 2\nmid f.\end{cases}$

(3) $\sum\limits_{j=0}^{e-1}(i,j)=f-\theta_i$, 其中 $\theta_i=\begin{cases}1, & 若“2|f,i=0”或“2\nmid f,i=\dfrac{e}{2}”,\\ 0, & 否则.\end{cases}$

(4) $\sum\limits_{i=0}^{e-1}(i,j)=f-\eta_j$, 其中 $\eta_j=\begin{cases}1, & 若\ j=0,\\ 0, & 否则.\end{cases}$

证明 (1) 由于 $x+1=y\ (x\in C_i,y\in C_j)$ 相当于 $1+x^{-1}=yx^{-1}\ (x^{-1}\in C_{-i},\ yx^{-1}\in C_{j-i})$.

(2) $x+1=y\ (x\in C_i,y\in C_j)$ 相当于 $(-y)+1=-x\ (-y\in C_{j+\frac{ef}{2}},-x\in C_{i+\frac{ef}{2}})$. 而 $\dfrac{ef}{2}\equiv\begin{cases}0\ (\mathrm{mod}\ 2), & 若\ 2|f,\\ \dfrac{e}{2}\ (\mathrm{mod}\ 2), & 若\ 2\nmid f.\end{cases}$

(3) $\sum\limits_{j=0}^{e-1}(i,j)=\#\{x\in C_i: x+1\neq 0\}=\begin{cases}|C_i|=f, & 若\ -1\notin C_i,\\ f-1, & 若\ -1\in C_i.\end{cases}$ 而 $-1=\gamma^{\frac{ef}{2}}\in C_\lambda$, 其中 $\lambda=\begin{cases}0, & 若\ 2|f,\\ \dfrac{e}{2}, & 若\ 2\nmid f.\end{cases}$ 由此即得结果.

(4)
$$\sum_{i=0}^{e-1}(i,j)=\#\{y\in C_j: y\neq 1\}=f-\eta_j.$$
□

根据引理 7.6, 我们只需计算一部分 $(i,j)_e$ 的值即可. 现在我们略去用雅可比和计算 3 阶和 4 阶分圆数的过程. 为了今后的应用, 只把结果写在下面. 详见 T. Storer 的书 [4].

定理 7.21 设 q 是素数幂, $q=p^l$, $q\equiv 1\ (\mathrm{mod}\ 3)$.

(1) 若 $p\equiv 1\ (\mathrm{mod}\ 3)$, 则存在有理整数 $c,d\in\mathbb{Z}$, 使得 $4q=c^2+27d^2$, c 和 d 均与 p 互素, $c\equiv 1\ (\mathrm{mod}\ 3)$. 并且 c 是由上述条件唯一决定的, 而 d 决定到相差一个正负号. 若 $p\equiv 2\ (\mathrm{mod}\ 3)$, 则 $l=2s$ 为偶数, 令 $d=0$ 而 c 为 $\pm 2p^s$ 中模 3 同余 1 的整数.

(2) $\mathbb{F}_q$ 上的 3 阶分圆数为

$$(0,0)_3=\frac{1}{9}(q-8+c),\quad (1,2)_3=(2,1)_3=\frac{1}{9}(q+1+c),$$

$$(0,1)_3=(1,0)_3=(2,2)_3=\frac{1}{18}(2q-4-c-9d),$$

$$(0,2)_3=(2,0)_3=(1,1)_3=\frac{1}{18}(2q-4-c+9d).$$

定理 7.22　设 $q=p^l$, $q\equiv 1 \pmod 4$, $(i,j)_4$ 为 $\mathbb{F}_q$ 上的 4 阶分圆数 ($0\leqslant i,j\leqslant 3$).

(1) 当素数 $p\equiv 1 \pmod 4$ 时, 则存在 $s,t\in\mathbb{Z}$ 使得 $q=s^2+4t^2$, $p\nmid st$, $s\equiv 1 \pmod 4$. 并且 s 由这些条件所唯一决定, 而 t 决定到相差正负号.

当 $p\equiv 3 \pmod 4$ 时, $l=2m$ 为偶数, 这时取 $t=0$ 而 s 是 $\pm p^m$ 当中模 4 同余 1 的整数.

(2) 当 $q\equiv 1 \pmod 8$ 时,

$$\begin{aligned}
&(0,0)_4=\frac{1}{16}(q-11-6s),\\
&(0,2)_4=(2,0)_4=(2,2)_4=\frac{1}{16}(q-3+2s),\\
&(1,2)_4=(2,1)_4=(1,3)_4=(3,1)_4=(2,3)_4=(3,2)_4=\frac{1}{16}(q+1-2s),\\
&(0,1)_4=(1,0)_4=(3,3)_4=\frac{1}{16}(q-3+2s+8t),\\
&(0,3)_4=(3,0)_4=(1,1)_4=\frac{1}{16}(q-3+2s-8t).
\end{aligned}$$

(3) 当 $q\equiv 5 \pmod 8$ 时,

$$\begin{aligned}
&(0,0)_4=(2,0)_4=(2,2)_4=\frac{1}{16}(q-7+2s),\\
&(1,0)_4=(1,1)_4=(2,1)_4=(2,3)_4=(3,0)_4=(3,3)_4=\frac{1}{16}(q-3-2s),\\
&(0,2)_4=\frac{1}{16}(q+1-6s),\\
&(0,1)_4=(1,3)_4=(3,2)_4=\frac{1}{16}(q+1+2s-8t),\\
&(0,3)_4=(1,2)_4=(3,1)_4=\frac{1}{16}(q+1+2s+8t).
\end{aligned}$$

综合上述, 我们可以用分圆数或者雅可比和来表达方程 $ax^e+by^e=1$ 在 $\mathbb{F}_q$ 中的解数, 其中 $e|q-1$, $e\geqslant 2$, $a,b\in\mathbb{F}_q^*$. 例如对于费马方程 $x^e+y^e=1$, 它在 $\mathbb{F}_q$ 中的解数为

$$\mathrm{N}_q(x^e+y^e=1)=\mathrm{N}_q(x^e=1)+\mathrm{N}_q(y^e=1)+\#\{(x,y)\in\mathbb{F}_q^*\times\mathbb{F}_q^*:x^e+y^e=1\}$$

$$
\begin{aligned}
&= 2e + \#\{(x,y) \in \mathbb{F}_q^* \times \mathbb{F}_q^* : x^e - y^e = 1\} \\
&\quad \left(\text{因为 } x^e + y^e = 1 \text{ 相当于} \left(\frac{1}{y}\right)^e - \left(\frac{x}{y}\right)^e = 1\right) \\
&= 2e + e^2(0,0)_e \quad ((7.4.1) \text{ 式}) \\
&= 2e + \sum_{\lambda,\mu=0}^{e-1} \chi^\lambda(-1) J(\chi^\lambda, \chi^\mu) \\
&\quad (\text{定理 } 7.19, \chi \text{ 为 } \mathbb{F}_q \text{ 的一个 } e \text{ 阶乘法特征}) \\
&= 2e + (q-2) + \sum_{\lambda=1}^{e-1} \chi^\lambda(-1) J(\chi^\lambda, \chi^0) + \sum_{\mu=1}^{e-1} J(\chi^0, \chi^\mu) \\
&\quad + \sum_{\substack{\lambda,\chi=1 \\ \lambda+\mu=e}}^{e-1} \chi^\lambda(-1) J(\chi^\lambda, \chi^\mu) + \sum_{\substack{\lambda,\chi=1 \\ \lambda+\mu\neq e}}^{e-1} \chi^\lambda(-1) J(\chi^\lambda, \chi^\mu) \\
&= 2e + (q-2) - \sum_{\lambda=1}^{e-1} \chi^\lambda(-1) - \sum_{\mu=1}^{e-1} 1 + \sum_{\lambda=1}^{e-1} \chi^\lambda(-1)(-\chi^\lambda(-1)) \\
&\quad + \sum_{\substack{\lambda,\chi=1 \\ \lambda+\mu\neq e}}^{e-1} \chi^\lambda(-1) J(\chi^\lambda, \chi^\mu) \\
&= q - \sum_{\lambda=1}^{e-1} \chi^\lambda(-1) + \sum_{\substack{\lambda,\chi=1 \\ \lambda+\mu\neq e}}^{e-1} \chi^\lambda(-1) J(\chi^\lambda, \chi^\mu).
\end{aligned}
$$

当 $e=3$ 和 4 时, 所有雅可比和 $J(\chi^\lambda, \chi^\mu)$ 都已在上节算出, 从而可以得到费马方程 $x^3+y^3=1$ $(q \equiv 1 \pmod 3)$ 和 $x^4+y^4=1$ $(q \equiv 1 \pmod 4)$ 在 $\mathbb{F}_q$ 中的解数. 对于一般 e, 我们知道当 $1 \leqslant \lambda, \mu \leqslant e-1$ 并且 $\lambda+\mu \neq e$ (即 $\chi^\lambda \neq \overline{\chi}^\mu$) 时, $|J(\chi^\lambda, \chi^\mu)| = \sqrt{q}$. 于是由上式给出: 当 $e|q-1$ 时,

$$
|\mathrm{N}_q(x^e+y^e=1) - q| \leqslant e-1+(e-1)(e-2)\sqrt{q}.
$$

这表明: 对于固定的 e, 当 $q \equiv 1 \pmod e$ 并且素数幂 $q \to \infty$ 时, 费马方程 $x^e+y^e=1$ 的解数和 q 相差一个 $O(\sqrt{q})$, 即和平面上的直线方程 $x+y=1$ 的解数 q 相差一个 $O(\sqrt{q})$.

第二次世界大战期间, 法国年青数学家韦伊移居美国教书. 他研究有限域 $\mathbb{F}_q$

上平面 $\mathbb{F}_q \times \mathbb{F}_q$ 中代数曲线

$$C : f(x, y) = 0$$

上的点数, 其中 $f(x, y) \in \mathbb{F}_q[x, y]$ 是系数属于 $\mathbb{F}_q$ 的关于 x, y 的多项式. 他特别研究了两类代数曲线, 其中一类就是费马曲线, 这里介绍的就是当年韦伊用雅可比和计算费马方程在 $\mathbb{F}_q$ 上的解数公式. 另一类为 Artin-Schreier 曲线

$$C : y^p - y = x^e,$$

其中 q 为素数 p 的幂, $e \mid q-1$. 此方程在 $\mathbb{F}_q$ 中的解数 $\mathrm{N}_q(y^p - y = x^e)$ (用几何语言, 即曲线 C 在平面 $\mathbb{F}_q \times \mathbb{F}_q$ 中的点数) 可以用高斯和来表示. 当 χ 为 $\mathbb{F}_q$ 的非平凡乘法特征时, 我们知道 $|G(\chi)| = \sqrt{q}$. 韦伊由此也证明了: 对于固定的 e, 当 $q \equiv 1 \pmod{e}$, $q \to \infty$ 时, 方程 $y^p - y = x^e$ 在 $\mathbb{F}_q$ 中的解数也和 q 相差 $O(\sqrt{q})$. 基于此, 韦伊于 1941 年提出一个猜想: 对于任意一个“好”的曲线 $C : f(x, y) = 0$ ($f(x, y) \in \mathbb{F}_q[x, y]$), 它在平面 $\mathbb{F}_q \times \mathbb{F}_q$ 的点数 (即方程 $f(x, y) = 0$ 在 $\mathbb{F}_q$ 中的解数) 均和直线上的点数 q 相差 $O(\sqrt{q})$ (所谓“好”的曲线用确切的语言是指 C 为绝对不可约的光滑曲线).

1948 年, 韦伊本人证明了这个猜想. 为了证明此猜想, 韦伊先写了一本书《代数几何基础》, 在书中他引入了一系列新的概念、方法和结果. 这些结果不仅用来证明韦伊猜想, 而且书中的概念、方法和结果极大地推动了近代代数几何的发展. 把数论和代数几何相结合, 从而产生了纯粹数学中一个新的分支: 算术几何. 韦伊的工作不仅是对纯粹数学的巨大贡献, 而且在二十年后, 苏联数学家 Goppa 令人惊奇地将之应用到信息科学中, 构作出性能优于前人的纠错码——代数几何码. 近年来, 有限域上代数曲线的算术理论在信息科学中得到愈来愈广泛的应用 (秘密共享、认证码、局部修复码等). 1973 年, Deligne 证明了高维韦伊猜想 (代数曲线相当于一维情形), 其证明采用了 20 世纪 50 年代法国数学家创造的代数几何的新语言和构架. 这又促进了现代代数几何的发展. 无论是纯粹数学的这些理论进步, 还是它们在信息领域的应用, 都是十分精彩的故事.

第二部分
应　　用

现在介绍代数数论的一些应用. 数学在应用领域有以下功能.

(一) 把应用领域中的实际问题提炼出数学表达形式. 这需要应用领域的专家具有好的数学基础, 也需要数学专家对于有关应用领域 (物理、信息、生物等) 有一定的了解. 更常见的情况是这两方面的专家能密切合作. 这需要相互理解和尊重对方研究学科的特点, 取长补短相互学习.

(二) 应用领域的专家希望知道一个实际问题最佳能做到何种程度, 这种最佳或者次佳情形是否有很多种? 数学能够对最佳状态给出估计或者确切描述 (常常对于问题中的重要参数给出上下界), 并且对最佳或次佳状态的个数给出估计. 由此便可知道这个实际问题能做到何种程度才能满意. 数学专家通过这个问题的数学形式以及它在数学研究中的地位, 可以判别该问题的困难程度以及可以使用何种数学方法和工具.

(三) 数学家可以证明一个实际问题的最佳方案是存在的. 这种存在性证明对于应用领域专家还不是最有兴趣的, 他们希望知道最佳方案中的函数或者设计具体是什么, 要具体构作出来才能应用. 他们往往采用做实验或计算机搜索的办法来寻找好的函数或设计, 而数学家可以用好的数学工具成批地具体构作出最佳的函数和设计.

(四) 即使找到一个实际问题在数学上的最佳解, 还有具体实现问题, 需要给出好的实现算法, 这样才能真正得到应用.

本书主要涉及第 (二) 和 (三) 方面的问题. 我们介绍在实验设计和信息科学中已提出的各种数学问题. 重点是利用代数数论工具 (包括组合方法) 来衡量这些问题的难度, 判别解的优良程度和最佳形式, 并且构作最佳解. 本书不涉及由实际应用提炼出数学问题的过程以及最佳解有效实现的具体算法. 主要目的是通过一些重要的应用例子来展现代数数论是如何应用到各种领域中去的.

第 8 章 组合设计

一个新产品的质量受多种因素的影响, 每个因素都有许多可能性. 为判别这些因素对产品质量的影响, 最笨的方法是把每个因素的每种可能性的所有可能组合都进行试验, 这常常耗费大量的成本和时间. 设计一些试验方案, 既能减少试验次数, 又能体现各种因素相互均衡的影响, 是 20 世纪 50 年代发展起来的研究方向. 设计各种试验方案属于组合设计, 而对这些方案进行试验后, 如何由试验数据判别各种因素对产品质量的各自影响和交互影响, 找到使产品最佳的参数, 则属于应用统计学. 我们在本章介绍一些最常见的组合设计方案, 衡量这些设计的难度, 重点是如何用代数数论 (以及组合学) 方法来构作这些组合设计. 关于组合设计已有许多参考书, 例如参见 [5].

8.1 区组设计

定义 8.1 设 $X=\{x_1,\cdots,x_v\}$ 是一个 v 元有限集合, $B_1,\cdots,B_b$ 为 X 的 b 个不同的子集合. 我们称这 b 个子集合构成一个参数为 (b,v,k,r) 的组合构图 (configuration), 是指它满足以下两个条件:

(1) $|B_i|=k$ $(1\leqslant i\leqslant b)$, 即每个 B_i 都是 X 的 k 元子集合;

(2) 每个 x_j $(1\leqslant j\leqslant v)$ 都恰好在 r 个 B_i 之中.

在试验设计中, X 中的每个元素 x_i 叫作品种 (variety), 而子集合 B_i 叫作区组 (block). 数学界常采用几何的语言, X 中元素 x_i 叫作点 (point), 而子集合 B_i 叫作线 (line). $x_j\in B_j$ 说成点 x_i 在线 B_j 上, 或者说成线 B_j 过点 x_i.

不难看出, 一个组合构图的参数之间有关系 $vr=bk$. 所以通常列出 v,k,r, 而 b 由它们所决定. $vr=bk$ 是组合构图参数之间应满足的一个必要条件, 这种构图反映了各种元素的均衡选择. 如果还要考虑不同因素的交互影响, 便有如下方案.

定义 8.2 一个参数为 (b,v,k,r) 的组合构图叫作一个参数为 (v,k,λ) 的 2-设计, 或者写成 2-(v,k,λ) 设计, 是指除了定义 8.1中条件 (1) 和 (2) 之外满足

(3) $v\geqslant k\geqslant 2$ 并且对 X 中任意两个不同点 x_i, x_j, 它们恰好有 λ 条公共线, 即恰有 λ 条线同时过点 x_i 和 x_j.

不难证明这时 $r(k-1)=\lambda(v-1)$. 包含点 x_1 的线共有 r 条, 其中每条线上除了 x_1 之外还有 $k-1$ 个点. 于是和 x_1 共线的点有 $r(k-1)$ 个, 但是 x_1 之外有

$v-1$ 个点, x_1 和它们每个点均恰好有 λ 条公共线. 于是 $r(k-1)=\lambda(v-1)$.

这表明 2-设计的参数有两个必要条件 $vr=bk$ 和 $r(k-1)=\lambda(v-1)$. 所以只需要列出 v,k,λ, 而 b 和 r 为 $b=vr/k$, $r=\lambda(v-1)/(k-1)$.

当 $b=v$ (从而 $k=r$) 时, 2-设计叫作对称的. 一个对称 2-(v,k,λ) 设计有必要条件 $k(k-1)=\lambda(v-1)$.

例 8.1 (平凡情形)　设 $X=\{x_1,\cdots,x_v\}$, 取一个区组 $B=X$, 这是 2-设计, 其中 $k=v$, $\lambda=1$, 从而 $r=1$, $b=1$. 又取 $B_i=\{x_i\}\,(1\leqslant i\leqslant v)$, 这是对称 2-设计, 其中 $k=r=1$, $\lambda=0$. 这些叫作平凡 2-设计, 今后只对非平凡 2-设计有兴趣, 即假定 $2\leqslant k\leqslant v-1$.

例 8.2　给了 v 和 k, $k\geqslant 2$. $|X|=v$, 以 $\binom{X}{k}$ 表示 X 的所有 k 元子集全体构成的集合. 取 $B=\{B_1,\cdots,B_b\}$ 为 $\binom{X}{k}$, 即所有 k 元子集均为区组. 这是 2-(v,k,λ) 设计, 其中 $b=\left|\binom{X}{k}\right|=\binom{v}{k}$, $r=\binom{v-1}{k-1}$, $\lambda=\binom{v-2}{k-2}$. 这相当于把 v 个品种中所有 k 个品种都试验一次.

例 8.3　设 $B=\{B_1,\cdots,B_b\}$ 是集合 $X=\{x_1,\cdots,x_v\}$ 上一个 2-(v,k,λ) 设计. $2\leqslant k\leqslant v-1$. 令 $\overline{B_i}=X\setminus B_i$ (即 $\overline{B_i}$ 是 B_i 在 X 中的补集), 则 $\overline{B}=\left\{\overline{B_1},\cdots,\overline{B_b}\right\}$ 是 X 上的一个 2-$(v,\overline{k},\overline{\lambda})$ 设计, 其中 $\overline{k}=v-k$, $\overline{\lambda}=b-2r+\lambda$, $\overline{B}$ 叫作 B 的补设计.

证明　设 x 和 y 是 X 中任意两个不同的点. 令

$$\mathrm{N}_{00}=\#\{1\leqslant i\leqslant b: x\in B_i, y\in B_i\},\quad \mathrm{N}_{01}=\#\{1\leqslant i\leqslant b: x\in B_i, y\notin B_i\},$$

$$\mathrm{N}_{10}=\#\{1\leqslant i\leqslant b: x\notin B_i, y\in B_i\},\quad \mathrm{N}_{11}=\#\{1\leqslant i\leqslant b: x\notin B_i, y\notin B_i\},$$

则 $\mathrm{N}_{00}+\mathrm{N}_{01}+\mathrm{N}_{10}+\mathrm{N}_{11}=b$, $\mathrm{N}_{00}+\mathrm{N}_{01}=\#\{1\leqslant i\leqslant b: x\in B_i\}=r=\mathrm{N}_{00}+\mathrm{N}_{10}$, $\mathrm{N}_{00}=\lambda$. 从而

$$\#\left\{1\leqslant i\leqslant b: x\in\overline{B_i}, y\in\overline{B_i}\right\}=\mathrm{N}_{11}=b-2r+\lambda,$$

这个数和 $\{x,y\}$ 的选取方式无关. 这表明 $\overline{B}=\left\{\overline{B_1},\cdots,\overline{B_b}\right\}$ 为 2-$(v,\overline{k},\overline{\lambda})$ 设计, 其中 $\overline{\lambda}=b-2r+\lambda$, $\overline{k}=|\overline{B_i}|=|X|-|B_i|=v-k$. □

例 8.4　令 $X=Z_7=\{0,1,2,3,4,5,6\}$ 为整数模 7 加法群, $B_i=\{0,1,3\}+i\ (0\leqslant 1\leqslant 6)$, 即 $B_0=\{0,1,3\}$, $B_1=\{1,2,4\}$, $B_2=\{2,3,5\}$, $B_3=\{3,4,6\}$, $B_4=\{4,5,0\}$, $B_5=\{5,6,1\}$, $B_6=\{6,0,2\}$, 则 $\{B_0,\cdots,B_6\}$ 是 X 上一个对称的 2-(v,k,λ) 设计, 其中 $v=b=7$, $r=k=3$, $\lambda=1$. 它的补设计为 $\overline{B_i}=\{2,4,5,6\}+i\ (0\leqslant 1\leqslant 6)$. 这是对称 2-$(7,4,2)$ 设计.

关于 2-设计方面的数学问题主要有:

(1) 对于哪些参数 v, k, λ, 存在 (对称) 2-(v, k, λ) 设计? 我们已经有一些必要条件, 但是充分条件常常是困难的. 只对某些小参数的情形目前已有存在性的完全结果.

(2) 构作 (对称) 2-(v, k, λ) 设计, 采用组合、数论、代数以及几何方法, 这方面已有不少结果. 下面会介绍其中的一部分, 它们和后面在通信中的应用有关联.

(3) 计数问题. 对于给定的 v, k, λ, v 元集合 X 上的 2-(v, k, λ) 设计有多少个? 一般来说, 当参数较大时, 如果 2-(v, k, λ) 设计存在, 它的数目很多. 所以我们需要把它们做自然的分类, 然后试图计算有多少等价类.

定义 8.3 设 $\{B_1, \cdots, B_b\}$ 为集合 X 的一个 (b, v, k, r) 组合构图, $\{B'_1, \cdots, B'_b\}$ 为集合 X' 的一个 (b, v, k, r) 组合构图. 其中 $|X| = |X'| = v$, $|B_i| = |B'_i| = k$ $(1 \leqslant i \leqslant b)$. 我们称这两个组合构图是同构的, 是指存在一个双射 (或叫一一对应)

$$\sigma : X \to X'$$

使得

$$\sigma(B_i) = B'_i \ (1 \leqslant i \leqslant b), \quad \text{这里 } \sigma(B_i) = \{\sigma(x) : x \in B_i\}.$$

这时, 对于 $x \in X$, 则 $x \in B_i$ 当且仅当 $\sigma(x) \in \sigma(B_i)$. 称 σ 为这两个组合构图之间的一个同构. 当 $X = X'$ 时, σ 为集合 X 上的一个置换, 称 σ 为 X 上的两个组合构图之间的同构. 如果又有 $\{B'_1, \cdots, B'_b\} = \{B_1, \cdots, B_b\}$, 则称 σ 为 X 上组合构图 $\{B_1, \cdots, B_b\}$ 的一个自同构, 此时 σ 为 X 上的置换, 也是区组集合 $\{B_1, \cdots, B_b\}$ 的一个置换. $\mathcal{B} = \{B_1, \cdots, B_b\}$ 的所有自同构全体 (对于映射的合成运算) 形成一个群, 叫作 $\mathcal{B}$ 的自同构群, 表示成 $\mathrm{Aut}(\mathcal{B})$. 通常 $\mathrm{Aut}(\mathcal{B})$ 较难决定, 但是可以发现 $\mathrm{Aut}(\mathcal{B})$ 的一个子群 G, 我们也称 G 为 $\mathcal{B}$ 的一个自同构群.

若 $\sigma : \mathcal{B} \to \mathcal{B}'$ 是两个组合构图之间的同构, 如果 $\mathcal{B}$ 是 2-设计, 则 $\mathcal{B}'$ 也是有同样参数 (v, k, λ) 的 2-设计, 称 σ 是 2-设计 $\mathcal{B}$ 和 $\mathcal{B}'$ 之间的同构. 类似可以定义一个 2-设计 $\mathcal{B}$ 的自同构群 $\mathrm{Aut}(\mathcal{B})$. 2-设计的同构是一个等价关系. 对于给定的 (v, k, λ), 我们可以计算一个 v 元集合 X 上彼此不等价 (即彼此不同构) 的 2-(v, k, λ) 设计的个数.

比如对于例 8.4 中的 2-$(7, 3, 1)$ 设计, $X = Z_7, B_i = \{0, 1, 3\} + i$ $(0 \leqslant i \leqslant 6)$, 映射 $\sigma : Z_7 \to Z_7, \sigma(i) = i + 1$ 是双射, $\sigma(B_i) = B_{i+1}$. 从而 σ 是 2-设计 $\mathcal{B} = \{B_0, \cdots, B_6\}$ 的一个自同构, 它生成的 7 阶循环群是 2-设计 $\mathcal{B}$ 的一个自同构群.

现在我们对于对称的 2-(v, k, λ) 设计 $(b = v, r = k)$, 除了 $k(k-1) = \lambda(v-1)$ 之外, 我们再给出存在性的一些必要条件, 数学工具是线性代数.

定理 8.1 设 $\mathcal{B}=\{B_1,\cdots,B_v\}$ 为集合 $X=\{x_1,\cdots,x_v\}$ 上的对称的 2-(v,k,λ) 设计, $\lambda<k<v$. 则

(1) 任意两条不同的线 B_i 和 B_j 均恰好有 λ 个公共点. 即当 $1\leqslant i\neq j\leqslant v$ 时, $|B_i\cap B_j|=\lambda$.

(2) 当 v 为偶数时, $k-\lambda$ 为有理整数的平方 (叫作平方数).

(3) 当 v 为奇数时, 不定方程 $(k-\lambda)x^2+(-1)^{\frac{v-1}{2}}\lambda y^2=1$ 必有有理数解 (x,y).

证明 (1) 考虑 v 阶方阵 $\boldsymbol{C}=(c_{ij})_{1\leqslant i,j\leqslant v}$, 其中

$$c_{ij}=\begin{cases}1, & 若\ x_i\in B_j,\\ 0, & 否则.\end{cases}$$

则 $\boldsymbol{C}\boldsymbol{C}^{\mathrm{T}}=(e_{ij})$ ($\boldsymbol{C}^{\mathrm{T}}$ 表示 $\boldsymbol{C}$ 的转置方阵), 其中

$$\begin{aligned}e_{ij}&=\sum_{l=1}^{v}c_{il}c_{jl}=\#\{1\leqslant l\leqslant v: x_i\in B_l, x_j\in B_l\}\\&=\begin{cases}\lambda, & 若\ i\neq j\ (因为不同点\ x_i\ 和\ x_j\ 恰有\ \lambda\ 条公共线),\\ k, & 若\ i=j\ (因为每个点\ x_i\ 均恰好在\ r=k\ 条线上),\end{cases}\end{aligned}$$

于是 $\boldsymbol{C}\boldsymbol{C}^{\mathrm{T}}$ 的对角线元素均为 k, 其余元素为 λ. 令 $\boldsymbol{I}_v$ 为 v 阶单位方阵, $\boldsymbol{J}_v$ 为 v 阶全 1 方阵 (每个元素均为 1), 则

$$\boldsymbol{C}\boldsymbol{C}^{\mathrm{T}}=(k-\lambda)\boldsymbol{I}_v+\lambda\boldsymbol{J}_v. \tag{8.1.1}$$

进而设 $\boldsymbol{C}\boldsymbol{J}_v=(a_{ij})$, $\boldsymbol{J}_v\boldsymbol{C}=(b_{ij})$, 则

$$a_{ij}=\sum_{l=1}^{v}c_{il}=\#\{1\leqslant l\leqslant v: x_i\in B_l\}=k,$$

$$b_{ij}=\sum_{l=1}^{v}c_{lj}=\#\{1\leqslant l\leqslant v: x_l\in B_j\}=k.$$

这就表明 $\boldsymbol{C}\boldsymbol{J}_v=\boldsymbol{J}_v\boldsymbol{C}=k\boldsymbol{J}_v$. 由于方阵 $(k-\lambda)\boldsymbol{I}_v+\lambda\boldsymbol{J}_v$ 的一个特征根为 $k+(v-1)\lambda=k+k(k-1)=k^2$, 而另外 $v-1$ 个特征根均为 $k-\lambda$, 将 (8.1.1) 式取行列式, 可知

$$(\det\boldsymbol{C})^2=k^2\cdot(k-\lambda)^{v-1}. \tag{8.1.2}$$

由假定 $k>\lambda$ 知上式右边 $\neq 0$. 从而 $\det\boldsymbol{C}\neq 0$, 即 $\boldsymbol{C}$ 是 $\mathbb{Q}$ 上的可逆方阵. 由 $\boldsymbol{C}\boldsymbol{J}_v=k\boldsymbol{J}_v$ 可知 $\boldsymbol{C}^{-1}\boldsymbol{J}_v=\dfrac{1}{k}\boldsymbol{J}_v$. 于是

$$\boldsymbol{C}^{\mathrm{T}}\boldsymbol{C}=\boldsymbol{C}^{-1}(\boldsymbol{C}\boldsymbol{C}^{\mathrm{T}})\boldsymbol{C}=\boldsymbol{C}^{-1}((k-\lambda)\boldsymbol{I}_v+\lambda\boldsymbol{J}_v)\boldsymbol{C}$$

$$= ((k-\lambda)\boldsymbol{C}^{-1} + \lambda k^{-1}\boldsymbol{J}_v)\boldsymbol{C} = (k-\lambda)\boldsymbol{I}_v + \lambda\boldsymbol{J}_v.$$

考虑上式两边方阵的非对角线元素, 可知当 $1 \leqslant i \neq j \leqslant v$ 时

$$\lambda = \sum_{l=1}^{v} c_{li}c_{lj} = \#\left\{1 \leqslant l \leqslant v : x_l \in B_i \cap B_j\right\},$$

这就表明 $|B_i \cap B_j| = \lambda$.

(2) 由于 (8.1.2) 式中 $(\det \boldsymbol{C})^2$ 为平方数, 从而 $(k-\lambda)^{v-1}$ 为平方数. 当 $2 \mid v$ 时, $v-1$ 为奇数, 可知 $k-\lambda$ 为平方数.

(3) 现在设 v 为奇数. 令 $y = (y_1, \cdots, y_v), l(y) = y\boldsymbol{C} = (l_1(y), \cdots, l_v(y))$, 则

$$l_i(y) = \sum_{j=1}^{v} y_j c_{ji} \quad (1 \leqslant i \leqslant v)$$

是 $y_1, \cdots, y_v$ 的线性型 (线性齐次函数, 系数 $c_{ji} \in \mathbb{Z}$), 并且

$$\begin{aligned}\sum_{j=1}^{v} l_i(y)^2 = l(y)l(y)^{\mathrm{T}} = y\boldsymbol{C}\boldsymbol{C}^{\mathrm{T}}y^{\mathrm{T}} &= y((k-\lambda)\boldsymbol{I}_v + \lambda\boldsymbol{J}_v)y^{\mathrm{T}} \\ &= (k-\lambda)(y_1^2 + \cdots + y_v^2) + \lambda(y_1 + \cdots + y_v)^2.\end{aligned} \tag{8.1.3}$$

对于正整数 $k-\lambda$, 存在有理数 a_1, a_2, a_3, $a_4 \in \mathbb{Q}$, 使得

$$a_1^2 + a_2^2 + a_3^2 + a_4^2 = k - \lambda$$

(见定理 6.15). 令

$$\boldsymbol{A} = \begin{bmatrix} a_1 & a_2 & a_3 & a_4 \\ -a_2 & a_1 & a_4 & -a_3 \\ -a_3 & -a_4 & a_1 & a_2 \\ -a_4 & a_3 & -a_2 & a_1 \end{bmatrix},$$

则 $\boldsymbol{A}\boldsymbol{A}^{\mathrm{T}} = (k-\lambda)\boldsymbol{I}_4$, 从而 $\boldsymbol{A}$ 是可逆方阵. 并且可直接验证: 对于 $(Y_1, Y_2, Y_3, Y_4) = (y_1, y_2, y_3, y_4)\boldsymbol{A}$, Y_i 为 y_1, y_2, y_3, y_4 的线性型, 系数属于 $\mathbb{Q}$, 并且

$$\begin{aligned}Y_1^2 + Y_2^2 + Y_3^2 + Y_4^2 &= (y_1, y_2, y_3, y_4)\boldsymbol{A}\boldsymbol{A}^{\mathrm{T}}(y_1, y_2, y_3, y_4)^{\mathrm{T}} \\ &= (k-\lambda)(y_1^2 + y_2^2 + y_3^2 + y_4^2),\end{aligned}$$

其中 $(y_1, y_2, y_3, y_4) = (Y_1, Y_2, Y_3, Y_4)\boldsymbol{A}^{-1}$, 于是 y_1, y_2, y_3, y_4 为 Y_1, Y_2, Y_3, Y_4 的线性型, 系数属于 $\mathbb{Q}$.

(3.1) 现在设 $v \equiv 1 \pmod 4$, 则 $\dfrac{v-1}{2}$ 为偶数, 反复利用上面变换, 又得到 $Y_5^2 + Y_6^2 + Y_7^2 + Y_8^2 = (k-\lambda)(y_5^2 + y_6^2 + y_7^2 + y_8^2)$, $\cdots$, 一直下去便得到 (由式 (8.1.3))

$$l_1^2 + \cdots + l_v^2 = Y_1^2 + \cdots + Y_{v-1}^2 + (k-\lambda)y_v^2 + \lambda(y_1 + \cdots + y_v)^2, \tag{8.1.4}$$

其中 $l_i (1 \leqslant i \leqslant v)$ 均为 $Y_1, \cdots, Y_{v-1}$ 和 y_v 的线性型, 系数属于 $\mathbb{Q}$. 于是

$$l_1 = a_1 Y_1 + \cdots + a_{v-1} Y_{v-1} + a_v y_v \quad (a_i \in \mathbb{Q}).$$

现在令

$$l_1 = \begin{cases} Y_1, & 若\ a_1 \neq 1, \\ -Y_1, & 若\ a_1 = 1. \end{cases}$$

这个条件使 Y_1 为 $Y_2, \cdots, Y_{v-1}, y_v$ 的线性型, 系数属于 $\mathbb{Q}$, 代入 (8.1.4) 得到

$$l_2^2 + \cdots + l_v^2 = Y_2^2 + \cdots + Y_{v-1}^2 + (k-\lambda)y_v^2 + \lambda(y_1 + \cdots + y_v)^2,$$

其中 $l_i (2 \leqslant i \leqslant v)$ 均为 $Y_2, \cdots, Y_{v-1}, y_v$ 的线性型, 从而为 $y_1, \cdots, y_v$ 系数属于 $\mathbb{Q}$ 的线性型. 继续下去, 便给出

$$l_v^2 = (k-\lambda)y_v^2 + \lambda(y_1 + \cdots + y_v)^2, \tag{8.1.5}$$

其中 $l_v = l_v(y_1, \cdots, y_v)$ 为线性型, 系数属于 $\mathbb{Q}$. 注意 (8.1.5) 式是关于变量 $y_1, \cdots, y_v$ 的恒等式, $y_1, \cdots, y_v$ 可取任何有理数值, 代入均为等式. 特例, 取 $y_1 = \cdots = y_{v-1} = 0$, $y_v \neq 0$, 则方程 $z^2 = (k-\lambda)x^2 + \lambda y^2$ 有有理数解 $(x, y, z) = (y_v, y_v, c)$, 由 $y_v \neq 0$, $k-\lambda$ 和 λ 均为正整数, 可知 $x \neq 0$. 于是 $(x, y) = \left(\dfrac{y_v}{c}, \dfrac{y_v}{c}\right)$ 就是 $(k-\lambda)x^2 + \lambda y^2 = 1$ 的有理数解.

(3.2) 设 $v \equiv 3 \pmod 4$, 这时 $(-1)^{\frac{v-1}{2}} = -1$. 要证 $(k-\lambda)x^2 - \lambda y^2 = 1$ 有有理数解. 这时 (8.1.3) 式两边加上一项 $(k-\lambda)y_{v+1}^2$, 变成

$$l_1^2 + \cdots + l_v^2 + (k-\lambda)y_{v+1}^2 = (k-\lambda)(y_1^2 + \cdots + y_v^2 + y_{v+1}^2) + \lambda(y_1 + \cdots + y_v)^2.$$

由于 $4 \mid v+1$, 所以用上面方法可转化成

$$l_1^2 + \cdots + l_v^2 + (k-\lambda)y_{v+1}^2 = Y_1^2 + \cdots + Y_v^2 + Y_{v+1}^2 + \lambda(y_1 + \cdots + y_v)^2,$$

其中 $l_i(1 \leqslant i \leqslant v)$ 均为 $y_1, \cdots, y_{v+1}$ 的线性型, 系数属于 $\mathbb{Q}$. 然后又可类似地化为

$$(k-\lambda)y_{v+1}^2 = Y_{v+1}^2 + \lambda(y_1 + \cdots + y_v)^2.$$

取 $y_1, \cdots, y_{v+1} \in \mathbb{Q}$ 使得 $y_{v+1} \neq 0$, 表明方程 $(k-\lambda)x^2 - \lambda y^2 = z^2$ 有有理数解 $(x, y, z) = (A, B, C)$, 其中 $A = y_{v+1} \neq 0$, $B = y_1 + \cdots + y_v$. 取 $A = y_{v+1}$ 充分大, 使得 $C^2 = (k-\lambda)y_{v+1} - \lambda(y_1 + \cdots + y_v)^2 > 0$, 则 $C \neq 0$, 从而 $(x, y) = \left(\dfrac{A}{C}, \dfrac{B}{C}\right)$ 就是 $(k-\lambda)x^2 - \lambda y^2 = 1$ 的有理数解. □

二元二次方程 $(k-\lambda)x^2 + (-1)^{\frac{v-1}{2}}\lambda y^2 = 1$ 是否存在有理数解由局部-整体原则来判断: 该方程存在有理数解当且仅当对每个素数 p, 它在 p-adic 局部域 $\mathbb{Q}_p$ 中有解, 即希尔伯特符号 $\left((k-\lambda), (-1)^{\frac{v-1}{2}}\lambda\right)_p = 1$ (定义 6.3). 而希尔伯特符号 $(a,b)_p$ 由推论 6.3 (对于 $p \geqslant 3$) 和定理 6.13 来计算. 比如对于奇素数 p, 如果 $a, b \in \mathbb{Z}$, $a = p^n u$, $b = p^m v$, 其中 $p \nmid uv$, 则 $(a,b)_p = \left(\dfrac{-1}{p}\right)^{nm}\left(\dfrac{u}{p}\right)^m\left(\dfrac{v}{p}\right)^n$, 其中 $\left(\dfrac{u}{p}\right)$ 是勒让德符号.

例 8.5 (不存在性结果) 对于 $(v, k, \lambda) = (46, 10, 2)$, 它满足条件 $k(k-1) = \lambda(v-1)$. 但是不满足定理 8.1 中条件 (2) (v 为偶数, 但是 $k - \lambda = 8$ 不是完全平方), 从而 $(v, k, \lambda) = (46, 10, 2)$ 的对称 2-设计是不存在的.

对于 $(v, k, \lambda) = (43, 7, 1)$, v 为奇数, 而 $\left(k-\lambda, (-1)^{\frac{v-1}{2}}\lambda\right)_3 = (6, -1)_3 = \left(\dfrac{-1}{3}\right) = -1$, 由定理 8.1 中的条件 (3) 可知不存在对称的 2-$(43, 7, 1)$ 设计.

另一方面, 目前已存在多种构作 2-设计的方法, 采用组合学、几何学、数论和代数等多种手段. 以下我们介绍其中的几个重要构作方法, 它们给出重要的组合结构, 并且和本书后面的通信应用有密切联系.

8.2 差 集 合

设 G 是一个有限交换群, 运算表示成加法, $|G| = v$. 对于 G 的每个子集合 D, $|D| = k \geqslant 2$, 令

$$\triangle(D) = \{g - g' : g, g' \in D, g \neq g'\},$$

这是一个多重集合 (multiset), 每个元素 $0 \neq a \in G$ 可以有多种可能表示成 $a = g - g'$ $(g, g' \in D)$, 从而 a 在 $\triangle(D)$ 中可能出现 $\geqslant 2$ 次.

定义 8.4 v 元加法群 $(G,+)$ 的一个 k 元 $(2 \leqslant k \leqslant v-1)$ 子集合 D 叫作 G 的一个参数 (v,k,λ) 的差集合 (difference set), 简称为 (v,k,λ)-DS, 是指 G 中每个非零元素 a 在 $\triangle(D)$ 中均恰好出现 λ 次. 也就是说, 方程 $x-y=a$ 恰好有 λ 组解 (x,y), $x,y \in G$. 如果 G 是循环群, 则这个差集合叫作循环差集合.

定理 8.2 设 D 是有限交换群 $(G,+)$ 的一个 (v,k,λ)-DS (于是 $|G|=v$, $|D|=k$). 则

(1) $\mathcal{B}=\{B_a=D+a: a\in G\}$ 是 G 上的对称 2-(v,k,λ) 设计.

(2) 对每个 $a\in G$, 映射 $\varphi_a: G\to G$, $\varphi_a(g)=g+a$ 是 2-设计 $\mathcal{B}$ 的自同构, 并且 $\varphi_a\cdot\varphi_b=\varphi_{a+b}$. 从而 $\mathcal{B}$ 有一个自同构群 $\{\varphi_a: a\in G\}$, 这个群和 G 是同构的.

证明 (1) $\mathcal{B}$ 中区组个数为 $b=|G|=v$, $|B_a|=|D|=k$ (对每个 $a\in G$). 所以要证 $\mathcal{B}$ 是 G 上的对称 2-设计, 只需证明 G 中任意两个不同元素 g_1 和 g_2, 均恰好有 λ 个区组同时包含 g_1 和 g_2, 事实上,

$$
\begin{aligned}
&\#\{a\in G: g_1\in D+a, g_2\in D+a\}\\
=&\#\{a\in G: g_1-a\in D, g_2-a\in D\}\\
=&\#\{(x,y): x,y\in D, x-y=g_1-g_2(\neq 0)\} \quad (\text{令} x=g_1-a, y=g_2-a)\\
=&\lambda\ (\text{由于 } D \text{ 是差集合}).
\end{aligned}
$$

(2) 由于 $\varphi_a(B_b)=B_b+a=D+a+b=B_{a+b}$, 可知 φ_a 是 2-设计 $\mathcal{B}=\{B_b: b\in G\}$ 的自同构. 再由 $\varphi_a\cdot\varphi_b=\varphi_{a+b}$ 即知 $\{\varphi_a: a\in G\}$ 为 2-设计 $\mathcal{B}$ 的一个自同构群, 并且它和群 G 同构. □

现在我们用第 7 章引入的群环 $\mathbb{C}[G]$ 语言来刻画差集合. 由于群环本身有加法运算, 为了避免和群 G 中运算相混淆, 我们采用乘法作为交换群 G 中运算. 这时对于 G 的子集合 D, $\triangle(D)$ 为 $\{g_1g_2^{-1}: g_1,g_2\in D, g_1\neq g_2\}$.

我们把 G 的一个子集合 S 等同于群环 $\mathbb{C}[G]$ 中的元素 $\sum\limits_{g\in S} g$. 从而 $G-1_G$ 就表示 G 中除了幺元素之外其余元素之和. 又令 $D^{(-1)}$ 表示 D 中所有元素的逆之和, 即 $D^{(-1)}=\sum\limits_{g\in D} g^{-1}\in\mathbb{C}[G]$. 则

$$
\begin{aligned}
D\cdot D^{(-1)}&=\{g_1g_2^{-1}: g_1,g_2\in D\}=\{g_1g_2^{-1}: g_1,g_2\in D, g_1\neq g_2\}+|D|\cdot 1_G\\
&=\triangle(D)+|D|\cdot 1_G.
\end{aligned}
$$

所以用群环语言来刻画差集合可以有很简单的如下形式.

定理 8.3 设群 $(G,\cdot)$ 为 v 阶乘法交换群, D 是 G 的 k 元子集合, $2\leqslant k\leqslant v-1$. 则下面三个命题彼此等价:

(1) D 是群 G 的一个 (v,k,λ)-差集合;

(2) 群环 $\mathbb{C}[G]$ 中有如下等式

$$DD^{(-1)} = (k-\lambda)1_G + \lambda G;$$

(3) 对于群 G 的每个特征 $\chi \in \widehat{G}$,

$$|\chi(D)|^2 = \begin{cases} k^2, & \text{若 } \chi = 1, \\ k-\lambda, & \text{若 } \chi \neq 1. \end{cases}$$

证明 (1)⇔(2): 由于 $D \cdot D^{(-1)} = k \cdot 1_G + \triangle(D)$, 从而 D 为 (v,k,λ)-差集合 $\Leftrightarrow \triangle(D) = \lambda(G - 1_G) \Leftrightarrow DD^{(-1)} = (k-\lambda)1_G + \lambda G$.

(2)⇔(3): 根据定理 7.5, $\mathbb{C}[G]$ 中两个元素 α 和 β 相等当且仅当对于每个 $\chi \in \widehat{G}$, $\chi(\alpha) = \chi(\beta)$. 注意

$$\chi(D^{(-1)}) = \sum_{g \in D} \chi(g^{-1}) = \sum_{g \in D} \overline{\chi}(g) = \overline{\sum_{g \in D} \chi(g)} = \overline{\chi(D)}.$$

因此 $\chi(DD^{(-1)}) = \chi(D)\overline{\chi(D)} = |\chi(D)|^2$. 另一方面, $\chi(1_G) = 1$ 而当 $\chi \neq 1$ 时 $\chi(G) = 0$. 于是

$$\begin{aligned} &\chi((k-\lambda)1_G + \lambda G) = (k-\lambda)\chi(1_G) + \lambda \cdot \chi(G) \\ =&\begin{cases} k-\lambda+\lambda v = k+\lambda(v-1) = k+(k-1)k = k^2, & \text{若 } \chi = 1, \\ k-\lambda, & \text{若 } \chi \neq 1. \end{cases} \end{aligned}$$

由此即得 (2) 和 (3) 的等价. □

注记 当 $\chi = 1$ 时 $\chi(D) = |D| = k$, 从而 $|\chi(D)|^2 = k^2$ 是显然成立的. 所以为证明 D 是 (v,k,λ)-差集合, 只需对每个非平凡特征 $\chi \in \widehat{G}$, 验证是否 $|\chi(D)|^2 = k-\lambda$.

作为定理 8.3 的一个应用, 我们证明:

推论 8.1 设 G 为 v 阶 (乘法) 交换群, D 为 G 的 (v,k,λ)-差集合, $2 \leqslant k \leqslant v-2$, 则 D 的补集 $\overline{D} = G - D$ 是 G 的 $(v, v-k, v-2k+\lambda)$-差集合.

证明 D 为 (v,k,λ) 差集合相当于 $DD^{(-1)} = (k-\lambda)1_G + \lambda G$, $|D| = k$. 我们要证 $\overline{D}\overline{D^{(-1)}} = ((v-k)-(v-2k+\lambda))1_G + (v-2k+\lambda)G = (k-\lambda)1_G + (v-2k+\lambda)G$. 事实上,

$$\overline{D}\overline{D^{(-1)}} = (G-D)(G-D^{(-1)}) \quad (G^{(-1)} = G)$$

$$= GG - DG - D^{(-1)}G + DD^{(-1)}.$$

但是对每个元素 $g \in G$, $gG = G$. 从而对 G 的每个子集合 S,

$$SG = GS = \sum_{g \in S} gG = |S|G.$$

因此

$$\overline{D}\overline{D^{(-1)}} = vG - kG - kG + (k-\lambda)1_G + \lambda G = (k-\lambda)1_G + (v-2k+\lambda)G. \quad \square$$

现在我们构作第一批差集合.

定理 8.4 设 $q = p^m$ 为奇素数 p 的方幂, $q \equiv 3 \pmod 4$. D 为 $\mathbb{F}_q^\times$ 中平方元素全体 (即当 $\mathbb{F}_q^\times = \langle \gamma \rangle$ 时, $D = \langle \gamma^2 \rangle$). 则 D 是有限域加法群 $(\mathbb{F}_q, +)$ 的差集合, 参数为 $(v, k, \lambda) = \left(q, \dfrac{q-1}{2}, \dfrac{q-3}{4}\right)$.

证明 我们给出三种证法. 第一种是利用分圆数. $\mathbb{F}_q$ 的 2 阶分圆类为 $C_0 = \langle \gamma^2 \rangle$ 和 $C_1 = \gamma C_0$, 而 $D = C_0$. $|D| = \dfrac{q-1}{2}$. 对于 $a = \gamma^l \in \mathbb{F}_q^\times$, a 在 $\triangle(D)$ 中出现的个数为

$$\begin{aligned}
&\#\{(x,y) : x, y \in D, x - y = a\} \\
=& \#\{(x,y) : x, y \in C_0, x - y = r^l\} \\
=& \#\{(a,b) : a, b \in C_l, a = b + 1\} \quad \left(\text{令} a = \frac{x}{r^l}, b = \frac{y}{r^l}\right) \\
=& (l,l)_2 \quad (\mathbb{F}_q \text{ 中的 2 阶分圆数}).
\end{aligned}$$

根据定理 7.20, 当 $q \equiv 3 \pmod 4$ 时, $(0,0)_2 = (1,1)_2 = \dfrac{q-3}{4}$ 为同一个数 $\lambda = \dfrac{q-3}{4}$. 这就表明 $D = C_0$ 为 $(\mathbb{F}_q, +)$ 的参数为 $\left(q, \dfrac{q-1}{2}, \dfrac{q-3}{4}\right)$ 的差集合.

第 2 个证明采用雅可比和. 设 η 是 $\mathbb{F}_q$ 的 (唯一) 2 阶乘法特征, 即 $\eta(x) = 1$ (若 $x \in C_0 = D$), $\eta(x) = -1$ (若 $x \in C_1$). 则对每个 $x \in \mathbb{F}_q^*$,

$$\frac{1}{2}(\eta(x) + 1) = \begin{cases} 1, & \text{若 } x \in C_0, \\ 0, & \text{若 } x \in C_1. \end{cases}$$

于是对每个 $a \in \mathbb{F}_q^*$, a 在 $\triangle(D) = \triangle(C_0)$ 中出现的个数为

$$\begin{aligned}
\sum_{\substack{x,y\in C_0\\x-y=a}} 1 = \sum_{\substack{y\in C_0\\y+a\in C_0}} 1 &= \sum_{\substack{y\in\mathbb{F}_q^\times\\y\neq -a}} \frac{1}{2}(\eta(y)+1)\frac{1}{2}(\eta(y+a)+1)\\
&= \frac{1}{4}\sum_{\substack{y\in\mathbb{F}_q\\y\neq 0,-a}} (1+\eta(y)+\eta(y+a)+\eta(y)\eta(y+a))\\
&= \frac{1}{4}\left(q-2-\eta(-a)-\eta(a)+\sum_{\substack{y\in\mathbb{F}_q\\y\neq 0,-a}}\eta(y)\eta(y+a)\right)\\
&= \frac{1}{4}\left(q-2+\sum_{\substack{y\in\mathbb{F}_q\\y\neq 0,-a}}\eta(y)\eta(y+a)\right)\\
&\quad (\text{由 } q\equiv 3 \pmod 4 \text{ 可知 } \eta(-1)=-1, \text{从而 } \eta(-a)=-\eta(a))\\
&= \frac{1}{4}\left(q-2+\sum_{\substack{z\in\mathbb{F}_q\\z\neq 0,1}}\eta(-a)\eta(a)\eta(z)\eta(1-z)\right) \quad (\text{令 } y=-az)\\
&= \frac{1}{4}(q-2-J(\eta,\eta)) \quad (\eta(-a)\eta(a)=\eta(-1)\eta^2(a)=-1)\\
&= \frac{1}{4}(q-2-(-\eta(-1))) = \frac{q-3}{4}.
\end{aligned}$$

这表明 D 是 $(\mathbb{F}_q,+)$ 的差集合, $\lambda = \dfrac{q-3}{4}$.

第 3 个证明采用高斯和. 为证定理, 我们只需证明: 对于 $\mathbb{F}_q$ 的每个非平凡加法特征 $\lambda_a(a\in\mathbb{F}_q^\times)$, $|\lambda_a(D)|^2 = k-\lambda = \dfrac{q+1}{4}$. 这里 λ_a 定义为 $\lambda_a(x) = \zeta_p^{T(ax)}$, 其中 $T:\mathbb{F}_q\to\mathbb{F}_p$ 为迹映射. 事实上,

$$\begin{aligned}
\lambda_a(D) = \sum_{x\in D}\lambda_a(x) = \sum_{x\in D}\zeta_p^{T(ax)} &= \frac{1}{2}\sum_{x\in\mathbb{F}_q^*}(1+\eta(x))\zeta_p^{T(ax)}\\
&= \frac{1}{2}\left(\sum_{x\in\mathbb{F}_q^*}\zeta_p^{T(ax)} + G(\eta,\lambda_a)\right)
\end{aligned}$$

$$= \frac{1}{2}(-1+\eta(a)G(\eta)).$$

由于 $\overline{G(\eta)} = \eta(-1)G(\eta) = -G(\eta)$, 可知

$$\begin{aligned}|\lambda_a(D)|^2 &= \frac{1}{4}(\eta(a)G(\eta)-1)(\eta(a)\overline{G(\eta)}-1) = \frac{1}{4}(-1+\eta(a)G(\eta))(-1-\eta(a)G(\eta)) \\ &= \frac{1}{4}(1-G(\eta)^2) = \frac{1}{4}(1+G(\eta)\overline{G(\eta)}) = \frac{1}{4}(1+q).\end{aligned}$$

□

注记 当 $q=7$ 时, $D=\{1,4,2\}$ 为 $\mathbb{F}_7^*$ 中平方元素全体. 由定理 8.4, D 是 $(\mathbb{F}_7,+)$ 中的 $(7,3,1)$-差集合, 由它所给出的对称 2-设计就是 8.1 节中的例 8.4.

定理 8.4 中的集合 D 是 $\mathbb{F}_q$ 的 2 阶分圆类. 下面证明: 对于某些 q, $\mathbb{F}_q$ 的 4 阶分圆类为差集合.

定理 8.5 设 $q=p^m\equiv 5 \pmod 8$, $\mathbb{F}_q^\times = \langle\gamma\rangle$, $C=\langle\gamma^4\rangle$ 为 $\mathbb{F}_q$ 的 4 阶分圆类.

(1) 当 $q=1+4t^2$ 时, C 为 $(\mathbb{F}_q,+)$ 的 $(v,k,\lambda)=\left(q,\dfrac{q-1}{4},\dfrac{q-5}{16}\right)$ 差集合;

(2) 当 $q=9+4t^2$ 时, $D=C\cup\{0\}$ 为 $(\mathbb{F}_q,+)$ 的 $(v,k,\lambda)=\left(q,\dfrac{q+3}{4},\dfrac{q+3}{16}\right)$ 差集合.

证明 (1) $k=|C|=\dfrac{q-1}{4}$ 是奇数. 对每个 $a=\gamma^{-l}\in\mathbb{F}_q^*$, a 在 $\triangle(C)$ 中出现的个数为

$$|C\cap(C+a)| = |\gamma^l C\cap(\gamma^l C+1)| = (l,l)_4.$$

由定理 7.22(2) 给出的 4 阶分圆数, 可知 (此时 $s=1$)

$$\begin{aligned}(0,0)_4 = (2,2)_4 &= \frac{1}{16}(q-7+2s) = \frac{q-5}{16}, \\ (1,1)_4 = (3,3)_4 &= \frac{1}{16}(q-3-2s) = \frac{q-5}{16}.\end{aligned}$$

这表明对每个 $a\in\mathbb{F}_q^*$, a 在 $\triangle(C)$ 中出现的次数均为 $\lambda=\dfrac{q-5}{16}$. 从而 C 为 $(\mathbb{F}_q,+)$ 的差集合.

(2) $k=|D|=\dfrac{q-1}{4}+1=\dfrac{q+3}{4}$, $\dfrac{q-1}{4}$ 是奇数. 对于 $a=\gamma^{-l}\in\mathbb{F}_q^*$, a 在

$\triangle(C)$ 中出现的个数为 $(l,l)_4+\delta$, 其中

$$\delta=\begin{cases}1, & \text{若 } \gamma^{-l}+1=0, \text{即 } l\equiv 2 \pmod 4 \\ & \qquad \left(\text{因为 } -1=\gamma^{\frac{q-1}{2}} \text{ 而 } \dfrac{q-1}{2}\equiv 2 \pmod 4\right), \\ 1, & \text{若 } \gamma^{-l}-1=0, \text{ 即 } l\equiv 0 \pmod 4, \\ 0, & \text{否则}.\end{cases}$$

于是 $a=\gamma^{-l}$ 在 $\triangle(C)$ 中出现的个数为

$$\begin{cases}(l,l)_4+1, & \text{若 } l\equiv 0,2 \pmod 4, \\ (l,l)_4, & \text{若 } l\equiv 1,3 \pmod 4.\end{cases}$$

由定理 7.22(2) 给出的分圆数可知 (此时 $s=-3$)

$$(0,0)_4+1=(2,2)_4+1=\frac{1}{16}(q-7+2s)+1=\frac{q+3}{16},$$

$$(1,1)_4=(3,3)_4=\frac{1}{16}(q-3-2s)=\frac{q+3}{16}.$$

从而 $D=C\cup\{0\}$ 为 $(\mathbb{F}_q,+)$ 的差集合. □

注记 T. Storer 在书 [4] 中计算了 6 阶和 8 阶分圆数. 由此构作了有限域加法群中由 6 阶和 8 阶分圆类构成的差集合.

现在介绍加法群 $(\mathbb{F}_{2^n},+)=(\mathbb{F}_2^n,+)$ 上参数为 $(v,k,\lambda)=(2^n,2^{n-1}+\varepsilon 2^{\frac{n}{2}-1}, 2^{n-2}+\varepsilon 2^{\frac{n}{2}-1})$ 的差集合, 其中 $\varepsilon=1$ 或 -1 而 n 为偶数. 注意若 D 为 $(\mathbb{F}_2^n,+)$ 的 $(2^n,2^{n-1}+2^{\frac{n}{2}-1},2^{n-2}+2^{\frac{n}{2}-1})$-差集合, 则补集 $\overline{D}$ 为 $(2^n,2^{n-1}-2^{\frac{n}{2}-1},2^{n-2}-2^{\frac{n}{2}-1})$-差集合. 这类差集合叫作 Hadamard 差集合, 这是因为它和法国数学家 Hadamard 提出的下列问题有密切联系.

定义 8.5 元素为 1 或 -1 的 m 阶实方阵 $\boldsymbol{H}$ 叫作 Hadamard 阵 (简称为 m 阶 H-阵), 是指 $\boldsymbol{H}\boldsymbol{H}^{\mathrm{T}}=m\boldsymbol{I}_m$ ($\boldsymbol{I}_m$ 为 m 阶单位方阵). 例如

$$\boldsymbol{H}_2=\begin{bmatrix}1 & 1\\ 1 & -1\end{bmatrix} \text{为 2 阶 H-阵},$$

$$\boldsymbol{H}_4=\begin{bmatrix}\boldsymbol{H}_2 & \boldsymbol{H}_2\\ \boldsymbol{H}_2 & -\boldsymbol{H}_2\end{bmatrix}=\begin{bmatrix}1 & 1 & 1 & 1\\ 1 & -1 & 1 & -1\\ 1 & 1 & -1 & -1\\ 1 & -1 & -1 & 1\end{bmatrix} \text{为 4 阶 H-阵}.$$

由此可递归得到: 对每个 $l \geqslant 1$

$$\boldsymbol{H}_{2^{l+1}} = \begin{bmatrix} \boldsymbol{H}_{2^l} & \boldsymbol{H}_{2^l} \\ \boldsymbol{H}_{2^l} & -\boldsymbol{H}_{2^l} \end{bmatrix} \text{ 为 } 2^{l+1} \text{ 阶 H-阵.}$$

引理 8.1 若 m 阶 H-阵存在, 且 $m \geqslant 3$, 则 m 为 4 的倍数.

证明 设 $\boldsymbol{H} = (h_{ij})_{1 \leqslant i,j \leqslant m}$ 为 m 阶 H-阵, 由于 $m \geqslant 3$, 方阵至少有 3 行. 由 H-阵的定义知 $\boldsymbol{H}$ 的不同行向量彼此正交, 于是

$$\sum_{j=1}^{m}(a_{1j}+a_{2j})(a_{1j}+a_{3j}) = \sum_{j=1}^{m} a_{1j}^2 = m \quad (\text{因为 } a_{1j} \in \{\pm 1\}).$$

但是 $a_{1j}+a_{2j}$ 和 $a_{1j}+a_{3j}$ 均为偶数, 从而上式左边为 4 的倍数. 于是 m 为 4 的倍数. □

下面是组合数学中两个著名的猜想.

猜想 1 对每个正整数 $m \equiv 0 \pmod 4$, 均存在 m 阶 H-阵.

一个方阵 $\boldsymbol{M}$ 叫作循环的, 是指

$$\boldsymbol{M} = \begin{bmatrix} a_0 & a_1 & \cdots & a_{m-2} & a_{m-1} \\ a_1 & a_2 & \cdots & a_{m-1} & a_0 \\ \vdots & \vdots & & \vdots & \vdots \\ a_{m-1} & a_0 & \cdots & a_{m-3} & a_{m-2} \end{bmatrix} \quad \text{(即每行均为前一行的循环移位.)}$$

猜想 2 当 $m \geqslant 8$ 时, 不存在 m 阶循环 H-阵.

$$\left(\text{注意} \begin{bmatrix} -1 & 1 & 1 & 1 \\ 1 & -1 & 1 & 1 \\ 1 & 1 & -1 & 1 \\ 1 & 1 & 1 & -1 \end{bmatrix} \text{是 4 阶循环 H-阵.} \right)$$

这两个猜想至今未完全解决.

定理 8.6 设 $n = 4t$ $(t \geqslant 1)$. 则存在 $4t$ 阶 H-阵当且仅当存在对称 2-$(4t-1, 2t-1, t-1)$ 设计.

证明 设 $\boldsymbol{H} = (a_{ij})_{1 \leqslant i,j \leqslant n}$ 为 $n = 4t$ 阶 H-阵, $a_{ij} \in \{\pm 1\}$. 将 $\boldsymbol{H}$ 中任一行或任一列的元素同时改变符号, 不难看出新的方阵仍为 H-阵. 所以我们可设 $\boldsymbol{H}$ 的第 n 行和第 n 列的元素均为 1. 现在考虑集合 $\{1, 2, \cdots, n-1\}$ 的如下 $n-1$ 个子集合 (区组)

$$B_i = \{j : 1 \leqslant j \leqslant n-1, a_{ij} = 1\} \quad (1 \leqslant i \leqslant n-1),$$

即对于 $1 \leqslant j \leqslant n-1$, $j \in B_i$ 当且仅当 $a_{ij}=1$, 对于 $1 \leqslant j \neq j' \leqslant n-1$, 令

$$N(\varepsilon,\eta)=\#\{i: 1 \leqslant i \leqslant n-1, a_{ij}=\varepsilon, a_{ij'}=\eta\}, \quad \varepsilon,\eta \in \{\pm 1\},$$

则

$$N(1,1)+N(1,-1)+N(-1,1)+N(-1,-1)=n-1=4t-1. \tag{8.2.1}$$

由于 $\boldsymbol{H}$ 的第 n 行中 $4t$ 个元素均为 1, 它和第 i 行正交 $(1 \leqslant i \leqslant n-1)$, 可知第 i 行有 $2t$ 个 1. 去掉 $a_{in}=1$ 之后可知 $k=|B_i|=2t-1$ $(1 \leqslant i \leqslant n-1)$. 由 $\boldsymbol{H}\boldsymbol{H}^{\mathrm{T}}=nI_n$ 可知 $\boldsymbol{H}^{\mathrm{T}}\boldsymbol{H}=n\boldsymbol{I}_n$, 即 $\boldsymbol{H}$ 的不同列向量也是正交的. 由此可证当 $1 \leqslant j \leqslant n-1$ 时, $\boldsymbol{H}$ 的第 j 列有 $2t$ 个 1(因为第 n 列为全 1 向量). 于是

$$2t-1=\#\{i: 1 \leqslant i \leqslant n-1, a_{ij}=1\}=N(1,1)+N(1,-1). \tag{8.2.2}$$

同样地,

$$2t-1=\#\{i: 1 \leqslant i \leqslant n-1, a_{ij'}=1\}=N(1,1)+N(-1,1). \tag{8.2.3}$$

最后由第 j 列和第 j' 列正交可知

$$\begin{aligned} 0 &= \sum_{i=1}^{n} a_{ij}a_{ij'} = 1+\sum_{i=1}^{n-1} a_{ij}a_{ij'} \\ &= 1+N(1,1)+N(-1,-1)-N(1,-1)-N(-1,1). \end{aligned} \tag{8.2.4}$$

由 (8.2.1) 和 (8.2.4) 式得到

$$N(1,1)+N(-1,-1)=\frac{1}{2}(4t-1-1)=2t-1. \tag{8.2.5}$$

将 (8.2.2), (8.2.3), (8.2.5) 式加在一起, 便得到

$$3N(1,1)+N(1,-1)+N(-1,1)+N(-1,-1)=3(2t-1)=6t-3.$$

再由 (8.2.1) 式即知 $2N(1,1)=2t-2$, 于是 j 和 j' 的公共区组个数为

$$\lambda=N(1,1)=t-1 \quad (\text{对任意 } 1 \leqslant j \neq j' \leqslant n-1).$$

这就表明 B_i $(1 \leqslant i \leqslant n-1)$ 是集合 $\{1,2,\cdots,n-1\}$ 的对称 2-$(4t-1,2t-1,t-1)$ 设计.

将上面的推导反向进行, 便可由一个对称 2-$(4t-1,2t-1,t-1)$ 设计构作 $4t$ 阶 H-阵. 详情由读者补充. □

例 8.6　设 $q=p^m$, p 为奇素数, $m\geqslant 1$, $q\equiv 3 \pmod 4$. 定理 8.4 给出 $\mathbb{F}_q^{\times}$ 的平凡元素全体 B 是 $(\mathbb{F}_q,+)$ 的参数 $\left(q,\dfrac{q-1}{2},\dfrac{q-3}{4}\right)$-差集合. 于是由定理 8.2(1) 可知存在对称 2-$\left(q,\dfrac{q-1}{2},\dfrac{q-3}{4}\right)$ 设计. 再由定理 8.6 便知: 对于每个 $q=p^m\equiv 3 \pmod 4$, 均存在 $q+1$ 阶的 H-阵.

定理 8.7　设 D 为 $\mathbb{F}_2^n$ 的一个子集合, n 为偶数. 令

$$f:\mathbb{F}_2^n\to\{\pm 1\},\quad f(x)=\begin{cases}1, & 若\ x\in D,\\ -1, & 若\ x\notin D.\end{cases}$$

设 $\mathbb{F}_2^n=\{a_1,\cdots,a_m\}$ $(m=2^n)$, 定义 m 阶方阵 $\boldsymbol{H}=(h_{ij})_{1\leqslant i,j\leqslant m}$, 其中 $h_{ij}=f(a_i-a_j)$. 则 $\boldsymbol{H}$ 为 m 阶 H-阵当且仅当 D 为加法群 $(\mathbb{F}_2^n,+)$ 的 $(v,k,\lambda)=(2^n,2^{n-1}+\varepsilon 2^{\frac{n}{2}-1},2^{n-2}+\varepsilon 2^{\frac{n}{2}-1})$-差集合, 其中 $\varepsilon=1$ 或 -1.

证明　对于 $1\leqslant i\neq i'\leqslant m$, $\boldsymbol{H}$ 中第 i 行 $\boldsymbol{V}_i$ 和 i' 行 $\boldsymbol{V}_{i'}$ 的内积为

$$\begin{aligned}(\boldsymbol{V}_i,\boldsymbol{V}_{i'})&=\sum_{\lambda=1}^{m}h_{i\lambda}h_{i'\lambda}=\sum_{\lambda=1}^{m}f(a_i-a_\lambda)f(a_{i'}-a_\lambda)\\&=\sum_{x\in\mathbb{F}_2^n}f(x)f(x+a)\quad(a=a_{i'}-a_i\neq 0)\\&=N(1,1)+N(-1,-1)-N(1,-1)-N(-1,1),\end{aligned}\tag{8.2.6}$$

其中

$$N(\varepsilon,\eta)=\#\{x\in\mathbb{F}_2^n:f(x)=\varepsilon,f(x+a)=\eta\}.$$

我们还有

$$N(1,1)+N(-1,-1)+N(1,-1)+N(-1,1)=2^n.\tag{8.2.7}$$

由 (8.2.6) 和 (8.2.7) 可知

$$\begin{cases}N(1,-1)+N(-1,1)=\dfrac{1}{2}(2^n-(V_i,V_{i'})),\\ N(1,1)+N(-1,-1)=\dfrac{1}{2}((V_i,V_{i'})+2^n).\end{cases}\tag{8.2.8}$$

此外还有

$$N(1,1)+N(-1,1)=N(1,1)+N(1,-1)=|D|=k.\tag{8.2.9}$$

由 (8.2.7), (8.2.8), (8.2.9) 式可知

$$2N(1,1)+2^n=\frac{1}{2}((V_i,V_{i'})+2^n)+2k.$$

因此, $\boldsymbol{H}$ 为 H-阵 $\Leftrightarrow$ 对所有 $1 \leqslant i \neq i' \leqslant m, (V_i, V_{i'}) = 0 \Leftrightarrow$ 对每个 $a \in \mathbb{F}_2^n, a \neq 0, a$ 在 $\triangle(D)$ 中出现的个数 $\lambda = N(1,1) = k - 2^{n-2}$ $(k = |D|)$ 均为常数 $\Leftrightarrow D$ 为加法群 $(\mathbb{F}_2^n, +)$ 的差集合, 参数为 $v = 2^n$, 由$k(k-1) = \lambda(2^n - 1) = (k - 2^{n-2})(2^n - 1)$ 可知, $k^2 - 2^n k + (2^{2n-2} - 2^{n-2}) = 0$. 因此 $k = \dfrac{1}{2}(2^n \pm \sqrt{2^{2n} - 4(2^{2n-2} - 2^{n-2})}) = 2^{n-1} + \varepsilon 2^{\frac{n}{2}-1}(\varepsilon = 1$或$-1)$. 而 $\lambda = k - 2^{n-2} = 2^{n-2} + \varepsilon 2^{\frac{n}{2}-1}$. □

我们在第 10 章会讲到, 对于偶数 n, 定理 8.7 中所述的 $(\mathbb{F}_2^n, +)$ 的差集合 (或者 2^n 阶 H-阵) 一一对应于密码学中一类重要的 n 元布尔函数, 叫作 bent 函数, 由于密码学的需要, 近四十年来人们发现了许多这样的差集合. 这里只举一个例子.

例 8.7 设 $n = 2l, f(x_1, \cdots, x_n) = x_1x_2 + x_3x_4 + \cdots + x_{2l-1}x_{2l} \in \mathbb{F}_2[x_1, \cdots, x_n]$. 定义

$$D = \{(a_1, \cdots, a_n) \in \mathbb{F}_2^n : f(a_1, \cdots, a_n) = 0 \in \mathbb{F}_2\},$$

则 D 为 $(\mathbb{F}_2^n, +)$ 的差集合, 参数为 $(v, k, \lambda) = (2^n, 2^{n-1} + \varepsilon 2^{\frac{n}{2}-1}, 2^{n-2} + \varepsilon 2^{\frac{n}{2}-1})$, $\varepsilon = 1$ 或 -1.

证明 根据定理 8.3(3), 我们只需证明对加法群 $\mathbb{F}_2^n$ 的每个特征 χ,

$$|\chi(D)|^2 = \begin{cases} k^2(= |D|^2), & 若\ \chi = 1, \\ k - \lambda, & 若\ \chi \neq 1. \end{cases}$$

群 $(\mathbb{F}_2^n, +)$ 的所有特征为 χ_c $(c = (c_1, \cdots, c_n) \in \mathbb{F}_2^n)$, 其中对 $a = (a_1, \cdots, a_n) \in \mathbb{F}_2^n, \chi_c(x) = (-1)^{a \cdot c}, a \cdot c = \sum\limits_{i=1}^{n} a_i \cdot c_i \in \mathbb{F}_2$. 而当 $c = (0, \cdots, 0)$ 时, χ_c 为平凡特征. 进而, 对于 $a = (a_1, \cdots, a_n) \in \mathbb{F}_2^n$, 当 $a \in D$ 时, $(-1)^{f(a)} = 1$. 而当 $a \notin D$ 时, $f(a) = 1 \in \mathbb{F}_2$. 从而 $(-1)^{f(a)} = -1$. 于是

$$\begin{aligned} \chi_c(D) &= \sum_{a \in D} \chi_c(a) = \frac{1}{2} \sum_{a \in \mathbb{F}_2^n} (1 + (-1)^{f(a)}) \chi_c(a) \\ &= \begin{cases} 2^{n-1} + \dfrac{1}{2} \displaystyle\sum_{a \in \mathbb{F}_2^n} (-1)^{f(a)} \chi_c(a), & 若\ \chi_c = 1, \\ \dfrac{1}{2} \displaystyle\sum_{a \in \mathbb{F}_2^n} (-1)^{f(a)} \chi_c(a), & 若\ \chi_c \neq 1. \end{cases} \end{aligned} \tag{8.2.10}$$

但是

$$\sum_{a \in \mathbb{F}_2^n} (-1)^{f(a)} \chi_c(a) = \sum_{a_1, \cdots, a_{2l} \in \mathbb{F}_2} (-1)^{a_1a_2 + \cdots + a_{2l-1}a_{2l} + a_1c_1 + a_2c_2 + \cdots + a_{2l-1}c_{2l-1} + a_{2l}c_{2l}}$$

$$= \left(\sum_{a_1,a_2\in\mathbb{F}_2} (-1)^{a_1a_2+c_1a_1+c_2a_2} \right) \cdots \left(\sum_{a_{2l-1},a_{2l}\in\mathbb{F}_2} (-1)^{a_{2l-1}a_{2l}+c_{2l-1}a_{2l-1}+c_{2l}a_{2l}} \right). \tag{8.2.11}$$

可以直接算出, 对于每个 $c, c' \in \mathbb{F}_2$,

$$\begin{aligned}\sum_{x_1,x_2\in\mathbb{F}_2} (-1)^{x_1x_2+cx_1+c'x_2} &= \sum_{x_1,x_2\in\mathbb{F}_2} (-1)^{(x_1+c')(x_2+c)+cc'} \\ &= (-1)^{cc'} \sum_{y_1,y_2\in\mathbb{F}_2} (-1)^{y_1y_2} = 2\cdot(-1)^{cc'}.\end{aligned}$$

从而由 (8.2.11) 式可知

$$\sum_{a\in\mathbb{F}_2^n} (-1)^{f(a)}\chi_c(a) = \varepsilon 2^{\frac{n}{2}}, \quad \varepsilon = 1 \text{ 或 } -1.$$

再由 (8.2.10) 式知

$$|D| = \chi_0(D) = 2^{n-1} + \varepsilon 2^{\frac{n}{2}-1} = k,$$

而当 $c \neq (0, \cdots, 0)$ 时,

$$|\chi_c(D)|^2 = \chi_c(D)^2 = \frac{1}{4}\cdot 2^n = k - \lambda. \qquad \square$$

8.3 有限几何

这一节介绍构作组合设计的几何方法, 即有限域上的几何学. 有限域上的某种几何结构均有有限多个. 例如 $\mathbb{F}_q$ 中元素有 q 个, $\mathbb{F}_q$ 上 n 维向量空间共有 q^n 个向量. 我们希望能够把某种几何结构的个数 N 算出来, 或者给出 N 的近似值、上下界估计, 或者至少弄清是否 $N \geqslant 1$ (存在性). 进而希望发现某些几何对象形成组合构图、2-设计, 或者差集合.

设 $0 \leqslant k \leqslant n$. 第 1 个问题是: 在 $\mathbb{F}_q$ 的 n 维向量空间 $V = \mathbb{F}_q^n$ 中一共有多少 k 维子空间?

V 的每个 k 维子空间是由 V 中 k 个 $\mathbb{F}_q$-线性无关的 (有序) 向量张成的. 对于这样的向量组 $\{v_1, \cdots, v_k\}$, v_1 可取任何非零向量, 从而有 $q^n - 1$ 个选取方式. 当 v_1 取定之后, v_2 不能属于 v_1 张成的 1 维向量空间, 从而 v_2 有 $q^n - q$ 个选取方式. 一般地, 当 $v_1, \cdots, v_{i-1}$ 取定之后, v_i 不能属于 $v_1, \cdots, v_{i-1}$ 张成的 $i-1$ 维向量空间, 从而有 $q^n - q^{i-1}$ 个选取方式. 因此, V 中线性无关有序向量组 $\{v_1, \cdots, v_k\}$ 的选取方式为

$$[n; k]_q = (q^n - 1)(q^n - q)\cdots(q^n - q^{k-1}).$$

这个数也相当于 $\mathbb{F}_q$ 上秩为 k 的 $k\times n$ 矩阵的个数. 另一方面, 不同的线性无关有序向量组 $\{v_1,\cdots,v_k\}$ 可能张成同一个向量空间 $\mathbb{F}_q^k$. 由于每个固定的 k 维向量空间中线性无关有序向量组 $\{v_1,\cdots,v_k\}$ (即有序基) 的个数为 $[k;k]_q$, 因此一个 n 维 $\mathbb{F}_q$-向量空间 $V=\mathbb{F}_q^n$ 中 k 维子空间的个数为

$$\begin{bmatrix} n \\ k \end{bmatrix}_q = \frac{[n;k]_q}{[k;k]_q} = \frac{(q^n-1)(q^n-q)\cdots(q^n-q^{k-1})}{(q^k-1)(q^k-q)\cdots(q^k-q^{k-1})}$$
$$= \prod_{i=0}^{k-1}\frac{q^n-q^i}{q^k-q^i} = \prod_{i=0}^{k-1}\frac{q^{n-i}-1}{q^{k-i}-1}, \tag{8.3.1}$$

这个数叫作高斯系数, 可以类比于通常的二项式系数

$$\binom{n}{k} = \frac{n(n-1)\cdots(n-(k-1))}{k(k-1)\cdots(k-(k-1))},$$

这是 n 元集合中 k 元子集合的个数. 更一般地, 设 E 是 $\mathbb{F}_q$ 上 n 维子空间 V 的一个固定的 t 维子空间, $0\leqslant t\leqslant k\leqslant n$, 则 V 中包含 E 的 k 维子空间 M 一一对应于 $n-t$ 维商空间 V/E 中的 $k-t$ 维子空间 M/E. 从而 V 中包含 E 的 k 维子空间的个数维 $\begin{bmatrix} n-t \\ k-t \end{bmatrix}_q$.

$V=\mathbb{F}_q^n$ 中每个 k 维子空间作为区组 B_j $(1\leqslant j\leqslant b)$, $b=\begin{bmatrix} n \\ k \end{bmatrix}_q$, V 中每个 t 维子空间作为品种 x_i $(1\leqslant i\leqslant v)$, $v=\begin{bmatrix} n \\ t \end{bmatrix}_q$. 每个区组 B_j 包含 $\begin{bmatrix} k \\ t \end{bmatrix}_q$ 个品种. 每个品种在 $\begin{bmatrix} n-t \\ k-t \end{bmatrix}_q$ 个区组当中. 这就形成一个组合构图, 并且得到恒等式: 当 $0\leqslant t\leqslant k\leqslant n$ 时,

$$\begin{bmatrix} n \\ k \end{bmatrix}_q \begin{bmatrix} k \\ t \end{bmatrix}_q = \begin{bmatrix} n \\ t \end{bmatrix}_q \begin{bmatrix} n-t \\ k-t \end{bmatrix}_q.$$

对于 $V=\mathbb{F}_q^n$ 的两个子空间 V_1 和 V_2, 交集 $V_1\cap V_2$ 是 V 的子空间, 另一方面, 以 V_1+V_2 表示由 V_1 和 V_2 张成的子空间, 则

$$\dim(V_1)+\dim(V_2)=\dim(V_1+V_2)+\dim(V_1\cap V_2).$$

1 维子空间叫作一条 (过原点的仿射) 直线. 如果 $\dim(V_1)=\dim(V_2)=1, V_1\neq V_2$, 则 $V_1\cap V_2=(0)$, 于是 $\dim(V_1+V_2)=1+1-0=2$. 一个子空间包括 V_1 和 V_2, 当且仅当它包含 V_1+V_2. 由此我们得到如下的 2-设计.

定理 8.8 设 $2\leqslant t\leqslant n-1$. V 为 $\mathbb{F}_q$ 上 n 维向量空间, 取 V 的每个 t 维子空间作为区组 B_j $(1\leqslant j\leqslant b)$, $b=\begin{bmatrix} n\\ k\end{bmatrix}_q$. 每个 1 维子空间 x_i 作为样本 $1\leqslant i\leqslant v$, $v=\begin{bmatrix} n\\ 1\end{bmatrix}_q=\dfrac{q^n-1}{q-1}$. 则 $X=V$ 和 $\mathcal{B}=\{B_1,\cdots,B_b\}$ 构成 2-(v,k,λ)-设计, 其中 $k=\begin{bmatrix} t\\ 1\end{bmatrix}_q=\dfrac{q^t-1}{q-1}$ (每个 B_j 中包含的 1 维子空间个数), $\lambda=\begin{bmatrix} n-2\\ t-2\end{bmatrix}_q$ (两个不同的 1 维子空间所在的区组个数).

取定 $V=\mathbb{F}_q^n$ 的一组基 $\{v_1,\cdots,v_n\}$, 则 V 中每个元素唯一表示成

$$a=a_1v_1+\cdots+a_nv_n\quad (a_i\in\mathbb{F}_q).$$

我们将元素 a 等同于向量 $(a_1,\cdots,a_n)$. 对于 $a=(a_1,\cdots,a_n)$ 和 $b=(b_1,\cdots,b_n)\in V$, 引入内积

$$(a,b)=\sum_{i=1}^{n}a_ib_i\in\mathbb{F}_q.$$

这是对称双线性函数, 即对于 a_1, a_2, b_1, $b_2\in V$, α, $\beta\in\mathbb{F}_q$,

$$(\alpha a_1+\beta a_2,b_1)=\alpha(a_1,b_1)+\beta(a_2,b_1),$$

$$(a_1,\alpha b_1+\beta b_2)=\alpha(a_1,b_1)+\beta(a_1,b_2),$$

$$(a_1,b_1)=(b_1,a_1).$$

对于 $V=\mathbb{F}_q^n$ 的一个子空间 A, 定义 V 的子集合

$$\{b\in V: \text{对每个 } a\in A, (a,b)=0\},$$

这是 V 的一个子空间, 表示成 $A^{\perp}$, 叫作 A 的正交补空间. 如果 $\dim A=r$, 取 A 的一组基 $\{w_1,\cdots,w_r\}$, 则

$$A^{\perp}=\{b\in V: (b,w_i)=0\ (1\leqslant i\leqslant r)\}.$$

方程 $(b,w_i)=0$ $(1\leqslant i\leqslant r)$ 对于 $b=(b_1,\cdots,b_n)$ 的 n 个坐标是 r 个齐次线性方程, 由 $w_1,\cdots,w_r$ 的坐标组成的系数矩阵 (r 行 n 列) 的秩为 r. 从而解空间的维

数是 $n-r$, 即 $\dim A^{\perp}=n-\dim A$. 由此可知 $(A^{\perp})^{\perp}=A$. 从而 $A^{\perp}$ 也叫作 A 的对偶子空间. $A\mapsto A^{\perp}$ 是 V 的全体 r 维子空间和全体 $n-r$ 维子空间之间的一一对应, 于是又得到恒等式: 对于 $0\leqslant r\leqslant n$,

$$\begin{bmatrix} n \\ r \end{bmatrix}_q = \begin{bmatrix} n \\ n-r \end{bmatrix}_q .$$

此外, 不难证明: 对于 V 的任意两个子空间 V_1, V_2,

(1) $V_1\supset V_2$ 当且仅当 $V_1^{\perp}\subset V_2^{\perp}$;

(2) $(V_1\cap V_2)^{\perp}=V_1^{\perp}+V_2^{\perp}$, $(V_1+V_2)^{\perp}=V_1^{\perp}\cap V_2^{\perp}$.

现在简单介绍一下有限域上的仿射几何. 在这种几何中, $V=\mathbb{F}_q^n$ 也叫作 n 维仿射空间, 每个向量叫作仿射点. V 中每个 m 维子空间 A 也叫仿射子空间, A 是加法群 V 的子群, 从而有商群 V/A, 这是 $\mathbb{F}_q$ 上的 $n-m$ 维子空间. 在仿射几何中不仅考虑子空间 A, 还考虑 V 对 A 的陪集 $a+A$, 叫作 m 维仿射集, A 在 V 中的陪集共有 $|V/A|=q^{n-m}$ 个. 它们是 $\{a+A: a\in U\}$, 其中 $U=\{a_1,\cdots,a_l\}$ $(l=q^{n-m})$ 是陪集代表元组成的集合, 即每个陪集取一个元素组成的集合. 0 维仿射集就是仿射点, 1 维和 2 维仿射集叫作仿射直线和仿射平面. 一个仿射子空间 A 的所有陪集彼此不相交, 它们也叫作彼此平行的仿射集. 仿射子空间即是过原点的仿射集.

每个 m 维仿射子空间 A 可以表示成下列齐次线性方程组在 $\mathbb{F}_q^n$ 中的全部解 $x=(x_1,\cdots,x_n)$ 组成的集合

$$xM=0,\quad 0=(0,\cdots,0)\in\mathbb{F}_q^{n-m},$$

其中 M 是 $\mathbb{F}_q$ 上的 $(n-m)$ 行 n 列矩阵, 秩为 $n-m$. $\mathbb{F}_q$-线性映射

$$f_M:\mathbb{F}_q^n\to\mathbb{F}_q^{n-m},\quad x\mapsto xM$$

是满射. $\ker(f_M)$ 就是仿射子空间 A. 对于每个 $c=(c_1,\cdots,c_{n-m})\in\mathbb{F}_q^{n-m}$, 方程组 $xM=c$ 的全部解就是 A 的一个陪集, 即和 A 平行的仿射集. 因为若 $x=a\in\mathbb{F}_q^n$ 是 $xM=c$ 的一个解, 则全部解为 $a+A$.

下面是仿射几何来构作 2-设计的典型例子.

定理 8.9 设 $2\leqslant m\leqslant n-1$, $X=\mathbb{F}_q^n$ 是 $v=q^n$ 个仿射点组成的集合, $\mathcal{B}$ 是所有 m 维仿射集构成的区组集合, 每个 m 维仿射集是一个区组. 则 $(X,\mathcal{B})$ 是一个 2-(v,k,λ)-设计, 其中

$$v=q^n,\ k=q^m\ (\text{每个区组中的仿射点数}),\ \lambda=\begin{bmatrix} n-1 \\ m-1 \end{bmatrix}_q,$$

$$b = q^{n-m}\begin{bmatrix} n \\ m \end{bmatrix}_q \text{ (}m\text{ 维仿射集的个数)},$$

$$r = \begin{bmatrix} n \\ m \end{bmatrix}_q \text{ (每个仿射点所在的 }m\text{ 维仿射集的个数)}.$$

证明 每个区组 (m 维仿射集) B 是某个 m 维仿射子空间 W 的陪集, 从而 $k = |B| = |W| = q^m$. m 维仿射集 B 包含仿射点 a 当且仅当 $-a+B$ 包含 0, 即 $-a+B$ 是 m 维仿射子空间. 由于 V 中 m 维仿射子空间个数为 $\begin{bmatrix} n \\ m \end{bmatrix}_q$, 从而包含点 a 的 m 维仿射集的个数也为 $r = \begin{bmatrix} n \\ m \end{bmatrix}_q$. 进而, 每个 m 维仿射子空间有 q^{n-m} 个陪集, 从而 m 维仿射集的总数 (即区组个数) 为 $b = q^{n-m}\begin{bmatrix} n \\ m \end{bmatrix}_q$.

最后证明: $X = \mathbb{F}_q^n$ 中任意两个不同的仿射点 a 和 b 均恰好有 $\lambda = \begin{bmatrix} n-1 \\ m-1 \end{bmatrix}_q$ 个公共的 m 维仿射集. m 维仿射集 B 包含 a 和 b, 当且仅当 $-a+B$ 包含 0 和 $b-a$ $(\neq 0)$, 即 $-a+B$ 是包含 $b-a$ 的 m 维子空间, 这也相当于 m 维子空间 $-a+B$ 包含由 $b-a$ $(\neq 0)$ 张成的 1 维子空间. 这样的 m 维子空间共有 $\begin{bmatrix} n-1 \\ m-1 \end{bmatrix}_q$ 个, 即 $\lambda = \begin{bmatrix} n-1 \\ m-1 \end{bmatrix}_q$. □

现在介绍有限域上的射影几何. 设 $n \geqslant 1$, 以 X 表示 $\mathbb{F}_q^{n+1}$ 中非零向量组成的集合, $|X| = q^{n+1}-1$. 在 X 中引进一个等价关系: 两个非零向量 $a = (a_0, \cdots, a_n)$ 和 $b = (b_0, \cdots, b_n)$ 叫作射影等价的, 是指存在 $\alpha \in \mathbb{F}_q^\times$, 使得

$$a = \alpha b = (\alpha b_0, \cdots, \alpha b_n).$$

这是一个等价关系. 每个射影等价类叫作一个射影点, 即当 $a = \alpha b$ 时, a 和 b 看成是同一个 (射影) 点. 每个射影等价类包含 $|\mathbb{F}_q^\times| = q-1$ 个仿射点. 从而射影点个数为 $|X|/(q-1) = \dfrac{q^{n+1}-1}{q-1}$. 这些点组成的集合叫作 n 维射影空间, 表示成 $\mathbb{P}^n(\mathbb{F}_q)$. 非零向量 $a = (a_0, \cdots, a_n)$ 所在的射影等价类给出一个射影点表示成 $(a_0 : a_1 : \cdots : a_n)$. 于是对每个 $\alpha \in \mathbb{F}_q^\times$, $(a_0 : \cdots : a_n) = (\alpha a_0 : \cdots : \alpha a_n)$.

例如: $\mathbb{P}^2(\mathbb{F}_3)$ 共有 $\dfrac{3^3-1}{3-1}=13$ 个射影点, 它们是

$(1:a_1:a_2)\quad(a_1,a_2\in\mathbb{F}_3)$, 共 9 个点,

$(0:1:a_2)\quad(a_2\in\mathbb{F}_3)$, 共 3 个点和 $(0:0:1)$.

$\mathbb{F}_q^{n+1}$ 的每个 $m+1$ 维仿射子空间 V 有 $q^{m+1}-1$ 个非零向量 $(1\leqslant m\leqslant n)$, 它们形成 $\dfrac{q^{m+1}-1}{q-1}$ 个射影等价类, 即共有 $\dfrac{q^{m+1}-1}{q-1}$ 个点, 这些点组成的集合叫作 $\mathbb{P}^m(\mathbb{F}_q)$ 的一个 m 维射影子空间. 0 维射影子空间就是一个射影点. 1 维射影子空间叫作一条射影直线, 共有 $\dfrac{q^2-1}{q-1}=q+1$ 个射影点. 2 维射影子空间叫作射影平面, 共有 $\dfrac{q^3-1}{q-1}=q^2+q+1$ 个射影点. $\mathbb{P}^n(\mathbb{F}_q)$ 中 $n-1$ 维射影子空间叫作射影超平面, 共有 $\dfrac{q^n-1}{q-1}$ 个射影点.

下面是由有限域上射影几何构作 2-设计的典型例子.

定理 8.10 设 $1\leqslant m\leqslant n$, $X=\mathbb{P}^n(\mathbb{F}_q)$ 是 $\mathbb{F}_q$ 上 n 维射影空间中 $\dfrac{q^{n+1}-1}{q-1}$ 个射影点构成的集合, $\mathcal{B}$ 是 X 中所有 m 维射影子空间构成的区组集合, 则 $(X,\mathcal{B})$ 是一个 2-(v,k,λ) 设计, 其中

$$k=\begin{bmatrix} m+1\\ 1\end{bmatrix}_q \text{ (每个 } m \text{ 维射影子空间中的射影点数)},$$

$$\lambda=\begin{bmatrix} n-1\\ m-1\end{bmatrix}_q,$$

$$r=\begin{bmatrix} n\\ m\end{bmatrix}_q \text{ (每个射影点所在的 } m \text{ 维射影子空间个数)},$$

$$b=\begin{bmatrix} n+1\\ m+1\end{bmatrix}_q \text{ (} \mathbb{P}^n(\mathbb{F}_q) \text{ 中 } m \text{ 维射影子空间个数)}.$$

证明 每个 m 维射影子空间中的射影点数为 $k=\dfrac{q^{m+1}-1}{q-1}=\begin{bmatrix} m+1\\ 1\end{bmatrix}_q$. $\mathbb{P}^n(\mathbb{F}_q)$ 中 m 维射影子空间个数等于 $\mathbb{F}_q$ 上 $n+1$ 维向量空间中 $m+1$ 维子空间的个数, 即 $b=\begin{bmatrix} n+1\\ m+1\end{bmatrix}_q$. 每个射影点 (即 0 维射影子空间) 所在的 m 维射影子空间个数等于 $\mathbb{F}_q^{n+1}$ 中包含的一个固定的 1 维向量空间的 $m+1$ 维向量

子空间的个数, 即 $r = \begin{bmatrix} n+1-1 \\ m+1-1 \end{bmatrix}_q = \begin{bmatrix} n \\ m \end{bmatrix}_q$. 最后, 设 $a = (a_0, \cdots, a_n)$ 和 $b = (b_0, \cdots, b_n)$ 是 X 中两个不同的射影点, 则 $\mathbb{F}_q^{n+1}$ 中点 $(a_0, \cdots, a_n)$ 和 $(b_0, \cdots, b_n)$ 在 $\mathbb{F}_q$ 上是线性无关的, 从而它们张成 $\mathbb{F}_q^{n+1}$ 中一个 2 维向量子空间 H. $\mathbb{P}^n(\mathbb{F}_q)$ 中包含 a 和 b 的 m 维射影子空间的个数等于 $\mathbb{F}_q^{n+1}$ 中 H 的 $m+1$ 维向量子空间的个数, 即为 $\lambda = \begin{bmatrix} n+1-2 \\ m+1-2 \end{bmatrix}_q = \begin{bmatrix} n-1 \\ m-1 \end{bmatrix}_q$. □

特别取 $n = 2$, $m = 1$, 即 X 是 $\mathbb{F}_q$ 上一个射影平面, 它有 $v = \dfrac{q^3-1}{q-1} = q^2+q+1$ 个射影点. 每个区组为 $X = \mathbb{P}^2(\mathbb{F}_q)$ 中的射影直线, 共有 $b = \begin{bmatrix} 3 \\ 2 \end{bmatrix}_q = \begin{bmatrix} 3 \\ 1 \end{bmatrix}_q = q^2+q+1$ 条射影直线. 每条射影直线有 $k = \dfrac{q^2-1}{q-1} = q+1$ 个射影点, 过每个射影点恰有 $r = \begin{bmatrix} 2 \\ 1 \end{bmatrix}_q = q+1$ 条射影直线. 过两个不同的射影点恰有 $\lambda = 1$ 条射影直线. 从而这是对称的 2-(v, k, λ) 设计, 其中 $(v, k, \lambda) = (q^2+q+1, q+1, 1)$. $v = b$, $r = k$. 由对称设计性质可知 $\mathbb{P}^2(\mathbb{F}_q)$ 中任何两个不同的射影直线恰好有一个交点 (定理 8.1).

例如, 射影平面 $\mathbb{P}^2(\mathbb{F}_2)$ 中共有 7 个射影点和 7 条射影直线, 每条射影直线上有三个射影点 (图 8.1 中 (1:1:0), (1:0:1) 和 (0:1:1) 构成的射影直线用虚线表

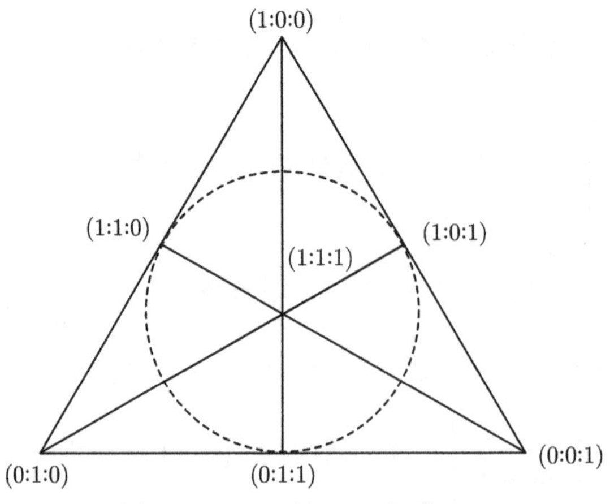

图 8.1　Fano 射影平面 $\mathbb{P}^2(\mathbb{F}_2)$

示), 过每个射影点有 3 条射影直线. 两条不同的射影直线恰好交于一个射影点, 过两个不同射影点恰有一条射影直线.

在组合设计中, 有限域上的射影平面的这种几何构图被提炼成如下定义 8.6 的更加公式化形式.

定义 8.6 一个有限集合 π 叫作有限平面, 是指 π 中给出一些子集, 每个子集叫作一条线, π 中每个元素叫作点. 它们满足以下三个条件:

(1) π 中任意两个不同的点恰好在一条线上;

(2) π 中任意两条不同的线恰好交于一点;

(3) π 中存在 4 个不同的点, 其中任意 3 点都不在一条直线上.

注记 条件 (3) 排除了一些"平凡"的情形. 比如对于图 8.2 中的 4 个点 $\pi=\{P_1, P_2, P_3, P_4\}$ 和 4 条线 l_1, l_2, l_3, l_4, P_1, P_2, P_3 在直线 l_4 上, 即条件 (3) 不成立, 但是条件 (1) 和 (2) 均成立.

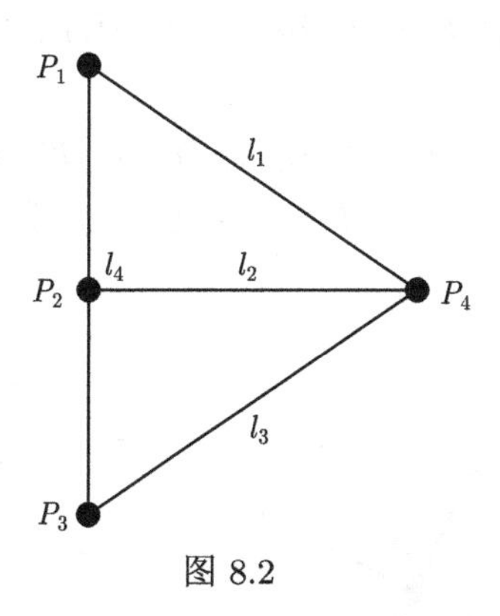

图 8.2

还要注意, 条件 (1) 和 (2) 是彼此对偶的, 即只要把"点"改成"线", 把"线"改成"点", 把"点在直线上"改成"线过点", 则条件 (1) 就变成条件 (2) 把"线过点"改成"点在直线上", 则条件 (2) 就变成条件 (1) 按照这种对偶方式, 条件 (3) 的对偶应当为

(4) π 中存在 4 条不同的线, 它们当中任三条线均不交于 1 点.

事实上, 条件 (4) 可以由前三个条件推出来, 从而它也是有限射影平面的特性. 证明如下: 设 P_1, P_2, P_3, P_4 是条件 (3) 中的 4 个点, 其中任三点均不共线. 由条件 (1) 知过 P_1 和 P_2 有唯一的线, 记成 $\overline{P_1P_2}$. 同样有线 $\overline{P_2P_3}$, $\overline{P_3P_4}$ 和 $\overline{P_4P_1}$. 我们这四条线满足条件 (4) 的要求. 由于 P_1, P_2, P_3, P_4 中任三点均不共线, 可知 $\overline{P_1P_2}$, $\overline{P_2P_3}$, $\overline{P_3P_4}$ 和 $\overline{P_4P_1}$ 是 4 条不同的线. 再证其中任三线均不交于一点. 比如 $\overline{P_1P_2}$ 和 $\overline{P_2P_3}$ 有交点 P_2. 由条件 (2) 它们只交于一点, 从而可表示成 $\overline{P_1P_2}\cap\overline{P_2P_3}=\{P_2\}$. 类似有 $\overline{P_2P_3}\cap\overline{P_3P_4}=\{P_3\}$, $\overline{P_3P_4}\cap\overline{P_4P_1}=\{P_4\}$. 由此不

难看出 4 条线中任意三条均不能有公共交点.

于是, 有限平面中有对偶原则, 即若一个命题成立, 则它的对偶命题也成立. 现在给出有限射影平面的进一步性质.

定理 8.11 在有限平面 π 中,

(1) 任意两条直线上的点数相等;

(2) 过点 P 的线数等于过另一点 P' 的线数;

(3) 任一线上的点数等于过任意点的线数;

(4) 设 (1)—(3) 中的那个公共数字为 $n+1$, 则 π 中共有 n^2+n+1 个点和 n^2+n+1 条线.

证明 (1) 设 l 和 l' 是 π 中两条不同的线. 我们先证 π 中必有点 O 不在 l 上也不在 l' 上. 若不然, π 中所有点均在 l 或 l' 上. 由定义 8.6 的条件 (3), 我们存在 4 个点, 其中任 3 点均不共线. 从而这 4 个点中必有两点 A 和 B 在 l 上, 另两点 C 和 D 在 l' 上. 请读者证明: 线 $\overline{AC}$ 和 $\overline{BD}$ 的交点 O 既不在 l 上又不在 l' 上. 矛盾.

现在设点 O 不在 l 上和 l' 上 (表示成 $O \notin l \cup l'$). 则当点 $P \in l$ 时, 由 $O \notin l'$ 可知 $\overline{OP} \neq l'$. 于是 $\overline{OP} \cap l' = \{P'\}$. 由此给出由直线 l 到直线 l' 的一个映射 $\sigma(P) = P'$ (见图 8.3).

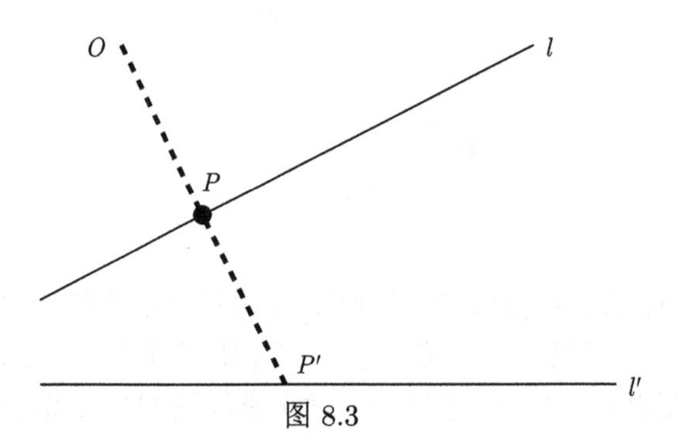

图 8.3

我们现在证明 $\sigma: l \to l'$ 是一一对应的. 如果又有 $Q \in l$, $\sigma(Q) = P'$, $Q \neq P$, 则两条不同线 l 和 $\overline{OP'}$ 有两个交点 P 和 Q, 矛盾. 从而 σ 为单射. 另一方面, 对每个点 $Q' \in l'$, $\overline{OQ'} \neq l$ (因为 $O \notin l$). 从而 $\overline{OQ'} \cap l = \{Q\}$, 而 $\sigma(Q) = Q'$. 于是 σ 为满射. 这表明 σ 给出 l 和 l' 之间点的一一对应, 即任意线均有相同的点数.

(2) 这是 (1) 的对偶命题, 从而也正确.

(3) 设点 P 不在线 l' 上 (这由定义 8.6 条件 (3) 保证). 设 l_i 是过 P 的一条线, 由 $P \notin l$ 知 $l_i \neq l$. 于是 $l_i \cap l = \{Q_i\}$ (见图 8.4). 我们给出 “过 P 的线” 到 “l 上点” 的一一映射, 它把 l_i 映成 Q_i. 请读者验证这是一一对应, 所以过每个点

的线数等于每条线的点数.

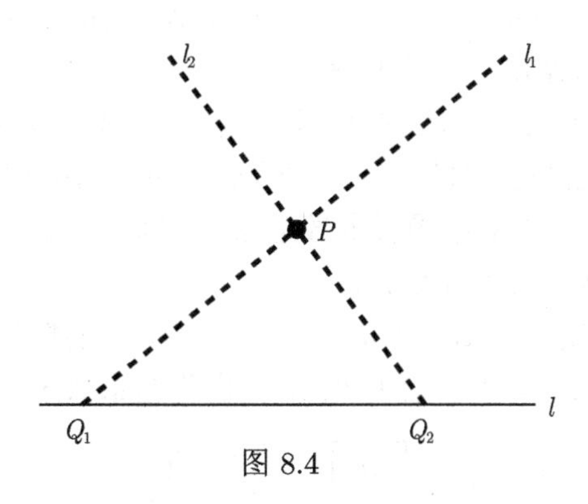

图 8.4

(4) 过 π 中一个点 O 共有 $n+1$ 条线. 其中每条线除了 O 之外还有 n 个点. 由于任意两条线不再有 O 之外的公共点, 因此这 $n+1$ 条线一共有 $1+(n+1)n=n^2+n+1$ 个不同的点. 另一方面, π 中每个 O 之外的点 P 都有线 $\overline{OP}$ 过点 O, 即 π 中每个点都在这 $n+1$ 条线上. 从而 π 中点数为 n^2+n+1. 由对偶原则, π 中线数也是 n^2+n+1. □

每条线上有 $n+1$ 个点的有限平面称作 n 阶平面. 由定理 8.10 的后面所述, 对于每个素数幂 $q=p^m$, 有限域 $\mathbb{F}_q$ 上的射影平面是 q 阶有限平面. 组合设计的一个著名猜想是说:

当 n 不是素数幂时, 不存在 n 阶有限平面.

这个猜想至今未解决. 目前只有部分不存在性结果. 由定理 8.11 可知, 若 π 是 n 阶有限平面, 则 π 的所有线为区组是一个对称 2-设计, 其中 $v=b=n^2+n+1$, $r=k=n+1$, $\lambda=1$. 利用代数数论, 已经给出对称 2-设计的一些不存在性结果. 由于 $v=n^2+n+1$ 为奇数, 定理 8.1 是说: 若存在 $(v,k,\lambda)=(n^2+n+1,n+1,1)$ 的对称 2-设计, 则方程 $nx^2+(-1)^{\frac{n(n+1)}{2}}y^2=1$ 存在有理数解. 这相当于说对每个素数 p, 希尔伯特符号 $\left(n,(-1)^{\frac{n(n+1)}{2}}\right)_p=(n,(-1))_p^{\frac{n(n+1)}{2}}$ 等于 1. 当 $n\equiv 1, 2 \pmod 4$ 时, $\dfrac{n(n+1)}{2}$ 为奇数, 而 $(n,(-1))_p=\pm1$, 可知 $\left(n,(-1)^{\frac{n(n+1)}{2}}\right)_p=(n,(-1))_p$. 若 p 为奇素数, $n=p^l n'$, $p\nmid n'$, 则 $(n,(-1))_p=(p,(-1))_p^l(n',(-1))_p=\left(\dfrac{-1}{p}\right)^l$, 从而当 $p\equiv 3 \pmod 4$ 并且 l 为奇数时, $(n,(-1))_p=\left(\dfrac{-1}{p}\right)=-1$. 这就表明若 $(n,(-1))_p=1$, 则对每个素数 $p\equiv 3 \pmod 4$, l 均为偶数. 由初等数论知道, 这样的正整数 n 必可表示成两个有理数

的平方和. 所以我们得到有限射影平面如下的不存在性结果.

定理 8.12 设 n 为正整数, $n \geqslant 2$, $n \equiv 1$ 或 $2 \pmod 4$ 并且 n 不是两个有理整数的平方和, 则不存在 n 阶有限平面.

于是 $n = 6, 14, 21, 22$ 阶有限平面不存在. n 为素数幂 2, 3, 4, 5, 7, 8, 9, 11, 13, 16, 17 阶有限平面是存在的. 剩下的情形为 $n = 10, 12, 15, 18, 20, \cdots$. 1988 年, 林永康 (在加拿大工作的中国香港数学家) 借助于电脑证明了 10 阶有限平面是不存在的. 其他情形至今均未解决.

有限平面相当于定理 8.10 中 $n = 2$ 和 $m = 1$ 的情形. 在定理 8.10 中取 $m = n - 1$, 即区组取 $X = \mathbb{P}^n(\mathbb{F}_q)$ 中所有射影超平面, 则得到的 2-设计参数为

$$v = \frac{q^{n+1}-1}{q-1}, \quad k = \begin{bmatrix} n \\ 1 \end{bmatrix}_q = \frac{q^n-1}{q-1},$$

$$\lambda = \begin{bmatrix} n-1 \\ m-2 \end{bmatrix}_q = \begin{bmatrix} n-1 \\ 1 \end{bmatrix}_q = \frac{q^{n-1}-1}{q-1},$$

$$b = \begin{bmatrix} n+1 \\ n \end{bmatrix}_q = \begin{bmatrix} n+1 \\ 1 \end{bmatrix}_q = v, \quad r = \begin{bmatrix} n \\ n-1 \end{bmatrix}_q = k,$$

从而这是对称的 2-$\left(\frac{q^{n+1}-1}{q-1}, \frac{q^n-1}{q-1}, \frac{q^{n-1}-1}{q-1}\right)$ 设计 (对每个 $n \geqslant 2$). 本节的最后我们来证明: 我们可以在 $v = \frac{q^{n+1}-1}{q-1}$ 阶乘法循环群上给出一个差集合, 它有同样的参数 $(v, k, \lambda) = \left(\frac{q^{n+1}-1}{q-1}, \frac{q^n-1}{q-1}, \frac{q^{n-1}-1}{q-1}\right)$.

定理 8.13 设 $Q = q^{n+1}$ $(n \geqslant 2)$, $G = \mathbb{F}_Q^{\times}/\mathbb{F}_q^{\times}$ 是 $v = \frac{Q-1}{q-1}$ 阶乘法循环群. 设

$$D = \{a \in G : \mathrm{T}_{Q/q}(a) = 0\} \quad (\mathrm{T}_{Q/q} \text{ 为 } \mathbb{F}_Q \text{ 到 } \mathbb{F}_q \text{ 的迹映射})$$

(注意若 $a \in \mathbb{F}_Q^*$, 则对每个 $\alpha \in \mathbb{F}_q^*$, a 和 αa 是 G 中同一个元素, 而 $\mathrm{T}_{Q/q}(\alpha a) = \alpha \mathrm{T}_{Q/q}(a)$. 从而 $\mathrm{T}_{Q/q}(\alpha a) = 0$ 当且仅当 $\mathrm{T}_{Q/q}(a) = 0$. 因此我们可以定义 G 中元素 a 是否 $\mathrm{T}_{Q/q}(a) = 0$), 则 D 是群 G 的差集合, 参数为 $(v, k, \lambda) = \left(\frac{q^{n+1}-1}{q-1}, \frac{q^n-1}{q-1}, \frac{q^{n-1}-1}{q-1}\right)$.

证明 $\mathrm{T}_{Q/q} : \mathbb{F}_Q \to \mathbb{F}_q$ 是 $\mathbb{F}_q$-线性满同态, 从而 $\ker(\mathrm{T}_{Q/q}) = \{a \in \mathbb{F}_Q : \mathrm{T}_{Q/q}(a) = 0\}$ 共有 $\frac{Q}{q} = q^n$ 个元素. 于是 $\mathbb{F}_Q^*$ 中共有 $q^n - 1$ 个元素 a 使得

$\mathrm{T}_{Q/q}(a)=0$. 因此 $G=\mathbb{F}_Q^*/\mathbb{F}_q^*$ 中共有 $\dfrac{q^n-1}{q-1}$ 个元素 a 使得 $\mathrm{T}_{Q/q}(a)=0$, 即 $k=|D|=\dfrac{q^n-1}{q-1}$.

根据定理 8.3, 我们还需证明对群 G 的每个非平凡特征 $\chi\in\widehat{G}$, $|\chi(D)|^2=k-\lambda=q^n-1$. 事实上, $G=\mathbb{F}_Q^*/\mathbb{F}_q^*$ 的每个非平凡特征 χ 都可看成是 $\mathbb{F}_Q$ 的满足 $\chi(\mathbb{F}_q^*)=1$ 的乘法特征. 于是, 设 q 为素数 p 的方幂, 则

$$\chi(D)=\sum_{x\in D}\chi(x)=\sum_{\substack{x\in G\\ \mathrm{T}_{Q/q}(x)=0}}\chi(x)=\frac{1}{q}\sum_{y\in\mathbb{F}_q}\sum_{x\in G}\chi(x)\zeta_p^{\mathrm{T}_{q/p}(y\mathrm{T}_{Q/p}(x))}.$$

当 $y=0$ 时, 对右边的和式贡献为 $\sum\limits_{x\in G}\chi(x)=0$ (由于 χ 为 G 的非平凡特征). 因此

$$\begin{aligned}\chi(D)&=\frac{1}{q}\sum_{y\in\mathbb{F}_q^*}\sum_{y\in\mathbb{F}_Q^*/\mathbb{F}_q^*}\chi(x)\zeta_p^{\mathrm{T}_{Q/p}(yx)}\\&=\frac{1}{q}\sum_{y\in\mathbb{F}_q^*}\sum_{y\in\mathbb{F}_Q^*/\mathbb{F}_q^*}\chi(yx)\zeta_p^{\mathrm{T}_{Q/p}(yx)}\quad(\text{由于 } y\in\mathbb{F}_q^* \text{ 时 } \chi(y)=1)\\&=\sum_{z\in\mathbb{F}_Q^*}\chi(z)\zeta_p^{\mathrm{T}_{Q/p}(z)},\end{aligned}$$

这里 $G(\chi)$ 是 $\mathbb{F}_Q$ 上的高斯和, χ 是 $\mathbb{F}_Q$ 的非平凡特征. 于是 $|\chi(D)|^2=\dfrac{1}{q^2}|G(\chi)|^2=Q/q^2=q^{n-1}$. □

注记 将 $\mathbb{F}_Q=\mathbb{F}_{q^{n+1}}$ 等同于 $\mathbb{F}_q$ 上向量空间 $\mathbb{F}_q^{n+1}$, 则对 $\alpha\in\mathbb{F}_q^*$, $\mathbb{F}_Q$ 中两个非零元素 a 和 αa 看成是 $\mathbb{F}_q^{n+1}$ 中向量是射影等价的. 以这种方式, $G=\mathbb{F}_Q^*/\mathbb{F}_q^*$ 可以等同于 $\mathbb{F}_q$ 上的 n 维射影空间 $\mathbb{P}^n(\mathbb{F}_q)=(\mathbb{F}_q^{n+1}-\{0\})/\mathbb{F}_q^*$. 集合

$$S=\{x\in\mathbb{F}_Q:\mathrm{T}_{Q/q}(x)=0\}$$

是 $\mathbb{F}_Q$ 的一个 $\mathbb{F}_q$-向量子空间, $|S|=Q/q=q^n$, 从而 S 可看成是 $\mathbb{F}_q^{n+1}$ 的一个 n 维向量子空间 (超平面). 于是定理 8.13 中的 $D=(S-\{0\})/\mathbb{F}_q^*$ 可看成是 $\mathbb{P}^n(\mathbb{F}_q)$ 中的一个射影超平面. 对于每个 $\alpha\in\mathbb{F}_Q^*$, 不难验证 $\alpha S=\{\alpha x:x\in S\}$ 都是 $\mathbb{F}_Q$ 的 n 维向量子空间, 从而 αD 是 $\mathbb{P}^n(\mathbb{F}_q)$ 的射影超平面. 令 $\mathbb{F}_Q^*=\langle\gamma\rangle$, 则 $\mathbb{F}_q^*=\langle\gamma^v\rangle$, $\gamma=\dfrac{Q-1}{q-1}$. 于是 $G=\mathbb{F}_Q^*/\mathbb{F}_q^*=\{\gamma^0=1,\gamma^1,\cdots,\gamma^{v-1}\}$. 由于 D 是乘法群 G 的差集合, 可知 $\{\gamma^iD:0\leqslant i\leqslant v-1\}$ 这 v 个区组是群 G 的对称 2-设计. 特别地, γ^iD $(0\leqslant i\leqslant v-1)$ 是 $\mathbb{P}^n(\mathbb{F}_q)$ 中 v 个不同的射影超平面. 由于 $\mathbb{P}^n(\mathbb{F}_q)$ 中超平面

的个数为 $\begin{bmatrix} n+1 \\ n \end{bmatrix}_q = \begin{bmatrix} n+1 \\ 1 \end{bmatrix}_q = v$, 可知 $\{\gamma^i D : 0 \leqslant i \leqslant v-1\}$ 就是 $\mathbb{P}^n(\mathbb{F}_q)$ 中全部射影超平面.

8.4 球面设计和量子测量

本节讨论复空间 $\mathbb{C}^K$ 中的设计. 在 $\mathbb{C}^K$ 中有埃尔米特内积: 对于 $v = (v_1, \cdots, v_K)$, $u = (u_1, \cdots, u_K) \in \mathbb{C}^K$, 内积定义为

$$(v, u) = \sum_{i=1}^{K} \overline{v_i} u_i \in \mathbb{C} \quad (\overline{v_i} \text{ 表示 } v_i \text{ 的共轭复数}).$$

特别地, $(v, v) = \sum_{i=1}^{K} \overline{v_i} v_i$ 是非负实数, 它是向量 v 的长度的平方. $(v, v) = 0$ 当且仅当 v 为零向量. 长度为 1 的向量叫作 $\mathbb{C}^K$ 中的单位向量. 所有单位向量组成的集合叫作 $\mathbb{C}^K$ 中的 (单位) 球面, 表示成 S^{K-1} (其上标用 $\{K-1\}$ 是因为在几何中 S^{K-1} 是 $K-1$ 维的微分流形). 对于给定的正整数 N, 我们希望在球面 S^{K-1} 上有 N 点 z_i $(1 \leqslant i \leqslant N)$, 使得对任意两个不同点 z_i 和 z_j $(1 \leqslant i \neq j \leqslant N)$, $|(z_i, z_j)|$ 均很小. 当 $N \leqslant K$ 时, 由于 $\mathbb{C}^K$ 是 K 维向量空间, 我们总可以找到 N 个彼此正交的单位向量 $z_1, \cdots, z_N$, 即 $|(z_i, z_j)| = 0$ 达到最小 $(i \neq j)$. 所以今后设 $N > K$. 如果在实空间 $\mathbb{R}^K$ 中, 对于球面 S^{K-1} 上两个不同的点 z_1 和 z_2, 设 O 为球心 (原点), 以 θ 表示直线 $\overline{Oz_1}$ 和 $\overline{Oz_2}$ 的夹角 $\left(0 \leqslant \theta \leqslant \frac{\pi}{2}\right)$, 则 $|(z_1, z_2)| = \cos\theta$. 所以要求球面 S^{K-1} 上 N 个点 $z_1, \cdots, z_N$, 使得 $|(z_i, z_j)|$ $(1 \leqslant i \neq j \leqslant N)$ 均很小, 相当于说直线 $\overline{Oz_i}$ $(1 \leqslant i \neq j \leqslant N)$ 彼此之间的夹角都很大. 若 $|(z_i, z_j)|$ $(1 \leqslant i \neq j \leqslant N)$ 均相等, 也称它们形成一组等角线 (equiangular lines).

对于 S^{K-1} 上的 N 个向量 $B = \{z_1, \cdots, z_N\}$ $(N > K)$, 令

$$\mathrm{Max}(B) = \max\left\{|(z_i, z_j)| : (1 \leqslant i \neq j \leqslant N)\right\},$$

$\mathrm{Max}(B)$ 能小到何种程度? 早在 1974 年, Welch 就给出了一个下界.

定理 8.14 (Welch 界) 设 $N > K \geqslant 2$, $B = \{v_1, \cdots, v_N\}$ 是复球面 S^{K-1} 上 N 个 (单位) 向量. 则对每个正整数 k,

$$\sum_{v, u \in B} |(v, u)|^{2k} \geqslant N^2 \Big/ \binom{K+k-1}{k}.$$

由于 $(v_i, v_i) = 1$ $(1 \leqslant i \leqslant N)$, 所以上式相当于所有 $|(v_i, v_j)|^{2k}$ $(1 \leqslant i \neq j \leqslant$

N) 的平均值有下界

$$\frac{1}{N(N-1)}\sum_{1\leqslant i\neq j\leqslant N}|(v_i,v_j)|^{2k}\geqslant\frac{1}{N(N-1)}\left[\frac{N^2}{\binom{K+k-1}{k}}-N\right]=W_{N,K}(k).$$

例如当 $k=1$ 时,

$$\begin{aligned}\frac{1}{N(N-1)}\sum_{1\leqslant i\neq j\leqslant N}|(v_i,v_j)|^{2}&\geqslant\frac{1}{N(N-1)}\left[\frac{N^2}{K}-N\right]\\&=\frac{N-K}{(N-1)K}\triangleq W_{N,K}(1).\end{aligned}\tag{8.4.1}$$

而当 $k=2$ 时,

$$\begin{aligned}\frac{1}{N(N-1)}\sum_{1\leqslant i\neq j\leqslant N}|(v_i,v_j)|^{4}&\geqslant\frac{1}{N(N-1)}\left[\frac{N^2}{\binom{K+1}{2}}-N\right]\\&=\frac{2N-K(K+1)}{(N-1)K(K+1)}\triangleq W_{N,K}(2).\end{aligned}\tag{8.4.2}$$

定义 8.7 $B=\{v_1,\cdots,v_N\}\subseteq S^{K-1}$ 叫作球面 k-设计, 是指 (8.4.k) ($k=1,2$) 为等式. 进而令

$$\mathrm{Max}_k(B)=\max\{|(v_i,v_j)|:(1\leqslant i\neq j\leqslant N)\}.$$

如果 $\mathrm{Max}_k(B)$ 等于 (8.4.k) 式右边, 这也相当于 $|(v_i,v_j)|^{2k}$ $(1\leqslant i\neq j\leqslant N)$ 均等于 (8.4.k) 式右边, 则称 B 为 tight k-设计 (在大数据压缩和存储理论中这也叫作紧框架 (tight frame)).

可以证明: 当 $k\geqslant 2$ 时, 如果 B 是 k-设计, 则也是 $(k-1)$-设计. 另一方面, 当 $N>\dfrac{K(K+1)}{2}$ 时, $W_{N,K}(2)>(W_{N,K}(1))^2$, 可知这时不可能有参数 N,K 的 tight 1-设计.

球面设计已是组合设计的一个重要研究领域, 其主要问题是对于各种参数 N, K, 构作复 (或者实) 单位球面 S^{K-1} 上由 N 个向量给出的 k-设计和 tight k-设计. 球面 t-设计最早应用于球面上的数值积分. 在雷达通信中用来作为识别和区分不同地址的信号 (采用名称为 Codebook). 在大数据存储系统中用来进行数据压缩. 在量子信息理论和技术中, 球面 (tight) 1-设计和 2-设计用来作为量子测量

和研究量子纠缠等现象的重要工具. 关于球面设计的数学工具, 主要是泛函分析和算子理论、群表示理论等代数理论以及微分几何. 近年来数论也在这个理论中得到应用. 关于球面设计的介绍可参见文献 [6].

构作球面 1-设计是比较容易的, 构作球面 tight 1-设计也不困难. 一个典型的方法是利用有限交换群上的差集合.

定理 8.15　设 $D=\{g_1,\cdots,g_k\}$ 是 v 阶乘法交换群 G 的一个 (v,k,λ) 差集合, 对于 G 的每个特征 $\chi\in\widehat{G}$, 定义 $\mathbb{C}^k$ 中单位向量 $v_\chi=\dfrac{1}{\sqrt{k}}(\chi(g_1),\cdots,\chi(g_k))\in S^{k-1}$. 则 $B=\{v_\chi:\chi\in\widehat{G}\}$ 是参数 $N=|\widehat{G}|=v$, $K=k$ 的球面 tight 1-设计.

证明　由于对每个 $g\in G$, $\chi(g)$ 是单位根, 可知

$$(v_\chi,v_\chi)=\frac{1}{k}\sum_{i=1}^{k}\overline{\chi(g_i)}\chi(g_i)=1,$$

即 v_χ 均为单位向量. 若 $\chi_1,\chi_2\in\widehat{G}$, $\chi_1\neq\chi_2$. 我们要证

$$|(v_{\chi_1},v_{\chi_2})|^2=\frac{v-k}{(v-1)k}.$$

事实上,

$$(v_{\chi_1},v_{\chi_2})=\frac{1}{k}\sum_{g\in D}\overline{\chi_1(g)}\chi_2(g)=\frac{1}{k}\sum_{g\in D}\chi(g)\quad(\chi=\overline{\chi_1}\chi_2\neq 1).$$

从而

$$\begin{aligned}
|(v_{\chi_1},v_{\chi_2})|^2&=\frac{1}{k^2}\sum_{g,h\in D}\chi(g)\overline{\chi}(h)=\frac{1}{k^2}\sum_{g,h\in D}\chi(g/h)\\
&=\frac{1}{k^2}\left(k+\sum_{\substack{g,h\in D\\ g\neq h}}\chi(g/h)\right)\\
&=\frac{1}{k}+\frac{\lambda}{k^2}\sum_{1\neq x\in G}\chi(x)\quad(\text{由于 } D \text{ 是 } (v,k,\lambda) \text{ 差集合})\\
&=\frac{1}{k}-\frac{\lambda}{k^2}\quad(\text{由于 } \chi\neq 1)\\
&=\frac{1}{k}-\frac{k(k-1)}{(v-1)k^2}\quad(\text{由于 } \lambda(v-1)=k(k-1))\\
&=\frac{v-k}{(v-1)k}.
\end{aligned}$$

□

构作球面 2-设计就比较困难. 我们以量子信息理论中一个重要问题 (彼此无偏基组, mutually unbiased bases, MUB) 作为例子.

$\mathbb{C}^K$ 中一个基 $B = \{v_1, \cdots, v_K\}$ 叫作标准正交基 (orthonormal basis) 是指 $v_1, \cdots, v_K$ 为 $\mathbb{C}^K$ 中彼此正交的单位向量. $\mathbb{C}^K$ 中 l 个标准正交基 $B_1, \cdots, B_l$ $(l \geqslant 2)$ 叫作无偏的是指存在常数 $\alpha > 0$, 使得对任意两个取自不同基中的向量 $v_i \in B_i$ 和 $v_j \in B_j$ $(1 \leqslant i \neq j \leqslant l)$, 均有 $|(v_i, v_j)| = \alpha$. 由于 $B_1, \cdots, B_l$ 共有 $N = lK$ 个单位向量, 同一个基 B_i 中两个不同向量彼此正交 (内积为 0), 由 (8.4.1) 式得到

$$\frac{lK - K}{(lK-1)K} \leqslant \frac{1}{(lK-1)Kl} \sum_{\substack{u \in B_i \\ v \in B_j \\ 1 \leqslant i \neq j \leqslant K}} |(u, v)|^2 = \frac{l(l-1)K^2\alpha^2}{lK(lK-1)}.$$

由此推出 $\alpha \geqslant \frac{1}{\sqrt{K}}$. 在量子信息应用中希望 α 很小. 以下设 $\alpha = \frac{1}{\sqrt{K}}$. 即我们定义对任意 $u \in B_i$, $v \in B_j$ $(1 \leqslant i \neq j \leqslant l)$, 均有 $|(v_i, v_j)| = \frac{1}{\sqrt{K}}$, 这样的 $\{B_1, \cdots, B_l\}$ 叫 $\mathbb{C}^K$ 中的一个 MUB.

这时上面不等式为等式, 从而与 $B_1, \cdots, B_l$ 合在一起的 $N = lK$ 个单位向量是球面 1-设计. 进而再考虑 (8.4.2) 式, 得到

$$\frac{2Kl - K(K+1)}{(lK-1)K(K+1)} \leqslant \frac{l(l-1)K^2\alpha^4}{(lK-1)lK} = \frac{l-1}{(lK-1)K}.$$

由此可得 $l \leqslant K+1$. 在量子测量中希望彼此无偏基的个数 l 愈大愈好. 当 l 达到最大值 $K+1$ 时, 上面等式成立, 从而是球面 2-设计, 并且 $\{B_1, \cdots, B_{K+1}\}$ 叫作完备 (complete) MUB.

我们以 $f(K)$ 表示 $\mathbb{C}^K$ 的 MUB 中基的个数 l 的最大可能值. 则 $f(K) \leqslant K+1$. ($f(K) = K+1$ 即指 $\mathbb{C}^K$ 中存在完备 MUB.) 量子信息理论中的 MUB 问题是指以下几个看似为线性代数中的问题.

(I) 对每个 $K \geqslant 2$, $f(K) = ?$ 即若 $\mathbb{C}^K$ 中存在 MUB $\{B_1, \cdots, B_l\}$, l 的最大可能的值是多少?

(II) 对哪些 $K \geqslant 2$, $\mathbb{C}^K$ 中存在完备 MUB, 即 $f(K) = K+1$?

(III) 如何构作 $\mathbb{C}^K$ 中 MUB $\{B_1, \cdots, B_l\}$, 使得 l 尽可能大, 最好 $l = f(K)$?

目前有以下主要结果:

(1) 若 $K = p^m$ 为素数 p 的方幂 $(m \geqslant 1)$, 则 $f(K) = K+1$, 即 $\mathbb{C}^K$ 中存在完备 MUB.

对于 $K \neq p^m$ 的情形, 猜想 $f(K) < K+1$, 即 $\mathbb{C}^K$ 中不存在完备 MUB. 目前对于任何一个 $K \neq p^m$, 这个猜想均没有被证明. 更没有决定出 $f(K)$ 的值. 对其中最小的 $K=6$, 已知 $f(6) \geqslant 3$, 但 $\mathbb{C}^6$ 中由 4 个标准正交基组成的 MUB 至今也没有找到.

(2) 用张量积的方法可以证明: 若 K_1, $K_2 \geqslant 2$, 则 $(K_1, K_2) \geqslant \min\{f(K_1), f(K_2)\}$. 由此可知, 若 $K = p_1^{a_1} \cdots p_r^{a_r} \geqslant 2$ 是 K 的素因子分解式, 其中 $p_1, \cdots, p_r$ 是不同的素数, $a_i \geqslant 1$, 则

$$f(K) \geqslant \min\{f(p_i^{a_i}) = p_i^{a_i} + 1 : 1 \leqslant i \leqslant r\} \geqslant 3.$$

换句话说, 对每个 $K \geqslant 2$, $\mathbb{C}^K$ 中均存在由 3 个标准正交基构成的 MUB. 例如对于 $K=2$,

$$\begin{aligned} B_1 &= \{(1,0),(0,1)\}, \\ B_2 &= \left\{\left(\frac{1}{\sqrt{2}}, \frac{1}{\sqrt{2}}\right), \left(\frac{1}{\sqrt{2}}, -\frac{1}{\sqrt{2}}\right)\right\}, \\ B_3 &= \left\{\left(\frac{1+i}{2}, \frac{1-i}{2}\right), \left(\frac{1-i}{2}, \frac{1+i}{2}\right)\right\} \end{aligned}$$

是 $\mathbb{C}^2$ 的 (完备) MUB, 即 B_i $(1 \leqslant i \leqslant 3)$ 均是标准正交基, 对于来自不同基中的 u, v, $|(u,v)| = \frac{1}{\sqrt{2}}\left(\frac{1}{\sqrt{K}}\right)$.

(3) $f(K^2) \geqslant L(K)+2$, 其中 $L(K)$ 是 $K(\geqslant 2)$ 阶正交拉丁方的最大个数. 由此可证对某些 m (例如 $m=6$), $f((4m+2)^2) \geqslant 6$.

对于 $K=p^m$, 人们用不同的方法构作出 $\mathbb{C}^K$ 中的完备 MUB. 这里我们对于奇素数 $p \geqslant 3$, 介绍用高斯和的构作方法, 它是由文献 [40] 给出的.

设 $K=p^m$, p 为奇素数, $m \geqslant 1$, $T: \mathbb{F}_K \to \mathbb{F}_p$ 为迹映射, 对于 $a, b \in \mathbb{F}_K$, 定义

$$v_{a,b} = \frac{1}{\sqrt{K}}(\zeta_p^{T(ax_1^2+bx_1)}, \cdots, \zeta_p^{T(ax_K^2+bx_K)}) \in \mathbb{C}^K,$$

其中 $\{x_1, \cdots, x_K\} = \mathbb{F}_K$, $\zeta_p = e^{\frac{2\pi i}{p}}$. 由于 ζ_p 的绝对值为 1, 可知 $v_{a,b}$ 为单位向量. 对每个 $a \in \mathbb{F}_K$, 令 $B_a = \{v_{a,b} : b \in \mathbb{F}_K\}$. 则 B_a 为 $\mathbb{C}^K$ 的标准正交基. 因为对 b, $b' \in \mathbb{F}_K$, $b \neq b'$,

$$\begin{aligned} (v_{a,b}, v_{a,b'}) &= \frac{1}{K}\sum_{i=1}^{K} \overline{\zeta_p}^{T(ax_i^2+bx_i)} \zeta_p^{T(ax_i^2+b'x_i)} \\ &= \frac{1}{K}\sum_{x \in \mathbb{F}_K} \zeta_p^{T(ax^2+b'x-ax^2-bx)} \end{aligned}$$

$$=\frac{1}{K}\sum_{x\in\mathbb{F}_K}\zeta_p^{T((b'-b)x)}=0$$

(由于 $c=b'-b\neq 0$, 而 $\lambda_c(x)=\zeta_p^{T(cx)}$ 是 $\mathbb{F}_K$ 的非平凡加法特征).

我们证明这 $K+1$ 个标准正交基是彼此无偏的, 即对任两个不同基中的向量 u 和 v, 均有 $|(u,v)|=\frac{1}{\sqrt{K}}$.

对于 $v_{a,b}\in B_a$ 和 $e_i\in B_*$, 则

$$(e_i,v_{a,b})=\frac{1}{\sqrt{K}}\zeta_p^{T(ax_i^2+bx_i)},$$

从而 $|(e_i,v_{a,b})|=|(v_{a,b},e_i)|=\frac{1}{\sqrt{K}}$.

对于 $v_{a,b}\in B_a$ 和 $v_{a',b'}\in B'_a$, 其中 $a\neq a'$, 则

$$\begin{aligned}(v_{a,b},v_{a',b'})&=\frac{1}{K}\sum_{x\in\mathbb{F}_K}\zeta_p^{T(a'x^2+b'x-ax^2-bx)}\\&=\frac{1}{K}\sum_{x\in\mathbb{F}_K}\zeta_p^{T(cx^2+dx)}\quad(c=a'-a\neq 0,d=b'-b)\\&=\frac{1}{K}\sum_{x\in\mathbb{F}_K}\zeta_p^{T[c(x+\frac{d}{2c})^2-\frac{d^2}{4c}]}\quad(\text{由 } p\geqslant 3 \text{ 知 } 2 \text{ 在有限域 } \mathbb{F}_K \text{ 中可逆})\\&=\frac{1}{K}\zeta_p^{T(-\frac{d^2}{4c})}\sum_{y\in\mathbb{F}_K}\zeta_p^{T(cy^2)}\quad\left(y=x+\frac{d}{2c}\right).\end{aligned}$$

于是 $|(v_{a,b},v_{a',b'})|=\frac{1}{K}\left|\sum_{y\in\mathbb{F}_K}\zeta_p^{T(cy^2)}\right|$. 令 η 为 $\mathbb{F}_K$ 的 2 次乘法特征, 则

$$\begin{aligned}\sum_{y\in\mathbb{F}_K}\zeta_p^{T(cy^2)}&=1+\sum_{z\in\mathbb{F}_K^*}(1+\eta(z))\zeta_p^{T(cz)}\\&\qquad(\text{注意若 } \eta(z)=1, \text{ 则 } z=y^2 \text{ 有两个解 } y)\\&=1+(-1)+\sum_{z\in\mathbb{F}_K^*}\eta(z)\zeta_p^{T(cz)}\\&=\eta(c)\sum_{w\in\mathbb{F}_K^*}\eta(w)\zeta_p^{T(w)}\quad(\text{令 } cz=w, \text{ 注意 } c\neq 0)\\&=\eta(c)G(\eta),\end{aligned}$$

其中 $\eta(c)=\pm 1$ 而 $G(\eta)$ 为 $\mathbb{F}_K$ 上的高斯和. 于是

$$|(v_{a,b},v_{a',b'})|=\frac{1}{K}\cdot|G(\eta)|=\frac{\sqrt{K}}{K}=\frac{1}{\sqrt{K}}.$$

这就证明了 $\{B_a:a\in\mathbb{F}_K\}$ 和 B_* 构成 $\mathbb{C}^K$ 的一个完备 MUB.

如果 $K=2^m$, 上述证明不能用, 因为在 $\mathbb{F}_K$ 中 $2=0$. 构作 $\mathbb{C}^{2^m}$ 的一个完备 MUB 要用一种有限环结构 (叫作伽罗瓦环), 这里从略.

构作球面 tight 2-设计就更加困难. 我们以量子信息中的另一个重要问题作为例子.

设 $K\geqslant 2$, $\mathbb{C}^K$ 中有 N 个单位向量 $v_1,\cdots,v_N$, 使得

$$|(v_i,v_j)|=\frac{1}{\sqrt{K+1}}\quad(\text{对任意 } 1\leqslant i\neq j\leqslant N).$$

由 $k=2$ 时的公式 (8.4.2), 可知当 $N>\dfrac{K(K+1)}{2}$ 时,

$$\left(\frac{1}{\sqrt{K+1}}\right)^4\geqslant\frac{2N-K(K+1)}{(N-1)K(K+1)}.$$

由此可得 $N\leqslant K^2$. 并且当 $N=K^2$ 时这是球面 tight 2-设计. 它在量子信息理论中有一个很长的专门名称.

定义 8.8 $\mathbb{C}^K$ $(K\geqslant 2)$ 中 K^2 个单位向量叫作一个 SIC-POVM (symmetric informationally complete positive operator-valued measure), 是指其中任意两个不同的单位向量 v 和 u 均有 $|(v,u)|=\dfrac{1}{\sqrt{K+1}}$.

1999 年, Zauner 在他的博士论文《量子设计: 非交换设计理论基础》中对于 $K=2,3,4,5$ 都构作出 SIC-POVM, 并且提出如下的猜想.

猜想 1 对每个 $K\geqslant 2$, $\mathbb{C}^K$ 中均存在 SIC-POVM.

事实上, 他提出更强的猜想. 对于任意单位向量 $v=(v_0,\cdots,v_{K-1})$, 考虑如下两种变换 (物理上叫作 Weyl-Heisenberg 算子)

$X(v)=(v_1,v_2,\cdots,v_{K-1},v_K)$, 其中 $v_K=v_0$, 即规定 $v_{K+l}=v_l$.

$Z(v)=(v_0,v_1\zeta_K,v_2\zeta_K^2,\cdots,v_{K-1}\zeta_K^{K-1})$, $\zeta_K=e^{\frac{2\pi i}{K}}$.

于是

$X^i(v)=(v_i,v_{i+1},\cdots,v_{i+K-1})$ (v 中的分量向左循环移 i 位)

$Z^j(v)=(v_0,v_1\zeta_K^j,v_2\zeta_K^{2j},\cdots,v_{K-1}\zeta_K^{(K-1)j})$.

易知 $X^K(v)=Z^K(v)=v$. 从而由单位向量 $v=(v_0,\cdots,v_{K-1})$ 可得到 K^2 个向量

$$Z^jX^i(v)=(v_i,v_{i+1}\zeta_K^j,v_{i+2}\zeta_K^{2j},\cdots,v_{i+K-1}\zeta_K^{(K-1)j}=v_{i-1}\zeta_K^{(K-1)j})$$
$$(0\leqslant i,\ j\leqslant K-1).$$

不难看出, 这 K^2 个向量均是单位向量.

猜想 2 对每个 $K\geqslant 2$, $\mathbb{C}^K$ 中均存在一个单位向量 v (叫作 fiducial 向量), 使得 K^2 个单位向量 $Z^jX^i(v)$ $(0\leqslant i,j\leqslant K-1)$ 为一个 SIC-POVM.

目前人们已经对 $K=2,3,\cdots,13,15,19$ 均找到 fiducial 向量, 即猜想 2 对这些 K 值是正确的, 数值计算支持猜想 2 对所有 $K\leqslant 67$ 的正确性.

下面是 $K=2$, 3, 4 的例子.

对于 $K=2$, 可取 $v=\dfrac{1}{\sqrt{6}}(\sqrt{3+\sqrt{3}},\zeta_8\sqrt{3-\sqrt{3}})=(v_0,v_1)$ 为 fiducial 向量. 也就是说: (v_0,v_1), (v_1,v_0), $(v_0,-v_1)$, $(v_1,-v_0)$ 为 $\mathbb{C}^2$ 中一个 SIC-POVM, 这 4 个单位向量任何两个不同向量内积的绝对值均为 $\dfrac{1}{\sqrt{3}}$.

不难看出, 如果 v 是 $\mathbb{C}^K$ 中一个 fiducial 向量, 则 $Z^jX^i(v)$ $(0\leqslant i,j\leqslant K-1)$ 和 αv $(|\alpha|=1)$ 均是 fiducial 向量. 不难证明, 对于 $K=2$, 如果不考虑上述变换, $\mathbb{C}^2$ 中的 fiducial 向量只有上述一个. 这由条件

$$v_0\overline{v_0}+v_1\overline{v_1}=1,\quad v_0\overline{v_0}-v_1\overline{v_1}=\pm\frac{1}{\sqrt{3}},\quad v_0\overline{v_1}+\overline{v_0}v_1=\pm\frac{1}{\sqrt{3}},$$
$$v_0\overline{v_1}+\overline{v_0}v_1=1,\quad v_0\overline{v_1}-\overline{v_0}v_1=\pm\frac{i}{\sqrt{3}}$$

可以推导出来.

对于 $K=3$, 可取 $v=\left(\dfrac{1}{\sqrt{2}},\dfrac{1}{\sqrt{2}},0\right)$ 为 $\mathbb{C}^3$ 中的 fiducial 向量, 即下面 9 个单位向量是 $\mathbb{C}^3$ 中的一个 SIC-POVM:

$$\left(\frac{1}{\sqrt{2}},\frac{1}{\sqrt{2}},0\right),\quad \left(\frac{1}{\sqrt{2}},\omega\frac{1}{\sqrt{2}},0\right),\quad \left(\frac{1}{\sqrt{2}},\omega^2\frac{1}{\sqrt{2}},0\right),$$
$$\left(0,\frac{1}{\sqrt{2}},\frac{1}{\sqrt{2}}\right),\quad \left(0,\frac{1}{\sqrt{2}},\omega\frac{1}{\sqrt{2}}\right),\quad \left(0,\frac{1}{\sqrt{2}},\omega^2\frac{1}{\sqrt{2}}\right),$$
$$\left(\frac{1}{\sqrt{2}},0,\frac{1}{\sqrt{2}}\right),\quad \left(\omega\frac{1}{\sqrt{2}},0,\frac{1}{\sqrt{2}}\right),\quad \left(\omega^2\frac{1}{\sqrt{2}},0,\frac{1}{\sqrt{2}}\right),$$

其中, $\omega=\zeta_3=\dfrac{-1+\sqrt{3}i}{2}$.

也就是说, 它们当中任意两个不同向量内积的绝对值均为 $\dfrac{1}{\sqrt{K+1}}=\dfrac{1}{2}$.

对于 $K=4$, 可取 $v=(r_0, r_+e^{i\theta_+}, i(\sqrt{2}-1)r_0, r_-e^{i\theta_-})$ 是 $\mathbb{C}^4$ 的一个 fiducial 向量, 其中

$$r_0=\frac{1-\dfrac{1}{\sqrt{5}}}{2\sqrt{2-\sqrt{2}}},\ r_\pm=\frac{1}{2}\sqrt{1+\frac{1}{\sqrt{5}}\pm\sqrt{\frac{1}{\sqrt{5}}+\frac{1}{\sqrt{5}}}}.$$

$$\theta_\pm=\pm\frac{\alpha}{2}+\frac{\beta}{2}+\frac{\pi}{4},\ \text{其中 } 0\leqslant\alpha,\beta\leqslant 2\pi \text{ 并且 } \cos\alpha=\frac{2}{\sqrt{5+\sqrt{5}}},\ \sin\beta=\frac{2}{\sqrt{5}}.$$

到目前为止, 寻找 $\mathbb{C}^K$ 中的 fiducial 向量主要是由量子物理方面所启示, 或者通过计算机做数值近似计算. 但是由计算的近似值猜想出 fiducial 向量 v 的确切值似乎是困难的.

设 $v=(v_0,\cdots,v_{K-1})\in S^{K-1}, Z^jX^i(v)=(v_i,\ \zeta_K^j v_{i+1},\ \zeta_K^{2j}v_{i+2},\ \cdots,\ \zeta_K^{(K-1)j}v_{i+K-1})(0\leqslant i,j\leqslant K-1)$ 当中任意两个不同的单位向量的内积的绝对值的平方均为 $\dfrac{1}{K+1}$. 由此可以证明: 当 $v_i\neq 0$ 时 (由 $(v,v)=1$ 可知必有某个 $v_i\neq 0$), v_λ/v_i $(0\leqslant\lambda\leqslant K-1)$ 均为代数数. 从而 $\mathbb{Q}(v_\lambda/v_i)$ 都是代数数域. 一个自然的问题是:

如何决定代数数域 $\mathbb{L}_\lambda=\mathbb{Q}(v_\lambda/v_i)$ 和 $\mathbb{L}=\bigcup\limits_{\lambda=0}^{K-1}L_\lambda=\mathbb{Q}(v_\lambda/v_i: 0\leqslant\lambda\leqslant K-1)$?

首先注意一个简单的事实.

引理 8.2 对于 $K\geqslant 4$, $(K+1)(K-3)=(K-1)^2-4$ 不是完全平方数.

证明 设 a 为正整数, $(K-1)^2-4=a^2$. 则 $a<K-1$, $4=(K-1)^2-a^2=(K-1+a)(K-1-a)$. 其中右边两个不同因子同时为奇或同时为偶, 于是 $K-1+a=K-1-a=2$, 这和 $a\geqslant 1$ 矛盾. □

令 $(K+1)(K-3)=D\cdot c^2$, c 为正整数. 则上述引理表示当 $K\geqslant 4$ 时, $D\geqslant 2$ 是无平方因子整数. 于是 $\mathbb{Q}(\sqrt{(K+1)(K-3)})=\mathbb{Q}(\sqrt{D})$ 为实二次域.

近年来, M. Appleby 等提出如下的猜想:

猜想 设 $K\geqslant 4$, D 为 $(K+1)(K-3)$ 的无平方因子部分. 则 $\mathbb{C}^K$ 中存在一个 fiducial 向量 $v=(v_0,\cdots,v_{K-1})\in S^{K-1}$ 满足:

(1) 若 $v_i\neq 0$, 则 $\dfrac{v_\lambda}{v_i}$ $(0\leqslant\lambda\leqslant K-1)$ 均是代数数, 并且数域 $\mathbb{L}=\mathbb{Q}\left(\dfrac{v_\lambda}{v_i}: 0\leqslant\lambda\leqslant K-1\right)$ 为 $\mathbb{Q}$ 的 (有限次) 伽罗瓦扩张.

(2) 实二次域 $\mathbb{Q}(\sqrt{D})$ 为 $\mathbb{L}$ 的子域, 并且 $\mathbb{L}/\mathbb{Q}(\sqrt{D})$ 为阿贝尔扩张, 即伽罗瓦群 $\mathrm{Gal}(\mathbb{L}/\mathbb{Q}(\sqrt{D}))$ 为 (有限) 交换群. 有兴趣的读者可参见文献 [7—9], 其中文献

[9] 面向物理和通信界, 以 $K = 4$ 的 fiducial 向量为例通俗介绍和实二次域 $\mathbb{Q}(\sqrt{5})$ 的阿贝尔扩张之间的关系.

目前不知上述猜想是否正确. 但是这个猜想和希尔伯特第 12 问题有关. 这个问题是: 对于代数数域 $\mathbb{K}$, 如何明确地构作出 $\mathbb{K}$ 的最大阿贝尔扩域 $\mathbb{K}^{ab}$?

1887 年, 两位德国数学家克罗内克和韦伯证明了将所有分圆域 $\mathbb{K}_m = Q(\zeta_m)$ ($\zeta_m = e^{\frac{2\pi i}{m}}$) 合在一起就是有理数域 $\mathbb{Q}$ 的最大阿贝尔扩域, 即 $\mathbb{Q}^{ab} = \bigcup\limits_{m \geqslant 3} \mathbb{Q}(\zeta_m) = \mathbb{Q}(\zeta_m : m \geqslant 3)$. 也就是说, $\mathbb{Q}$ 的每个有限次阿贝尔扩域都是某个分圆域的子域. 在希尔伯特于 1900 年提出他的二十三个数学问题之后, 20 世纪 20 年代, 人们关于数域的阿贝尔扩张建立了深刻的理论, 叫作类域论 (class field theory). 在这个理论的指导下, 人们对于所有虚二次域, 利用椭圆函数理论明确地构作出任意虚二次域的最大阿贝尔扩域. 从那以后至今, 这个问题没有重大突破. 特别对实二次域, 这个问题至今没有解决. 如果由 fiducial 向量的分量可以作出某些实二次域的阿贝尔扩域, 在代数数论中是一件有意义的事.

第 9 章　代数编码理论

9.1　什么是纠错码?

数字通信中, 信息在信道传输时会受到干扰产生错误. 为了保障通信的可靠性, 需要将原始信息进行编码, 使得收方在接收到有错误的信息之后, 可以发现错误并且通过纠错解码把错误纠正过来. 这一节我们简要介绍纠错码的基本数学概念和纠错码理论的基本数学问题. 详细内容可见书籍 [10—13].

设 S 是一个 m 元集合, 如果通信中需要传输 m^n 个信息, 在数字通信中可以用 S^n 中的 $(a_1,\cdots,a_n\ (a_i\in S))$ 表示这些信息传给对方. 例如, 要传输百家姓的前八个姓, 我们可以用 S^3 $(S=\{0,1\})$ 来传输:

$$赵=(000),\quad 钱=(001),\quad 孙=(010),\quad 李=(011),$$
$$周=(100),\quad 吴=(101),\quad 郑=(110),\quad 王=(111).$$

如果发方传输"钱" $=(001)$, 信道传输中错了第 1 位, 收方在得到 (101) 之后, 无法得知这是正确信息 (为"吴"), 还是第 1 位出了错 (从而为"钱"), 或者是第 2 位出了错 (从而为 $(111)=$"王"). 其原因是收方得到的任何一种可能 (a_1,a_2,a_3) 都代表信息. 为了使收方能够纠错, 我们要把这 8 个原始信息重新进行纠错编码, 对上述例子, 要把每个 3 位一组的信息编成多于 3 位 $(a_1,\cdots,a_n\ (n>3,\ a_i\in S))$ (这叫纠错编码), 使其有纠错和检错功能. 先举两个简单的例子.

例 9.1 (奇偶校验码)　我们取 S 为二元域 $\mathbb{F}_2=\{0,1\}$ $(1+1=0)$. 考虑映射

$$\varphi:\ \mathbb{F}_2^3\to\mathbb{F}_2^4,\quad \varphi(a_1,a_2,a_3)=(a_1,a_2,a_3,a_4), 其中\ a_4=a_1+a_2+a_3\in\mathbb{F}_2.$$

这是单射, 从而: 赵 $=(000)$ 重新编成 $\varphi(000)=(0000)$, 钱 $=(001)$ 重新编成 $\varphi(001)=(0011)$, $\cdots$, 王 $=(111)$ 重新编成 $\varphi(111)=(1111)$. 8 个信息编成 φ 的像集合

$$C=\varphi(\mathbb{F}_2^3)=\{(a_1,a_2,a_3,a_4)\in\mathbb{F}_2^4: a_1+a_2+a_3+a_4=0\}$$

中的 8 个长为 4 的向量, 每个叫作码字. (a_1,a_2,a_3,a_4) 为码字当且仅当 a_1, a_2, a_3, a_4 中有偶数个 1. 如果在传输码字 $c=(a_1,a_2,a_3,a_4)\in C$ 中有 1 位出错, 例如, 第 2 位出错, 这可以表示成错误向量 $\varepsilon=(0100)$, 收方得到的 $c+\varepsilon=(a_1,a_2+1,a_3,a_4)$ 中有奇数个分量为 1, 这不是码字, 所以收方可以检查出任何 1 位的错误. 但是不能纠正它, 例如, 若码字 $c=(1100)$ 发生 1 位错误 $\varepsilon=(0100)$, 收到 $c+\varepsilon=(1000)$

不是码字, 但它也可能是码字 $c'=(1001)$ 的第 4 位发生 1 位错误. 所以当每个码字出现 1 位错误时, 收方可以检查错, 但是不能纠正错, 即不知错在哪一位.

例 9.2 (重复码) 考虑单射

$$\varphi:\ \mathbb{F}_2^3\to\mathbb{F}_2^9,\quad \varphi(a_1a_2a_3)=(a_1a_2a_3\ a_1a_2a_3\ a_1a_2a_3),$$

即把每个原始信息 $(a_1a_2a_3)$ 重复三遍作为码字传出. $\mathbb{F}_2^9$ 中的 2^9 个向量中只有 2^3 个是码字. 当信号使码字 $(a_1a_2a_3\ a_1a_2a_3\ a_1a_2a_3)$ 发生 1 位错误时, 收方不仅能够发现有错, 而且还可纠正错误, 因为这时码字中有两个 $a_1a_2a_3$ 是相同的, 第 3 个 $a_1a_2a_3$ 有 1 位变化, 所以可恢复码字, 而原始信息为 $(a_1a_2a_3)$. 但是若每个码字可能出现 1 位或 2 位错误, 收方仍然能检查出有错, 但是不能纠错. 例如, 码字 $c=(010010010)$ 的第 1 位和第 4 位出错, 收到 (110110010) 不是码字, 从而发现有错, 但是它也可能是码字 $c'=(110110110)$ 的第 7 位发生错误, 从而不能纠错.

综述起来, 纠错编码是一个单射:

$$\varphi: S^k\to S^n\quad (n>k),\quad |S|=m.$$

它把 S^k 中 m^k 个原始信息映成 S^n 中 m^k 个码字构成的子集合, 每个码字有意义 (代表信息), 其余 m^n-m^k 个不是码字. 原始信息的长度为 k, 码字长度为 n, 从而传输码字所花的时间比传输原始信息要多, 即效率 $\dfrac{k}{n}$ 小于 1. 从而我们是牺牲了效率而达到纠错性能.

何种单射 φ 使码字集合 $C=\varphi(S^k)$ 具有好的纠错能力? 由上述例子可知, 不同码字 $c=(c_1,\cdots,c_n)$ 和 $c'=(c'_1,\cdots,c'_n)$ 之间相异位 (即 $c_i\neq c'_i$ 的那些位 i) 愈多愈好. 于是便给出纠错码的下列数学表达方式.

定义 9.1 设 S 是 m 元集合 $(m\geqslant 2)$, 对于 S^n 中的 $v=(v_1,\cdots,v_n)$ 和 $u=(u_1,\cdots,u_n)$, 它们的汉明 (Hamming) 距离是指 v 和 u 相异位的个数, 表示成 $d_H(v,u)$, 即 $d_H(v,u)=\#\{i:1\leqslant i\leqslant n, v_i\neq u_i\}$. 它满足数学上通常对于“距离”的三个基本性质: 对于 $v, u, w\in S^n$,

(1) $d_H(v,u)\geqslant 0$, 并且 $d_H(v,u)=0$ 当且仅当 $v=u$;

(2) (对称性) $d_H(v,u)=d_H(u,v)$;

(3) (三角形不等式) $d_H(v,u)\leqslant d_H(v,w)+d_H(w,u)$.

(若 v 和 w 有 l 个相异位, w 和 u 有 t 个相异位, 则 v 和 u 的相异位最多有 $l+t$ 个.)

定义 9.2 设 $|S|=m$ $(m\geqslant 2)$, S^n 中的每个子集 C 都叫作纠错码, 其码字个数 $K=|C|\geqslant 2$. S 叫作字母集合, n 叫作码长. 而 C 的最小距离定义为

$$d=d(C)=\min\{d_H(c,c'):c,c'\in C,c\neq c'\},$$

即 d 为 C 中所有不同码字 c, c' 之汉明距离 $(\geqslant 1)$ 的最小值. 这个码的上述参数表示成 $(n,K,d)_m$. C 也叫作 m 元 (纠错) 码, $\log_m K = k$ 叫作信息位数, 参数也可表示成 $[n,k,d]_m$.

纠错码理论的出发点是如下一个简单的事实.

定理 9.1　若纠错码 C 的最小距离为 d, 则可以检查 $\leqslant d-1$ 位的错误, 也可纠正 $\leqslant \left[\dfrac{d-1}{2}\right]$ 位的错误, 其中 $[\alpha]$ 为 α 的整数部分, 即不超过 α 的最大整数.

证明　设码字 $c \in C$ 出现 $\leqslant d-1$ 位错误变成 $y \in S^n$. 则 $d_H(c,y) \leqslant d-1$. 由于出现了错误 (即 $d_H(c,y) \geqslant 1$), 可知 $y \neq c$. 进而对 C 中任何其他码字 c', $d_H(c,c') \geqslant d$, 而 $d_H(c,y) \leqslant d-1$, 所以 $y \neq c'$. 这就表明 y 不是任何码字, 从而收方发现有错.

若错误位数 $\leqslant \left[\dfrac{d-1}{2}\right]$, 则对于 c 之外的码字 c', 由三角形不等式可知 $d_H(c', y) \geqslant d_H(c,c') - d_H(c,y) \geqslant d - \left[\dfrac{d-1}{2}\right] > \left[\dfrac{d-1}{2}\right] \geqslant d_H(c,y)$. 这就表明所有码字当中只有 c 和 y 最近, 将 y 译成 c 就是正确的发送码字. 因此可以纠正 $\leqslant \left[\dfrac{d-1}{2}\right]$ 位的错误. □

纠错码理论的基本数学问题为

(1) 构作好的纠错码 $(n,K,d)_m$. 也就是说, 希望效率 $\dfrac{k}{n} = \dfrac{\log_m K}{n}$ 要大, 最小距离 d 要大 (纠错能力强).

(2) 要有好的纠错编码和纠错解码算法, 这才能使一个数学上好的纠错编码得到真正的应用.

一般来说, 纠错编码容易实现, 而纠错解码要困难. 定理 9.1 的证明中给出了一种解码算法. 每收到 y, 都要计算 y 和所有码字的汉明距离, 然后译成和 y 距离最小的那个码字, 这是很花时间的. 为了找到好的解码算法, 需要进一步研究码的组合、代数或者几何结构.

如何判别一个纠错码是好码, 即 $\dfrac{k}{n}$ 或者 d 达到最优? 在参数 n, K, d 和 q 之间有些制约, 比如当 n 和 q 固定时, 若 $k = \log_m K$ 很大, 即码字很多, 我们就不能期望最小距离 d (即很多不同码字之汉明距离的最小值) 很大. 这些参数之间有一些不等式, 而使其中某个不等式成为等式的码都是某种意义上的最优码.

码的参数之间有如下的关系 (证明并不困难, 这里从略). 设码 C 的参数为 $(n,K,d)_q$ 或 $[n,K,d]_q$, 其中 $k = \log_q K$.

(1) (Singleton 界) $n \geqslant k + d - 1$, 等式成立时称为极大距离可分码 (maximal

distance separable code, MDS 码).

(2) (汉明界, 也叫球填充界)

$$q^n \geqslant K \sum_{i=0}^{[\frac{d-1}{2}]} \binom{n}{i} (q-1)^i,$$

等式成立时称为完全 (perfect) 码.

(3) (Griesmer 界) 若 C 是线性码 (定义见 9.2 节), 则

$$n \geqslant \sum_{i=0}^{k-1} \left\lceil \frac{d}{q^i} \right\rceil,$$

这里 $\lceil \alpha \rceil$ 表示大于或等于 α 的最小整数.

(4) (Plotkin 界) 令 $\theta = \dfrac{q-1}{q}$, 则当 $d > \theta n$ 时

$$K \leqslant \frac{d}{d-\theta n}.$$

以上都是纠错码的必要性条件. 下面是一个充分性条件:

(5) (GV 界) 若 $q^n \geqslant K \sum\limits_{i=0}^{[\frac{d-1}{2}]} \dbinom{n}{i} (q-1)^i$, 则存在参数 $(n, K, d)_q$ 的纠错码.

Gilbert-Varshamov 于 1952 年关于 GV 界的结果只给出存在性证明, 并没有构造出具体的纠错码, 一直到三十年之后, 人们用有限域上曲线的算术理论, 才构造出达到甚至超过 GV 界的纠错码, 叫作代数几何码.

本节最后我们再举一个例子.

例 9.3 考虑由下面 $K = 16$ 个码字构成的二元码 $(q = 2, n = 7)$

0010111 1101000

1001011 0110100

1100101 0011010

1110010 0001101

0111001 1000110

1011100 0100011

0101110 1010001

0000000　1111111

它是由 0010111 循环移位得到 7 个码字, 再加上全 0 向量构成左边 8 个码字, 而右边 8 个码字是左边码字的补向量 (即 0 改成 1, 1 改成 0). 请读者验证任何两个不同码字的汉明距离均 $\geqslant 3$, 而码字 (0000000) 和 (1101000) 的汉明距离为 3. 于是 $d=3$, 即这是 $[n,k,d]_q=[7,4,3]_2$ 码.

例 9.2 中的重复码是 $[9,3,3]_2$ 码, 最小距离相同, 但是这里的效率 $\dfrac{k}{n}=\dfrac{4}{7}$ 比重复码的效率 $\dfrac{k}{n}=\dfrac{1}{3}$ 要大. 事实上, 这是一个完全码, 因为参数达到汉明界:

$$K\sum_{i=0}^{1}\binom{n}{i}(q-1)^i=16\cdot\left(1+\binom{7}{1}\right)=2^7=q^n,$$

要构造好的纠错码需要应用好的数学工具. 下一节会告知例 9.3 中的完全码是用线性代数构造出来的.

9.2 线　性　码

线性码是纠错码当中的一部分. 这种码以线性代数为研究工具, 可以发现其中有好的纠错码, 并且采用矩阵运算来改进纠错解码算法, 从而在理论和实用上都有价值.

定义 9.3 设 $\mathbb{F}_q$ 为有限域, 一个码长为 n 的 q 元线性码 C 是 $\mathbb{F}_q^n$ 的一个 k 维 $\mathbb{F}_q$-向量子空间 $(1\leqslant k\leqslant n)$. 这时 $K=|C|=q^k$, 从而 k 就是码 C 的信息位数.

一个纠错码的最小距离 $d(C)$ 是 C 中所有不同码字之间汉明距离的最小值. 对于线性码则有更简单的表达方式.

定义 9.4 对于 $\mathbb{F}_q^n$ 中的每个向量 $v=(v_1,\cdots,v_n)$, 非零分量 v_i 的个数叫作是 v 的汉明重量 (weight), 表示成 $W_H(v)$, 即

$$W_H(v)=\#\{i:1\leqslant i\leqslant n, v_i\neq 0\}.$$

不难看出对于 $\mathbb{F}_q^n$ 中的任意两个向量 v 和 u, $d_H(v,u)=W_H(v-u)$. 如果 C 是线性码, 当 $v,u\in C$ 时, $\boldsymbol{v}-\boldsymbol{u}$ 也属于 C. 由此不难看出

$$d(C)=\min\{W_H(c):0\neq c\in C\},$$

即线性码 C 的最小距离等于其中所有非零码字汉明重量的最小值. 上节例 9.3 是一个二元线性码, 任意两个码字相加都是码字. 由于非零码字汉明重量的最小值为 3, 从而 $d=3$.

设线性码 C 是 $\mathbb{F}_q^n$ 的一个 k 维向量子空间, 取它的一组基

$$v_i=(a_{i1},\cdots,a_{in}),\quad 1\leqslant i\leqslant n,\quad a_{ij}\in\mathbb{F}_q,$$

则每个码字唯一表示成

$$c=b_1v_1+\cdots+b_kv_k=(b_1,\cdots,b_k)\boldsymbol{G}\quad(b_1,\cdots,b_k\in\mathbb{F}_q),$$

其中

$$\boldsymbol{G}=\begin{bmatrix}v_1\\ \vdots\\ v_k\end{bmatrix}=\begin{bmatrix}a_{11}&a_{12}&\cdots&a_{1n}\\ \vdots&\vdots&&\vdots\\ a_{k1}&a_{k2}&\cdots&a_{kn}\end{bmatrix}$$

叫作线性码 C 的一个生成矩阵, 这是 k 行 n 列的矩阵, 元素属于 $\mathbb{F}_q$ 并且秩为 k. 我们可以用 $\mathbb{F}_q^k$ 中全部向量代表 $K=q^k$ 个原始信息, 而纠错编码就是如下的 $\mathbb{F}_q$-线性单射

$$\varphi:\mathbb{F}_q^k\to\mathbb{F}_q^n,\quad(b_1,\cdots,b_k)\to(b_1,\cdots,b_k)\boldsymbol{G}.$$

像空间 $\varphi(\mathbb{F}_q^k)$ 就是线性码 C. 另一方面, $\mathbb{F}_q^n$ 的一个 k 维子空间 C 必是某个齐次线性方程组

$$\begin{cases}b_{11}x_1+\cdots+b_{1n}x_n=0,\\ b_{21}x_1+\cdots+b_{2n}x_n=0,\\ \qquad\cdots\cdots\\ b_{n-k,1}x_1+\cdots+b_{n-k,n}x_n=0,\end{cases}\qquad \text{即 } \boldsymbol{H}x^{\mathrm{T}}=0,\ x=(x_1,\cdots,x_n)$$

的全部 $\mathbb{F}_q$-解所构成的集合, 其中 $\boldsymbol{H}=(b_{ij})$ 是 $(n-k)$ 行 n 列的 $\mathbb{F}_q$ 上矩阵并且秩为 $n-k$, 叫作线性码的一个校验矩阵. 由定义可知, 对于每个 $v\in\mathbb{F}_q^n$, v 是 C 中码字当且仅当 $\boldsymbol{H}v^{\mathrm{T}}=0^{\mathrm{T}}$. 所以用校验矩阵可以很方便地检查收到的向量 v 是否为码字. 进而, 校验矩阵还可以用来决定线性码的最小距离 $d(C)$. 为此, 我们把 $\boldsymbol{H}$ 表示成列向量的形式:

$$\boldsymbol{H}=[u_1,u_2,\cdots,u_n],\quad u_i=\begin{bmatrix}b_{1i}\\ b_{2i}\\ \vdots\\ b_{n-k,i}\end{bmatrix}\quad(1\leqslant i\leqslant n).$$

引理 9.1 设 C 是参数 $[n,k]_q$ 的线性码, $\boldsymbol{H}=[u_1,\ u_2,\ \cdots,\ u_n]$ 是 C 的一个校验矩阵. 如果 $u_1,\cdots,u_n$ 当中任何 $d-1$ 个不同的列向量均 $\mathbb{F}_q$-线性无关, 并且存在 d 个不同的列向量线性相关, 则 C 的最小距离为 d.

证明 设 $c=(c_1,c_2,\cdots,c_n)$ 是 $\mathbb{F}_q^n$ 中的一个汉明重量为 l 的向量, 其分量 $c_{j1},\cdots,c_{jl}$ 不为 0, 其余分量为 0. 则

$$\boldsymbol{H}c^{\mathrm{T}}=[u_1,\cdots,u_n]\begin{bmatrix}c_1\\ \vdots\\ c_n\end{bmatrix}=c_{j1}u_{j1}+\cdots+c_{jl}u_{jl},$$

所以重量为 l 的向量 c 为码字 (即 $Hc^{\mathrm{T}}=0^{\mathrm{T}}$) 当且仅当 $\boldsymbol{H}$ 有 l 个不同的列向量线性相关. 由于 $d(C)$ 为非零码字中汉明重量的最小值, 因此即证引理. □

例 9.4 (汉明码) $\mathbb{F}_q^m$ 中共有 q^m-1 个非零向量 $(m\geqslant 2)$, 彼此相差一个常数因子的 $q-1$ 个向量 (形成一个射影等价类, 见 8.3 节) 中取出一个. 由此得到的 $\dfrac{q^m-1}{q-1}$ 个向量 (即 $m-1$ 维射影空间 $\mathbb{P}^{m-1}(\mathbb{F}_q)$ 中的全部射影点) 作为列向量排成

$$\boldsymbol{H}=[u_1,u_2,\cdots,u_n],\quad n=\frac{q^m-1}{q-1}.$$

这是 $\mathbb{F}_q$ 上的 m 行 n 列矩阵, 秩为 m (因为可取 $[u_1,\cdots,u_m]=\boldsymbol{I}_m$). 由选取方法可知 $\boldsymbol{H}$ 的任意两个不同的列均 $\mathbb{F}_q$-线性无关. 另一方面, 任意两个不同列相加为非零列向量, 从而必和 $\boldsymbol{H}$ 中某列成比例. 于是 $\boldsymbol{H}$ 中有三个不同的列是线性相关的. 由引理 9.1可知, 以 $\boldsymbol{H}$ 为校验矩阵的线性码的参数是 $[n,k,d]_q=\left[\dfrac{q^m-1}{q-1},\dfrac{q^m-1}{q-1}-m,3\right]_q$. 这批线性码均是完全码, 因为

$$K\sum_{i=0}^{1}\binom{n}{i}(q-1)^i=q^k(1+n(q-1))=q^{k+m}=q^n.$$

这种码可以纠正 1 位错误. 用线性代数给出很好的解码算法. 假设信道中每个码字至多发生 1 位错误. 即错误向量为 $\varepsilon=(0,\cdots,0,\varepsilon_i,0,\cdots,0)\in\mathbb{F}_p^n$. 码字 c 发出后, 收方得到向量 $y=c+\varepsilon$. 由于 $\boldsymbol{H}c^{\mathrm{T}}=0^{\mathrm{T}}$, 可知 $\boldsymbol{H}y^{\mathrm{T}}=\boldsymbol{H}\varepsilon^{\mathrm{T}}=\boldsymbol{\varepsilon}_i u_i$. 所以收方计算 $\boldsymbol{H}y^{\mathrm{T}}$. 若 $\boldsymbol{H}y^{\mathrm{T}}=0$, 则 $\varepsilon_i=0$, 即 y 是码字 (c 没有发生错误). 若 $\boldsymbol{H}y^{\mathrm{T}}\neq 0$, 则 $\boldsymbol{H}y^{\mathrm{T}}$ 必和 $\boldsymbol{H}$ 中唯一的列向量成正比, 设 $\boldsymbol{H}y^{\mathrm{T}}$ 和 u_i 成正比, $\boldsymbol{H}y^{\mathrm{T}}=\boldsymbol{\varepsilon}_i u_i$, 则 c 的第 i 位出错, 错误值为 ε_i. 将 y 的第 i 位减去 ε_i 之后便译出正确的码字.

比如对于 $q=2$, $m=3$, $\mathbb{F}_2^3$ 中的每个非零向量均为一个射影等价类. 它们作为列向量给出二元汉明码 C 的校验矩阵

$$
\boldsymbol{H}=\begin{bmatrix}1&0&0&1&0&1&1\\0&1&0&1&1&1&0\\0&0&1&0&1&1&1\end{bmatrix}.
$$

线性码 C 的参数为 $[n,k,d]_q=[7,4,3]_2$. 记 $\boldsymbol{H}=[\boldsymbol{I}_3,\ \boldsymbol{P}]$, $\boldsymbol{P}=\begin{bmatrix}1011\\1110\\0111\end{bmatrix}$. 则

$$
\boldsymbol{G}=[\boldsymbol{P}^{\mathrm{T}},\ \boldsymbol{I}_4]=\begin{bmatrix}1&1&0&1&0&0&0\\0&1&1&0&1&0&0\\1&1&1&0&0&1&0\\1&0&1&0&0&0&1\end{bmatrix}
$$

就是 C 的一个生成矩阵. 这是由于 $\boldsymbol{H}\boldsymbol{G}^{\mathrm{T}}=[\boldsymbol{I}_3,\ \boldsymbol{P}]\begin{bmatrix}\boldsymbol{P}\\\boldsymbol{I}_4\end{bmatrix}=\boldsymbol{P}+\boldsymbol{P}=\boldsymbol{0}$ (3×4 的零方阵). 从而 $\boldsymbol{G}$ 的每个行向量都是 $\boldsymbol{H}\boldsymbol{x}^{\mathrm{T}}=\boldsymbol{0}^{\mathrm{T}}$ 的解, 即都是 C 中码字. 由于 $\boldsymbol{G}$ 的 4 行线性无关, 并且 C 的维数 $k=4$, 可知 $\boldsymbol{G}$ 的 4 个行向量是 C 的一组基, 即 $\boldsymbol{G}$ 为 C 的生成矩阵. $\boldsymbol{G}$ 的 4 个向量的线性组合得到 C 中所有码字, 它们就是上节例 9.3 中的码.

设 C 中一个码字 c 在传输时至多发生 1 位错误, 收方收到 $y=(1011011)$. 收方计算“校验子”

$$
\boldsymbol{H}y^{\mathrm{T}}=\begin{bmatrix}1&0&0&1&0&1&1\\0&1&0&1&1&1&0\\0&0&1&0&1&1&1\end{bmatrix}\begin{bmatrix}1\\0\\1\\1\\0\\1\\1\end{bmatrix}=\begin{bmatrix}0\\0\\1\end{bmatrix},
$$

这是 $\boldsymbol{H}$ 的第 3 列, 可知 y 的第 3 位有错, 把 y 的第 3 位改变, 即得正确码字 $c=(1001011)$.

再举两个 MDS 线性码的例子, 第一个例子是平凡的.

例 9.5 考虑 $\mathbb{F}_q^n$ $(n\geqslant 2)$ 上的子集合

$$
C=\{(a_1,\cdots,a_n)\in\mathbb{F}_q^n : a_1+\cdots+a_n=0\},
$$

这是一个线性码, 其维数为 $n-1=k$, 它的校验矩阵为

$$\boldsymbol{H}=[1,1,\cdots,1]=[1,\boldsymbol{P}],\quad \boldsymbol{P} \text{ 是长为 } n-1 \text{ 的全 } 1 \text{ 向量}.$$

如例 9.4 所示, 可知 C 的生成矩阵为

$$\boldsymbol{G}=[-\boldsymbol{P}^{\mathrm{T}},\boldsymbol{I}_{n-1}]=\begin{bmatrix} -1 & 1 & 0 & \cdots & 0 & 0 \\ -1 & 0 & 1 & \cdots & 0 & 0 \\ \vdots & \vdots & \vdots & & \vdots & \vdots \\ -1 & 0 & 0 & \cdots & 0 & 1 \end{bmatrix}.$$

因为 $\boldsymbol{H}\boldsymbol{G}^{\mathrm{T}}=[1,\ \boldsymbol{P}]\begin{bmatrix} -\boldsymbol{P} \\ \boldsymbol{I}_{n-1} \end{bmatrix}=-\boldsymbol{P}+\boldsymbol{P}=\boldsymbol{0}$. $\boldsymbol{H}$ 中每列均为非零向量, 任两列均线性相关, 从而 $d=2$, 即 C 的参数为 $[n,k,d]_q=[n,n-1,2]_q$. 由于 $n=k+d-1$, C 为 MDS 码. 这种码只能发现 1 位错误. 上节例 9.1 中的二元奇偶校验码是其中一个特例.

例 9.6 (多项式码) 设 $a_1,\cdots,a_n$ 为有限域 $\mathbb{F}_q$ 中 n 个不同的元素, $2\leqslant n\leqslant q$. 对于 $1\leqslant k\leqslant n$, 令 S 为 $\mathbb{F}_q[x]$ 中次数 $\leqslant k-1$ 的所有多项式构成的集合. 这是 $\mathbb{F}_q$ 上的 k 维向量空间, 因为 S 中每个多项式唯一表示成 $f(x)=c_0+c_1x+\cdots+c_{k-1}x^{k-1}$ $(c_i\in\mathbb{F}_q)$, 可知 $\{1,x,\cdots,x^{k-1}\}$ 是 S 的一组基. 考虑 $\mathbb{F}_q$-线性映射

$$\varphi: S\to\mathbb{F}_q^n,\quad f\mapsto(f(a_1),\cdots,f(a_n)),$$

这是单射, 因为对于 $f(x)\in S$,

$$f\in\ker(\varphi)\Leftrightarrow f(a_1)=f(a_2)=\cdots=f(a_n)=0\Leftrightarrow f\equiv 0$$

(因为次数 $\leqslant k-1$ 的非零多项式在域 $\mathbb{F}_q$ 中不能有 n $(\geqslant k)$ 个根),

所以 φ 的像空间 (即线性码)

$$C=\{(f(a_1),\cdots,f(a_n))\in\mathbb{F}_q^n: f\in S\}$$

的维数为 k $(=\dim_{\mathbb{F}_q}S)$. 由于 $\{1,x,\cdots,x^{k-1}\}$ 是 S 的一组基, 可知 $\{\varphi(1),\varphi(x),\cdots,\varphi(x^{k-1})\}$ 是 C 的一组基, 即 C 有生成矩阵

$$\boldsymbol{G}=\begin{bmatrix} \varphi(1) \\ \varphi(x) \\ \vdots \\ \varphi(x^{k-1}) \end{bmatrix}=\begin{bmatrix} 1 & 1 & \cdots & 1 \\ a_1 & a_2 & \cdots & a_n \\ \vdots & \vdots & & \vdots \\ a_1^{k-1} & a_2^{k-1} & \cdots & a_n^{k-1} \end{bmatrix}.$$

由 Singleton 界得到 $d \leqslant n-k+1$. 但是若 $d \leqslant n-k$, 则 C 中有汉明重量 $\leqslant n-k$ 的非零码字, 即存在非零多项式 f, $\deg f(x) \leqslant k-1$, 使得 C 中码字 $\boldsymbol{c} = (f(a_1), \cdots, f(a_n))$ 中至多有 $n-k$ 个非零分量, 从而至少有 k 个 $f(a_i)$ 为 0. 但是次数 $\leqslant k-1$ 的非零多项式 $f(x)$ 在 $\mathbb{F}_q$ 中至多有 $\leqslant k-1$ 个根, 这就导致矛盾. 这表明 $d = n-k+1$, 即 C 为 MDS 线性码.

这种码的缺点是 $k \leqslant n \leqslant q$. 当 q 小的时候码长 n 太小, 码字个数 $q^k = K$ (即传输的信息量) 也太少.

最后我们介绍线性码的对偶码. 设 C 是 $[n,k,d]_q$ 线性码, 即 C 是 $\mathbb{F}_q^n$ 的一个 k 维 $\mathbb{F}_q$-向量子空间. C 的对偶空间 (见 8.3 节)

$$C^{\perp} = \{v \in \mathbb{F}_q^n : \text{对每个 } c \in C, (c,v) = cv^{\mathrm{T}} = 0\}$$

也是一个线性码, 参数为 $[n, k^{\perp}, d^{\perp}]_q$, 其中 $k^{\perp} = \dim_{\mathbb{F}_q} C^{\perp} = n - \dim_{\mathbb{F}_q} C = n-k$, 不难用线性代数证明: C 的生成矩阵是 $C^{\perp}$ 的校验矩阵, 而 C 的校验矩阵是 $C^{\perp}$ 的生成矩阵. 还可以证明: 若 C 是 MDS 码, 即 $d = n-k+1$, 则 $C^{\perp}$ 也是 MDS 码, 即 $d^{\perp} = n - k^{\perp} + 1 = n-(n-k)+1 = k+1$, 它的证明是线性代数的一个好的习题. 若 C 不是 MDS 码, 则由 C 的参数 $[n,k,d]_q$ 不能完全决定对偶码 $C^{\perp}$ 的最小距离 $d^{\perp}$. 还需要下面所述的进一步信息.

定义 9.5 设 C 是 $[n,k,d]_q$ 线性码, 对于 $1 \leqslant i \leqslant n$, 我们以 A_i 表示 C 中汉明重量为 i 的码字个数. $\{A_0, A_1, \cdots, A_n\}$ 叫作线性码 C 的重量分布.

于是

$$A_0 = 1 \quad (\text{重量为 0 的码字只有零向量}),$$

$$A_0 + A_1 + \cdots + A_n = |C| = q^k,$$

$$\text{若 } A_1 = \cdots = A_{l-1} = 0, A_l \geqslant 1, \text{ 则 } d = l.$$

从而由 C 的重量分布可以决定 k 和 C 的最小距离 d. 下面的一个漂亮的结果是说: 线性码 C 的重量分布可以完全决定对偶码 $C^{\perp}$ 的重量分布, 从而决定 $C^{\perp}$ 的最小距离.

定理 9.2 (MacWilliams 恒等式) 设 $[n,k,d]_q$ 线性码 C 的重量分布为 $\{A_0, A_1, \cdots, A_n\}$, 对偶码 $C^{\perp}$ 的重量分布为 $\{A_0^{\perp}, A_1^{\perp}, \cdots, A_n^{\perp}\}$, 令

$$f_C(x,y) = \sum_{i=0}^{n} A_i x^{n-i} y^i \in \mathbb{Z}[x,y],$$

$$f_{C^{\perp}}(x,y) = \sum_{i=0}^{n} A_i^{\perp} x^{n-i} y^i.$$

则

$$f_{C^\perp}(x,y)=q^{-k}f_C(x+(q-1)y,x-y).$$

证明 我们在这里给出证明, 因为它是加法群 $(\mathbb{F}_q^n,+)$ 特征理论一个漂亮的应用. 设 $q=p^m$, p 为素数. $T:\mathbb{F}_q\to\mathbb{F}_p$ 为迹映射. 加法群 $\mathbb{F}_q^n$ 的特征群为

$$(\mathbb{F}_q^n)^\wedge=\{\lambda_u:u=(u_1,\cdots,u_n)\in\mathbb{F}_q^n\},$$

其中对每个 $v=(v_1,\cdots,v_n)\in\mathbb{F}_q^m$,

$$\lambda_u(v)=\zeta^{T((u,v))}=\zeta^{T(u_1v_1+\cdots+u_nv_n)}\quad(\zeta=\zeta_p),$$

对于每个 $u\in\mathbb{F}_q^n$, 考虑关于 z 的复系数多项式

$$\begin{aligned}g_u(z)&=\sum_{v\in\mathbb{F}_q^n}\lambda_u(v)z^{W_H(v)}\in\mathbb{C}[z]\\&=\sum_{v_1,\cdots,v_n\in\mathbb{F}_q}\zeta^{T((u,v))}z^{W_H(v)}\\&=\left(\sum_{v_1\in\mathbb{F}_q}\zeta^{T(u_1v_1)}z^{W_H(v_1)}\right)\cdots\left(\sum_{v_n\in\mathbb{F}_q}\zeta^{T(u_nv_n)}z^{W_H(v_n)}\right),\end{aligned}\tag{9.2.1}$$

其中

$$W_H(v_i)=\begin{cases}0, & 若\ v_i=0,\\1, & 若\ v_i\neq0\quad(即\ v_i\in\mathbb{F}_q^\times).\end{cases}$$

当 $u_i=0$ (即 $W_H(u_i)=0$) 时,

$$\sum_{v_i\in\mathbb{F}_q}\zeta^{T(u_iv_i)}z^{W_H(v_i)}=\sum_{v_i\in\mathbb{F}_q}z^{W_H(v_i)}=1+(q-1)z.$$

当 $u_i\neq0$ (即 $W_H(u_i)=1$) 时,

$$\sum_{v_i\in\mathbb{F}_q}\zeta^{T(u_iv_i)}z^{W_H(v_i)}=1+z\sum_{v_i\in\mathbb{F}_q^*}\zeta^{T(u_iv_i)}=1-z.$$

于是由式 (9.2.1) 可知

$$g_u(z)=(1-z)^{W_H(u)}(1+(q-1)z)^{n-W_H(u)}.$$

于是

$$\sum_{u\in C} g_u(z) = \sum_{i=0}^{n} A_i(1-z)^i(1+(q-1)z)^{n-i}. \tag{9.2.2}$$

另一方面,

$$\sum_{u\in C} g_u(z) = \sum_{u\in C}\sum_{v\in\mathbb{F}_q^n} \lambda_u(v) z^{W_H(v)} = \sum_{v\in\mathbb{F}_q^n} z^{W_H(v)} \sum_{u\in C} \lambda_u(v).$$

但是 $\lambda_u(v) = \zeta^{T((u,v))} = \lambda_v(u)$, 而 λ_v 也可看成是加法群 C 的特征. 如果 λ_v 在 C 上平凡, 即 $\lambda_v(C) = 1$, 则 $\sum\limits_{u\in C} \lambda_v(u) = |C| = q^k$. 若 λ_v 为 C 的非平凡特征, 则 $\sum\limits_{u\in C} \lambda_v(u) = 0$. 而且

$$\begin{aligned}\lambda_v(C) = 1 &\Leftrightarrow \text{对每个 } c\in C, \lambda_v(c) = \zeta^{T((v,c))} = 1, \text{即 } (v,c) = 0 \\ &\Leftrightarrow c \in C^{\perp}.\end{aligned}$$

因此

$$\sum_{u\in C} g_u(z) = q^k \sum_{u\in C^{\perp}} z^{W_H(v)} = q^k \sum_{i=0}^{n} A_i^{\perp} z^i.$$

由式 (9.2.2) 就得到

$$\sum_{i=0}^{n} A_i(1+(q-1)z)^{n-i}(1-z)^i = q^k \sum_{i=0}^{n} A_i^{\perp} z^i,$$

令 $z = \dfrac{x}{y}$, 代入上式, 将两边乘以 x^n 便得到 MacWilliams 恒等式. □

现在我们计算一种码的重量分布, 和下章要讲的 m 序列有关.

例 9.7 (m 序列码) 设 p 为素数, $q = p^l$, $Q = q^k$, $\mathbb{F}_Q^{\times} = \langle\gamma\rangle$. 以 $T : \mathbb{F}_Q \to \mathbb{F}_q$ 表示由 $\mathbb{F}_Q$ 到 $\mathbb{F}_q$ 的迹函数, 即对于 $\alpha \in \mathbb{F}_Q$, $T(\alpha) = \alpha + \alpha^q + \alpha^{q^2} + \cdots + \alpha^{q^{k-1}} \in \mathbb{F}_q$. 令 $n = Q - 1$ (这是元素 γ 的阶). 考虑

$$C = \{c(\beta) = (T(\beta), T(\beta\gamma), T(\beta\gamma^2), \cdots, T(\beta\gamma^{n-1})) \in \mathbb{F}_q^n : \beta \in \mathbb{F}_Q\}.$$

由于 T 是 $\mathbb{F}_q$-线性映射, 可知 C 是 $\mathbb{F}_q^n$ 中的 $\mathbb{F}_q$-向量子空间, 即对于 $a, b \in \mathbb{F}_q$, $\alpha, \beta \in \mathbb{F}_Q$, $a\cdot c(\alpha) + b\cdot c(\beta) = c(a\alpha + b\beta)$. 于是 C 为 $\mathbb{F}_q$ 上的线性码, 码长为 n. 进而考虑映射

$$\varphi : \mathbb{F}_Q \to \mathbb{F}_q^n, \quad \varphi(\beta) = c(\beta),$$

这是 $\mathbb{F}_q$-线性映射, 像集合 $\mathrm{Im}\varphi$ 就是 C. 由于对于 $\beta\in\mathbb{F}_Q$,

$$\beta\in\ker(\varphi)\Leftrightarrow c(\beta)\text{为零向量}\Leftrightarrow T(\beta\gamma^i)=0\ (0\leqslant i\leqslant n-1)$$

$$\Leftrightarrow T(\beta\alpha)=0\ (\text{对每个 }\alpha\in\mathbb{F}_Q)\Leftrightarrow\beta=0,$$

可知 φ 是单射, 这就表明 $\dim_{\mathbb{F}_q}C=\dim_{\mathbb{F}_q}\mathbb{F}_Q=k$, 即 C 为 $\mathbb{F}_q$ 上 k 维子空间. 我们再决定 C 的最小距离 d. 事实上, 我们可以决定 q 元线性码的重量分布. $A_0,A_1,\cdots,A_n$, 其中 A_i 为 C 中汉明重量为 i 的码字个数.

只有零码字的汉明重量为 0, 即 $A_0=1$. 当 $\beta\in\mathbb{F}_Q^{\times}$ 时,

$$\begin{aligned}W_H(c(\beta))&=\#\{i:0\leqslant i\leqslant n-1,T(\beta\gamma^i)\neq 0\}\\&=\#\{\alpha\in\mathbb{F}_Q:T(\beta\alpha)\neq 0\}=\#\{x\in\mathbb{F}_Q:T(x)\neq 0\}\quad(\text{令 }x=\beta\alpha)\\&=Q-\#\{x\in\mathbb{F}_Q:T(x)=0\}=Q-\frac{Q}{q}=q^{k-1}(q-1).\end{aligned}$$

这表明, C 中每个非零码字的汉明重量均为 $q^{k-1}(q-1)$. 特别地, 线性码 C 的最小距离为 $q^{k-1}(q-1)$. 即 C 是参数为 $[n,k,d]_q$ 的线性码, 其中 $n=q^k-1$, $d=q^{k-1}(q-1)$.

这个码达到 9.1 节的 Griesmer 界 $n\geqslant\sum\limits_{i=0}^{k-1}\left\lceil\dfrac{d}{q^i}\right\rceil$, 因为

$$\sum_{i=0}^{k-1}\left\lceil\frac{d}{q^i}\right\rceil=\sum_{i=0}^{k-1}\frac{q^{k-1}(q-1)}{q^i}=(q-1)(q^{k-1}+q^{k-2}+\cdots+q+1)=q^k-1=n.$$

它也达到 Plotkin 界 $K\leqslant\dfrac{d}{d-\theta n}\left(\text{其中 }\theta=\dfrac{q-1}{q},d>\theta n\right)$, 因为

$$d-\theta n=q^{k-1}(q-1)-\frac{q-1}{q}(q^k-1)=\frac{q-1}{q}>0,$$

$$\frac{d}{d-\theta n}=\frac{q^{k-1}(q-1)q}{q-1}=q^k=K.$$

由于 $\mathbb{F}_q(\gamma)=\mathbb{F}_Q$, 而 $\mathbb{F}_Q/\mathbb{F}_q$ 是 k 次扩张, 可知 $\{1,\gamma,\gamma^2,\cdots,\gamma^{k-1}\}$ 是 $\mathbb{F}_Q$ 的一组 $\mathbb{F}_q$-基. 再由 $\varphi:\mathbb{F}_Q\xrightarrow{\sim}\mathbb{C}$ 是 $\mathbb{F}_q$-线性同构, 可知 $\{c(1),c(\gamma),\cdots,c(\gamma^{k-1})\}$ 是线性码 C 的一组 $\mathbb{F}_q$-基, 于是 C 有生成矩阵

$$\boldsymbol{G}=\begin{bmatrix}c(1)\\c(\gamma)\\\vdots\\c(\gamma^{k-1})\end{bmatrix}$$

$$= \begin{bmatrix} T(1) & T(\gamma) & \cdots & T(\gamma^{n-2}) & T(\gamma^{n-1}) \\ T(\gamma) & T(\gamma^2) & \cdots & T(\gamma^{n-1}) & T(\gamma^n) \\ \vdots & \vdots & & \vdots & \vdots \\ T(\gamma^{k-1}) & T(\gamma^k) & \cdots & T(\gamma^{n+k-3}) & T(\gamma^{n+k-2}) \end{bmatrix} \quad (\gamma^n = 1, n = q^k - 1)$$

$$= [u_0, u_1, \cdots, u_{n-1}],$$

其中 $u_i = (T(\gamma^i), T(\gamma^{i+1}), \cdots, T(\gamma^{i+k-1}))^{\mathrm{T}}$ 是长为 k 的列向量.

现在考虑将 C 中的每个码字 $c(\beta)$ 只取前 $n' = \dfrac{n}{q-1} = \dfrac{q^k-1}{q-1}$ 位而得到的码

$$C' = \{c'(\beta) = (T(\beta), T(\beta\gamma), \cdots, T(\beta\gamma^{n'-1})) \in \mathbb{F}_q^{n'} : \beta \in \mathbb{F}_Q\},$$

这是 $\mathbb{F}_q$ 上码长为 n' 的线性码. 注意若 $0 \leqslant i \leqslant n-1$, 用 n' 除 i 为

$$i = \lambda n' + r, \quad 0 \leqslant \lambda \leqslant \frac{n}{n'} - 1, \quad 0 \leqslant r \leqslant n' - 1.$$

令 $\theta = \gamma^{n'} = \gamma^{\frac{q^k-1}{q-1}}$, 这是 $q-1$ 阶元素, 从而 $\mathbb{F}_q^{\times} = \langle\theta\rangle$. 而

$$T(\beta\gamma^i) = T(\beta\gamma^{\lambda n'+r}) = T(\beta\gamma^r\theta^\lambda) = \theta^\lambda T(\beta\gamma^r).$$

这表明: 若对某个 r, $0 \leqslant r \leqslant n'-1$,

$$T(\beta\gamma^r) = 0 \Leftrightarrow T(\beta\gamma^{\lambda n'+r}) = 0 \quad \left(0 \leqslant \lambda \leqslant \frac{n}{n'} - 1 = q - 2\right).$$

由于 $\beta \neq 0$ 时, C 中码字 $c(\beta)$ 都有 $n-d = q^k - 1 - (q^k - q^{k-1}) = q^{k-1} - 1$ 个分量为 0, 可知 C' 中每个非零码字 $c'(\beta)$ $(\beta \neq 0)$ 均有 $(q^{k-1}-1)/(q-1)$ 个分量为 0, 即 $c'(\beta)$ 的汉明重量均为 $n' - (q^{k-1}-1)/(q-1) = (q^k - q^{k-1} - 1)/(q-1) = q^{k-1}$. 因此 $\mathbb{F}_q$ 上线性码 C' 的参数为 $[n', k, d']_q$, 其中 C' 的最小距离为 $d' = q^{k-1}$, 码长 $n' = \dfrac{q^k-1}{q-1}$. 这个码同时达到 Griesmer 界和 Plotkin 界, 并且 C' 的重量分布为 $A_0 = 1$, $A_{d'} = q^k - 1$, 即

$$f_{C'}(x, y) = x^{n'} + (q^k - 1)x^{n'-d'}y^{d'} \tag{9.2.3}$$

$$\left(\text{其中 } n' = \frac{q^k-1}{q-1}, d' = q^{k-1}, n' - d' = \frac{q^{k-1}-1}{q-1}\right).$$

线性码 C' 的生成矩阵 $\boldsymbol{G}'$ 即是 C 的生成矩阵的前 n' 列给出的:

$$\boldsymbol{G}' = [u_0,\ u_1,\ \cdots,\ u_{n'-1}]$$

$$= \begin{bmatrix} T(1) & T(\gamma) & \cdots & T(\gamma^{n'-2}) & T(\gamma^{n'-1}) \\ T(\gamma) & T(\gamma^2) & \cdots & T(\gamma^{n'-1}) & T(\gamma^{n'}) \\ \vdots & \vdots & & \vdots & \vdots \\ T(\gamma^{k-1}) & T(\gamma^k) & \cdots & T(\gamma^{n'+k-3}) & T(\gamma^{n'+k-2}) \end{bmatrix}.$$

考虑 C 的生成矩阵 $\boldsymbol{G}$ 中 $n=q^k-1$ 个列向量 $u_0,\cdots,u_{n-1}$. 由 $\{1,\gamma,\cdots,\gamma^{k-1}\}$ 是 $\mathbb{F}_Q$ 对于 $\mathbb{F}_q$ 的一组基可知, 这 n 个向量 $u_i=(T(\gamma^i),T(\gamma^{i+1}),\cdots,T(\gamma^{i+k-1}))(0\leqslant i\leqslant n-1)$ 恰好是 $\mathbb{F}_q^k$ 中全部非零向量. 进而, 对于 $0\leqslant i,j\leqslant n-1$, $u_j=\alpha u_j$ $(\alpha\in\mathbb{F}_q^*)$ 即 u_i 和 u_j 是射影等价类, 当且仅当 $i\equiv j\pmod{n'}$. 于是 $\boldsymbol{G}'$ 中的 n' 个列向量 $u_0,\cdots,u_{n'-1}$ 恰好是 $\mathbb{F}_q^k$ 中非零向量中彼此不射影等价的 n' 个列向量. 即射影空间 $PG(k-1,q)$ 中全部 $n'=\dfrac{q^k-1}{q-1}$ 个射影类. 由例 9.4 知, 以 $\boldsymbol{G}'$ 为校验矩阵的线性码是参数为 $\left[\dfrac{q^k-1}{q-1},\dfrac{q^k-1}{q-1}-k,3\right]_q$ 的汉明码 H. 从而 H 即是 C' 的对偶码. 由于 C' 的重量分布如 (9.2.3) 式所示, 通过 MacWilliams 恒等式可求出汉明码 H 的重量分布 $\{A_0^{\perp},\cdots,A_{n'}^{\perp}\}$, 即

$$\begin{aligned}
&f_H(x,y)\\
&=\sum_{i=0}^{n'}A_i^{\perp}x^{n'-i}y^i=q^{-k}f_{C'}(x+(q-1)y,x-y)\\
&=q^{-k}[(x+(q-1)y)^{n'}+(q^k-1)(x+(q-1)y)^{n'-d'}(x-y)^{d'}]\\
&\qquad\qquad\left(n'=\frac{q^k-1}{q-1},d'=q^{k-1},n'-d'=\frac{q^{k-1}-1}{q-1}\right)\\
&=q^{-k}\left[\sum_{i=0}^{n'}\binom{n'}{i}(q-1)^ix^{n'-i}y^i+(q^k-1)\sum_{\lambda=0}^{n'-d'}\binom{n'-d'}{\lambda}x^{n'-d'-\lambda}(q-1)^{\lambda}y^{\lambda}\right.\\
&\qquad\left.\cdot\sum_{\mu=0}^{d'}\binom{d'}{\mu}(-1)^{\mu}x^{d'-\mu}y^{\mu}\right]\\
&=q^{-k}\sum_{i=0}^{n'}\left[\binom{n'}{i}(q-1)^i+(q^k-1)b_i\right]x^{n'-i}y^i.
\end{aligned}$$

这就表明 $A_0=1$, 而 $i\geqslant 1$ 时 $A_i^{\perp}=q^{-k}\left[\dbinom{n'}{i}(q-1)^i+(q^k-1)b_i\right]$, 其中

$$b_i = \sum_{\substack{0\leqslant\lambda\leqslant n'-d' \\ 0\leqslant\mu\leqslant d' \\ \lambda+\mu=i}} (-1)^{\mu}(q-1)^{\lambda}\binom{n'-d'}{\lambda}\binom{d'}{\mu}.$$

可直接验证 $A_1^{\perp} = A_2^{\perp} = 0$, 而当 $k \geqslant 2$ 时

$$A_3^{\perp} = q^{-k}\left[\binom{n'}{3}(q-1)^3 + (q^k-1)b_3\right] = \frac{1}{2}(q^k-1)(q^k-q) > 0.$$

所以汉明码 H 的最小距离为 3, 并且 H 中汉明重量为 3 的码字个数为 $\frac{1}{2}(q^k - 1)(q^k - q)$.

线性纠错码的重量分布是一个重要性质. 在理论上, 一个最小距离为 d 的纠错码可以纠正 $\leqslant \left[\frac{d-1}{2}\right]$ 位错误. 但在实际信道中, 每个长为 n 的码字 c 总会有可能出现多于 $\left[\frac{d-1}{2}\right]$ 位的错误 ε, 尽管它的概率很小. 收到 $y = c + \varepsilon$ 之后, 和它最近的码字可能多于 1 个. 从而有可能译错码字. 利用码的重量分布可以估计译码错误的概率.

线性码和组合设计也有密切联系. 对于一个码字 $c = (c_1, \cdots, c_n) \in \mathbb{F}_q^n$, 定义 c 的支持集合 (support) 为

$$\mathrm{Supp}(c) = \{i : 1 \leqslant i \leqslant n, c_i \neq 0\},$$

$\mathrm{Supp}(c)$为$\{1, 2, \cdots, n\}$的$W_H(c)$元子集合.

如果 $\mathbb{F}_q$ 上的线性码 C 满足某些条件, 则对某些 λ, C 中所有 A_λ 个汉明重量为 λ 的码字的支持集合作为区组, 可以是 $\{1, 2, \cdots, n\}$ 上很好的组合设计. 这方面可见文献 [14]. 近年来, 采用这种方法, 丁存生等发现了许多新参数的组合设计.

9.3 循 环 码

定义 9.6 线性码 C 叫作循环码, 是指若 $c = (c_0, c_1, \cdots, c_{n-1})$ 是码字, 则它的循环移位得到的 $(c_1, c_2, \cdots, c_{n-1}, c_0)$ 也是码字. 于是对每个 $i \geqslant 1$, 循环 i 位得到的 $(c_i, c_{i+1}, \cdots, c_{n-1}, c_0 \cdots, c_{i-1}) \in C$.

循环码是线性码的一部分, 但是也有好的纠错码. 这种码的研究采用近世代数工具, 可以发现这种码具有更多的代数性质, 可以进一步简化纠错解码算法, 便于应用.

考虑多项式环 $\mathbb{F}_q[x]$, $\mathbb{F}_q^n$ 中的向量 $v=(v_0,v_1,\cdots,v_{n-1})$ 等同于 $\mathbb{F}_q[x]$ 中的多项式 $v(x)=v_0+v_1x+\cdots+v_{n-1}x^{n-1}$. 则 $\mathbb{F}_q^n$ 就等同于 $\mathbb{F}_q[x]$ 中所有次数 $\leqslant n-1$ 的多项式. 进一步考虑商环

$$R=\mathbb{F}_q[x]/(x^n-1),$$

则 R 中的每个元素是理想 (x^n-1) 在 $\mathbb{F}_q[x]$ 中的一个加法陪集, 其中恰好有一个多项式次数 $\leqslant n-1$ 对应于向量 v. 于是有环同构 (也是 $\mathbb{F}_q$-线性同构)

$$\mathbb{F}_q^n \xrightarrow{\sim} R=\mathbb{F}_q[x]/(x^n-1),$$

$$v=(v_0,v_1,\cdots,v_{n-1})\longmapsto v(x)=v_0+v_1x+\cdots+v_{n-1}x^{n-1}.$$

进而, 若 C 是 $\mathbb{F}_q^n$ 的一个 $\mathbb{F}_q$-向量子空间 (线性码), 则 C 等同于 R 的一个 $\mathbb{F}_q$-向量子空间, 从而若 $c_1(x)$, $c_2(x)\in C$, a, $b\in\mathbb{F}_q$, 则 $ac_1(x)+bc_2(x)\in C$. 进而若 $c(x)=c_0+c_1x+\cdots+c_{n-1}x^{n-1}\in C$, 则

$$\begin{aligned}xc(x)&=c_0x+c_1x^2+\cdots+c_{n-2}x^{n-1}+c_{n-1}x^n\\&\equiv c_{n-1}+c_0x+c_1x^2+\cdots+c_{n-2}x^{n-1}\pmod{x^n-1}.\end{aligned}$$

这表明码字 c 循环移位 1 位相当于 $c(x)$ 在 R 中乘以 x. 换句话说, 线性码 C 为循环码, 是指 C 看成 R 中子集合时, 若 $c(x)\in C$, 则 $xc(x)\in C$. 从而对于任意 l, $x^lc(x)\in C$. 于是对于每个多项式

$$g(x)=g_0+g_1x+\cdots+g_lx^l\in\mathbb{F}_q[x],$$

$$g(x)c(x)=g_0c(x)+g_1xc(x)+\cdots+g_lx^lc(x)\in C.$$

这就表明: C 是 $\mathbb{F}_q$ 上码长为 n 的循环码当且仅当它是环 R 中的一个理想.

多项式环 $\mathbb{F}_q[x]$ 是主理想整环, 商环 $R=\mathbb{F}_q[x]/(x^n-1)$ 也是主理想整环, R 中每个理想 C (循环码) 对应于 $\mathbb{F}_q[x]$ 中包含 (x^n-1) 的主理想, 从而 $C=(g(x))$, 其中 $g(x)$ 是 $\mathbb{F}_q[x]$ 中首 1 多项式, 并且 $g(x)\mid x^n-1$. 令

$$x^n-1=g(x)h(x),\quad \deg(g(x))=n-k,\quad \deg(h(x))=k,\quad 1\leqslant k\leqslant n-1.$$

称 $g(x)$ 和 (首 1 多项式) $h(x)$ 分别为循环码 C 的生成多项式和校验多项式. 这是因为: 对于 R 中的多项式 $v(x)=v_0+v_1x+\cdots+v_{n-1}x^{n-1}$,

$$\begin{aligned}&v(x)\in C=(g(x))\Leftrightarrow g(x)\mid v(x)\\&\Leftrightarrow x^n-1\mid v(x)h(x)\Leftrightarrow \text{在 } R \text{ 中 } v(x)h(x)=0.\end{aligned}$$

所以收方验证 $v(x)$ 是否为码字, 或者看 $v(x)$ 是否被 $g(x)$ 除尽, 或者 $v(x)$ 乘以 $h(x)$ 是否为 $0 \in R$. (在 R 中, x^{n+i} 降低次数为 x^i). 所以均是多项式四则运算. 这些运算在技术上可以用"线性移位寄存器"进行, 做成固定元件, 使纠错解码可以快速实现.

循环码 $C=(g(x))$ 的生成多项式 $g(x)=g_0+g_1x+\cdots+g_{n-k}x^{n-k} \in \mathbb{F}_q[x]$, $g_{n-k}=1, \deg g(x)=n-k$. 则 C 作为 $\mathbb{F}_q$ 上向量空间, $\{g(x), xg(x), \cdots, x^{k-1}g(x)\}$ 是 C 的一组基. 因此 $\dim_{\mathbb{F}_q} C=k$, 并且作为线性码, C 有如下的生成矩阵

$$\boldsymbol{G}=\begin{bmatrix} g(x) \\ xg(x) \\ \vdots \\ x^{k-1}g(x) \end{bmatrix}$$

$$=\begin{bmatrix} g_0 & g_1 & \cdots & g_{n-k} & & & \\ & g_0 & g_1 & \cdots & g_{n-k} & & \\ & & \ddots & \ddots & & \ddots & \\ & & & g_0 & g_1 & \cdots & g_{n-k} \end{bmatrix} \quad \begin{matrix} (k\text{行}n\text{列}) \\ (g_{n-k}=1, g_0\neq 0). \end{matrix}$$

另一方面, 设校验多项式 $h(x)=h_0+h_1x+\cdots+h_kx^k \in \mathbb{F}_q[x]$ $(h_k=1, h_0 \neq 0)$, 对于 R 中 $v(x)=v_0+v_1x+\cdots+v_{n-1}x^{n-1}$ $(v_i \in \mathbb{F}_q)$,

$$\begin{aligned} v(x)\in C \Leftrightarrow v(x)h(x) &= (v_0+v_1x+\cdots+v_{n-1}x^{n-1})(h_0+h_1x+\cdots+h_kx^k) \\ &= s_0+s_1x+\cdots+s_{n-1}x^{n-1} \equiv 0 \pmod{x^n-1} \end{aligned}$$

$$\Leftrightarrow \begin{cases} s_0=v_0h_0+v_{n-1}h_1+\cdots+v_{n-k}h_k=0, \\ s_1=v_1h_0+v_0h_1+\cdots+v_{n-k+1}h_k=0, \\ \qquad\qquad \cdots\cdots \\ s_{n-1}=v_{n-1}h_0+v_{n-2}h_1+\cdots+v_{n-k-1}h_k=0 \end{cases}$$

$$\Leftrightarrow \boldsymbol{H}\begin{bmatrix} v_0 \\ \vdots \\ v_{n-1} \end{bmatrix}=0 \quad (\text{长为 } n-k \text{ 的零列向量}),$$

其中

$$H = \begin{bmatrix} h_k & h_{k-1} & \cdots & h_1 & h_0 & & & \\ & h_k & h_{k-1} & \cdots & h_1 & h_0 & & \\ & & \ddots & \ddots & & \ddots & \ddots & \\ & & & h_k & h_{k-1} & \cdots & h_1 & h_0 \end{bmatrix} \quad \begin{matrix} (n-k\text{行}n\text{列}) \\ (h_k=1, h_0\neq 0), \end{matrix}$$

于是 $\boldsymbol{H}$ 是线性码 C 的一个校验矩阵.

对于首 1 多项式 $f(x) = x^l + c_1x^{l-1} + \cdots + c_l \in \mathbb{F}_q[x]$, $c_l \neq 0$, 我们把首 1 多项式

$$f^*(x) = c_l^{-1}(1 + c_1x + \cdots + c_lx^l) = c_l^{-1}x^l f\left(\frac{1}{x}\right)$$

叫作 $f(x)$ 的反向多项式. 如果 $\alpha_1, \cdots, \alpha_l$ 为 $f(x)$ 的根, 由 $c_l \neq 0$ 知 $\alpha_i \neq 0$ $(1 \leqslant i \leqslant l)$, 并且 $f^*(x)$ 的根为 $\alpha_1^{-1}, \cdots, \alpha_l^{-1}$. 由于 C 的生成矩阵 $\boldsymbol{G}$ 和校验矩阵具有上述形式, 它们分别为对偶码 $C^\perp$ 的校验矩阵和生成矩阵. 可知 $C^\perp$ 也是循环码, 并且 $C^\perp$ 的生成多项式和校验多项式分别为 $h^*(x)$ 和 $g^*(x)$.

今后我们假定 $\mathbb{F}_q$ 上循环码 C 的码长 n 和 q 互素 (多数纠错能力好的循环码都属于这种情形). 这时 $\mathbb{F}_q[x]$ 中多项式 $x^n - 1$ 在 $\mathbb{F}_q$ 的扩域中没有重根, 并且存在 n 阶元素 α, 使得 $x^n - 1$ 的 n 个根为 $1, \alpha, \alpha^2, \cdots, \alpha^{n-1}$. 如果 $h(x)$ 和 $g(x)$ 分别为循环码 C 的生成多项式和校验多项式, $x^n - 1 = g(x)h(x)$, 则 $g(x)$ 的根为 $\{1, \alpha, \alpha^2, \cdots, \alpha^{n-1}\}$ 的一个 $n-k$ 元子集合, $n - k = \deg(g(x))$. 我们也把 $g(x)$ 的根 (零点) 称作循环码的零点. 于是对于 $v(x) = v_0 + v_1x + \cdots + v_{n-1}x^{n-1} \in R = \mathbb{F}_q[x]/(x^n - 1)$,

$$v = (v_0, \cdots, v_{n-1}) \in C \Leftrightarrow g(x) \mid v(x)$$

$$\Leftrightarrow \text{对于 } g(x) \text{ 的每个零点 } \alpha^i, v(\alpha^i) = 0.$$

一个线性码由它的生成矩阵或者校验矩阵所完全决定, 并且由校验矩阵各列向量之间的线性无关特性可决定这个线性码的最小距离. 一个循环码也由它的生成多项式或者校验矩阵多项式所完全决定, 从而也可由循环码的零点集合所完全决定. 但是如何由 $g(x)$, $h(x)$ 或者零点集合来决定此循环码的最小距离, 是一个困难的问题. A. Hocquenghen (1959 年), R. C. Bose 和 D. K. Ray-Chaudhuri (1960 年) 相互独立地用循环码的零点集合给出最小距离一个好的下界.

定义 9.7 设 $\gcd(n, q) = 1$, β 为 $\mathbb{F}_q$ 的某个扩域中的 n 阶元素. 设 l 和 δ 为正整数, $2 \leqslant \delta \leqslant n - 1$. 以 $\{\beta^l, \beta^{l+1}, \cdots, \beta^{l+\delta-2}\}$ 这 $\delta - 1$ 个元素为零点的码长为 n 的 $\mathbb{F}_q$ 上循环码

$$C = \{c(x) \in \mathbb{F}_q[x] : \deg c(x) \leqslant n - 1, c(\beta^l) = c(\beta^{l+1}) = \cdots = c(\beta^{l+\delta-2}) = 0\}$$

叫作设计距离为 δ 的 BCH 码.

定理 9.3 对于定义 9.7 中的 BCH 码 C, 它的最小距离 $d \geqslant \delta$.

证明 对于 $v(x)=v_0+v_1x+\cdots+v_{n-1}x^{n-1}\in\mathbb{F}_q[x]$,

$$v(x)\in C \Leftrightarrow v(\beta^t)=c_0+c_1\beta^t+\cdots+c_{n-1}\beta^{t(n-1)}=0 \quad (l\leqslant t\leqslant l+\delta-2)$$

$$\Leftrightarrow \boldsymbol{H}\begin{bmatrix} c_0\\ \vdots \\ c_{n-1}\end{bmatrix}=0 \quad (\text{长为 } \delta-1 \text{ 的零列向量}),$$

其中

$$\boldsymbol{H}=\begin{bmatrix} 1 & \beta^l & \beta^{2l} & \cdots & \beta^{(n-1)l}\\ 1 & \beta^{l+1} & \beta^{2(l+1)} & \cdots & \beta^{(n-1)(l+1)}\\ \vdots & \vdots & \vdots & & \vdots\\ 1 & \beta^{l+\delta-2} & \beta^{2(l+\delta-2)} & \cdots & \beta^{(n-1)(l+\delta-2)}\end{bmatrix}_{(\delta-1\text{行}\times n\text{列})},$$

这相当于说 $\boldsymbol{H}$ 是线性码 C 的一个校验矩阵. 为证 $d\geqslant\delta$, 只需证明 $\boldsymbol{H}$ 的任何 $\delta-1$ 个不同列都是 $\mathbb{F}_q$-线性无关的. $\boldsymbol{H}$ 的任何 $\delta-1$ 个不同的列给出 $(\delta-1)\times(\delta-1)$ 的子方阵

$$\boldsymbol{M}=\begin{bmatrix} \beta^{i_1l} & \beta^{i_2l} & \cdots & \beta^{i_{\delta-1}l}\\ \beta^{i_1(l+1)} & \beta^{i_2(l+1)} & \cdots & \beta^{i_{\delta-1}(l+1)}\\ \vdots & \vdots & & \vdots\\ \beta^{i_1(l+\delta-2)} & \beta^{i_2(l+\delta-2)} & \cdots & \beta^{i_{\delta-1}(l+\delta-2)}\end{bmatrix}$$

$$(0\leqslant i_1<i_2<\cdots<i_{\delta-1}\leqslant n-1).$$

它的行列式为

$$\det\boldsymbol{M}=\beta^{(i_1+i_2+\cdots+i_{\delta-1})l}\begin{vmatrix} 1 & 1 & \cdots & 1\\ \beta^{i_1} & \beta^{i_2} & \cdots & \beta^{i_{\delta-1}}\\ \vdots & \vdots & & \vdots\\ \beta^{i_1(\delta-2)} & \beta^{i_2(\delta-2)} & \cdots & \beta^{i_{\delta-1}(\delta-2)}\end{vmatrix},$$

其中 $\beta\neq0$, 而上式右边行列式为范德蒙德行列式, $\beta^{i_1},\beta^{i_2},\cdots,\beta^{i_{\delta-1}}$ 为彼此不同的元素. 可知 $\det\boldsymbol{M}\neq0$. 这表明 $\boldsymbol{H}$ 的任何 $\delta-1$ 个不同的列均线性无关. 于是 $d\geqslant\delta$. □

在许多情形下, BCH 码的最小距离 d 大于设计距离 δ.

例 9.8 (2 元 Golay 码) 设 α 是 $\mathbb{F}_2$ 的扩域中的 23 阶元素. 由于 2 模 23 的阶为 11, 从而 $\mathbb{F}_2(\alpha)=\mathbb{F}_q$, $q=2^{11}$. 而设 α 在 $\mathbb{F}_2$ 上的最小多项式 $g_1(x)$ 为 $\mathbb{F}_2[x]$ 中 11 次不可约多项式. $g_1(x)$ 的全部根为

$$\{\alpha^i : i=1,2,4,8,16,9,18,13,3,6,12\},$$

$g_1(x)$ 的反向多项式 $g_2(x)$ 的全部根为

$$\begin{aligned}&\{\alpha^{-i} : i=1,2,4,8,16,9,18,13,3,6,12\}\\ =&\{\alpha^i : i=22,21,19,15,7,14,5,10,20,17,11\},\end{aligned}$$

于是 $x^{23}-1=(x-1)g_1(x)g_2(x)$.

设 $C=(g_1(x))$, 则 $\{\alpha,\alpha^2,\alpha^3,\alpha^4\}$ 为 $g_1(x)$ 的零点, $\delta=5$. 从而 C 的最小距离 $d\geqslant 5$. 我们证明 C 中不可能有汉明重量为 5 的码字. 因为设

$$c(x)=x^{l_1}+x^{l_2}+x^{l_3}+x^{l_4}+x^{l_5}\in C,\quad 0\leqslant l_1<l_2<\cdots<l_5\leqslant 22,$$

则 $g_1(x)\mid c(x)$, $g_2(x)=g_1^*(x)\mid c^*(x)=x^{23-l_1}+\cdots+x^{23-l_5}$. 于是

$$1+x+\cdots+x^{22}=g_1(x)g_2(x)\mid c(x)c^*(x)=\sum_{\lambda,\mu=1}^{5}x^{l_\lambda}\cdot x^{23-l_\mu},$$

从而 $\sum\limits_{\lambda,\mu=1}^{5}x^{l_\lambda-l_\mu}\equiv 0$ 或 $1+x+\cdots+x^{22}\pmod{x^{23}-1}$.

上式右边的常数项为 $\lambda=\mu$ 的 5 项之和, 从而常数项为 1. 于是

$$1+x+\cdots+x^{22}\equiv\sum_{\lambda,\mu=1}^{5}x^{l_\lambda-l_\mu}\equiv 1+\sum_{\substack{\lambda,\mu=1\\ \lambda\neq\mu}}^{5}x^{l_\lambda-l_\mu}\pmod{x^{23}-1}.$$

但是右边和式共有 $5\cdot 4=20$ 项, 而左边有 23 项. 从而上面同余式不可能成立. 因此 $d>5$.

通过更细致的计算, 可知 $d=7$. 于是 C 的参数为 $[n,k,d]_q=[23,12,7]_2$. 这个码达到汉明界: $q^{n-k}\geqslant\sum\limits_{i=0}^{[\frac{d}{2}]}\binom{n}{i}(q-1)^i$. 因为左边为 $2^{11}=2048$, 右边也为 $\binom{23}{0}+\binom{23}{1}+\binom{23}{2}+\binom{23}{3}=2048$. 从而这个 2 元 Golay 码是完全码.

例 9.9 (3 元 Golay 码) 设 α 是在 $\mathbb{F}_3$ 的扩域中的 11 阶元素, $g_1(x)$ 为 α 在 $\mathbb{F}_3$ 上的最小多项式, 根为 $\{\alpha,\alpha^3,\alpha^9,\alpha^{27}=\alpha^5,\alpha^{15}=\alpha^4\}$. 于是 $\deg g_1(x)=5$, $\mathbb{F}_3(\alpha)=\mathbb{F}_q$, $q=3^5$. $x^{11}-1=(x-1)g_1(x)g_2(x)$, $g_2(x)$ 是 $g_1(x)$ 的反向多项式. 对于循环码 $C=(g_1(x))$, 由于 $g_1(x)$ 有根 $\{\alpha^3,\alpha^4,\alpha^5\}$, 可知 C 的最小距离 $d\geqslant 4$. 事实上, $d=5$. 由于 C 的参数为 $[n,k,d]_q=[11,6,5]_3$, 而

$$q^{n-k}=3^5=243,\quad \sum_{i=0}^{5}\binom{n}{i}(q-1)^i=1+\binom{11}{1}\cdot 2+\binom{11}{2}\cdot 4=243,$$

可知这个 3 元 Golay 码也是完全码.

至此我们已经得到如下的线性完全码:

(1) 汉明码, 参数为 $\left[\dfrac{q^m-1}{q-1},\dfrac{q^m-1}{q-1}-m,3\right]_q$, $m\geqslant 2$.

(2) 2 元 Golay 码和 3 元 Golay 码, 参数分别为 $[23,12,7]_2$ 和 $[11,6,5]_3$.

(3) 平凡情形, $C=\mathbb{F}_q^n$, 参数为 $[n,n,1]_q$.

20 世纪 70 年代, 经过初等但是细致的考虑, 证明了完全码只有以上的参数. 但是对于汉明码, 还有许多和它不等价的非线性码, 具有同样的参数.

9.4 不可约循环码的重量分布

有了以上准备, 现在可以介绍代数数论在研究编码理论中的应用. 我们只介绍一个应用, 即用高斯和计算不可约循环码的重量分布.

设 q 为素数方幂, n 是和 q 互素的正整数, $n\geqslant 2$. 则存在正整数 k 使得 $q^k\equiv 1 \pmod{n}$. 设 k 是满足此同余式的最小正整数, 叫作 q 模 n 的阶. 令 $Q=q^k$, 则 $Q-1=ne$. 令 $\mathbb{F}_Q^*=\langle\gamma\rangle$, 则 γ 是 $Q-1$ 阶元素, 而 $\alpha=\gamma^e$ 是 n 阶元素. $\pi=\alpha^{-1}$ 也是 n 阶元素. π 在 $\mathbb{F}_q$ 上的最小多项式 $h(x)$ 为 $\mathbb{F}_q[x]$ 中一个 k 次首 1 不可约多项式, $h(x)$ 的全部零点为 $\{\pi,\pi^q,\pi^{q^2},\cdots,\pi^{q^{k-1}}\}$, $\mathbb{F}_q(\alpha)=\mathbb{F}_q(\pi)=\mathbb{F}_Q$.

以不可约多项式 $h(x)$ 为校验多项式的循环码 C 叫作码长为 n 的 q 元不可约循环码, 它的维数为 $\deg h(x)=k$. 作为数论的一个应用, 对 C 中每个码字 c 和每个 $a\in\mathbb{F}_q$, 我们要用高斯和来表达 c 的 a-分量个数 $\mathrm{N}_c(a)$, 即对于 $c=(c_0,c_1,\cdots,c_{n-1})\in C$,

$$\mathrm{N}_c(a)=\{i:0\leqslant i\leqslant n-1,c_i=a\}.$$

于是我们便对每个码字 c 得到 $W_H(c)=n-\mathrm{N}_c(0)$. 从而也得到不可约循环码 C 的重量分布和最小距离.

首先我们给出不可约循环码中每个码字的迹表达式.

定理 9.4 设 q 为素数幂, $(n,q)=1$, $n\geqslant 2$, k 为 q 模 n 的阶, $Q=q^k$, $Q-1=ne$, $\mathbb{F}_Q^*=\langle\gamma\rangle$, $\alpha=\gamma^e$. $h(x)$ 是 $\pi=\alpha^{-1}$ 在 $\mathbb{F}_q$ 上的最小多项式, C 是码长为 n 并且以 $h(x)$ 为校验多项式的不可约循环码. 令 $T:\mathbb{F}_Q\to\mathbb{F}_q$ 为迹函数, 则

$$C=\{c_\beta=(T(\beta),T(\beta\alpha),\cdots,T(\beta\alpha^{n-1}))\in\mathbb{F}_q^n:\beta\in\mathbb{F}_Q\}.$$

证明 对于 $0\leqslant\lambda\leqslant k-1$, 考虑 $\mathbb{F}_Q[x]$ 中多项式 $A_\lambda(x)=\sum\limits_{i=0}^{n-1}(\alpha^{q^\lambda}x)^i$. C 的生成多项式为 $g(x)=(x^n-1)/h(x)$. 由 $\gcd(n,q)=1$ 可知 x^n-1 每个根都是单根. 从而若 a 为 $g(x)$ 的根, 则 a 不为 $h(x)$ 的根 α^{-q^λ} $(0\leqslant\lambda\leqslant k-1)$. 即 $a\alpha^{q^\lambda}\neq 1$. 于是

$$A_\lambda(a)=\sum_{i=0}^{n-1}(\alpha^{q^\lambda}a)^i=\frac{1-(a\alpha^{q^\lambda})^n}{1-a\alpha^{q^\lambda}}=0\quad(0\leqslant\lambda\leqslant k-1)\quad(\text{因为 } a^n=\alpha^n=1).$$

对每个 $\beta\in\mathbb{F}_Q$, 令

$$A_\beta(x)=\sum_{\lambda=0}^{k-1}\beta^{q^\lambda}A_\lambda(x)=\sum_{i=0}^{n-1}x^i\sum_{\lambda=0}^{k-1}(\beta\alpha^i)^{q^\lambda}=\sum_{i=0}^{n-1}T(\beta\alpha^i)x^i\in\mathbb{F}_q[x],$$

则对 $g(x)$ 的每个根 a, $A_\beta(a)=\sum\limits_{\lambda=0}^{k-1}\beta^{q^\lambda}A_\lambda(a)=0$, 这就表示 $g(x)|A_\beta(x)$, 从而对每个 $\beta\in\mathbb{F}_Q$, $c_\beta=\{T(\beta),T(\beta\alpha),T(\beta\alpha),\cdots,T(\beta\alpha^{n-1})\}\in C$, 因为 $c_\beta(x)=A_\beta(x)$. 进而考虑映射

$$\varphi:\mathbb{F}_Q\to C,\beta\mapsto c_\beta.$$

这是 $\mathbb{F}_q$-线性映射. 对于每个 $\beta\in\mathbb{F}_Q$,

$$\begin{aligned}&\beta\in\ker\varphi\\&\Rightarrow T(\beta\alpha^i)=0\quad(0\leqslant i\leqslant k-1)\\&\Rightarrow \text{对每个 } u\in\mathbb{F}_Q,T(\beta u)=0\ (\text{由于 }\{1,\alpha,\cdots,\alpha^{k-1}\}\text{ 为 }\mathbb{F}_Q\text{ 的一组 }\mathbb{F}_q\text{-基})\\&\Rightarrow\beta=0.\end{aligned}$$

这就表明 φ 是单射. 再由 $|\mathbb{F}_Q|=|C|=q^k$, 可知 φ 为满射, 即 $C=\{c_\beta:\beta\in\mathbb{F}_Q\}$. □

定理 9.5 设 $C=\{c_\beta:\beta\in\mathbb{F}_Q\}$ 是定理 9.4 中的 $\mathbb{F}_q$ 上不可约循环码 (码长为 n, 码字个数为 $K=|C|=q^k$). $Q=q^k$, $Q-1=en$. 对于 $a\in\mathbb{F}_q$, 以 $\mathrm{N}_\beta(a)$ 表

示码字 c_β 中 a-分量的个数, 即

$$\mathrm{N}_\beta(a)=\sharp\{i:0\leqslant i\leqslant n-1,T(\beta\alpha^i)=a\},$$

则当 $\beta\in\mathbb{F}_Q^\times$ (即 c_β 为 C 中非零码字) 时,

(A) 对于 $a\in\mathbb{F}_q^\times$,

$$\mathrm{N}_\beta(a)=\frac{Q}{eq}+\frac{1}{eq}\sum_{j=1}^{e-1}\chi^j(a\beta^{-1})G_Q(\chi^j)\overline{G_q(\chi^j)},\tag{9.4.1}$$

这里 χ 是 $\mathbb{F}_Q$ 的 e 阶乘法特征, 对于 $\mathbb{F}_Q^\times=\langle\gamma\rangle$, 定义 $\chi(\gamma)=\zeta_e$. $G_Q(\chi^j)$ 是 $\mathbb{F}_Q$ 上的高斯和, $G_q(\chi^j)$ 是 $\mathbb{F}_q$ 上的高斯和 (注意 χ 在 $\mathbb{F}_q^\times$ 上的限制为 $\mathbb{F}_q$ 的乘法特征). 特别若 $e\left|\dfrac{Q-1}{q-1}\right.$, 则

$$\mathrm{N}_\beta(a)=\frac{Q}{eq}-\frac{1}{eq}\sum_{j=1}^{e-1}\overline{\chi^j}(\beta)G_Q(\chi^j),\tag{9.4.2}$$

和 a 在 $\mathbb{F}_q^\times$ 中取法无关.

(B) $W_H(c_\beta)=n-\mathrm{N}_\beta(0)$, 其中

$$\mathrm{N}_\beta(0)=\frac{Q-q}{eq}+\frac{q-1}{eq}\sum_{j=1}^{e'-1}\overline{\psi^j}(\beta)G_Q(\psi^j),\tag{9.4.3}$$

其中 $e'=\gcd\left(e,\dfrac{Q-1}{q-1}\right)$, ψ 为 $\mathbb{F}_Q$ 的 e' 阶乘法特征, 定义为 $\psi(\gamma)=\zeta_{e'}$. 特别若 $e'=1$ (这相当于 $e\mid q-1$ 并且 $\gcd(e,k)=1$), 则对每个非零码字 c_β (即 $\beta\neq0$),

$$W_H(c_\beta)=\frac{Q(q-1)}{eq},\tag{9.4.4}$$

即 C 为常重码, 最小距离为 $d=\dfrac{Q(q-1)}{eq}$.

证明 (A) 对于 $a\in\mathbb{F}_q^\times$, 设 q 为素数 p 的方幂. 则

$$\begin{aligned}\mathrm{N}_\beta(a)&=\frac{1}{q}\sum_{z\in\mathbb{F}_q}\sum_{i=0}^{n-1}\zeta_p^{\mathrm{T}_p^q[z(T(\beta\alpha^i)-a)]}\quad(\mathrm{T}_p^q:\mathbb{F}_Q\to\mathbb{F}_q\text{为迹映射})\\&=\frac{n}{q}+\frac{1}{q}\sum_{z\in\mathbb{F}_q^\times}\overline{\zeta_p}^{\mathrm{T}_p^q(az)}\sum_{i=0}^{n-1}\zeta_p^{\mathrm{T}_p^Q(z\beta\alpha^i)}.\end{aligned}\tag{9.4.5}$$

令 $\mathbb{F}_Q^\times = \langle\gamma\rangle$, $\alpha = \gamma^e$, 则 $D = \langle\alpha\rangle = \{\alpha^i : 0 \leqslant i \leqslant n-1\}$ 为 $\mathbb{F}_Q^\times$ 的子群, 它的 e 个陪集为 $D_\lambda = \gamma^\lambda D$ $(0 \leqslant \lambda \leqslant e-1)$ (即 7.4 节的 e 阶分圆类). 当 $u \in D_\lambda$ 时, $\chi(u) = \chi(\gamma^\lambda) = \zeta_e^\lambda$. 于是对每个 $u \in \mathbb{F}_Q^\times$, 若 $u \in D_\lambda$, 则

$$\sum_{j=0}^{e-1} \chi^j(u) = \sum_{j=0}^{e-1} \zeta_e^{\lambda j} = \begin{cases} e, & 若\ \lambda = 0, \\ 0, & 若\ 1 \leqslant \lambda \leqslant e-1. \end{cases}$$

因此

$$\sum_{i=0}^{n-1} \zeta_p^{\mathrm{T}_p^Q(z\beta\alpha^i)} = \sum_{u\in D} \zeta_p^{\mathrm{T}_p^Q(z\beta u)} = \frac{1}{e}\sum_{u\in\mathbb{F}_Q^\times} \zeta_p^{\mathrm{T}_p^Q(z\beta u)} \sum_{j=0}^{e-1}\chi^j(u)$$

$$= \frac{1}{e}\sum_{j=0}^{e-1}\sum_{u\in\mathbb{F}_Q^\times} \chi^j(u)\zeta_p^{\mathrm{T}_p^Q(z\beta u)} \quad (令\ z\beta u = v)$$

$$= \frac{1}{e}\sum_{j=0}^{e-1}\sum_{v\in\mathbb{F}_Q^\times} \overline{\chi}^j(z\beta)\chi^j(v)\zeta_p^{\mathrm{T}_p^Q(v)} = \frac{1}{e}\sum_{j=0}^{e-1}\overline{\chi}^j(z\beta)G_Q(\chi^j),$$

这里 $G_Q(\chi^j)$ 是 $\mathbb{F}_Q$ 上的高斯和. 代入 (9.4.5) 式, 给出

$$\mathrm{N}_\beta(a) = \frac{n}{q} + \frac{1}{eq}\sum_{j=0}^{e-1}\overline{\chi}^j(\beta)G_Q(\chi^j)\sum_{z\in\mathbb{F}_q^\times}\overline{\chi}^j(z)\overline{\zeta}_p^{\mathrm{T}_p^q(az)}$$

$$= \frac{n}{q} + \frac{1}{eq}\sum_{j=0}^{e-1}\chi^j(a/\beta)G_Q(\chi^j)\overline{G_q(\chi^j)}$$

$$= \frac{Q}{eq} + \frac{1}{eq}\sum_{j=1}^{e-1}\chi^j(a/\beta)G_Q(\chi^j)\overline{G_q(\chi^j)},$$

这就是 (9.4.1) 式. 若 $e\left|\dfrac{Q-1}{q-1}\right.$, 则由 $\mathbb{F}_q^\times = \left\langle \gamma^{\frac{Q-1}{q-1}} \right\rangle$ 可知 $\chi(\mathbb{F}_q^\times) = 1$, 即 χ 为 $\mathbb{F}_q$ 上平凡乘法特征, 因此 $G_q(\chi^j) = -1$, 并且 $\chi^j(a) = 1$ (因为 $a \in \mathbb{F}_q^\times$), 从而由 (9.4.1) 式得到 (9.4.2) 式.

(B)
$$\mathrm{N}_\beta(0) = \frac{1}{q}\sum_{z\in\mathbb{F}_q}\sum_{i=0}^{n-1}\zeta_p^{\mathrm{T}_p^q(zT(\beta\alpha^i))}$$

$$= \frac{n}{q} + \frac{1}{q}\sum_{z\in\mathbb{F}_q^\times}\sum_{u\in D}\zeta_p^{\mathrm{T}_p^Q(z\beta u)}$$

$$
\begin{aligned}
&= \frac{n}{q} + \frac{1}{eq} \sum_{z \in \mathbb{F}_q^\times} \sum_{u \in \mathbb{F}_Q^\times} \zeta_p^{\mathrm{T}_p^Q(z\beta u)} \sum_{j=0}^{e-1} \chi^j(u) \\
&= \frac{n}{q} + \frac{1}{eq} \sum_{j=0}^{e-1} \sum_{z \in \mathbb{F}_q^\times} \overline{\chi}^j(z\beta) G_Q(\chi^j) \\
&= \frac{n}{q} + \frac{1}{eq} \sum_{j=0}^{e-1} \overline{\chi}^j(\beta) G_Q(\chi^j) \sum_{z \in \mathbb{F}_q^\times} \overline{\chi}^j(z), \qquad (9.4.6)
\end{aligned}
$$

其中

$$
\sum_{z \in \mathbb{F}_q^\times} \overline{\chi}^j(z) = \begin{cases} q-1, & 若\ \chi^j(\mathbb{F}_q^\times) = 1, \\ 0, & 否则. \end{cases} \qquad (9.4.7)
$$

但是

$$
\chi^j(\mathbb{F}_q^\times) = 1 \Leftrightarrow 1 = \chi^j(\gamma^{\frac{Q-1}{q-1}}) = \zeta_e^{j\frac{Q-1}{q-1}} \Leftrightarrow e \left| \left(\frac{Q-1}{q-1}\right) j \Leftrightarrow \frac{e}{e'} \right| j \Leftrightarrow (\chi^j)^{e'} = 1,
$$

其中 $e' = \left(e, \dfrac{Q-1}{q-1}\right)$. 因此取 e' 阶乘法特征 ψ, 定义为 $\psi(\gamma) = \zeta_{e'}$, 则由 (9.4.6) 式和 (9.4.7) 式即得 (9.4.3) 式和 (9.4.4) 式. □

定理 9.6 设 C 是定理 9.5 中的循环码. 考虑由 C 中所有码字 c_β 的前 $\tilde{n}$ 位所构成的 $\mathbb{F}_q$ 上线性码 $\tilde{C}$, 即

$$
\tilde{C} = \{\tilde{c_\beta} = (T(\beta), T(\beta\alpha), \cdots, T(\beta\alpha^{\tilde{n}-1})) \in \mathbb{F}_q^{\tilde{n}} : \beta \in \mathbb{F}_Q\},
$$

其中 $\tilde{n} = \dfrac{Q-1}{e'(q-1)}$. 则码 $\tilde{C}$ 的参数为 $[\tilde{n}, \tilde{k}, \tilde{d}]_q$, 其中 $\tilde{k} = k$, $\tilde{d} = \dfrac{d(C)e}{(q-1)e'}$. 特别当 $e' = 1$ 时, $\tilde{C}$ 的参数为 $\left[\dfrac{Q-1}{q-1}, k, \dfrac{Q}{q}\right]_q$, 并且线性码 $\tilde{C}$ 达到 9.1 节的 Griesmer 界和 Plotkin 界.

证明 首先由 $e' = \left(e, \dfrac{Q-1}{q-1}\right)$ 可知 $\tilde{n} = \dfrac{Q-1}{e'(q-1)}$ 为正整数. 其次由 $e \mid e'(q-1) = (Q-1, (q-1)e)$ 可知 $\tilde{n} = \left.\dfrac{Q-1}{e'(q-1)}\right| n = \dfrac{Q-1}{e}$. 令 $n = m\tilde{n}$, 则对于 $0 \leqslant i \leqslant n-1$, i 可表为

$$i=a\tilde{n}+b\quad(0\leqslant a\leqslant m-1,0\leqslant b\leqslant \tilde{n}-1).$$

这时对每个 $\beta\in\mathbb{F}_Q$,

$$T(\beta\alpha^i)=T(\alpha^{a\tilde{n}}\cdot\beta\alpha^b)=\alpha^{a\tilde{n}}T(\beta\alpha^b).$$

这是由于 $\alpha^{a\tilde{n}}=\gamma^{\frac{e(Q-1)a}{e'(q-1)}}$, 而 $\dfrac{Q-1}{q-1}\Big|\dfrac{Q-1}{q-1}\cdot\dfrac{e}{e'}a$ (注意 $e'\mid e$), 从而 $\alpha^{a\tilde{n}}\in\mathbb{F}_q$. 所以

$$T(\beta\alpha^i)=0\ \text{当且仅当}\ T(\beta\alpha^b)=0.\tag{9.4.8}$$

$c(\beta)$ 的第 i 个分量为 $T(\beta\alpha^i)(0\leqslant i\leqslant n-1)$, 从而 $\tilde{c}\beta$ 是 $c(\beta)$ 的前 $\tilde{n}$ 个分量. 由 (9.4.8) 式知, 对于 $\tilde{c}\beta$ 的每个分量 $T(\beta\alpha^b)(0\leqslant b\leqslant\tilde{n}-1)$, 它和 $c(\beta)$ 的 m 个分量 $T(\beta\alpha^i)(i=a\tilde{n}+b,0\leqslant a\leqslant m-1)$ 同时为 0 或同时不为 0. 这就表明 $W_H(c_\beta)=mW_H(\tilde{c_\beta})$, 所以 $\tilde{d}=d/m=\dfrac{d\tilde{n}}{n}=\dfrac{d(Q-1)e}{e'(q-1)(Q-1)}=\dfrac{de}{(q-1)e'}$. 进而对 $\mathbb{F}_Q$ 中两个元素 β 和 β', 由 (9.4.8) 式可知

$$\begin{aligned}\tilde{c}_\beta=\tilde{c}_{\beta'}&\Rightarrow\tilde{c}_{\beta-\beta'}=0\\&\Rightarrow c_{\beta-\beta'}=0\Rightarrow\beta=\beta'.\end{aligned}$$

于是 $\{\tilde{c}_\beta:\beta\in\mathbb{F}_Q\}$ 是 $Q=q^k$ 个不同的码字. 从而线性码 $\tilde{C}$ 在 $\mathbb{F}_q$ 上维数和 C 一样也是 k.

当 $e'=1$ 时, $\tilde{C}$ 的码长 $\tilde{n}=\dfrac{Q-1}{q-1}$, 最小距离为 $\tilde{d}=\dfrac{de}{q-1}=\dfrac{Q(q-1)e}{eq(q-1)}=\dfrac{Q}{q}$. 而线性码的 Griesmer 界为 $\tilde{n}\geqslant\sum\limits_{i=0}^{k-1}\left\lceil\dfrac{\tilde{d}}{qi}\right\rceil$, Plotkin 界为 $K\leqslant\dfrac{\tilde{d}}{\tilde{d}-\dfrac{(q-1)\tilde{n}}{q}}$ $\left(\text{当 } \tilde{d}>\dfrac{\tilde{n}(q-1)}{q}\text{ 时}\right)$. 由于

$$\sum_{i=0}^{k-1}\left\lceil\frac{\tilde{d}}{qi}\right\rceil=\sum_{i=0}^{k-1}\frac{Q}{q^{i+1}}=\frac{Q}{q}\cdot\frac{1-\dfrac{1}{Q}}{1-\dfrac{1}{q}}=\frac{Q-1}{q-1}=\tilde{n},$$

$$\frac{\tilde{d}}{\tilde{d}-\dfrac{(q-1)\tilde{n}}{q}}=\frac{\dfrac{Q}{q}}{\dfrac{Q}{q}-\dfrac{Q-1}{q}}=Q=q^k=K,$$

可知当 $e'=1$ 时, 线性码 $\tilde{C}$ 达到 Griesmer 界和 Plotkin 界. □

注记 1. 当 $e'\geqslant 2$ 时, 对 C 中每个非零码字 c_β, 为了计算它的汉明重量 (它们的最小值即为码 C 的最小距离), 由 (9.4.2) 式需要计算高斯和 $G_Q(\psi^j)$ $(1\leqslant j\leqslant e'-1)$, 其中 ψ 为 $\mathbb{F}_Q$ 的 e' 阶乘法特征. 当 $e'=2, 3, 4$ 以及半本原情形, 我们在第 7 章计算出这些高斯和的值, 从而由公式 (9.4.2), (9.4.3) 和定理 9.6 可以给出码 C 和 $\tilde{C}$ 的重量分布以及最小距离, 这些计算从略, 后面举一个 $e=3$ 的例子. 但是要指出, 由于 ψ 为 e' 次特征, 它在每个 e' 次分圆类上均取常数值. 从而由公式 (9.4.3) 可知 $W_H(c_\beta)$ 只依赖于 β 所在的分圆类, 这表明循环码 C 和线性码 $\tilde{C}$ 均是 e' 重码.

2. 由 (9.4.1) 式可知对每个非零码字 $c_\beta\in C$ $(\beta\in\mathbb{F}_Q^\times)$ 和 $a\in\mathbb{F}_q^\times$,

$$\mathrm{N}_\beta(a)=\frac{en+1}{eq}+\frac{1}{eq}\left[\sum_{j=1}^{e-1}\overline{\chi}^j(\beta)\chi^j(a)G_Q(\chi^j)\overline{G}_q(\chi^j)-1\right].$$

由于 $|G_Q(\chi^j)|=\sqrt{Q}$, $|G_q(\chi^j)|=\sqrt{q}$ $(1\leqslant j\leqslant e-1)$ 而 $G_Q(\chi^0)=-1$, 可知 $\left|\mathrm{N}_\beta(a)-\dfrac{n}{q}\right|\leqslant\dfrac{e-1}{e}\cdot\sqrt{\dfrac{Q}{q}}$, 注意 $\dfrac{n}{q}=\dfrac{Q-1}{eq}$, 所以对于固定的 e 和 q, 当 $Q\to\infty$ (即 $Q=q^k$, $k\to\infty$) 时, $\mathrm{N}_\beta(a)$ 差不多等于码长 n 的 q 分之一. 也就是说, C 的每个非零码字中每个元素 $a\in\mathbb{F}_q$ (包括 $a=0$) 近似于平均分配, 即 n 个分量中大约各占 q 分之一. 特别地, 当 $Q\to\infty$ 时, C 的最小距离和 $\dfrac{n(q-1)}{q}$ 很接近, 线性码 $\tilde{C}$ 也有类似的性质. 这件事在下章用来研究序列相关性质时很有用.

现在讲述: 利用高斯和的 D-H 提升公式 (定理 7.11) 可以计算 $\mathbb{F}_q$ 上一批不可约循环码的重量分布.

回忆: 设 χ 为 $\mathbb{F}_Q$ 上乘法特征, $R=Q^s$, $\chi^{(s)}$ 是 χ 提升到 $\mathbb{F}_R$ 上的乘法特征, 即对于 $a\in\mathbb{F}_R^\times$, $\chi^{(s)}(a)=\chi(\mathrm{N}_Q^R(a))$, 其中

$$\mathrm{N}_Q^R:\mathbb{F}_R^\times\to\mathbb{F}_Q^\times, a\mapsto a^{\frac{R-1}{Q-1}}$$

是由 $\mathbb{F}_R$ 到 $\mathbb{F}_Q$ 的范映射. $\chi^{(s)}$ 和 χ 有相同的阶, 而 D-H 提升公式为

$$G_R(\chi^{(s)})=(-1)^{s-1}G_Q(\chi)^s.$$

定理 9.7 设 q 为素数幂, $n\geqslant 2$, $\gcd(n,q)=1$, k 为 q 模 n 的阶, $Q=q^k$, $R=Q^s$, $R-1=en^{(s)}$, $\mathbb{F}_R^\times=\langle\pi\rangle$. 则 $\mathbb{F}_Q^\times=\langle\gamma\rangle$, 其中 $\gamma=\pi^{\frac{R-1}{Q-1}}$. 令 $\alpha^{(s)}=\pi^e$ (这是 $n^{(s)}$ 阶元素).

考虑上 $\mathbb{F}_q$ 码长为 $n^{(s)}$ 的循环码

$$C^{(s)} = \{c_\beta^{(s)} = (\mathrm{T}_q^R(\beta), \mathrm{T}_q^R(\beta\alpha^{(s)}), \mathrm{T}_q^R(\beta\alpha^{(s)^2}), \cdots, \mathrm{T}_q^R(\beta\alpha^{(s)(n_s-1)})) \in \mathbb{F}_q^{n^{(s)}} : \beta \in \mathbb{F}_R\}.$$

则

(1) $C^{(s)}$ 在上的维数为 $k^{(s)} = ks\ (= [\mathbb{F}_R : \mathbb{F}_q])$.

(2) 对于 $\beta \in \mathbb{F}_R^\times$, $a \in \mathbb{F}_q$, 以 $\mathrm{N}_\beta^{(s)}(a)$ 表示码字 $c_\beta^{(s)}$ 中 a-分量的个数. 则当 $a \neq 0$ 时

$$\mathrm{N}_\beta^{(s)}(a) = \frac{R}{eq} + \frac{(-1)^{s-1}}{eq}\sum_{j=1}^{e-1}\chi^j(a/\beta)^{\frac{R-1}{Q-1}}G_Q(\chi^j)^s\overline{G_q(\chi^j)}, \tag{9.4.9}$$

其中 χ 为 $\mathbb{F}_Q$ 的 e 阶乘法特征. 特别若 $e\left|\dfrac{R-1}{Q-1}\right.$, 则

$$\mathrm{N}_\beta^{(s)}(a) = \frac{R}{eq} - \frac{(-1)^{s-1}}{eq}\sum_{j=1}^{e-1}\overline{\chi}^j(\beta)^{\frac{R-1}{Q-1}}G_Q(\chi^j)^s \tag{9.4.10}$$

不依赖 a 的选取.

而当 $a = 0$ 时,

$$\mathrm{N}_\beta^{(s)}(0) = \frac{R-q}{eq} + (-1)^{s-1}\frac{q-1}{eq}\sum_{j=1}^{e'-1}\overline{\psi_j}^j(\beta)^{\frac{R-1}{Q-1}}G_Q(\psi^j)^s, \tag{9.4.11}$$

其中 ψ 为 $\mathbb{F}_Q$ 的 e' 阶乘法特征, $e' = \gcd\left(e, \dfrac{R-1}{q-1}\right)$. 特别当 $e' = 1$ (即 $e \mid q-1$ 并且 $\gcd(e, ks) = 1$) 时,

$$W_H(c_\beta^{(s)}) = n_s - \mathrm{N}_\beta^{(s)}(0) = \frac{R(q-1)}{eq}, \tag{9.4.12}$$

和 β 在 $\mathbb{F}_R^\times$ 中的选取无关, 从而 $C^{(s)}$ 为常重码, 最小距离为 $d^{(s)} = \dfrac{R(q-1)}{eq}$.

(3) 考虑由循环码 $C^{(s)}$ 每个码字的前 $\tilde{n}^{(s)} = \dfrac{R-1}{e'(q-1)}$ 位构成的线性码

$$\tilde{C}^{(s)} = \{\tilde{c}_\beta^{(s)} = (\mathrm{T}_q^R(\beta), \mathrm{T}_q^R(\beta\alpha^{(s)}), \mathrm{T}_q^R(\beta\alpha^{(s)^2}),$$

$$\cdots, \mathrm{T}_q^R(\beta\alpha^{(s)(\tilde{n}^{(s)}-1)})) \in \mathbb{F}_q^{\tilde{n}^{(s)}} : \beta \in \mathbb{F}_R\},$$

则 $\tilde{C}^{(s)}$ 的参数为 $[\tilde{n}^{(s)}, \tilde{k}^{(s)}, \tilde{d}^{(s)}]_q$, 其中 $\tilde{k}^{(s)} = k^{(s)} = ks$, $\tilde{d}^{(s)} = \dfrac{d^{(s)}e}{e'(q-1)}$, 其中 $d^{(s)} = d(C^{(s)})$. 特别当 $e' = 1$ 时, 线性码 $\tilde{C}^{(s)}$ 的参数 $\left[\dfrac{R-1}{q-1}, ks, \dfrac{R}{q}\right]_q$ 达到 Griesmer 界和 Plotkin 界.

证明 所有这些公式均可由定理 9.5、定理 9.6 和 D-H 提升公式得到, 只需把 C, $\tilde{C}$ 的结果用于 $C^{(s)}$ 和 $\tilde{C}^{(s)}$, 然后把公式中关于 $\mathbb{F}_R^\times$ 的 e 阶乘法特征 $\chi^{(s)}$ 看成是 $\mathbb{F}_Q^\times$ 中 e 阶乘法特征 χ 的提升, 从而 $\mathbb{F}_R$ 上的高斯和 $G_R(\chi^{(s)})$ 化为 $(-1)^{s-1}G_Q(\chi)^s$ 即得公式 (9.4.9)—(9.4.12). 剩下我们要证 $C^{(s)}$ 和 $\tilde{C}^{(s)}$ 在 $\mathbb{F}_q$ 上的维数是 ks. 这相当于要证明: 若 q 模 $n = \dfrac{Q-1}{e}$ 的阶为 k, $Q = q^k$, 则对每个 $s \geqslant 2$, q 模 $n^{(s)} = \dfrac{Q^s-1}{e}$ 的阶为 ks.

设 m 为 q 模 $n^{(s)}$ 的阶, 则 $q^m \equiv 1 \pmod{n^{(s)}}$. 由 $n \mid n^{(s)}$ 可知 $q^m \equiv 1 \pmod{n}$, 于是 $k \mid m$. 令 $m = s'k$. 由 $Q^s = q^{sk} \equiv 1 \pmod{n^{(s)}}$ 可知 $m = s'k \mid sk$, 即 $s' \mid s$. 如果 $s' < s$, 则 $s' \leqslant s/2$, $q^{s'k} \equiv 1 \pmod{n^{(s)}}$. 于是 $\dfrac{q^{sk}-1}{e} = n^{(s)} \leqslant q^{s'k} - 1 \leqslant q^{\frac{sk}{2}} - 1$, 从而 $q^{\frac{sk}{2}} + 1 \leqslant e = \dfrac{q^k-1}{n} < q^k - 1$. 这在 $s \geqslant 2$ 时是不可能的. 这就证明了 $s' = s$, 即 q 模 $n^{(s)}$ 的阶为 ks. □

本节最后举两个例子.

例 9.10 取 $q = p$ 为素数, $p \equiv 1 \pmod 3$. $n \geqslant 2$, $Q = p^k$ $(k \geqslant 2)$, $e = 3$, $Q - 1 = 3n$. 设 l 为 p 模 n 的阶, 由 $p^k = Q \equiv 1 \pmod 3$ 可知 $l \mid k$. 如果 $l < k$, 则 $l \leqslant \dfrac{k}{2}$, $p^l \equiv 1 \pmod n$. 由 $k \geqslant 2$ 和 $p \geqslant 7$ 可知 $n \leqslant p^l - 1 \leqslant p^{\frac{k}{2}} - 1 < \dfrac{1}{3}(p^k - 1) = n$, 这矛盾表明 p 模 n 的阶为 k.

考虑定理 9.4 中的不可约循环码

$$C = \{c_\beta = (T(\beta), T(\beta\alpha), T(\beta\alpha^{n-1})) \in \mathbb{F}_q^n : \beta \in \mathbb{F}_Q\},$$

其中 $\mathbb{F}_Q^\times = \langle\gamma\rangle$, $\alpha = \gamma^3$, $T : \mathbb{F}_Q \to \mathbb{F}_p$ 为迹函数. 由定理 9.5 中公式 (9.4.1) 知, 对每个 $a \in \mathbb{F}_p^\times$, $\beta \in \mathbb{F}_Q^\times$,

$$\mathrm{N}_\beta(a) = \frac{Q}{3p} + \frac{1}{3p}\sum_{j=1}^{2} \chi^j(a/\beta) G_Q(\chi^j)\overline{G_p(\chi^j)}, \qquad (9.4.13)$$

其中 χ 为 $\mathbb{F}_Q^\times$ 的 3 阶乘法特征. 而由 (9.4.3) 式, $W_H(c_\beta)=n-\mathrm{N}_\beta(0)$, 其中

$$\mathrm{N}_\beta(0)=\frac{Q-p}{3p}-\frac{p-1}{3p}\sum_{j=1}^{2}\chi^j(\beta)G_Q(\chi^j). \tag{9.4.14}$$

当 $e'=1$ (即 $3\nmid k$) 时, 由 (9.4.4) 式知对每个 $\beta\in\mathbb{F}_Q^\times$, $W_H(c_\beta)=\dfrac{Q(p-1)}{3p}$, 从而 C 为常重码.

以下设 $e'=3$ (即 $3\mid k$). 令 ψ 为 $\mathbb{F}_p$ 的 3 阶乘法特征, ψ 到 $\mathbb{F}_Q$ 的提升为 χ, 则 $G_Q(\chi)=(-1)^{k-1}G_p(\psi)^k$. 对于 $a\in\mathbb{F}_p^\times$, $\chi(a)=\psi(\mathrm{N}_p^Q(a))=\psi(a)^{\frac{Q-1}{p-1}}=1$ $\left(\text{因为 } 3\left|\dfrac{Q-1}{p-1}\right.\right)$. 可知 χ 为 $\mathbb{F}_p^\times$ 上的平凡乘法特征. 于是 (9.4.13) 式成为

$$\mathrm{N}_\beta(a)=\frac{Q}{3p}-\frac{(-1)^k}{3p}\sum_{j=1}^{2}\overline{\psi}^j(\beta^{\frac{Q-1}{p-1}})G_p(\psi^j)^k, \tag{9.4.15}$$

而 (9.4.14) 式为

$$\mathrm{N}_\beta(0)=\frac{Q-p}{3p}+\frac{(-1)^k(p-1)}{3p}\sum_{j=1}^{2}\overline{\psi}^j(\beta^{\frac{Q-1}{p-1}})G_p(\psi^j)^k. \tag{9.4.16}$$

它们归结于计算 $\mathbb{F}_p$ 上 3 阶高斯和 $G_p(\psi^j)^k$ $(j=1,2)$. 注意 $3\mid k$, 我们在第 7 章已经给出计算 $G_p(\psi^j)^3$ 的简单公式. 从而用 (9.4.15) 和 (9.4.16) 可得到 $\mathrm{N}_\beta(a)$ $(a\in\mathbb{F}_p)$ 的简单公式, 以及线性码 C 和 $\tilde{C}$ 的重量分布. 以下具体计算从略. 取 $k=2$, 3, 4, $\cdots$, 可算出一批循环码的重量分布.

如果 $p\equiv 2 \pmod 3$, $e=3$, 则 p 模 3 的阶为 2, $p\equiv -1 \pmod 3$, 即 p 模 3 是半本原的, 高斯和 $G_p(\psi^j)$ 有更好的表达公式. 这时 $Q=p^{2k}$, $k\geqslant 1$. 计算从略.

例 9.11 $q=p=2$, $Q=8$, $R=8^s$ $(s\geqslant 2)$, $e=7$, $n=\dfrac{R-1}{7}$. 则 2 模 n 的阶为 $3s$. 考虑码长为 n 的 2 元循环码

$$C=\{c_\beta=(T(\beta),T(\beta\alpha),\cdots,T(\beta\alpha^{n-1}))\in\mathbb{F}_2^n:\beta\in\mathbb{F}_R\},$$

其中 $\mathbb{F}_R^\times=\langle\gamma\rangle$, $\alpha=\gamma^7$, $T:\mathbb{F}_Q\to\mathbb{F}_2$ 为迹函数. 则 C 在 $\mathbb{F}_2$ 上的维数是 $k=3s$, 而 $e'=\left(e,\dfrac{R-1}{q-1}\right)=(7,R-1)=7$. 对于 $\beta\in\mathbb{F}_R^\times$, 由定理 9.7 可知

$$W_H(c_\beta) = \mathrm{N}_\beta(1) = \frac{R}{eq} + \frac{(-1)^s}{eq} \sum_{j=1}^{6} \overline{\chi}^j(\beta)^{\frac{R-1}{7}} G_Q(\chi^j)^s, \tag{9.4.17}$$

其中 χ 为 $\mathbb{F}_Q = \mathbb{F}_8$ 的 7 阶乘法特征, 即对于 $\mathbb{F}_8^\times = \langle \pi \rangle$, 其中 $\pi = \gamma^{\frac{R-1}{7}}$, 定义 $\chi(\pi) = \zeta_7$.

可以手算 $\mathbb{F}_Q = \mathbb{F}_8$ 上的高斯和 $G_Q(\chi^j) = G_8(\chi^j)$ $(1 \leqslant j \leqslant 6)$. 取 π 为 $\mathbb{F}_2[x]$ 中本原多项式 $x^3 + x + 1$ 的根, 即 $\pi^3 = 1 + \pi$. 以 T' 表示由 $\mathbb{F}_8$ 到 $\mathbb{F}_2$ 的迹函数. 则直接算出

$$\begin{array}{l} T'(0) = T'(\pi) = T'(\pi^2) = T'(\pi^4) = 0, \\ T'(1) = T'(\pi^3) = T'(\pi^6) = T'(\pi^5) = 1 \end{array} \quad (\pi^7 = 1).$$

于是 $G_8(\chi^0) = -1$, 而

$$\begin{aligned} G_8(\chi) = G_8(\chi^2) = G_8(\chi^4) &= \sum_{i=0}^{6} \chi(\pi)^i (-1)^{T'(\pi^i)} \\ &= -1 + (\zeta_7 + \zeta_7^2 + \zeta_7^4) - (\zeta_7^3 + \zeta_7^6 + \zeta_7^5) \\ &= -1 + \sum_{a=1}^{6} \left(\frac{a}{7}\right) \zeta_7^a = -1 + \sqrt{-7}. \end{aligned}$$

$$G_8(\chi^3) = G_8(\chi^6) = G_8(\chi^5) = G_8(\overline{\chi}) = \overline{G_8(\chi)} = -1 - \sqrt{-7}.$$

令 $\beta = \gamma^l$ $(0 \leqslant l \leqslant R-2)$, 则 $\beta^{\frac{R-1}{7}} = (\gamma^{\frac{R-1}{7}})^l = \pi^l$, $\chi^j(\beta^{\frac{R-1}{7}}) = \zeta_7^{jl}$. 从而 (9.4.17) 式右边的求和式为

$$\begin{aligned} &\sum_{a=1}^{6} \overline{\chi}^j(\beta^{\frac{R-1}{7}}) G_8(\chi^j)^s = \sum_{a=1}^{6} \chi^j(\beta^{\frac{R-1}{7}}) \overline{G_8(\chi^j)^s} \\ =& (-1+\sqrt{7}i)^s(\zeta_7^{3l} + \zeta_7^{5l} + \zeta_7^{6l}) + (-1-\sqrt{7}i)^s(\zeta_7^{l} + \zeta_7^{2l} + \zeta_7^{4l}). \end{aligned} \tag{9.4.18}$$

令 $(1+\sqrt{7}i)^s = A_s + B_s\sqrt{7}i$ $(A_s, B_s \in \mathbb{Z})$, 则 $(1-\sqrt{7}i)^s = A_s - B_s\sqrt{7}i$. 从而 (9.4.18) 式的右边为

$$(-1)^s \left[A_s \sum_{i=1}^{6} \zeta_7^{il} + B_s\sqrt{7}i \sum_{i=1}^{6} \left(\frac{i}{7}\right) \zeta_7^{il} \right] = \begin{cases} (-1)^s 6A_s, & \text{若 } 7 \mid l, \\ (-1)^s \left[-A_s - 7\left(\frac{l}{7}\right) B_s \right], & \text{否则}. \end{cases}$$

代入 (9.4.17) 式, 对于 $\beta=\gamma^l$ $(0\leqslant l\leqslant R-2)$, 得到

$$W_H(c_\beta)=\begin{cases}\dfrac{R+6A_s}{eq}=\dfrac{1}{14}(8^s+6A_s), & \text{若 } 7\mid l,\\[2mm] \dfrac{1}{14}\left(8^s-6A_s-7\left(\dfrac{l}{7}\right)B_s\right), & \text{否则}.\end{cases}$$

而循环码 C 的最小距离为

$$d=\frac{1}{14}\min\{8^s+6A_s,8^s-6A_s-7|B_s|\}.$$

第 10 章　序　　列

10.1　二元周期序列的自相关性能 (1): 构作方法

本章研究复数序列 $a=(a_0,a_1,\cdots,a_i,\cdots)=(a_i)_{i=0}^{\infty}$ $(a_i\in\mathbb{C})$. 序列 a 叫作周期序列, 是指存在正整数 n, 使得当 $n_1\equiv n_2 \pmod n$ 时, $a_{n_1}=a_{n_2}$. 满足此条件的最小正整数 n 叫作序列 a 的周期.

定义 10.1　设 a 为周期是 n 的复数序列, $a=(a_i)_{i=0}^{\infty}$. 它的自相关值为

$$C_a(\tau)=\sum_{\lambda=0}^{n-1}\overline{a}_\lambda a_{\lambda+\tau}\quad (0\leqslant\lambda\leqslant n-1).$$

这也相当于 $\mathbb{C}^n$ 中向量 $v=(a_0,\cdots,a_{n-1})$ 和它的循环平移向量 $(a_\tau,a_{\tau+1},\cdots,a_{\tau-1})$ 的埃尔米特内积. 当 $\tau=0$ 时, $C_a(0)=\sum\limits_{\lambda=0}^{n-1}\overline{a}_\lambda a_\lambda$ 就是向量 v 的长度的平方, 叫作**自相关主值**. 我们希望所有自相关非主值和主值之比都要小, 即定义

$$C_a=\max\{|C_a(\tau)|:1\leqslant\tau\leqslant n-1\},$$

希望 $C_a/C_a(0)$ 愈小愈好.

小自相关值的周期序列最早应用在同步通信中. 数字通信的每个信息表成长为 n 的数组 $A_1=(b_0,\cdots,b_{n-1})$, $A_2=(b_n,\cdots,b_{2n-1}),\cdots$, 从而发出一个信息流 $(b_0,\cdots,b_{n-1},b_n,\cdots,b_m,\cdots)$. 收方在某个时刻接收到信息流 $(b_\lambda,b_{\lambda+1},\cdots)$ 的时候, 首先遇到的问题是: 这个信息流是在哪个位置上分组的? 为了解决这个问题, 发方和信息流 $(b_0,\cdots,b_{n-1},b_n,\cdots)$ 同步地发出周期为 n 的复序列 $a=(a_0,a_1,\cdots)$. 收方用 a 的一个周期 $(a_0,\cdots,a_{n-1})$ 和接收信号 $(b_\lambda,\cdots,b_{\lambda+n-1})$ 相伴随的 $(a_\lambda,a_{\lambda+1},\cdots,a_{\lambda+n-1})$ 作内积 (自相关) $C_a(\lambda)$. 当 $|C_a(\lambda)|$ 很小时, b_λ 不是分组之处. 当 $|C_a(\lambda)|$ 很大时 (自相关主值, 即 $\lambda\equiv 0 \pmod n$), b_λ 为分组之处, 即信息分组为 $(b_\lambda,\cdots,b_{\lambda+n-1}),\cdots$.

为了工程上容易实现, 通常把序列 $a=(a_i)$ 中的复数取成单位根 $a_i=\zeta_m^{b_i}$, 其中 $\zeta_m=e^{\frac{2\pi i}{m}}$, $b_i\in\{0,1,\cdots,m-1\}$, a 叫作 m 元周期序列. 本节中讨论二元周期序列, 即 a_i 为 1 或 -1. 这也是应用最广泛情形. 下节讨论 p 元序列.

设 $a=(a_i)$ 是周期为 n 的二元序列, 则自相关主值 $C_a(0)=n$ 为序列的周期, 而非主值 $C_a(\tau)$ $(1\leqslant\tau\leqslant d-1)$ 均为有理整数.

引理 10.1 设 $a=(a_i)$ 是周期为 $n\ (\geqslant 2)$ 的二元序列, 则对每个 $1\leqslant \tau \leqslant n-1$,

$$C_a(\tau)\equiv n \pmod 4.$$

证明 设 $a_0,\cdots,a_{n-1}$ 当中有 k 个为 1, $n-k$ 个为 -1. 对于 $1\leqslant\tau\leqslant n-1$ 和 $\varepsilon,\eta\in\{\pm1\}$, 令

$$N(\varepsilon,\eta)=\sharp\{i:0\leqslant i\leqslant n-1, a_i=\varepsilon, a_{i+\tau}=\eta\}.$$

则

$$C_a(\tau)=\sum_{i=0}^{n-1}a_ia_{i+\tau}=N(1,1)+N(-1,-1)-N(1,-1)-N(-1,1),$$

再由

$$N(1,1)+N(-1,-1)+N(1,-1)+N(-1,1)=n,$$

$$N(1,1)+N(-1,1)=N(1,1)+N(1,-1)=k$$

可算出 $C_a(\tau)=n+4(N(1,1)-k)\equiv n \pmod 4$. □

目前已构作出一系列二元周期序列, 其自相关非主值具有小的绝对值 (当然要满足上述引理条件), 并且具有不尽相同的一些名称. 为简单起见, 我们统一称之为最优的.

定义 10.2 周期为 n 的二元序列 a 叫作 (自相关) 最优的, 是指对于 $1\leqslant \tau\leqslant n-1$,

(1) 当 $n\equiv 0 \pmod 4$ 时, $C_a(\tau)\in\{0,\pm4\}$;

(2) 当 $n\equiv 1 \pmod 4$ 时, $C_a(\tau)\in\{1,-3\}$;

(3) 当 $n\equiv 2 \pmod 4$ 时, $C_a(\tau)\in\{2,-2\}$;

(4) 当 $n\equiv 3 \pmod 4$ 时, $C_a(\tau)\in\{-1,3\}$.

构作最优自相关二元周期序列的综述性文章可见 [16].

我们先考虑自相关非主值均相同的二元周期序列. 这种序列和具有特定参数的循环差集合是等价的 (循环是指它是循环群上的差集合).

定理 10.1 设 $a=(a_0,\cdots,a_{n-1},\cdots)$ 是周期为 n 的二元序列, $a_i\in\{\pm1\}$, $G=\{1,g,\cdots,g^{n-1}\}$ 是由 g 生成的 n 阶循环群 $(g^n=1)$. 定义 G 的子集合

$$D=\{g^i:0\leqslant i\leqslant n-1, a_i=1\},$$

则下列三个命题彼此等价:

(1) 序列 a 的所有自相关非主值 $C_a(\tau)\ (1\leqslant\tau\leqslant n-1)$ 均为 t;

(2) D 是乘法循环群 G 的 (v,k,λ)-差集合, 其中

$$v=n,\quad k=\frac{1}{2}(n+\varepsilon\sqrt{tn+n-t}),\quad \lambda=\frac{1}{4}(n+t+2\varepsilon\sqrt{tn+n-t}),$$

这里 $\varepsilon=1$ 或 -1.

(3) $D'=\{i:0\leqslant i\leqslant n-1,a_i=1\}$ 是加法循环群 $(Z=\mathbb{Z}/n\mathbb{Z},+)$ 的 (v,k,λ)-差集合, 其中 v,k,λ 如 (2) 中所述.

证明 (2) 和 (3) 显然是等价的. 以下我们用乘法群 G, 是为了将 G 中运算和群环 $\mathbb{C}[G]$ 中的加法运算相区别.

(1) ⇒ (2): 给定周期为 n 的 2 元序列 $a=(a_0,\cdots,a_{n-1},\cdots)$, $a_i\in\{\pm1\}$. 考虑群环 $\mathbb{Z}[G]$ 中元素 $\alpha=\sum\limits_{i=0}^{n-1}a_ig^i=a_0+a_1g+\cdots+a_{n-1}g^{n-1}$. 令

$$\alpha^{(-1)}=\sum_{i=0}^{n-1}a_ig^{-i}=a_0+a_1g^{-1}+\cdots+a_{n-1}g^{-(n-1)}\quad(g^n=1).$$

则

$$\begin{aligned}\alpha\alpha^{(-1)}&=\sum_{i,j=0}^{n-1}a_ia_jg^{i-j}=\sum_{\tau=0}^{n-1}\left(\sum_{j=0}^{n-1}a_{j+\tau}a_j\right)g^{\tau}\quad(\text{令 }\tau=i-j)\\&=\sum_{\tau=0}^{n-1}C_a(\tau)g^{\tau}=n\cdot1_G+t(G-1_G)\quad(\text{由假设 }C_a(\tau)=t,\ \text{对于 }1\leqslant\tau\leqslant n-1).\end{aligned}$$

另一方面, 由 D 的定义可知 $\alpha=D-(G-D)=2D-G$, 因此

$$\begin{aligned}n\cdot1_G+t(G-1_G)&=\alpha\alpha^{(-1)}=(2D-G)(2D^{(-1)}-G)\\&=4DD^{(-1)}-4kG+nG\end{aligned}$$

(注意 $k=|D|=|D^{(-1)}|$, 而对 G 的子集 A, $AG=|A|G$).

于是 $DD^{(-1)}=\frac{1}{4}(t+4k-n)(G-1_G)+k\cdot1_G$. 这表明 D 是群 G 的 (v,k,λ)-差集合, 其中 $v=|G|=n$, $\lambda=\frac{1}{4}(t+4k-n)$. 由

$$k(k-1)=\lambda(n-1)=\frac{1}{4}(t+4k-n)(n-1)\quad(\text{这是 }k\text{ 的二次多项式方程}),$$

可解出 $k=\frac{1}{2}(n+\varepsilon\sqrt{tn+n-t})$, $\lambda=\frac{1}{4}(t-n)+k=\frac{1}{4}(n+t+2\varepsilon\sqrt{tn+n-t})$, 其中 $\varepsilon\in\{\pm1\}$. 将上述推理反过来, 即得到 (2) ⇒ (1). □

注记　考虑二元序列 $-a=(-a_0,-a_1,\cdots,-a_{n-1},\cdots)$, 它的周期为 n 并且和 a 有相同的自相关值: $C_a(\tau)=C_{-a}(\tau)$ $(0\leqslant\tau\leqslant n-1)$. 若由 a 定义出群 G 的子集合 D, 则序列 $-a$ 给出为 D 的补集 $G-D$. 如果 D 是 G 的差集合, $v=n$ 而 k,λ 如定理 10.1 所示, 则 $G-D$ 也是群 G 的差集合, 参数为 (v,k',λ'), 其中 k',λ' 只是将 k,λ 的公式中 ε 改为 $-\varepsilon$.

目前只对 $n\equiv 3 \pmod 4$ 的情形构作出下面一些周期为 n 的二元序列, 所有自相关非主值均相等, 并且均为 -1. 其他情形有许多不存在性的结果和猜想 (见下节). 由定理 10.1 可知, 存在周期为 $n\equiv 3 \pmod 4$ 的二元序列 a 使得 $C_a(\tau)=-1$ $(1\leqslant\tau\leqslant n-1)$, 当且仅当存在循环差集合, 参数为 $(v,k,\lambda)=\left(n,\dfrac{n-1}{2},\dfrac{n-3}{4}\right)$ 或 $\left(n,\dfrac{n+1}{2},\dfrac{n+1}{4}\right)$. 这叫作 Paley-Hadamard 差集合. Paley 给出一种这样参数的循环差集合. 而它们和 Hadamard 的关系是由于: 若 $a=(a_0,\cdots,a_{n-1},\cdots)$ 是周期为 n 的 2 元序列并且 $C_a(\tau)=-1$ $(1\leqslant\tau\leqslant n-1)$, 对应循环差集合参数为 $\left(n,\dfrac{n-1}{2},\dfrac{n-3}{2}\right)$, 则

$$\boldsymbol{H}=\begin{bmatrix}1 & a_0 & a_1 & \cdots & a_{n-1}\\ 1 & a_{n-1} & a_0 & \cdots & a_{n-2}\\ 1 & a_{n-2} & a_{n-1} & \cdots & a_{n-3}\\ \vdots & \vdots & \vdots & & \vdots\\ 1 & a_1 & a_2 & \cdots & a_0\\ 1 & 1 & 1 & \cdots & 1\end{bmatrix}$$

是 $n+1$ 阶 Hadamard 阵, 即 $\boldsymbol{H}\boldsymbol{H}^{\mathrm{T}}=(n+1)\boldsymbol{I}_{n+1}$.

例 10.1 (Paley)　设 $p\equiv 3 \pmod 4$ 为素数. $a=(a_0,\cdots,a_{p-1},\cdots)$ 是周期为 p 的二元序列, 定义为

$$a_0=-1,\ 而\ 1\leqslant i\leqslant p-1\ 时,\ a_i=\left(\frac{i}{p}\right)\quad (勒让德符号).$$

则当 $1\leqslant\tau\leqslant p-1$ 时, $C_a(\tau)=-1$.

证明　如果采用差集合的语言, 这是定理 8.4 对于 $q=p$ 的特殊情形. 注意对于 $q=p^m$ $(m\geqslant 1)$, 只有当 $m=1$ 时, 加法群 $(\mathbb{F}_p,+)$ 才是循环群. □

例 10.2 (Singer)　设 $q=2^m$ $(m\geqslant 2)$, $T:\mathbb{F}_q\to\mathbb{F}_2$ 为迹映射, 令 $\mathbb{F}_q^\times=\langle\theta\rangle$,

$$a_i=(-1)^{T(\theta^i)}\quad (0\leqslant i\leqslant n-1)$$

为周期 $n=q-1$ 的二元序列. 则 $C_a(\tau)=-1\ (1\leqslant\tau\leqslant n-1)$.

证明 当 $1\leqslant\tau\leqslant n-1$ 时,

$$
\begin{aligned}
C_a(\tau)&=\sum_{i=0}^{q-2}a_ia_{i+\tau}=\sum_{i=0}^{q-2}(-1)^{T(\theta^i+\theta^{i+\tau})}\\
&=-1+\sum_{x\in\mathbb{F}_q}(-1)^{T(\alpha x)}\quad(\alpha+1+\theta^\tau\neq 0)\\
&=-1.
\end{aligned}
$$

□

例 2 中序列相当于 $(v,k,\lambda)=(2^m-1,2^{m-1}-1,2^{m-2}-1)$ 的循环差集合, 称为 Singer 差集合. 这样的差集合还有其他构作方式, 见文献 [16].

例 10.3 (孪生素数序列) 设 p 和 $q=p+2$ 是一对 (奇) 素数, $n=pq$. 则 $Z_n=Z_p\oplus Z_q$. 考虑加法循环群 Z_n 的子集合

$$D=\left\{(g,h)\in Z_p\oplus Z_q: g\neq 0, h\neq 0, \left(\frac{g}{p}\right)\left(\frac{h}{q}\right)=1\right\}\cup\{(g,0):g\in Z_p\}.$$

则 D 是群 $(Z_n,+)$ 的差集合, 参数为 $(v,k,\lambda)=\left(n,\dfrac{n-1}{2},\dfrac{n-3}{4}\right)$. 从而得到周期 $n=pq$ 的二元序列 a, 当 $1\leqslant\tau\leqslant n-1$ 时, $C_a(\tau)=-1$.

证明 用群环中表达方式,

$$D=\sum_{\substack{g\in\mathbb{F}_p^*\\ h\in\mathbb{F}_q^\times}}\frac{1}{2}\left(1+\left(\frac{g}{p}\right)\left(\frac{h}{q}\right)\right)(g,h)+Z_p.$$

要证 $DD^{(-1)}=k-\lambda+\lambda(Z_p\oplus Z_q)$. $Z_p\oplus Z_q$ 的特征群为

$$(Z_p\oplus Z_q)^\wedge=Z_p^\wedge\times Z_q^\wedge=\{\lambda_{(a,b)}=\lambda_a\cdot\lambda_b':a\in Z_p,b\in Z_q\},$$

其中 $\lambda_a\in Z_p^\wedge,\lambda_a(x)=\zeta_p^{ax}$, $\lambda_b'\in Z_q^\wedge,\lambda_b(y)=\zeta_q^{by}$, 所以我们需要证明: 对于 $a\in Z_p,b\in Z_q$,

$$
\begin{aligned}
&|\lambda_{(a,b)}(D)|^2\\
=&\lambda_{(a,b)}(k-\lambda+\lambda(Z_p\oplus Z_q))\\
=&\begin{cases}k^2, & 若(a,b)=(0,0),\\ k-\lambda=\dfrac{n+1}{4}=\dfrac{p(p+2)+1}{4}=\left(\dfrac{p+1}{2}\right)^2, & 若(a,b)\neq(0,0).\end{cases}
\end{aligned}
\tag{10.1.1}
$$

对于 $(a,b)=(0,0)$,

$$\lambda_{(0,0)}(D)=|D|=\frac{1}{2}(p-1)(q-1)+p=\frac{n-p-q+1+2p}{2}=\frac{n-1}{2}=k.$$

对于 $a\neq 0$, $b\neq 0$, λ_a 和 λ'_b 分别为 Z_p 和 Z_q 的非平凡加法特征. 于是

$$\begin{aligned}\lambda_{(a,b)}(D)&=\frac{1}{2}\sum_{\substack{g\in Z_p^*\\h\in Z_q^*}}\left(1+\left(\frac{g}{p}\right)\left(\frac{h}{q}\right)\right)\lambda_a(g)\lambda'_b(h)+\sum_{x\in Z_p}\lambda_a(x)\\&=\frac{1}{2}\left((-1)(-1)+\left(\frac{a}{p}\right)\left(\frac{b}{q}\right)G_pG_q\right)+0,\end{aligned}$$

其中 G_p 和 G_q 分别为 $\mathbb{F}_p$ 和 $\mathbb{F}_q$ 的二次高斯和. 由于 p 和 q 恰好有一个模 4 同余于 3, 因此 $G_p\cdot G_q=\sqrt{-pq}$. 于是 $\lambda_{(a,b)}(D)=\dfrac{1}{2}(1\pm\sqrt{-n})$, 从而 $|\lambda_{(a,b)}(D)|^2=\dfrac{n+1}{4}$. 对于 $a=0$, $b\neq 0$,

$$\lambda_{(0,b)}(D)=\frac{1}{2}(-(p-1)+0)+p=\frac{p+1}{2},$$

从而 $|\lambda_{(0,b)}(D)|^2=\left(\dfrac{p+1}{2}\right)^2$.

对于 $a\neq 0$, $b=0$,

$$\lambda_{(a,0)}(D)=\frac{1}{2}(-(q-1)+0)=\frac{-(p+1)}{2},$$

从而也有 $|\lambda_{(a,0)}(D)|^2=\left(\dfrac{p+1}{2}\right)^2$. □

例 10.4 (Hall) 设 p 为素数, 并且可以表示成 $p=4s^2+27$, $s\in\mathbb{Z}$. 令 $\mathbb{F}_p^*=\langle\gamma\rangle$, $D=\langle\gamma^6\rangle$, $D_\lambda=\gamma^\lambda D$ $(0\leqslant\lambda\leqslant 5)$ 是 6 个 6 阶分圆陪集. 则 $D=D_0\cup D_1\cup D_3$ 是加法群 $\mathbb{F}_p$ 的 $(v,k,\lambda)=\left(p,\dfrac{p-1}{2},\dfrac{p-3}{4}\right)$ 差集合, 从而存在周期为 p 的二元序列 a, 使得当 $1\leqslant\tau\leqslant p-1$ 时, $C_a(\tau)=-1$.

证明要用到 $\mathbb{F}_p$ 的 6 次乘法特征的雅可比和的计算 (或用 6 阶分圆数), 这里略去.

由以上例子可知, 当 $n=p+1$ ($p\equiv 3\pmod 4$ 为素数), $n=2^m$ $(m\geqslant 1)$, $n=p+1$ ($p=4s^2+27$ 为素数) 以及 $n=pq+1$ (p 和 $q=p+2$ 为奇素数) 时, 均有 n 阶的 Hadamard 阵.

关于循环差集合的进一步知识可见文献 [15].

现在讨论具有两个自相关非主值的二元周期序列. 这种序列对应于差集合的一种推广, 叫作几乎差集合.

定义 10.3 设 G 为 v 阶交换群, D 为 G 的一个子集合. 称 D 为群 G 的 $(v,k;\lambda,\mu)$ 几乎差集合 (almost difference set, ADS), 是指存在 $G\backslash\{1\}$ 的一个子集合 A, 使得 (用群环 $\mathbb{C}[G]$ 中的语言)

$$DD^{(-1)} = k\cdot 1_G + \lambda A + \mu(G - 1_G - A).$$

换句话说, 在多重集合 $\triangle(D) = \{g_1g_2^{-1} : g_1, g_2 \in D, g_1 \neq g_2\}$ 中, A 中元素均出现 λ 次, 而 A 在 $G\backslash\{1_G\}$ 中的补集中每个元素均出现 μ 次.

当 $\lambda = \mu$ 时, D 就是 G 的 (v,k,λ) 差集合.

引理 10.2 设 D 是交换群 G 的 $(v,k;\lambda,\mu)$ 几乎差集合, 则

(1) 补集 $\overline{D} = G\backslash D$ 是群的 $(v,\overline{k};\overline{\lambda},\overline{\mu})$ 几乎差集合, 其中 $\overline{k} = v-k$, $\overline{\lambda} = v-2k+\lambda$, $\overline{\mu} = v-2k+\mu$.

(2) 如果 $DD^{(-1)} = k\cdot 1_G + \lambda A + \mu(G-1_G-A)$, A 为 $G\backslash\{1_G\}$ 的子集合, $\lambda\neq\mu$, 则 $|A| = (k^2-k-\mu(v-1))/(\lambda-\mu)$.

证明 $\overline{D}\,\overline{D}^{(-1)} = (G-D)(G-D^{(-1)}) = DD^{(-1)} + (v-2k)G$. 如果 $DD^{(-1)} = k\cdot 1_G + \lambda A + \mu(G-1_G-A)$, 则

$$\begin{aligned}\overline{D}\,\overline{D}^{(-1)} &= (v-2k)(1_G + A + G - 1_G - A) + DD^{(-1)} \\ &= (v-k)1_G + (v-2k+\lambda)A + (v-2k+\mu)(G-1_G-A),\end{aligned}$$

这就证明了 (1). 进而设 $|A| = x$, 则 $|G-1_G-A| = v-x-1$. 于是

$$k^2 = |DD^{(-1)}| = k + \lambda x + \mu(v-x-1) = k + \mu(v-1) + (\lambda-\mu)x,$$

由此得到 $x = (k^2-k-\mu(v-1))/(\lambda-\mu)$. □

根据第 7 章的结果: 对于 α, $\beta\in\mathbb{C}[G]$, $\alpha=\beta$ 当且仅当对群 G 的每个特征 $\chi\in\widehat{G}$, $\chi(\alpha)=\chi(\beta)$. 于是我们得到

引理 10.3 设 D 是 v 阶交换群 G 的一个 k 元子集合. 则下两个命题等价:

(1) D 是群 G 的 $(v,k;\lambda,\mu)$ 几乎差集合, 即存在 $G\backslash\{1_G\}$ 的一个子集合 A, 使得

$$DD^{(-1)} = k\cdot 1_G + \lambda A + \mu(G-1_G-A) = (k-\mu)1_G + (\lambda-\mu)A + \mu G;$$

(2) 对于每个特征 $\chi\in\widehat{G}$,

$$|\chi(D)|^2 = \begin{cases} k-\mu+(\lambda-\mu)|A|+\mu v, & 若\ \chi=1, \\ k-\mu+(\lambda-\mu)\chi(A), & 若\ \chi\neq 1. \end{cases}$$

注记 对于 $\chi=1$ 情形, 相当于验证 $(\lambda-\mu)|A|=k^2-k-\mu(v-1)$.

定理 10.2 设 $G=\{1_G,g,\cdots,g^{v-1}\}$ 是由 g 生成的 v 阶循环群 $(g^v=1)$, D 是 G 的一个 k 元子集合. 令 $a=(a_0,\cdots,a_{v-1},\cdots)$ 是周期为 v 的二元序列, 定义为

$$a_i=\begin{cases}1, & \text{若 } g^i\in D,\\ -1, & \text{否则}\end{cases}\quad (0\leqslant i\leqslant v-1),$$

则下列两个命题等价:

(I) D 是群 G 的 $(v,k;\lambda,\mu)$ 几乎差集合. 即存在 $G\backslash\{1_G\}$ 的子集 A, 使得

$$DD^{(-1)}=k\cdot 1_G+\lambda A+\mu(G-1_G-A); \tag{10.1.2}$$

(II) 序列 a 的自相关非主值为 (对于 $1\leqslant\tau\leqslant v-1$)

$$C_a(\tau)=\begin{cases}v-4(k-\lambda), & \text{若 } g^\tau\in A,\\ v-4(k-\mu), & \text{否则}.\end{cases} \tag{10.1.3}$$

证明 令 $F(g)=a_0+a_1g+\cdots+a_{v-1}g^{v-1}$, 则

$$F(g)F(g^{-1})=v\cdot 1_G+\sum_{\tau=1}^{v-1}C_a(\tau)g^\tau. \tag{10.1.4}$$

但是由序列 a 的定义可知 $F(g)=D-(G-D)=2D-G$. 于是由 (10.1.4) 式可知

$$v\cdot 1_G+\sum_{\tau=1}^{v-1}C_a(\tau)g^\tau=(2D-G)(2D^{(-1)}-G)=4DD^{(-1)}+(v-4k)G. \tag{10.1.5}$$

如果 (10.1.2) 式成立, 则 (10.1.5) 式右边为

$$\begin{aligned}&4k\cdot 1_G+4\lambda A+4\mu(G-1_G-A)+(v-4k)G\\ =&v\cdot 1_G+(4\lambda+v-4k)A+(4\mu+v-4k)(G-1_G-A).\end{aligned}$$

从而由 (10.1.5) 式即可给出 (10.1.3) 式. 于是命题 (I) 推出命题 (II). 反过来推理即由 (II) 得到 (I). □

现在我们给出构作具有 2 个自相关非主值的最优二元周期序列的一些例子. 更多的构作方法可见综述文章 [16].

例 10.5 设 p 为奇素数. 令 $D=\left\{i:1\leqslant i\leqslant p-1,\left(\frac{i}{p}\right)=1\right\}$. 当 $p\equiv 3 \pmod 4$ 时, D 是加法群 $(\mathbb{F}_p,+)$ 的差集合, 参数为 $(v,k,\lambda)=\left(p,\frac{p-1}{2},\frac{p-3}{4}\right)$

(定理 8.4), 由此给出自相关非主值均为 -1 的二元序列 (例 10.1). 现在证明当 $p\equiv 1 \pmod 4$ 时, D 为 $(\mathbb{F}_p,+)$ 的几乎差集合, 并且给出自相关非主值为 1 和 -3 的最优二元序列 (周期为 p).

定理 10.3 设 p 为素数, $p\equiv 1 \pmod 4$. 令 D 如例 10.5 所示 ($\mathbb{F}_p^*$ 中平方元全体). 令 $a=(a_0,\cdots,a_{p-1},\cdots)$ 是周期为 p 的二元序列, 定义为

$$a_0=-1,\ \text{当}\ 1\leqslant i\leqslant p-1\ \text{时},\ a_i=\left(\frac{i}{p}\right),$$

则

(1) D 是 $(\mathbb{F}_p,+)$ 的几乎差集合, 参数为 $(v,k;\lambda,\mu)=\left(p,\dfrac{p-1}{2};\dfrac{p-5}{4},\dfrac{p-1}{4}\right)$, 其中 $A=D$;

(2) a 的自相关非主值为: 对于 $1\leqslant\tau\leqslant p-1$,

$$C_a(\tau)=\begin{cases}-3, & \text{若}\ \left(\dfrac{\tau}{p}\right)=1\ \ (\text{即}\ \tau\in D),\\[2ex] 1, & \text{若}\ \left(\dfrac{\tau}{p}\right)=-1.\end{cases}$$

证明 由定理 10.2 知 (1) 和 (2) 是等价的. 我们证明 (2). 对于 $1\leqslant\tau\leqslant p-1$,

$$\begin{aligned}C_a(\tau)&=\sum_{i=0}^{p-1}a_ia_{i+\tau}=-a_\tau-a_{p-\tau}+\sum_{\substack{i=1\\ i\neq p-\tau}}^{p-1}\left(\frac{i}{p}\right)\left(\frac{i+\tau}{p}\right)\\ &=-\left(\frac{\tau}{p}\right)-\left(\frac{-\tau}{p}\right)+\sum_{j=2}^{p-1}\left(\frac{-j\tau}{p}\right)\left(\frac{\tau-j\tau}{p}\right)\quad (\text{令}\ i\equiv -j\tau \pmod p)\\ &=-2\left(\frac{\tau}{p}\right)+\left(\frac{-1}{p}\right)\sum_{j=2}^{p-1}\left(\frac{j}{p}\right)\left(\frac{1-j}{p}\right)\\ &\qquad\left(\text{由}\ p\equiv 1 \pmod 4\ \text{可知}\ \left(\frac{-1}{p}\right)=1\right).\end{aligned}$$

右边和式为 $\mathbb{F}_p$ 上对于 2 阶乘法特征 $\eta(j)=\left(\dfrac{j}{p}\right)$ 的雅可比和 $J(\eta,\eta)$. 它等

于 $-\eta(-1)=-1$. 因此

$$C_a(\tau)=-2\left(\frac{\tau}{p}\right)-1=\begin{cases}-3, & 若 \left(\frac{\tau}{p}\right)=1,\\ 1, & 若 \left(\frac{\tau}{p}\right)=-1.\end{cases}$$ □

例 10.6 (Sidelnikov 二元序列) 设 p 为奇素数, $q=p^m$ $(m\geqslant 1)$, $\mathbb{F}_q^{\times}=\langle\theta\rangle$. 定义周期为 $n=q-1$ 的 2 元序列 $a=(a_0,\cdots,a_{n-1},\cdots)$, 其中对于 $0\leqslant i\leqslant n-1=q-2$,

$$a_i=\begin{cases}1, & 若 \theta^i=-1\left(即 i=\dfrac{q-1}{2}\right) 或者 1+\theta^i 为 \mathbb{F}_q^{\times} 中平方元素,\\ -1, & 否则.\end{cases} \tag{10.1.6}$$

令 η 为 $\mathbb{F}_q$ 的二次乘法特征. 则对 $1\leqslant\tau\leqslant q-2$,

$$\begin{aligned}C_a(\tau)&=\sum_{i=0}^{q-2}a_ia_{i+\tau}\\&=\eta(1-\theta^{\tau})+\eta(1-\theta^{-\tau})+\sum_{\substack{i=0\\ i\neq\frac{q-1}{2},\frac{q-1}{2}-\tau}}^{q-2}\eta(1+\theta^i)\eta(1+\theta^{i+\tau})\\&=\eta(1-\theta^{\tau})+\eta(-\theta^{-\tau})\eta(1-\theta^{\tau})+\sum_{\substack{x\in\mathbb{F}_q\\ x\neq 0,-1,-\theta^{-\tau}}}\eta(1+x)\eta(1+\theta^{\tau}x),\end{aligned}$$

其中右边的和式为 (令 $1+x=(1-\theta^{-\tau})\omega$)

$$\begin{aligned}&\sum_{\substack{\omega\in\mathbb{F}_q\\ \omega\neq 0,1,-\theta^{\tau}/(1-\theta^{\tau})}}\eta((1-\theta^{-\tau})\omega)\eta((1-\theta^{\tau})(1-\omega))\\&=\eta(-\theta^{\tau})\sum_{\substack{\omega\in\mathbb{F}_q\\ \omega\neq 0,1,-\theta^{\tau}/(1-\theta^{\tau})}}\eta(\omega)\eta(1-\omega)\\&=\eta(-\theta^{\tau})\left[J(\eta,\eta)-\eta\left(-\frac{\theta^{\tau}}{1-\theta^{\tau}}\right)\eta\left(\frac{1}{1-\theta^{\tau}}\right)\right]\quad (J(\eta,\eta)=-\eta(-1) 为雅可比和)\\&=-\eta(\theta^{\tau})-1.\end{aligned}$$

于是

$$C_a(\tau)=-\eta(\theta^{\tau})-1+\eta(1-\theta^{\tau})+\eta(-\theta^{\tau})\eta(1-\theta^{\tau})\quad (注意 \eta(\theta^{\tau})=(-1)^{\tau})$$

$$=\begin{cases}(\eta(1-\theta^\tau)-1)(1+(-1)^\tau), & \text{若 } q\equiv 1 \pmod 4,\\ -(\eta(1-\theta^\tau)+1)((-1)^\tau-1)-2, & \text{若 } q\equiv 3 \pmod 4.\end{cases}$$

从而得到如下结果.

定理 10.4 设 p 为奇素数, $q=p^m$ $(m\geqslant 1)$. 则由 (10.1.6) 式定义的周期 $q-1$ 的二元序列为最优的, 并且自相关非主值只取如下两个值. 对于 $1\leqslant\tau\leqslant q-2$,

(I) 当 $q\equiv 1 \pmod 4$ 时 (这时序列 a 的周期 $q-1\equiv 0 \pmod 4$),

$$C_a(\tau)=\begin{cases}0, & \text{若 } 2\nmid\tau \text{ 或者 } \eta(1-\theta^\tau)=1,\\ -4, & \text{若 } 2|\tau \text{ 并且 } \eta(1-\theta^\tau)=-1.\end{cases}$$

(II) 当 $q\equiv 3 \pmod 4$ 时 (这时序列 a 的周期 $q-1\equiv 2 \pmod 4$),

$$C_a(\tau)=\begin{cases}-2, & \text{若 } 2|\tau \text{ 或者 } \eta(1-\theta^\tau)=-1,\\ 2, & \text{若 } 2\nmid\tau \text{ 并且 } \eta(1-\theta^\tau)=1.\end{cases}$$

例 10.7 现在讨论孪生素数序列 (例 10.3) 的推广. 设 p 和 q 为不同的奇素数, $Z_{pq}=\{0,1,\cdots,pq-1\}$, 环 Z_{pq} 的可逆元素群为

$$Z_{pq}^*=\{a\in Z_{pq}:\gcd(a,pq)=1\}.$$

令 $P=\{p,2p,\cdots,(q-1)p\}$, $Q=\{q,2q,\cdots,(p-1)q\}$. 则 $Z_{pq}=Z_{pq}^*\cup P\cup Q\cup\{0\}$.

定义周期为 $n=pq$ 的二元序列 $S=(s_i)_{i=0}^{n-1}$, 其中

$$s_i=\begin{cases}1, & \text{若 } i\in Q\cup\{0\},\\ -1, & \text{若 } i\in P,\\ \left(\dfrac{i}{p}\right)\left(\dfrac{i}{q}\right), & \text{若 } i\in Z_{pq}^*.\end{cases}$$

定理 10.5 (Brandstätter and Winterhof, 2005)

对于上面例 10.7 的二元序列 $S, 1\leqslant\tau\leqslant n-1$, 其自相关值为

$$C_S(\tau)=\begin{cases}q-p-3, & \text{若 } \tau\in P,\\ p+1-q, & \text{若 } \tau\in Q,\\ -1, & \text{若 } \tau\in Z_{pq}^*, p+q\equiv 0 \pmod 4,\\ -1+2\left(\dfrac{\tau}{p}\right)\left(\dfrac{\tau}{q}\right), & \text{若 } \tau\in Z_{pq}^*, p+q\equiv 2 \pmod 4.\end{cases}$$

证明 由序列定义, 令 $\tau = \lambda p + \mu q\ (0 \leqslant \lambda \leqslant q-1, 0 \leqslant \mu \leqslant p-1, \tau \neq 0)$,

$$C_S(\tau) = \sum_{t=0}^{n-1} s_t s_{t+\tau} = \sum_{i=0}^{q-1}\sum_{j=0}^{p-1} s_{ip+jq} s_{(i+\lambda)p+(j+\mu)q}$$

$$= I_0 + I_P + I_Q + I_*,$$

其中

$$I_0 = s_0 s_\tau = s_{\lambda p+\mu q},$$

$$I_P = \sum_{t\in P} s_t s_{t+\tau} = \sum_{i=1}^{q-1} s_{ip} s_{(i+\lambda)p+\mu q} = -\sum_{i=1}^{q-1} s_{(i+\lambda)p+\mu q},$$

$$I_Q = \sum_{t\in Q} s_t s_{t+\tau} = \sum_{j=1}^{p-1} s_{\lambda p+(j+\mu)q},$$

$$I_* = \sum_{t\in Z_{pq}^*} s_t s_{t+\tau} = \sum_{i=1}^{q-1}\sum_{j=1}^{p-1} \left(\frac{ip}{q}\right)\left(\frac{jq}{p}\right) s_{(i+\lambda)p+(j+\mu)q}.$$

(1) 如果 $\tau = \lambda p + \mu q \in P$, 即 $\mu = 0,\ 1 \leqslant \lambda \leqslant q-1$. 则

$$I_0 = s_{\lambda p} = -1.$$

$$I_P = -\sum_{i=1}^{q-1} s_{(i+\lambda)p} = -(1-(q-2)) = q-3.$$

$$I_Q = \sum_{j=1}^{p-1} s_{\lambda p+jq} = \sum_{j=1}^{p-1}\left(\frac{\lambda p}{q}\right)\left(\frac{jq}{p}\right) = \left(\frac{\lambda p}{q}\right)\left(\frac{q}{p}\right)\sum_{j=1}^{p-1}\left(\frac{j}{p}\right) = 0.$$

$$I_* = \sum_{i=1}^{q-1}\sum_{j=1}^{p-1}\left(\frac{ip}{q}\right)\left(\frac{jq}{p}\right) s_{(i+\lambda)p+jq}$$

$$= \sum_{\substack{i=1\\ i\neq q-\lambda}}^{q-1}\sum_{j=1}^{p-1}\left(\frac{ip}{q}\right)\left(\frac{jq}{p}\right)\left(\frac{(i+\lambda)p}{q}\right)\left(\frac{jq}{p}\right) + \sum_{j=1}^{p-1}\left(\frac{-\lambda p}{q}\right)\left(\frac{jq}{p}\right)$$

$$= (p-1)\sum_{\substack{i=1\\ i\neq q-\lambda}}^{q-1}\left(\frac{i(i+\lambda)}{q}\right) = (p-1)\sum_{l=2}^{q-1}\left(\frac{-l(1-l)}{q}\right) \quad (\text{令 } i = -\lambda l)$$

$$= (p-1)\left(\frac{-1}{q}\right) J_q(\eta,\eta)$$

$$\left(\eta(l) = \left(\frac{l}{q}\right) \text{为 } \mathbb{F}_q \text{ 的 2 阶特征, } J_q \text{ 为 } \mathbb{F}_q \text{ 上雅可比和}\right)$$

$$= (p-1)\left(\frac{-1}{q}\right)\cdot\left(-\left(\frac{-1}{q}\right)\right) = -(p-1).$$

于是 $C_S(\tau) = -1 + q - 3 - (p-1) = q - p - 3$.

(2) 如果 $\tau = \lambda p + \mu q \in Q$, 即 $\lambda = 0$, $1 \leqslant \mu \leqslant p-1$, 则

$$I_0 = s_{\mu q} = 1.$$

$$I_P = -\sum_{i=1}^{q-1} s_{ip+\mu q} = -\sum_{i=1}^{q-1}\left(\frac{ip}{q}\right)\left(\frac{\mu q}{p}\right) = 0.$$

$$I_Q = \sum_{j=1}^{p-1} s_{(j+\mu)q} = p-1.$$

$$\begin{aligned}
I_* &= \sum_{i=1}^{q-1}\sum_{j=1}^{p-1}\left(\frac{ip}{q}\right)\left(\frac{jq}{p}\right) s_{ip+(j+\mu)q} \\
&= \sum_{i=1}^{q-1} -\left(\frac{ip}{q}\right)\left(\frac{-\mu q}{p}\right) + \sum_{i=1}^{q-1}\sum_{\substack{j=1 \\ j\neq p-\mu}}^{p-1}\left(\frac{j(j+\mu)}{p}\right) \\
&= (q-1)\left(\frac{-1}{p}\right) J_p(\eta,\eta) = -(q-1).
\end{aligned}$$

于是 $C_S(\tau) = 1 + p - 1 - q + 1 = p - q + 1$.

(3) 设 $\tau = \lambda p + \mu q \in Z_{pq}^*$, 即 $1 \leqslant \lambda \leqslant q-1$, $1 \leqslant \mu \leqslant p-1$. 则

$$I_0 = s_{\lambda p+\mu q} = \left(\frac{\lambda p}{q}\right)\left(\frac{\mu q}{p}\right).$$

$$\begin{aligned}
I_P &= -\left(1 + \sum_{\substack{i=1 \\ i\neq q-\lambda}}^{q-1}\left(\frac{(i+\lambda)p}{q}\right)\left(\frac{\mu q}{p}\right)\right) \\
&= -\left(1 + \left(\frac{\mu q}{p}\right)\left(-\left(\frac{\lambda p}{q}\right)\right)\right) = -1 + \left(\frac{\lambda p}{q}\right)\left(\frac{\mu q}{p}\right).
\end{aligned}$$

$$I_Q = \sum_{j=1}^{p-1} s_{\lambda p+(j+\mu)q} = -1 + \sum_{\substack{j=1 \\ j\neq p-\mu}}^{p-1} \left(\frac{\lambda p}{q}\right)\left(\frac{(j+\mu)q}{p}\right) = -1 - \left(\frac{\lambda p}{q}\right)\left(\frac{\mu q}{p}\right).$$

$$\begin{aligned}
I_* &= \sum_{i=1}^{q-1}\sum_{j=1}^{p-1}\left(\frac{ip}{q}\right)\left(\frac{jq}{p}\right) s_{(i+\lambda)p+(j+\mu)q} \\
&= \sum_{\substack{i=1 \\ i\neq q-\lambda}}^{q-1} \sum_{\substack{j=1 \\ j\neq p-\mu}}^{p-1} \left(\frac{ip}{q}\right)\left(\frac{jq}{p}\right)\left(\frac{(i+\lambda)p}{q}\right)\left(\frac{(j+\mu)q}{p}\right) + \sum_{\substack{j=1 \\ j\neq p-\mu}}^{p-1}\left(\frac{-\lambda p}{q}\right)\left(\frac{jq}{p}\right) \\
&\quad - \sum_{\substack{i=1 \\ i\neq q-\lambda}}^{q-1}\left(\frac{ip}{q}\right)\left(\frac{-\mu q}{p}\right) + \left(\frac{-\lambda p}{q}\right)\left(\frac{-\mu q}{p}\right) \\
&= \sum_{\substack{i=1 \\ i\neq q-\lambda}}^{q-1}\left(\frac{i(i+\lambda)}{q}\right) \sum_{\substack{j=1 \\ j\neq p-\mu}}^{p-1}\left(\frac{j(j+\mu)}{p}\right) + \left(\frac{-\lambda q}{p}\right)\left(-\left(\frac{-\mu q}{p}\right)\right) \\
&\quad - \left(\frac{-\mu q}{p}\right)\left(-\left(\frac{-\lambda p}{q}\right)\right) + \left(\frac{-\lambda p}{q}\right)\left(\frac{-\mu q}{p}\right) \\
&= 1 + \left(\frac{-\lambda p}{q}\right)\left(\frac{-\mu q}{p}\right).
\end{aligned}$$

于是

$$C_S(\tau) = I_0 + I_P + I_Q + I_* = -1 + \left(\frac{\lambda p}{q}\right)\left(\frac{\mu q}{p}\right)\left[1 + \left(\frac{-1}{p}\right)\left(\frac{-1}{q}\right)\right].$$

当 $p+q \equiv 0 \pmod 4$ 时, $pq \equiv p+q-1 \equiv 3 \pmod 4$, 于是 $\left(\frac{-1}{p}\right)\left(\frac{-1}{q}\right) = -1$, 从而 $C_S(\tau) = -1$. 当 $p+q \equiv 2 \pmod 4$ 时, $pq \equiv 1 \pmod 4$, $\left(\frac{-1}{p}\right)\left(\frac{-1}{q}\right) = 1$. 从而 $C_S(\tau) = -1 + 2\left(\frac{\lambda p}{q}\right)\left(\frac{\mu q}{p}\right) = -1 + 2\left(\frac{\tau}{q}\right)\left(\frac{\tau}{p}\right)$. □

注记 设 p 和 $q = p+2$ 是孪生素数, 则 $pq = p(p+2) = (p+1)^2 - 1 \equiv 3 \pmod 4$. 于是对于孪生素数序列, 对所有 $1 \leqslant \tau \leqslant pq-1$, $C_S(\tau) = -1$. 设 $q = p+4$, 则此定理给出序列 S 是自相关非主值取 1 和 -3 的最优二元序列.

10.2 二元周期序列的自相关性能 (2): 不存在性

我们上节介绍了自相关非主值只取 1 个或 2 个值的最优二元周期序列, 建立了这种序列和循环差集合或几乎差集合之间的对应关系, 并且给出一些构作方法. 本节我们介绍这种序列的不存在性, 着重说明如何用代数数域的知识得到不存在性的一些条件. 我们只讨论自相关主值均相同的情形, 具有两个自相关非主值的情形可见前节所列的文献.

今后我们称一个二元周期序列 a 是 (n,t) 型的, 是指序列 a 的周期为 n 并且对所有 $1\leqslant\tau\leqslant n-1$, 自相关非主值 $C_a(\tau)$ 均为 t. 本节以下内容取自文献 [17].

根据定理 10.1, 一个 (n,t) 型二元序列等价于参数 (v,k,λ) 的循环差集合, 其中 $v=n$, $k=\frac{1}{2}(n+\varepsilon\sqrt{tn+n-t})$, $\lambda=\frac{1}{4}(n+t+2\varepsilon\sqrt{tn+n-t})$. $\varepsilon=1$ 或 -1. 特别地, $tn+n-t>0$, 并且为完全平方数. 而一个上述参数的循环差集合相当于 n 阶循环群 G 的一个 k 元子集合 D, 使得对每个特征 $\chi\in\widehat{G}$,

$$|\chi(D)|^2=\begin{cases} k^2\ (=k+(n-1)\lambda), & 若\ \ \chi=1,\\ k-\lambda, & 若\ \ \chi\neq 1.\end{cases}\tag{10.2.1}$$

注意 $\chi(D)$ 是分圆域 $Q(\zeta_n)$ 中的代数整数.

(A) $n\equiv 1\pmod 4$ 情形.

这时 (n,t) 型二元周期序列叫作最优的, 是指 $t=1$ 或 -3. 由于 $t=-3$ 时 $tn+n-t<0$, 从而以下考虑 $t=1$ 情形.

一个 $(n,1)$ 型二元周期序列相当于 n 阶循环群 $G=\langle g\rangle=\{1_G,g,\cdots,g^{n-1}\}$ $(g^n=1_G)$ 中参数为 (v,k,λ) 的差集合 D, 其中 $v=n$, $k=\frac{1}{2}(n-\sqrt{2n-1})$, $\lambda=\frac{1}{4}(n+1-2\sqrt{2n-1})$. 于是 $n=\frac{1}{2}(u^2+1)$, 其中 u 为正整数并且 $2\nmid u$, $k=\frac{1}{4}(u-1)^2$, $\lambda=\frac{1}{8}(u-1)(u-3)$, 而 (10.2.1) 式为: 当 $\chi\in\widehat{G}$, $\chi\neq 1$ 时, $|\chi(D)|^2=\frac{1}{8}(u^2-1)$.

综合上述我们得到

定理 10.6 设 $n\equiv 1\pmod 4$. 则存在 $(n,1)$ 型 (最优) 二元周期序列当且仅当 $n=\frac{1}{2}(u^2+1)$ $(2\nmid u\geqslant 3)$, 并且 n 阶循环群 G 中存在差集合 D, 其参数为 $(v,k,\lambda)=\left(\frac{1}{2}(u^2+1),\frac{1}{4}(u-1)^2,\frac{1}{8}(u-1)(u-3)\right)$. 这也相当于说, $|D|=$

$\frac{1}{4}(u-1)^2$ 并且对群 G 的每个平凡特征 χ, $|\chi(D)|^2 = \frac{1}{8}(u^2-1)$.

例 10.8　对于 $u=3, n=5, a=(-1,1,1,1,1,\cdots)$ 是 (5,1) 型二元序列. 对于 $u=5, n=13$, 参数为 $(v,k,\lambda)=(13,4,1)$ 的循环差集合是存在的, 加法群 Z_{13} 中的子集合 $D=\{0,1,3,9\}$ 就是这样的差集合. 对应的 $(n,t)=(13,1)$ 型二元序列为 $a=(a_0,a_1,\cdots,a_{12},\cdots)$, 其中对于 $0\leqslant i\leqslant 12$,

$$a_i = \begin{cases} 1, & \text{若 } i \in \{0,1,3,9\}, \\ -1, & \text{否则}. \end{cases}$$

Schmidt 于 2016 年猜想, 当 $n>13$, $n\equiv 1 \pmod 4$ 时, $(n,1)$ 型二元周期序列是不存在的. 关于这方面的已知结果参见 [17] 中所列文献.

现在介绍用分圆域的知识证明某种组合结构不存在性的常用方法, 即所谓“半本原” 情形.

定义 10.4　设 e 和 a 为互素的正整数. 如果存在正整数 r, 使得 $a^r\equiv -1 \pmod e$, 则称 a 模 e 是半本原的.

引理 10.4　设 $e\geqslant 3$, $e\not\equiv 2 \pmod 4$, m 为正整数. 如果存在素数 p, 使得 $v_p(m)$ 为奇数并且 p 模 e 是半本原的, 则分圆域 $Q(\zeta_e)$ 的整数环 $\mathbb{Z}[\zeta_e]$ 中不存在 α, 使得 $\alpha\overline{\alpha}=m$. 这里 $v_p(m)$ 是 m 的 p-adic 指数赋值, 即满足 $p^l|m$, $p^{l+1}\nmid m$ 的整数 l.

证明　由假设知有正整数 r, 使得 $p^r\equiv -1 \pmod e$. 令 r 是满足此条件的最小正整数. 则 p 模 e 的阶为 $f=2r$. 由于 $p^r\equiv -1 \pmod e$, 可知 $(p,e)=1$, 从而 p 在 $\mathcal{O}_K=\mathbb{Z}[\zeta_e]$ 中是不分歧的 $(K=Q(\zeta_e))$, 即 $p\mathcal{O}_K=P_1\cdots P_g$, 其中 $P_1,\cdots,P_g$ 是 $\mathcal{O}_K$ 中彼此不同的非零素理想, $g=\frac{\varphi(e)}{f}$. K/Q 的伽罗瓦群为

$$G=\mathrm{Gal}(K/Q)=\{\sigma_a : a\in Z_e^*\}.$$

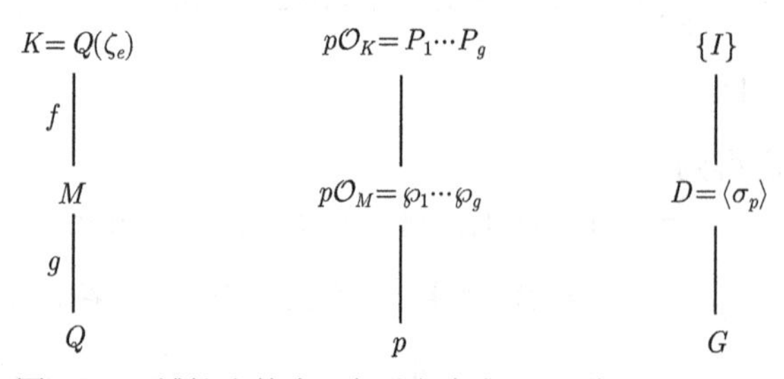

图 10.1　域扩张的素理想分解与伽罗瓦群对应示意图

其中 $\sigma_a(\zeta_e)=\zeta_e^a$. 而 p 在 K 中的分解群是 G 中由 σ_p 生成的循环子群 D. 由于 p 模 e 的阶为 f, 知 σ_p 是 f 阶自同构, 从而令 M 为 K 中对应于 D 的子域 (即 p 在 K 中的分解域), 则 p 在 $\mathcal{O}_M$ 中完全分解:

$$p\mathcal{O}_M=\wp_1\cdots\wp_g\quad([M:Q]=[G:D]=\varphi(e)/f=g),$$

并且 $\wp_i\mathcal{O}_K=P_i\ (1\leqslant i\leqslant g)$. 进而, 由 $p^r\equiv -1\pmod e$ 可知 $\sigma_p^r=\sigma_{-1}$ 属于 D. 但是 $\sigma_{-1}(\zeta_e)=\zeta_e^{-1}=\overline{\zeta_e}$ (ζ_e 的复共轭), 从而 σ_{-1} 即是 K 中的复共轭自同构, 对每个 $\beta\in K$, $\sigma_{-1}(\beta)=\overline{\beta}$. 由于 σ_{-1} 固定 M 中每个元素, 可知 $\sigma_{-1}(\wp_i)=\wp_i$. 于是

$$\overline{P_i}=\overline{\wp_i\mathcal{O}_K}=\overline{\wp_i}\mathcal{O}_K=\wp_i\mathcal{O}_K=P_i\quad(1\leqslant i\leqslant g).$$

现在设 $\alpha\in\mathbb{Z}[\zeta_e]=\mathcal{O}_K$, $\alpha\overline{\alpha}=m$. $\mathcal{O}_K$ 中主理想 $\alpha\mathcal{O}_K$ 唯一分解成素理想乘积 (取 $P=P_1$):

$$\alpha\mathcal{O}_K=\cdots P^c\cdots\quad(c\geqslant 0, \text{即 } c=v_P(\alpha\mathcal{O}_K)).$$

则 $\overline{\alpha}\mathcal{O}_K=\cdots\overline{P}^c\cdots=\cdots P^c\cdots$ (即 $v_P(\overline{\alpha}\mathcal{O}_K)$ 也等于 c). 于是 $m\mathcal{O}_K=\alpha\overline{\alpha}\mathcal{O}_K=\cdots P^{2c}\cdots$. 但是 $v_p(m)=l$ 为奇数, 而

$$m\mathcal{O}_K=\cdots(p^l\mathcal{O}_K)\cdots=\cdots(P_1\cdots P_g)^l\cdots,$$

由 $P=P_1$ 和素因子分解的唯一性, 知 $l=2c$ 为偶数. 这一矛盾表明不存在 $\alpha\in\mathcal{O}_K$ 使得 $\alpha\overline{\alpha}=m$. □

将引理 10.4 用于 $(n,1)$ 型二元周期序列, 便得到不存在性如下的充分性条件.

定理 10.7 $2\nmid u\geqslant 7$. 如果下列条件成立:

$(*)$ $\frac{1}{2}(u^2+1)$ 存在因子 $e\geqslant 3$, $e\not\equiv 2\pmod 4$, 存在素数 p, 使得 $v_p(\frac{1}{8}(u^2-1))$ 为奇数, 并且 p 模 e 是半本原的,

则不存在参数 $(v,k,\lambda)=\left(\frac{1}{2}(u^2+1),\frac{1}{4}(u-1)^2,\frac{1}{8}(u-1)(u-3)\right)$ 的循环差集合, 这也相当于说, 不存在 $\left(\frac{1}{2}(u^2+1),1\right)$ 型二元周期序列.

证明 若存在上述参数的循环差集合, 则对于 $n=\frac{1}{2}(u^2+1)$ 阶乘法循环群 G, 有元素 $D\in\mathbb{Z}[G]$, 使得对 G 的每个非平凡特征 χ, $|\chi(D)|^2=k-\lambda=\frac{1}{8}(u^2-1)$. 由于 $e|n$, $e\not\equiv 2\pmod 4$, $e\geqslant 3$, 可知 G 有 e 阶非平凡特征 χ, 于是 $\alpha=\chi(D)\in\mathbb{Z}[\zeta_e]$, 由引理 10.4 和条件 $(*)$ 知 $\alpha\overline{\alpha}\neq\frac{1}{8}(u^2-1)$. 这一矛盾表明

在条件 (*) 之下, 不存在参数 $(v,k,\lambda)=\left(\frac{1}{2}(u^2+1),\frac{1}{4}(u-1)^2,\frac{1}{8}(u-1)(u-3)\right)$ 的循环差集合, 从而也不存在 $\left(\frac{1}{2}(u^2+1),1\right)$ 型二元周期序列. □

例 10.9 对于奇数 u, $7\leqslant u\leqslant 21$, 除了 $u=17$ 和 19 之外, 由定理 10.7 均可证明 $\left(\frac{1}{2}(u^2+1),1\right)$ 型二元周期序列是不存在的. 下表中列出每种情形下所选取的 e 和 p.

u	7	9	11	13	15	17	19	21
$n=\frac{1}{2}(u^2+1)$	25	41	61	85	113	145	181	221
$k-\lambda=\frac{1}{8}(u^2-1)$	6	10	15	21	28	36	45	55
不存在性	$e=5$ $p=3$	$e=41$ $p=2$	$e=61$ $p=3$	$e=5$ $p=3$	$e=113$ $p=7$	?	?	$e=13$ $p=5$

经过更仔细的分析, [17] 中给出许多系列奇数 u (每个系列有无穷多个 u), 使得 $\left(\frac{1}{2}(u^2+1),1\right)$ 型二元周期序列是不存在的.

(B) $n\equiv 2 \pmod 4$, $n\geqslant 6$ 情形.

当 $t=-2$ 时, $tn+n-t=-n+2<0$. 所以我们考虑 $(n,2)$ 型的 (最优) 二元周期序列, 它等价于 $(v,k,\lambda)=\left(n,\frac{1}{2}(n-\sqrt{3n-2}),\frac{1}{4}(n+2-2\sqrt{3n-2})\right)$ 的循环差集合. 设 $n=2u, 2\nmid u$, 可知 $3n-2=2(3u-1)=(2x)^2$, $x\in\mathbb{Z}$. 另一方面, 设这个差集合为 D, D 为 n 阶循环群 G 的子集合, 看作 $\mathbb{Z}[G]$ 中元素, 由于 $|G|=n$ 为偶数, G 有 2 阶特征 χ, 则 $|\chi(D)|^2=k-\lambda=\frac{1}{4}(n-2)=\frac{1}{2}(u-1)$. 但是对 G 中元素 g, $\chi(g)\in\{\pm1\}$, 于是 $\chi(D)=\sum\limits_{g\in D}\chi(g)\in\mathbb{Z}$, 从而 $\frac{1}{2}(u-1)=\chi(D)^2$ 为完全平方数, 即 $u-1=2y^2, y\in\mathbb{Z}$. 于是 $x^2-3y^2=\frac{1}{2}(3u-1)-\frac{1}{2}(3u-3)=1$. 我们在 3.3 节中给出用实二次域 $K=Q(\sqrt{3})$ 中基本单位 $\varepsilon_k=2+\sqrt{3}$ 求 Pell 方程 $x^2-3y^2=1$ 全部正整数解的方法, 即设 $\varepsilon_k^m=a_m+b_m\sqrt{3}$, 则全部正整数解为 $(x,y)=(a_m,b_m)$ $(m=1,2,\cdots)$. 于是 $n=\frac{1}{3}(2+4x^2)$ 被限制在下面所述的范围之内.

定理 10.8 设 $n=2u, 2\nmid u, u\geqslant 3$, 如果 $(n,2)$ 型二元周期序列存在, 则 $u=\frac{2}{3}(1+2a_m^2)$ $(m=1,2,\cdots)$, 其中 a_m 由 $(2+\sqrt{3})^m=a_m+b_m\sqrt{3}$ $(a_m,b_m\in\mathbb{Z})$ 所决定.

注记 由于 $a_m+b_m\sqrt{3}=(2+\sqrt{3})(a_{m-1}+b_{m-1}\sqrt{3})=(2a_{m-1}+3b_{m-1})+\sqrt{3}(a_{m-1}+2b_{m-1})$ 从而 (a_m,b_m) 可由如下的递推公式计算:

$$(a_m,b_m)=(a_{m-1},b_{m-1})\begin{bmatrix}2&1\\3&2\end{bmatrix},\quad (a_1,b_1)=(2,1).$$

前 5 个值为

m	1	2	3	4	5
a_m	2	7	26	97	362
b_m	1	4	15	56	209
$u=\frac{2}{3}(1+2a_m^2)$	6	66	902	12546	174726

对于 $m=1$, $(-1,1,1,1,1,1,\cdots)$ 是 $(6,2)$ 型二元周期序列, 当 $m\geqslant 2$ 时, 更进一步分析还可证明一些不存在性结果. 详见 [17].

(C) $n\equiv 3 \pmod 4$ 情形.

我们在前节给出目前已知的 $(n,-1)$ 型二元周期序列, 其中 n 为素数 p, $p\equiv 3 \pmod 4$ 或者 $p=4s^2+27$ $(s\in\mathbb{Z})$, $n=pq$ (孪生奇素数之积) 和 $n=2^m-1$ $(m\geqslant 2)$. 它们对应于 $(v,k,\lambda)=\left(n,\frac{n-1}{2},\frac{n-3}{4}\right)$ 的 Paley-Hadamard 循环差集合, 其中 $k-\lambda=\frac{1}{4}(n+1)$.

例 10.10 100 以内其余 $n\equiv 3 \pmod 4$ 的值如下表所示. 除了 $n=27$ 和 99 之外, 均可用半本原方法 (引理 10.4) 证明 $(n,-1)$ 型二元周期序列是不存在的, 表中列出所取的 e (它是 n 的因子) 和素数 p $\left(v_p(k-\lambda)=v_p\left(\frac{1}{4}(n+1)\right)\right.$ 为奇数$\Big)$.

n	27	39	51	55	75	87	95	99
$k-\lambda=\frac{1}{4}(n+1)$	7	10	13	14	19	22	24	25
不存在性		$e=3$ $p=2$	$e=17$ $p=13$	$e=5$ $p=2$	$e=5$ $p=19$	$e=3$ $p=2$	$e=5$ $p=2$	

现在讨论 $(n,3)$ 型二元周期序列. 它相当于 $(v,k,\lambda)=\left(n,\frac{1}{2}(n-\sqrt{4n-3}),\frac{1}{4}\left(n+3-2\sqrt{4n-3}\right)\right)$ 的循环差集合. 于是 $4n-3=u^2$ $(u\in\mathbb{Z})$, 即 $n=\frac{1}{4}(u^2+3)$, 其中 u 为奇数. 另一方面, 设 D 为 n 阶循环群 G 的这种差集合, 则对 G 的每个非平凡特征 χ, $|\chi(D)|^2=k-\lambda=\frac{1}{16}(u^2-9)$. 进而, 由 $u^2+3=4n\equiv 12 \pmod{16}$ 可知 $u\equiv\pm 3 \pmod 8$. 对于较小 u 值, 参数 n 和 $k-\lambda$ 如下表所示, 其中大部分均可用半本原方法证明 $(n,3)$ 型二元序列是不存在的, 表中列出了所取的 e 和 p 值. (注意对于 $n=7,(-1,1,1,1,1,1,1,\cdots)$ 是 $(7,3)$ 型二元周期序列.)

$u\equiv 3 \pmod 8$	11	19	27	35	43	51
$n=\frac{1}{4}(u^2+3)$	31	91	183	307	463	651
$k-\lambda=\frac{1}{16}(u^2-9)$	7	22	45	76	115	162
不存在性	$e=31$ $p=7$	$e=13$ $p=2$	$e=3$ $p=5$		$e=463$ $p=5$	$e=3$ $p=2$

$u\equiv -3 \pmod 8$	5	13	21	29	37	45
n	7	43	111	211	343	507
$k-\lambda$	1	10	27	52	85	126
不存在性	存在	$e=43$ $p=2$	$e=37$ $p=3$		$e=7$ $p=17$	$e=3$ $p=2$

(D) $n\equiv 0 \pmod 4$ 情形.

$(n,0)$ 型二元周期序列 $(a_0,\cdots,a_{n-1})$ 对应于 n 阶 Hadamard 阵

$$\boldsymbol{H}=\begin{bmatrix} a_0 & a_1 & \cdots & a_{n-1} \\ a_{n-1} & a_0 & \cdots & a_{n-2} \\ \vdots & \vdots & & \vdots \\ a_1 & a_2 & \cdots & a_0 \end{bmatrix},\quad \boldsymbol{H}\boldsymbol{H}^{\mathrm{T}}=n\boldsymbol{I}_n.$$

猜想这样的循环 Hadamard 阵是不存在的 $\left(\text{除了}\begin{bmatrix} -1 & 1 & 1 & 1 \\ 1 & -1 & 1 & 1 \\ 1 & 1 & -1 & 1 \\ 1 & 1 & 1 & -1 \end{bmatrix}\text{之外}\right)$.

由于它对应于 $(v,k,\lambda)=\left(n,\frac{1}{2}(n-\sqrt{n}),\frac{1}{4}(n-2\sqrt{n})\right)$ 的循环差集合, 可知 $n=4u^2\ (u\in\mathbb{Z})$. 已经证明了对许多 $u,(4u^2,0)$ 型二元周期序列是不存在的. 但整个猜想仍未解决.

现在讨论 $(n,4)$ 型二元周期序列. 它对应于 $(v,k,\lambda)=\left(n,\frac{1}{2}(n-\sqrt{5n-4}),\right.$ $\left.\frac{1}{4}\left(n+4-2\sqrt{5n-4}\right)\right)$ 的循环差集合. 于是 $n=4u$, 其中 $5u-1=x^2\ (x\in\mathbb{Z})$. 进而, 由于 n 为偶数, n 阶循环群 G 中有 2 阶特征 χ. 如果 G 的子集合 D 是上述参数的差集合, 则 $|\chi(D)|^2=k-\lambda=\frac{1}{4}(n-4)=u-1$. 由 $\chi(D)\in\mathbb{Z}$ 可知 $u-1=\chi(D)^2=y^2,y\in\mathbb{Z}$. 由此得到 Pell 方程 $x^2-5y^2=4$. 在实二次域 $K=Q(\sqrt{5})$ 的整数环 $\mathcal{O}_K=\mathbb{Z}\left[\frac{1+\sqrt{5}}{2}\right]$ 中, 基本单位为 $\varepsilon=\frac{1+\sqrt{5}}{2}$, 它的范为 -1. 而 $\varepsilon^2=\frac{3+\sqrt{5}}{2}$. 因此方程 $x^2-5y^2=4$ 的正整数解为 $(x,y)=(A_m,B_m)\ (m=1,2,\cdots)$, 其中 $\frac{1}{2}(A_m+\sqrt{5}B_m)=\left(\frac{3+\sqrt{5}}{2}\right)^m$. 从而得到如下结果.

定理 10.9 *设 $n\equiv 0\ (\mathrm{mod}\ 4),n\geqslant 8$. 如果存在 $(n,4)$ 型二元序列, 则 $n=\frac{4}{5}(1+A_m^2)\ (m=1,2,\cdots)$, 其中 A_m 可由下面递推公式求出*

$$(A_1,B_1)=(3,1),\quad \frac{1}{2}(A_m+\sqrt{5}B_m)=\frac{1}{2}(3+\sqrt{5})\cdot\frac{1}{2}(A_{m-1}+\sqrt{5}B_{m-1}),$$

即 $(A_m,B_m)=\frac{1}{2}(A_{m-1},B_{m-1})\begin{bmatrix}3&1\\5&3\end{bmatrix}$.

当 $m=1$ 时, $n=\frac{4}{5}(1+A_1^2)=8$. $(-1,1,1,1,1,1,1,1,\cdots)$ 是 $(8,4)$ 型二元周期序列. 当 $m=2$ 时, $A_2=7,n=40$. 利用 $\mathbb{F}_3$ 上 3 维射影空间的射影平面, 可以构作出 $(v,k,\lambda)=(40,13,4)$ 的循环差集合, 从而 $(40,4)$ 型二元周期序列也是存在的. 当 $m\geqslant 3$ 时, 人们已证明了关于 $\left(\frac{4}{5}(1+A_m^2),4\right)$ 不存在性的许多结果, 需要采用更多的方法和技巧. 关于采用分圆域证明各种组合结构不存在性的更深入和精细方法可参见 [18] 中的参考文献.

10.3　m 元周期序列自相关性能

上节讲述了二元周期序列, 序列的每个元素为 1 或者 -1; 介绍了具有小自相关非主值的这种序列的一些构作方法以及它们和组合设计的关系. 本节研究 m 元周期序列自相关的类似问题 $(m \geqslant 3)$.

定义 10.5　设 m 为正整数, $m \geqslant 2$. 一个复数序列 $a=(a_0,\cdots,a_{d-1},\cdots)$ 叫作 m 元序列, 是指每个 a_i 均是 m 次单位根, 即 $a_i=\zeta_m^{b_i}$, 其中 $\zeta_m=e^{\frac{2\pi i}{m}}$. 由于 $b\equiv b' \pmod m$ 时 $\zeta_m^b=\zeta_m^{b'}$, 从而 b_i 可看成是环 $Z_m=\mathbb{Z}/m\mathbb{Z}$ 中元素, $b=(b_0,b_1,\cdots,b_{d-1},\cdots)$ 是 Z_m 上的序列.

设序列 a (从而序列 b) 是周期为 d 的序列. 则它的自相关值为

$$A_a(\tau)=\sum_{i=0}^{d-1}\overline{a}_i a_{i+\tau}=\sum_{i=0}^{d-1}\zeta_m^{b_{i+\tau}-b_i}\quad (0\leqslant \tau\leqslant d-1). \tag{10.3.1}$$

$A_a(0)=d$ 叫序列的自相关主值, 当 $1\leqslant\tau\leqslant d-1$ 时, $A_a(\tau)$ 叫序列的自相关非主值. 我们希望所有 $|A_a(\tau)|$ $(1\leqslant\tau\leqslant d-1)$ 都很小.

今后我们采用 Z_m 上的周期序列 $b=(b_0,b_1,\cdots,b_{d-1},\cdots)$, 并且称 (10.3.1) 为序列 b 的自相关函数, 表示成 $A_b(\tau)$. 这些 m 元序列 (特别是 m 为素数和 $m=4$, 8 等情形) 在通信中已经采用作为同步信号. $m=2$ 的情形见 10.2 节. 一般情形的构作方法和组合设计的联系以及不存在性的若干猜想可见综述文章 [18] 及相关文献.

下面是最熟知的小自相关值 p 元周期序列的例子.

例 10.11 (p 元 k 级 m-序列)　设 p 为奇素数, $k\geqslant 1$, $q=p^k$, $\mathbb{F}_q^\times=\langle\theta\rangle$. 周期为 $d=q-1$ 的 p 元序列 $b=(b_0,\cdots,b_{d-1},\cdots)$ 定义为

$$b_i=T(\theta^i)\quad (0\leqslant i\leqslant q-2=d-1),$$

其中 $T:\mathbb{F}_q\to\mathbb{F}_p$ 为迹函数 (b 叫作 p 元 k 级 m-序列, 我们在 10.5 节还要谈到这种序列), 则序列 b 的自相关值非主值均为 -1, 即

$$A_b(\tau)=-1\quad (1\leqslant\tau\leqslant q-2).$$

证明
$$\begin{aligned}A_b(\tau)&=\sum_{i=0}^{q-2}\overline{\zeta}_p^{\,b_i}\zeta_p^{\,b_{i+\tau}}=\sum_{i=0}^{q-2}\zeta_p^{\,b_{i+\tau}-b_i}=\sum_{i=0}^{q-2}\zeta_p^{\,T((\theta^\tau-1)\theta^i)}\\&=\sum_{x\in\mathbb{F}_q^\times}\zeta_p^{T((\theta^\tau-1)x)}=\sum_{x\in\mathbb{F}_q^\times}\zeta_p^{T(x)}\quad (\text{由于 } \theta^\tau-1\neq 0)\end{aligned}$$

$$= \sum_{x\in\mathbb{F}_q} \zeta_p^{T(x)} - 1 = -1.$$

□

定义 10.6 m 元周期序列叫作完美的 (perfect), 是指它的所有自相关非主值均为 0.

例 10.12 设 p 为奇素数. 定义周期为 p 的 p 元序列 $b=(b_0,\cdots,b_{p-1},\cdots)$ 为 $b_i=i^2\in Z_p=\mathbb{F}_p\ (0\leqslant i\leqslant p-1)$. 则 b 为完美序列.

证明 对于 $1\leqslant \tau\leqslant p-1$,

$$A_b(\tau)=\sum_{i=0}^{p-1}\zeta_p{}^{b_{i+\tau}-b_i}=\sum_{i=0}^{p-1}\zeta_p{}^{(i+\tau)^2-i^2}=\sum_{i=0}^{p-1}\zeta_p{}^{2i\tau+\tau^2}=\zeta_p^{\tau^2}\sum_{\lambda=0}^{p-1}\zeta_p^{\lambda}\quad (令\ \lambda=2i\tau)$$

$$=0.$$

□

例 10.13 设 p 为奇素数, 对于每个 $0\leqslant i\leqslant p^2-1$, 则 i 被 p 除有带余除法

$$i=i_1p+i_2\quad (0\leqslant i_1,i_2\leqslant p-1),$$

定义周期 $d=p^2$ 的 p 元序列 $b=(b_0,b_1,\cdots,b_{d-1},\cdots)$ 为

$$b_i=i_1i_2\in\mathbb{F}_p\quad (0\leqslant i\leqslant d-1=p^2-1),$$

则 b 为完美序列.

证明 设 $0\leqslant i\leqslant p^2-1, i=i_1p+i_2\ (0\leqslant i_1,i_2\leqslant p-1)$,

$$1\leqslant\tau\leqslant p^2-1,\quad \tau=\tau_1p+\tau_2\quad (0\leqslant\tau_1,\tau_2\leqslant p-1).$$

则

$$i+\tau=\begin{cases}(i_1+\tau_1)p+(i_2+\tau_2), & 若\ 0\leqslant i_2\leqslant p-1-\tau_2,\\ (i_1+\tau_1+1)p+(i_2+\tau_2-p), & 若\ p-\tau_2\leqslant i_2\leqslant p-1.\end{cases}$$

于是

$$A_b(\tau)=\sum_{i_1=0}^{p-1}\sum_{i_2=0}^{p-1-\tau_2}\zeta_p{}^{(i_1+\tau_1)(i_2+\tau_2)-i_1i_2}+\sum_{i_1=0}^{p-1}\sum_{i_2=p-\tau_2}^{p-1}\zeta_p{}^{(i_1+\tau_1+1)(i_2+\tau_2)-i_1i_2}$$

$$=\zeta_p^{\tau_1\tau_2}\sum_{i_2=0}^{p-1-\tau_2}\zeta_p{}^{i_2\tau_1}\sum_{i_1=0}^{p-1}\zeta_p{}^{\tau_2i_1}+\zeta_p^{\tau_1\tau_2+\tau_2}\sum_{i_2=p-\tau_2}^{p-1}\zeta_p^{i_2(\tau_1+1)}\sum_{i_1=0}^{p-1}\zeta_p{}^{\tau_2i_1}.$$

当 $\tau_2 \geqslant 1$ 时, 上式右边为 0 $\left(因为 \sum\limits_{i_1=0}^{p-1} \zeta_p^{\tau_2 i_1} = 0.\right)$ 当 $\tau_2 = 0$ 时, 由 $\tau \geqslant 1$ 知 $1 \leqslant \tau_1 \leqslant p-1$. 从而上式右边为

$$p \sum_{i_2=0}^{p-1} \zeta_p^{i_2 \tau_1} = 0.$$

□

关于完美周期序列的一个猜想为:

猜想 (Mow, 1995, 见 [18] 中猜想 4.1) 设 $n \geqslant 2$, r 为 n 的无平方因子部分, 即 $n = l^2 r$, 其中 $r = 1$ 或者 r 为有限个不同素数的乘积. 则存在周期为 n 的 m 元完美序列当且仅当 $2lr|m$ (当 $n \equiv 2 \pmod 4$ 时), 或者 $lr|m$ (当 $n \not\equiv 2 \pmod 4$ 时). (这个猜想的 "$\Leftarrow$" 部分已被证明, 见 [18] 定理 4.7.)

特别地, 若 m 为奇素数 p, 如果此猜想成立, 则 p 元完美周期序列的周期 n 只能为 p 和 p^2. 例 10.12 和例 10.13 表明它们都是存在的.

在通信应用中, 对于小自相关非主值的周期序列, 希望其周期 n 有较多的可能性, 在使用中具有更多的灵活性. 为了这个目的, 将完美的 p 元复周期序列稍微放松一点, 即在序列的一个周期 $a_0, \cdots, a_{n-1}$ 中, 取 $a_0 = 0$, 而其他 a_i $(1 \leqslant i \leqslant n-1)$ 均为 p 次单位根. 或者把所有自相关非主值均取为 0 改为均取 -1 或者均取 1.

定义 10.7 周期为 $n+1$ 的复数序列 $a = (a_0, a_1, \cdots, a_n, \cdots)$ 叫作几乎 (almost) p 元序列是指 $a_0 = 0$, 而当 $1 \leqslant i \leqslant n$ 时, a_i 均为 p 次单位根, 即 $a_i = \zeta_p^{b_i}$ $(b_i \in \mathbb{F}_p)$. 这样的序列叫完美的, 是指满足定义 10.4 的条件, 即当 $1 \leqslant \tau \leqslant n$ 时, $A_a(\tau) = \sum\limits_{i=0}^{n} \overline{a}_i a_{i+\tau} = 0$, 这样的序列叫作 I 型近似完美的 (nearly perfect) 是指当 $1 \leqslant \tau \leqslant n$ 时, $A_a(\tau) = -1$, 这样的序列叫作 II 型近似完美的, 是指当 $1 \leqslant \tau \leqslant n$ 时, $A_a(\tau) = 1$.

我们在本节要指出, 这些序列均对应于某些类型的组合设计. 然后由此给出这些序列的一些构作的例子. 这方面内容可详见文献 [19—22].

首先我们证明: 一个几乎 p 元周期序列如果是完美的或近似完美的 (定义 10.7), 则它对应于一种 "相对" (relative) 差集合或直积差集合.

定义 10.8 设 G 为 mn 阶乘法交换群, N 是 G 的 n 阶子群. G 的一个 k 元子集合 D 叫作 G 对于 N 的参数 (m, n, k, λ)-相对差集合 (relative difference set, RDS), 是指 (用群环 $\mathbb{Z}[G]$ 中语言)

$$DD^{(-1)} = k \cdot 1_G + \lambda(G - N). \tag{10.3.2}$$

换句话说, 在多重集合

$$\triangle(D)=\{g_1g_2^{-1}:g_1,g_2\in D,g_1\neq g_2\}$$

中, 子群 N 中的每个不为 1_G 的元素不出现, 而 $G\backslash N$ 中每个元素恰好出现 λ 次. 考虑 (10.3.2) 式两边多重集合的元素个数可知 $k(k-1)=\lambda(mn-n)=\lambda n(m-1)$. 当 $N=\{1_G\}$ 时这就是通常的差集合. 用群 G 上的特征理论, 则等式 (10.3.2) 相当于说: 对于每个 $\chi\in\widehat{G}$,

$$|\chi(D)|^2=\begin{cases}k^2, & 若\ \chi=1,\\ k-\lambda n, & 若\ \chi\neq 1,\ 但是\ \chi\ 为群\ N\ 的平凡特征,\\ k, & 若\ \chi\ 为\ N\ 的非平凡特征.\end{cases}$$

定义 10.9 设 $G=H\times P$ 是子群 H 和 P 的直积, 其中 $H=\langle h\rangle=\{1,h,\cdots,h^n\}$ 是由 h 生成的 $n+1$ 阶循环群 $(h^{n+1}=1)$, $P=\langle g\rangle=\{1,g,\cdots,g^{p-1}\}$ 是由 g 生成的 p 阶循环群 $(g^p=1)$. G 中一个 k 元子集合 D 叫作 G 对于 H 和 P 的 $(n+1,p,k,\lambda,\mu)$-直积差集合, 是指

$$DD^{(-1)}=k\cdot 1_G+\lambda(H-1_G)+\mu(G-H-P+1_G), \tag{10.3.3}$$

即在多重集合 $\triangle(D)$ 中, $H\setminus\{1_G\}$ 中每个元素均恰好出现 λ 次, $P\setminus\{1_G\}$ 中元素不出现, 而 $G\setminus(H\cup P)$ 中元素均恰好出现 μ 次. 考虑 (10.3.3) 式两边元素个数, 可知 $k(k-1)=\lambda(n+1-1)+\mu[(n+1)p-(n+1)-p+1]=\lambda n+\mu n(p-1)$. 并且用 G 的特征理论, 可知 (10.3.3) 式相当于对每个 $\chi\in\widehat{G}$,

$$|\chi(D)|^2=\begin{cases}k^2, & 若\ \chi=1,\\ k+(\lambda-\mu)n, & 若\ \chi\ 在 H\ 上平凡,\ 在 P\ 上非平凡,\\ k-\lambda-\mu(p-1), & 若\ \chi\ 在 H\ 上非平凡,\ 在 P\ 上平凡,\\ k-\lambda+\mu, & 若\ \chi\ 在 H\ 和 P\ 上均非平凡.\end{cases}$$

设 $G=H\times P$, $H=\langle h\rangle$ 为 $n+1$ 阶循环群, $P=\langle g\rangle$ 为 p 阶循环群. 对于子群 P 的每个特征 χ, χ 可以扩大成映射 $\mathbb{Z}[P]\to\mathcal{O}_K$ 以及

$$\chi:\mathbb{Z}[G]\to\mathcal{O}_K[H],$$

其中 $\mathcal{O}_K=\mathbb{Z}[\zeta_p]$ 为分圆域 $K=Q(\zeta_p)$ 的 (代数) 整数环. 对于 $\mathbb{Z}[G]$ 中每个元素 $\alpha=\sum\limits_{j=0}^{p-1}\sum\limits_{i=0}^{n}c_{ji}g^jh^i$ $(c_{ji}\in\mathbb{Z})$, 定义

$$\chi(\alpha)=\sum_{j=0}^{p-1}\sum_{i=0}^{n}c_{ji}\chi(g^j)h^i=\sum_{i=0}^{n}a_ih^i,$$

其中 $a_i = \sum\limits_{j=0}^{p-1} c_{ji}\chi(g)^j = \chi\left(\sum\limits_{j=0}^{p-1} c_{ji}g^j\right) \in \mathcal{O}_K$.

χ 是由 $\mathbb{Z}[G]$ 到 $\mathcal{O}_K[H]$ 的环同态. 注意群 $P = \langle g \rangle$ 的全部特征为 $\widehat{P} = \langle \omega \rangle = \{1, \omega, \cdots, \omega^{p-1}\}$ (由 ω 生成的 p 阶循环群), 其中 ω 由 $\omega(g) = \zeta_p$ 所定义. 另一方面, 分圆域 $K = Q(\zeta_p)$ 的伽罗瓦群为 $p-1$ 阶循环群

$$\mathrm{Gal}(K/Q) = \{\sigma_l : 1 \leqslant l \leqslant p-1\}, \quad 其中\ \sigma_l(\zeta_p) = \zeta_p^l.$$

对于 P 的每个非主特征 $\chi = \omega^i$ $(1 \leqslant i \leqslant p-1)$, 我们令 σ_χ 为 $\mathrm{Gal}(K/Q)$ 的自同构 σ_i, 即 $\sigma_\chi(\zeta_p) = \sigma_i(\zeta_p) = \zeta_p^i = \chi(\zeta_p)$.

有了以上准备, 现在给出几乎 p 元完美和近似完美周期序列与定义 10.8 和定义 10.9 中组合设计之间的对应关系.

定理 10.10 [19] 设 p 为奇素数, $a = (a_0, a_1, \cdots, a_n, \cdots)$ 是周期为 $n+1$ 的几乎 p 元复序列, $a_0 = 0$ 而对 $1 \leqslant i \leqslant n, a_i = \zeta_p^{b_i}$ $(b_i \in \mathbb{F}_p)$. 设 $G = H \times P$ (直积), 其中 $H = \langle h \rangle$ 和 $P = \langle g \rangle$ 分别是由 h 和 g 生成的 $n+1$ 阶和 p 阶循环群. 定义和序列 a 对应的 G 中 n 元子集合

$$D_a = \{g^{b_i}h^i : 1 \leqslant i \leqslant n\} \quad \left(用群环语言则为\ D_a = \sum_{i=1}^{n} g^{b_i}h^i\right).$$

则

(1) a 为完美序列当且仅当 $p | n-1$ 并且

$$D_a D_a^{(-1)} = n \cdot 1_G + \frac{n-1}{p}(G - P),$$

即 D_a 为 G 对 P 的 $\left(n+1, p, n, \dfrac{n-1}{p}\right)$-相对差集合.

(2) a 为 (I) 型近似完美序列当且仅当 $p | n$ 并且

$$D_a D_a^{(-1)} = n \cdot 1_G + \left(\frac{n}{p} - 1\right)(H - 1_G) + \frac{n}{p}(G - H - P + 1_G),$$

即 D_a 为 G 对于 H 和 P 的 $\left(n+1, p, n, \dfrac{n}{p} - 1, \dfrac{n}{p}\right)$-直积差集合.

(3) a 为 (II) 型近似完美序列当且仅当 $p | n-2$ 并且

$$D_a D_a^{(-1)} = n \cdot 1_G + \left(\frac{n-2}{p} + 1\right)(H - 1_G) + \frac{n-2}{p}(G - H - P + 1_G),$$

即 D_a 为 G 对于 H 和 P 的 $\left(n+1,p,n,\dfrac{n-2}{p}+1,\dfrac{n-2}{p}\right)$-直积差集合.

证明 由 D_a 的定义可知

$$D_aD_a^{(-1)}=\sum_{i,j=1}^{n}g^{b_i-b_j}h^{i-j}=n\cdot 1_G+\sum_{t=1}^{n}\sum_{\substack{j=1\\ j\not\equiv -t(\bmod\ n+1)}}^{n}g^{b_{j+t}-b_j}h^t\quad(\text{令 } t=i-j).$$

于是对每个 $\chi\in\widehat{P}$,

$$\chi(D_a)\chi(D_a^{(-1)})=\begin{cases}\quad n\cdot 1_H+\displaystyle\sum_{t=1}^{n}\sum_{\substack{j=1\\ j\not\equiv -t(\bmod\ n+1)}}^{n}h^t & \\ =n\cdot 1_H+(n-1)(H-1_G) & \\ =1_H+(n-1)H, & \text{若 } \chi=1,\\ \quad n\cdot 1_H+\displaystyle\sum_{t=1}^{n}\sum_{\substack{j=1\\ j\not\equiv -t(\bmod\ n+1)}}^{n}\chi(g)^{b_{j+t}-b_j}h^t & \\ =n\cdot 1_H+\displaystyle\sum_{t=1}^{n}\sigma_\chi(A_a(t))h^t, & \text{若 } \chi\neq 1.\end{cases}$$

现在设 $\varepsilon\in\mathbb{Z}$. 则

对每个 $1\leqslant t\leqslant n$, 均有 $A_a(t)=\varepsilon$

$\Leftrightarrow$ 对每个 $\chi\in\widehat{P}$,

$$\chi(D_a\cdot D_a^{(-1)})=\begin{cases}1_H+(n-1)H, & \text{若 } \chi=1,\\ n\cdot 1_H+\varepsilon(H-1_H), & \text{若 } \chi\neq 1.\end{cases}\tag{10.3.4}$$

考虑 $Q[G]$ 中元素

$$\alpha=n\cdot 1_G+\left(\frac{n-1-\varepsilon}{p}+\varepsilon\right)(H-1_G)+\frac{n-1-\varepsilon}{p}(G-H-P+1_G),\tag{10.3.5}$$

则对于 $\chi\in\widehat{P}$, 当 $\chi=1$ 时,

$$\begin{aligned}\chi(\alpha)&=n\cdot 1_H+\left(\frac{n-1-\varepsilon}{p}+\varepsilon\right)(H-1_H)+\frac{n-1-\varepsilon}{p}(pH-H-p1_H+1_H)\\ &=n\cdot 1_H+(n-1)(H-1_H)=1_H+(n-1)H.\end{aligned}$$

而 $\chi\neq 1$ 时,

$$\chi(\alpha)=n\cdot 1_H+\left(\frac{n-1-\varepsilon}{p}+\varepsilon\right)(H-1_H)+\frac{n-1-\varepsilon}{p}(-H+1_H)=n\cdot 1_H+\varepsilon(H-1_H).$$

由 (10.3.4) 式可知 $D_aD_a^{(-1)}=\alpha$. 由 α 的表达式 (10.3.5) 可知 $p|n-1-\varepsilon$, 并且 D_a 是 G 对于 H 和 P 的乘积差集合, 参数为 $(n+1,p,n,\lambda,\mu)$, 其中 $\lambda=\dfrac{n-1-\varepsilon}{p}+\varepsilon$, $\mu=\lambda-\varepsilon$. 取 $\varepsilon=-1$ 和 1, 就得到结论 (2) 和 (3). 取 $\varepsilon=0$, 则 $\lambda=\mu=\dfrac{n-1}{p}$. 于是由 (10.3.5) 式, $D_aD_a^{(-1)}=n\cdot 1_G+\dfrac{n-1}{p}(G-P)$, 这就是结论 (1). □

定理 10.10 表明, 由群 G 的相对差集或者直积差集 D 可以构作完美或近似完美的几乎 p 元周期序列 a. 不过和序列 a 相对应的集合 $D=D_a$ 要有特殊的形式: $D_a=\sum\limits_{i=1}^{n}g^{b_i}h^i$. 即 D_a 中元素均有形式 $g^{b_i}h^i$, 其中 $1\leqslant i\leqslant n$ (不能 $i=0$), 并且对每个这样的 i, D_a 中恰有一个元素 $g^{b_i}h^i$ $(b_i\in\mathbb{F}_p)$ 使 h 的指数为 i.

现有文献中给出了构作相对差集或者直积差集 D 的一些其他方法和不存在性结果. 但是目前未构作出 (II) 型近似完美的几乎 p 元周期序列. 详情从略.

10.4 p 元周期序列组的互相关

设 $a=(a_0,\cdots,a_{n-1},\cdots)$ 是周期为 n 的复 p 元序列 (p 为素数), $a_i=\zeta_p^{b_i}$ $(b_i\in\mathbb{F}_p)$. 则它对应于 $\mathbb{F}_p$ 上周期为 n 的 p 元序列 $b=(b_0,\cdots,b_{n-1},\cdots)$. 前几节讲到序列 a 的自相关函数

$$A_a(\tau)=\sum_{i=0}^{n-1}\overline{a}_ia_{i+\tau}=\sum_{i=0}^{n-1}\zeta_p^{b_{i+\tau}-b_i}\in\mathbb{Z}[\zeta_p]\quad(0\leqslant\tau\leqslant n-1),$$

我们也把它叫作序列 b 的自相关函数, 记为 $A_b(\tau)$. 其中 $A_a(0)=n$ 叫作自相关主值. 在同步应用中, 希望所有的自相关非主值的绝对值 $|A_a(\tau)|$ $(1\leqslant\tau\leqslant n-1)$ 均很小.

序列 a 的所有循环移位 $(a_i,a_{i+1},\cdots,a_{n-1},a_0,\cdots,a_{i-1},\cdots)$ $(0\leqslant i\leqslant n-1)$ 叫作彼此平移等价的. 这 n 个序列形成一个平移等价类. 同样地, 序列 b 的 n 个循环移位序列也形成一个平移等价类.

设 $a=(a_0,\cdots,a_{n-1},\cdots)$ 和 $a'=(a'_0,\cdots,a'_{n-1},\cdots)$ 是彼此不平移等价的周期为 n 的复 p 元序列, $a_i=\zeta_p^{b_i}$, $a'_i=\zeta_p^{b'_i}$ $(b_i,b'_i\in\mathbb{F}_p)$. 则 $b=(b_0,\cdots,b_{n-1},\cdots)$ 和 $b'=(b'_0,\cdots,b'_{n-1},\cdots)$ 是彼此不平移等价的 $\mathbb{F}_p$ 上周期为 n 的 p 元序列. a 和 a' 的互相关函数定义为

$$M_{a,a'}(\tau)=\sum_{i=0}^{n-1}\overline{a_i}a'_{i+\tau}=\sum_{i=0}^{n-1}\zeta_p^{b'_{i+\tau}-b_i}\quad(0\leqslant\tau\leqslant n-1),$$

它也称为序列 b 和 b' 的互相关函数, 表示成 $M_{b,b'}(\tau)$. 在多址通信中, 需要所有自相关非主值和所有互相关值均有很小的绝对值.

定义 10.10　设 $a^{(\lambda)}=(a_0^{(\lambda)},\cdots,a_{n-1}^{(\lambda)},\cdots)$ $(\lambda=1,2,\cdots,l)$ 是 l 个彼此不平移等价的周期 n 的复 p 元序列. $a_i^{(\lambda)}=\zeta_p^{b_i^{(\lambda)}}$ $(1\leqslant\lambda\leqslant l,0\leqslant l\leqslant n-1)$. $b_i^{(\lambda)}\in\mathbb{F}_p$. 令 $S=\{a^{(1)},\cdots,a^{(l)}\}$.

$$A(S)=\max\{|A_{a^{(\lambda)}}(\tau)|:1\leqslant\lambda\leqslant l,1\leqslant\tau\leqslant n-1\},$$

$$M(S)=\max\{|M_{a^{(\lambda)},a^{(\mu)}}(\tau)|:1\leqslant\lambda\neq\mu\leqslant l,0\leqslant\tau\leqslant n-1\},$$

$$N(S)=\max\{A(S),M(S)\}.$$

在多址通信中需要 $N(S)$ 很小的复周期序列组 S. 即 S 中 l 个序列有相同的周期, 每个序列的自相关非主值以及不同序列的所有互相关值均有很小的绝对值, 用来同步和识别信息所发给的用户.

给了一个周期为 n 的 p 元复周期序列 $a=(a_0,\cdots,a_{n-1},\cdots)$, $a_i=\zeta_p^{b_i}$ $(b_i\in\mathbb{F}_p)$, 它的前 n 位为 $v=(a_0,\cdots,a_{n-1})\in\mathbb{C}^n$, 对应有 $b=(b_0,\cdots,b_{n-1})\in\mathbb{F}_p^n$. 由于 $(v,v)=\sum\limits_{i=0}^{n-1}a_i\overline{a}_i=\sum\limits_{i=0}^{n-1}\zeta_p^{b_i-b_i}=n$, 可知 $\dfrac{1}{\sqrt{n}}v$ 是 $\mathbb{C}^n$ 中单位向量. v 的所有 n 个循环移位 $v_\lambda=(a_\lambda,a_{\lambda+1},\cdots,a_{n-1},a_0,\cdots,a_{\lambda-1})\in\mathbb{C}^n$ $(0\leqslant\lambda\leqslant n-1)$ 相当于序列 a 的 n 个彼此平移等价序列的前 n 位. 并且在多址通信中需要 $N(S)$ 很小的复周期序列组 S. 即 S 中 l 个序列有相同的周期 n, 每个序列的自相关非主值的绝对值很小, 用来同步. 同时, 不同序列所有互相关值的绝对值也很小, 用来选址, 即用户用来识别信息是否发给自己的.

从以上几节看到, 我们可以构作复周期序列, 其自相关非主值为 0, 或者绝对值很小 (不超过 3), 而周期 n 可以很大. 如果有多个 $(l\geqslant 2)$ 彼此不循环等价的复序列, 它们有同样的周期 n. 其彼此之间互相关的绝对值能小到何种程度? 8.4 节的球面设计理论给出 $N(S)$ 的一个下界.

我们以下假设序列 $a=(a_i)$ 中每个元素 a_i 均是绝对值为 1. 设

$$a^{(t)}=(a_0^{(t)},a_1^{(t)},\cdots,a_{n-1}^{(t)},\cdots)\quad(1\leqslant t\leqslant l)\quad(a_i^{(t)}\in\mathbb{C})$$

是 l 个周期为 n 的序列, 其中 $|a_i^{(t)}|=1$ $(1\leqslant t\leqslant l,0\leqslant i\leqslant n-1)$, 彼此不平移等价. 由此得到 nl 个长为 n 的复向量

$$v_\lambda^{(t)}=(a_\lambda^{(t)},a_{\lambda+1}^{(t)},\cdots,a_{\lambda+n-1}^{(t)})\in\mathbb{C}^n\quad(1\leqslant t\leqslant l,0\leqslant\lambda\leqslant n-1),$$

其中对每个 t, $v_\lambda^{(t)}$ 是 $v_0^{(t)}=(a_0^{(t)},a_1^{(t)},\cdots,a_{n-1}^{(t)})$ 向左循环移 λ 位得到的向量. 序列 $a^{(t)}$ 的自相关函数为

$$A^{(t)}(\tau)=\sum_{\lambda=0}^{n-1}a_\lambda^{(t)}\overline{a}_{\lambda+\tau}^{(t)}=(v_0^{(t)},v_\tau^{(t)}),$$

并且对 $0\leqslant i,j\leqslant n-1$,

$$(v_i^{(t)},v_j^{(t)})=(v_0^{(t)},v_{j-i}^{(t)})=A^{(t)}(j-i).$$

当 $1\leqslant t\neq t'\leqslant l$ 时, 对每个 $0\leqslant i,j\leqslant n-1$,

$$(v_i^{(t)},v_j^{(t')})=(v_0^{(t)},v_{j-i}^{(t')})=\sum_{\lambda=0}^{n-1}a_\lambda^{(t)}\overline{a}_{\lambda+j-i}^{(t')}=M^{(t,t')}(\tau),\quad \tau=j-i$$

是序列 $a^{(t)}$ 和 $a^{(t')}$ 的互相关函数.

于是, l 个序列 $a^{(t)}$ $(1\leqslant t\leqslant l)$ 的自相关非主值和彼此所有互相关值恰好是 nl 个向量 $v_\lambda^{(t)}$ $(0\leqslant\lambda\leqslant n-1,1\leqslant t\leqslant l)$ 中两两不同向量的内积. 从而对于 $S=\{a^{(1)},\cdots,a^{(l)}\}$, 则

$$N(S)=\max\{|(v_\lambda^{(t)},v_\mu^{(t')})|:1\leqslant t,t'\leqslant l,0\leqslant\lambda,\mu\leqslant n-1,(t,\lambda)\neq(t',\mu)\},$$

而对每个向量 $v_\lambda^{(t)}$, $(v_\lambda^{(t)},v_\lambda^{(t)})=n$ (由于假定向量每个分量的绝对值均为 1).

根据定理 8.14 中的 Welch 界, 可知对每个 $k\geqslant 1$,

$$\begin{aligned}N(S)^{2k}&\geqslant\frac{1}{ln(ln-1)}\sum_{\lambda,\mu=0}^{n-1}\sum_{\substack{t,t'=1\\(t,\lambda)\neq(t',\mu)}}^{t}|(v_\lambda^{(t)},v_\mu^{(t')})|^{2k}\\&\geqslant\frac{n^{2k}}{ln(ln-1)}\left[\frac{l^2n^2}{\binom{n+k-1}{k}}-ln\right].\end{aligned}$$

对于 $k=1$, 则给出

$$N(S)\geqslant n\left(\frac{l-1}{ln-1}\right)^{\frac{1}{2}}.\tag{10.4.1}$$

而当 $k=2$ 时, 如果 $l>(n+1)/2$, 则

$$N(S)\geqslant n\left(\frac{2l-(n+1)}{(ln-1)(n+1)}\right)^{\frac{1}{4}}.\tag{10.4.2}$$

当 $l \geqslant 2$ 固定时 (相当于多址通信中固定用户个数), 如果序列的周期 $n \to \infty$, 则由 (10.4.1) 式知 $N(S) \geqslant \sqrt{\frac{l-1}{l}}\sqrt{n}$, 即 $N(S)$ 的阶为 $\sqrt{n}$ 时, 序列组 S 的相关性能就是好的.

定义 10.11 设 $l \geqslant 2$ 固定. 对每个 $m = 1, 2, 3, \cdots$, S_m 是由 l 个周期为 n_m 的复序列构成的序列组, 序列的每个元素均是绝对值为 1 的复数. 如果存在只依赖 l 的常数 $c = c(l)$, 使得当 $m \to \infty$ 时, $n_m \to \infty$ 并且 $N(S_m) \leqslant cn_m^{\frac{1}{2}}$, 便称 S_m $(m = 1, 2, \cdots)$ 近似地达到 Welch 界.

例 10.14 ($l = 2$ 情形) 设 p 为奇素数, $q = p^m, q-1 = 2n, \mathbb{F}_q^\times = \langle\theta\rangle, \alpha = \theta^2$. 则 $D = \langle\alpha\rangle$ 为乘法循环群 $\mathbb{F}_q^\times$ 的 n 阶子群, 由 $\mathbb{F}_q^\times$ 中所有平方元素组成. $\mathbb{F}_q^\times$ 对于子群 D 有两个陪集 $D_\lambda = \theta^\lambda D$ $(\lambda = 0, 1)$.

以 $T : \mathbb{F}_q \to \mathbb{F}_p$ 表示迹映射, 考虑 $\mathbb{F}_p$ 上的两个序列

$$b = (T(1), T(\alpha), \cdots, T(\alpha^{n-1}), \cdots), \quad b' = (T(\theta), T(\theta\alpha), \cdots, T(\theta\alpha^{n-1}), \cdots),$$

它们是 $(\mathbb{F}_p, +) = (Z_p, +)$ 上周期为 $n = \dfrac{q-1}{2}$ 的 p 元序列. 对于 $1 \leqslant \tau \leqslant n-1$, 序列 b 的自相关为 $(\zeta_p = e^{\frac{2\pi i}{p}})$

$$\begin{aligned} A_b(\tau) &= \sum_{i=0}^{n-1} \zeta_p^{T(\alpha^{i+\tau} - \alpha^i)} = \sum_{x \in D_0} \zeta_p^{T(x(\alpha^\tau - 1))} \\ &= \sum_{y \in D_\lambda} \zeta_p^{T(y)} \quad (\text{由于 } 1 \leqslant \tau \leqslant n-1, \alpha^\tau \neq 1, \text{可设 } \alpha^\tau - 1 \in D_\lambda, \lambda = 0 \text{ 或 } 1). \end{aligned}$$

以 η 表示 $\mathbb{F}_q^\times$ 的 2 阶乘法特征, 即对于 $x \in \mathbb{F}_q^\times$,

$$\eta(x) = \begin{cases} 1, & \text{若 } x \in D_0, \\ -1, & \text{若 } x \in D_1. \end{cases}$$

则

$$\begin{aligned} A_b(\tau) &= \frac{1}{2} \sum_{x \in \mathbb{F}_q^\times} (1 + (-1)^\lambda \eta(x)) \zeta_p^{T(x)} \\ &= \frac{1}{2} \left(-1 + (-1)^\lambda \sum_{x \in \mathbb{F}_q^\times} \eta(x) \zeta_p^{T(x)} \right) \\ &= \frac{1}{2} (-1 + (-1)^\lambda G_q(\eta)), \end{aligned}$$

其中 $G_q(\eta)=\sum\limits_{x\in\mathbb{F}_q^\times}\eta(x)\zeta_p^{T(x)}$ 是 $\mathbb{F}_q$ 上的 2 次高斯和, 由

$$G_q(\eta)=\begin{cases}\pm\sqrt{q}, & 若\ q\equiv 1 \pmod 4,\\ \pm\sqrt{q}i, & 若\ q\equiv 3 \pmod 4,\end{cases}$$

可知

$$A_b(\tau)=\begin{cases}\dfrac{1}{2}(-1\pm\sqrt{q}), & 若\ q\equiv 1 \pmod 4,\\[2ex] \dfrac{1}{2}(-1\pm\sqrt{q}i), & 若\ q\equiv 3 \pmod 4.\end{cases}$$

类似计算可知 $A'_b(\tau)$ $(1\leqslant\tau\leqslant n-1)$ 和互相关 $M_{b,b'}(\tau)$ $(0\leqslant\tau\leqslant n-1)$ 也取这样的值. 于是, 对于由 2 个序列构成的 $S=\{b,b'\}$,

$$N(S)=\begin{cases}\dfrac{1}{2}(\sqrt{q}+1), & 若\ q\equiv 1 \pmod 4,\\[2ex] \dfrac{1}{2}\sqrt{q+1}, & 若\ q\equiv 3 \pmod 4,\end{cases}$$

当 $k=1$ 时的 Welch 界 $\left((10.4.1)\ 式中\ l=2, n=\dfrac{q-1}{2}\right)$ 为 $n\sqrt{\dfrac{l-1}{ln-1}}=\dfrac{q-1}{2\sqrt{q-2}}$. 如果 $q=p^m, m\to\infty$, 则 $n=\dfrac{q-1}{2}\to\infty$. 这时 Welch 界和 $N(S)$ 均近似为 $\sqrt{q}/2$. 所以 $N(S)$ 近似地达到 Welch 界.

目前已有大量文献构作具有小相关函数值的 p 元周期序列组, 方法有组合学、有限几何、特征和估计等. 这里我们介绍循环码和序列组相关性能的联系.

设 C 是参数为 $(n,k,d)_p$ 的循环码. 即每个码字 $c=(c_0,\cdots,c_{n-1})$ 是 $\mathbb{F}_p^n$ 中向量, 码字个数为 $K=p^k$. 码字 c 对应一个 p 元序列

$$a_c=(c_0,c_1,\cdots,c_{n-1},c_0,\cdots,c_{n-1},\cdots).$$

这个序列的周期可能是 n 的一个因子 d, $d<n$. 我们把其中周期为 n 的那些码字取出来. 这时, 每个这样的码字 $c=(c_0,\cdots,c_{n-1})$ 给出循环码 C 中 n 个不同的循环移位码字. 它们对应于序列 a_c 的一个平移等价类. 现在设如此给出了 l 个彼此不平移等价的周期为 n 的 p 元序列 $S=\{a_1,\cdots,a_l\}$. 它们对应 C 中 ln 个不同的码字, 从而 $ln\leqslant K=p^k$.

现在 S 中的一个序列 a 是由 C 中码字 c 给出的. 则对于 $1\leqslant\tau\leqslant n-1$, a 的

自相关非主值为

$$A_a(\tau)=\sum_{i=0}^{n-1}\zeta_p^{c_{i+\tau}-c_i}. \tag{10.4.3}$$

由于 C 是循环码, 也是线性码, 可知

$$\begin{aligned}c'&=(c_\tau-c_0,c_{\tau+1}-c_1,\cdots,c_{\tau+n-1}-c_{n-1})\\&=(c_\tau,c_{\tau+1},\cdots,c_{\tau+n-1})-(c_0,c_1,\cdots,c_{n-1})\end{aligned}$$

也是 C 中码字, 并且由 c 的周期为 n 而 $1\leqslant\tau\leqslant n-1$, 可知 c' 是非零码字.

像 9.4 节那样, 对于 C 中非零码字 c' 和 $\alpha\in\mathbb{F}_p$, 我们以 $\mathrm{N}_{c'}(\alpha)$ 表示码字 c' 中分量 a 的个数. 如果 $\mathrm{N}_{c'}(\alpha)$ $(\alpha=0,1,2,\cdots,p-1)$ 都近似等于 $\dfrac{n}{p}$, 即 p 个 $\alpha\in\mathbb{F}_p$ 在码字 c' 的 n 位中近似于平均分配的. 这可表示成: 存在常数 u, 使得对每个 $\alpha\in\mathbb{F}_p=\{0,1,\cdots,p-1\}$, 均有

$$\left|\mathrm{N}_{c'}(\alpha)-\frac{n}{p}\right|\leqslant u\sqrt{n}. \tag{10.4.4}$$

则由 (10.4.3) 式可知对于 $1\leqslant\tau\leqslant n-1$,

$$A_a(\tau)=\sum_{\alpha=0}^{p-1}\mathrm{N}_{c'}(\alpha)\zeta_p^\alpha=\sum_{\alpha=0}^{p-1}\frac{n}{p}\zeta_p^\alpha+\sum_{\alpha=0}^{p-1}\left(\mathrm{N}_{c'}(\alpha)-\frac{n}{p}\right)\zeta_p^\alpha.$$

而 $\sum\limits_{\alpha=0}^{p-1}\zeta_p^\alpha=0$, 从而

$$|A_a(\tau)|\leqslant\sum_{\alpha=0}^{p-1}u\sqrt{n}=up\sqrt{n}\quad(1\leqslant\tau\leqslant n-1). \tag{10.4.5}$$

类似地, 设 a 和 a' 是 S 中两个不同的序列, 它对应 C 中两个不平移等价的码字 c 和 c'. 则对于 $0\leqslant\tau\leqslant n-1$, a 和 a' 的互相关为

$$M_{a,a'}(\tau)=\sum_{i=0}^{n-1}\zeta_p^{c'_{i+\tau}-c_i}.$$

由于 c 和 c' 不平移等价, $c''=(c'_\tau-c_0,c'_{\tau+1}-c_1,\cdots,c'_{\tau+n-1}-c_{n-1})$ 是循环码 C 中非零码字. 如果 c'' 也满足 (10.4.4) 式, 则给出互相关估计

$$|M_{a,a'}(\tau)|\leqslant up\sqrt{n}\quad(0\leqslant\tau\leqslant n-1). \tag{10.4.6}$$

这样一来, 如果循环码 C 中对于每个非零码字 c' 和 $\mathbb{F}_p$ 中每个元素 α, $\mathrm{N}_{c'}(\alpha)$ 均满足 (10.4.4) 式, 则对于上面构作的 l 个周期为 n 的 p 元序列构成的集合 S, 便有 $N(S) \leqslant up\sqrt{n}$. 由定理 9.6 的注记 2, 我们知道 $\mathbb{F}_p$ 上的不可约循环码的每个非零码字恰好满足不等式 (10.4.4) 式.

这种循环码的构作为: 设 p 为素数, $n \geqslant 2$, $\gcd(p,n)=1$, p 模 n 的阶为 k, $q=p^k$, $q-1=ne$.

对每个正整数 m, 令 $Q=q^m$, $Q-1=en_m$, $\mathbb{F}_Q^*=\langle\theta\rangle$, $\alpha=\theta^e$. 令 $T:\mathbb{F}_Q\to\mathbb{F}_p$ 是迹映射. 考虑

$$C_m=\{c_\beta=(T(\beta),T(\beta\alpha),\cdots,T(\beta\alpha^{n_m-1}))\in\mathbb{F}_p^{n_m}:\beta\in\mathbb{F}_Q\},$$

这是码长为 n_m 的 p 元循环码. 码字个数为 Q, 每个非零码字 c_β $(\beta\neq 0)$ 均给出周期为 n_m 的 p 元序列

$$a_\beta=(T(\beta),T(\beta\alpha),\cdots,T(\beta\alpha^{n_m-1}),T(\beta\alpha^{n_m})=T(\beta),T(\beta\alpha),\cdots).$$

它们共有 $\dfrac{Q-1}{n_m}=e$ 个平移等价类. 而 $S_m=\{a_{\alpha^i}:0\leqslant i\leqslant e-1\}$ 就是彼此不平移等价的序列构成的集合. 循环码 C_m 中每个非零码字都满足 (10.4.6) 中不等式. 因此对每个 $m\geqslant 1$,

$$N(S_m)\leqslant c\sqrt{n_m},$$

其中 c 是依赖于 $q=p^k$ 和 e, 但是与 m 无关的常数. 当 q 和 e 固定而 $m\to\infty$ 时, S_m 中序列个数均为 e, 而长度 $n_m=\dfrac{Q-1}{e}\to\infty$, 这些序列组 $\{S_m:m\geqslant 1\}$ 近似地满足 Welch 界.

在 $\mathrm{N}_c(a)$ $(a\in\mathbb{F}_p)$ 的表达式中出现 $\mathbb{F}_q$ 上对于 e 阶乘法特征的高斯和. 如果这些高斯和能算出确切值, 可以得到 $N(S_m)$ 的确切值. 比如对于 $e=2$, 这就是前面的例 10.14.

10.5 序列的线性复杂度

本节讲述有限域上序列的一个重要概念: 线性复杂度. 这个概念是在 20 世纪 50—60 年代在代数编码理论和密码学中同时受到关注的. 在编码理论中用来研究循环码 (特别是 BCH 码) 的纠错译码算法, 在密码学中用来设计流密码体制的加密序列 (密钥). 我们在这里采用的主要数学工具是有限域上的幂级数环.

设 q 为素数幂 p^m. 有限域上的每个序列

$$a=(a_0,a_1,\cdots,a_n,\cdots)\quad(a_i\in\mathbb{F}_q)$$

都对应于 $\mathbb{F}_q$ 上关于 t 的一个 (形式) 幂级数

$$a(t) = a_0 + a_1 t + \cdots + a_n t^n + \cdots = \sum_{i=0}^{\infty} a_i t^i, \tag{10.5.1}$$

有限序列 $a = (a_0, \cdots, a_n)$ 可以看成是无限序列, 其中当 $i \geqslant n+1$ 时, $a_i = 0$. 从而它对应于 $\mathbb{F}_q$ 上的多项式 $a(t) = a_0 + a_1 t + \cdots + a_n t^n \in \mathbb{F}_q[t]$. 换句话说, 多项式可看成是幂级数的特例.

所有形如 (10.5.1) 的幂级数组成的集合记成 $\mathbb{F}_q[[t]]$. 在这个集合中可以类似于多项式运算定义幂级数的加、减、乘法运算: 对于 $\mathbb{F}_q[[t]]$ 中幂级数 $a(t) = \sum\limits_{i=0}^{\infty} a_i t^i$ 和 $b(t) = \sum\limits_{i=0}^{\infty} b_i t^i$, 定义

$$\begin{aligned} a(t) \pm b(t) &= \sum_{i=0}^{\infty} (a_i \pm b_i) t^i \quad (\text{同次项的系数相加减}), \\ a(t)b(t) &= (a_0 + a_1 t + a_2 t^2 + \cdots)(b_0 + b_1 t + b_2 t^2 + \cdots) \\ &= a_0 b_0 + (a_0 b_1 + a_1 b_0) t + (a_0 b_2 + a_1 b_1 + a_2 b_0) t^2 + \cdots \\ &= \sum_{i=0}^{\infty} c_i t^i, \end{aligned}$$

其中对每个 $n \geqslant 0$,

$$c_n = \sum_{\substack{i,j=0 \\ i+j=n}}^{\infty} a_i b_j = \sum_{i=0}^{n} a_i b_{n-i} \in \mathbb{F}_q.$$

不难证明:

命题 1 $\mathbb{F}_q[[t]]$ 对于上述运算是一个交换环. 而多项式环 $\mathbb{F}_q[t]$ 是它的子环.

命题 2 $\mathbb{F}_q[[t]]$ 是整环. 也就是说, 对于 $a(t), b(t) \in \mathbb{F}_q[[t]]$, 如果 $a(t)b(t) = 0$, 则 $a(t) = 0$ 或者 $b(t) = 0$.

一个环的乘法可逆元素叫作此环的单位, 全部单位形成乘法群, 叫作此环的单位群. 例如: 多项式环 $\mathbb{F}_q[t]$ 的单位群为 $\mathbb{F}_q^{\times}$, 换句话说, $\mathbb{F}_q[t]$ 中一个多项式的逆仍为多项式当且仅当它为非零常数. 但是环 $\mathbb{F}_q[[t]]$ 有很大的单位群.

命题 3 环 $\mathbb{F}_q[[t]]$ 中元素 $a(t) = \sum\limits_{i=0}^{\infty} a_i t^i$ 可逆当且仅当 $a_0 \neq 0$.

证明 $a(t)$ 可逆当且仅当存在 $b(t) = \sum\limits_{i=0}^{\infty} b_i t^i \in \mathbb{F}_q[[t]]$ 使得 $a(t)b(t) = 1$. 如果 $a_0 = 0$, 则 $a_0 b_0 = 1$ 不可能, 从而 $a(t)$ 不可逆. 反之, 若 $a_0 \in \mathbb{F}_q^{\times}$, 则我们可由

$$(a_0 + a_1 t + \cdots)(b_0 + b_1 t + \cdots) = 1$$

递归地决定系数 b_i $(i=0,1,\cdots)$, 从而给出 $a(t)$ 的逆 $b(t)$. 因为上式相当于

$$a_0b_0=1,$$

$$a_1b_0+a_0b_1=0,$$

$$\cdots\cdots$$

$$a_nb_0+a_{n-1}b_1+\cdots+a_1b_{n-1}+a_0b_n=0 \quad (\text{当 } n\geqslant 1 \text{ 时}),$$

从而可以依次求出

$$b_0={a_0}^{-1},$$

$$b_1=-{a_0}^{-1}a_1b_0,$$

$$\cdots\cdots$$

$$b_n=-{a_0}^{-1}(a_nb_0+a_{n-1}b_1+\cdots+a_1b_{n-1}) \quad (\text{当 } n\geqslant 1 \text{ 时}).$$ □

命题 4　$R=\mathbb{F}_q[[t]]$ 是主理想整环, 它有唯一的极大理想 $M=(t)=tR$, 并且 R 的全部理想为

$$R\supset M=(t)\supset M^2=(t^2)\supset\cdots\supset M^n=(t^n)\supset\cdots\supset(0).$$

证明　设 I 为 R 的非零理想, 则 I 包含非零幂级数

$$a(t)=a_nt^n+a_{n+1}t^{n+1}+\cdots \quad (a_i\in\mathbb{F}_q) \quad (n\geqslant 0),$$

其中 $a_n\neq 0$. 令 $a(t)$ 是 I 的非零元素中使 n 最小者, 则一方面, $a(t)=t^n\varepsilon(t)$, 其中 $\varepsilon(t)=a_n+a_{n+1}t+\cdots$ 是单位, 从而 $t^n=a(t)\varepsilon(t)^{-1}\in I$. 于是 $(t^n)\subseteq I$. 另一方面, I 中每个非零元素均有形式 $b(t)=t^m\eta(t)$, 其中 $\eta(t)$ 为单位, 由 n 的最小性可知 $n\leqslant m$. 于是 $b(t)=t^n\cdot(t^{m-n}\eta(t))\in(t^n)$. 这表明 $I\subseteq(t^n)$. 于是 $I=(t^n)$. 这表明 R 中每个非零理想均为 (t^n) $(n\geqslant 0)$. □

具有唯一极大理想的环叫作局部环. 由上所述, $\mathbb{F}_q[[t]]$ 是局部 (交换) 环, 并且又是主理想整环. 这是仅次于域的结构最简单的环.

多项式环 $\mathbb{F}_q[t]$ 是交换整环, 从而可以扩大成一个域 $\mathbb{F}_q(t)$, 叫作 $\mathbb{F}_q$ 上关于 t 的有理函数域, 每个元素为多项式之商 $f(x)/g(x)$, 其中 $f(x),g(x)\in\mathbb{F}_q[x]$, $g(x)\neq 0$, f/g 叫作有理函数. 现在幂级数环 $R=\mathbb{F}_q[[t]]$ 也是交换整环, 它也可以扩大成它的分式域, 表示成 $K=\mathbb{F}_q((t))$, 叫作洛朗级数域. 由于幂级数环 R 结构简单, 它的分式域 K 也有简单的结构.

命题 5　$K=\{t^na(t):\text{其中 } n\in\mathbb{Z}, a(t) \text{ 为 } R \text{ 中单位}\}\cup\{0\}$.

证明 R 中非零元素唯一表示成 $t^l\varepsilon(t)$, 其中 $l \geqslant 0$, $\varepsilon(t)$ 为 R 中单位. 从而 K 中非零元素为这样两个元素相除, 即为

$$t^l\varepsilon(t)/t^r\eta(t) = t^{l-r}\frac{\varepsilon(t)}{\eta(t)},$$

其中 $l-r \in \mathbb{Z}$ (可以为负整数), 而 $\varepsilon(t)/\eta(t)$ 为 R 中单位. □

于是域中非零元素唯一地表示成 $t^l\varepsilon(t) = \sum\limits_{i=l}^{\infty} a_i t^i$ $(a_l \neq 0)$ $(l \in \mathbb{Z})$. 这样的元素叫作洛朗级数. 它属于 R 当且仅当 $l \geqslant 0$.

例 10.15 我们知道 $\mathbb{F}_q[t]$ 为 $R = \mathbb{F}_q[[t]]$ 的子环. 以下例子表明, R 比 $\mathbb{F}_q[t]$ 要大很多: $\mathbb{F}_q(t)$ 中有许多有理函数均属于 R.

考虑 $\mathbb{F}_q$ 上周期为 n 的序列 $a = (a_0, \cdots, a_{n-1}, \cdots)$ $(a_i \in \mathbb{F}_q)$, 它对应于 R 中幂级数

$$\begin{aligned}a(t) &= (a_0 + a_1 t + \cdots + a_{n-1}t^{n-1}) + (a_0 + a_1 t + \cdots + a_{n-1}t^{n-1})t^n + \cdots \\ &= (a_0 + a_1 t + \cdots + a_{n-1}t^{n-1})(1 + t^n + t^{2n} + \cdots).\end{aligned}$$

但是 $(1-t^n)(1+t+t^{2n}+\cdots) = 1$, 于是

$$a(t) = \frac{a_0 + a_1 t + \cdots + a_{n-1}t^{n-1}}{1-t^n} \quad (\text{注意 } 1-t^n \text{ 为 } R \text{ 中单位, 从而此式右边属于 } R),$$

将此分式除以分子分母的最大公因子, 得到 $a(t) = \dfrac{g(t)}{f(t)}$, 其中 $(g, f) = 1$, $f(0) = 1$ (即常数项为 1), 并且 $\deg g(t) < \deg f(t)$.

更一般地, 若 $a = (a_0, \cdots, a_l, \cdots)$ 是 "几乎" 周期的, 即存在 $l \geqslant 0$, 使得当 $i \geqslant l$ 时, $a_i = a_{i+n}$. 这时

$$\begin{aligned}a(t) &= (a_0 + \cdots + a_{l-1}t^{l-1}) \\ &\quad + (a_l t^l + a_{l+1}t^{l+1} + \cdots + a_{l+n-1}t^{l+n-1})(1 + t^n + t^{2n} + \cdots) \\ &= a_0 + \cdots + a_{l-1}t^{l-1} + \frac{a_l t^l + \cdots + a_{l+n-1}t^{l+n-1}}{1-t^n} = \frac{g(t)}{1-t^n} \quad (g(t) \in \mathbb{F}_q[t])\end{aligned}$$

化为既约分式, 则 $a(t) = \dfrac{h(t)}{f(t)}$, $(h, f) = 1$, $h(t), f(t) \in \mathbb{F}_q[x]$. 但是可能 $\deg h(t) \geqslant \deg f(t)$.

反过来, 设 $a(t)=\dfrac{h(t)}{f(t)}$, $h(t),f(t)\in\mathbb{F}_q[t]$, 其中 $f(0)\neq 0$. 不妨设 $f(0)=1$. 利用有限域上多项式理论, 不难证明: $\mathbb{F}_q[t]$ 中这样的多项式 (即 0 不是 $f(t)$ 的根), 必存在正整数 n, 使得 $f(t)|1-t^n$. 最小的这种正整数 n 叫作多项式 $f(t)$ 的周期. 于是对于 $a(t)=\dfrac{h(t)}{f(t)}$, 先用 $f(t)$ 去除 $h(t)$, 得到

$$h(t)=q(t)f(t)+r(t),\quad q(t),r(t)\in\mathbb{F}_q[t],\quad \deg r(t)<\deg f(t),$$

于是 $a(t)=q(t)+\dfrac{r(t)}{f(t)}$. 再令 $1-t^n=f(t)g(t)$, $g(t)\in\mathbb{F}_q[t]$. 则

$$a(t)=q(t)+\frac{r(t)g(t)}{1-t^n},\quad \deg(r(t)g(t))<n.$$

设

$$q(t)=q_0+q_1t+\cdots+q_{l-1}t^{l-1},\quad r(t)g(t)=c_0+c_1t+\cdots+c_{n-1}t^{n-1},$$

则 $a(t)$ 对应的序列为

$$a=(q_0,q_1,\cdots,q_{l-1},0,\cdots)+(c_0,c_1,\cdots,c_{n-1},c_0,c_1,\cdots,c_{n-1},\cdots),$$

它从第 l 位以后是周期序列, 即 a 是“几乎”周期序列.

综合上述我们证明了:

命题 6

$$\begin{aligned}\mathbb{F}_q(t)\cap\mathbb{F}_q[[t]]&=\left\{\frac{g(t)}{f(t)}:g(t),f(t)\in\mathbb{F}_q[t],f(0)=1\right\}\\&=\left\{a(t)=\sum_{i=0}^{\infty}a_it^i:\text{序列 }(a_0,a_1,\cdots)\text{ 是 }\mathbb{F}_q\text{ 上“几乎”周期序列}\right\},\end{aligned}$$

而非零序列 $a=(a_0,a_1,\cdots)$ 为 $\mathbb{F}_q$ 上周期序列当且仅当 $a(t)$ 为真分式 $\dfrac{g(t)}{f(t)}$, $f(0)=1$ (真分式指 $\deg g(x)<\deg f(x)$).

以上我们把 $\mathbb{F}_q$ 上的序列看成是幂级数, 而 $\mathbb{F}_q$ 上周期序列看成是真分式 $\dfrac{g(x)}{f(x)}$ $(g(x),f(x)\in\mathbb{F}_q[x],\deg g(x)<\deg f(x))$. 现在回到应用中来. 在 20 世纪中期, 人们发明了一种方便的电子元件来产生有限域上的周期序列. 这种元件叫作移位寄存器. 它由两部分组成:

(I) 存储部分, 由 n 个存储单元 $x_1, \cdots, x_n$ 组成, 每个单元可存放 $\mathbb{F}_q$ 中一个元素.

(II) 计算部分, 把 n 个存储单元 $x_1, \cdots, x_n$ 的内容输入到计算部分, 算出 $f(x_1, \cdots, x_n)$, 这里 $f: \mathbb{F}_q^n \to \mathbb{F}_q$ 是一个固定的映射, 叫作广义布尔函数.

(我们在下一章要专门研究这种函数.)

这个 n 级移位寄存器 (图 10.2) 记为 $SR_n(f)$ (shift register), 工作过程为

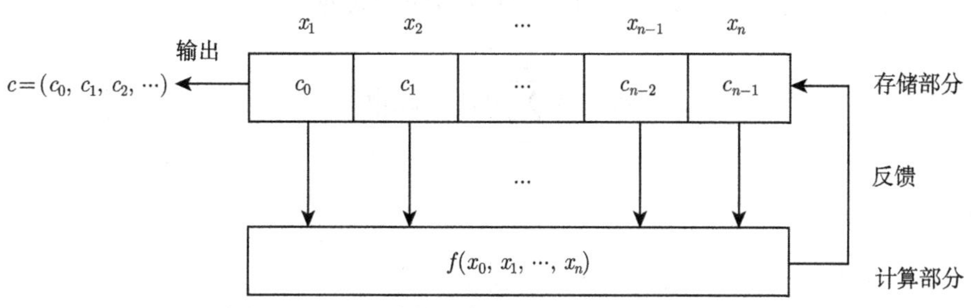

图 10.2 n 级线性移位寄存器工作原理示意图

(1) 在开始时刻 $t=0$, 存储单元 $x_1, \cdots, x_n$ 分别存上 $c_0, c_1, \cdots, c_{n-1}$. 这叫初始状态 $s_0=(c_0, c_1, \cdots, c_{n-1})$.

(2) 在下一时刻 $t=1$, 输出 c_0, 而 $c_1, \cdots, c_{n-1}$ 分别向左移 1 位. 同时计算 $f(s_0)=f(c_0, \cdots, c_{n-1})=c_n$, 并且把 c_n 反馈到最右边空出来的存储单元 x_n 之中. 于是在时刻 $t=1$ 的存储状态变为 $s_1=(c_1, c_2, \cdots, c_{n-1}, c_n)$, 其中 $c_n=f(c_0, \cdots, c_{n-1})$.

(3) 一般地, 在时刻 t, 先输出 c_{t-1}, 再将状态 $s_{t-1}=(c_{t-1}, c_t, \cdots, c_{t+n-2})$ 改为状态 $s_t=(c_t, c_{t+1}, \cdots, c_{t+n-2}, c_{t+n-1})$, 其中

$$c_{t+n-1}=f(s_{t-1})=f(c_{t-1}, c_t, \cdots, c_{t+n-2}).$$

其结果以 $s_0=(c_0, \cdots, c_{n-1}) \in \mathbb{F}_q^n$ 为初始状态, 经过上述工作, 移位寄存器 $SR_n(f)$ 输出一个序列

$$c=(c_0, c_1, c_2, \cdots),$$

其中 c_{k+n} $(k=0,1,2,\cdots)$ 可如下递归算出

$$c_{k+n}=f(c_k, c_{k+1}, \cdots, c_{k+n-1}),$$

$f: \mathbb{F}_q^n \to \mathbb{F}_q$ 叫作此移位寄存器的反馈函数. 不同的初始状态产生出不同的序列. 由于初始状态有 $|\mathbb{F}_q^n|=q^n$ 种可能, 从而每个 $SR_n(f)$ 可产生 q^n 个 $\mathbb{F}_q$ 上的序列.

一个 n 级的线性移位寄存器, 表成 $LSR_n(f)$, 是指 $f(x_1,\cdots,x_n)$ 为线性函数, 即

$$f(x_1,\cdots,x_n)=a_nx_1+a_{n-1}x_2+\cdots+a_1x_n\quad(a_i\in\mathbb{F}_q).$$

如果 $a_n=0$, 则存储单元 x_1 的内容和计算部分无关, 本质上相当于 $n-1$ 位的移位寄存器. 今后总假定 $a_n\neq 0$.

现在设以 $s_0=(c_0,c_1,\cdots,c_{n-1})\in\mathbb{F}_q^n$ 为初始状态由 $LSR_n(f)$ 输出的序列为 $c=(c_0,\cdots,c_{n-1},c_n,c_{n+1},\cdots)$. 它对应的幂级数为

$$c(t)=\sum_{i=0}^{\infty}c_it^i\in\mathbb{F}_q[[t]].$$

考虑

$$\begin{aligned}&c(t)(1-a_1t-a_2t^2-\cdots-a_nt^n)\\=&(c_0+c_1t+\cdots+c_nt^n+c_{n+1}t^{n+1}+\cdots)(1-a_1t-\cdots-a_nt^n),\end{aligned}$$

设它为 $b(t)=b_0+b_1t+b_2t^2+\cdots=\sum\limits_{i=0}^{\infty}b_it^i$, 则

$$\left.\begin{aligned}b_0&=c_0,\\b_1&=c_1-c_0a_1,\\&\cdots\cdots\\b_{n-1}&=c_{n-1}-c_{n-2}a_1-c_{n-3}a_2-\cdots-c_0a_{n-1}.\end{aligned}\right\}\tag{10.5.2}$$

$$b_n=c_n-c_{n-1}a_1-c_{n-2}a_2-\cdots-c_0a_n=c_n-f(c_0,\cdots,c_{n-1})=0.$$

一般地, 当 $k\geqslant 0$ 时,

$$\begin{aligned}b_{n+k}&=c_{n+k}-c_{n+k-1}a_1-c_{n+k-2}a_2-\cdots-c_ka_n\\&=c_{n+k}-f(c_k,c_{k+1},\cdots,c_{k+n-1})=0,\end{aligned}$$

这就表示 $b(t)=b_0+b_1t+\cdots+b_{n-1}t^{n-1}\in\mathbb{F}_q[t]$ 并且

$$c(t)=\frac{b(t)}{f(t)},\tag{10.5.3}$$

其中 $f(t)=1-a_1t-\cdots-a_nt^n$ 为 $\mathbb{F}_q[t]$ 中 n 次多项式, $\deg b(t)\leqslant n-1<\deg f(t)$, $f(0)=1$. $b(t)$ 的系数 $b_0,\cdots,b_{n-1}$ 由 (10.5.2) 式算出, 它们由初始状

态 $(c_0,\cdots,c_{n-1})$ 和 $f(t)$ 的系数 $a_1,\cdots,a_n$ 所决定. $f(t)$ 叫作此线性移位寄存器的联接多项式.

由 (10.5.3) 知 $c(t)$ 是真分式, 并且 $f(0)=1$. 可知序列 $c=(c_0,c_1,\cdots)$ 是 $\mathbb{F}_q$ 上的周期序列. 换句话说, 以 $f(t)=1-a_1t-\cdots-a_nt^n\in\mathbb{F}_q[t]$ $(a_n\neq 0)$ 为联接多项式的 $LSR_n(f)$ 产生的 q^n 个序列均是 $\mathbb{F}_q$ 上 (不同的) 周期序列. 它们对应的幂级数为以 $f(t)$ 为分母的 q^n 个真分式

$$\left\{\frac{g(t)}{f(t)}:g(t)\in\mathbb{F}_q[t],\deg g(t)\leqslant n-1\right\}.$$

这是以 $\left\{\dfrac{1}{f(t)},\dfrac{t}{f(t)},\cdots,\dfrac{t^{n-1}}{f(t)}\right\}$ 为基的 n 维 $\mathbb{F}_q$-向量空间. 所以 $LSR_n(f)$ 产生的 q^n 个周期序列形成 $\mathbb{F}_q$ 上一个 n 维向量空间. 全零序列就是以全零初始状态生成的序列.

设 $LSR_n(f)$ 以 $(c_0,c_1,\cdots,c_{n-1})$ 为初始状态生成序列 $c=(c_0,c_1,\cdots,c_n,\cdots)$, 则它以 $(c_1,c_2,\cdots,c_n)$ 为初始状态生成的序列 $(c_1,\cdots,c_n,c_{n+1},\cdots)$ 就是 c 的向左平移 1 位的序列. 这表明: 由 $LSR_n(f)$ 所生成的 q^n 个序列分成一些平移等价类.

例 10.16 取 $q=3,f(t)=1-t-t^2\in\mathbb{F}_3[t]$. 则 $LSR_2(f)$ 为 $\mathbb{F}_3$ 上的 2 级线性移位寄存器. 以 $(c_0,c_1)=(0,1)$ 为初态, 它生成的序列为 $c=(c_0,c_1,c_2,\cdots)$, 其中 $c_n=c_{n-1}+c_{n-2}$ (当 $n\geqslant 2$ 时). 于是得到

$$c=(0\,1\,1\,2\,0\,2\,2\,1\,0\,1\,1\cdots).$$

由于 $(c_8,c_9)=(0,1)$ 和初态 $(c_0,c_1)=(0,1)$ 一样, 可知 c 是周期为 8 的序列, 前 8 位为 $(0\,1\,1\,2\,0\,2\,2\,1)$. 和它平移等价的 8 个序列加上全零序列就是这个线性移位寄存器所生成的全部 $q^n=3^2=9$ 个周期序列.

例 10.17 取 $q=2,f(t)=1+t+t^2+t^3\in\mathbb{F}_2[t]$. 以 $(c_0,c_1,c_2)\in\mathbb{F}_2^3$ 为初态 $LSR(f)$ 生成序列 $c=(c_0,c_1,\cdots,c_n,\cdots)$, 其中

$$c_n=c_{n-1}+c_{n-2}+c_{n-3}\quad (n\geqslant 3\text{ 时}).$$

于是:

以 $(0\,0\,0)$ 为初态生成全零序列 (周期为 1).

以 $(0\,0\,1)$ 为初态生成序列 $(0\,0\,1\,1\,0\,0\,1\cdots)$, 周期为 4. 另 3 个与之平移等价序列的初态为 $(0\,1\,1),(1\,1\,0)$ 和 $(1\,0\,0)$.

以 $(0\,1\,0)$ 为初态生成序列 $(0\,1\,0\,1\,0\,\cdots)$, 周期为 2, 另一个和它平移等价序列的初态为 $(1\,0\,1)$.

以 (1 1 1) 为初态生成周期为 1 的序列 $(1\,1\,1\,1\cdots)$.

这就是此线性移位寄存器生成的全部 $q^n = 2^3 = 8$ 个序列.

关于线性移位寄存器有两个基本问题:

(1) 给定一个 n 次多项式 $f(t) \in \mathbb{F}_q[t], f(0) = 1$. 试问 $LSR_n(f)$ 生成的 q^n 个 q 元周期序列当中, 周期有多大? 每个周期各有多少平移等价类? 这叫作线性移位寄存器的分析问题.

(2) 对于任何一个周期为 n 的 q 元序列 $a = (a_0, \cdots, a_{n-1}, \cdots)$, $a(t) = \dfrac{g(t)}{1-t^n}$, $g(t) = a_0 + a_1 t + \cdots + a_{n-1}t^{n-1}$, 从而均可以用以 $1-t^n$ 为联接多项式的 n 级线性移位寄存器生成它 (初始状态取为 $(a_0, \cdots, a_{n-1})$). 问题是: 对给定的周期序列 a, 试问可以生成序列 a 的最短 (即级数最小) 线性移位寄存器是什么? (决定最小级数和联接多项式.) 这叫线性移位寄存器的综合问题.

定义 10.12 设 a 是 $\mathbb{F}_q$ 上的周期序列. 则能够生成序列 a 的 $\mathbb{F}_q$ 上线性移位寄存器的最小级数叫作序列 a 的线性复杂度 (linear complexity), 表示成 $LC(a)$.

定理 10.11 (1) 设 a 为 $\mathbb{F}_q$ 上周期序列, $a(t) = \dfrac{g(t)}{f(t)}$, 其中 $\dfrac{g(t)}{f(t)}$ 是既约真分式, 即 $f(t), g(t) \in \mathbb{F}_q[t]$, $\gcd(f, g) = 1$, $f(0) = 1$, 并且 $\deg(g(x)) < \deg(f(x))$. 则序列 a 的线性复杂度 $LC(a)$ 为 $\deg f(x)$, 而 a 的周期等于多项式 $f(x)$ 的周期.

(2) 设 $a = (a_0, \cdots, a_{n-1}, \cdots)$ 是 $\mathbb{F}_q$ 上周期为 n 的序列. $q = p^k$, $n = p^\lambda n'$, $\lambda \geqslant 0$, $(p, n') = 1$. 令 $g(t) = a_0 + a_1 t + \cdots + a_{n-1}t^{n-1} \in \mathbb{F}_q[t]$. 以 ω 表示在 $\mathbb{F}_q$ 的某个扩域 F 中的 n' 次本原单位根 (即 ω 的乘法阶为 n'), 对每个 i, $0 \leqslant i \leqslant n'-1$, 以 m_i 表示 ω^i 作为 $g(t)$ 之根的重数 (当 $g(\omega^i) \neq 0$ 时, 令 $m_i = 0$), 而 $M_i = \min\{m_i, p^\lambda\}$. 则序列 a 的线性复杂度为

$$LC(a) = n - \sum_{i=0}^{n'-1} M_i.$$

证明 (1) 多项式 $f(x)$ 的周期即是满足 $f(x)|x^D - 1$ 的最小正整数 D. 设序列 a 的周期为 d, 则 $\dfrac{g(x)}{f(x)} = a(t) = \dfrac{h(x)}{1-x^d}$, 其中 $h(t) = a_0 + a_1 t + \cdots + a_{d-1}t^{d-1}$. 于是 $g(t)(1-t^d) = f(t)h(t)$, 由 $(g, f) = 1$ 可知 $f(t)|1-t^d$. 这表明 $D \leqslant d$. 另一方面, 由于 $f(t)|1-t^D$, $f(t)l(t) = 1-t^D$. 于是 $a(t) = \dfrac{g(t)}{f(t)} = \dfrac{g(t)l(t)}{1-t^D}$. 因此 $d \leqslant D$. 这就表明 $d = D$.

(2) 由于 a 的周期为 n, 可知 $a(t) = \dfrac{g(t)}{1-t^n} = \dfrac{g(t)}{(1-t^{n'})^{p^\lambda}}$. n' 和 p 互素,

则存在 $l \geqslant 1$ 使得 $q^l \equiv 1 \pmod{n'}$. 于是 $F = \mathbb{F}_{q^l}$ 的本原元素 θ 阶为 $q^l - 1$. 令 $q^l - 1 = n'e$, 则 $\omega = \theta^e$ 即为 F 中的 n' 阶元素.

为了决定 a 的线性复杂度, 我们需要把 $a(t) = \dfrac{g(t)}{(1-t^{n'})^{p^\lambda}}$ 化成既约分式, 从而需要求出 $g(t)$ 和 $(1-t^{n'})^{p^\lambda}$ 的最大公因子 $h(t)$. 也就是说, 我们要决定 $g(t)$ 和 $(1-t^{n'})^{p^\lambda}$ 有哪些公共根, 以及每个根的重数. 但是 $(1-t^{n'})^{p^\lambda}$ 有根 ω^i $(0 \leqslant i \leqslant n'-1)$, 并且每个根 ω^i 的重数均为 p^λ. 由于 ω^i 作为 $g(t)$ 的根的重数为 m_i, 可知 $(t-\omega^i)^{M_i} | h(t)$ 但是 $(t-\omega^i)^{M_i+1} \nmid h(t)$, 其中 $M_i = \min\{m_i, p^\lambda\}$. 于是 $h(t) = \prod\limits_{i=0}^{n'-1}(t-\omega^i)^{M^i}$. 令 $g(t) = g'(t)h(t)$, $1 - t^n = f(t)h(t)$, 则 $a(t) = \dfrac{g'(t)}{f(t)}$ 为既约真分式, 于是序列 a 的线性复杂度为 $\deg f(x) = n - \deg h(t) = n - \sum\limits_{i=0}^{n'-1} M_i$. □

特别地, 若 $f(t)$ 是 $\mathbb{F}_q[t]$ 中的不可约多项式, 则每个真分式 $\dfrac{g(t)}{f(t)}$ $(g(t) \neq 0)$ 都是既约的, 它们给出的非零序列都是周期相同的序列. 从而得到

推论 10.1 设 $f(t)$ 为 $\mathbb{F}_q[t]$ 中 n 次不可约多项式, $n \geqslant 1$. 则以 $f(t)$ 为联接多项式的 n 级线性移位寄存器生成一个全零序列和 $\dfrac{q^n-1}{N}$ 个周期为 N 的 q 元序列平移等价类, 其中 N 是不可约多项式 $f(t)$ 的周期. 即若 α 是 $f(t)$ 在 $\mathbb{F}_q$ 的某个扩域中的一个根, 则 N 为元素 α 的阶 (而 $n = \deg f(x)$ 为满足 $\alpha^{q^k} = \alpha$ 的最小正整数 k). 如果 $f(t)$ 为 $\mathbb{F}_q[t]$ 中的 n 次本原多项式, 则 $LSR_n(f)$ 生成 1 个全零序列, 而其余 $q^n - 1$ 个 q 元序列的周期均为 $q^n - 1$, 它们彼此平移等价.

一个 n 级的 $\mathbb{F}_q$ 上线性移位寄存器当初始状态 $s_0 = (a_0, \cdots, a_{n-1})$ 为全零向量时, 生成全零序列. 当 s_0 不为零向量时, 生成的序列周期至多为 $q^n - 1$. 这是因为 $\mathbb{F}_q^n$ 中非零向量共有 $q^n - 1$ 个. 如果生成的序列为 $a = (a_0, a_1, \cdots, a_n, \cdots)$, 则 q^n 个状态 $s_i = (a_i, a_{i+1}, \cdots, a_{i+n-1})$ $(0 \leqslant i \leqslant q^n - 1)$ 当中至少有两个相同, 即 $s_i = s_j$, 其中 $0 \leqslant i < j \leqslant q^n - 1$. 于是 $j - i \leqslant q^n - 1$. 由于 $(a_i, a_{i+1}, \cdots, a_{i+n-1}) = s_i = s_j = (a_j, a_{j+1}, \cdots, a_{j+n-1})$, 移位寄存器的反馈函数为 $f(x_1, \cdots, x_n)$. 则

$$a_{i+n} = f(a_i, a_{i+1}, \cdots, a_{i+n-1}) = f(a_j, a_{j+1}, \cdots, a_{j+n-1}) = a_{j+n}.$$

由此下去, 可知 $a_{i+n+\lambda} = a_{j+n+\lambda} = a_{i+n+\lambda+(j-i)}$ $(\lambda = 0, 1, 2, \cdots)$. 这表明序列 a 的周期 $\leqslant j - i \leqslant q^n - 1$. 推论 10.1 表明, 当联接多项式 $f(t)$ 为 $\mathbb{F}_q[t]$ 中 n 次本原多项式时, $LSR_n(f)$ 产生一个非零序列等价类, 每个序列的周期都达到最大可能的 $q^n - 1$. 这样的序列叫作 q 元 n 级 m-序列.

m-序列不仅周期很大, 而且有以下 “伪随机” 性质.

定理 10.12　设 $a=(a_0,\cdots,a_n,\cdots)$ 是 q 元 n 级 m-序列, 对于每个 λ, $1\leqslant\lambda\leqslant n$, $(c_1,\cdots,c_\lambda)\in\mathbb{F}_q^\lambda$, 记

$$N(c_1,\cdots,c_\lambda)=\sharp\{i:0\leqslant i\leqslant q^n-2,(a_i,a_{i+1},\cdots,a_{i+\lambda-1})=(c_1,\cdots,c_\lambda)\},$$

则

$$N(c_1,\cdots,c_\lambda)=\begin{cases}q^{n-\lambda}-1, & \text{如果 } (c_1,\cdots,c_\lambda)=(0,\cdots,0),\\ q^{n-\lambda}, & \text{否则}.\end{cases}$$

证明　$N(c_1,\cdots,c_\lambda)$ 等于连续 q^n-1 个状态 $s_i=(a_i,a_{i+1},\cdots,a_{i+n-1})$ 当中前 λ 位为 $(c_1,\cdots,c_\lambda)$ 的状态个数. 这 q^n-1 个状态恰好是 $\mathbb{F}_q^n$ 中所有非零向量. 当 $(c_1,\cdots,c_\lambda)\neq(0,\cdots,0)$ 时, 以 $(c_1,\cdots,c_\lambda)$ 前 λ 位的向量 $(v_1,\cdots,v_n)\in\mathbb{F}_q^n$ 恰好有 $q^{n-\lambda}$ 个 (后 $n-\lambda$ 位 $v_{\lambda+1},\cdots,v_n$ 可取 $\mathbb{F}_q$ 中任意元素), 而 $(c_1,\cdots,c_\lambda)=(0,\cdots,0)$ 时, 以 $(0,\cdots,0)$ 为前 λ 位的向量 $(v_1,\cdots,v_n)$ 共 $q^{n-\lambda}$ 个, 去掉 $(v_1,\cdots,v_n)=(0,\cdots,0)$, 从而共有 $q^{n-\lambda}-1$ 个. □

例 10.18 (继续)　在前边的例 10.16中, $f(t)=1-t-t^2$, 而 $-f(t)=t^2+t-1$ 为 $\mathbb{F}_3[t]$ 中 2 次本原多项式. 它生成的 m-序列为 $\mathbb{F}_3$ 上周期为 8 的序列 (0 1 1 2 0 2 2 1) 和它的所有平移等价序列. 将一个周期首尾相接组成一个圈, 则 $(0,0)$ 不出现, 其余 8 个 $(v_1,v_2)\neq(0,0),(v_1,v_2)\in\mathbb{F}_3^2$ 各出现 1 次, 0 出现 $3^1-1=2$ 次, 1 和 2 各出现 $3^1=3$ 次.

例 10.19　$q=2,n=4,f(t)=1+t+t^4$ 为 $\mathbb{F}_2[t]$ 中 4 次本原多项式. 以它为联接多项式的线性移位寄存器生成序列为 $a=(a_0,a_1,a_2,a_3,\cdots)$, 其中当 $i\geqslant4$ 时, $a_i=a_{i-3}+a_{i-4}$. 初始状态为 (0 0 0 1) 时, 生成的 2 元 4 级 m-序列 (周期为 15) 为 $a=(0\,0\,0\,1\,0\,0\,1\,1\,0\,1\,0\,1\,1\,1\,1\cdots)$. 将一个周期 (前 15 位) 首尾相接形成一个圈, 则在此圈中,

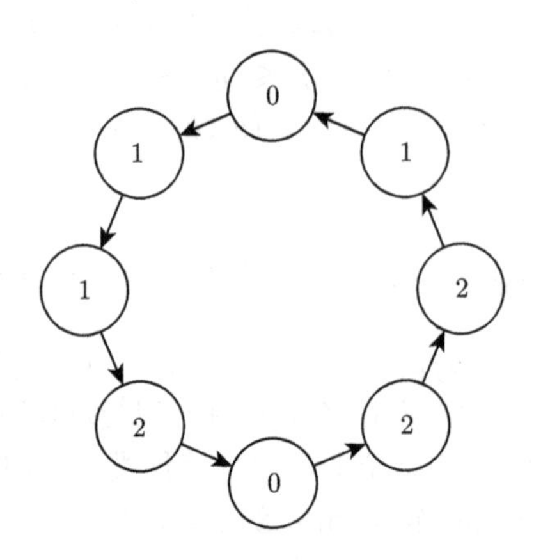

(0 0 0 0) 不出现, 其余 15 个非零 $(v_1v_2v_3v_4) \in \mathbb{F}_2^4$ 各出现 1 次.

(0 0 0) 出现 1 次, 其余 7 个非零 $(v_1v_2v_3) \in \mathbb{F}_2^3$ 各出现 2 次.

(0 0) 出现 $2^2-1=3$ 次, 其余 3 个非零 $(v_1v_2) \in \mathbb{F}_2^2$ 各出现 4 次.

0 出现 $2^3-1=7$ 次, 1 出现 $2^3=8$ 次.

我们由前几章知道, m-序列有很好的自相关性能, 从而用到同步通信中. 由 m-序列可构作出性能良好的线性码和循环码, 并且用线性移位寄存器可给出实用的纠错解码算法. 进而, 由于 m-序列有很大的周期和好的伪随机性能, 在 20 世纪 50—60 年代曾用它作为流密码体制的密钥序列. 但是在 1969 年, 瑞士数学家 Massey 发明了一个漂亮的递推算法. 对于线性复杂度为 n 的线性移位寄存器生成的序列 (即它的联接多项式是 n 次多项式, 也就是线性移位寄存器的级数为 n), 可以用序列任何连续的 $2n$ 位数字就能决定联接多项式, 从而决定出整个序列. $\mathbb{F}_q$ 上 n 级 m 序列的周期 q^n-1 尽管很大, 但是它的线性复杂度为 n (因为生成它的线性移位寄存器的联接多项式是 $\mathbb{F}_q[x]$ 中 n 次本原多项式). 所以只用 m 序列作为密钥是不安全的. 在 Massey 之前, 美国数学家 Berlekamp 给出了 BCH 码的一种快速纠错译码算法, 它本质上就是 Massey 算法. 后人统称为 BM 算法. 尽管 BM 算法使 m 序列作为密钥变得不安全, 但在设计加密方案时, m-序列经常作为基础手段, 然后再添加更多的新加密方法. 我们在下章讲述新的密码学性质.

一般来说, 一个周期序列用于流密码体制的密钥, 其线性复杂度至少要为周期的一半. 目前在计算序列线性复杂度方面已有许多结果. 这里我们举一个例子.

定理 10.13 (勒让德序列的线性复杂度) 设 p 为奇素数, $a=(a_0,a_1,\cdots,a_{p-1},\cdots)$ 为周期 p 的二元序列, 其中

$$a_0=1,\ 当\ 1\leqslant i\leqslant p-1\ 时,\ a_i=\frac{1}{2}\left(1+\left(\frac{i}{p}\right)\right)\in\{0,1\}.$$

a 看成是 $\mathbb{F}_2$ 上的序列, 则 a 的线性复杂度为

$$LC(a)=\begin{cases}\dfrac{p+1}{2}, & 若\ p\equiv 1\ (\mathrm{mod}\ 8),\\ p-1, & 若\ p\equiv 3\ (\mathrm{mod}\ 8),\\ p, & 若\ p\equiv 5\ (\mathrm{mod}\ 8),\\ \dfrac{p-1}{2}, & 若\ p\equiv 7\ (\mathrm{mod}\ 8).\end{cases}$$

证明 序列 a 的幂级数表达式为 $\dfrac{g(t)}{1-t^p}\in\mathbb{F}_p(t)$, 其中

$$g(t)=a_0+a_1t+\cdots+a_{p-1}t^{p-1}=1+\sum_{\substack{\lambda=1\\ \left(\frac{\lambda}{p}\right)=1}}^{p-1}t^{\lambda}\in\mathbb{F}_2[t].$$

而序列 a 的线性复杂度为

$$LC(a) = p - \deg h(t), \text{ 其中 } h(t) = \gcd(g(t), 1 - t^p).$$

由于 p 是奇素数, $1-t^p$ 在 $\mathbb{F}_2$ 的扩域中没有重根. 并且 $\mathbb{F}_2$ 的扩域中有乘法 p 阶元素 α, $1-t^p$ 的 p 个根为 $\{\alpha^i : 0 \leqslant i \leqslant p-1\}$. 如果这 p 个根中恰有 d 个为 $g(t)$ 的根, 则 $\deg h(t) = d$, $LC(a) = p - d$. 所以问题归结于: 对每个 α^i, 是否 $g(\alpha^i)$ 为 0.

设 $\mathbb{F}_p^* = \langle\theta\rangle$, $D_0 = \langle\theta^2\rangle$, $D_1 = \theta D_0$ (两个 2 阶分圆类, 分别是平方元和非平方元集合). 又令

$$\eta_0 = \sum_{\lambda \in D_0} \alpha^\lambda, \quad \eta_1 = \sum_{\lambda \in D_1} \alpha^\lambda \in \mathbb{F}_2(\alpha).$$

当 α 改为复 p 次本原单位根 $\zeta_p = e^{\frac{2\pi i}{p}}$ 时, η_0 和 η_1 就是通常的 "高斯周期", 这里的 η_0 和 η_1 则是 $\mathbb{F}_2$ 的扩域 $\mathbb{F}_2(\alpha)$ 中元素. 我们有

$$\eta_0 + \eta_1 = \sum_{\lambda=1}^{p-1} \alpha^\lambda = 1 + \frac{1-\alpha^p}{1-\alpha} = 1,$$

再由 $g(t) = 1 + \sum\limits_{\lambda \in D_0} t^\lambda$ 可知

$$g(1) = 1 + |D_0| = 1 + \frac{p-1}{2} = \begin{cases} 0, & \text{若 } p \equiv 3 \pmod 4, \\ 1, & \text{若 } p \equiv 1 \pmod 4. \end{cases}$$

也就是说,

$$1 \text{ 为 } g(t) \text{ 的根当且仅当 } p \equiv 3 \pmod 4. \tag{10.5.4}$$

对于 $1 \leqslant i \leqslant p-1$,

$$g(\alpha^i) = 1 + \sum_{\lambda \in D_0} \alpha^{i\lambda} = \begin{cases} 1 + \eta_0 = \eta_1, & \text{若 } i \in D_0, \\ 1 + \eta_1 = \eta_0, & \text{若 } i \in D_1, \end{cases} \tag{10.5.5}$$

并且

$$\eta_0^2 = \left(\sum_{\lambda \in D_0} \alpha^\lambda\right)^2 = \sum_{\lambda \in D_0} \alpha^{2\lambda} = \begin{cases} \eta_0, & \text{若 } 2 \in D_0 \text{ (即 } p \equiv \pm 1 \pmod 8)), \\ \eta_1 = \eta_0 + 1, & \text{若 } 2 \in D_1 \text{ (即 } p \equiv \pm 3 \pmod 8)), \end{cases}$$

可知当 $p \equiv \pm 3 \pmod 8$ 时 $\eta_0 \neq 0, 1$ (由于 $\eta_0^2 = \eta_0 + 1$), 从而 $\eta_1 = 1 + \eta_0 \neq 0, 1$, 即 $g(\alpha^i)$ $(1 \leqslant i \leqslant p-1)$ 均不为 0. 当 $p \equiv \pm 1 \pmod 8$ 时, $\eta_0^2 = \eta_0$, 再由 $\eta_0 = \eta_1 + 1$ 可知 $(\eta_0, \eta_1) = (0, 1)$ 或 $(1, 0)$. 由 (10.5.5) 式知 $p-1$ 个 $g(\alpha^i)$ $(1 \leqslant i \leqslant p-1)$ 当中, 值为 0 和 1 的各有 $\frac{p-1}{2}$ 个. 即共有 $\frac{p-1}{2}$ 个 α^i $(1 \leqslant i \leqslant p-1)$ 为 $g(t)$ 的根. 再加上 (10.5.4) 中关于 $g(1)$ 的结果, 即证定理. □

10.6 序列的 p-adic 复杂度

一个 n 级的线性移位寄存器 $LSR_n(f)$ 的反馈函数 $f:\mathbb{F}_q^n \to \mathbb{F}_q$ 是线性函数 $f(x_1,\cdots,x_n)=a_nx_1+\cdots+a_1x_n$ $(a_i\in\mathbb{F}_q, a_n\neq 0)$. 它生成有限域 $\mathbb{F}_q$ 上一个周期序列. 利用有限域上多项式的理论, 原则上我们可以决定线性移位寄存器生成的序列都有哪些可能的周期, 以及每个周期的序列 (平移等价类) 的个数. 上节也讲述了, 对给定的 $\mathbb{F}_q$ 上周期序列如何求出生成它的线性移位寄存器最小级数 (即线性复杂度) 和它的线性反馈函数. 事实上, 已经有做这件事的很好算法 (Berlekamp-Massey 算法).

如果移位寄存器的反馈函数 $f(x_1,\cdots,x_n)$ 是 $x_1,\cdots,x_n$ 的非线性函数, 分析非线性移位寄存器生成的序列特性是一个重要的问题. 首先, 由 $\mathbb{F}_q^n\to\mathbb{F}_q$ 的线性函数 $f(x_1,\cdots,x_n)$ 共有 q^n 个 $(a_n,\cdots,a_1$ 各自跑遍 $\mathbb{F}_q)$, 而由 $\mathbb{F}_q^n$ 到 $\mathbb{F}_q$ 的全部函数共有 q^{q^n} 个, 从而非线性反馈函数数量很多, 用非线性移位寄存器生成的序列作为流密码的密钥更难被攻破. 但是对于某个或某类非线性反馈函数, 分析生成序列的特性 (周期, 自相关性能, $\cdots$) 是困难的. 同样地, 给了一个周期序列, 寻求生成它的最短非线性移位寄存器也没有实用的算法, 目前只对某些特殊类别的非线性移位寄存器做了这方面的研究, 一般来说, 这种研究有深刻的结果均是由于发现和使用了好的数学工具.

本节介绍近年来研究较多的一类非线性移位寄存器, 叫作带进位的移位寄存器 (shift register with carry). 这种非线性移位寄存器序列的研究始于 20 世纪末 A. Klapper 和 M. Goresky 的工作 [23]. 他们研究的是有限环 $Z_m=\mathbb{Z}/m\mathbb{Z}$ 上的周期序列 $(m\geqslant 2)$, 即序列 $a=(a_0,a_1,\cdots)$ 的每位 a_i 属于 Z_m. 设它的级数为 n, 则对于时刻 t 的状态 $(a_t,a_{t+1}\cdots,a_{t+n-1})$, 由线性反馈函数 $f(x_1,\cdots,x_n):Z_m^n\to Z_m$ 来计算下一位 $a_{t+n}=f(a_t,a_{t+1},\cdots,a_{t+n-1})$, 但是计算采用 m-进位方式. 在这里不做确切的定义, 详情可见文献 [23].

定义 10.13 设 $m\geqslant 2, a=(a_0,\cdots,a_{n-1},\cdots)$ 是 Z_m 上周期为 n 的 m 元序列 $(a_i\in\{0,1,\cdots,m-1\})$. 令 $S(t)=\sum\limits_{i=0}^{n-1}a_it^i\in\mathbb{Z}[t]$, $S(m)=\sum\limits_{i=0}^{n-1}a_im^i\in\mathbb{Z}$. $A=\gcd(S(m),m^n-1)$ (最大公因子), 则 Z_m 上序列 a 的 m-adic 复杂度定义为

$$FC_m(a)=\log_m\left(\frac{m^n-1}{A}\right).$$

可以证明: 生成序列 a 的 Z_m 上带进位移位寄存器的最小级数为 $\lceil FC_m(a)\rceil$, 这里 $\lceil\alpha\rceil$ 指不小于 α 的最小整数. 当 $A=\gcd(S(m),m^n-1)=1$ 时, $\lceil FC_m(a)\rceil$ 达到最大值 n, 即级数等于序列的周期. 在密码学的应用中, 希望 $FC_m(a)$ 愈大愈好.

对于 Z_m 上的周期序列 (特别是自相关和其他密码学性能良好的序列), 计算它的 m-adic 复杂度, 是最近人们关注的问题. 和线性复杂度相比, m-adic 复杂度的计算方面工作还不够多. 本节介绍两项工作. 第一项是关于周期 $n \equiv 3 \pmod 4$ 的 $(n,-1)$ 型二元序列. 正如上节表明的, 这种序列的线性复杂度有好有坏. 另一方面, 2014 年胡红钢[24] 用简洁的方式证明了: 对于目前发现的所有 $(n,-1)$ 型二元序列, 其 2-adic 复杂度均达到最大值 $\log_2(2^n-1)$.

定理 10.14　设 $n \equiv 3 \pmod 4, n \geqslant 7$. $a = (a_i)_{i=0}^{n-1}$ 为 $(n,-1)$ 型二元序列, 即周期为 n, $a_i \in \{\pm 1\}$, 并且 $1 \leqslant \tau \leqslant n-1$ 时自相关非主值 $C_a(\tau) = \sum\limits_{\lambda=0}^{n-1} a_\lambda a_{\lambda+\tau}$ 均为 -1. 令 $a_i = (-1)^{b_i}, b_i \in Z_2 = \{0,1\}$. 则序列 $b = (b_i)_{i=0}^{n-1}$ 的 2-adic 复杂度有下界 $FC_2(b) \geqslant \log_2\left(\dfrac{2^n-1}{D}\right)$, 其中 $D = \gcd(n+1, 2^n-1)$. 特别地, 对于目前已知的这种序列, $FC_2(b)$ 均达到最大值 $\log_2(2^n-1)$.

证明　令 $S(t) = \sum\limits_{\lambda=0}^{n-1} b_\lambda t^\lambda$, $P(t) = \sum\limits_{\lambda=0}^{n-1} a_\lambda t^\lambda \in \mathbb{Z}[t]$. 则

$$
\begin{aligned}
P(2)P(2^{-1}) &= \left(\sum_{\lambda=0}^{n-1} a_\lambda 2^\lambda\right)\left(\sum_{\mu=0}^{n-1} a_\mu 2^{-\mu}\right) = \sum_{\lambda,\mu=0}^{n-1} a_\lambda a_\mu 2^{\lambda-\mu} \quad (\text{令 } k = \lambda - \mu) \\
&\equiv \sum_{k=0}^{n-1} 2^k \sum_{\mu=0}^{n-1} a_\mu a_{\mu+k} \pmod{2^n-1} \\
&\equiv n - \sum_{k=1}^{n-1} 2^k \equiv n+1-(2^n-1) \equiv n+1 \pmod{2^n-1}.
\end{aligned}
$$

但是在 $\mathbb{Z}$ 中, $1 - a_\lambda = 1 - (-1)^{b_\lambda} = 2b_\lambda$, 因此

$$
2S(2) = \sum_{\lambda=0}^{n-1} 2b_\lambda 2^\lambda = \sum_{\lambda=0}^{n-1}(1-a_\lambda)2^\lambda = 2^n - 1 - P(2) \equiv -P(2) \pmod{2^n-1}.
$$

于是

$$
-2P(2^{-1})S(2) \equiv P(2)P(2^{-1}) \equiv n+1 \pmod{2^n-1}.
$$

由定义 $FC_2(b) = \log_2\left(\dfrac{2^n-1}{d}\right)$, 其中

$$
d = \gcd(S(2), 2^n-1) \mid \gcd(P(2^{-1})S(2), 2^n-1) = \gcd(n+1, 2^n-1) = D,
$$

可知 $FC_2(b) \geqslant \log_2\left(\dfrac{2^n-1}{D}\right)$. 另外, 至今已知的 $(n,-1)$ 型二元序列有 4 种, 它们的周期 n 为素数 (勒让德序列和 Hall 序列)、孪生素数的乘积 (孪生素数序列) 或者 2^m-1 $(m \geqslant 2, m$-序列). 我们对此三种情形证明 D 均为 1, 于是 $d=1$, 进而 $FC_2(b)=\log_2(2^n-1)$.

(A) 若 $n=2^m-1$, 则显然 $D=\gcd(n+1,2^n-1)=\gcd(2^m,2^n-1)=1$.

(B) 设 $n=p$ 为奇素数. 如果 $D=\gcd(p+1,2^p-1)>1$, 令 π 是 D 的一个素因子. 则 $\pi|p+1$. 另一方面, 由 $2^p \equiv 1 \pmod{\pi}$ 可知 2 模 π 的阶为 p, 于是 $p|\pi-1$. 从而导致矛盾 $\pi \leqslant \dfrac{1}{2}(p+1) \leqslant \dfrac{1}{2}(\pi-1+1)=\dfrac{1}{2}\pi$. 因此 $D=1$.

(C) 设 p 和 $q=p+2$ 均为奇素数, 则 $D=\gcd(pq+1,2^{pq}-1)=\gcd((p+1)^2,2^{pq}-1)$.

如果 $D>1$, 令 π 是 D 的一个 (奇) 素因子, 则 $\pi|\gcd(p+1,2^{pq}-1)$. 于是 $\pi\left|\dfrac{p+1}{2}\right.$. 另一方面, 由 $2^{pq}\equiv 1 \pmod{\pi}$ 可知 2 模 π 的阶 l 为 p, q 或者 pq. 于是 $p \leqslant l \leqslant \pi-1$. 这就导致矛盾 $\pi \leqslant \dfrac{p+1}{2} \leqslant \dfrac{1}{2}(\pi-1+1)=\dfrac{\pi}{2}$. 因此 $D=1$. □

对于自相关取两个值的某些最优二元周期序列, 已经计算了它们的 2-adic 复杂度或者给出一个好的下界. 现在我们计算 10.1 节中例 10.7 二元序列的 2-adic 复杂度, 以说明高斯和技巧所起的作用, 材料取自文献 [25].

设 p 和 q 是不同的奇素数, $Z_{pq}=\{0,1,\cdots,pq-1\}$. 令

$$P=\{p,2p,\cdots,(q-1)p\}, \quad Q=\{q,2q,\cdots,(p-1)q\},$$

$$\begin{aligned} Z_{pq}^* &= \{a \pmod{pq} : \gcd(a,pq)=1\} \\ &= \{ip+jq \pmod{pq} : 1 \leqslant i \leqslant q-1, 1 \leqslant j \leqslant p-1\}, \end{aligned}$$

则 $Z_{pq}=Z_{pq}^* \cup P \cup Q \cup \{0\}$. 定义周期 $n=pq$ 的二元序列 $a=(a_i)_{i=0}^{n-1}$ $(a_i \in \{0,1\})$ 为

$$a_i=\begin{cases} 0, & 若\ i \in Q \cup \{0\}, \\ 1, & 若\ i \in P, \\ \dfrac{1}{2}\left(1-\left(\dfrac{i}{p}\right)\left(\dfrac{i}{q}\right)\right), & 若\ i \in Z_{pq}^*. \end{cases}$$

10.1 节例 10.7 中计算了此二元序列的自相关值. 对于某些 p 和 q, 它是自相关最优的序列. 丁存生 [26] 计算了此序列的线性复杂度.

文献 [27,28] 采用胡红钢方法计算 $P(2^{-1})S(2) \pmod{2^{pq}-1}$, 然后利用此序列的自相关值, 给出 2-adic 复杂度的一个下界. 文献 [25] 中采用 "高斯和" 直接计算 $S(2) \pmod{2^{pq}-1}$, 从而得到此序列 2-adic 复杂度的确切值. 结论为:

定理 10.15 对于上述周期 $n=pq$ 的二元序列 a,

$$LC_2(a)=\log_2\left(\frac{2^n-1}{\max\{d_1,d_2\}}\right),$$

其中 $d_1=\gcd((q-1)_o,2^p-1)$, $d_2=\gcd((p+1)_o,2^q-1)$, 这里 $(m)_o$ 表示正整数 m 的奇数部分.

进而, 若 $(q-1)_o<2p+1$, 则 $d_1=1$. 若 $(p+1)_o<2q+1$, 则 $d_2=1$. 由此可知 d_1 和 d_2 当中必有一个为 1. 于是 $d_1d_2=\max\{d_1,d_2\}$. 特别当 $\frac{p-1}{4}<q<4p+3$ 时, $d_1=d_2=1$, 而 $LC_2(a)$ 达到最大值 $\log_2(2^n-1)$.

证明 令 $d=\gcd(S(2),2^{pq}-1)$ 和

$$d_1=\gcd(S(2),2^p-1),\quad d_2=\gcd(S(2),2^q-1),$$
$$d_3=\gcd\left(S(2),\frac{2^{pq}-1}{(2^p-1)(2^q-1)}\right),$$

则 $d|d_1d_2d_3, d_i|d\ (i=1,2,3)$, 并且由 $\gcd(2^p-1,2^q-1)=1$ 可知 $\gcd(d_1,d_2)=1$.

首先要计算 $S(2) \pmod{2^n-1}$ $(n=pq)$. 由序列定义可知

$$\begin{aligned}
S(2)&=\sum_{i=0}^{pq-1}a_i2^i\\
&\equiv\sum_{i=1}^{q-1}2^{pi}+\frac{1}{2}\sum_{i=1}^{q-1}\sum_{j=1}^{p-1}\left(1-\left(\frac{ip+jq}{p}\right)\left(\frac{ip+jq}{q}\right)\right)2^{ip+jq}\pmod{2^n-1}\\
&\equiv\frac{2^{pq}-1}{2^p-1}-1+\frac{1}{2}\sum_{i=1}^{q-1}2^{ip}\sum_{j=1}^{p-1}2^{jq}\\
&\quad-\frac{1}{2}\left(\sum_{i=1}^{q-1}\left(\frac{ip}{q}\right)2^{ip}\right)\left(\sum_{j=1}^{p-1}\left(\frac{jq}{p}\right)2^{jq}\right)\pmod{2^n-1}.
\end{aligned}$$

于是

$$2S(2)\equiv2\frac{2^{pq}-1}{2^p-1}-2+\left(\frac{2^{pq}-1}{2^p-1}-1\right)\left(\frac{2^{pq}-1}{2^q-1}-1\right)-G_pG_q\pmod{2^{pq}-1}$$

$$\equiv \frac{(2^{pq}-1)(2^q-2^p)}{(2^p-1)(2^q-1)} - 1 - G_pG_q \pmod{2^{pq}-1}, \tag{10.6.1}$$

其中

$$G_q = \sum_{i=1}^{q-1}\left(\frac{ip}{q}\right)2^{ip} \in Z_N, \quad G_p = \sum_{j=1}^{p-1}\left(\frac{jq}{p}\right)2^{jq} \in Z_N \quad (N = 2^{pq}-1).$$

它们可看成是 $\mathbb{F}_p$ 和 $\mathbb{F}_q$ 上取值于 Z_N 的“高斯和”. 利用通常高斯和的基本技巧可证明:

引理 10.5 (1) $G_p \equiv 0 \pmod{2^q-1}, G_q \equiv 0 \pmod{2^p-1}$;

(2) $G_p^2 \equiv \left(\frac{-1}{p}\right)\left(p - \frac{2^{pq}-1}{2^q-1}\right) \pmod{2^{pq}-1}$, $G_q^2 \equiv \left(\frac{-1}{q}\right)\left(q - \frac{2^{pq}-1}{2^p-1}\right)$ $\pmod{2^{pq}-1}$.

证明 (1) $G_p \equiv \sum\limits_{j=1}^{p-1}\left(\frac{jq}{p}\right) = 0 \pmod{2^q-1}$, 同样可证另式.

(2)
$$\begin{aligned}
G_p^2 &\equiv \sum_{i,j=1}^{p-1}\left(\frac{jq}{p}\right)\left(\frac{iq}{p}\right)2^{(i+j)q} \pmod{2^{pq}-1} \\
&\equiv \sum_{\lambda,j=1}^{p-1}\left(\frac{\lambda}{p}\right)2^{j(\lambda+1)q} \pmod{2^{pq}-1} \quad (\text{取} \quad i \equiv \lambda j \pmod{p}) \\
&= \sum_{\lambda=1}^{p-1}\left(\frac{\lambda}{p}\right)\sum_{j=1}^{p-1}2^{j(\lambda+1)q} \\
&\equiv \left(\frac{-1}{p}\right)(p-1) + \sum_{\lambda=1}^{p-2}\left(\frac{\lambda}{p}\right)\left(\frac{2^{pq}-1}{2^q-1}-1\right) \pmod{2^{pq}-1} \\
&= \left(\frac{-1}{p}\right)(p-1) - \left(\frac{-1}{p}\right)\left(\frac{2^{pq}-1}{2^q-1}-1\right) \\
&\equiv \left(\frac{-1}{p}\right)\left(p - \frac{2^{pq}-1}{2^q-1}\right) \pmod{2^{pq}-1}.
\end{aligned}$$

同样可证另式. □

引理 10.6 (1) $\gcd(pq, d) = 1$;

(2) $d_3 = 1$, $d_1 = \gcd((q-1)_o, 2^p-1)$, $d_2 = \gcd((p+1)_o, 2^q-1)$;

(3) 当 $(q-1)_o \leqslant 2p-1$ 时 $d_1 = 1$, 当 $(p+1)_o \leqslant 2q-1$ 时 $d_2 = 1$.

证明　(1) 如果 $p|d=\gcd(S(2),2^{pq}-1)$, 则 $0\equiv 2^{pq}-1\equiv 2^q-1 \pmod p$. 于是由引理 10.5,

$$\begin{aligned}0\equiv 2S(2)&=\frac{(2^{pq}-1)(2^q-2^p)}{(2^p-1)(2^q-1)}-1-G_pG_q \pmod p\\&\equiv\frac{(1-2^p)}{(2^p-1)}\frac{(2^{pq}-1)}{(2^q-1)}-1 \pmod p\\&\equiv-(1+2^q+2^{2q}+\cdots+2^{(p-1)q})-1\equiv-(p+1)\equiv-1 \pmod p,\end{aligned}$$

这个矛盾表明 $p\nmid d$. 同样可证 $q\nmid d$.

(2) 如果 $d_3>1$, 设 π 为 $d_3=\gcd\left(S(2),\dfrac{2^{pq}-1}{(2^p-1)(2^q-1)}\right)$ 的素因子. 则 $2^{pq}\equiv 1 \pmod \pi$. 若 $\pi|2^p-1$, 则 $\pi\nmid 2^q-1$, 而

$$0\equiv\frac{2^{pq}-1}{(2^p-1)(2^q-1)}\equiv\frac{q}{2^q-1} \pmod \pi.$$

由于 q 和 π 均为素数, 从而 $\pi=q|d_3$, 和 (1) 相矛盾. 因此 $\pi\nmid 2^p-1$. 同样可证 $\pi\nmid 2^q-1$. 这表明 2 模 π 的阶为 pq. 从而 $pq\left|\dfrac{1}{2}(\pi-1)\right.$. 另一方面, 由 (10.6.1) 式给出 $0\equiv S(2)\equiv -1-G_pG_q \pmod \pi$. 于是

$$1\equiv G_p^2G_q^2\equiv\left(\frac{-1}{p}\right)\left(\frac{-1}{q}\right)pq \pmod \pi.$$

这表明 $\pi|pq-1$ 或者 $\pi|pq+1$. 于是得到矛盾:

$$pq\leqslant\frac{1}{2}(\pi-1)\leqslant\frac{1}{2}(pq+1-1)=\frac{1}{2}pq$$

这就证明了 $d_3=1$.

由 $G_q\equiv 0 \pmod{2^p-1}$, $\gcd(2^p-1,2^q-1)=1$ 和 (10.6.1) 式得到

$$2S(2)\equiv\frac{(2^{pq}-1)(2^q-2^p)}{(2^p-1)(2^q-1)}-1\equiv q-1 \pmod{2^p-1},$$

于是 $d_1=\gcd(S(2),2^p-1)=\gcd((q-1)_o,2^p-1)$. 类似可证 $2S(2)\equiv-(p+1) \pmod{2^q-1}$, 从而 $d_2=\gcd((p+1)_o,2^q-1)$.

(3) 如果 $d_1=\gcd((q-1)_o,2^p-1)\neq 1$, 令 π 为 d_1 的一个素因子, 则 $\pi|(q-1)_o$, $\pi|2^p-1$, 从而 2 模 π 的阶为 p. 于是 $p\left|\dfrac{1}{2}(\pi-1)\right.$. 而

$$p\leqslant\frac{1}{2}(\pi-1)\leqslant\frac{1}{2}((q-1)_o-1),\quad 即\quad (q-1)_o\geqslant 2p+1.$$

所以当 $(q-1)_o \leqslant 2p-1$ 时, $d_1=1$. 类似可证当 $(p+1)_o \leqslant 2q-1$ 时, $d_2=1$. □

现在可证定理 10.15. 由引理 10.6 可知 $d=d_1d_2d_3=d_1d_2$, 其中 d_1 和 d_2 如定理中所示. 进而, 由于 $(q-1)_o \leqslant 2p-1$ 和 $(p+1)_o \leqslant 2q-1$ 必有一个成立, 即 d_1 和 d_2 至少有一个为 1, 因此 $d_1d_2=\max\{d_1,d_2\}$. 这就完成了定理 10.15 的证明. □

注记 对于文献 [16] 中所有由几乎差集合构作的自相关二值且最优的二元周期序列均可用类似方法计算其 2-adic 复杂度 (除了一个例外: 对于 Sidelnikov 序列, 用胡红钢方法[24] 给出了下界). 有些计算要采用取值于 Z_N 的 "高斯和" 和 "雅可比和". 此外, 对于 m 元 (m 不必为素数, 比如 $m=4$) 周期序列也可计算其 m-adic 复杂度. 可参见文献 [29—31].

第 11 章　布尔函数的密码学性质

11.1　布尔函数

一个 n 元布尔函数是映射 $f = f(x_1, \cdots, x_n) : \mathbb{F}_2^n \to \mathbb{F}_2$. 在 10.5 节曾经介绍用线性的布尔函数作为反馈的移位寄存器, 生成的二元周期序列用来作为流密码体制中的密钥, 加在明文上变成密文传给对方. 特别地, 若这个线性布尔函数对应于 $\mathbb{F}_2[x]$ 中的 n 次本原多项式, 则对应的 n 级线性移位寄存器生成的 m-序列具有大周期 $(2^n - 1)$ 和好的伪随机性, 在 20 世纪中期被认为是理想的密钥. 但是由于它的线性复杂度 n 远小于序列的周期 $2^n - 1$, 并且发明了很实用的 BM 算法, 由序列的 $2n$ 位就可破掉反馈函数, 所以这种加密已不适用. 改进的方式是把 m-序列 $a = (a_0, \cdots, a_{d-1}, \cdots)(a_i \in \mathbb{F}_2 = \{0, 1\},\ d = 2^n - 1)$ 再作用一个布尔函数 $f(x_1, \cdots, x_n) : \mathbb{F}_2^n \to \mathbb{F}_2$, 得到一个新的二元周期序列 $b = (b_0, b_1, \cdots, b_{d-1}, \cdots)$ 作为密钥, 其中

$$b_i = f(a_i, a_{i+1}, \cdots, a_{i+n-1}) \quad (i = 0, 1, 2, \cdots).$$

由于 m-序列 a 的连续 $d = 2^n - 1$ 个状态 $(a_i, a_{i+1}, \cdots, a_{i+n-1})(0 \leqslant i \leqslant d - 1)$ 恰好把 $\mathbb{F}_2^n$ 中 $2^n - 1$ 个非零向量各取 1 次 (并且排序次序是伪随机的), 所以 $b_0, b_1, \cdots, b_{d-1}$ 也恰好是 f 在 $\mathbb{F}_2^n$ 的所有 $2^n - 1$ 个非零向量上的取值.

我们希望作为密钥的新序列 b 更加安全, 这就希望要选取适当的布尔函数 f. 迄今为止, 人们发明了破译 f 的不少实用的算法和理论 (线性攻击、相关攻击、代数攻击、快速代数攻击等). 对于每种攻击方式, 都需要布尔函数具有特定的性质以抵抗这种攻击方式, 这些性质就称为布尔函数的密码学性质. 本章介绍布尔函数的这些密码学性质, 不涉及它们所抵抗的攻击方式的理论和技术细节. 这些密码学性质的研究已有大量的文献和专著. 文献 [32] 中总结了 2010 年之前这方面的研究成果. 而文献 [33] 是布尔函数的基本理论.

本节介绍布尔函数一些基本性质. 首先, 它可以唯一表示成 $x_1, \cdots, x_n$ 的多项式形式.

(I) 每个 n 元布尔函数可以唯一表示成如下的多项式形式:

$$f(x_1, \cdots, x_n) = c_0 + c_1x_1 + \cdots + c_nx_n + c_{1,2}x_1x_2 + c_{1,3}x_1x_3 + \cdots$$
$$+ c_{n-1,n}x_{n-1}x_n + \cdots + c_{1,2,\cdots,n}x_1x_2\cdots x_n,$$

其中所有系数 $c_0, c_1, \cdots, c_n, c_{1,2}, \cdots, c_{1,2,\cdots,n} \in \mathbb{F}_2 = \{0,1\}$. 注意当 $x \in \{0,1\}$ 时, $x^2 = x$. 所以多项式中对每个 x_i 的次数均 $\leqslant 1$. 系数共有 2^n 个, 因此 n 元布尔函数共有 2^{2^n} 个. 对于较小的 n, 可以用计算机搜索出具有某种密码学性能良好的 n 元布尔函数. 但是当 n 较大时 (比如 $n \geqslant 7, 2^{2^n} \geqslant 2^{128}$), 计算机搜索是困难的, 需要有好的数学工具.

多项式 $f(x_1,\cdots, x_n)$ 的次数 $\deg f$ 为其中出现的单项式 $x_{i_1}x_{i_2}\cdots x_{i_{d-1}}x_{i_d}$ $(c_{i_1,i_2,\cdots,i_{d-1},i_d} = 1)$ 的次数 d 的最大值. 于是 $\deg f$ 的最大值为 n , 并且 $\deg f = n$ 当且仅当 $c_{1,2,\cdots,n} = 1$. 当 $\deg f = 1$ 即 $f = c_0 + c_1x_1 + \cdots + c_nx_n$ $(c_1, \cdots, c_n$ 不全为 0) 时, f 叫仿射函数. 若又 $c_0 = 0$, 则 f 叫线性函数.

在密码学应用中, 我们希望 f 有大的次数 $\deg f$. 当 $\deg f$ 很小时 (特别若 $\deg f= 1$ 时) 很容易被破解, 因为系数 $c_{i_1,\cdots,i_d}$ 的数量较少.

我们可以把 $\mathbb{F}_2^n$ 看成是有限域 $\mathbb{F}_q (q = 2^n)$ 的加法群. 从而 n 元布尔函数 $f(x_1, \cdots, x_n) : \mathbb{F}_2^n \to \mathbb{F}_2$ 也可表示成 $f(x) : \mathbb{F}_q \to \mathbb{F}_2$. 可以证明每个函数 $f(x) : \mathbb{F}_q \to \mathbb{F}_q$ 也都可唯一地表达成多项式形式

$$f(x) = a_0 + a_1x + \cdots + a_{q-1}x^{q-1} \quad (a_i \in \mathbb{F}_q) \tag{11.1.1}$$

(注意当 $x \in \mathbb{F}_q$ 时, $x^q = x$, 从而 $f(x)$ 为 x 的多项式, 次数 $\leqslant q-1$). 所以 n 元布尔函数 $f(x) : \mathbb{F}_q \to \mathbb{F}_2$ 也可表达成这种形式. 利用 $\mathbb{F}_q$ 在 $\mathbb{F}_2$ 上的一组基 $v_1, \cdots, v_n$, 则 $x \in \mathbb{F}_q$ 唯一表达成 $x = x_1v_1 + \cdots + x_nv_n (x_i \in \mathbb{F}_2)$, 从而给出布尔函数的通常表示 $g(x_1, \cdots, x_n) : \mathbb{F}_2^n \to \mathbb{F}_2$, $g(x_1, \cdots, x_n) = f(x) = f(x_1v_1 + \cdots + x_nv_n)$. 对每个 i, $0 \leqslant i \leqslant q - 1 = 2^n - 1$, i 有二进制展开 $i = i_0 + i_12 + \cdots + i_{n-1}2^{n-1} (i_\lambda \in \{0,1\})$. 于是对表达式 (11.1.1) 中每个单项式 a_ix^i, 化成 $x_1, \cdots, x_n$ 的函数则为

$$\begin{aligned}
& a_ix^i \\
&= a_i(v_1x_1 + \cdots + v_nx_n)^{i_0}(v_1x_1 + \cdots + v_nx_n)^{2i_1}\cdots(v_1x_1 + \cdots + v_nx_n)^{2^{n-1}i_{n-1}} \\
&= a_i(v_1x_1 + \cdots + v_nx_n)^{i_0}(v_1^2x_1 + \cdots + v_n^2x_n)^{i_1}\cdots(v_1^{2^{n-1}}x_1 + \cdots + v_n^{2^{n-1}}x_n)^{i_{n-1}} \\
& \quad (\text{由于 } x_\lambda^2 = x_\lambda).
\end{aligned}$$

这表明将 a_ix^i 变成 $x_1, \cdots, x_n$ 的多项式时, 其次数 $\leqslant i_0 + i_1 + \cdots + i_{n-1}$. 我们记 $S_2(i) = i_0 + \cdots + i_{n-1}$($i$ 的二进制展开的数字和). 由此我们给出: 对于用 (11.1.1) 的方式表达的 n 元布尔函数 $f(x)$, 将之化成通常布尔函数 $g(x_1, \cdots, x_n)$ 时, 其次数

$$\deg g \leqslant \max\{S_2(i) : 0 \leqslant i \leqslant q - 1, a_i \neq 0\}.$$

可以证明等式是成立的. 即

引理 11.1 设 $f(x): \mathbb{F}_q \to \mathbb{F}_2, f(x) = a_0 + a_1x + \cdots + a_{q-1}x^{q-1}(a_i \in \mathbb{F}_q)$. 取 $\mathbb{F}_q$ 在 $\mathbb{F}_2$ 上一组基 $v_1, \cdots, v_n$, 令 $g(x_1, \cdots, x_n): \mathbb{F}_2^n \to \mathbb{F}_2$, $g(x_1, \cdots, x_n) = f(x_1v_1 + \cdots + x_nv_n)$, 则

$$\deg g(x_1, \cdots, x_n) = \max\{S_2(i) : 0 \leqslant i \leqslant q-1, a_i \neq 0\},$$

等式右边叫作 $f(x)$ 的 2-adic 次数.

(II) Walsh 函数.

$\mathbb{F}_2^n$ 作为加法群是 n 个 $\mathbb{F}_2 = \{0, 1\}$ 的直和, $\mathbb{F}_2^n$ 上的傅里叶变换是研究布尔函数的重要工具. $(\mathbb{F}_2^n, +)$ 的特征群为

$$\widehat{\mathbb{F}_2^n} = \{\lambda_y : y = (y_1, \cdots, y_n) \in \mathbb{F}_2^n\},$$

其中对于 $x = (x_1, \cdots, x_n) \in \mathbb{F}_2^n, \lambda_y(x) = (-1)^{x \cdot y} = (-1)^{x_1y_1 + \cdots + x_ny_n}$. 对于 $\mathbb{F}_2^n$ 上每个复值函数 $g = g(x): \mathbb{F}_2^n \to \mathbb{C}$, $g(x)$ 的傅里叶变换为 $G(\lambda): \widehat{\mathbb{F}_2^n} \to \mathbb{C}$, 其中对于 $\lambda \in \widehat{\mathbb{F}_2^n}$,

$$G(\lambda) = \sum_{x \in \mathbb{F}_2^n} g(x)\lambda(x) \in \mathbb{C}.$$

对于 $y \in \mathbb{F}_2^n$, 我们有群同构 $\widehat{\mathbb{F}_2^n} \xrightarrow{\sim} \mathbb{F}_2^n, \lambda_y \to y$. 我们把 $G(\lambda_y)$ 记成 $G(y)$, 则傅里叶变换 G 也可看成是映射 $\mathbb{F}_2^n \to \mathbb{C}$, 其中

$$G(y) = G(\lambda_y) = \sum_{x \in \mathbb{F}_2^n} g(x)(-1)^{x \cdot y}.$$

特别地, 对于 n 元布尔函数 $f = f(x_1, \cdots, x_n): \mathbb{F}_2^n \to \mathbb{F}_2$, 它对应于一个 $\mathbb{Z}$ 值函数

$$(-1)^f : \mathbb{F}_2^n \to \{\pm 1\} \subseteq \mathbb{C}, \quad x \to (-1)^{f(x)}.$$

而 $(-1)^f$ 的傅里叶变换记为 $W_f: \mathbb{F}_2^n \to \mathbb{Z} \subseteq \mathbb{C}$, 其中对于 $y \in \mathbb{F}_2^n$,

$$W_f(y) = \sum_{x \in \mathbb{F}_2^n} (-1)^{f(x)} \cdot (-1)^{x \cdot y} = \sum_{x \in \mathbb{F}_2^n} (-1)^{f(x) + x \cdot y} \in \mathbb{Z},$$

叫作 n 元布尔函数 f 的 Walsh 变换. 由傅里叶反变换公式可知, n 元布尔函数 f 由它的 Walsh 谱 $W_f = \{W_f(y) : y \in \mathbb{F}_2^n\}$ 所决定, 即对于 $x \in \mathbb{F}_2^n$,

$$(-1)^{f(x)} = \frac{1}{2^n} \sum_{y \in \mathbb{F}_2^n} W_f(y)(-1)^{x \cdot y}.$$

我们用 A_n 和 L_n 分别表示 n 元仿射布尔函数 $f(x)=c_0+c_1\cdot x$ 和线性布尔函数 $f(x)=c\cdot x$ ($c_0\in\mathbb{F}_2, c=(c_1,\cdots,c_n)\in\mathbb{F}_2^n$) 组成的集合, 用 $\mathbb{B}_n$ 表示 n 元布尔函数集合, $\mathbb{B}_n$ 是交换环, 并且是维数 2^n 的 $\mathbb{F}_2$ 上向量空间. A_n 和 L_n 分别是 $\mathbb{B}_n$ 的 $\mathbb{F}_2$-向量子空间, 维数分别为 $n+1$ 和 n. 于是, $f(x)\in\mathbb{B}_n$ 的 Walsh 谱为

$$W_f=\{W_f(y):y\in\mathbb{F}_2^n\}=\left\{\sum_{x\in\mathbb{F}_2^n}(-1)^{f(x)+l(x)}:l(x)\in L_n\right\}.$$

布尔函数的性质如果能够用它的 Walsh 谱来刻画, 便可使用傅里叶分析工具. 下面是两个简单的例子.

引理 11.2 设 $f\in\mathbb{B}_n$. 则

(1) $f\in L_n$ 当且仅当 Walsh 谱 $\{W_f(y):y\in\mathbb{F}_2^n\}$ 中有一个为 2^n, 其余均为 0;

(2) f 是平衡的, 即 2^n 个函数值 $\{f(x):x\in\mathbb{F}_2^n\}$ 当中, 0 和 1 各占一半, 当且仅当 $W_f(0)=0$.

证明 (1) 若 $f\in L_n, f=c\cdot x$ ($c\in\mathbb{F}_2^n$), 由特征的正交关系 (注意 $\lambda_y(x)=\pm1\in\mathbb{R}$, 从而 $\lambda_y=\overline{\lambda_y}$) 可知

$$W_f(y)=\sum_{x\in\mathbb{F}_2^n}(-1)^{c\cdot x}\cdot\lambda_y(x)=\sum_{x\in\mathbb{F}_2^n}\lambda_c(x)\lambda_y(x)=\begin{cases}2^n, & \text{若 } y=c,\\ 0, & \text{否则}.\end{cases}$$

反之, 若 $W_f(c)=2^n$ 而当 $y\neq c$ 时 $W_f(y)=0$, 则由傅里叶反变换, 对每个 $x\in\mathbb{F}_2^n$,

$$(-1)^{f(x)}=\frac{1}{2^n}\sum_{y\in\mathbb{F}_2^n}W_f(y)\lambda_y(x)=\frac{1}{2^n}\cdot2^n\lambda_c(x)=(-1)^{c\cdot x},$$

于是 $f(x)=c\cdot x\in L_n$.

(2) 令 $N_0=\{x\in\mathbb{F}_2^n:f(x)=0\}$, $N_1=\{x\in\mathbb{F}_2^n:f(x)=1\}$, 则 $N_0+N_1=2^n$ 并且

$$\begin{aligned}W_f(0)&=\sum_{x\in\mathbb{F}_2^n}(-1)^{f(x)}\lambda_0(x)=\sum_{x\in\mathbb{F}_2^n}(-1)^{f(x)}=\sum_{\substack{x\in\mathbb{F}_2^n\\ f(x)=0}}1-\sum_{\substack{x\in\mathbb{F}_2^n\\ f(x)=1}}1\\&=N_0-N_1=2^n-2N_1.\end{aligned}$$

从而 $W_f(0)=0\Leftrightarrow N_1=2^{n-1}$ (于是 $N_0=2^{n-1}$) $\Leftrightarrow f$ 是平衡的. □

在密码学应用中, 希望布尔函数是平衡的. 比平衡更精细的密码学性质是下面两个概念. 我们在第 9 章编码理论时曾引入汉明重量和汉明距离. 对于 $a=$

$(a_1,\cdots,a_n)$, $b=(b_1,\cdots,b_n)\in\mathbb{F}_2^n$, a 的汉明重量 $W_H(a)$ 和 a 与 b 的汉明距离 $d_H(a,b)$ 分别定义为

$$W_H(a)=\sharp\{i:1\leqslant i\leqslant n,a_i=1\},$$

$$d_H(a,b)=\sharp\{i:1\leqslant i\leqslant n,a_i\neq b_i\}=W_H(a-b)(=W_H(a+b)).$$

定义 11.1 设 $f\in\mathbb{B}_n(n\geqslant 1)$, $1\leqslant m\leqslant n$.

(1) 称 f 是 m 阶相关免疫的, 是指对任意 $y\in\mathbb{F}_2^n,1\leqslant W_H(y)\leqslant m$, 均有 $W_f(y)=0$.

(2) 称 f 是 m 阶弹性函数, 是指 f 为 m 阶相关免疫的并且是平衡的. 即对每个 $y\in\mathbb{F}_2^n,0\leqslant W_H(y)\leqslant m$, 均有 $W_f(y)=0$.

易知若 $1\leqslant m\leqslant n-1$, 如果 f 是 $m+1$ 阶相关免疫的 ($m+1$ 阶弹性函数), 则 f 是 m 阶相关免疫的 (m 阶弹性函数). 这两个密码学性质反映了布尔函数的伪随机性. 可以证明: f 是 m 阶相关免疫的 ($m\leqslant n-1$), 当且仅当给了 m 个任何坐标位置 $i_1,\cdots,i_m,1\leqslant i_1<i_2<\cdots<i_m\leqslant n$ 和任何 $a_1,\cdots,a_m\in\mathbb{F}_2$. 当 $x=(x_1,\cdots,x_n)$ 固定, $x_{i_1}=a_1,\cdots,x_{i_m}=a_m$ 而其余 $n-m$ 个坐标 $x_i(i\neq i_1,\cdots,i_m)$ 独立地取 0 和 1 时, 对于 2^{n-m} 个 x, $f(x)$ 的取值是平衡的, 即取 1 和 0 各 2^{n-m-1} 次. 证明可见书 [33]. 根据这种观点, 平衡函数可看成是 0 阶相关免疫的.

[33] 中给出构作高阶相关免疫函数和弹性函数的一些方法, 它们用作流密码加密体制的密钥, 可以抵抗相关攻击方式.

(III) 群环表达式.

对于每个 $f(x_1,\cdots,x_n)\in\mathbb{B}_n,a=(a_1,\cdots,a_n)\in\mathbb{F}_2^n,(-1)^{f(a)}\in\{\pm1\}\subseteq\mathbb{Z},W_f(a_1,\cdots,a_n)\in\mathbb{Z}$, 我们取一个和 $(\mathbb{F}_2^n,+)$ 同构的乘法群

$$G_n=\langle g_1,\cdots,g_n:g_i^2=1,g_ig_i=g_jg_i(1\leqslant i,j\leqslant n)\rangle,$$

即 G_n 是由 $g_1,\cdots,g_n$ 生成的乘法群, 其中 $g_i(1\leqslant i\leqslant n)$ 均为 2 阶元素并且彼此可交换. 于是 G_n 为乘法交换群, 每个元素唯一表示成

$$g^a=g_1^{a_1}\cdots g_n^{a_n},$$

其中 $a=(a_1,\cdots,a_n)\in\mathbb{F}_2^n$, 而 $g_i^0=1,g_i^1=g_i$. 于是我们有群同构

$$(\mathbb{F}_2^n,+)\to G_n,\quad a=(a_1,\cdots,a_n)\to g^a=g_1^{a_1}\cdots g_n^{a_n}.$$

群环 $\mathbb{Z}[G_n]$ 中每个元素唯一表示成 $g_1,\cdots,g_n$ 的多项式

$$\alpha=\sum_{a\in\mathbb{F}_2^n}c(a)g^a\quad(c(a)\in\mathbb{Z}).$$

它可看成是一个映射 $\varphi_\alpha: G_n \to \mathbb{Z}, g^a \to c(a)$ 或者映射 $\mathbb{F}_2^n \to \mathbb{Z}, a \to c(a)$. 下面结果刻画何时 $\mathbb{Z}[G_n]$ 中的元素是 n 元布尔函数的 Walsh 变换.

引理 11.3 设 $\alpha = \sum\limits_{a\in\mathbb{F}_2^n} c(a)g^a \in \mathbb{Z}[G_n]$. 则下面三个条件彼此等价.

(1) 存在 $f \in \mathbb{B}_n$, 使得 α 是 f 的 Walsh 变换 $W_f = \sum\limits_{a\in\mathbb{F}_2^n} W_f(a)g^a$ 即对每个 $a \in \mathbb{F}_2^n, c(a) = W_f(a)$;

(2) $\alpha^2 = 2^{2n}$;

(3) 对每个 $a \in \mathbb{F}_2^n$,

$$\sum_{y\in\mathbb{F}_2^n} c(y)c(y+a) = \begin{cases} 2^{2n}, & \text{若 } a = 0 \text{ (零向量)}, \\ 0, & \text{否则}. \end{cases}$$

证明 群 G_n 的特征群为 $\widehat{G}_n = \{\lambda_b : b \in \mathbb{F}_2^n\}$, 其中对于 $a \in \mathbb{F}_2^n$, $\lambda_b(g^a) = (-1)^{a\cdot b}$. 于是对于 $\alpha = \sum\limits_{a\in\mathbb{F}_2^n} c(a)g^a \in \mathbb{Z}[G_n], \lambda_b(\alpha) = \sum\limits_{a\in\mathbb{F}_2^n} c(a)(-1)^{b\cdot a} \in \mathbb{Z}$, 而对于 $l \in \mathbb{Z}$, 作为 $\mathbb{Z}[G_n]$ 中的元素, $l = l \cdot 1_G$, 其中 $1_G = g^0$ 是群 $G = G_n$ 中的幺元素. 因此 $\lambda_b(l) = \lambda_b(l \cdot 1_G) = l\lambda_b(1_G) = l \cdot 1 = l \in \mathbb{Z}$ (对每个 $b \in \mathbb{F}_2^n$). 由此可知,

$$\begin{aligned}
&\alpha^2 = 2^{2n} (= 2^{2n} \cdot 1_G) \\
\Leftrightarrow\ &\text{对每个 } b \in \mathbb{F}_2^n, \lambda_b(\alpha)^2 = 2^{2n} \\
\Leftrightarrow\ &\text{对每个 } b \in \mathbb{F}_2^n, \frac{1}{2^n} \sum_{a\in\mathbb{F}_2^n} c(a)(-1)^{a\cdot b} = \pm 1 = (-1)^{f(b)} (f \in \mathbb{B}_n) \\
\Leftrightarrow\ &\text{存在 } f \in \mathbb{B}_n, \text{ 使得对每个 } b \in \mathbb{F}_2^n, c(a) = W_f(a).
\end{aligned}$$

这就证明了 (1)$\Leftrightarrow$ (2). 另一方面, 由于

$$\begin{aligned}
\alpha^2 &= \sum_{y\in\mathbb{F}_2^n} c(y)g^y \sum_{z\in\mathbb{F}_2^n} c(z)g^z = \sum_{y,z\in\mathbb{F}_2^n} c(y)c(z)g^{y+z} \\
&= \sum_{y,a\in\mathbb{F}_2^n} c(y)c(y+a)g^a = \sum_{a\in\mathbb{F}_2^n} \left(\sum_{y\in\mathbb{F}_2^n} c(y)c(y+a) \right) g^a,
\end{aligned}$$

可知 (2) 和 (3) 是等价的. □

我们也可用群环的语言来刻画布尔函数的相关免疫性和弹性. 对于 $f(x) \in \mathbb{B}_n$, 记 $W_f = W_f(g_1, \cdots, g_n) = \sum\limits_{a\in\mathbb{F}_2^n} W_f(a)g^a \in \mathbb{Z}[G_n] = \mathbb{Z}[g_1, \cdots, g_n]$, 将 W_f 看作是关于 $g_1, \cdots, g_n$ 的多项式. 则对于 $1 \leqslant m \leqslant n$,

$f(x)$ 是 m 阶相关免疫的

$\Leftrightarrow$ 对每个 $a \in \mathbb{F}_2^n, 1 \leqslant W_H(a) \leqslant m, W_f(a) = 0$

$\Leftrightarrow W_f(g_1, \cdots, g_n)$ 中不出现次数为 $1, \cdots, m$ 的单项式 (由于 g^a 的次数为 $W_H(a)$)

$\Leftrightarrow g_1 \cdots g_n W_f(g_1, \cdots, g_n)$ 中没有次数 $n-1, n-2, \cdots, n-m$ 的单项式 (因为单项式 $g_1 \cdots g_n g^a = g^{a'}$, 其中 $a' = a + (1, \cdots, 1)$, 从而 $W_H(a') = n - W_H(a)$).

同样地,

$f(x)$ 是 m 阶弹性函数

$\Leftrightarrow$ 当 $0 \leqslant W_H(a) \leqslant m$ 时, $W_f(a) = 0$

$\Leftrightarrow$ 多项式 $g_1 \cdots g_n W_f(g_1, \cdots, g_n)$ 的次数 $\leqslant n - m - 1$.

由于对于 $\alpha \in \mathbb{Z}[G_n], \beta = g_1 \cdots g_n \alpha$, 则 $\beta^2 = \alpha^2$. 所以为求 n 元 m 阶相关免疫布尔函数, 相当于求 $\beta \in \mathbb{Z}[G_n]$, 使得 $\beta^2 = 2^{2n}$ 并且关于 $g_1, \cdots, g_n$ 的多项式 β 或 $\beta + g_1 \cdots g_n$ 的次数 $\leqslant n - m + 1$. 而求 n 元 m 阶弹性函数相当于求 $\beta \in \mathbb{Z}[G_n]$, $\beta^2 = 2^{2n}$ 并且 $\deg \beta \leqslant n - m + 1$.

下面两节讲布尔函数另外两个密码学性质. 每个密码学性质都是为了抵抗某种已经发明的攻击方式. 主要研究问题有:

(A) 这种密码学性质能够好到何种程度? (给出上下界) 由此来对每个布尔函数判别这个密码学性质的好坏程度.

(B) 如何构作布尔函数使该密码学性质达到或者近似于最佳? 这样的函数有多少个? (当然希望个数很多, 选取时更为灵活.)

(C) 如何构作布尔函数, 使它对于多种密码学性质都是良好的, 从而可以抵抗多种攻击方式?

11.2　非线性度、bent 函数

上节提到, 作为密码函数, 我们希望 n 元布尔函数具有大的次数, 由于它和次数 $\leqslant 1$ 的仿射函数 "相差" 愈大, 愈能抵抗线性攻击. 说得更确切些, 一个次数 $\leqslant m (\leqslant n)$ 的 n 元布尔函数表示成

$$f(x_1, \cdots, x_n) = \sum_{\substack{a \in \mathbb{F}_2^n \\ W_H(a) \leqslant m}} c(a) x^a \quad (x^a = x_1^{a_1} \cdots x_n^{a_n}, c(a) \in \mathbb{F}_2).$$

它一共有 $1 + \binom{n}{1} + \binom{n}{2} + \cdots + \binom{n}{m} = N(n, m)$ 个系数 $c(a)$. 当 m 愈大时, 系数愈多, 破译 f (决定这些系数) 愈困难. 而仿射函数 ($m = 1$) 只有 $1 + \binom{n}{1} =$

$n+1$ 个系数, 可用线性代数破解. 本节考虑比较两个布尔函数大小的另一个标准. 每个 n 元布尔函数 $f(x_1,\cdots,x_n):\mathbb{F}_2^n\to\mathbb{F}_2$ 可用它的全部取值

$$V_f=(f(a)=f(a_1,\cdots,a_n)\in\mathbb{F}_2:a=(a_1,\cdots,a_n)\in\mathbb{F}_2^n)$$

来表达. 这是长为 2^n 的向量 (取定 2^n 个向量 a 的一个次序), 每个分量 $f(a)$ 属于 $\mathbb{F}_2$. 我们可以用 V_f 和 V_g 之间的汉明距离来衡量两个 n 元布尔函数的相差程度, 即定义 f 和 g 之间的距离为

$$d(f,g)=d_H(V_f,V_g)=\sharp\{a\in\mathbb{F}_2^n:f(a)\neq g(a)\}.$$

我们希望 f 和所有仿射函数 $g(x)=c+a\cdot x(c\in\mathbb{F}_2,a\in\mathbb{F}_2^n)$ 的距离都很大. 这就引出如下的一个密码学性质.

定义 11.2 以 A_n 表示 n 元仿射布尔函数空间. 对于每个 n 元布尔函数 $f\in\mathbb{B}_n$, 定义 f 的非线性度 (nonlinearity) 为它与所有仿射函数的距离的最小值, 即

$$nl(f)=\min\{d(f,g):g\in A_n\}.$$

由于 $d(f,g)=d_H(V_f,V_g)$, 而 V_f,V_g 是长为 2^n 的向量, 可知 $0\leqslant nl(f)\leqslant 2^n$, 并且 $nl(f)=0$ 当且仅当 f 为仿射函数. 从而希望 $nl(f)$ 愈大愈好. 我们第 1 个问题是: $nl(f)$ 能大到何种程度? 解决此问题的关键是 $nl(f)$ 可用 f 的 Walsh 谱来刻画.

定理 11.1 设 $f\in\mathbb{B}_n$. 则

(1) $nl(f)=2^{n-1}-\dfrac{M(f)}{2}$, 其中 $M(f)=\max\{|W_f(y)|:y\in\mathbb{F}_2^n\}$;

(2) $nl(f)\leqslant 2^{n-1}-2^{\frac{n}{2}-1}$.

证明 (1) 对于仿射函数 $g(x)=c+a\cdot x\in A_n(c\in\mathbb{F}_2,a\in\mathbb{F}_2^n)$,

$$\begin{aligned}d(f,g)&=\sum_{\substack{x\in\mathbb{F}_2^n\\ f(x)\neq g(x)}}1=\frac{1}{2}\left(\sum_{x\in\mathbb{F}_2^n}(1-(-1)^{f(x)+g(x)})\right)\\&=2^{n-1}-\frac{1}{2}\sum_{x\in\mathbb{F}_2^n}(-1)^{f(x)+c+a\cdot x}=2^{n-1}-\frac{1}{2}(-1)^cW_f(a),\end{aligned}$$

于是

$$nl(f)=\min\{d(f,g):g\in A_n\}$$

$$= 2^{n-1} - \frac{1}{2}\max\{|W_f(a)| : a \in \mathbb{F}_2^n\}$$
$$= 2^{n-1} - \frac{1}{2}M(f).$$

(2) 由于

$$|W_f(a)|^2 = W_f(a)^2 = \sum_{x\in\mathbb{F}_2^n}(-1)^{f(x)+a\cdot x}\sum_{y\in\mathbb{F}_2^n}(-1)^{f(y)+a\cdot y},$$

从而 $|W_f(a)|^2(a\in\mathbb{F}_2^n)$ 的平均值为

$$\frac{1}{2^n}\sum_{a\in\mathbb{F}_2^n}|W_f(a)|^2 = \frac{1}{2^n}\sum_{x,y\in\mathbb{F}_2^n}(-1)^{f(x)+f(y)}\sum_{a\in\mathbb{F}_2^n}(-1)^{a\cdot(x+y)}$$
$$= \sum_{x\in\mathbb{F}_2^n}(-1)^{f(x)+f(x)} = 2^n.$$

由于 $|W_f(a)|^2$ 的最大值 $\geqslant$ 平均值 2^n. 从而

$$M(f) = \max\{|W_f(a)| : a\in\mathbb{F}_2^n\} \geqslant 2^{n/2}.$$

再由 (1) 即得 (2). □

由定理 11.5.1 的证明可知: $nl(f)$ 达到上界 $2^{n-1}-2^{\frac{n}{2}-1}$ 当且仅当 $|W_f(a)|^2$ 的均值等于最大值 2^n, 即所有 $|W_f(a)|$ 均为 $2^{n/2}$. 这时由 $W_f(a)\in\mathbb{Z}$, 可知 n 必为正偶数.

定义 11.3 设 $n=2m(m\geqslant 1)$. n 元布尔函数 $f\in\mathbb{B}_n$ 叫作 bent 函数, 是指对每个 $y\in\mathbb{F}_2^n$, 均有 $|W_f(y)|=2^m$(即 $nl(f)$ 达到最大值 $2^{n-1}-2^{m-1}$).

Bent 函数概念于 1976 年由 Rothaus 提出, 至今已有大量研究结果. 可参考文献 [34].

首先指出, 对于每个 $n=2m(m\geqslant 1)$ 均存在 n 元 bent 函数. 为此需要一个简单的结果.

引理 11.4 设 n_1, n_2 为正偶数, f_1 和 f_2 分别是 n_1 元和 n_2 元的 bent 函数. 如下定义一个 $n=n_1+n_2$ 元布尔函数: 对于 $x\in\mathbb{F}_2^{n_1}$ 和 $y\in\mathbb{F}_2^{n_2}$, 令 $f(x,y)=f_1(x)+f_2(y)$. 则 f 为 n 元 bent 函数.

证明 由假设知对每个 $a\in\mathbb{F}_2^{n_1}$ 和 $b\in\mathbb{F}_2^{n_2}$, $|W_{f_1}(a)|=2^{\frac{n_1}{2}}$, $|W_{f_2}(b)|=2^{\frac{n_2}{2}}$. 于是

$$W_f(a,b) = \sum_{\substack{x\in\mathbb{F}_2^{n_1}\\ y\in\mathbb{F}_2^{n_2}}} (-1)^{f(x,y)+(x,y)\cdot(a,b)}$$
$$= \left(\sum_{x\in\mathbb{F}_2^{n_1}} (-1)^{f_1(x)+(x,a)}\right)\left(\sum_{y\in\mathbb{F}_2^{n_2}} (-1)^{f_2(y)+(y,b)}\right) = W_{f_1}(a)W_{f_2}(b).$$

于是 $|W_f(a,b)| = |W_{f_1}(a)W_{f_2}(b)| = 2^{\frac{1}{2}(n_1+n_2)} = 2^{n/2}$ (对任何 $(a,b) \in \mathbb{F}_2^n$). 即 f 为 n 元 bent 函数. □

例 11.1 先证 $f(x_1,x_2)=x_1x_2$ 是 2 元 bent 函数. 因为对于 $y=(y_1,y_2)\in\mathbb{F}_2^2$,

$$W_f(y) = \sum_{x_1,x_2\in\mathbb{F}_2} (-1)^{x_1x_2+x_1y_1+x_2y_2} = \sum_{x_1\in\mathbb{F}_2} (-1)^{x_1y_1} \sum_{x_2\in\mathbb{F}_2} (-1)^{x_2(x_1+y_2)}$$
$$= 2(-1)^{y_1y_2}.$$

即对每个 $y\in\mathbb{F}_2^2, |W_f(y)|=2$. 这表明 f 为 2 元 bent 函数. 再利用引理 11.4 可知对每个 $n=2m(m\geqslant 1)$, $f(x_1,\cdots,x_n)=x_1x_2+x_3x_4+\cdots+x_{2m-1}x_{2m}$ 是 n 元 bent 函数. 它的次数为 2 (次数 $\leqslant 1$ 的仿射函数不可能为 bent 函数).

引理 11.4 使我们由 n 元 bent 函数可构作 n' 元 bent 函数, 其中 $n'>n$. 下面引理可使我们由已知 n 元 bent 函数构作新的 n 元 bent 函数.

引理 11.5 设 $f(x_1,\cdots,x_n)$ 是 n 元 bent 函数. 则

(1) 对于任意仿射函数 $b\cdot x+c$ $(b\in\mathbb{F}_2^n, c\in\mathbb{F}_2)$, $g(x)=f(x)+b\cdot x+c$ 为 bent 函数;

(2) 对于 $\mathbb{F}_2^n$ 上每个 n 阶可逆方阵 $M=(m_{ij})_{1\leqslant i,j\leqslant n}(m_{ij}\in\mathbb{F}_2, \det(M)=1)$ 和 $a\in\mathbb{F}_2$, $g(x)=f(xM+a)$ 是 bent 函数.

证明 由假设知 $|W_f(y)|=2^{n/2}$ (对每个 y).

(1)
$$W_g(y) = \sum_{x\in\mathbb{F}_2^n} (-1)^{g(x)+x\cdot y} = \sum_{x\in\mathbb{F}_2^n} (-1)^{f(x)+x\cdot(y+b)+c}$$
$$= (-1)^c W_f(y+b).$$

于是对每个 $y\in\mathbb{F}_2^n$, $|W_g(y)|=|W_f(y+b)|=2^{n/2}$, 即 g 是 (n 元) bent 函数.

(2)

$$W_g(y) = \sum_{x\in\mathbb{F}_2^n} (-1)^{f(xM+a)+x\cdot y} \quad (\text{令 } xM+a=z, \text{则 } x=(z+a)M^{-1})$$

$$= \sum_{z\in\mathbb{F}_2^n}(-1)^{f(z)+(z+a)M^{-1}\cdot y} = (-1)^{aM^{-1}y}W_f(M^{-1}y),$$

从而 g 是 bent 函数. □

引理 11.5 中两种运算都是 n 元 bent 函数集合中的可逆变换, 它们生成一个 (有限) 群 G. 如果一个 n 元 bent 函数 f 经 G 中某变换作用成 n 元 bent 函数 g, 称这两个 bent 函数是广义仿射等价的. 目前已找到许多 bent 函数. 如果发现一个 n 元 bent 函数 f, 要证明它是新的 bent 函数, 即指 f 和所有已发现的 n 元 bent 函数均不仿射等价, 这通常是相当困难的. 另一个问题是计数问题: 对于给定的正偶数 n, n 元 bent 函数共有多少个? 或者退一步问: n 元 bent 函数共有多少广义仿射等价类? 当 $n \geqslant 8$ 时这个问题即使上机计算也是困难的.

引理 11.6　设 $f(x)$ 为 $n=2m$ 元 bent 函数, 则对每个 $y\in\mathbb{F}_2^n$,

$$W_f(y)=2^m(-1)^{g(y)},$$

其中 $g(y)=0$ 或 1. 从而 $g(y)(y\in\mathbb{F}_2^n)$ 可看成是 n 元布尔函数.

(1) $g(y)$ 是 n 元 bent 函数, 叫作 f 的对偶, 表示成 $g=\hat{f}$;

(2) $\hat{\hat{f}}=f$.

证明　(1) 对每个 $x\in\mathbb{F}_2^n$,

$$\begin{aligned} W_g(x) &= \sum_{y\in\mathbb{F}_2^n}(-1)^{g(y)+x\cdot y} = \frac{1}{2^m}\sum_{y\in\mathbb{F}_2^n}W_f(y)(-1)^{x\cdot y} \\ &= \frac{1}{2^m}\cdot 2^n(-1)^{f(x)} \quad (\text{Walsh 反变换}) \\ &= 2^m(-1)^{f(x)}, \end{aligned}$$

因此 $|W_g(x)|=2^m$, 从而 g 是 bent 函数.

(2) 由于 $W_f(y)=2^m(-1)^{\hat{f}(y)}$, 从而 $W_{\hat{f}}(y)=2^m(-1)^{\hat{\hat{f}}(y)}$. 但是 (1) 中证明了 $W_{\hat{f}}(y)=2^m(-1)^{f(y)}$ (对每个 $y\in\mathbb{F}_2^n$), 这就表明 $\hat{\hat{f}}=f$. □

设 $n=2m$, 由例 11.1 知对于 $x_1,x_2\in\mathbb{F}_2^m, f(x_1,x_2)=x_1\cdot x_2$ 是 n 元 bent 函数. 由例 11.1 和引理 11.4 可知 $W_f(y_1,y_2)=2^m(-1)^{y_1\cdot y_2}$ (对于 $y_1,y_2\in\mathbb{F}_2^m$). 这表明 bent 函数 f 是自对偶的, 即 $\hat{f}=f$.

Bent 函数不仅在密码学应用中是重要的, 而且它和许多组合结构有密切联系. 在此, 我们介绍布尔函数的另一个密码学性质.

定义 11.4 设 $1 \leqslant m \leqslant n$, 一个 n 元布尔函数 f 叫作满足 m 阶扩散准则, 是指对每个 $a \in \mathbb{F}_2^n$, $1 \leqslant W_H(a) \leqslant m$, 均有

$$\sum_{x \in \mathbb{F}_2^n} (-1)^{f(x+a)+f(x)} = 0.$$

这个性质反映 f 的一种伪随机性. 由定义知, 当 $m \geqslant 2$ 时, 若 f 满足 m 阶扩散准则, 则也满足 $m-1$ 阶扩散准则. 满足高阶扩散准则的布尔函数用于流密码体制, 可抵抗相关攻击.

定理 11.2 设 $f \in \mathbb{B}_n, n = 2m (m \geqslant 1)$, 下面几个命题是彼此等价的:

(1) f 为 bent 函数.

(2) 令 $D_f = \{a \in \mathbb{F}_2^n : f(a) = 1\}$, 则 D_f 是加法群 $\mathbb{F}_2^n$ 的差集合, 参数为

$$(v, k, \lambda) = (2^n, 2^{n-1} + \varepsilon \cdot 2^{m-1}, 2^{n-2} + \varepsilon \cdot 2^{m-1}), \quad 其中\ \varepsilon = 1\ 或 -1.$$

(若 D_f 对应参数 $(2^n, 2^{n-1} + 2^{m-1}, 2^{n-2} + 2^{m-1})$, 令 $g(x) = f(x) + 1$, 则 D_g 是 D_f 在 $\mathbb{F}_2^n$ 中的补集合, 对应的差集合参数为 $(2^n, 2^{n-1} - 2^{m-1}, 2^{n-2} - 2^{m-1})$.)

(3) 令 $\mathbb{F}_2^n = \{a_1, a_2, \cdots, a_{2^n}\}$, 则 2^n 阶方阵

$$\boldsymbol{H} = (m_{ij}), \quad m_{ij} = (-1)^{f(a_i + a_j)} (1 \leqslant i, j \leqslant 2^n)$$

是 Hadamard 阵.

(4) f 满足 n 阶扩散准则.

证明 (1) $\Rightarrow$ (2): 我们取和 $(\mathbb{F}_2^n, +)$ 同构的乘法群

$$G = G_n = \langle g_1, \cdots, g_n | g_i^2 = 1_G, g_i g_j = g_j g_i (1 \leqslant i, j \leqslant n) \rangle.$$

由群同构 $\mathbb{F}_2^n \to G$, $a = (a_1, \cdots, a_n) \to g^a = g_1^{a_1} \cdots g_n^{a_n}$, D_f 可看成是 G 的子集合 $D_f = \{g^a : f(a) = 1\}$. 为证 D_f 是 G 的差集合, 只需验证群环 $\mathbb{Z}[G]$ 中的等式

$$D_f^2 = (k - \lambda) 1_G + \lambda G \quad (由于\ g^a\ 的逆为\ g^{-a} = g^a, 可知\ D_f^{(-1)} = D_f).$$

群 G 的特征群为 $\widehat{G} = \{\lambda_b : b \in \mathbb{F}_2^n\}$, 其中对 $a \in \mathbb{F}_2^n$, $\lambda_b(g^a) = (-1)^{b \cdot a}$. 从而化为证明上式两边对每个特征的取值均相等. 即要证对每个 $b \in \mathbb{F}_2^n$,

$$\lambda_b(D_f)^2 = \begin{cases} (k - \lambda) + \lambda \cdot 2^n, & 若\ b = 0\ (零向量), \\ k - \lambda, & 否则. \end{cases}$$

当 $b = 0$ 时, $\lambda_b(D_f) = |D_f| = k$, 因此 $\lambda_b(D_f)^2 = k^2 = k + \lambda(2^n - 1)$. 当 $b \neq 0$ 时,

$$\lambda_b(D_f) = \sum_{x \in D_f} (-1)^{bx} = \frac{1}{2} \sum_{x \in \mathbb{F}_2^n} (1 - (-1)^{f(x)})(-1)^{bx}$$

$$= \frac{1}{2}\sum_{x\in\mathbb{F}_2^n}(-1)^{bx} - \frac{1}{2}\sum_{x\in\mathbb{F}_2^n}(-1)^{f(x)+bx} = -\frac{1}{2}W_f(b).$$

由 f 为 bent 函数, 可知 $\lambda_b(D_f)^2 = \frac{1}{4}(\pm 2^m)^2 = 2^{n-2} = k-\lambda$.

(2) $\Leftrightarrow$ (3) : 定理 8.2.10.

(3) $\Rightarrow$ (4): 对于 $\mathbb{F}_2^n$ 中非零向量 a, $\sum\limits_{x\in\mathbb{F}_2^n}(-1)^{f(x+a)+f(x)}$ 恰好是 Hadamard 阵 $\boldsymbol{H}$ 中两个不同行的内积, 从而为 0.

(4) $\Rightarrow$ (1): 对于 $\mathbb{F}_2^n$ 中每个向量 y,

$$\begin{aligned} W_f(y)^2 &= \sum_{x,z\in\mathbb{F}_2^n}(-1)^{f(x)+f(z)+y\cdot(x+z)} \\ &= \sum_{x,w\in\mathbb{F}_2^n}(-1)^{f(x)+f(x+w)+y\cdot w} \quad (\text{令 } x+z=w) \\ &= \sum_{w\in\mathbb{F}_2^n}(-1)^{y\cdot w}\sum_{x\in\mathbb{F}_2^n}(-1)^{f(x)+f(x+w)}. \end{aligned}$$

由 (4) 中假设可知上式右边的内和在 $\omega \neq 0$ 时为 0 . 于是

$$W_f(y)^2 = 2^n \cdot (-1)^{y\cdot 0} = 2^n,$$

即对每个 $y\in\mathbb{F}_2^n$, $|W_f(y)| = 2^{n/2}$, 从而 f 为 bent 函数. □

由定理 11.2 可知, n 元 bent 函数不仅非线性度达到最佳, 而且满足高阶扩散准则. 另一方面, 由于 $|W_f(y)|(y\in\mathbb{F}_2^n)$ 均不为 0, 从而不是平衡函数, 也不是相关免疫函数. 还可证明: n 元 bent 函数的次数不超过 $\frac{n}{2}$.

11.3 Bent 函数的构作: 单项函数

本章介绍文献 [35] 给出的一种构作 bent 函数的方法, 它充分应用了分圆域的知识以及高斯和的深刻结果.

设 $n=2k(k\geqslant 2)$, $L=\mathbb{F}_{2^n}, \mathrm{T}_L: L\to\mathbb{F}_2$ 是迹函数, 即对于 $a\in L, \mathrm{T}_L(a) = \sum\limits_{i=0}^{n-1}a^{2^i}$. 对于 $\alpha\in L^*, 2\leqslant d\leqslant 2^n-2$, 考虑映射

$$f(x) = \mathrm{T}_L(\alpha x^d): L\to\mathbb{F}_2.$$

由于 $L=\mathbb{F}_{2^n}$ 等同于 $\mathbb{F}_2^n$, 从而 f 可看作是 n 元布尔函数. 文献中称为单项函数, 因为 αx^d 是单项式. L 的加法特征群为

$$\widehat{L} = \{\lambda_a : a\in L\}, \quad \lambda_a(x) = (-1)^{\mathrm{T}_L(ax)} \quad (\text{对于 } x\in L).$$

从而 f 的 Walsh 变换为: 对于 $a \in L$, (以下记 T_L 为 T)

$$W_f(a) = \sum_{x \in L} (-1)^{f(x)} \lambda_a(x) = \sum_{x \in L} (-1)^{T(\alpha x^d + ax)}. \tag{11.3.1}$$

问题: 对哪些 $\alpha \in L^*$ 和指数 $d(2 \leqslant d \leqslant 2^n - 2)$, $f(x)$ 是 n 元 bent 函数? 目前已构作出来的 n 元单项 bent 函数有以下几种 (见表 11.1).

表 11.1

作者	d	要求条件
Gold	$2^r + 1$	$(d, 2^n - 1) \neq 1, \alpha$ 不为 L 中元素的 d 次方幂
Dillon	$2^k - 1$	$KL(\alpha + \alpha^{2^k}) = -1$ ($KL(a)$ 为 $\mathbb{F}_{2^k}$ 上的 Kloosterman 指数和)
Kasami	$2^{2r} - 2^r + 1$	$(r, n) = 1, \alpha \notin L^d, 3 \nmid n$
MF 1	$(2^r + 1)^2$	$n = 4r, 2 \nmid r, \alpha \in w\mathbb{F}_r (w \in \mathbb{F}_4 \backslash \mathbb{F}_2)$
MF 2	$2^{2r} + 2^r + 1$	$n = 6r, \alpha \in \mathbb{F}_2^{3r}, Tr_r^{3r}(\alpha) = 0$

文献 [35] 中以统一的方法证明了表 11.1 中前三种情形, 并且给出了 $f(x) = \mathrm{T}_L(\alpha x^d)$ 的对偶 bent 函数. 现在逐步解释 [35] 中的方法.

(A) 第 1 步, 把 $W_f(a)$ 表示成高斯和.

有限域 L 的乘法特征群为 2^n-1 阶循环群 $\widehat{L}^* = \langle \omega \rangle = \{1 = \omega^0, \omega, \cdots, \omega^{2^n-2}\}$, 其中对 L 中一个固定的本原元素 θ, $L^* = \langle \theta \rangle$, ω 定义为 $\omega(\theta) = \zeta_{2^n-1}$.

在分圆域 $F = Q(\zeta_{2^n-1})$ 的整数环 $\mathcal{O}_F = \mathbb{Z}[\zeta_{2^n-1}]$ 中, 2 的素理想分解式为

$$2\mathcal{O}_F = P_1 \cdots P_g \quad (\mathcal{O}_F \text{ 中 } g \text{ 个不同素理想乘积}),$$

其中 $[F : Q] = \varphi(2^n - 1)$, 2 模 $2^n - 1$ 的阶为 n, 于是 $\dfrac{\mathcal{O}_F}{P_i} = \mathbb{F}_{2^n} = L(1 \leqslant i \leqslant g)$, 而 $g = \dfrac{\varphi(2^n - 1)}{n}$. 取定某个 $P = P_i$, 可以取适当的本原元素 θ, 使得它是 $\mathcal{O}_F$ 中元素 ζ_{2^n-1} 模 P 的像, 即 $\omega(\theta) = \zeta_{2^n-1} \equiv \theta \pmod{P}$. 于是对每个元素 $a \in \mathcal{O}_F \backslash P$, $\bar{a} \neq 0$ 是它在 $\mathbb{F}_{2^n}^*$ 中的像, 均有

$$\omega(\bar{a}) \equiv a \pmod{P}.$$

这个乘法特征 ω 叫作 Teichmuller 特征, 它依赖于 $P = P_i$ 的选取, 通常记为 ω_P, 为符号简单今后仍记为 ω.

L 的每个乘法特征为 $\chi = \omega^i (0 \leqslant i \leqslant 2^n - 2)$, 有 L 上的高斯和

$$G_L(\chi) = -\sum_{x \in L^*} \chi(x)(-1)^{\mathrm{T}_L(x)}. \tag{11.3.2}$$

注意这里和第 7 章高斯和通常定义相差一个负号. 所以对于平凡特征 $\omega^0 = 1$, $G_L(\omega^0) = 1$. 公式 (11.3.2) 可看成: $-G_L(\chi)$ 是在群 L^* 上函数 $(-1)^{\mathrm{T}_L(x)}$ 的傅里叶变换, 从而由反变换给出: 对每个 $x \in L^*$,

$$(-1)^{\mathrm{T}_L(x)} = -\frac{1}{2^n - 1}\sum_{\chi\in\widehat{L}^*} G_L(\chi)\bar{\chi}(x).$$

于是由 (11.3.1) 得到, 对于 $a \in L^*$,

$$\begin{aligned}
W_f(a) &= 1 + \sum_{x\in L^*}(-1)^{T(\alpha x^d)}(-1)^{T(ax)} \quad (\text{以下 } \mathrm{T}_L \text{ 简记成 } T)\\
&= 1 + \frac{1}{(2^n-1)^2}\sum_{x\in L^*}\left(\sum_{\chi_1\in\widehat{L}^*} G_L(\chi_1)\bar{\chi}_1(\alpha x^d)\right)\left(\sum_{\chi_2\in\widehat{L}^*} G_L(\chi_2)\bar{\chi}_2(ax)\right)\\
&= 1 + \frac{1}{(2^n-1)^2}\sum_{\chi_1,\chi_2\in\widehat{L}^*} G_L(\chi_1)G_L(\chi_2)\overline{\chi}_1(\alpha)\overline{\chi}_2(a)\sum_{x\in L^*}(\overline{\chi}_1^d\overline{\chi}_2)(x)\\
&= 1 + \frac{1}{2^n-1}\sum_{\chi\in\widehat{L}^*} G_L(\chi)G_L(\overline{\chi}^d)\overline{\chi}(\alpha)\chi^d(a) \quad (\text{由特征正交关系})\\
&= 1 + \frac{1}{2^n-1}\left(1 + \sum_{1\neq\chi\in\widehat{L}^*} G_L(\chi)G_L(\overline{\chi}^d)\chi(a^d/\alpha)\right)\\
&\equiv -\sum_{j=1}^{2^n-2} G_L(\overline{\omega}^j)G_L(\omega^{dj})\omega^j(\alpha a^{-d}) \pmod{2^n}. \qquad (11.3.3)
\end{aligned}$$

此式给出 $W_f(a)$ 模 2^n 同余于由高斯和表达出的 $\mathcal{O}_F$ 中元素. 我们的目标是判别何时 $W_f(a) = \pm 2^k (k = n/2)$. 下面引理将它化为 $W_f(a)$ 模 2^{k+1} 的同余问题.

引理 11.7　设 $f: L = \mathbb{F}_{2^n} \to \mathbb{F}_2$ 为 n 元布尔函数, $n = 2k (k \geqslant 1)$. 则 f 为 bent 函数当且仅当对每个 $a \in L^*$, $W_f(a) \equiv 2^k \pmod{2^{k+1}}$.

证明　若 f 为 bent 函数, 则 $W_f(a) = \pm 2^k \equiv 2^k \pmod{2^{k+1}}$. 反之, 若对每个 $a \in L^*$, $W_f(a) \equiv 2^k \pmod{2^{k+1}}$, 则 $W_f(a) = 2^k u(a)$, 其中 $u(a)$ 为奇数. 进而,

$$\begin{aligned}
\sum_{a\in L} W_f(a) &= \sum_{a\in L}\sum_{x\in L}(-1)^{f(x)+T(ax)} = \sum_{x\in L}(-1)^{f(x)}\sum_{a\in L}(-1)^{T(ax)}\\
&= 2^n \cdot (-1)^{f(0)} \equiv 0 \pmod{2^{k+1}},
\end{aligned}$$

$$\sum_{a\in L} W_f(a) \equiv W_f(0) + (2^n-1)2^k \equiv W_f(0) - 2^k \pmod{2^{k+1}},$$

可知对 $a=0$ 也有 $W_f(0)=2^k u(0)$, 其中 $u(0)$ 为奇数. 于是

$$2^{2n}=\sum_{a\in L} W_f(a)^2=2^n\sum_{a\in L} u(a)^2,$$

从而 $\sum\limits_{a\in\mathbb{F}_{2^n}} u(a)^2=2^n$. 但是 $u(a)$ 均为奇数. 由此可知 $u(a)^2(a\in L)$ 均为 1, 即对每个 $a\in L, W_f(a)=\pm 2^k$, 这表明 f 为 bent 函数. □

根据这个引理, 为使 f 为 bent 函数, 我们只需对每个 $a\in L^*$, (11.3.3) 式右边 (它是 $\mathcal{O}_F$ 中元素) $\equiv 2^k \pmod{2^{k+1}}$. 由于 $2\mathcal{O}_F=P_1\cdots P_g$, P 为某个 P_i, 我们需要满足

$$-\sum_{j=1}^{2^n-2} G_L(\overline{\omega}^j)G_L(\omega^{dj})\omega^j(\alpha a^{-d})\equiv 2^k \pmod{P^{k+1}}. \tag{11.3.4}$$

因为若此式成立, 由 (11.3.3) 知 $W_f(a)\equiv 2^k \pmod{P^{k+1}}$. 但是同余式两边均属于 $\mathbb{Z}$, 于是 $W_f(a)-2^k\in P^{k+1}\cap\mathbb{Z}=2^{k+1}\mathbb{Z}$. 便得到 $W_f(a)\equiv 2^k \pmod{2^{k+1}}$.

现在问题已化成分圆域 $F=Q(\zeta_{2^n-1})$ 中的同余式.

(B) 下一步需要高斯和 $G_L(\overline{\omega}^j)$ 的一个深刻结果, 即 Stickelberger 定理 (定理 7.12, 其中 $p=2$, 从而 $1-\zeta_p=2$). 它是说, 对每个 $j, 0\leqslant j\leqslant 2^n-2$,

$$G_L(\overline{\omega}^j)\equiv 2^{s(j)} \pmod{2^{s(j)+1}},$$

其中对于 j 的二进制展开 $j=j_0+j_1\cdot 2+\cdots+j_{n-1}\cdot 2^{n-1}(j_\lambda\in\{0,1\})$, $s(j)=j_0+j_1+\cdots+j_{n-1}\in\mathbb{Z}$. 由于 $V_P(2)=1$, 可知 $V_P(G_L(\overline{\omega}^j))=s(j)$, 这里 V_P 为 P-adic 指数赋值.

对于任意整数 $l\in\mathbb{Z}$, 则有唯一的 $l'\in\mathbb{Z}, 0\leqslant l'\leqslant 2^n-2$, 满足 $l\equiv l' \pmod{2^n-1}$(l' 是 l 除以 2^n-1 的余数), 我们规定 $s(l)$ 为 $s(l')$. 于是 $V_P(G_L(\overline{\omega}^j)G_L(\omega^{dj}))=s(j)+s(-dj)$. 我们要计算 $\sum\limits_{j=1}^{2^n-2} G_L(\overline{\omega}^j)G_L(\omega^{dj})\omega^j(\alpha a^d)$ 模 P^{k+1} 的值. 可知当 $s(j)+s(-dj)\geqslant k+1$ 时, 求和式中关于 j 的那项就可以去掉. 所以对给定的 d, 对 $1\leqslant j\leqslant 2^n-2$, 需要研究 $s(j)+s(-dj)$ 的值.

(C) 首先考虑 Dillon 情形 $d=2^k-1$.

引理 11.8 设 $n=2k(k\geqslant 1), d=2^k-1, 1\leqslant j\leqslant 2^n-2$. 则 $s(j)+s(-j)=n$. 并且当 $2^k+1\nmid j$ 时, $s(-jd)=k$.

证明 若 $j=c_0+c_1 2+\cdots+c_{n-1}2^{n-1}(c_i\in\{0,1\})$, 由于 $s(-j)=s(2^n-1-j)$, $2^n-1=1+2+2^2+\cdots+2^{n-1}$ 可知 $2^n-1-j=\overline{c}_0+\overline{c}_1 2+\cdots+\overline{c}_{n-1}2^{n-1}$, 其中 $c_\lambda+\overline{c}_\lambda=1$. 因此 $s(j)+s(-j)=\sum\limits_{\lambda=0}^{n-1}(c_\lambda+\overline{c}_\lambda)=n$.

现在设 $2^k+1 \nmid j$. 由带余除法, $j = s(2^k+1)+r, s \in \mathbb{Z}, 1 \leqslant r \leqslant 2^k$. 于是 $jd \equiv rd \pmod{2^n-1}$. 我们只需证 $s(-rd) = k$. 当 $r = 2^k$ 时,

$$s(-rd) = s(2^n - 1 - 2^k(2^k-1)) = s(2^k-1) = k.$$

以下设 $1 \leqslant r \leqslant 2^k - 1$. 令 $r = 2^i + r_{i+1}2^{i+1} + \cdots + r_{k-1}2^{k-1}$ 为 r 的二进制展开, $0 \leqslant i \leqslant k-1$. 它的诸位数字列为表 11.2 的第 1 行. 而 $2^n - 1 - r$ ($\equiv -r \pmod{2^n-1}$) 的二进制展开列在第 2 行, 即在每位 λ 处将 r 展开式的对应数字 r_λ 变成 $\bar{r}_\lambda$. 第 3 行是 $2^k r$ 的二进制展开式, 它将 r 的展开数字均向右 (循环) 移 k 位. 第 4 行为 dr 的展开式, 它是将第 2 行和第 3 行相加, 每位为 2 时改成 0 , 并向右进位 1 . 由于最后在第 n 位有进位 1 (相当于 2^n, 而 $2^n \equiv 1 \pmod{2^n-1}$), 从而要把此 1 再添加在第 0 位上, 便成最后一行. 最后一行中对每个 $\lambda(0 \leqslant \lambda \leqslant k-1)$, 第 λ 位和第 $\lambda+k$ 位之和均为 1. 于是 $s(dj) = k$. 最后给出 $s(-dj) = n - s(dj) = k$. □

表 11.2

	0	$\cdots$	$i-1$	i	$i+1$	$\cdots$	$k-1$	k	$\cdots$	$i-1+k$	$i+k$	$i+1+k$	$\cdots$	$n-1$	n
r	0	$\cdots$	0	1	r_{i+1}	$\cdots$	r_{k-1}	0	$\cdots$	0	0	0	$\cdots$	0	0
$-r \equiv 2^n-1-r$	1	$\cdots$	1	0	$\overline{r}_{i+1}$	$\cdots$	$\overline{r}_{k-1}$	1	$\cdots$	1	1	1	$\cdots$	1	0
$2^k r$	0	$\cdots$	0	0	0	$\cdots$	0	0	$\cdots$	0	1	r_{i+1}	$\cdots$	r_{k-1}	0
$dr = (2^k-1)r = 2^k r - r$	1	$\cdots$	1	0	$\overline{r}_{i+1}$	$\cdots$	$\overline{r}_{k-1}$	1	$\cdots$	1	0	r_{i+1}	$\cdots$	r_{k-1}	1
$dr \pmod{2^n-1}$	0	$\cdots$	0	1	$\overline{r}_{i+1}$	$\cdots$	$\overline{r}_{k-1}$	1	$\cdots$	1	0	r_{i+1}	$\cdots$	r_{k-1}	0

由引理 11.8 可知当 $d = 2^k - 1$ 时, 如果 $2^k+1 \nmid j$, 则 $s(j) + s(-dj) = s(j) + k \geqslant k+1$. 于是 (11.3.4) 式化为需要对每个 $a \in L^*$,

$$-\sum_{\substack{j=1 \\ 2^k+1|j}}^{2^n-2} G_L(\overline{\omega}^j) G_L(\omega^{dj}) \omega^j(\alpha a^{-d}) \equiv 2^k \pmod{P^{k+1}}. \tag{11.3.5}$$

当 $2^k+1|j$ 时, $dj = (2^k-1)j \equiv 0 \pmod{2^n-1}$, 从而 $\omega^{dj} = \omega^0, G_L(\omega^0) = 1$, 并且 $\omega^j(a^{-d}) = \omega(a^{-1})^{jd} = 1$. 于是 (11.3.5) 式等价于已和 a 无关的

$$-\sum_{\substack{1 \neq \chi \in \widehat{L}^* \\ \chi^{2^k-1}=1}} G_L(\chi)\overline{\chi}(\alpha) \equiv 2^k \pmod{P^{k+1}}. \tag{11.3.6}$$

满足 $\chi^{2^k-1} = 1$ 的 2^k-1 个特征 $\chi \in \widehat{L}^*$ 恰好是 $K = \mathbb{F}_{2^k}$ 中所有乘法特征的提升. 于是我们用第 7 章介绍的另一个深刻结果: D-H 提升公式 (定理 7.11). 设 $\chi \in \widehat{L}^*$ 是 $\varphi \in \widehat{K}^*$ 的提升, 则 $\chi(\alpha) = \varphi(\mathrm{N}_{L/k}(\alpha)), G_L(\chi) = G_K(\varphi)^2$. 这里 $\mathrm{N}_{L/K}(\alpha) =$

α^{2^k+1} 是由 L 到 K 的范映射. 于是 (11.3.6) 式左边等于 ($\mathrm{N}_{L/K}(\alpha)$ 简记为 $N(\alpha)$)

$$1-\sum_{\varphi\in\widehat{K}^*}G_K(\varphi)^2\,\varphi\left(\frac{1}{N(\alpha)}\right)=1-\sum_{\varphi\in\widehat{K}^*}\sum_{x,y\in K^*}\varphi\left(\frac{xy}{N(\alpha)}\right)(-1)^{\mathrm{T}_K(x+y)}$$

$$=1-\sum_{x,z\in K^*}(-1)^{\mathrm{T}_K(x+zx^{-1})}\sum_{\varphi\in\widehat{K}^*}\varphi\left(\frac{z}{N(\alpha)}\right)\quad(z=xy)$$

$$=1-(2^k-1)\sum_{x\in K^*}(-1)^{\mathrm{T}_K(x+N(\alpha)x^{-1})}\quad(\text{由 }\widehat{K}^*\text{ 中特征正交关系}).$$

上式右边已为 $\mathbb{Z}$ 中元素. 对于 $b\in K^*$, 令

$$KL(b)=\sum_{x\in K^*}(-1)^{\mathrm{T}_K(x+bx^{-1})}\in\mathbb{Z}.$$

这叫作 $K=\mathbb{F}_{2^k}$ 上的 Kloosterman 指数和, 其中 T_K 是由 K 到 $\mathbb{F}_2$ 的迹映射. 已经证明了: 对每个 $b\in K^*$, $|KL(b)|\leqslant 2^{\frac{k}{2}+1}$.

综合上述便知: 对于 $d=2^k-1,\alpha\in L^*,L=\mathbb{F}_{2^n},n=2k$,

$$\begin{aligned}&f(x)=\mathrm{T}_L(\alpha x^d)\text{ 为 }n\text{ 元 bent 函数}\\ \Leftrightarrow\ &2^k\equiv 1-(2^k-1)KL(N(\alpha))\pmod{2^{k+1}}\quad(N(\alpha)=\mathrm{N}_{L/K}(\alpha))\\ \Leftrightarrow\ &(2^k-1)(1+KL(N(\alpha)))\equiv 0\pmod{2^{k+1}}\\ \Leftrightarrow\ &KL(N(\alpha))\equiv -1\pmod{2^{k+1}}\\ \Leftrightarrow\ &KL(N(\alpha))=-1\quad(\text{由于当 }k\geqslant 2\text{ 时 }|KL(N(\alpha))|\leqslant 2^{\frac{k}{2}+1}\leqslant 2^k).\end{aligned}$$

于是便得到 Dillon 的如下结果.

定理 11.3 设 $n=2k(k\geqslant 2),L=\mathbb{F}_{2^n},K=\mathbb{F}_{2^k},\alpha\in L^*$, 则 $f(x)=\mathrm{T}_L(\alpha x^{2^k-1}):L\to\mathbb{F}_2$ 为 n 元 bent 函数当且仅当

$$KL(\mathrm{N}_{L/K}(\alpha))=\sum_{x\in K^*}(-1)^{\mathrm{T}_K(x+\mathrm{N}_{L/K}(\alpha)x^{-1})}=-1.$$

上述证明方法不仅给出定理 11.3 的新证明, 而且当 $f(x)=\mathrm{T}_L(\alpha x^{2^k-1})$ 是 bent 函数时, 还能得到它的对偶 bent 函数 $\hat{f}$ 的表达式.

定理 11.4 设 $f(x)=\mathrm{T}_L(\alpha x^d)$ $(d=2^k-1,k\geqslant 2)$ 是由定理 11.3 给出的 n 元 bent 函数, 则它的对偶 bent 函数为 $\hat{f}(x)=\mathrm{T}_L(\alpha^{2^k}x^d)$.

证明 设 $f(x)=\mathrm{T}_L(\alpha x^d)$ 是 $n=2k$ 元 bent 函数. 上面已推导出 (11.3.3) 式: 对每个 $a\in L^*$,

$$W_f(a)\equiv-\sum_{j=1}^{2^n-2}G_L(\overline{\omega}^j)G_L(\omega^{dj})\omega^j(\alpha a^{-d})\pmod{2^n}.$$

由定理 11.3 证明中的计算,

$$-\sum_{\substack{j=1\\2^k+1|j}}^{2^n-2} G_L(\overline{\omega}^j)G_L(\omega^{dj})\omega^j(\alpha a^{-d}) = 1-(2^k-1)KL(\mathrm{N}_{L/K}(\alpha)) = 2^k.$$

于是

$$W_f(a) \equiv 2^k - \sum_{\substack{j=1\\2^k+1\nmid j}}^{2^n-2} G_L(\overline{\omega}^j)G_L(\omega^{dj})\omega^j(\alpha a^{-d}) \pmod{2^n}. \tag{11.3.7}$$

f 的对偶 $\hat{f}$ 由 $W_f(a)=2^k(-1)^{\hat{f}(a)}$ 所决定. 我们在定理 11.3 中得到 $W_f(a)\equiv 2^k \pmod{2^{k+1}}$, 但由此不能决定 $\hat{f}(a)$, 因为 2^k 和 -2^k 模 2^{k+1} 均同余于 2^k. 需要进一步研究 $W_f(a)$ 模 2^{k+2} 的值. 由假定 $k\geqslant 2$ 可知 $k+2\leqslant n=2k$. 于是 (11.3.7) 式给出

$$W_f(a) \equiv 2^k - \sum_{\substack{j=1\\2^k+1\nmid j}}^{2^n-2} G_L(\overline{\omega}^j)G_L(\omega^{dj})\omega^j(\alpha a^{-d}) \pmod{P^{k+2}}. \tag{11.3.8}$$

当 $2^k+1\nmid j$ 时, 由于 $V_P(G_L(\overline{\omega}^j)G_L(\omega^{dj}))=s(j)+s(-dj)=s(j)+k$, 因此在 $s(j)\geqslant 2$ 时, (11.3.8) 式求和式中对应 j 的项可以去掉. 从而只剩下 $s(j)=1$ 的那些项, 即 $j=2^\lambda(0\leqslant\lambda\leqslant n-1)$ 的 n 项. 于是 (11.3.8) 式化为

$$W_f(a) \equiv 2^k - \sum_{\lambda=0}^{n-1} G_L(\overline{\omega}^{2^\lambda})G_L(\omega^{2^\lambda d})\omega((\alpha/a^d)^{2^\lambda}) \pmod{P^{k+2}}. \tag{11.3.9}$$

由 Stickelberger 公式 $G_L(\overline{\omega}^j)\equiv 2^{s(j)} \pmod{2^{s(j)+1}}$ 可知

$$G_L(\overline{\omega})^{2^\lambda}G_L(\omega^{2^\lambda d}) \equiv 2^{s(2^\lambda)+s(-2^\lambda d)} \pmod{P^{s(2^\lambda)+s(-2^\lambda d)+1}}.$$

但是 $s(2^\lambda)=1$, 而

$$s(-d\cdot 2^\lambda)=s(-d)$$

(由于 j 和 $2j \pmod{2^n-1}$ 的二进制展开的系数为循环移位)

$$=s(2^n-1-(2^k-1))=s(2^n-2^k)=k.$$

从而 $G_L(\overline{\omega}^{2^\lambda})G_L(\omega^{2^\lambda d})\equiv 2^{k+1} \pmod{2^{k+2}}$. 而对于所有 $a\in L^*$, (11.3.9) 式化为

$$W_f(a) \equiv 2^k - 2^{k+1}\sum_{\lambda=0}^{n-1}\omega(\alpha a^{-d})^{2^\lambda} \pmod{P^{k+2}}$$

$$\equiv 2^k - 2^{k+1}\sum_{\lambda=0}^{n-1}(\alpha a^{-d})^{2^\lambda} \pmod{P^{k+2}}$$

(由于 ω 是 Teichmuller 特征 ω_p, 即对每个 $b \in L^*$, $\omega(b) \equiv b \pmod{P}$)

$$\equiv 2^k - 2^{k+1}\mathrm{T}_L(\alpha a^{-d}) \pmod{P^{k+2}}.$$

再由 $W_f(a) = 2^k(-1)^{\hat{f}(a)}$, $V_P(2) = V_P(P) = 1$, 可知上式化为 $(-1)^{\hat{f}(a)} \equiv 1 - 2\mathrm{T}_L(\alpha a^{-d}) \pmod{P^2}$, 同余式两边均属于 $\mathbb{Z}$, 从而

$$(-1)^{\hat{f}(a)} \equiv 1 - 2\mathrm{T}_L(\alpha a^{-d}) \pmod{4}.$$

若 $\mathrm{T}_L(\alpha a^{-d}) = 0 \in \mathbb{F}_2$, 则 $(-1)^{\hat{f}(a)} \equiv 1 \pmod{4}$, 可知 $\hat{f}(a) = 0 \in \mathbb{F}_2$. 若 $\mathrm{T}_L(\alpha a^{-d}) = 1 \in \mathbb{F}_2$, 则 $(-1)^{\hat{f}(a)} \equiv -1 \pmod{4}$, 可知 $\hat{f}(a) = 1 \in \mathbb{F}_2$. 这就表明当 $a \in L^*$ 时 $\hat{f}(a) = g(a)$, 其中 $g(x) = \mathrm{T}_L(\alpha x^{-d}) = \mathrm{T}_L(\alpha^{2^k}x^{-2^k d}) = \mathrm{T}_L(\alpha^{2^k}x^d)$, 因为 $-2^k d \equiv d \pmod{2^n - 1}$ (对于 $d = 2^k - 1$), 并且当 $x \in L^*$ 时, $x^{2^n-1} = 1$.

我们还需证 $\hat{f}(0) = g(0)$. 由假设 $f(x)$ 为 bent 函数, 从而 $KL(\mathrm{N}_{L/K}(\alpha)) = \sum\limits_{x\in K^*}(-1)^{\mathrm{T}_K(\alpha+\mathrm{N}_{L/K}(\alpha)x^{-1})} = -1$. 但是

$$\begin{aligned}
&KL(\mathrm{N}_{L/K}(\alpha^{2^k}))\\
&= \sum_{x\in K^*}(-1)^{\mathrm{T}_K(x^{2^k}+\mathrm{N}_{L/K}(\alpha)^{2^k}x^{-2^k})} \quad (\text{由于 } x \to x^{2^k} \text{ 是集合 } K^* \text{ 上的置换})\\
&= \sum_{x\in K^*}(-1)^{\mathrm{T}_K((x+\mathrm{N}_{L/K}(\alpha)x^{-1})^{2^k})} = \sum_{x\in K^*}(-1)^{\mathrm{T}_K(x+\mathrm{N}_{L/K}(\alpha)x^{-1})}\\
&= KL(\mathrm{N}_{L/K}(\alpha)) = -1.
\end{aligned}$$

由定理 11.3 可知 $g(x) = \mathrm{T}_L(\alpha^{2^k}x)$ 是 bent 函数. 另一方面, bent 函数 $f(x)$ 的对偶 $\hat{f}(x)$ 也是 bent 函数. 因此,

$$\varepsilon \cdot 2^k = W_{\hat{f}}(0) = \sum_{x\in L}(-1)^{\hat{f}(x)}, \quad \varepsilon' \cdot 2^k = W_g(0) = \sum_{x\in L}(-1)^{g(x)},$$

其中 $\varepsilon, \varepsilon' \in \{\pm 1\}$. 但是已证明了当 $a \in L^*$ 时, $\hat{f}(a) = g(a)$. 于是 $(\varepsilon - \varepsilon')2^k = (-1)^{\hat{f}(0)} - (-1)^{g(0)}$. 由 $k \geqslant 1$ 可知必然 $\varepsilon = \varepsilon'$. 于是 $\hat{f}(0) = g(0) \in \mathbb{F}_2$. 这就表明对每个 $a \in L$, 均有 $\hat{f}(a) = g(a)$. 从而 $\hat{f}(x) = g(x) = \mathrm{T}_L(\alpha^{2^k}x^d)$. □

(D) 当 $d \neq 2^k - 1$ 时, 一般来说决定 $W_f(a) \pmod{2^{k+1}}$ 是困难的. 如果加上条件:

(I) 对所有 $1 \leqslant j \leqslant 2^n-2$, $s(j)+s(-dj) \geqslant k$, 并且当 $s(j)+s(-dj)=k$ 时, $dj \equiv 0 \pmod{2^n-1}$,
则对每个 $a \in L^*$, 由 (11.3.3) 式可知

$$\begin{aligned} W_f(a) &\equiv -\sum_{j=1}^{2^n-2} G_L(\overline{\omega}^j) G_L(\omega^{dj}) \omega^j(\alpha a^{-d}) \pmod{2^{k+1}} \\ &\equiv -\sum_{\substack{j=1 \\ s(j)+s(-dj)=k}}^{2^n-2} 2^k \omega^j(\alpha) \pmod{2^{k+1}} \\ &\equiv 2^k \sum_{j \in M(d)} \omega(\alpha^j) \pmod{2^{k+1}} \end{aligned}$$

其中 $M(d)=\{1 \leqslant j \leqslant 2^n-2 : s(j)+s(-dj)=k\}$. 由于 ω 是 Teichmuller 特征, 可知

$$W_f(a) \equiv 2^k \sum_{j \in M(d)} \alpha^j \pmod{2^{k+1}}$$

其中 $\sum\limits_{j \in M(d)} \alpha^j \in Z[\zeta_{2^n-1}]$. 从而

$$\begin{aligned} f \text{ 为 bent 函数} &\Leftrightarrow \pm 2^k = W_f(a) \equiv 2^k \sum_{j \in M(d)} \alpha^j \pmod{2^{k+1}} \\ &\Leftrightarrow \sum_{j \in M(d)} \alpha^j = 1 \in \mathbb{F}_2. \end{aligned}$$

进而, 若 f 为 bent 函数. 当 $k \geqslant 2$ 时, $k+1 \leqslant n=2k$, 由 (11.3.3) 式可知对每个 $a \in L^*$,

$$W_f(a) \equiv -\sum_{j=1}^{2^n-1} G_L(\overline{\omega}^j) G_L(\omega^{dj}) \omega^j(\alpha a^{-d}) \pmod{P^{k+2}}.$$

令 $Q(d)=\{1 \leqslant j \leqslant 2^n-1 : s(j)+s(-dj)=k+1\}$. 则由假设 (I) 可知

$$\begin{aligned} W_f(a) &\equiv -\sum_{j \in M(d) \bigcup Q(d)} G_L(\overline{\omega}^j) G_L(\omega^{dj}) \omega^j(\alpha a^{-d}) \pmod{P^{k+2}} \\ &\equiv -\sum_{j \in M(d)} (2^k+\varepsilon_j 2^{k+1}) \omega^j(\alpha) + 2^{k+1} \sum_{j \in Q(d)} \omega^j(\alpha a^{-d}) \pmod{P^{k+2}}, \end{aligned}$$

其中 $\varepsilon_j \in \{0,1\}$. 注意当 $j \in M(d)$ 时, 由假设 (I), $dj \equiv 0 \pmod{2^n-1}$, 从而 $\omega^j(a^{-d})=1$. 由于 $W_f(a)=2^k(-1)^{\hat{f}(a)} \equiv 2^k+2^{k+1}\hat{f}(a) \pmod{2^{k+2}}$, 可知

$$
\begin{aligned}
1+2\hat{f}(a) &\equiv -\sum_{j\in M(d)} \alpha^j + 2\varepsilon + 2\sum_{j\in Q(d)} \alpha a^{-d} \pmod{P^2} \quad (\varepsilon\in\{0,1\})\\
&\equiv -1+2\varepsilon+2\sum_{j\in Q(d)} \alpha a^{-d} \pmod{P^2}
\end{aligned}
$$

于是 $\hat{f}(a)=\varepsilon'+\sum\limits_{j\in Q(d)} \alpha a^{-d} \pmod{P}$, $\varepsilon'\in\{0,1\}$. 由于 $\sum\limits_{j\in Q(d)} \alpha a^{-d} \in \mathbb{F}_{2^n}=L$, 可知这相当于 $\hat{f}(a)=\varepsilon'+\sum\limits_{j\in Q(d)} \alpha a^{-d}$. 综上所述, 我们证明了如下结果:

定理 11.5 设 $n=2k(k\geqslant 2), 2\leqslant d\leqslant 2^n-2, \alpha\in L^*, L=\mathbb{F}_{2^n}$. 并且假设 (I) 成立. 则 $f(x)=\mathrm{T}_L(\alpha x^d)$ 为 n 元 bent 函数当且仅当 $\sum\limits_{j\in M(d)}\alpha^j=1$, 并且当 $f(x)$ 为 bent 函数时, 它的对偶 bent 函数为 $\hat{f}(x)=\sum\limits_{j\in Q(d)}\alpha a^{-d}$ 或 $+\sum\limits_{j\in Q(d)}\alpha a^{-d}$, 其中

$$
\begin{aligned}
M(d)&=\{1\leqslant j\leqslant 2^n-2: s(j)+s(-dj)=k\},\\
Q(d)&=\{1\leqslant j\leqslant 2^n-2: s(j)+s(-dj)=k+1\}.
\end{aligned}
$$

作为应用, 我们考虑 Gold 情形 $d=2^r+1(1\leqslant r\leqslant n-1)$, 并且还可给出 bent 函数的对偶.

先证对这种情形, 假设 (I) 成立.

证明 如果存在 $j, 1\leqslant j\leqslant 2^n-2$ 使得 $s(j)+s(-dj)\leqslant k$, 则 $s(j)\leqslant k$. 若 $(2^r+1)j\not\equiv 0 \pmod{2^n-1}$, 则 $s((2^r+1)j)\geqslant 1$, 从而

$$
\begin{aligned}
s(j)+2k&=s(j)+s((2^r+1)+j)+s(-(2^r+1)j)\leqslant k+s((2^r+1)j)\\
&\leqslant k+s(j)+s(2^rj)\leqslant k+2s(j).
\end{aligned}
$$

于是 $s(j)\geqslant k$. 从而 $s(j)=k$. 这就导致矛盾: $k\geqslant s(j)+s(-(2^r+1)j)\geqslant k+1$. 以上表明: 没有 j 使 $s(j)+s(-(2^r+1)j)\leqslant k-1$, 并且若 $s(j)+s(-(2^r+1)j)\leqslant k$, 必然 $(2^r+1)j\equiv 0 \pmod{2^n-1}$. 但当 $(2^r+1)j\equiv 0 \pmod{2^n-1}$ 时, $s(j)+s(2^rj)=n$, 这表明对于二进制展开式 $j=j_0+j_12+\cdots+j_{n-1}2^{n-1}(j_\lambda\in\{0,1\})$, j_i 和 j_{i-r} 恰有一个为 0, 另一个为 1. 这表明 $s(j)=k, s(-(2^r+1)j)=s(0)=0$, 从而 $s(j)+s(-(2^r+1)j)=k$. 于是假设 (I) 成立, 并且

$$
M(d)=\{1\leqslant j\leqslant 2^n-2:\ 2^n-1|(2^r+1)j\}
$$

$$= \left\{ i\frac{2^n-1}{g} : 1 \leqslant i \leqslant g-1 \right\}, \quad 其中\ g = (2^r+1, 2^n-1).$$

由定理 11.5 可知

$$f(x) = \mathrm{T}_L(\alpha x^{2^r+1})\ 为\ \mathrm{bent}\ 函数$$

$$\Leftrightarrow 1 = \sum_{j \in M(d)} \alpha^j = \sum_{i=1}^{g-1} \alpha^{i\frac{n-1}{g}} = 1 + \sum_{i=0}^{g-1} (\alpha^{\frac{n-1}{g}})^i.$$

由于

$$\sum_{i=0}^{g-1} (\alpha^{\frac{n-1}{g}})^i = \begin{cases} 0, & 若\ \alpha^{\frac{n-1}{g}} \neq 1, \\ g = 1, & 若\ \alpha^{\frac{n-1}{g}} = 1 \\ & (g = (2^r+1, 2^n-1)为奇数, 从而在\ L\ 中\ g = 1). \end{cases}$$

这就得到 Gold 的如下结果.

定理 11.6 设 $n = 2k(k \geqslant 2), d = 2^r+1, 1 \leqslant r \leqslant n-1, \alpha \in L^*, L = \mathbb{F}_{2^n}$, 则 $f(x) = \mathrm{T}_L(\alpha x^d)$ 为 n 元 bent 函数当且仅当不存在 $\beta \in L^*$ 使得 $\alpha = \beta^g$, 其中 $g = (d, 2^n-1)$. □

注记 1. 当 $f(x) = \mathrm{T}_L(\alpha x^{2^r+1})$ 是 bent 函数时, 为了求对偶 bent 函数 $\hat{f}(x)$, 需要决定集合 $Q(2^r+1)$. 可以证明:

$$Q(2^r+1) = \{1 \leqslant j \leqslant 2^n-2 :\ s(j) = k-1\ 并且\ s((2^r+1)j) = 2k-2\}.$$

由定理 11.5 给出 $\hat{f}(x)$ 的表达式, 由于表达式较为复杂, 此处从略.

2. 对于正整数 l, 令 $L^l = \{a^l : a \in L\}$. 对于 $g = (d, 2^n-1)$, 易知 $L^g = L^d$. 从而定理 11.6 中的关于 $f(x) = \mathrm{T}_L(\alpha x^d)(d = 2^r+1)$ 为 bent 函数的充分必要条件 $\alpha \notin L^g$ 也可写成 $\alpha \notin L^d$.

3. 对于 Kasami 情形 $d = 2^{2r} - 2^r + 1$, 也可证明假设条件 (I) 成立. 也可决定集合 $M(d)$. 由定理 11.5 给出 $f(x) = \mathrm{T}_L(\alpha x^d)$ 为 bent 函数的充分必要条件. 但是决定集合 $Q(d)$ 是困难的, [35] 中没有决定出对偶 bent 函数 $\hat{f}(x)$.

11.4 广义 bent 函数

在通信中除了应用二元序列 (或者更一般的用有限域上的序列) 之外, 还采用有限环 $Z_m = \mathbb{Z}/m\mathbb{Z}$ 上的序列. 在密码应用中也采用 Z_m 上的 n 元函数

$$f(x_1, \cdots, x_n) :\ Z_m^n \to Z_m,$$

其中 $n \geqslant 1, m \geqslant 2$. 我们称 f 为 $[m,n]$ 型广义布尔函数. 当 $m=2$ 时这就是通常的布尔函数.

1985 年, Kumar, Scholtz 和 Welch [36] 提出广义 bent 函数概念, 其定义和二元情形相似. 首先, 加法群 Z_m 的特征群为

$$\widehat{Z}_m = \{\lambda_y: \ y \in Z_m^n\}, \quad 对 \ x \in Z_m^n, \ \lambda_y(x) = \zeta_m^{x \cdot y},$$

这里 $\zeta_m = e^{\frac{2\pi i}{m}}$ 是 m 次本原单位复根, 而 $x=(x_1,\cdots,x_n)$ 和 $y=(y_1,\cdots,y_n) \in Z_m^n$ 的内积为 $x \cdot y = \sum\limits_{i=1}^{n} x_i y_i \in Z_m$. 从而对每个 $[m,n]$ 型广义布尔函数 $f: Z_m^n \to Z_m$, $\zeta_m^{f(x)}$ 的傅里叶变换为 $W_f: Z_m^n \to \mathbb{Z}[\zeta_m]$, 其中对于 $y \in Z_m^n$,

$$W_f(y) = \sum_{x \in Z_m^n} \zeta_m^{f(x)} \lambda_y(x) = \sum_{x \in Z_m^n} \zeta_m^{f(x)+x \cdot y}$$

叫作 f 的 Walsh 变换. 可计算 $|W_f(y)|^2 (y \in Z_m^n)$ 的均值为

$$\begin{aligned}
\frac{1}{m^n} \sum_{y \in Z_m^n} |W_f(y)|^2 &= \frac{1}{m^n} \sum_{y \in Z_m^n} \left(\sum_{z \in Z_m^n} \zeta_m^{f(z)+y \cdot z} \right) \left(\sum_{z' \in Z_m^n} \overline{\zeta}_m^{f(z')+y \cdot z'} \right) \\
&= \frac{1}{m^n} \sum_{z,z' \in Z_m^n} \zeta_m^{f(z)-f(z')} \sum_{y \in Z_m^n} \zeta_m^{y \cdot (z-z')} \\
&= \sum_{z \in Z_m^n} 1 = m^n,
\end{aligned}$$

从而 $|W_f(y)|^2 (y \in Z_m^n)$ 的最大值 $\geqslant m^n$, 即 $|W_f(y)| (y \in Z_m^n)$ 的最大值 $\geqslant m^{n/2}$. 并且等式成立当且仅当对每个 $y \in Z_m^n$ 均有 $|W_f(y)| = m^{n/2}$.

定义 11.5 $[m,n]$ 型广义布尔函数 $f: Z_m^n \to Z_m (m \geqslant 2, n \geqslant 1)$ 叫作广义 bent 函数, 是指对每个 $y \in Z_m^n$ 均有 $|W_f(y)| = m^{n/2}$.

和通常布尔函数一样, 关于广义布尔函数的研究也围绕如下两个课题.

(1) 对于哪些 $n \geqslant 1$ 和 $m \geqslant 2$, 存在 $[m,n]$ 型广义 bent 函数?

(2) 如何构作 $[m,n]$ 型广义 bent 函数?

当 $m=2$ 时, 上节讲过: $[2,n]$ 型 (通常) bent 函数存在当且仅当 n 为正偶数, 并且当 n 为偶数时, 有许多构作 $[2,n]$ 型 bent 函数的方法. 本节先介绍广义 bent 函数的构作. 我们要对 $2|n \geqslant 2$ 情形和 $m \not\equiv 2 \pmod 4$ 情形均构作出 $[m,n]$ 型广义 bent 函数. 首先给出两个简单的事实.

引理 11.9 如果存在 $[m,n]$ 型和 $[m,n']$ 型广义 bent 函数, 则存在 $[m,n+n']$ 型广义 bent 函数. 特别地, 若存在 $[m,n]$ 型广义 bent 函数, 则对每个正整数 l, 均存在 $[m,nl]$ 型广义 bent 函数.

证明　设 $f(x_1,\cdots,x_n):Z_m^n\to Z_m$ 和 $g(y_1,\cdots,y_{n'}):Z_m^{n'}\to Z_m$ 均是广义 bent 函数. 用定义 11.5 验证

$$F(x_1,\cdots,x_n,x_{n+1},\cdots,x_{n+n'})=f(x_1,\cdots,x_n)+g(x_{n+1},\cdots,x_{n+n'})$$

为 $[m,n+n']$ 型广义 bent 函数. □

现在构作广义 bent 函数.

定理 11.7　设 $m\geqslant 2,n\geqslant 1$. 对于如下两种情形, 均存在 $[m,n]$ 型广义 bent 函数.

(1) $2|n,m$ 为任意 $\geqslant 2$ 整数;

(2) $2\nmid n$, 并且 $m\not\equiv 2 \pmod 4$.

证明　(1) 设 $n=2k,x,y\in Z_m^k$. 则对任意函数 $g:Z_m^k\to Z_m$, 函数 $f(x,y)=x\cdot y+g(x)$ 均为 $[m,n]$ 型广义 bent 函数. 这是由于对于 $a,b\in Z_m^k$,

$$\begin{aligned}W_f(a,b)&=\sum_{x,y\in Z_m^k}\zeta_m^{f(x,y)+x\cdot a+y\cdot b}=\sum_{x,y\in Z_m^k}\zeta_m^{g(x)+x\cdot y+x\cdot a+y\cdot b},\\&=\sum_{x\in Z_m^k}\zeta_m^{g(x)+x\cdot a}\sum_{y\in Z_m^k}\zeta_m^{y\cdot(x+b)}=m^k\zeta_m^{g(-b)-b\cdot a},\end{aligned}$$

即 $|W_f(a,b)|=m^k$. 从而 f 为广义 bent 函数.

(2) 首先考虑 $2\nmid m$ 情形. 先设 $n=1$. 我们证 $f(x)=x^2:Z_m\to Z_m$ 是 bent 函数. 这是因为

$$\begin{aligned}W_f(y)&=\sum_{x=0}^{m-1}\zeta_m^{x^2+xy}=\sum_{x=0}^{m-1}\zeta_m^{4x^2+4xy}\quad(\text{由于 } 2\nmid m)\\&=\sum_{x=0}^{m-1}\zeta_m^{(2x+y)^2-y^2}=\zeta_m^{-y^2}\sum_{x=0}^{m-1}\zeta_m^{x^2}.\end{aligned}$$

于是

$$\begin{aligned}|W_f(y)|^2&=\left|\sum_{x=0}^{m-1}\zeta_m^{x^2}\right|=\sum_{x,y=0}^{m}\zeta_m^{x^2-y^2}=\sum_{x,y\in Z_m}\zeta_m^{(x+y)(x-y)}\\&=\sum_{c,d\in Z_m}\zeta_m^{cd}\ (\text{由于 } (x,y)\to(c,d)=(x+y,x-y)\text{ 是 } Z_m^2 \text{ 上的一一映射})\\&=m+\sum_{c=1}^{m-1}\sum_{d=0}^{m-1}\zeta_m^{cd}=m.\end{aligned}$$

于是对每个 $y \in Z_m, |W_f(y)| = \sqrt{m}$, 即 f 为 $[m,1]$ 型广义 bent 函数. 再根据引理 11.9 可知对每个 $n \geqslant 1$, 均存在 $[m,n]$ 型广义 bent 函数.

再考虑 $4|m$ 情形. 采用精细的组合方法可以构作出 $[m,1]$ 型广义 bent 函数. 由于本书主要关注数论的应用, 其构作可参看文献 [36]. 由引理 11.9 可知对每个 $n \geqslant 1$, 当 $4|m$ 时均存在 $[m,n]$ 型广义 bent 函数. □

剩下的情形为

(3) $2 \nmid n$ 并且 $m \equiv 2 \pmod 4$.

对于这种情形, 至今没有构作出 $[m,n]$ 型的广义 bent 函数, 但是有一些不存在性的结果. 首先, [36] 中用半本原方法给出如下的结果.

定理 11.8 设情形 (3) 成立, 并且 2 模 (奇数) $\frac{m}{2}$ 是半本原的, 即存在 $s \geqslant 1$ 使得 $2^s \equiv -1 \left(\bmod \frac{m}{2}\right)$. 则不存在 $[m,n]$ 型广义 bent 函数.

证明 如果 f 是 $[m,n]$ 型广义 bent 函数, 则对于每个 $y \in Z_m^n$, 均有 $|W_f(y)|^2 = m^n$. 由定义知 $\alpha = W_f(y) \in \mathbb{Z}[\zeta_m] = \mathbb{Z}[\zeta_{m/2}]$, 而 $\alpha\overline{\alpha} = m^n$. 由假设知 $m = 2m', 2 \nmid m'$. 于是 $\alpha\overline{\alpha} = 2^n m'^n$. 由于 2 模 m' 是半本原的, 而 n 为奇数, 根据引理 10.4 (取 $e = m', p = 2$) 即知 $\alpha\overline{\alpha} = m^n$ 不能成立. 这表明 $[m,n]$ 型广义 bent 函数是不存在的. □

我们再介绍文献 [37] 中给出的一个不存在性结果, 它利用了虚二次域理想类群的知识. 首先我们给出一个"域下降法"的结果.

引理 11.10 设 k 为正奇数, $k \geqslant 3$, $L = Q(\zeta_k)$, K 是 2 在 L 中的分解域. 如果存在 $\alpha \in \mathcal{O}_L = \mathbb{Z}[\zeta_k]$ 使得 $\alpha\overline{\alpha} = 2^n$, 则存在 $\beta \in \mathcal{O}_L$ 使得 $\beta^2 \in \mathcal{O}_K$ 并且 $\beta\overline{\beta} = 2^n$. 进而若 $[L:K]$ 为奇数, 则 $\beta \in \mathcal{O}_K$.

证明 回忆: 令 f 为 2 模 k 的阶, 即 f 是最小正整数使得 $2^f \equiv 1 \pmod k$, 则 $[L:K] = f$. L 的 Galois 群为 $G = \mathrm{Gal}(L/Q) = \{\sigma_a : a \in Z_k^*\}$, 其中 $\sigma_a(\zeta_k) = \zeta_k^a$. 而在 Galois 对应之下, 分解域 K 对应于 G 的由 σ_2 生成的子群 $H = \langle\sigma_2\rangle = \{\sigma_2^0 = I, \sigma_2, \cdots, \sigma_2^{f-1}\}$($\sigma_2$ 的阶为 f). 2 在 O_L 中的分解为 $2\mathcal{O}_L = P_1 \cdots P_g$, 其中 $P_i (1 \leqslant i \leqslant g)$ 为 $\mathcal{O}_L$ 中不同的素理想, $g = \frac{\varphi(k)}{f}$. 由于 $\sigma_2 \in H$, σ_2 固定每个 P_i. 由 $\alpha\overline{\alpha} = 2^n$ 可知 $\alpha\mathcal{O}_L$ 的素理想因子均为 P_i, 于是 σ_2 也固定主理想 $\alpha\mathcal{O}_L$, 即 $\sigma_2(\alpha)\mathcal{O}_L = \alpha\mathcal{O}_L$. 于是 $\sigma_2(\alpha) = \alpha \cdot \varepsilon$, 其中 $\varepsilon \in U_L$(即 $\mathcal{O}_L$ 中可逆元素). 现在对每个 $\sigma \in G$,

$$\sigma(\alpha)\overline{\sigma(\alpha)} = \sigma(\alpha\overline{\alpha}) = 2^n, \quad \sigma\sigma_2(\alpha) = \sigma(\alpha\varepsilon) = \sigma(\alpha)\sigma(\varepsilon),$$

可知

$$2^n = \sigma\sigma_2(2^n) = \sigma\sigma_2(\alpha\overline{\alpha}) = \sigma\sigma_2(\alpha) \cdot \overline{\sigma\sigma_2(\alpha)}$$

$$= \sigma(\alpha)\sigma(\varepsilon)\overline{\sigma(\alpha)}\ \overline{\sigma(\varepsilon)} = 2^n\sigma(\varepsilon)\overline{\sigma(\varepsilon)}.$$

因此对每个 $\sigma \in G$, $|\sigma(\varepsilon)| = 1$. 由引理 3.8, 可知 ε 必为 $L = Q(\zeta_k)$ 中的单位根, 对于奇数 k, L 的单位根群为 $2k$ 阶循环群 $\{\pm\zeta_k^i : 0 \leqslant i \leqslant k-1\}$. 令 $\varepsilon = \delta$ 或 $-\delta$, $\delta = \zeta_k^i$, 设 $\beta = \alpha\delta^{-1}$, 则 $\beta\overline{\beta} = \alpha\overline{\alpha} = 2^n$, 并且

$$\sigma_2(\beta) = \sigma_2(\alpha)\sigma_2(\delta)^{-1} = \alpha\varepsilon \cdot \delta^{-2} = \pm\alpha\delta^{-1} = \pm\beta,$$

于是 $\sigma_2(\beta^2) = \beta^2$. 这就表明 $\beta^2 \in \mathcal{O}_K$. 进而若 $f = [L : K]$ 为奇数. 如果 $\beta \in \mathcal{O}_L \backslash \mathcal{O}_K$, 则 $K(\beta)/K$ 是 2 次扩张, 这和 $[L : K] = [L : K(\beta)][K(\beta) : K] = 2[L : K(\beta)]$ 为奇数相矛盾, 因此 $\beta \in \mathcal{O}_K$. □

定理 11.9 [37] 设 p 为素数, $p \equiv 7 \pmod 8), k = p^l (l \geqslant 1), f$ 为 2 模 k 的阶, 则 $2f | \varphi(k)$. 令 $s = \dfrac{\varphi(p^l)}{2f}$. 以 λ 表示最小的奇数, 使得 $x^2 + py^2 = 2^{\lambda+2}$ 有整数解. 则对于正奇数 n, 当 $n < \lambda/s$ 时, 不存在 $[2k, n]$ 型广义 bent 函数.

证明 若存在 $[2k, n] = [2p^l, n]$ 型广义 bent 函数, 令 $L = Q(\zeta_k)$, 则存在 $\xi \in \mathcal{O}_L$ 使得 $\xi\overline{\xi} = (2k)^n = 2^n p^{ln}$. p 在 $\mathcal{O}_L$ 中完全分歧:

$$p\mathcal{O}_L = P^e, \quad e = \varphi(k) = \varphi(p^l),$$

其中 $P = (1 - \zeta_k^i)\mathcal{O}_L$ 是主理想 (对每个 $1 \leqslant i \leqslant k-1, p \nmid i$). 因此

$$V_P(\xi) = V_P(\overline{\xi}) = \frac{1}{2}V_P(\xi\overline{\xi}) = \frac{1}{2}V_P(p^{ln}) = \frac{ln}{2}\varphi(k). \tag{11.4.1}$$

令 $\eta = \prod\limits_{\substack{1 \leqslant i < k/2 \\ p \nmid i}} (1 - \zeta_k^i)^{ln} \in \mathcal{O}_L$, 则 $\eta\mathcal{O}_L = P^{\frac{ln}{2}\varphi(k)}$. 再由 (11.4.1) 式可知 $\alpha = \xi/\eta \in \mathcal{O}_L$ 并且 $\alpha\overline{\alpha} = \xi\overline{\xi}/\eta\overline{\eta} = 2^n p^{ln} \left(\prod\limits_{\substack{1 \leqslant i < k \\ p \nmid i}} (1 - \zeta_k^i)\right)^{-ln} = 2^n$. 这里我们利用了恒等式 $\prod\limits_{\substack{1 \leqslant i < k \\ p \nmid i}} (1 - \zeta_k^i) = p$ (对于 $k = p^l$). 将等式

$$\prod_{\substack{1 \leqslant i \leqslant k-1 \\ p \nmid i}} (x - \zeta_k^i) = \prod_{i=0}^{k-1}(x - \zeta_k^i) \Bigg/ \prod_{i=0}^{\frac{k}{p}-1}(x - \zeta_k^{pi}) = (x^k - 1)/(x^{\frac{k}{p}} - 1) = \sum_{\lambda=0}^{p-1} x^{\frac{k}{p}\lambda}$$

两边代入 $x = 1$ 即得上面恒等式.

进一步, 由引理 11.10 又得到 $\beta \in \mathcal{O}_L$ 使得 $\beta^2 \in \mathcal{O}_K$, $\beta\overline{\beta} = 2^n$. 其中 K 为 2 在 $L = Q(\zeta_k)$ 中的分解域, $[L : K] = f$, $[K : Q] = g$, $fg = \varphi(k)$.

由 $p\equiv 7 \pmod 8$ 可知 2 为模 $k\ (=p^l)$ 的二次剩余, 而 $\varphi(k)=p^{l-1}(p-1)\equiv 2 \pmod 4$, 可知 2 为模 k 的阶 f 是奇数. 由引理 11.10 知 $\beta\in\mathcal{O}_K$, 并且 $[K:Q]=g$ 为偶数.

L/Q 的伽罗瓦群 $G=\mathrm{Gal}(L/Q)=\{\sigma_a : a\in Z_k^*\}$ 同构于乘法群 $Z_k^*(k=p^l)$. 从而 $\mathrm{Gal}(K/Q)=G/\langle\sigma_2\rangle$ 是 g 阶循环群, 由于 g 为偶数, 可知 K 有唯一的二次子域, 它也是 L 的唯一的二次子域, 从而也是 $Q(\zeta_p)$ 唯一的二次子域. 由 $p\equiv 7 \pmod 8$ 和定理 4.18, 可知这个二次域是虚二次域 $M=Q(\sqrt{-p})$. 其中 $[K:M]=\dfrac{g}{2}=s$. 域扩张 $Q\subset M\subset K\subset L$ 及其与 G 的子群之间的伽罗瓦对应如图 11.1 所示.

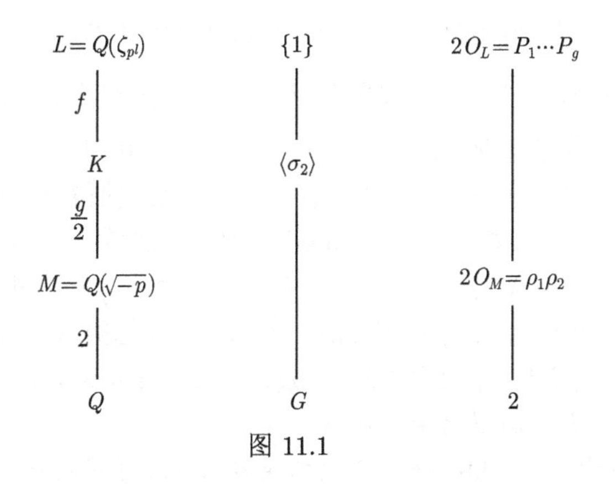

图 11.1

现在令 $\gamma=\mathrm{N}_{K/M}(\beta)$, 其中 $\mathrm{N}_{K/M}: K\to M$ 为范映射. 则 $\gamma\in\mathcal{O}_M=\mathbb{Z}\left[\dfrac{1}{2}(1+\sqrt{-p})\right]$, $\gamma\overline{\gamma}=\mathrm{N}_{K/M}(\beta\overline{\beta})=\mathrm{N}_{K/M}(2^n)=2^{n[K:M]}=2^{ns}$. $\mathcal{O}_M$ 中元素 γ 唯一表示成 $\gamma=\dfrac{1}{2}(A+B\sqrt{-p})$, 其中 $A,B\in\mathbb{Z}$. 于是 $2^{ns+2}=4\gamma\overline{\gamma}=A^2+pB^2$. 由 λ 的定义可知 $\lambda\geqslant ns$. 这和定理假设 $n<\lambda/s$ 相矛盾. 所以不存在 $[2p^l,n]$ 型广义 bent 函数. □

注记 1. 对于半本原情况的定理 11.8, 2 模 $\dfrac{m}{2}$ 的阶 f 为偶数 $2s$. 定理 11.9 中的 f 为奇数. 所以这两个定理给出的不存在性结果是互不包含的.

2. 对于固定的奇素数 p 和 $l\geqslant 1$, 以 f_l 表示 2 模 p^l 的阶, $g_l=\dfrac{\varphi(p^l)}{f_l}$. 不难证明: 当 $2^{p-1}\not\equiv 1 \pmod{p^2}$ 时, 对每个 $l\geqslant 1$, 均有 $f_l=p^{l-1}f_1$, 从而 $g_l=\dfrac{p^{l-1}(p-1)}{p^{l-1}f_1}=g_1$. 已经知道对于所有奇素数 $p<6\cdot 10^9$, 除了 $p=1093$ 和 3511 之外, 均满足 $2^{p-1}\not\equiv 1 \pmod{p^2}$. 所以为计算 $g_l(l\geqslant 1)$, 只需计算 g_1 即可, 它们有

相同的 $s=\dfrac{g_l}{2}$ 值.

3. 定理 11.9 中奇数 λ 的定义是初等的. 可以给出它在代数数论中的解释. 由 $p\equiv 7 \pmod 8$ 可知 2 在 $M=Q\sqrt{-p}$ 中分裂, 即

$$2\mathcal{O}_M=P\overline{P},\quad P\neq\overline{P}.$$

由定义, λ 是使 $x^2+py^2=2^{\lambda+2}$ 有整数解 $(x,y)=(A,B)\in\mathbb{Z}^2$ 的最小正奇数, 易知 $A\equiv B\equiv 1 \pmod 2$, 从而 $\alpha=\dfrac{1}{2}(A+B\sqrt{-p})\in\mathcal{O}_M$. 令 $I=\alpha\mathcal{O}_M$, 则 $I\overline{I}=(\alpha\overline{\alpha})\mathcal{O}_M=2^\lambda\mathcal{O}_M=P^\lambda\overline{P}^\lambda$. 于是 $I=P^i\overline{P}^j$, 由 $I\overline{I}=(P\overline{P})^{i+j}$, 可知 $i+j=\lambda$. 若 $\min\{i,j\}=l\geqslant 1$, 则 $\alpha\mathcal{O}_M=P^i\overline{P}^j=(P\overline{P})^lP^{i-l}\overline{P}^{j-l}=2^lP^{i-l}\overline{P}^{j-l}$. 从而在 $\mathcal{O}_M$ 中 $2^l|\alpha$, 但是 A 和 B 均为奇数, $\alpha\cdot 2^{-l}=\dfrac{1}{2^{l+1}}(A+B\sqrt{-p})$ 在 $l\geqslant 1$ 时不属于 $\mathcal{O}_M$. 这一矛盾表明 $\min\{i,j\}=0$, 即 $i=0$ 或 $j=0$, 从而 $\alpha\mathcal{O}_M=P^\lambda$ 或 $\overline{P}^\lambda$. 由 λ 的极小性可知 λ 也是最小的正奇数, 使得 P^λ 是主理想. 高斯的一个结果是说: 当 p 为素数且 $p\equiv 3 \pmod 4$ 时, 二次域 $M=Q(\sqrt{-p})$ 的理想类数 $h(-p)$ 为奇数. 于是 λ 的代数意义是: λ 是理想类 $[P]$ 在理想类群 C_M 中的阶. 由 $|C_M|=h(-p)$ 可知 $\lambda|h(-p)$. 特别地, 若 M 的理想类数为 1, 则 $\lambda=1$. 另一方面, $2^{\lambda+2}=A^2+pB^2>p$, 因此 $\lambda>\log_2 p-2$. 当 $p\equiv 7 \pmod 8$, $p\geqslant 23$ 时, $\lambda\geqslant 3$. 所以若类数 $h(-p)$ 为素数, 则 $\lambda=h(-p)$.

例 11.2 对于 $p=199$, 查虚二次域类数表 (或者用定理 5.5 中虚二次域类数公式计算) 可知 $h(-199)=9$. 从而 $\lambda|9$. 再由 $\lambda>\log_2 199-2>3$, 可知 $\lambda=9$. 另一方面, 2 模 199 的阶为 $f=99$. 于是 $s=\dfrac{\varphi(199)}{2f}=1$. 由定理 11.9 可知对每个 $l\geqslant 1$, 均不存在 $[2\cdot 199,n]$ $(n=1,3,5,7)$ 型广义 bent 函数.

我们在定理 11.9 的证明中, 由 $\alpha\in\mathcal{O}_L$, $\alpha\overline{\alpha}=2^n$ 得到 $\beta\in\mathcal{O}_K$, $\beta\overline{\beta}=2^n$, 好处是把分圆域 $L=Q(\zeta_k)(k=p^l)$ 上的问题降到子域 K 中. 其所以又下降到虚二次域 $M=Q(\sqrt{-p})$, $\gamma\in\mathcal{O}_M$, $\gamma\overline{\gamma}=2^{ns}$, 是由于我们很清楚 $\mathcal{O}_M=\mathbb{Z}\left[\dfrac{1}{2}(1+\sqrt{-p})\right]$ 的结构, 而当分解域 K 很大时, $\mathcal{O}_K$ 的结构不清晰. 但是缺点为 2^n 改成了 2^{ns}. 当 s 很大时 $n<\lambda/s$ 产生对 n 的较大限制. 如果 K 有虚四次子域 N, 可以取 $\gamma=\mathrm{N}_{K/N}(\beta)\in\mathcal{O}_N$, 则 $\gamma\overline{\gamma}=2^{nl}$, $l=[K:N]=\dfrac{1}{2}[K:M]=\dfrac{s}{2}$ 要小于 s. 而虚四次域 N 的整数环 $\mathcal{O}_N$ 的代数特征有明显的刻画方法, 由此也可得到广义 bent 函数不存在性的一些新的结果, 但是要求的条件比较复杂, 这里从略.

11.5 代数免疫度

2003 年人们发明了攻击流密码密钥的新方法: 代数攻击. 为了抵抗这种攻击, 需要布尔函数具有新的密码学性质, 即有大的代数免疫度.

定义 11.6 n 元布尔函数 $f \in \mathbb{B}_n(\deg f \geqslant 1)$ 的代数免疫度 (algebraic immunity) 定义为

$$AI(f) = \min\{\deg g(x) : 0 \neq g \in \mathbb{B}_n \text{ 使得 } gf = 0 \text{ 或者 } g(f+1) = 0\}.$$

由于 $f(f+1) = f^2 + f = f + f = 0$, 可知当 $\deg f \geqslant 1$ 时, $AI(f) \leqslant \deg(f+1) = \deg f$. 现在给出 $AI(f)$ 的另一个上界.

定理 11.10 设 f 为 n 元布尔函数, $\deg f \geqslant 1$, 则 $AI(f) \leqslant \left[\frac{n+1}{2}\right]$.

证明 设 $g(x) \in \mathbb{B}_n$, $\deg g(x) \leqslant \left[\frac{n+1}{2}\right]$, 则多项式 $g(x)$ 共有 $N = \sum\limits_{i=0}^{\left[\frac{n+1}{2}\right]} \binom{n}{i}$ 个系数, 由 $\binom{n}{i} = \binom{n}{n-i}$ 和 $\sum\limits_{i=0}^{n} \binom{n}{i} = 2^n$ 可知 $N > 2^{n-1}$. 记

$$N(f=0) = \sharp\{a \in \mathbb{F}_2^n : f(a) = 0\}, \quad N(f=1) = \sharp\{a \in \mathbb{F}_2^n : f(a) = 1\}.$$

则 $N(f=0)+N(f=1) = 2^n$, 从而必然 $N(f=0) \leqslant 2^{n-1}$ 或者 $N(f=1) \leqslant 2^{n-1}$. 设 $N(f=1) \leqslant 2^{n-1}$. 易知对于 $g \in \mathbb{B}_n$,

$$fg = 0 \Leftrightarrow \text{对每个 } a \in \mathbb{F}_2^n, \text{ 若 } f(a) = 1, \text{ 则 } g(a) = 0.$$

考虑齐次线性方程组

$$g(a) = 0 \quad (\text{对所有满足 } f(a) = 1 \text{ 的 } a \in \mathbb{F}_2^n),$$

变量是 g 的 N 个系数. 方程个数为 $N(f=1) \leqslant 2^{n-1} < N$. 由于方程个数大于变量个数, 从而在 $\mathbb{F}_2$ 中必有非零解, 即存在 $0 \neq g(x) \in \mathbb{B}_n$, 使得 $gf = 0$. 类似可证, 若 $N(f=0) \leqslant 2^{n-1}$, 则存在 $0 \neq g(x) \in \mathbb{B}_n$, $\deg g(x) \leqslant \left[\frac{n+1}{2}\right]$ 使得 $g(f+1) = 0$. 于是 $AI(f) \leqslant \deg g(x) \leqslant \left[\frac{n+1}{2}\right]$. □

下面例子表明 $AI(f)$ 的上界 $\left[\frac{n+1}{2}\right]$ 对每个 $n \geqslant 1$ 都可以达到.

例 11.3　设 $n \geqslant 1$, 如下定义 $F(x_1, \cdots, x_n) = F(x) \in \mathbb{B}_n$: 对于 $a = (a_1, \cdots, a_n) \in \mathbb{F}_2^n$,

$$F(a) = \begin{cases} 1, & \text{若 } W_H(a) \leqslant \left[\dfrac{n-1}{2}\right], \\ 0, & \text{若 } W_H(a) \geqslant n - \left[\dfrac{n-1}{2}\right], \\ *, & \text{若 } \left[\dfrac{n-1}{2}\right] < W_H(a) < n - \left[\dfrac{n-1}{2}\right], \end{cases}$$

这里 $*$ 任意取 0 或 1, 而 $W_H(a)$ 为向量 a 的汉明重量, 即 $W_H(a) = \sharp\{i : 1 \leqslant i \leqslant n, a_i = 1\}$.

当 $n = 2m+1$ 为奇数时, $\left[\dfrac{n-1}{2}\right] = m$, 所以

$$F(a) = \begin{cases} 1, & \text{若 } W_H(a) \leqslant m, \\ 0, & \text{若 } W_H(a) \geqslant m+1. \end{cases}$$

当 $n = 2m$ 为偶数时, $\left[\dfrac{n-1}{2}\right] = m-1$, 所以

$$F(a) = \begin{cases} 1, & \text{若 } W_H(a) \leqslant m-1, \\ 0, & \text{若 } W_H(a) \geqslant m+1, \\ *, & \text{若 } W_H(a) = m. \end{cases}$$

我们证明 $AI(F)$ 达到最大可能值 $\left[\dfrac{n+1}{2}\right]$.

(1) 假设有 $0 \neq g(x) \in \mathbb{B}_n, \deg g(x) \leqslant \left[\dfrac{n+1}{2}\right] - 1 = \left[\dfrac{n-1}{2}\right]$, 使得 $g(x)F(x) = 0$, 这相当于对每个 $a \in \mathbb{F}_2^n$, $W_H(a) \leqslant \left[\dfrac{n-1}{2}\right]$, 必然 $g(a) = 0$ (因为 $F(a) = 1$). 设

$$g(x) = g_0(x) + g_1(x) + \cdots + g_N(x), \quad N = \left[\frac{n-1}{2}\right],$$

其中 $g_\lambda(x)$ 为 $g(x)$ 的 λ 次齐次部分 (多项式 $g(x)$ 中 λ 次单项式之和). 由于 $F(0) = 1$, 可知 $g(0) = 0$, 即 $g_0(x) = 0$. 现在设 $1 \leqslant \lambda \leqslant N$, 所有 $g_0(x), \cdots, g_{\lambda-1}(x)$ 均为零多项式, 对于任意 $1 \leqslant i_1 < i_2 < \cdots < i_\lambda \leqslant n$, 设 $a = (a_1, \cdots, a_n)$,

其中 i 为 $i_1,\cdots,i_\lambda$ 时, $a_i=1$, 而其余 $a_i=0$. 则 $W_H(a)=\lambda\leqslant N=\left[\dfrac{n-1}{2}\right]$. 于是 $g(a)=0$. 但是由于 $g(x)=g_\lambda(x)+g_{\lambda+1}(x)+\cdots+g_N(x)$, 对于 $g(x)$ 中出现的每个单项式 $f(x_1,\cdots,x_n)=x_{j_1}\cdots x_{j_l}$, 必然 $l\geqslant\lambda$. 若 $l\geqslant\lambda+1$, 由 $W_H(a)=\lambda<l$ 可知 $f(a)=0$. 从而 $g_{\lambda+1}(a)=\cdots=g_N(a)=0$. 于是 $0=g(a)=g_\lambda(a)$. 若 $g_\lambda(x)$ 中出现单项式 $x_{i_1}\cdots x_{i_\lambda}$, 则它在 a 处取值为 $a_{i_1}\cdots a_{i_\lambda}=1$. 而对 $g_\lambda(x)$ 的其他 λ 次单项式, 在 a 均取值为 0. 由 $g_\lambda(a)=0$ 可知 $g_\lambda(x)$ 中没有单项式 $x_{i_1}\cdots x_{i_\lambda}$. 由于 $i_1,\cdots,i_\lambda$ 是 1 到 n 之间任意 λ 个不同的整数, 这就表明 $g_\lambda(x)=0$. 归纳下去可知 $g_0(x),\cdots,g_N(x)$ 均为 0, 即 $g(x)=0$. 这就导致矛盾. 因此若有 $0\neq g(x)\in\mathbb{B}_n$, $g(x)F(x)=0$, 则 $\deg g(x)\geqslant\left[\dfrac{n+1}{2}\right]$.

(2) 假设有 $0\neq g(x)\in\mathbb{B}_n$, $g(x)(F(x)+1)=0$. 令 $g'(x)=g(x+\mathbb{1})$, 其中 $\mathbb{1}$ 为全 1 向量 $(1,1,\cdots,1)\in\mathbb{F}_2^n$. 则 $g'(x)(F(x+\mathbb{1})+1)=0$. 当 $W_H(a+\mathbb{1})\geqslant n-\left[\dfrac{n-1}{2}\right]$ 时, $F(a+\mathbb{1})=0$, 从而 $g'(a)=0$. 但是 $W_H(a+\mathbb{1})\geqslant n-\left[\dfrac{n-1}{2}\right]$ 相当于 $W_H(a)\leqslant\left[\dfrac{n-1}{2}\right]$. 从而对所有 $a\in\mathbb{F}_2^n$, $W_H(a)\leqslant\left[\dfrac{n-1}{2}\right]$, 均有 $g'(a)=0$. 在 (1) 中已证此时必然 $\deg g'(x)\geqslant\left[\dfrac{n+1}{2}\right]$. 于是 $\deg g(x)=\deg g(x+\mathbb{1})=\deg g'(x)\geqslant\left[\dfrac{n+1}{2}\right]$.

由 (1) 和 (2) 可知 $AI(F(x))\geqslant\left[\dfrac{n+1}{2}\right]$. 但是定理 11.10 给出 $AI(F(x))\leqslant\left[\dfrac{n+1}{2}\right]$, 这就得到 $AI(F(x))=\left[\dfrac{n+1}{2}\right]$.

现在介绍布尔函数 f 的代数免疫度 $AI(f)$ 和其他密码学性质 (平衡性、次数 $\deg(f)$、非线性度 $nl(f)$) 之间的联系. 详细证明可见文献 [32] 第 7 章.

(1) $AI(f)\leqslant\min\left\{\left[\dfrac{n+1}{2}\right],\deg f\right\}$. 这在前面已经证明. 特别地, $\deg(f)\geqslant AI(f)$. 即当 $AI(f)$ 很大时, 次数 $\deg f$ 也很大.

(2) 若 $f\in\mathbb{B}_n$, $AI(f)\geqslant d$, 则

$$\sum_{i=0}^{d-1}\binom{n}{i}\leqslant W_H(f)\leqslant\sum_{i=0}^{n-d}\binom{n}{i}.$$

这可用例 11.3 的方法来证明. 特别地, 如果 $AI(f)$ 达到最佳值 $\left[\dfrac{n+1}{2}\right]$, 则:

① 当 $2 \nmid n$ 时 $f(x)$ 为平衡函数; ② 而当 $n=2k$ 时, $\sum\limits_{i=0}^{k-1}\binom{n}{i} \leqslant W_H(f) \leqslant \sum\limits_{i=0}^{k}\binom{n}{i}$. 由于 $\sum\limits_{i=0}^{k-1}\binom{n}{i}+\frac{1}{2}\binom{n}{k}=2^{n-1}$, 可知 $|N(f=0)-N(f=1)|=|2^n-2W_H(f)| \leqslant \binom{n}{n/2}$. (注意 $2^n-2W_H(f)=0$ 相当于 f 是平衡的.)

(3) $f \in \mathbb{B}_n$, $AI(f)=d$, 则

$$nl(f) \geqslant 2^{n-1}-\sum_{i=d-1}^{n-d}\binom{n-1}{i}=2\sum_{i=0}^{d-2}\binom{n-1}{i}.$$

(3) 中结果是说: 若 $f \in \mathbb{B}_n$, $AI(f)=d$, 则

$$nl(f) \geqslant 2^{n-1}-N(d), \tag{11.5.1}$$

其中

$$N(d)=\sum_{i=d-1}^{n-d}\binom{n-1}{i}.$$

特别地, 当 $d=\left[\frac{n+1}{2}\right]$, 即 $AI(f)$ 达到最大值时,

$$N\left(\left[\frac{n+1}{2}\right]\right)=\begin{cases}\dbinom{2m}{m}, & 若\ n=2m+1,\\ \dbinom{2m-1}{m}+\dbinom{2m-1}{m-1}=2\dbinom{2m-1}{m}, & 若\ n=2m.\end{cases}$$

由 Stirling 公式, 可知当 $n \to \infty$ 时, $N\left(\left[\frac{n+1}{2}\right]\right) \sim c\frac{2^{n-1}}{\sqrt{n}}$, 其中 c 为常数. 它和 (11.5.1) 式右边的主项 2^{n-1} 只相差一个因子 $\frac{1}{\sqrt{n}}$, 而 n 元布尔函数的非线性度在 $2|m$ 时最大值为 $2^{n-1}-2^{\frac{n}{2}-1}$(bent 函数), 在 $2 \nmid m$ 时也 $\geqslant 2^{n-1}-2^{\frac{n+1}{2}}$. 即 $2^{n-1}-nl(f)=O(2^{\frac{n}{2}})$. 从而 (11.5.1) 中的上界和 $nl(f)$ 的最大值还有相当的距离. 事实上, 在 2008 年之前, 人们主要构作了两系列布尔函数 $f \in \mathbb{B}_n$, $AI(f)$ 达到最佳值 $\left[\frac{n+1}{2}\right]$, 但是 $nl(f)=2^{n-1}-M$, 其中 M 均 $\geqslant c \cdot \frac{2^{n-1}}{\sqrt{n}}$. 2008 年 C. Carlet 和冯克勤在文献 [38] 中取得了突破.

[38] 中对每个 $n \geqslant 1$ 均构作了 n 元平衡布尔函数 f, $AI(f)$ 达到最佳值 $\left[\frac{n+1}{2}\right]$, 非线性度 $nl(f)=2^{n-1}-M(n)$, 其中当 $n \to \infty$ 时, $M(n) \sim cn \cdot 2^{n/2}$,

其阶数远低于前人的 $\dfrac{2^{n-1}}{\sqrt{n}}$, 并且渐近于最佳非线性度对应的 $2^{\frac{n}{2}-1}$(相差一个因子 n). 此外, 它的次数 $\deg f = n-1$ 也达到平衡函数的最大可能.

[38] 中构作 n 元布尔函数是把 $\mathbb{F}_2^n$ 看成 $\mathbb{F}_q$, $q=2^n$. 设 $\mathbb{F}_q^{\times} = \langle\alpha\rangle$, 固定一个 $i, 0 \leqslant i \leqslant q-2$, 令 $S=\{\alpha^i, \alpha^{i+1}, \cdots, \alpha^{i+2^{n-1}-1}\}, |S|=2^{n-1}$. 定义 $F: \mathbb{F}_q \to \mathbb{F}_2$ 为

$$F(x)=\begin{cases} 1, & \text{若 } x\in S,\\ 0, & \text{否则}.\end{cases}$$

定理 11.11 对于上面定义的 $n\ (\geqslant 2)$ 元布尔函数 $F(x)$,

(1) F 是平衡函数并且 $\deg f = n-1$;

(2) $AI(F) = \left[\dfrac{n+1}{2}\right]$ 达到最大值;

(3) $nl(F) \geqslant 2^{n-1} - cn\cdot 2^{\frac{n}{2}}$, 其中 c 是不依赖于 n 的常数.

证明 (1) 由 $|S| = 2^{n-1}$ 可知 $F(x)$ 是平衡的. 为计算 $\deg F$, 我们要给出 $F(x)$ 在 $\mathbb{F}_q[x]$ 中的多项式表达式. 由于

$$1-\beta^{q-1}=\begin{cases} 1, & \text{若 } \beta=0,\\ 0, & \text{若 } \beta\in\mathbb{F}_q^{\times},\end{cases}$$

用 Lagrange 插值公式和 $F(x)$ 的定义可知

$$\begin{aligned} F(x) &= \sum_{a\in S}(1-(x-a)^{q-1})\\ &= |S| + \sum_{j=0}^{2^{n-1}-1}(x-\alpha^{i+j})^{q-1} \quad (\text{在 } \mathbb{F}_q \text{ 中 } |S| = 2^{n-1}=0)\\ &= \sum_{j=0}^{2^{n-1}-1}\frac{x^q-\alpha^{(i+j)q}}{x-\alpha^{i+j}} = \sum_{j=0}^{2^{n-1}-1}\sum_{\lambda=0}^{q-1}\alpha^{(i+j)(q-\lambda-1)}x^{\lambda}\\ &= \sum_{\lambda=0}^{q-1}c_\lambda x^\lambda, \end{aligned}$$

其中

$$c_\lambda = \left(\sum_{j=0}^{2^{n-1}-1}\alpha^{(q-\lambda-1)j}\right)\alpha^{(q-\lambda-1)i}\in\mathbb{F}_q.$$

由于 $\deg F$ 是指将 $F(x)$ 表成 $F(x_1,\cdots,x_n):\mathbb{F}_2^n\to\mathbb{F}_2$ 之后关于 $x_1,\cdots,x_n$ 的次数. 而用 c_λ 来表示则为

$$\deg F=\max\{s(\lambda):0\leqslant\lambda\leqslant q-1,c_\lambda\neq 0\}.$$

这里 $s(\lambda)$ 是 λ 的二进制展开的数字和. 由于 $s(\lambda)=n$ 的只有 $\lambda=q-1=2^n-1$, 而

$$c_{q-1}=\alpha^0\sum_{j=0}^{2^{n-1}-1}\alpha^0=2^{n-1}=0\quad(\text{已假设 } n\geqslant 2).$$

所以 $\deg F\leqslant n-1$. 为证 $\deg F=n-1$, 只需对于 $\lambda=q-2$ $(s(\lambda)=n-1)$ 计算出 $c_{q-2}\neq 0$ 即可. 事实上, $c_{q-2}=\alpha^i\sum\limits_{j=0}^{2^{n-1}-1}\alpha^j=\dfrac{\alpha^i(1-\alpha^{2^{n-1}})}{1-\alpha}\neq 0$ (因为 α 是 2^n-1 阶元素). 这就证明了 $\deg F=n-1$.

(2) 假设存在 $g(x):\mathbb{F}_q\to\mathbb{F}_2$, $\deg g\leqslant\left[\dfrac{n-1}{2}\right]$, 使得 $g(x)F(x)=0$. 于是对于 $\beta\in S$, 由 $F(\beta)=1$ 可知 $g(\beta)=0$. 从而

$$g(\alpha^i)=g(\alpha^{i+1})=\cdots=g(\alpha^{i+2^{n-1}-1})=0.\tag{11.5.2}$$

设 $g(x)=\sum\limits_{j=0}^{2^n-1}g_jx^j$ $(g_j\in\mathbb{F}_q)$, 由 $\deg g\leqslant\left[\dfrac{n-1}{2}\right]$ 可知当 $s(j)\geqslant\left[\dfrac{n+1}{2}\right]$ 时 $g_j=0$, 从而 $g(x)=\sum\limits_{\substack{j=0\\ s(j)\leqslant\left[\frac{n-1}{2}\right]}}^{2^n-1}g_jx^j$. 而由 (11.5.2) 式给出

$$0=g(\alpha^\lambda)=\sum_{\substack{j=0\\ s(j)\leqslant\left[\frac{n-1}{2}\right]}}^{2^n-1}g_j\alpha^{\lambda j}\quad(i\leqslant\lambda\leqslant i+2^{n-1}-1)\tag{11.5.3}$$

将 (11.5.3) 看成是以 $\left\{g_j:s(j)\leqslant\left[\dfrac{n-1}{2}\right]\right\}$ 为变量的 2^{n-1} 个齐次线性方程组成的方程组. 变量个数 $N=\sum\limits_{\lambda=0}^{\left[\frac{n-1}{2}\right]}\binom{n}{\lambda}$ 小于方程个数 2^{n-1}. 系数矩阵是 2^{n-1} 行 N 列,

元素属于 $\mathbb{F}_q$ 的 $\left(设\ \{j_1, j_2, \cdots, j_N\} = \left\{j : s(j) \leqslant \left[\frac{n-1}{2}\right]\right\}\right)$

$$\boldsymbol{M} = \begin{bmatrix} \alpha^{j_1 i} & \alpha^{j_2 i} & \cdots & \alpha^{j_N i} \\ \alpha^{j_1(i+1)} & \alpha^{j_2(i+1)} & \cdots & \alpha^{j_N(i+1)} \\ \vdots & \vdots & & \vdots \\ \alpha^{j_1(i+2^{n-1}-1)} & \alpha^{j_2(i+2^{n-1}-1)} & \cdots & \alpha^{j_N(i+2^{n-1}-1)} \end{bmatrix}.$$

由于 $j_1, \cdots, j_N$ 是模 $2^n - 1$ 彼此不同余的, 可知 $\alpha^{j_1}, \alpha^{j_2}, \cdots, \alpha^{j_N}$ 是 $\mathbb{F}_q$ 中彼此不同的非零元素. $\boldsymbol{M}$ 中前 N 行构成的方阵是范德蒙德方阵, 行列式不为 0. 于是矩阵 $\boldsymbol{M}$ 的秩为 N. 从而方程组 (11.5.3) 只有全零解, 即 (11.5.3) 中的所有系数 g_j 均为 0. 这就表明, 若 $g(x) : \mathbb{F}_q \to \mathbb{F}_2$ 满足 $g(x)F(x) = 0$ 且 $g(x) \neq 0$, 则 $\deg g(x) \geqslant \left[\frac{n+1}{2}\right]$. 再设 $g(x) : \mathbb{F}_q \to \mathbb{F}_2$, $\deg g \leqslant \left[\frac{n-1}{2}\right]$ 使得 $g(x)(F(x)+1) = 0$, 由定义知 $F(\alpha^\lambda) = 0(i + 2^{n-1} \leqslant \lambda \leqslant i + 2^n - 2)$ 和 $F(0) = 0$. 于是 $g(\alpha^\lambda) = 0(i + 2^{n-1} \leqslant \lambda \leqslant i + 2^n - 2)$, $g(0) = 0$. 由 $\deg g \leqslant \left[\frac{n-1}{2}\right]$ 可知

$$g(x) = \sum_{\substack{j=1 \\ 1 \leqslant s(j) \leqslant \left[\frac{n-1}{2}\right]}}^{2^n-1} g_j x^j + g_0 \ (g_j \in \mathbb{F}_q).$$

由 $g(0) = 0$ 可知 $g_0 = 0$. 从而 $g(x) = \sum\limits_{\substack{j=1 \\ 1 \leqslant s(j) \leqslant \left[\frac{n-1}{2}\right]}}^{2^n-1} g_j x^j$ 共有 $\sum\limits_{\lambda=1}^{\left[\frac{n-1}{2}\right]} \binom{n}{\lambda} = N-1$ 个系数 g_j, 由 $g(\alpha^\lambda) = 0\ (i+2^{n-1} \leqslant \lambda \leqslant i+2^n-2)$ 给出关于 $N-1$ 个 g_j 的齐次线性方程组, 方程个数为 $2^{n-1} - 1, 2^{n-1} - 1 \geqslant N - 1$. 方程组的系数阵为 $2^{n-1} - 1$ 行 $N - 1$ 列, 它的前 $N - 1$ 行组成范德蒙德方阵, 从而系数阵的秩为 $N - 1$. 于是只有全零解, 即 $g(x) = 0$. 这表明: 若有 $0 \neq g(x) : \mathbb{F}_q \to \mathbb{F}_2$ 使得 $g(x)(F(x)+1) = 0$, 则 $\deg g \geqslant \left[\frac{n+1}{2}\right]$.

综合上述, 得到 $AI(F) \geqslant \left[\frac{n+1}{2}\right]$. 于是 $AI(F) = \left[\frac{n+1}{2}\right]$ 达到最大值.

(3) $F(x)$ 的 Walsh 变换为: 对于 $a \in \mathbb{F}_q$,

$$W_F(a) = \sum_{x \in \mathbb{F}_q} (-1)^{F(x)+T(ax)} \quad (T : \mathbb{F}_q \to \mathbb{F}_2 \text{ 为迹映射}),$$

由于 F 是平衡的, $W_F(0)=0$. 以下设 $a\in\mathbb{F}_q^\times$, 则 $a=\alpha^t(0\leqslant t\leqslant 2^n-2)$. 于是

$$
\begin{aligned}
W_F(a)&=\sum_{\substack{x\in\mathbb{F}_q\\F(x)=0}}(-1)^{T(ax)}-\sum_{\substack{x\in\mathbb{F}_q\\F(x)=1}}(-1)^{T(ax)}=\sum_{x\in\mathbb{F}_q}(-1)^{T(ax)}-2\sum_{\substack{x\in\mathbb{F}_q\\F(x)=1}}(-1)^{T(ax)}\\
&=-2\sum_{\substack{x\in\mathbb{F}_q\\F(x)=1}}(-1)^{T(ax)}\quad\left(\text{由 } a\neq 0 \text{ 知 } \sum_{x\in\mathbb{F}_q}(-1)^{T(ax)}=\sum_{x\in\mathbb{F}_q}(-1)^{T(x)}=0\right)\\
&=-2\sum_{\lambda=0}^{2^{n-1}-1}(-1)^{T(\alpha^{\lambda+t+i})}
\end{aligned}\tag{11.5.4}
$$

这是对于 $\mathbb{F}_q$ 的加法特征的求和, 不过只对 $\mathbb{F}_q$ 的一个子集合而不是整个 $\mathbb{F}_q$ 上求和. 这种“不完全”特征和是解析数论的重要研究对象. 对于 $\mathbb{F}_q$ 的一个“好”的子集合 S, 不完全特征和 $\sum\limits_{x\in S}(-1)^{T(x)}$ 的理想估计是 $|S|^{1/2}\cdot\ln|S|$. 若如此, 则上式右边的估计为 $2^{\frac{n-1}{2}}\cdot\left(\dfrac{n-1}{2}\right)$, 这就是我们所希望的估计. 下面是常用的估计方法, 通过傅里叶反变换把加法特征表示成高斯和 (在 11.3 节我们曾用过此法). 对于 $\mathbb{F}_q$ 的乘法特征 $\chi\in\widehat{\mathbb{F}}_q^*$, 由 $G(\chi)=\sum\limits_{x\in\mathbb{F}_q^\times}\chi(x)(-1)^{T(x)}$ 和乘法群 $\mathbb{F}_q^\times$ 上傅里叶反变换可知对每个 $x\in\mathbb{F}_q^\times$, $(-1)^{T(x)}=\dfrac{1}{q-1}\sum\limits_{\chi\in\widehat{\mathbb{F}}_q^*}G(\chi)\overline{\chi}(x)$. 于是由 (11.5.4) 式给出: 对于 $a=\alpha^t$,

$$
\begin{aligned}
-\frac{1}{2}W_F(a)&=\frac{1}{q-1}\sum_{\lambda=0}^{2^{n-1}-2}\sum_{\chi\in\widehat{\mathbb{F}}_q^*}G(\chi)\overline{\chi}(a)^{\lambda+t+i}\\
&=\frac{1}{q-1}\sum_{\chi\in\widehat{\mathbb{F}}_q^*}G(\chi)\overline{\chi}(\alpha)^{t+i}\sum_{\lambda=0}^{2^{n-1}-2}\overline{\chi}(\alpha)^{\lambda}\\
&=\frac{1}{q-1}\left[\sum_{1\neq\chi\in\widehat{\mathbb{F}}_q^*}G(\chi)\overline{\chi}(\alpha)^{t+i}\frac{1-\overline{\chi}(\alpha)^{2^{n-1}-1}}{1-\overline{\chi}(\alpha)}-(2^{n-1}-1)\right].
\end{aligned}
$$

对于 $u\in\mathbb{F}_q^\times$ 和 $\chi\neq 1, |G(\chi)|=\sqrt{q}$. 从而

$$
|W_F(a)|\leqslant\frac{2\sqrt{q}}{q-1}\sum_{1\neq\chi\in\widehat{\mathbb{F}}_q^*}\left|\frac{1-\chi(\alpha)^{2^{n-1}-1}}{1-\chi(\alpha)}\right|+1.
$$

$\mathbb{F}_q^{\times}$ 的非平凡特征为 ω^{μ} $(1 \leqslant \mu \leqslant q-2)$, 其中 $\omega(\alpha) = \zeta_{q-1}$. 以下记 ζ_{q-1} 为 ζ, 则

$$\sum_{1 \neq \chi \in \widehat{\mathbb{F}}_q^*} \left| \frac{1-\chi(\alpha)^{2^{n-1}-1}}{1-\chi(\alpha)} \right| = \sum_{\mu=1}^{q-2} \left| \frac{1-\zeta^{(2^{n-1}-1)\mu}}{1-\zeta^{\mu}} \right|$$

$$= \sum_{\mu=1}^{q-2} \left| \frac{\sin\left(\dfrac{\pi\mu(2^{n-1}-1)}{q-1}\right)}{\sin \pi\mu/(q-1)} \right| \quad \left(\text{由于} |1-\zeta^l| = |\zeta^{-l/2}-\zeta^{l/2}| = \left|2\sin\frac{\pi l}{q-1}\right|\right)$$

$$\leqslant \sum_{\mu=1}^{q-2} \left| \sin \frac{\pi\mu}{q-1} \right|^{-1} = 2\sum_{\mu=1}^{\frac{q}{2}-1} \left(\sin \frac{\pi\mu}{q-1} \right)^{-1} \quad (\text{由于} \sin(\theta) = \sin(\pi-\theta)).$$

进一步估计 $\sum\limits_{\mu=1}^{\frac{q}{2}-1} \left(\sin \dfrac{\pi\mu}{q-1} \right)^{-1}$ 的上界则用大学微积分. 当 $0 \leqslant |t \pm \theta| \leqslant \pi/2$ 时, $(\sin(t+\theta))^{-1} + (\sin(t-\theta))^{-1} > 2(\sin(t))^{-1}$. 因此

$$\int_{t-\frac{\theta}{2}}^{t+\frac{\theta}{2}} \frac{du}{\sin(u)} \geqslant \theta \cdot (\sin t)^{-1}.$$

取 $\theta = \dfrac{\pi}{q-1}$, 得到

$$\sum_{\mu=1}^{\frac{q}{2}-1} \left(\sin \frac{\pi\mu}{q-1} \right)^{-1} \leqslant \frac{q-1}{\pi} \sum_{\mu=1}^{\frac{q}{2}-1} \int_{\frac{\pi\mu}{q-1}-\frac{\pi}{2(q-1)}}^{\frac{\pi\mu}{q-1}+\frac{\pi}{2(q-1)}} \frac{du}{\sin(u)}$$

$$= \frac{q-1}{\pi} \int_{\frac{\pi}{2(q-1)}}^{\frac{\pi}{2}} \frac{du}{\sin(u)} = \frac{q-1}{\pi} \left(\ln\tan\left(\frac{u}{2}\right) \right) \Big|_{\frac{\pi}{2(q-1)}}^{\frac{\pi}{2}}$$

$$= \frac{-(q-1)}{\pi} \ln\tan\left(\frac{\pi}{4(q-1)}\right),$$

$$|W_F(a)| \leqslant \frac{2\sqrt{q}}{q-1} \frac{2(q-1)}{\pi} \ln\left(\tan\left(\frac{\pi}{4(q-1)}\right)\right)^{-1} + 1$$

$$\leqslant \frac{4\sqrt{q}}{\pi} \ln\frac{4(q-1)}{\pi} + 1 \quad (\text{由于} \tan(x) \geqslant x).$$

从而

$$nl(F) = 2^{n-1} - \max\{|W_F(a)| : a \in \mathbb{F}_q\} \cdot \frac{1}{2}$$

$$\geqslant 2^{n-1} - \frac{2\sqrt{q}}{\pi}\ln\frac{4(q-1)}{\pi} - \frac{1}{2} \sim 2^{n-1} - \frac{2\ln 2}{\pi} \cdot n \cdot 2^{n/2}.$$

这就证明了定理 11.11. □

2008 年以后, 人们建议了布尔函数 $F(x)$ 的许多新的版本, 对于多种密码学性质都性质良好. 此外, 在代数攻击发明之后不久, 人们又提出“快速”代数攻击方式. 文献 [38] 中对于较小的 n 值进行计算, 表明函数 $F(x)$ 可以抵抗快速代数攻击. 而刘美成等于 2012 年的文章 [39] 给出快速代数攻击的进一步数学研究, 在理论上证明了对任何 $n \geqslant 2$, 函数 $F(x)$ 在抵抗快速代数攻击方面也是最优的.

参考文献

[1] Serre J P. A Course in Arithmetic. New York: Springer-Verlag, 1977. (中译本: 赛尔. 数论教程. 冯克勤, 译. 北京: 高等教育出版社, 2007.)

[2] Berndt B C, Evans R J, Williams K S. Gauss Sums and Jacobi Sums. New York: Wiley-Interscience, 1998.

[3] Ireland K, Rosen M. A Classical Introduction to Modern Number Theory, GTM 84. Berlin, New York: Springer-Verlag, 1978.

[4] Storer T. Cyclotomy and Difference Sets. Chicago: Markham Publishing Company, 1967.

[5] Wan Z X. Design Theory. 北京: 高等教育出版社, 2009.

[6] Roy A, Suda S. Complex spherical designs and codes. Journal of Combinatorial Designs, 2014, 22: 105-148.

[7] Appleby M, Flammia S, Mcconnell G, et al. Generating ray class fields of real quadratic fields via complex equiangular lines. arXiv: 1604. 06098v2, 2016.

[8] Appleby M, Flammia S, Mcconnell G, et al. SIC's and algebraic number theory. Foundations of Physics, 2017, 47: 1042-1059.

[9] Bengtsson I. The numbers behind the simplest SIC-POVM. arXiv: 1611. 09087, 2016.

[10] MacWilliams F J, Sloane N J A. The Theory of Error-Correcting Codes. Amsterdam, New York, Oxford: North-Holland Publishing Company, 1977.

[11] van Lint J H. Introduction to Coding Theory, GTM 86. 3rd ed. Berlin: Springer-Verlag, 2000.

[12] 万哲先. 代数和编码. 3 版. 北京: 高等教育出版社, 2007.

[13] 冯克勤. 纠错码的代数理论. 北京: 清华大学出版社, 2005.

[14] Assmus E F, Key J D. Designs and Their Codes. Cambridge: Cambridge University Press, 1992.

[15] Baumer D. Cyclic Difference Sets. Lecture Notes in Mathematics, 182. Berlin: Springer, 1971.

[16] Cai Y, Ding C S. Binary sequences with optimal autocorrelation. Theoretical Computer Science, 2009, 410(24-25): 2316-2322.

[17] Niu X L, Cao H T, Feng K Q. Binary periodic sequences with 2-level autocorrelation values. Discrete Mathematics, 2020, 343(3): 111723.

[18] Schmidt K U. Sequences with small correlation. Designs, Codes and Cryptography, 2016, 78: 237-267.

[19] Chee Y M, Tan Y, Zhou Y. Almost p-ary perfect sequences. Lecture Notes on Computer Science (LNCS) 6338, 2010: 399-415.

[20] Özbudak F, Yayla O, Yildirim C C. Nonexistence of perfect p-ary sequences and almost p-ary sequences. Advances in Cryptology-ASIACRYPT, 2012, 7280: 13-24.

[21] Liu H Y, Feng K Q. New results on nonexistence of perfect p-ary sequences and almost p-ary sequences. Acta Math. Sinica (English series), 2016, 32(1): 2-10.

[22] Ma S L, Ng W S. On non-existence of perfect and nearly perfect sequences. International Journal of Information and Coding Theory, 2009, 1(1): 15-38.

[23] Klapper A, Goresky M. Feedback shift registers, 2-adic span and combiners with memory. Journal of Cryptology, 1997, 10(2): 111-147.

[24] Hu H G. Comments on "A new method to compute the 2-adic complexity of binary sequences". IEEE Transactions on Information Theory, 2014, 60(9): 5803-5804.

[25] Yang M H, Feng K Q. Determination of 2-adic complexity of generalized binary sequences of order 2. arXiv: 2007.15327v1, 2020.

[26] Ding C. Linear complexity of generalized cyclotomic binary sequences of order 2. Finite Fields Appl., 1997, 3(2): 159-174.

[27] Sun Y, Wang Q, Yan T. A lower bound on the 2-adic complexity of the modified Jacobi sequence. Cryptography and Communication, 2019, 11(2): 337-349.

[28] Hofer R, Winterhof A. On the 2-adic complexity of the two-prime generator. IEEE Transactions on Information Theory, 2018, 64(8): 5957-5960.

[29] Jing X, Xu Z, Yang M, et al. On the p-adic complexity of the Ding-Helleseth-Martinsen binary sequences. Chinese Journal of Electronics, 2021, 30(1): 64-71.

[30] Qiang S Y, Li Y, Yang M H, et al. The 4-adic complexity of a class of quaternary cyclotomic sequences with period $2p$. arXiv: 2011.11875v1, 2020.

[31] Zhang L, Zhang J, Yang M, et al. On the 2-adic complexity of the Ding-Helleseth-Martinsen binary sequences. IEEE Transactions on Information Theory, 2020, 66(7): 4613-4620.

[32] 李超, 屈龙江, 周悦. 密码函数的安全性指标分析. 北京: 科学出版社, 2011.

[33] Carlet C. Boolean Functions for Cryptography and Error Correcting Codes. Cambridge: Cambridge University Press, 2002.

[34] Mesnager S. Bent Functions, Fundamentals and Results. New York: Springer, 2016.

[35] Langevin P, Leander G. Monomial bent functions and Stickelberger's theorem. Finite Fields and Their Applications, 2018, 14: 727-742.

[36] Kumar P V, Scholtz R A, Welch L R. Generalized bent functions and their properties. Journal of Combinatorial Theory, Series A, 1985, 40(1): 90-107.

[37] Feng K. Generalized bent functions and class group of imaginary quadratic fields. Sci. China, Ser A, 2001, 44: 562-570.

[38] Carlet C, Feng K. An infinite class of balanced functions with optimal algebraic immunity, good immunity to fast algebraic attacks and good nonlinearity. ASIACRYPT 2008, Lecture Notes on Computer Science, 5350. New York: Springer-Varlag, 2008: 425-440.

[39] Liu M C, Zhang Y, Lin D D. Perfect Algebraic Immune Functions. Advances in Cryptology-ASIACRYPT, 2012: 172-189.

[40] Klappenecker A, Rötteler M. Construction of mutually unbiased bases. Lecture Notes in Computer Science, 2004, 2948: 137-144.

[41] 冯克勤. 代数数论. 北京: 科学出版社, 2000.

《现代数学基础丛书》已出版书目

(按出版时间排序)

1　数理逻辑基础(上册)　1981. 1　胡世华　陆钟万　著
2　紧黎曼曲面引论　1981. 3　伍鸿熙　吕以辇　陈志华　著
3　组合论(上册)　1981. 10　柯　召　魏万迪　著
4　数理统计引论　1981. 11　陈希孺　著
5　多元统计分析引论　1982. 6　张尧庭　方开泰　著
6　概率论基础　1982. 8　严士健　王隽骧　刘秀芳　著
7　数理逻辑基础(下册)　1982. 8　胡世华　陆钟万　著
8　有限群构造(上册)　1982. 11　张远达　著
9　有限群构造(下册)　1982. 12　张远达　著
10　环与代数　1983. 3　刘绍学　著
11　测度论基础　1983. 9　朱成熹　著
12　分析概率论　1984. 4　胡迪鹤　著
13　巴拿赫空间引论　1984. 8　定光桂　著
14　微分方程定性理论　1985. 5　张芷芬　丁同仁　黄文灶　董镇喜　著
15　傅里叶积分算子理论及其应用　1985. 9　仇庆久等　编
16　辛几何引论　1986. 3　J. 柯歇尔　邹异明　著
17　概率论基础和随机过程　1986. 6　王寿仁　著
18　算子代数　1986. 6　李炳仁　著
19　线性偏微分算子引论(上册)　1986. 8　齐民友　著
20　实用微分几何引论　1986. 11　苏步青等　著
21　微分动力系统原理　1987. 2　张筑生　著
22　线性代数群表示导论(上册)　1987. 2　曹锡华等　著
23　模型论基础　1987. 8　王世强　著
24　递归论　1987. 11　莫绍揆　著
25　有限群导引(上册)　1987. 12　徐明曜　著
26　组合论(下册)　1987. 12　柯　召　魏万迪　著
27　拟共形映射及其在黎曼曲面论中的应用　1988. 1　李　忠　著
28　代数体函数与常微分方程　1988. 2　何育赞　著

29 同调代数 1988. 2 周伯壎 著
30 近代调和分析方法及其应用 1988. 6 韩永生 著
31 带有时滞的动力系统的稳定性 1989. 10 秦元勋等 编著
32 代数拓扑与示性类 1989. 11 马德森著 吴英青 段海豹译
33 非线性发展方程 1989. 12 李大潜 陈韵梅 著
34 反应扩散方程引论 1990. 2 叶其孝等 著
35 仿微分算子引论 1990. 2 陈恕行等 编
36 公理集合论导引 1991. 1 张锦文 著
37 解析数论基础 1991. 2 潘承洞等 著
38 拓扑群引论 1991. 3 黎景辉 冯绪宁 著
39 二阶椭圆型方程与椭圆型方程组 1991.4 陈亚浙 吴兰成 著
40 黎曼曲面 1991. 4 吕以辇 张学莲 著
41 线性偏微分算子引论(下册) 1992. 1 齐民友 徐超江 编著
42 复变函数逼近论 1992. 3 沈燮昌 著
43 Banach 代数 1992. 11 李炳仁 著
44 随机点过程及其应用 1992. 12 邓永录等 著
45 丢番图逼近引论 1993. 4 朱尧辰等 著
46 线性微分方程的非线性扰动 1994. 2 徐登洲 马如云 著
47 广义哈密顿系统理论及其应用 1994. 12 李继彬 赵晓华 刘正荣 著
48 线性整数规划的数学基础 1995. 2 马仲蕃 著
49 单复变函数论中的几个论题 1995. 8 庄圻泰 著
50 复解析动力系统 1995. 10 吕以辇 著
51 组合矩阵论 1996. 3 柳柏濂 著
52 Banach 空间中的非线性逼近理论 1997. 5 徐士英 李 冲 杨文善 著
53 有限典型群子空间轨道生成的格 1997. 6 万哲先 霍元极 著
54 实分析导论 1998. 2 丁传松等 著
55 对称性分岔理论基础 1998. 3 唐 云 著
56 Gel'fond-Baker 方法在丢番图方程中的应用 1998. 10 乐茂华 著
57 半群的 S-系理论 1999. 2 刘仲奎 著
58 有限群导引(下册) 1999. 5 徐明曜等 著
59 随机模型的密度演化方法 1999. 6 史定华 著
60 非线性偏微分复方程 1999. 6 闻国椿 著
61 复合算子理论 1999. 8 徐宪民 著
62 离散鞅及其应用 1999. 9 史及民 编著

63 调和分析及其在偏微分方程中的应用 1999. 10 苗长兴 著
64 惯性流形与近似惯性流形 2000. 1 戴正德 郭柏灵 著
65 数学规划导论 2000. 6 徐增堃 著
66 拓扑空间中的反例 2000. 6 汪 林 杨富春 编著
67 拓扑空间论 2000. 7 高国士 著
68 非经典数理逻辑与近似推理 2000. 9 王国俊 著
69 序半群引论 2001. 1 谢祥云 著
70 动力系统的定性与分支理论 2001. 2 罗定军 张 祥 董梅芳 编著
71 随机分析学基础(第二版) 2001. 3 黄志远 著
72 非线性动力系统分析引论 2001. 9 盛昭瀚 马军海 著
73 高斯过程的样本轨道性质 2001. 11 林正炎 陆传荣 张立新 著
74 数组合地图论 2001. 11 刘彦佩 著
75 光滑映射的奇点理论 2002. 1 李养成 著
76 动力系统的周期解与分支理论 2002. 4 韩茂安 著
77 神经动力学模型方法和应用 2002. 4 阮炯 顾凡及 蔡志杰 编著
78 同调论—— 代数拓扑之一 2002. 7 沈信耀 著
79 金兹堡-朗道方程 2002. 8 郭柏灵等 著
80 排队论基础 2002. 10 孙荣恒 李建平 著
81 算子代数上线性映射引论 2002. 12 侯晋川 崔建莲 著
82 微分方法中的变分方法 2003. 2 陆文端 著
83 周期小波及其应用 2003. 3 彭思龙 李登峰 谌秋辉 著
84 集值分析 2003. 8 李 雷 吴从炘 著
85 数理逻辑引论与归结原理 2003. 8 王国俊 著
86 强偏差定理与分析方法 2003. 8 刘 文 著
87 椭圆与抛物型方程引论 2003. 9 伍卓群 尹景学 王春朋 著
88 有限典型群子空间轨道生成的格(第二版) 2003. 10 万哲先 霍元极 著
89 调和分析及其在偏微分方程中的应用(第二版) 2004. 3 苗长兴 著
90 稳定性和单纯性理论 2004. 6 史念东 著
91 发展方程数值计算方法 2004. 6 黄明游 编著
92 传染病动力学的数学建模与研究 2004. 8 马知恩 周义仓 王稳地 靳 祯 著
93 模李超代数 2004. 9 张永正 刘文德 著
94 巴拿赫空间中算子广义逆理论及其应用 2005. 1 王玉文 著
95 巴拿赫空间结构和算子理想 2005. 3 钟怀杰 著
96 脉冲微分系统引论 2005. 3 傅希林 闫宝强 刘衍胜 著

97　代数学中的 Frobenius 结构　2005. 7　汪明义　著
98　生存数据统计分析　2005. 12　王启华　著
99　数理逻辑引论与归结原理(第二版)　2006. 3　王国俊　著
100　数据包络分析　2006. 3　魏权龄　著
101　代数群引论　2006. 9　黎景辉　陈志杰　赵春来　著
102　矩阵结合方案　2006. 9　王仰贤　霍元极　麻常利　著
103　椭圆曲线公钥密码导引　2006. 10　祝跃飞　张亚娟　著
104　椭圆与超椭圆曲线公钥密码的理论与实现　2006. 12　王学理　裴定一　著
105　散乱数据拟合的模型方法和理论　2007. 1　吴宗敏　著
106　非线性演化方程的稳定性与分歧　2007 .4　马　天　汪守宏　著
107　正规族理论及其应用　2007.4　顾永兴　庞学诚　方明亮　著
108　组合网络理论　2007. 5　徐俊明　著
109　矩阵的半张量积:理论与应用　2007. 5　程代展　齐洪胜　著
110　鞅与 Banach 空间几何学　2007. 5　刘培德　著
111　非线性常微分方程边值问题　2007. 6　葛渭高　著
112　戴维-斯特瓦尔松方程　2007. 5　戴正德　蒋慕蓉　李栋龙　著
113　广义哈密顿系统理论及其应用　2007. 7　李继彬　赵晓华　刘正荣　著
114　Adams 谱序列和球面稳定同伦群　2007. 7　林金坤　著
115　矩阵理论及其应用　2007. 8　陈公宁　著
116　集值随机过程引论　2007. 8　张文修　李寿梅　汪振鹏　高　勇　著
117　偏微分方程的调和分析方法　2008.1　苗长兴　张　波　著
118　拓扑动力系统概论　2008. 1　叶向东　黄　文　邵　松　著
119　线性微分方程的非线性扰动(第二版)　2008.3　徐登洲　马如云　著
120　数组合地图论(第二版)　2008. 3　刘彦佩　著
121　半群的 S-系理论(第二版)　2008. 3　刘仲奎　乔虎生　著
122　巴拿赫空间引论(第二版)　2008. 4　定光桂　著
123　拓扑空间论(第二版)　2008. 4　高国士　著
124　非经典数理逻辑与近似推理(第二版)　2008. 5　王国俊　著
125　非参数蒙特卡罗检验及其应用　2008. 8　朱力行　许王莉　著
126　Camassa-Holm 方程　2008. 8　郭柏灵　田立新　杨灵娥　殷朝阳　著
127　环与代数(第二版)　2009. 1　刘绍学　郭晋云　朱　彬　韩　阳　著
128　泛函微分方程的相空间理论及应用　2009. 4　王　克　范　猛　著
129　概率论基础(第二版)　2009. 8　严士健　王隽骧　刘秀芳　著
130　自相似集的结构　2010. 1　周作领　瞿成勤　朱智伟　著

131　现代统计研究基础　2010. 3　王启华　史宁中　耿　直　主编
132　图的可嵌入性理论(第二版)　2010. 3　刘彦佩　著
133　非线性波动方程的现代方法(第二版)　2010. 4　苗长兴　著
134　算子代数与非交换 L_p 空间引论　2010. 5　许全华　吐尔德别克　陈泽乾　著
135　非线性椭圆型方程　2010. 7　王明新　著
136　流形拓扑学　2010. 8　马　天　著
137　局部域上的调和分析与分形分析及其应用　2011. 6　苏维宜　著
138　Zakharov 方程及其孤立波解　2011. 6　郭柏灵　甘在会　张景军　著
139　反应扩散方程引论(第二版)　2011. 9　叶其孝　李正元　王明新　吴雅萍　著
140　代数模型论引论　2011. 10　史念东　著
141　拓扑动力系统——从拓扑方法到遍历理论方法　2011. 12　周作领　尹建东　许绍元　著
142　Littlewood-Paley 理论及其在流体动力学方程中的应用　2012. 3　苗长兴　吴家宏　章志飞　著
143　有约束条件的统计推断及其应用　2012. 3　王金德　著
144　混沌、Mel'nikov 方法及新发展　2012. 6　李继彬　陈凤娟　著
145　现代统计模型　2012. 6　薛留根　著
146　金融数学引论　2012. 7　严加安　著
147　零过多数据的统计分析及其应用　2013. 1　解锋昌　韦博成　林金官　编著
148　分形分析引论　2013. 6　胡家信　著
149　索伯列夫空间导论　2013. 8　陈国旺　编著
150　广义估计方程估计方法　2013. 8　周　勇　著
151　统计质量控制图理论与方法　2013. 8　王兆军　邹长亮　李忠华　著
152　有限群初步　2014. 1　徐明曜　著
153　拓扑群引论(第二版)　2014. 3　黎景辉　冯绪宁　著
154　现代非参数统计　2015. 1　薛留根　著
155　三角范畴与导出范畴　2015. 5　章　璞　著
156　线性算子的谱分析(第二版)　2015. 6　孙　炯　王　忠　王万义　编著
157　双周期弹性断裂理论　2015. 6　李　星　路见可　著
158　电磁流体动力学方程与奇异摄动理论　2015. 8　王　术　冯跃红　著
159　算法数论(第二版)　2015. 9　裴定一　祝跃飞　编著
160　偏微分方程现代理论引论　2016. 1　崔尚斌　著
161　有限集上的映射与动态过程——矩阵半张量积方法　2015. 11　程代展　齐洪胜　贺风华　著
162　现代测量误差模型　2016. 3　李高荣　张　君　冯三营　著
163　偏微分方程引论　2016. 3　韩丕功　刘朝霞　著
164　半导体偏微分方程引论　2016. 4　张凯军　胡海丰　著

165　散乱数据拟合的模型、方法和理论(第二版)　2016. 6　吴宗敏　著
166　交换代数与同调代数(第二版)　2016. 12　李克正　著
167　Lipschitz 边界上的奇异积分与 Fourier 理论　2017. 3　钱　涛　李澎涛　著
168　有限 p 群构造(上册)　2017. 5　张勤海　安立坚　著
169　有限 p 群构造(下册)　2017. 5　张勤海　安立坚　著
170　自然边界积分方法及其应用　2017. 6　余德浩　著
171　非线性高阶发展方程　2017. 6　陈国旺　陈翔英　著
172　数理逻辑导引　2017. 9　冯　琦　编著
173　简明李群　2017. 12　孟道骥　史毅茜　著
174　代数 K 理论　2018. 6　黎景辉　著
175　线性代数导引　2018. 9　冯　琦　编著
176　基于框架理论的图像融合　2019. 6　杨小远　石　岩　王敬凯　著
177　均匀试验设计的理论和应用　2019. 10　方开泰　刘民千　覃　红　周永道　著
178　集合论导引(第一卷：基本理论)　2019. 12　冯　琦　著
179　集合论导引(第二卷：集论模型)　2019. 12　冯　琦　著
180　集合论导引(第三卷：高阶无穷)　2019. 12　冯　琦　著
181　半单李代数与 BGG 范畴 $\mathcal{O}$　2020. 2　胡　峻　周　凯　著
182　无穷维线性系统控制理论(第二版)　2020. 5　郭宝珠　柴树根　著
183　模形式初步　2020.6　李文威　著
184　微分方程的李群方法　2021.3　蒋耀林　陈　诚　著
185　拓扑与变分方法及应用　2021.4　李树杰　张志涛　编著
186　完美数与斐波那契序列　2021.10　蔡天新　著
187　李群与李代数基础　2021.10　李克正　著
188　混沌、Melnikov 方法及新发展(第二版)　2021.10　李继彬　陈凤娟　著
189　一个大跳准则——重尾分布的理论和应用　2022.1　王岳宝　著
190　Cauchy-Riemann 方程的 L^2 理论　2022.3　陈伯勇　著
191　变分法与常微分方程边值问题　2022.4　葛渭高　王宏洲　庞慧慧　著
192　可积系统、正交多项式和随机矩阵——Riemann-Hilbert 方法　2022.5　范恩贵　著
193　三维流形组合拓扑基础　2022.6　雷逢春　李风玲　编著
194　随机过程教程　2022.9　任佳刚　著
195　现代保险风险理论　2022.10　郭军义　王过京　吴　荣　尹传存　著
196　代数数论及其通信应用　2023.3　冯克勤　刘凤梅　杨　晶　著